An Introduction to
Behavioural
Ecology
4th Edition

デイビス・クレブス・ウェスト

行動生態学

原著第4版

Nicholas B. Davies, John R. Krebs, Stuart A. West [著]

野間口 眞太郎・山岸 哲・巖佐 庸 [訳]

共立出版

An Introduction to Behavioural Ecology 4th Edition
by Nicholas B. Davies, John R. Krebs and Stuart A. West

This edition first published 2012
©2012 by Nicholas B. Davies, John R. Krebs and Stuart A. West
Previous editions: ©1981, 1987, 1993 by Blackwell Science Ltd.

All rights reserved. Authorised translation from the English language edition published by Blackwell Publishing Limited.
Responsibility for the accuracy of the translation resets solely with Kyoritsu Shuppan Co., Ltd. and is not the responsibility of Blackwell Publishing Limited.
No part of this book may be reproduced in any form without the written permission of the original copyright holder, Blackwell Publishing Limited.

Japanese translation rights arranged with John Wiley & Sons Limited through Japan UNI Agency, Inc., Tokyo

Japanese language edition published by KYORITSU SHUPPAN CO., LTD.

目　次

写真 ⓒ Oliver Krüger

1人の訳者からのまえがき	ix
序文	xi
謝辞	xv

第1章　自然淘汰，生態，行動   **1**
　観察と散策　1
　自然淘汰　5
　遺伝子と行動　7
　利己的な個体の利益か集団の利益か？　12
　表現型可塑性：気候変動と繁殖時期　20
　行動，生態，進化　24
　要約　25
　もっと知りたい人のために　26
　討論のための話題　26

第2章　行動生態学における仮説の検証   **27**
　比較法　28
　捕食リスクに関連したカモメの繁殖行動　29
　ハタオリドリ類の社会構造　31
　アフリカの有蹄類の社会構造　33
　比較法による初期の研究の限界　34
　霊長類の生態と行動に対する比較法　37
　比較法の解析における系統樹の利用　41
　比較法の再検討　50
　適応の実験的研究　51
　要約　55
　もっと知りたい人のために　55
　討論のための話題　56

第3章　経済的な意思決定と個体　　57

- 荷物運搬の経済学　　57
- 餌選択の経済学　　65
- サンプリングと情報　　68
- 飢えのリスク　　69
- 環境変動：身体への蓄積と食物貯蔵　　72
- 食物を貯蔵する鳥類：行動生態学から神経科学へ　　73
- 認知の進化　　78
- 摂食と危険：トレードオフ　　81
- 社会学習　　83
- 最適化モデルと行動：概観　　88
- 要約　　90
- もっと知りたい人のために　　91
- 討論のための話題　　91

第4章　捕食者と餌生物：進化的軍拡競走　　93

- 「赤の女王」進化　　93
- 捕食者と隠蔽的な餌動物　　96
- カムフラージュ効果を強化する　　103
- 警告する体色：警告色　　106
- 擬態　　111
- 餌動物の防衛におけるトレードオフ　　115
- カッコウ vs 仮親種　　118
- 要約　　127
- もっと知りたい人のために　　127
- 討論のための話題　　128

第5章　資源をめぐる競争　　129

- 「タカ―ハト」ゲーム　　129
- 資源消費による競争：理想自由分布　　132
- 資源防衛による競争：独占的分布　　137
- 対等でない競争者の理想自由分布　　137
- 資源防衛の経済学　　140
- 生産者とたかり屋　　145
- 代替繁殖戦略と代替繁殖戦術　　147
- ESS 思考　　159
- 動物の個性　　159
- 要約　　161
- もっと知りたい人のために　　162

討論のための話題　　　　　　　　　　　　　　　　　　　163

第6章　群れ生活　　　　　　　　　　　　　　　　　　　　164
　　　群れはいかにして捕食を減らせるか？　　　　　　　　　165
　　　群れはいかにして採餌を改善できるか？　　　　　　　　177
　　　群れ生活の進化：グッピーの群れ形成　　　　　　　　　183
　　　群れサイズと利益の不均等性　　　　　　　　　　　　　183
　　　群れの意思決定　　　　　　　　　　　　　　　　　　　189
　　　要約　　　　　　　　　　　　　　　　　　　　　　　　198
　　　もっと知りたい人のために　　　　　　　　　　　　　　198
　　　討論のための話題　　　　　　　　　　　　　　　　　　199

第7章　性淘汰，精子競争および雌雄の対立　　　　　　　　200
　　　雌と雄　　　　　　　　　　　　　　　　　　　　　　　201
　　　親による投資と性的競争　　　　　　　　　　　　　　　203
　　　なぜ雌は雄よりも子の世話に多く投資するのか？　　　　205
　　　性淘汰の証拠　　　　　　　　　　　　　　　　　　　　208
　　　なぜ雌は選ぶのか？　　　　　　　　　　　　　　　　　211
　　　雌の選択からの遺伝的利益：2つの仮説　　　　　　　　216
　　　遺伝的利益の仮説の検証　　　　　　　　　　　　　　　219
　　　雌に働く性淘汰と雄による配偶者選択　　　　　　　　　224
　　　競争における性差　　　　　　　　　　　　　　　　　　227
　　　精子競争　　　　　　　　　　　　　　　　　　　　　　228
　　　配偶者選択と婚姻外交尾における制約　　　　　　　　　232
　　　雌雄の対立　　　　　　　　　　　　　　　　　　　　　233
　　　雌雄の対立：誰が勝利者か？　　　　　　　　　　　　　241
　　　「チェイスアウェイ」性淘汰（性拮抗淘汰）　　　　　　243
　　　要約　　　　　　　　　　　　　　　　　　　　　　　　245
　　　もっと知りたい人のために　　　　　　　　　　　　　　246
　　　討論のための話題　　　　　　　　　　　　　　　　　　247

第8章　子の世話と家族内対立　　　　　　　　　　　　　　248
　　　子を世話する行動の進化　　　　　　　　　　　　　　　248
　　　保育投資：親にとっての最適値　　　　　　　　　　　　252
　　　コストと利益に関連して子を世話する行動を変える　　　254
　　　雌雄の対立　　　　　　　　　　　　　　　　　　　　　258
　　　きょうだいの争いと親子の対立：理論　　　　　　　　　264
　　　きょうだいの争い：証拠　　　　　　　　　　　　　　　267
　　　親子の対立：証拠　　　　　　　　　　　　　　　　　　271

托卵	277
要約	281
もっと知りたい人のために	281
討論のための話題	282

第9章　配偶システム　　283

雄による子の世話を伴わない配偶システム	283
雄による子の世話を伴う配偶システム	294
配偶システムの多様性に対する階層的方法	311
要約	312
もっと知りたい人のために	313
討論のための話題	313

第10章　性の配分　　314

等配分投資のFisher理論	316
血縁者が相互作用をするときの性配分	318
変動環境における性配分	330
利己的な性比のゆがみ	338
要約	339
もっと知りたい人のために	340
討論のための話題	341

第11章　社会行動：利他行動から意地悪行動まで　　342

血縁淘汰と包括適応度	343
Hamilton則	348
個体はいかにして血縁者を認知するか？	354
血縁淘汰は血縁識別を必要としない	359
利己行動の規制と血縁淘汰	361
意地悪行動	364
要約	368
もっと知りたい人のために	369
討論のための話題	370

第12章　協力行動　　372

協力行動とは何か？	372
ただ乗り，そして協力行動の抱える問題	374
協力行動の問題を解決する	375
血縁淘汰	377
隠された利益	379

副産物の利益	380
互恵的行動	384
強制	390
事例研究―セイシェルムシクイの場合	395
操作	398
要約	398
もっと知りたい人のために	399
討論のための話題	400

第13章 社会性昆虫における利他行動と対立　　401

社会性昆虫	401
社会性昆虫の生活環と博物学	405
真社会性の経済学	407
真社会性への道筋	407
半倍数性仮説	408
一夫一妻仮説	413
協力行動の生態的利益	416
昆虫社会内の対立	422
社会性ハチ目の性比をめぐる対立	423
社会性ハチ目のワーカーポリシング	430
超個体	434
脊椎動物と昆虫の比較	435
要約	436
もっと知りたい人のために	437
討論のための話題	438

第14章 コミュニケーションと信号　　440

コミュニケーションのタイプ	441
信号の信頼性の問題	443
示標	444
ハンディキャップ	453
共通の利益	459
人間の言語	464
不正直な信号	465
要約	470
もっと知りたい人のために	471
討論のための話題	471

第15章　結論	**473**
主要な前提はどれくらい妥当か？	473
因果論的説明と機能論的説明	486
最後のコメント	488
要約	491
もっと知りたい人のために	491
引用文献	493
索　引	550

付帯するウェブサイト

本書は以下のような付帯するウェブサイトがある：
www.wiley.com/go/davies/behaviouralecology

本文中の図や表もここからダウンロードできる

1人の訳者からのまえがき

　最近，行動生態学の役割は終わったかのようなセンセーショナルな発言を聞くことがある．例えば，「行動生態学はオワコンか？」と題した集会（日本動物行動学会第31回大会，奈良女子大学，ラウンドテーブル，2012年11月）が開かれ，本当にビックリさせられた．確かに，行動生態学が登場した当初のように，意外な仮説に驚き，その説明力だけで注目を集めた時代はとうの昔に過ぎ去り，最近は，既出の仮説をなぞるだけの個別データが頻出するかのように見えることがある．しかし，本当に行動生態学は終わったのだろうか？　本書を読み進めていくことで，まさにその答えが見えてくるはずである．本書は，世界の行動生態学を牽引してきた教典とも言える『An Introduction to Behavioural Ecology』第4版の日本語版である．　この原著は，John Krebs と Nick Davies によって1981年に初版が出されて以来，1987年，1993年と2回にわたって改訂が重ねられてきたが，2012年になって，新たに Stuart West が著者に加わり，かなり大幅な改訂が行われた上で，第4版として出版されたものである．内容の50％以上が書き換えられ，追加され，この分野の最前線の情報が組み込まれた姿になって新たに登場した．日本語版についても，原著第2版の日本語版が，本書の訳者でもある巌佐および山岸の訳によって『行動生態学』というタイトルで1991年に既に出版されているが，今回，原著第4版が大改訂されて出版されたことから，新たな訳者として野間口が加わり，原著第4版の日本語版が出版される運びとなった．

　翻訳を進めるにあたって，野間口が原著第4版を読みながら，原著第2版と重複する部分については旧日本語版『行動生態学』の巌佐・山岸による訳文を使用し，原著第4版で修正されたり新しく書き加えられた部分については新たに訳文を作成した．そして，最後に共訳者である巌佐と山岸が点検と修正を行った．文章の全体の調子を統一する必要から，旧訳書からの訳文と新しい訳文をとおして，なるべく違和感のないように，野間口が文章を整えた．よって，本書の訳文の正確さや日本語としての読みやすさおよび調子に関して問題があるとすれば，それは間違いなく野間口に責任があると考えて頂くのが正しいだろう．

　本当は，原著で読める人はそうした方がよいはずであるが，特に初学者にとって500ページにも及ぶ英語専門書を読み進めていくのはかなり難しいだろう．

原著を意気込んで読み始めても，内容の面白さを受け取る前に，挫折してしまう人も多いのではないだろうか．よって，この翻訳書の大きな目的は，行動生態学を学び始めた若い人達に行動生態学のこれまでの成果，最前線の現状，将来への展望を手っ取り早く日本語で伝えることだと考えている．興味を持ったテーマについてさらに深く勉強したければ，是非それに関連した他の文献を原著で読んで頂きたいと思う．その意味で，各章ごとに紹介された参考文献は，大変役に立つと思われる．

　一般に，日本語に訳すと混乱しそうな用語について，ここで採用した訳語を事前に指摘しておいた方がよいと思われるので，いくつか紹介する．例えば，siblings の訳は「きょうだい」とし，sisters の訳は「姉妹」とし，brothers の訳は「兄弟」とした．また cooperative behaviour の訳については，一般的に，ある個体が他個体に協力する場合を指すときは「協力行動」とし，集団の複数の個体が協力行動を行う状況を前提にする場合は「協同行動」と訳すようにした．ちなみに，communal behaviour については「共同行動」と訳した．population の訳は一般には「集団」としたが，特に野外での自然個体群が意味されるのものについては「個体群」と訳した．同様に，group も一般には「集団」や「グループ」としたが，野性的意味合いがある場合は「群れ」と訳すようにした．また，prey の訳は基本的には「餌動物」としたが，動物以外の生物も含める雰囲気があるときには「餌生物」と訳すようにした．とりわけ brood の訳は難しかったが，状況に合わせて「一腹子」，「一腹きょうだい」，「一腹幼虫」，「一腹ヒナ」，「一巣ヒナ」などとした．さらに，生物の和名については，既に正式に確立しているものは別にして，まだ「通り名」程度しかないものについては，インターネット等を参考に広く検索し，最も流布された和名を採用することにした．和名の後ろに学名を付けているので，おかしな点があれば，ご指摘頂けると有り難い．

　今回の翻訳本の出版に関しては，まず3人の原著者にお礼を申し上げたい．日本語版の出版に快く承諾して頂いた．また，この翻訳書の企画を取り上げて頂いた共立出版の信沢孝一さんには心から感謝申し上げる．この出版を申し出てから2年以上が経過したにも関わらず，原稿の入稿を我慢強く待って頂いた．また，今回の翻訳では，野間口が先走って作業を独自に進めてしまったので，その後，他のお二人の共訳者が点検・修正するときに大変だったのではないかと想像する．異例かもしれないが，共訳者のお二人にもこの場を借りてお礼を申し上げたい．個人的ではあるが，いつも英文解釈に力を貸してくれる妻の Lisa Filippi（Hofstra 大学）にもお礼を述べておきたい．行動生態学はこれからも魅力的な研究分野であり続けると信じている．本書をきっかけに，日本の若い人達にその魅力の一端を知ってもらえれば，それに勝る喜びはない．

2015 年 2 月　　　　　　　　　　　　　　　　　　　　　　　　　　野間口　眞太郎

序文

写真 © osf.co.uk.

　序文では，本書の歴史と構成をまとめることにする．John Krebs & Nick Davies (1981, 1987, 1993) によるこれまでの旧版は，行動生態学の始まりを世に喧伝するものであり，その目的は，行動が自然の中でどのように進化するかを理解することであった．その目的のためには，行動から進化へ，また生態へと研究をつなぐ必要がある．行動から進化へのつながりは最も重要である．なぜなら自然淘汰によって，生物個体が生存して遺伝子のコピーを将来の世代に渡す確率を最大にするような行動様式が，進化的に有利にされると期待できるからである．生態へのつながりも重要になってきた．というのも，生態は生物個体が自分の行動を行う舞台を設定するからである．つまり行動するときの最良の方法は，時空間における食べ物，天敵，生活場所の分布のような生態的淘汰圧に依存して決まるからである．社会環境も重要であろう．生物個体同士はしばしば乏しい資源をめぐって競争するからである．よって，対立と協力を伴う社会関係があるとき，行動はどのように進化するかを考える必要があるだろう．

　この新版は，他の分野と刺激的な新しいつながりを結ぶことで，成熟し繁栄しつつある分野を讃えるものになっている．今回は 3 人の共著者が揃った．John はオックスフォード大学における Nick の博士研究のアドバイザーだった．一方，Nick はケンブリッジ大学学部コースの学生だった Stuart に授業を提供していた．そのため我々は，学問上の 3 世代（短い！）をまたぐ共著者ということになる．本書を準備する間，我々は皆お互いから楽しく学ぶことができた．すべての章は，第 3 版の後に現れた多くの新しい考えや実例を組み込むために，徹底的に修正され，あるいは全く完全に編成し直され，書き変えられた．ときには，一般的な通念がひっくり返る場合もあった．ただ中心となるテーマは維持されている．それらは，(1) 意思決定のコストと利益を考えたり，トレードオフが淘汰によってどのように解決するのかを考えるときの還元主義的手法，(2) 行動の遺伝子からの視点，(3) 利害の対立の解決を分析するためのゲーム理論的手法である，John と Nick は，かつて Bill Hamilton, Robert Trivers, John Maynard Smith といった面々が，血縁淘汰や家族内対立そしてそれらの対立の解決を分析するために，ゲーム理論の考えを模索し始めた在りし日のことを覚

えている．また Richard Dawkins が，『The Selfish Gene』の原稿をオックスフォード大学の学部学生への講義で試験的に使っていたことも覚えている．これらの概念が，今から議論する新しい研究をどのように触発し進化させてきたかを眺めることは刺激的である．我々は，本書を通して理論的な背景を強調するが，抽象的な主張よりも実例を伴う理論を展開する方が好ましいと思っている．よって，いくつかの複雑すぎる議論については囲み記事として示すことにする．

1 章は，行動に対する色々な種類の疑問をどのように整理すればよいかについて紹介するために，「観察と散策」という題目の節から始める．そして，個体は自分の生涯繁殖成功を最大化する傾向を持つということを示すために，鳥類の一腹卵数に関する野外実験を説明する．個体の生存率と繁殖成功は必ずその行動に依存して決まるので，淘汰によって，個体は摂食，捕食回避，配偶者発見などに効果的であるように設計されるだろうと期待される．

2 章では，行動の適応的な有利さについての仮説をどのように検証すればよいかを議論する．その方法の 1 つは，事実上，進化の「実験」結果を分析することに他ならない種間比較である．つまり，行動における種間差を，生態的淘汰圧や社会的淘汰圧における違いと関連させてみることである．最近，その改善された方法が提唱された．それは系統樹を使って独立な進化的推移を同定し，形質が変化するときの順番を決定する方法である．2 番目の方法は，Niko Tinbergen によって始められた実験による方法である．例えば，個体に行動を変えさせ，その結果生じる生存率と繁殖成功の値を測定するものである．

3 章では，行動のいくつかのやり方のうちどれを選ぶかという，個体の「意思決定」に焦点を当てる．意思決定ルールを予測するのに，最適化モデルはどのように使えるのかを示す．また採食と配偶者探索のような一見全く異なる問題に対して，しばしば同じ基本モデルが当てはめられるのはどうしてかということを示す．個体の意思決定の発達における社会学習や教育の役割も議論する．また行動生態学，認知学，神経科学の間のつながりを調べるために貯食の例を用いる．4 章では，進化的時間レベルで意思決定というものを考えてみる．捕食者と餌動物，子の世話への寄生者（托卵者など）と仮親の間の軍拡競走の過程で，これらの変化はどのように起こるのかを考えることにする．

次の 2 つの章では，乏しい資源をめぐって他個体と競争しなければならないとき，個体はどのように行動すべきかを考えてみる．5 章では，行動を競わせるためにゲーム理論的手法を導入する．ただその効果は，個体群の中ではしばしば変動的なものになる．なぜなら個体は，時空間的に色々な生息地に分布したり，あるいは餌や配偶者をめぐって競争するとき別の戦略や戦術を選ぶからである．また，最近，急成長してきた研究分野である動物の個性という概念についても議論する．6 章では，群れ生活者のコストと利益を，特に採餌や捕食回避と関連付けて再考してみる．最近の研究によると，個体によって用いられる局所的な意思決定ルールは，群れの動きに対して顕著な結果をもたらしうる

ことが示されてきた．それは鳥の群れ，魚の群れ，アリの行列などに見られる見事に協調した動きの解明につながるものであろう．

次の4つの章は雄と雌による繁殖に関するものである．7章では，配偶子サイズや親の投資における雌雄間の基本的な違いから，雄は，雌をめぐって強制あるいは魅力という手段を伴う競争へと向かうことを示す（Darwinの性淘汰理論）．雌が雄を選ぶとき，雌はその雄が与えてくれる資源を評価基準にするかもしれない．あるいは子達への遺伝的な利益を評価基準にするかもしれない．雄と雌の対立はよくあることである．これは交尾の後でも継続する（精子競争と雌による精子の選択）．8章では，動物界を通して子を世話する行動を概観してみる．そのとき互いに相互関係のある3つの対立に注目する．それらは，どちらがどれくらい子の世話をするかという雄親と雌親の対立，きょうだいの対立，そして親子の対立である．これらの対立のそれぞれについて理論と証拠を考察する．ただしそのとき，「争いの場（battleground）」モデル（対立を定義する）と「解決（resolution）」モデル（結果を検討する）を区別して考えることにする．

9章では，親による子の世話や配偶者選択をめぐる経済学に依存して，様々な配偶システムがどのように出現するかを示す．親である確率を測定するためにDNA情報を利用することが日常的になり，家族生活への見方に変革をもたらした．それは，（例えば）社会的な一夫一妻は必ずしも遺伝的な一夫一妻ではないことを明らかにした．10章では，性の配分を検討する．つまり親は投資を娘と息子のどちらにどのように配分すればよいかという問題である．ハチ目昆虫における性配分は，進化理論に対して最も信頼できる定量的な検証のいくつかを提供してくれている．

最後の4つの章では，社会行動に注目する．利他行動，つまり自分の繁殖を犠牲にして他人の繁殖を助けるという行動の進化は，どのような条件の下で期待できるのだろうか？（11章）．血縁個体あるいは非血縁個体と協力することが，いつ個体に利益をもたらすのか？（12章）．微生物からミーアキャットにおよぶ様々な動物において，社会理論はどのように検証できるかを示すことにする．13章は社会性昆虫の紹介に充てる．そこでは，利他行動は不妊ワーカーカストという形で最も精巧な発達を果たしている．そして，この注目すべき行動を促進する遺伝的傾向と生態的要因に対する新しい理論を議論し，最も協同的な社会の内部でも利益をめぐる対立が起こりやすいことを示す．14章では，正直さと不正直さに焦点を当てながら，信号がどのように自然淘汰によって作り上げられるかを議論する．

そして最後の章（15章）では，それまで見てきたいくつかの主要な前提を批判的に再評価することにする．その前提とは，行動の「遺伝子の視点」や最適化モデル，進化的安定戦略である．また，他の研究分野との実り多い相互関係についても指摘することにする．

本書の初版を出版してから，文献は膨大に増えてしまった．よってこの版で

は，我々はいっそう選択的にならざるを得なかった．我々が述べた例よりももっと好ましい例が，本書を使った授業で付け加えられることを願っている．我々は，徹頭徹尾，現在の理論とその証拠のつながりを阻む空隙を指摘したつもりである．ぜひ読者の方々が，それらの隙間を単に埋めるだけでなく，解くべき新しい問題を発見せんと奮い立たれんことを願って止まない．

謝辞

写真 ⓒ Elizabeth Tibbetts.

　Wiley-Blackwell の編集スタッフ，特に Ward Cooper, Kelvin Matthews, Delia Sandford による助力と励ましのすべてに感謝する．Robert Campbell はこれまでの旧版で我々への励ましに力を注いでくれた．各章で助けてくれた，Joao Alpedrinha, Staffan Andersson, Tim Birkhead, Koos Boomsma, Lucy Browning, Max Burton, Tim Clutton-Brock, Bernie Crespi, Emmett Duffy, Claire El Mouden, Andy Gardner, Ashleigh Griffin, James Higham, Camilla Hinde, Rebecca Kilner, Loeske Kruuk, Carita Lindstedt, Robert Magrath, Allen Moore, Nick Mundy, Hazel Nichols, David Reby, Thom Scott-Phillips, Ben Sheldon, Martin Stevens, Claire Spottiswoode, Mary Caswell (Cassie) Stoddard, Joan Strassmann, Alex Thornton, Rose Thorogood には感謝を申し上げる．

　そして原稿を準備するとき，本当に英雄的な助力を与えてくれた Ann Jeffrey には特別な感謝を申し上げる．

　最後に，図や写真を極めて寛大に提供してくれたすべての人々に感謝する．特に表紙にある，行動生態学の楽しい世界に自分のヒナを誘おうとするかのごときアデリーペンギンの親の素晴らしい写真を提供してくれた Oliver Krüger には感謝する．

第1章
自然淘汰，生態，行動

写真 © Craig Packer

観察と散策

　草むらで餌を探している鳥を観察していると想像してみよう（図1.1）．あなたの好奇心は，その鳥がどんな種類かを知ることでひとまず満たされるかもしれない．図中の鳥は，ホシムクドリ（*Sturnus vulgaris*）である．次に，もっと近付いて観察すると，ホシムクドリが少し歩いては止まりながら，地面を探る動作をしていることが分かるだろう．その鳥はときどき甲虫の幼虫のような餌を見つけ，ついには数匹の餌を集めると，飛び立ち，巣に戻り，腹を空かせたヒナ達にその餌を与えるだろう．

　この行動を観察するとき，行動生態学を学ぶ学生には複数の疑問が心に浮かぶだろう．最初の一群の疑問は，その鳥はどのように給餌するのかということである．採餌のために，なぜこのような特定の場所を選んだのか？　なぜ群れではなく，単独で採餌するのか？　出会った餌はすべて採餌するのか，つまり餌タイプや餌サイズの選択はあるのか？　ヒナに餌を与えるために，採餌を止め，飛び立って巣に戻るときの意思決定には何が影響するのか？

　また，次のような一群の疑問も，自分の巣に帰ったホシムクドリを続けて観察するときに生じるだろう．なぜこの巣場所が選ばれたのか？　巣ではなぜこの数のヒナがいるのか？　2羽の親鳥は，自分達が巣に運ぶべき餌量をどれくらいにするかをどのように決めるのか？　これらの2羽の成鳥は，すべてのヒナの母親と父親であるのか？　なぜヒナは餌をもらおうとして，大変騒がしく餌乞いしたり，巣をがたがた揺らしたりするのか？　これは確実に捕食者を巣に引き付けることになるだろう．もし長い期間このホシムクドリを追跡することができると，以下のような疑問もさらに生じるだろう．成鳥は，繁殖あるいは自分自身の生存のどちらに，どれくらい努力を投入するのか？　何がそれを決定するのか？　また季節的な活動時期の決定，配偶者選択，子の分散などに影響を与える要因は何なのか？

疑問の生起

　行動生態学は，このような類いの疑問に答えるための思考の枠組みを与えてくれる．この章では，その枠組みが行動と生態（個体が自分の行動戦略を披露する「舞台」）と進化（行動が自然淘汰によってどのように進化するか？）を考

図 1.1 採餌をしているホシムクドリ．
写真ⓒiStockphoto.com/Dmitry Maslov．

えることに，どのようにつながるかを示すことにしよう．
しかし，まず「なぜ」という疑問を持つとき，それは実際に何を意味しているのかについて明確にする必要がある．

Tinbergen の 4 つの「なぜ」

Niko Tinbergen (1963) は，野生動物の行動に対する科学的研究を確立させた者の1人である．彼は，行動についての「なぜ」という疑問に対しては，4つの異なる答え方が存在することを強く主張した．例えば「なぜホシムクドリの雄は春にさえずるのか」という疑問を持ったとすると，以下のように答えることができる：

(1) **直接的原因**からの答え．ホシムクドリがさえずるのは，日長が長くなったため体内ホルモンの変化が引き起こされるからである．あるいは空気が発声器を通って声帯を震わせるからである．これらは，ホシムクドリがさえずるための，感覚システム，神経システム，ホルモン機構，骨格—筋肉制御などを含むメカニズムについての答えである．

(2) **行動の発達あるいは個体発生**からの答え．例えば，ホシムクドリは両親や周りの個体からさえずり方を学び，また同種のさえずりを学ぶような遺伝的傾向を持っている．そのため彼らはさえずるのである．この答えは，遺伝的あるいは発達的メカニズムに関するものである．

(3) **適応的利点あるいは機能**からの答え．ホシムクドリは，繁殖のため配偶者を引きつけようとしてさえずるのである．そのため，さえずりは雄の繁殖成功を増加させる．

(4) **進化史あるいは系統発生**からの答え．この答えは，今日のホシムクドリのさえずりは祖先からいかにして進化してきたかというものである．最も原始的な現存の鳥は，非常に簡単な音を出すだけなので，ホシムクドリや他の鳥の複雑なさえずりは，より単純な祖先種の鳴き声から進化したと仮定してよいだろう．

至近要因と究極要因　　直接的原因や行動の発達に関する要因は，対象個体がある特定の行動様式を一生の間にどのように生じさせるかを説明するので**至近要因**と呼ばれている．適応的利点や進化に影響する要因は，個体はなぜ，どのようにして行動を進化させたかということを説明するので，**究極要因**と呼ばれている．両者の区別を明確にするために，1つの例を詳しく検討してみよう．

ライオンの繁殖行動

タンザニアのセレンゲティ国立公園では，ライオン (*Panthera leo*) は3～12頭の雌成獣と，1～6頭の雄成獣，そして数頭の幼獣からなるプライド（群れ）で生活する（図1.2a）．この群れは縄張りを守り，その中で獲物，特にガゼルやシマウマを狩る．群れ内のすべての雌達は，姉妹，母娘，いとこなどといった血縁関係を持つ．すべての雌はその群れで生まれ育ち，その群れ内に留まって繁殖する．雌は4歳から18歳まで子を産むので，非常に長い繁殖生活を送る．

雄の一生はこれとは大きく異なっている．血縁関係のある若雄達（ときどき兄弟）は3歳になると生まれた群れを出ていく．数年間の放浪生活の後に，雄達は老雄や弱い雄に率いられた別の群れを乗っ取ろうとする．乗っ取り成功後，雄は2～3年はその群れに留まるが，今度は逆に若い雄にその群れから追い出されてしまう．だから雄の繁殖生活の期間は短い．

ライオンの群れは，このように血縁関係を持つ雌達の永続的仲間と短期間しか滞在しない血縁の薄い雄同士の少数仲間とで構成されている．Brian Bertram (1975) は，ある群れにおいて繁殖行動に関する次のような興味深い2つの観察結果を考察している．

(1) ライオンの繁殖は1年中見られるようである．ただし異なる群れは異なる時期に繁殖し，同じ群れ内のすべての雌はほとんど同じ時期に同調して発情する傾向がある．同調のメカニズム，あるいはその直接的原因は，発情周期に対するホルモンの影響によるようだ (Stern & McClintock, 1998)．しかし，なぜ雌成獣はこのような反応をするように設計されたのであろうか？　発情期の同調に対する適応的利点の1つは，群れ内の異なる雌の子達が同時に産まれ，同時に産まれた子達の方がうまく育っていくことにある．これは共同授乳ができるからである．すべての雌が同時期に乳を出すので，ある母親が狩りに出かけている場合，その雌の子は他の雌から乳をもらうことができるのである．加えて，同時期に子が産まれると，若雄が群れを出る年齢になったときに，同じような年齢の仲間と一緒に群れを出るチャンスが大きくなる．仲間を伴う雄の場合，他の群れの乗っ取りに成功する傾向が高い (Bygott *et al.*, 1979; Packer *et al.*, 1991)．

> ライオンの雌は同調して発情する

(2) 新しい1頭の雄，あるいは新しい雄グループが群れを乗っ取ると，既に群れにいた子達を殺すことがある（図1.2b）．その直接的原因は分かっていないが，雄に子への攻撃を誘発するのは慣れない匂いではないかと考えられている．しかし，メカニズムはともかく，なぜ雄ライオンはこのような反応をするように設計されたのであろうか？

> ライオンの雄は群れを乗っ取ると子殺しをすることがある

群れを乗っ取った雄にとっての子殺しの利益は，前の雄の子を殺すと，雌をより早く繁殖可能な状態に戻せることである．これは自分自身の子を持つ日を早めることになる．子をそのままにしておくと，雌は25ヶ月は発情しない．雄

図1.2 (a) ライオンの群れ（プライド）：(i) 雌達が，隣の群れを追い払った後，自分達の縄張りの中心に戻りつつある．(ii) 雌と子．(iii) 縄張りをパトロールしている雄．(iv) くつろぐ雄．(v) 子と一緒の雄．写真©Craig Packer．(b) 子殺し：群れの所有権を奪い取った雄が，殺した子を口にくわえている．写真©Tim Caro．

観察	直接的原因からの説明	機能からの説明
①雌は同時に発情する	化学物質の手がかりか？雄による乗っ取り	優れた子が生き残る若雄がうまく生き残り，複数一緒に群れを出ると，より大きな繁殖成功を得る
②新しい雄が群れを乗っ取ると群れの子は死ぬ	中絶	雌はより早く発情に至る
	乗っ取った雄はその群れの子を殺すかあるいは追い出す	雄は自分の子と競争するであろう年上の子を排除する

表1.1 ライオンの繁殖行動の2つの現象に関して，直接的原因からの説明と機能からの説明 (Bertram, 1975; Packer & Pusey, 1983a, 1983b).

は子を殺すことによって，雌をわずか9ヶ月後には交尾可能な状態にできるのである．雄の群れでの繁殖生活期間は短いことを思い出してほしい．そのため群れを乗っ取ったときに子殺しをする雄ほど，より多くの子の父親になれるだろう．そしてそのため，子殺しを犯す傾向は自然淘汰によって広がるだろう．

雄成獣の新しい連合による群れの乗っ取りは，雌の繁殖の同調にも貢献している．なぜなら，まだ独立していないすべての子達が乗っ取り騒動の間に殺されるか取り除かれると，すべての雌がほとんど同時期に再び発情する傾向があるからである (Packer & Pusey, 1983b)．興味深いことに，雌の性的活動は群れが乗っ取られた後の最初の数ヶ月間に最も激しくなる．雌は積極的に数頭の雄を交尾に誘い，これが，群れを支配しようとする異なる雄連合間の競争を引き起こすように見える．その結果，より大きな雄連合が定着する．これは雌にとっても適応的に有利である．というのは，雌は自分の子をうまく育て上げるためには2年以上（懐胎期間3.5ヶ月に加えて1.5〜2年間の子の依存期間）にわたって，その子を雄の略奪から保護する必要があるからである．そして，2年以上群れに留まることができるのは大きな雄連合だけである．そのため，乗っ取りの時期に合わせて生じる雌の高い性的活動が，雄間の競争を扇動し，結果として最も優秀な保護者が群れを乗っ取ることになる (Packer & Pusey, 1983a)．

ライオンの繁殖行動のこれら2つの現象に関して，直接的原因による説明と機能による説明の違いを表1.1にまとめている．重要な点は，直接的原因による説明はそのメカニズムを問題にしており，一方，機能による説明は，なぜその特定のメカニズムが（その他のメカニズムではなく）自然淘汰によって有利になったかを問題にしていることである．

ライオンの行動に対する直接的原因からの説明と機能からの説明

自然淘汰

行動生態学の目的は，動物の行動が生息環境にいかに適応しているのかを理解しようとすることである．我々は，適応について論議するとき，それを自然淘汰の過程で進化した変化であると見なすだろう．Charles Darwin にとって適応はまぎれもない事実であった．目は見るために，足は走るために，羽は飛ぶ

ために等々，それらが本当にうまく設計されているということは，彼にとっては自明の理であった．Darwin が説明しようとしたことは，適応が神の力なしにどのようにして生じたのかということであった．あるいは別の言い方をすると，設計物の出現が設計者なしにいかに現れうるかということであった．1859年に出版された『種の起源』に書かれている彼の自然淘汰理論は，以下のように要約できる．

生存と繁殖をめぐる競争に伴う遺伝的変異

(1) ある種内の各個体は形態，生理，行動が異なる（**変異**）．
(2) この変異はある程度**遺伝**する．つまり平均的には，子はその個体群内の他の個体よりもその親に似る傾向がある．
(3) 生物個体は非常に大きな繁殖力を持つ．彼らは次世代で繁殖に参加できる数よりも，はるかに多くの子を出産する．ある個体群の個体数は多少とも一定に保たれているから，産まれた子のすべてが生き残れるわけではないことは明らかである．だから，餌，配偶者，棲み場所などの限られた資源をめぐって各個体間に**競争**があるはずである．
(4) この競争の結果，変異を持ついくつかの個体は他のものより多くの子孫を残すだろう．それらの変異個体は乏しい資源をめぐる競争で最も上手に対処できる個体であろう．彼らの子は成功した両親の特徴を受け継いでいくため，自然淘汰によって多くの世代を経て，生物はその環境に適応的になっていくであろう．選ばれる個体は，自ずと餌や配偶者をうまく見つけ，捕食者を上手に避けたりすることができる個体になっていくだろう．
(5) もし環境が変化したならば，今度は，新しい変異個体が最もうまくやれるようになり，そのため自然淘汰は進化的変化を導くことになるであろう．

Darwin は，この考えをまとめた当時，まだ遺伝の仕組みを知らなかった．自然淘汰理論は，現在では遺伝子という用語を用いて説明できる．自然淘汰は個々の生物個体やその表現型の違いに働いて，生存率や繁殖成功の違いをもたらすが，進化の過程で変化していくのは遺伝子の相対頻度である．Darwin の説は，現代の遺伝学の言葉を使うと以下のように言い換えることができる．

(1) すべての生物は，タンパク質をコードする遺伝子を持つ．これらのタンパク質は個体の神経系の発達，筋肉，骨格を制御する．したがって，その行動にも影響を与える．
(2) 集団内の多くの遺伝子は，2 つあるいはそれ以上の遺伝子の型，すなわち対立遺伝子を持ち，それぞれの対立遺伝子は，同じタンパク質の少し異なる型をコードしたり，どれくらい多くのタンパク質がいつどこで発現するかを決定したりする．そのため発達や機能に違いが生じ，集団内に変異をもたらすことになる．

淘汰は遺伝子頻度の変化を引き起こす

(3) 自分自身のコピーを，他のどの対立遺伝子よりも多く残すことができた遺伝子が，最終的に，集団内において他の対立遺伝子に取って代わる．自然

淘汰とは，選ばれるべき対立遺伝子の複製成功への効果の違いから生じる生き残りの差のことである．

遺伝子と行動

自然淘汰は遺伝的な違いに対してのみ働くので，行動が進化するためには，(a) 集団には選ばれるべき複数の行動が存在しなければならない，あるいは存在したはずである．また (b) その行動の違いは遺伝的でなければならない，あるいは遺伝的であったはずである．言い換えると，変異のうちある割合は遺伝的な変異に基づかなければならない．そして (c) それらの行動的変異のうちいくつかは他よりも大きな繁殖成功をその個体に与えなければならない．

個体間の**遺伝的差異**が**行動的差異**にどのようにつながるのかを示すために，いくつかの例を議論してみよう．**差異**という言葉が強調されていることに気付いて欲しい．我々が，生物の特殊な構造や行動「に対する遺伝子」を語るときに，1つの遺伝子だけがその形質をコードすることを意味するわけではない．複数の遺伝子は協同して働き，多くの遺伝子が一緒になって個体の配偶者への好み，採餌行動，渡り行動などに影響を与える．しかし，2 個体の間の行動の**差異**は，1 つの遺伝子（あるいはもっと多くの遺伝子）の**差異**によって起こっているかもしれない．このことはケーキ作りに例えるのが役立つだろう．レシピにある1つの言葉の差異は（1 サジかあるいは 2 サジか），ケーキ全体の味の差異を意味するかもしれない．しかし，これはその1つの言葉がケーキを完成させるのに十分であるという意味ではない (Dawkins, 1978)．よって，ある形質「に対する遺伝子」と言うときはいつでも，それは行動の差異を生み出している遺伝子の差異のことを省略して述べているに他ならない．

ここでの例を理解しようとするとき，他に 3 つの重要な点があることを心に留めておくべきである．1 つ目は，遺伝子と行動をつなぐ分子的な経路は複雑であるということである（転写，翻訳，感覚システムへの影響，神経活動，脳代謝など）．2 つ目は，遺伝子と行動をつなぐ矢印は両方向に向かうということである (Robinson et al., 2008)．遺伝子は，脳の発達やその生理への効果をとおして，行動に影響を与えるばかりでなく，行動も遺伝子の発現に影響を与える．3 つ目は，遺伝子が行動に影響を与えることが示されたからといって，それだけで遺伝子が行動を生み出すことを意味するわけではないということである．行動の発達は，遺伝子と環境の間の複雑な相互作用の結果である．これらの一般的な指摘は，これから議論する例の中でもっと明確なものになるだろう．

> 行動の違いには遺伝的基盤が存在するかもしれない

ショウジョウバエとミツバチ：採餌，学習および歌

キイロショウジョウバエ (*Drosophila melanogaster*) の幼虫には，2 つの異なる摂食行動様式がある．「放浪者」は餌を探して周辺をうろつき，一方「定着者」は摂食のときにある狭い範囲に留まる傾向がある．これらの違いは成虫

> ショウジョウバエの「放浪者」と「定着者」

になっても継続し,「放浪者」の成虫は採餌のとき,より広範囲を飛び回り探索する.餌がないときは「放浪者」と「定着者」(幼虫あるいは成虫) の一般的な活動性に差はない.採餌戦略におけるこの差異は,1つの遺伝子(**採餌遺伝子「for」**)の違いが原因であることが分かっている.その遺伝子は,「cyclic guanosine monophosphate (cGMP) dependent protein kinase (PKG)」と呼ばれるかなりややこしい名前の酵素をコードしている.この酵素は脳で作られ,行動に影響を与える.「放浪者」対立遺伝子 (for^R) を持つハエは,「定着者」対立遺伝子 (for^S) をホモで持つハエよりも PKG 活性が高い.for^R 対立遺伝子を「定着者」の幼虫のゲノムに注入すると,それらの幼虫は「放浪者」に変化する (Osborne et al., 1997).

また for^R 対立遺伝子を持つ個体は,匂い刺激に対して短期間の記憶に優れているが,一方 for^S 対立遺伝子を持つ個体は,匂いの手がかりを伴う仕事に際し長期間の記憶に優れている.これらの違いは,採餌行動における違いと共適応しているかもしれない.つまり,「放浪者」は餌場パッチ間を移動するとき素早い学習から利益を得ているかもしれないが,一方「定着者」は,定住的な摂食様式を持っているため,長期間の記憶から利益を得ているかもしれない (Mery et al., 2007).

トロントにある果樹園の個体群では,幼虫の70%は「放浪者」で,30%は「定着者」であった.なぜ2つの摂食様式が維持されるのだろうか? 室内実験によると,「放浪者」は,餌がパッチ状に分布し,幼虫密度が高い条件下で,最も成功し*(「放浪者」の方が新しい餌パッチを見つけるのが上手である),一方「定着者」は,むしろ餌が一様に分布し,幼虫密度が低いときに最も成功した (今いる場所の餌が豊富なため,「放浪」行動は不要となる条件であった;Sokolowski et al., 1997).よって,各型はそれぞれ異なる生態的条件下で最も成功するということである.しかし多型の維持には,さらなる要因が関与している.餌が乏しいときには,同型の個体間で競争が最も激しくなる.つまり「定着者」の場合,局所的な餌パッチ内で同じ「定着者」との競争が最も激しくなり,一方「放浪者」の場合,新しい餌パッチの発見をめぐって同じ「放浪者」との競争が激しくなる.これは,少ない方の型が有利になるという負の頻度依存淘汰 (negative frequency-dependent selection) と呼ばれる状況を導いている.つまり,「放浪者」が多く占める集団では「定着者」が特に成功し,「定着者」が多く占める集団では「放浪者」が特に成功する.各型は稀なときにより成功するので,これは行動多型を維持させる傾向を生み出すだろう (Fitzpatrick et al., 2007).この話題は5章でさらに議論することにする.

同じ**採餌**遺伝子 for は,ミツバチ (Apis mellifera) では,齢とともに変化するワーカーの採餌行動を制御する.ワーカーは,若いときには,巣内で餌の貯蔵や幼虫の世話などの様々な仕事をする.その後,3週齢ほどになると,巣のための花粉や蜜を集めるために,長距離の採餌飛行に出かけるようになる.「巣への滞在」から「餌を求めて外回り」というこの顕著な行動変化は,for の発

* (訳註)「do best」は「最もうまくやる」という意味であるが,ここではその訳を「最も成功する」とした.同様に「do better」を「より成功する」,「do especially well」を「特に成功する」とした.

ミツバチでは遺伝子発現と行動が齢とともに変化する

現における変化を伴っており，外勤の採餌個体ほど酵素 PKG の生産を増加させていた．巣から年寄りのワーカーを取り除いて，若いワーカーが早い時期に（1週齢に）外勤の採餌行動を行うように誘導してやると，これらの早期に行動変化させた採餌ワーカーもまた *for* の発現を増加させた．よって，*for* の発現は社会的情報（年寄りのワーカーが存在するか否か）と関連していた．その結果，それは採餌活動にも影響を与えたのである．ということはつまり，採餌活動への行動変化は，正確には齢に対する反応ではなかったと言える．また最後に，若いワーカーの PKG 活性を実験的に上昇させてやると，これも外勤の採餌行動への行動変化につながった (Ben-Shahar *et al.*, 2002)．

このようにショウジョウバエでは，個体の異なる採餌行動は *for* 遺伝子の対立遺伝子の違いが原因であり，一方ミツバチでは個体の行動変化は *for* 遺伝子の発現における変化が原因である．

単一遺伝子における違いは，ショウジョウバエの求愛歌における違いの原因にもなることがある．雄は翅を震わせることによって求愛歌を発信し，その歌の経時的パターンは種間で異なっている．交配実験と分子遺伝学的解析によると，求愛歌の構造上のこれらの違いは，*period* 遺伝子の違いによって引き起こされることが明らかとなっている．そこでオナジショウジョウバエ (*D. simulans*) の *period* 遺伝子の小片をキイロショウジョウバエ (*D. melanogaster*) に移植すると，キイロショウジョウバエの雄は自分の求愛歌ではなくオナジショウジョウバエの求愛歌を歌うようになった（Wheeler *et al.*, 1991）．

ショウジョウバエの求愛歌

MC1R：配偶者選択とカムフラージュ

皮膚，体毛，羽毛などの色の明るさや暗さは，基本的に特殊な皮膚細胞（メラノサイト）によって作られるメラニン色素の量によって決まる．*MC1R* 遺伝子 (melanocortin-1 receptor) はメラノサイトで発現する受容体をコードしている遺伝子である．この受容体の活性はメラニン合成の量と型を制御する．この遺伝子における点突然変異は，魚類，爬虫類，鳥類，哺乳類の体色パターンと関連しており，そのためこの遺伝子は長い進化史をとおして保存されてきた．

黒（メラニン）色素に影響を与える遺伝子

ハクガン (*Anser chen caerulescens*) には，白と青の2つの体色型が存在する．*MC1R* のある異なる対立遺伝子がホモである個体は白色で，他の対立遺伝子がヘテロかホモである個体は青色になる．興味深いことに，どちらかの体色になることが淘汰上有利になるという証拠はない．しかし，体色は配偶者選択に影響を与えている．というのも体色に関する同型配偶が存在している（白色は白色と，青色は青色と）．若いヒナには親の体色への刷り込みがあり，同じ体色の配偶者を好むようになっている (Mundy *et al.*, 2004)．

同じ遺伝子における変異は，イワバポケットマウス (*Chaetodipus intermedius*) の体色を制御している．アリゾナのピナケート砂漠では，このネズミは2つの体色型を持っている．暗い黒色型のネズミは黒く固まった溶岩流の上で生活しており，一方，砂色型のネズミは砂質の砂漠を生息地としている．生息地の背

景にとけ込まない体色を持つネズミには，フクロウによる捕食淘汰が働いている (Nachman *et al.*, 2003)．

ズグロムシクイ：渡り行動

　これまで議論してきた例は，表現型の顕著な違いを生み出す単一遺伝子の差異についてのものであった．しかし表現型の差異は，協同して働く多数の遺伝子の効果を反映したものであることも多い．渡り行動はその良い例である．

　ムシクイ類のほとんどの種は，夏期にヨーロッパを訪れる夏鳥である．秋には，彼らは越冬のために南に向かって地中海，あるいはもっと先のアフリカまで渡る．その時期になると，ケージで飼われた複数の個体は一定期間，「落ち着きのない」状態を示す．色々な緯度で繁殖する個体群を定量的に比較すると，「落ち着きのない」期間の長さは渡りの距離と相関しており，一方，ケージ内で飛び立とうとして羽ばたく方向は渡りの方角と相関していることが分かった．よって，渡り行動はケージ内で飼われている鳥類においても実験的に研究できるということである．

渡り行動に対する選抜実験

　Peter Berthold とその共同研究者達は，ズグロムシクイ (*Sylvia atricapilla*) の渡りの距離と方角は遺伝的基盤を持つかどうかについて調べた（図 1.3a）．南ドイツの個体群は渡りの強い傾向を持っているが，カナリア諸島の個体群は定着的である（渡りをしない）．2 つの個体群からの個体をケージで交配させたところ，その子は渡りの時期の「落ち着きのなさ」において中間的な傾向を示した．これは遺伝的な制御があることを示唆するものである（図 1.3b）．さらに選抜実験から，渡り行動の違いは遺伝的基盤を持つことが確かめられた．南フランスのローン谷個体群から捕獲され，人によって育てられた 267 羽のズグロムシクイの中で，その 3/4 は渡りのときの「落ち着きのなさ」を示したが，1/4 は示さなかった．渡りをする両親あるいは渡りをしない両親を使った選抜交配による系統は，100% 渡りか（3 世代後には），100% 定着的か（6 世代後には）のどちらかになるという結果となった（図 1.3c）．この実験は，渡り行動に遺伝的基盤があるということを明らかにしているだけでなく，渡り行動がいかに早く進化するかということを示すものでもある．

新しい渡り習性—行動の進化

　最後に，わくわくすることであるが，Berthold とその共同研究者達は行動の進化の実例を発見した．ズグロムシクイの中央ヨーロッパの個体群は，従来は西地中海の繁殖地の南西域で越冬していた（図 1.3d）．しかし，過去 40 年間に，イギリスとアイルランド（伝統的な越冬地から 1500 km 北になる）で越冬するズグロムシクイの数が次第に増えてきた．まず，これらはイギリスで繁殖する鳥で，穏やかな冬に反応してそのまま留まっているものに違いないと仮定された．しかし，足輪による再捕調査によって，それらは中央ヨーロッパから繁殖のために渡ってきた鳥であり，全く新しい渡りルートの習性を持つものであることが分かった．イギリスで越冬するズグロムシクイが捕獲され，ケージで飼

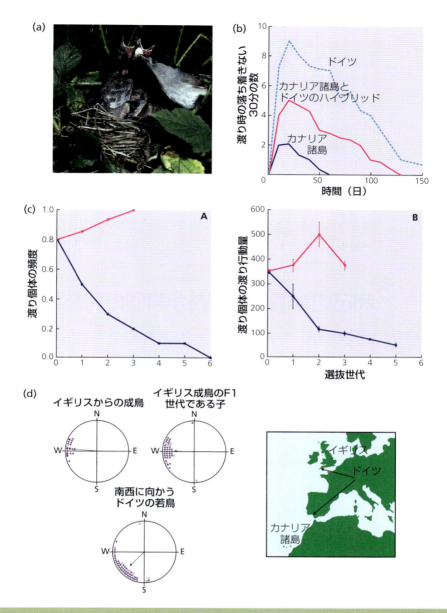

図1.3 ズグロムシクイの渡り．(a) 巣内のヒナと一緒にいるズグロムシクイの雄．写真ⓒ W. B. Carr．(b) ドイツ個体群，カナリア諸島個体群，および両個体群の F_1 ハイブリッドからの個体における，秋の渡りの時期に起こる「落ち着きのなさ」の程度（ケージで測定された）．Berthold & Querner (1981) より転載．これは AAAS より掲載を許可された．(c) 部分的に渡りを行う南フランスのズグロムシクイ個体群から採集した飼育集団において，渡り行動を強化させる方向（赤線）あるいは弱化させる方向（紺線）への人為選抜．A：渡り行動を行う個体の頻度，B：渡り個体における渡り行動の程度．Berthold et al. (1990) と Pulido et al. (1996) より転載．(d) 南ドイツ個体群のズグロムシクイは，従来は秋になると，西地中海地方で越冬するために南西方向に向かって渡りを行う．過去40年間に，イギリスに向かって西の方角に渡りを行うという新しい渡り習性が進化した．そして，このような習性を持った親鳥からの F_1 の子達も新しい渡りの方角を受け継いでいた．左側にある円の中の各点は，ケージに置かれた各個体が示した渡りの方向であり，また矢印はその平均的な方向である．Berthold et al. (1992) より転載．掲載は the Nature Publishing Group より許可された．

育された．ケージ内の彼らの渡り行動を検証したところ，彼らの伝統的な南西ルートから角度70度だけ外れた，西の方角に向けた秋の渡り行動を示すことが分かった．さらに，彼らの子達も秋に行うこの新しい定位方向を受け継いでいた（図1.3d）．

おそらく，イギリスでは冬が穏やかであることと冬期の餌が多いために，庭園を餌場とする個体やここ数十年に植えられた果樹園を冬期に利用する個体によって新しい渡りの方角が淘汰に有利に働いたのであろう．この新しい渡り集団は，短い距離の渡りを享受して冬期を越し，春には中央ヨーロッパの繁殖地に早期に帰り着いている．これによって，彼らは最良の繁殖縄張りを確保し，より多くの子を残すことができている (Bearhop et al., 2005)．また繁殖地への到着時期の違いは，越冬場所に依存して同型配偶を促し，そのため遺伝子流動が制限される結果となっている．そしてそれは，新しい渡り行動の急速な進化に貢献してきたようである (Bearhop et al., 2005)．

利己的な個体の利益か集団の利益か？

<small>個体にとって有利な行動は集団にとって不利となることがある</small>

ある行動が，個体の生存のチャンスと繁殖の成功にいかに寄与するかという，行動の適応的意義の研究に関するテーマに戻ってみよう．我々はライオンの行動を個体の利益に関連付けて解釈した．これは，Darwinが強調したように，進化とは個体群中で他を打ち負かすための個体間の闘争であるという考えを反映したものになっている．多くの形質はたとえそれらが個体群の他個体に対して不利になるものであっても，その形質を持つ個体に有利であるならば進化する．例えば，ライオンの群れを新しい雄が乗っ取った際に，幼いライオンが殺されることは種にとっては利益ではない．もちろん，それは雌ライオンにとっても利益ではない！　しかし，雌は雄よりも小さく，多くの場合，雄の子殺しに対して抵抗できそうにない．ライオンの子殺しは，それを行う雄にとっての有利さが，それに抵抗をする雌にとってのコストを上回ったからという単純な理由で進化してきたのである．

しかし，そう遠くない昔，多くの人々は動物がその集団や種にとって利益になるように行動すると考えていた．そして，次のような表現がよくあった（現在でもときどきあるが）．すなわち「ライオン同士が死ぬまで戦うことはめったにない．なぜならば，そんなことをすると種の存続が危うくなるからだ」とか，「サケは広い海から小さな川へ数千マイルも旅をする．そしてその川で種を存続させるために，自分自身の体力のすべてを使い果たし，産卵して死ぬ」といった類いである．「集団にとって利益になるから」という考えは，非常に受け入れやすいが，行動の進化を考察をする場合，そう考えることがなぜ間違いなのかを少し詳しく検討してみることが必要である．

集団の利益になるから動物の行動が進化したという考えを提唱した最も有名な人物はV. C. Wynne-Edwards (1962, 1986) である．彼は「もしある動物の

集団が，食物資源をすべて食べ尽くしてしまうと，その集団は絶滅しなければならない．それゆえ，種内のそれぞれの集団は，餌の消費速度を調節できるように，適応的に進化してきたはずだ」と提案した．さらに Wynne-Edwards は「集団の過密化を防ぐために，例えば，1 回に産む子の数を減らしたり，何年か間を空けて子を作ったり，繁殖を始める時期を遅らせたりすることによって，各個体は繁殖率を制限する」と主張した．これは魅力的な考えである．なぜなら，人間はこのようにして人口を制限しなければならないからである．しかし，動物集団について見るならば，このようなことはあり得ないと考えられる理由が 2 つある．

理論的考察

過剰利用による餌資源の枯渇がなく，雌が 2 卵を産む鳥がいたと想像しよう，さらに 2 卵を産む傾向は遺伝すると仮定する．さて，3 卵を産む突然変異が生じたとしよう．この 3 卵を産む遺伝子型は，2 卵を産む遺伝子型を抑えて，急速に増えていくであろう．なぜなら上で仮定したように，個体群は食物資源を食べ尽くさないので，ヒナを育てるのに十分な餌があり，また 3 卵を産む遺伝子型は 50% 多く子を生産するからである．

それなら，3 個の卵を産むタイプの鳥は，4 個の卵を産む鳥に取って代わられるだろうか？　答えはイエスである．より多くの卵を産めば産むほど，その個体は多くの子孫を残すことができる．最終的には，親がもうそれ以上十分に世話をしきれなくなる数まで，ヒナ数は増え続けていくであろう．自然淘汰は，最適な者に有利になるように働いてきたはずだから，自然界で現在観察できる一腹当たりの卵数は，最も多くの子を残すようになった鳥の卵数のはずである．集団のためになるようにと，自ら進んで産卵数を制限するようなシステムは，不安定なので進化しないであろう．自分のことだけを考えて，利己的に振る舞おうとする個体を止める術がないからである．

Wynne-Edwards は，このことを理解していたので，集団にとって利益となる行動が進化することを説明するために，「群淘汰 (group selection)」という考えを提唱した．彼は「利己的な個体からなる集団は，食物資源を食べ尽くし絶滅してしまう」と考えた．出生率を調節することのできる個体からなる集団は，資源を枯渇させることなく生き延びられるというわけである．このような集団間の生存率の差によって，集団に利益をもたらす行動が進化してきたはずだというのである（図 1.4）．

群淘汰

このことは，理論的には可能である．しかしそのためには，進化の過程で集団が単位となって淘汰されることが必要である．すなわち，ある集団は他の集団より速く絶滅せねばならない．しかし実際には，通常，群淘汰が進化の重要な要因になるほど速く集団が絶滅することはない．一方，個体は集団が絶滅するよりももっと速い率で死んでいくので，個体淘汰の方がより強力に働くと思

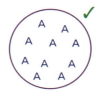

より強力な個体淘汰

図1.4 Wynne-Edwards の群淘汰モデル．利己的個体 (S) で占められた集団は，資源の過剰利用による枯渇のため絶滅する．利他的個体 (A) で占められた集団は，利他的個体が資源の過剰利用をしないため（例えば，自分達が世話できる子の数よりも少数の子を持つ），生き残る．

われる．さらに群淘汰が作用するためには，個体が集団間をうまく移動できないなどによって集団はそれぞれ孤立していなければならない．さもないと，繁殖制限を行っている個体だけからなる集団の中に，利己的な個体が侵入してくるのを遮る術がないことになる．いったん，利己的行動を引き起こす遺伝子型が侵入すれば，またたく間に集団中に広がるであろう．自然界では，上に述べたような，遺伝子型の侵入を有効に妨げるほど，各集団が孤立していることはほとんどない．以上のような理由で，Wynne-Edwards が提案したような群淘汰は，通常極めて弱い作用しか持たないので，あまり重要でないと言ってよいだろう (Williams, 1966a; Maynard Smith, 1976a)．最終章でもう一度この話題を取りあげることにする．

実践的研究：最適な一腹卵数

このような理論的な批判とは別に，野外研究から得られた良い証拠がある．それは，それぞれの個体が集団のために繁殖率を下げるのではなく，むしろ自分の繁殖成功を最大にしようとしていることを示すものである．その古典的な研究例は，1947 年に David Lack によって始められ，極めて長期間にわたって，イギリスのオックスフォードの近くのワイタムの森で行われてきたシジュウカラ (*Parus major*) の研究である (Lack, 1966)．

シジュウカラの一腹卵数は…

この森のシジュウカラは巣箱に営巣し（図1.5a），春に 1 回だけ一腹卵を産む．David Lack は，すべての成鳥とヒナに数字を刻印した小さな金属製の足輪を付けて個体識別した．それぞれのつがいが産む卵数を数え，ヒナの体重を測定し，ヒナが巣立った後で足輪の付いた鳥を再捕獲してヒナの生存率を調査した．この緻密で大規模な野外研究では，多くの人々が，1 年中ほとんど休むことなく，何と 60 年以上にもわたって調査を続けてきたのである！ ほとんどのつがいは 8〜9 個の卵を産む（図1.5b，棒グラフ）．他の卵を巣に付け足したところ，親鳥はそれらもうまく抱いて暖めることができたので，一腹卵数は親の抱卵能力によって決まるものではない．しかし，ヒナの数が増えた場合，親鳥はそれほどうまくヒナ達に餌を与えることができなかった．ヒナ数が多い場合は，それぞれのヒナは餌をあまりもらえないし，もらえても小さな青虫で，その結果ヒナが巣立ちをするときの体重は軽くなってしまうのである（図1.6a）．ヒナに餌を与える親の能力が産卵数の上限を決定することは，驚くには当たら

図 1.5 (a) (i) シジュウカラの繁殖行動に関する長期研究の場所であるオックスフォードのワイタムの森. 写真 ⓒJane Carpenter. (ii) 巣箱. 写真ⓒBen Sheldon. (iii) 抱卵しているシジュウカラの雌. 写真ⓒSandra Bouwhuis. (b) 棒グラフ：ワイタムの森で繁殖するシジュウカラの一腹卵数の頻度分布. ほとんどのつがいが 8〜9 個の卵を産む. 曲線と青点：子の数を操作する実験によると，1 回繁殖当たり新成鳥まで生き残るヒナ数を最大にする一腹卵数は，実際に観測される平均一腹卵数よりもわずかに大きいことが示された. Perrins (1965) より転載.

ない．なぜなら，ヒナ達にとって必要な餌量がピークに達する時期には，親鳥は夜明けから日没まで餌を探しまわらなくてはならず，1 日 1000 匹以上の虫をヒナ達に持ち帰らねばならないからである．動物が持続できる代謝率の調査によると，動物が安静時の代謝率の 7 倍を超えて活動する例はたったの 2 例しか見つかっていない．それは，子育てをしている鳥類とツール・ド・フランスで自転車レースを行っている競技者の例である (Peterson *et al.*, 1990).

ヒナの体重が重要なのは，重いヒナほど生存率が良いからである（図 1.6b）．よって，自分の能力以上に子を育てようとする親鳥は，ヒナに十分な餌を与え

…は，一腹ヒナ当たり生存ヒナ数を最大にするときに期待されるものより少ない

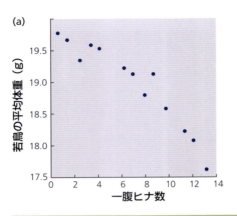
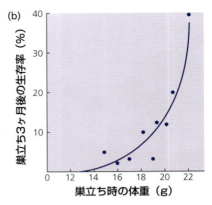

図1.6 シジュウカラにおいてヒナの数を操作する実験．(a) ヒナの数を増やされた巣では，親があまり効果的に給餌できないので，巣立ち時のヒナの体重は軽い．(b) 巣立ち時のヒナの体重はその後の生存確率を決める．体重が重いヒナであるほどうまく生き残りやすい．Perrins (1965) より転載．

ることができないので少数のヒナしか育てられない．実験的に変化させた巣当たりヒナ数を色々な巣に無作為に配分したところ，利己的な個体の利益という視点から見て，1回繁殖当たりの生き残るヒナ数を最大にする最適ヒナ数があることが分かった（図1.5b，曲線）．最も高頻度に観察された一腹卵数は，予想される最適ヒナ数に近い値だったが，それよりわずかに少ない値だった．これはなぜだろうか？

…の観測値と予測値の違いを説明する2つの仮説

その第1の仮説は以下の通りである．つまり図1.5b（曲線）での最適値は，**1回の繁殖当たり**の生存ヒナ数を最大にするものである．一方，少なくとも安定した個体群では，自然淘汰は動物の**生涯の**繁殖成功を最大にするように働くと期待できるだろう．ヒナ数を増やすことが，親の生存率，すなわち将来の繁殖機会に対してコストになるならば，生涯繁殖成功を最大にする一腹卵数は，1回の繁殖当たりの繁殖成功を最大にする一腹卵数よりも少し少ないものになるであろう（図1.7）．Box 1.1に，現在と将来の繁殖努力の間の最適なトレードオフに関する，より一般化されたモデルが与えられている．

観察された一腹卵数が予想されるものより少なかった理由について，第2の仮説も考えられる．それは，シジュウカラが実験的に卵やヒナを与えられた場合，余計なヒナも十分にうまく育てることができるかもしれないが，我々はそれまでの産卵や抱卵にかかるコストを無視してしまっているかもしれない，というものである (Monaghan & Nager, 1997)．もっと適切な検証をするには，鳥に無償で余分な卵やヒナを与えるのではなく，なんとかして過剰に産卵させるように操作する必要があるだろう．もし雌が強制的に余計な卵を産んだり抱卵する「全コスト」を支払わされるならば，1回の繁殖当たりの生存ヒナ数を最大にするため，予想される最適ヒナ数は減少するかもしれない．

…は，さらなるトレードオフを考慮している

両仮説は，さらなるトレードオフを考慮したものであることに留意しよう．

David Lack の予想最適値は（図1.5b, 曲線），既にヒナの数と質についてのトレードオフを含んでいた．一方，一腹卵数に関する彼の予想値と観測値の食い違いを説明する最初の仮説は，親の1回の繁殖当たりの繁殖努力と死亡率の間のトレードオフをさらに考える必要があるというものであった．2番目の仮説は，産卵と抱卵に対する投資とヒナへの世話に対する投資という別のトレードオフを考えたものである．本書をとおして見ていくことになると思われるが，限られた資源の下で，その解決策としての様々なトレードオフが自然淘汰によっていかに形成されるかを調べることが，行動生態学の主なテーマになるであろう．

Marcel Visser & Kate Lessells (2001) は，シジュウカラの最適一腹卵数における2つの追加的なトレードオフの効果を，巧みな実験的手法を用いて測定した（海鳥の一腹卵数を研究するために，最初に Heany & Monaghan (1995) によって使用された手法）．オランダのホーヘ・フェルウェという大きな国立公園のシジュウカラの巣箱個体群において，実験的に雌の3つの実験群が用意され，それぞれの実験群では，雌は追加された2羽のヒナを余計に育てるように操作された．

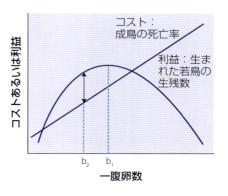

図 1.7 最適一腹卵数に対する親の死亡率の影響．一腹卵数に対して成鳥まで生き残るヒナの数が，図1.5と同じように，曲線で与えられている．b_1 は，1回繁殖当たりの成鳥まで生き残るヒナ数を最大にする一腹卵数である．しかし，一腹卵数の増加は，親の死亡率の増加というコストを伴う．親の死亡率の増加は，図では，直線として単純に表されている．生涯繁殖成功を最大にする一腹卵数の値は b_2 である．b_2 の x 座標は，利益曲線とコスト曲線の y 座標の差が最大になるところである．一腹卵数値 b_2 は，1回繁殖当たりの繁殖成功を最大にする一腹卵数値 b_1 よりも小さい値である．Charnov & Krebs (1974) より転載．

(i) **無償でヒナを与えられる処理群**．自分のヒナが孵化した後すぐに，2羽のヒナが余計に巣に加えられた．よって，これらの雌は2羽のヒナを余計に育てなければならなかった．

(ii) **無償で卵を与えられる処理群**．雌が自分の卵を抱卵し始めた日に，2個の卵が余計に巣に加えられた．よって，これらの雌は2個の卵を余計に抱卵するとともに，さらにその余計なヒナを育てなければならなかった．

(iii) **全コストを支払う処理群**．雌が産卵した日に全卵から4個の卵を取り除くことによって，2個の卵を余計に産ませるように雌を誘導した（事前の実験によって，4個の卵を取り除くと2個の卵が余計に産卵されることが分かっていた）．取り除かれたこれら4個の卵は，コケを張った床で保管され，雌親の抱卵が始まる前に元の巣に戻された．そのため，この3番目の実験群は，2個の卵を余計に産むとともに，さらにそれら2卵を余計に抱卵し，またそれら2ヒナを余計に育てなければならなかった．つまり，一腹卵数を増やすことによる全コストを支払うことになった．

Box 1.1 生存努力と繁殖努力の間の最適なトレードオフ (Pianka & Parker, 1975; Bell, 1980)

個体が，より多くの努力を繁殖に向ければ向けるほど，生存の機会が減少し将来の繁殖成功の期待値は低下する．繁殖のコストとは，繁殖しなければ自分自身の成長や生存のために使われるはずであった資源を繁殖の方に振り向けてしまったという資源配分の部分と，捕食者にさらされるなど繁殖に伴って増大する危険性の部分を含むものである．最適な生活史は，繁殖によって今すぐに得られる子の数という利益と，将来に得られる子の数の減少で測ったコストとの関係をプロットした曲線の形に依存して決定される．

図にある直線の一群は適応度の等高線（アイソクライン）であり，各直線は一生をとおして残す子の数が等しい場合の座標変化を表す（図 B1.1.1）．安定した個体群では，現在と将来の子の数は等しい値になるはずで，そのときこれらの直線の傾きは -1 になるはずである．個体数が増えつつある個体群では，今すぐに得られる子の方が将来に得られる子より価値が高い（つまり遺伝子プールへの寄与が大きい）ので，直線はもっと急な傾きになるだろう．また個体数が減少している場合には，将来得られる子の方が今得られる子よりも価値が高いので，直線の傾きは -1 の場合よりも緩やかになるであろう．

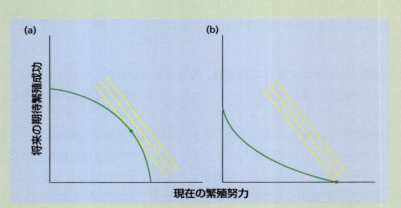

図 B1.1.1

図において，現在と将来の繁殖成功の間のトレードオフ関係を表す曲線が適応度等高線と共有する点のうち，原点から最も遠いところで生じる点は，最適な繁殖戦略に対応するものである（緑点で示されている）．トレードオフ曲線が上に凸である場合 (a) は，資源の一部を現在の繁殖に配分し，他の部分は自分の生存のために使うことが，適応度を最大にする繁殖戦略である（つまり，生涯をとおした複数回繁殖 (iteroparity)）．トレードオフ

> 曲線が下に凸である場合 (b) は，すべての資源を現在の繁殖に振り向けることが，たとえ自分の生存を犠牲にしたとしても最良のやり方である（つまり，生涯をとおした 1 回繁殖 (semelparity)，あるいは「ビッグバン」的な自殺を伴う繁殖）．もし (b) の場合で，将来の繁殖成功の最大値が現在の繁殖成功の最大値よりも大きいときには，現在は繁殖せず，将来の繁殖のためにすべての資源を保存するというやり方が最適戦略になる．

この実験の結果から，3 つの処理群の間では，繁殖期まで生き残ったヒナの数（新成鳥）に違いはないことが分かった．よって第 2 の仮説は支持されない．つまり「全コスト」を支払う雌にとって，新成鳥にまで生き残るヒナ数は，無償で卵やヒナを与えられる雌と同じくらいの数になるのである．しかし雌の生存率には影響があった．次の繁殖期までに，「全コスト」を支払う雌は最も低い生存率を示し，無償でヒナを与えられる雌は最も高い生存率を示し，無償で卵を与えられる雌はそれらの中間の生存率を示した．よってこれらの結果は，第 1 の仮説を支持するものである．つまり，繁殖成功の上昇と親の生存率にはトレードオフが存在する．雌の適応度を計算してみると，「全コスト」を支払う雌は対照群の雌（最初に彼らが産んだ一腹卵数でそのまま育てさせた雌：図 1.8）よりも低い値を示した．よって，卵の生産やそれらの抱卵が持つ生存率へのコストを考慮すると，観測された一腹卵数は最適になるのである（少なくとも一腹卵数が 2 卵分増えた場合と比較すると）．

<small>生涯繁殖成功を最大にするときの，繁殖努力と成鳥の生存率の間のトレードオフ</small>

子の数を操作する実験は，それが最も容易である鳥類で行われてきたが，ネズミ (König *et al.*, 1988) や昆虫 (Wilson, 1994) で行われた同様の実験でも，実際の繁殖率が個体の繁殖成功を最大にするような値になる傾向が示唆されている．しかし，それに伴うトレードオフがあるかどうかは，場合に応じて色々であり，難し過ぎて測定できない状況にあることも稀ではない．

一腹卵数は，年ごと，あるいは季節ごとの食物量によって多少は変化するだろうから，それぞれの個体である程度の変異を示すかもしれない．しかしながら，その変異は自分自身の利己的な最適値に関連したものであって，集団の利益のためではない．各個体への最適化を説明する 1 つの良い例は，Goran Högstedt (1980) による南部スウェーデンで繁殖するカササギ (*Pica pica*) の研究である．観察された一腹卵数は，縄張りごとの餌条件を反映して 5〜8 卵まで変異した．「ある雌達は 5 卵しか産まないが，これは彼らが獲得した縄張りで効果的にヒナを育て上げられる最大数である」という仮説を検証するために，Högstedt は一腹卵数を操作する実験を行った．その結果，一腹卵数を多く産むつがいは大きなヒナ数で最もうまくやり，少ししか卵を産まないつがいは，より少ないヒナ数で最もうまく育て上げることを見い出した（図 1.9）．一腹卵数が変異する理由は，縄張りの質が一定の範囲内で変動するためであった．しかしそれでも，各つがいは自分が持った縄張りに適したヒナ数を世話していたのである．個体への一

<small>個体は異なる最適値を持つ</small>

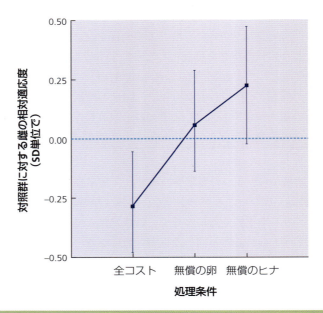

図 1.8 Visser & Lessells (2001) の実験における，シジュウカラの雌親の適応度．適応度は（次の繁殖シーズンまでの親の生存率）＋（0.5 × 次の繁殖シーズンまで生き残るヒナの数）として測定された．この測定方法の背景にある論理は，各ヒナが雌親の遺伝子の半分しか持たないため，その分，雌親自身の「遺伝的価値」の半分だけを持つだろうということである．雌親の適応度は，対照群（最初に産んだ一腹卵数のままで繁殖させた）との相対的な値として，3 つの実験群に対して測定されている．その 3 つの実験群とは，それぞれ 2 羽のヒナを余計に育てさせたものであるが，それに伴う過剰なコストを群ごとに変動させたものである（本文参照）．追加として無償でヒナや卵を与えられた雌親は，対照群よりも良い結果だったが，産卵と抱卵まで含めた「全コスト」を支払わなければならなかった雌親の適応度は，対照群よりも低かった．Visser & Lessells (2001) より転載．

腹卵数の最適化という事実は，シジュウカラ (Pettifor *et al.*, 1988; Tinbergen & Daan, 1990) やシロエリヒタキ (Gustafsson & Sutherland, 1988) でも，実験によって同じように示されてきた．

表現型可塑性：気候変動と繁殖時期

反応基準

1 つの遺伝子型が，環境条件に反応してその表現型を変化させる能力は，**表現型可塑性** (phenotypic plasticity) と呼ばれている．例えば我々は，一腹卵数という形質が季節や餌量に伴って変化する可塑的な表現型であることを見てきた．表現型の変動が連続的であるときには，各遺伝子型における表現型と環境の関係は**反応基準** (reaction norm) と呼ばれている（図 1.10）．直線の高さ（形質値）や傾き（形質値が環境に反応して変化する様式）には遺伝的な変動があるかもしれない．鳴禽類において繁殖シーズンの早い時期に行われる繁殖が，気候変化に反応していることを示した最近の研究は，表現型可塑性の良い例を与

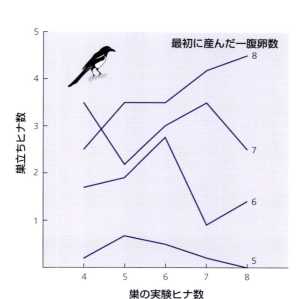

図1.9 カササギの一腹卵数の実験．最初に5〜8個の卵を産んだつがいに対して，子を減らしたり増やしたりする実験が行われた．元々，一腹卵数を多く産んだつがいは，子が多いときに良い結果を残したが，元々，一腹卵数が少ないつがいは，子が少ないときに良い結果を残した．Högstedt (1980) より転載．掲載は AAAS より許可された．

えている．さらにそれらは，行動の至近的要因と究極的要因を結び付けて一緒に研究することが，いかに有益であるのかを示すものになっている．

47年間をとおして（1961-2007），ワイタムの森のシジュウカラ個体群（イギリスのオックスフォードの近く）において雌の平均的な産卵日は，約14日早まってきた（図1.11a）．その主な変化は1970年代の中頃から始まってきており，ちょうどそれは春の気温が顕著に上昇し始めた時期と重なっていた（図1.11b）．この温度上昇はヨーロッパナラ（*Quercus robur*）の葉の出現と，それを食べるフユシャク（*Operophtera brumata*）の幼虫の出現を早めていた．フユシャク幼虫はシジュウカラのヒナにとって重要な餌である．気温の変化に伴うシジュウカラの産卵日の変化率（図1.11c）とフユシャク幼虫の出現の変化率（図1.11d）は類似していた．そのためシジュウカラは，ほぼ50年間，餌資源量の経時的変化の跡を離れず付いてきたことになる．

シジュウカラは，この対応をどのようにして可能にしてきたのであろうか？温帯で繁殖する鳥類にとって，春の日長の増加は，繁殖に必要な生殖腺の発達とホルモン環境の変化を始めるときの，一番の至近的手がかりである．しかし，産卵という反応自身は気温，餌量，社会的刺激などの別の合図に合うようにうまく調整されている可能性がある (Dawson, 2008)．繁殖が早まることに対する1つの可能な説明は，シジュウカラの個体群において，これらの至近的な手がかりに反応するような，異なる閾値を持った新しい遺伝子型（例えば，日が長くなると繁殖に入るよう指示する）を有利にする淘汰によって，微小な進化

春の暖化傾向とシジュウカラにおける繁殖の早期化

遺伝的変化か表現型可塑性か？

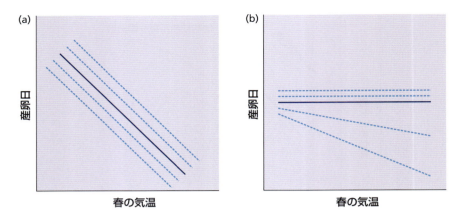

図1.10 春の気温に反応する産卵日の表現型可塑性．破線は，平均的な産卵日（直線の高さ）の違い，あるいは春の気温に反応した可塑性（直線の傾き）の違いを持つ雌個体の反応基準の例を表している．イギリスのワイタムの森では，シジュウカラは(a)のように反応した．つまりその可塑性においては雌間で有意な変動はなく，気温に対して個体群としての強い平均的変化反応（実線）が特徴的であった．一方オランダのホーヘ・フェルウェでは，シジュウカラは(b)のように反応した．つまり，気温に対する個体群の平均的変化反応（実線）は有意ではなかったが，雌個体の可塑性における変動は有意であった．Charmantier et al. (2008) を基に作成．掲載は AAAS より許可された．

的変化が生じたと考えることである．その他に可能な説明として，どんな遺伝的な変化も必要とせずに繁殖が早まることは，単に表現型可塑性から生じたとすることもできる．

　Anne Charmantier と Ben Sheldon およびその共同研究者達は，この2番目の仮説が，ワイタムの森のシジュウカラの気候変化に対する反応を説明することを示した．彼らは3年以上繁殖した644羽の雌の産卵日を解析した．これらの雌個体が示した春の気温に対する反応には，有意な変動はなかったので，すべての雌は似たような反応基準を持っていることが分かった（図1.10a）．さらに，これらの個体の反応の傾きも，個体群全体の傾向と類似していた（図1.11e）．よって個体群レベルの変化は，雌個体の可塑的な反応規模で完全に説明できることが分かった．

個体群間の違い

　オランダのホーヘ・フェルウェのシジュウカラ個体群の研究は，非常に異なる様相を明らかにしている（Visser et al., 1998; Nussey et al., 2005）．この場所でも，過去30年間（1973-2004）に同様な環境変化が生じた．つまり春後半の気温が温かになり，シジュウカラの餌資源である幼虫の出現が早まった．しかし，シジュウカラの産卵日の変化はなかった．そのため，オランダのシジュウカラの多くが，今や，腹を空かせたヒナ達に必要な幼虫の出現ピークよりも，遅れて繁殖してしまうという結果に至っている．その結果，雌の生涯繁殖成功は，研究期間をとおして低下してきている（繁栄しているワイタムの森の個体群とは対照的に）．各雌個体が示した年ごとの変化を解析すると，（ワイタムの

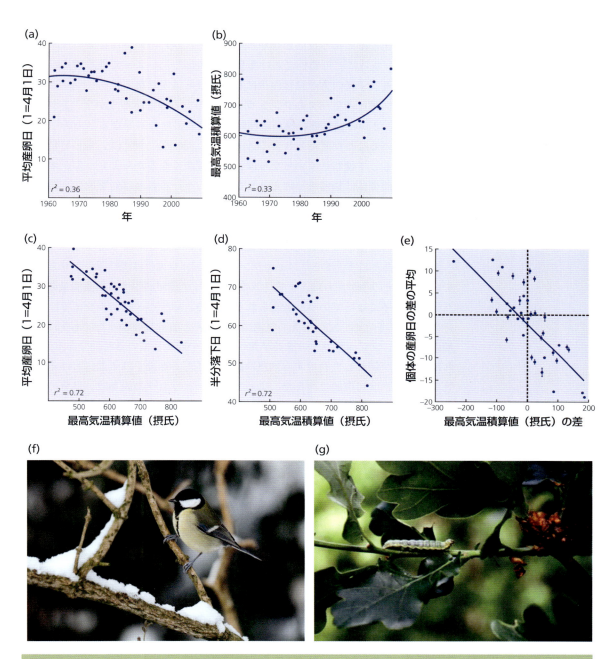

図1.11 (a) イギリスのワイタムの森で，シジュウカラの平均産卵日は，特に1970年中頃より早まってきている．(b) 春の気温上昇も早まってきている．春の気温の上昇は，3月1日から4月25日まで（産卵前期）の各日の最高気温の積算値である「最高気温積算値」を使って測定された．(c) 気温に対する平均産卵日の変化率と(d) 幼虫の出現率は互いに類似している．「半分落下日」とは，その春に地上トラップに落ちたフユシャク幼虫の全バイオマス（体重の総和）の半分が落ちた日のことである．(e) シジュウカラの雌個体の反応における表現型可塑性は，連続する2年間の春の最高気温積算値の差に対してプロットされた同じ個体の産卵日の差として測定された．図a-eはCharmantier et al. (2008)より転載．掲載はAAASより許可された．(f) シジュウカラの雌．写真©Thor Veen．(g) ヨーロッパナラの枝上にいるフユシャクの幼虫．写真©Jane Carpenter．

森の個体群とは異なり）雌の表現型可塑性には変動があった．いくつかの雌は気温の年変化にほとんど反応しなかったが，それ以外の個体は顕著に反応した（図 1.10b）．さらに，可塑性における変異は遺伝した．よって理論的には，より可塑的な遺伝子型の方が自然淘汰に有利になるはずである．

なぜオランダとイギリスのシジュウカラは異なるのであろうか？ 1つの可能性として，2つの個体群の雌が産卵時期を決めるために異なる至近的手がかりを使っていることが考えられる (Lyon et al., 2008)．例えば，もし日長だけが手がかりとして使われているならば，春が暖かくなるからといって，オランダのように雌個体は繁殖を早めたりしないだろう．それとは対照的に，鳥と幼虫の両方が，気温，あるいはその他の共通な環境の手がかりに反応しているのならば，幼虫の出現に生じるいかなる年変動に対しても，イギリスのようにシジュウカラの雌個体は自動的にその後に付いていくことになるだろう．

別の可能性として，イギリスとオランダのシジュウカラは同じ手がかりを使っているが，その手がかりは，イギリスの方で，ヒナ達が利用する餌資源量のより良い予測因子になっていると考えられる．一方，ホーヘ・フェルウェでは，最近の 30 年間をとおして，春先の気温にはほとんど変化はなかった（春先は，繁殖のために，シジュウカラの成鳥が食べ物を食い貯めしている時期である）．これは，ヒナが餌として利用する幼虫に影響を与える春後半の気温における，顕著な温暖化とは対照的であった．よって，シジュウカラの成鳥は，自分の子達にとっての餌資源が早期に利用可能になることを予測できなかったのかもしれない (Visser et al., 1998)．

結論として，個体群が餌資源量の変化に対処するためにどのように進化するのかを予測するためには，産卵時期の決定に使われる至近メカニズムを理解する必要があるということであろう．

行動，生態，進化

ここで，本書の主なテーマをまとめておくことにしよう．

第 1 に，進化の過程において，自然淘汰は将来の世代への自分の遺伝子的貢献度を最大にするような生活史戦略を取る個体に対して有利に働くだろう．シジュウカラにおける一腹卵数の最適化は，このことを量的に検証できることを示すに足る信頼性の高い実例であった．しかし，本書の後半では，子を持つことは将来の世代に遺伝子を送るための手段の 1 つに過ぎないことを知るだろう．では別の手段は何かというと，血縁者の繁殖を助けることである．そこで我々が問うべき疑問の 1 つは，個体がどちらの手段を選ぶかということに対してどんな要因が影響するかということである．

4 つの主要テーマ

第 2 に，生存や繁殖における個体の成功はその行動に必ず依存するので，淘汰は，採餌，捕食回避，配偶者の発見，子の世話などに対して効果的であるように個体を設計する傾向を持つだろう．資源は限られている．そのため，これら

の様々な活動の内部あるいは活動間で働くトレードオフが常に存在するだろう．例えば，個体が捕食を回避するやり方として最も成功するのは，集団の中に安全を求めることだろうか，あるいは自分だけが隠れることだろうか？　また，餌を食べるのに最も良い場所は，捕食の危険性が最も高い場所かもしれない．これらのトレードオフは自然淘汰によってどのように解決されるのだろうか？

　第3に，個体は乏しい資源をめぐって他個体と競争しなければならないかもしれない．これから知ることになるだろうが，対立は，配偶者あるいは縄張りをめぐって争うライバル間で起こるだけでなく，配偶ペアの間でも起こるし，親と子の間でも起こる．このような対立は，どのように解決されるのか？　あからさまな対立ではなく，ときには協力という結末はありうるのだろうか？

　第4に，個体は生態という舞台の上で自分の行動を実演するプレイヤーである．色々な種が，色々な生息地に住み，色々な資源を利用する．このような生態的舞台もまた，個体の最良の選択に影響を与えると期待される．そのため，個体がどのように行動するかに対して，生態的条件はどのように影響するかを調べることになるであろう．

　本書では，微生物からミーアキャットに至る広い範囲の生物に対して，同じ基本的な理論がどのように適用できるかを示すつもりである．そして，その理論を野外や実験室内で検証するために計画された注意深い実験に見られる工夫と出会うことになるであろう．とりわけ我々は，自然界の不思議さを理解し評価するのに，行動生態学からのアイデアがいかに助けとなるのかを示したいと望んでいる．

要約

　行動生態学の目的は，生物個体が，物理的環境や社会的環境における生態的条件（競争者，捕食者，寄生者も含めて）に関連して，どのように進化したかを理解することである．そのとき，個体が特定の行動をその一生の間にどのようにして開始するかを説明する至近的要因と，進化上の適応的有利性を問題にする究極的要因を区別することが重要である．自然淘汰は遺伝的な差異に対して有効に作用するものである．よって，遺伝的差異がどのようにして表現型における差の原因になるかを説明する例が議論された．具体的には以下の行動である．ショウジョウバエの採餌，学習，求愛行動；ミツバチの採餌；ハクガンとネズミの体色と配偶者選択や生息地選択；ズグロムシクイの渡り戦略．これらは，最近起こった行動の進化的変化の例である．

　一般的に，個体は集団の利益ために行動するのではなく，将来の世代への自分の遺伝子の貢献度合いを最大にするよう行動すると期待される．野外実験によると，シジュウカラの一腹卵数は個体の生涯繁殖成功を最大にするものであることが明らかにされた．生活史トレードオフは，今行っている繁殖での子達の質と量の間のトレードオフと，今行っている繁殖と将来の繁殖の間のトレー

ドオフを含むものである．

シジュウカラが，温暖化する気候に関連させて，繁殖時期をいかに早めてきたかを調べた最近の研究が紹介された．それらは表現型可塑性（環境条件に反応して色々な表現型を発現させる単一の遺伝子の能力）の良い例を与えている．それらはまた，進化的反応の十分な理解には，至近要因と究極要因を結び付ける研究が必要であることを示すものになっている．

もっと知りたい人のために

Niko Tinbergen (1974) や Bert Hölldobler & Edward O. Wilson (1994) による古典的な本は，野外で観察したり散策することの面白さを詰め込んだものである．Richard Dawkins (1982, 1989) による本は，なぜ進化は，種とか集団ではなく，個体と遺伝子を利する行動に有利に働くかを説明している．Reeve & Sherman (1993) は，Tinbergen の4つの疑問の違いとそれらの間の関係を明快に議論している．Scott-Phillips et al. (2011) は，人間の行動に対する至近的疑問と究極的疑問の区別について議論している．Robinson et al. (2008) は，遺伝子と社会行動について概説している．Pulido (2007) は，鳥の渡りに関する集団遺伝学と進化について概説している．Godfray et al. (1991) は一腹卵数について概説している．Both & Visser (2001) は，北ヨーロッパで繁殖する渡り鳥において，繁殖地での気候変動による春の早まりに対する反応がどのように制約を受けるかを示している．というのも，アフリカで越冬した後の渡りは，その越冬地での日長の変化によって引き起こされるからである．

討論のための話題

1. ある行動パターンの直接的原因や発達，進化を理解していなかったとしても，それでも，その行動パターンの機能を調べることは可能だろうか？
2. この章では，ライオンの雄が群れを乗っ取ったときに起こす子殺しは，雄の利益のために進化したと結論付けられた．一方，別の仮説として，子殺しは新しい雄グループが乗っ取ったときの混乱に伴う非適応的な結果に過ぎないとするものがある．これらの仮説はどのように区別したらよいだろうか？
3. ある年により大きな一腹卵数を持つことが，どのようにして親の将来の繁殖成功の低下につながるのかを議論せよ．また，自分の仮説をどのようにして検証したらよいだろうか？
4. 野外調査からデータとして得られた一腹卵数が「最適」であるかどうかを調べるときの問題を議論せよ．もし自分の研究で，一腹卵数が最適でないように示されるとき，それをどのように結論付ければよいだろうか？（Tinbergen & Both (1999) を参照せよ）．急速な環境変化は，最適状態から少し外れた一腹卵数を導くだろうか？

第2章
行動生態学における仮説の検証

写真 © Susana Carvalho

　行動の機能を明らかにするための厳密で科学的な方法には，次の4つの段階がある．観察，仮説策定，予測，そして検証である．最初の2つ，観察と仮説策定は，しばしば同時に行われる．特定の動物の行動や生態に関して適切な疑問を持てるようになるまでには，その動物を知るための長い年月が必要であろう．Niko Tinbergen (1953) のカモメの研究は，野外でのカモメの行動について長年に渡る大変な観察を行った結果に基づいている．動物の行動や生態を観察していて，よく理解できないところがあったとしたら，その先どのように研究を進めるべきだろうか？

　例えば，ある動物が単独ではなく群れで生活するのはなぜかを明らかにしたいとしよう．群れ生活の機能についての観察だけからでも，強力なヒントが得られるかもしれない．例えば，もしその動物が繁殖期にだけ群れで生活するなら，群れ生活は繁殖成功を増加させる利点があるのではないかと疑われる．一方，もしその動物が冬だけ群れで生活するならば，採食効率を上げる，あるいは捕食者を避けることに関連して，彼らの生存率を改善することに利点があるのではないかと推測できるだろう．これらの考えは，主に以下の3つの方法で検証することができる．

(1) 同種内での個体間の比較．群れを作る個体は，単独個体よりも採食や捕食者の回避などでより大きい成功を収めるかもしれない．さらに，その成功度は群れの大きさに伴って変化するだろう．ただ，問題は交絡する要因の存在である．例えば，単独生活のために成功度が低いのではなく，弱い競争者だから単独生活せざるを得ないのかもしれない．あるいは群れをなす個体が成功するのは群れるからではなく，質の良い生息地に住んでいるからかもしれない等々である．

仮説検証のための3つの方法

(2) 実験．よって実験をする方が良い場合がしばしばある．実験では，一度に1つの要因だけを変えることができる．例えば，他の状況はそのままにして群れの大きさだけを変えて，いかに群れサイズが成功度合いに影響を及ぼすかを確かめることができる．行動の機能に関する問いに答えるた

めの，素晴らしい野外実験の方法を開拓したのは，Niko Tinbergen である．例えば，カモメの巣が間置き的に設置されるのは，捕食者からの攻撃を減らすためであるという仮説を検証するために，彼は，実験的に異なる間隔パターンで卵を配置した．その結果，集中分布させた場合には，自然界で見られる均一分布に比べ，より多くの卵が捕食されることを発見した (Tinbergen *et al*., 1967)．

(3) 種間の比較．異なる種は，異なる生態的条件と関連して進化してきた．よって種間の比較を行うことで，例えば採食生態や捕食圧の違いが，群れ生活や単独生活の傾向にいかに影響を及ぼすのかを理解することができるであろう．比較法の利用は，いわば，進化的時間をとおして自然淘汰によって行われてきた実験の結果を見るようなものである．これらの「実験」の結果が，現在観察される様々な種の行動デザインなのである．例えば，群れ生活は，採食や捕食に伴う特別な条件を経験した種で，最も頻繁に起きているのかもしれない．

本章では，適応を研究するための最後の 2 つの方法に焦点を当てるつもりである．最初に種間の比較から始めよう．

比較法

行動の種間差を生態の差と相関付ける

比較という発想は，適応についてのほとんどの仮説の核心部分である．つまり動物が自然界で採用している様々な戦略について何らかの印象を与えてくれるのは，色々な種の比較研究なのである．我々が特定の種の行動の機能的な意味を問うときには，たいてい，その種の行動が他の種と異なっているのはなぜかという疑問を持っているものである．例えば，A 種は群れで生活するのに B 種は単独で生活しているのはなぜかとか，B 種の雄は 1 羽の雌とだけつがい関係を結ぶ一夫一妻なのに，A 種の雄は複数の雌と配偶する（一夫多妻）のはなぜかなどである．適応を研究する強力な方法は，近縁種のグループを比較して，彼らの行動の差がどのように生態的条件の差異を反映しているかを見つけようとすることである．

Darwin 自身も，適応についての考えを検証するために比較の方法をよく用いた．『種の起原』（1859：6 章）では，哺乳類の若い個体の頭蓋骨にある継ぎ目は，出産を容易にするために特に進化したものではないかという疑問を持った．しかし継ぎ目は，「単に破れた卵から抜け出さなければならないだけ」の鳥類や爬虫類の若い個体の頭蓋骨にも生じていると述べている．そのため，「頭蓋骨の継ぎ目は単に成長の法則から生じたものであり，その後，高等な動物の出産において利点を持つようになった」と結論付けた．『人間の由来』（1871：8 章）では，彼は性淘汰の効果を示すために頻繁に比較の方法を用いた．そこでは「アザラシの一夫一妻の種では，雄と雌は同じような体サイズとなり，雄がハレムを守る種では，雄は雌よりも「巨大」になった．そして雄が最も巧みな

襟巻きの飾りを持つようになった鳥類は，一夫多妻の種である」と述べている．

まず行動的適応について，比較の方法を用いたいくつかの先駆的研究について述べることにする．これらの研究は，他の動物グループを研究している人々にも，比較法を自分の研究に用いてみようという気にさせてきた．そして，比較法に基づいて仮説を立てる場合とそれを検証する場合に起こるいくつかの方法論上の問題点を指摘する．最後に，これらの比較法の問題点を克服しようとした最近の研究からいくつかの例を取りあげてみたい．

捕食リスクに関連したカモメの繁殖行動

カモメの多くの種は，彼らの卵やヒナが哺乳類（キツネやオコジョなど）や鳥類（カラスや他のカモメなど）から捕食されやすい地表面に巣を作る．ユリカモメ（図 2.1a）のような地面に巣を作る種の繁殖形質の多くは，捕食リスクを低減するように適応していると理解できるようである．例えば親鳥は，捕食者が近付いてくると，そのたびに飛び立ち，警報を発し，その捕食者に攻撃を加える．また巣の近くで排泄することを控えることで，巣のカムフラージュ効果を維持し，さらに孵化するとすぐに卵殻を他へ移動させる．これは空の卵殻の白い内部が捕食者を引き付けてしまうからである．卵と同様に，ヒナも隠蔽的な体色をしている．孵化するとヒナはすぐに巣を出て，草むらに隠れてしまう．これは隣の子達と一緒にしてしまう傾向を進め，よって親鳥は自分のヒナの鳴き声を早いうちに学習によって認知し，ヒナへの世話を確実に実行できるようにしていると理解されている．また親鳥は，隠れたヒナに対して餌があることを知らせるために給餌コール（親が給餌のときに発するヒナへの呼び声）を発する．

これらの形質が捕食リスクに反応して進化したという仮説を，どのように検証すればよいだろうか？　もちろん検証がない限り，この考えは単に尤もらしいお話でしかない．この章の後の方では，これらの形質のうち，卵殻を巣から

捕食リスクを低下させる一連の適応

図 2.1　(a) ユリカモメは地表面に営巣する．写真ⓒosf.co.uk．無断転載禁止．(b) ミツユビカモメは急な崖の狭い岩棚に営巣する．写真ⓒiStockphoto.com/Liz Leyden．

表 2.1 カモメの2種の繁殖形質の比較：地表に営巣するユリカモメ (*Larus ridibundus*) と崖に営巣するミツユビカモメ (*Rissa tridactyla*) (Cullen, 1957).

形質	ユリカモメ	ミツユビカモメ
営巣場所	地表	急な崖の岩棚
巣の捕食リスク	高い	低い
捕食者への親の反応	すぐに飛び立ち，警戒声を発し，捕食者を攻撃する	捕食者が近付くまで巣に留まり，あまり警戒せず，攻撃も弱い
巣の構造	ずさんな作りで，中は浅い	巧みな作りで中は深い
巣の隠蔽	親は巣の近くに排便しない	親は巣の近くに排便する
	親は卵の殻を取り除く	親は卵の殻を取り除かない
ヒナの行動	隠蔽的体色（黒マークを持つ茶色）で隠蔽的行動（草むらにしゃがんだりして隠れる）	隠蔽的でない体色（白色と灰色）で騒ぎを気にしない
	弱い爪を持つ	登るための強い爪と筋肉を持つ
	数日で巣を出る	飛べるようになるまで巣に留まる（約6週間）
	攻撃を受けると逃げ去る	攻撃を受けても逃げない
	発達途中で活発な羽ばたきやジャンプを行う	活発な動きはほとんどない
親によるヒナの認知	数日のうちに完了	巣立ちまでの約5週間は認知しない
ヒナへの給餌	親は隠れたヒナを引き付けるため給餌コールをする	親は給餌コールをしない
	親はよく餌を地面に吐き戻す	親は餌をヒナの口に直接渡す

取り除く行動形質の機能が，実験によって簡単に検証できることを見てみよう．しかし，その他の形質，例えばヒナの行動と親の給餌コールなどは，それほど簡単に操作することはできない．例えば，ヒナが隠れないように操作したり，あるいは親鳥がコールしないように操作することはとても難しい．

地表営巣者を岩棚営巣者と比較する

Niko Tinbergen の研究学生である Esther Cullen は，ミツユビカモメ（図 2.1b）の崖に巣を作る繁殖形質について，比較の手法を用いて対捕食仮説を支持する結果を示した．ミツユビカモメの巣は，哺乳類の捕食者が急な崖を簡単には降りられないことによって安全に保たれる．また崖では激しい風が吹き，空中からの攻撃が困難であることから，鳥類の捕食者からも安全に保たれる．このような捕食リスクの低減に反応したものとして，ミツユビカモメの繁殖形質の相違点（ユリカモメと比較して）を理解することができる（表 2.1）．つまり親鳥は，捕食者が通り過ぎても，めったに警報を発せず，また巣に留まったままである．器状の巣 (nest cup) も，より凝ったものになっている（卵を狭い岩棚に並べて保持する）．安全な巣であるためカムフラージュする必要がなく，そのため親鳥は巣のそばで排泄する（はね散らして，岩棚を白くしてしまう）．また卵殻を除去しない．ヒナは隠蔽色でなく，捕食者を見てもそれを無視し，飛び立てるようになるまで（約6週齢）ずっと巣に留まったままである．自分のヒナが巣からさまよい出て，他のヒナ達と一緒になることがないので，親鳥は

孵化の後すぐにヒナを認知する必要がない．Cullen の実験では，ミツユビカモメは自分の巣に他の巣のヒナがいても，それを受け入れ，ずっと後になるまで自分自身のヒナを認知しないことが示された．最後に，ヒナ達は隠れないので，餌の到着を知らせるために親が給餌コールを発する必要もなかった．

よって，これら一連の様々な行動形質は両繁殖場所の捕食リスクの違いに反応した適応として進化したという仮説は，ユリカモメとミツユビカモメの形質の違いによって強力に支持されている．

ハタオリドリ類の社会構造

カモメで用いた比較は，ちょうど 2 種間のものであった．より多くの種を含めた比較は明らかに解析力を向上させるだろう．社会構造の系統的な比較解析を初めて試みたのは，John Crook (1964) である．彼は約 90 種のハタオリドリ (Ploceinae) を研究した．ハタオリドリ類は，アフリカとアジアの全域に生息するスズメのような小型の鳥類である．これらの種はその多くがお互いにかなり似ているけれども，その社会構造には際立った違いを持つ．いくつかの種は単独性で，また他の種は大きな群れで生活する．防衛する広い縄張り内に目立たない巣を作る種もいれば，集団でコロニーを作って営巣する種もいる．雄と雌が生涯つがいの絆を結ぶ一夫一妻の種もいるが，一方，雄が複数の雌と配偶し，子どもの保育にはほとんど参加しない一夫多妻の種もいる．この著しく多様な行動（図 2.2）の進化をどのように説明すればよいだろうか？

Crook の方法は，これらの社会構造の様相とその種の生態の相関を調べることであった．彼が考えた生態的要因は，食物の種類，食物の分布と豊富さ，捕

食性と相関させた社会行動

図 2.2 ハタオリドリの社会構造の違い．(a) アカガシラモリハタオリ (*Anaplectes melanotis*) は，森林の中で分散した縄張りを持ち，一夫一妻のつがいでよく繁殖する昆虫食の鳥である．(b) ミナミメンガタハタオリ (*Ploceus vellatus*) は，サバンナにおいてコロニー営巣をし，一夫多妻で繁殖する種子食の鳥である．(c) ズグロウロコハタオリ (*Ploceus cucullatus*) は，サバンナでコロニー営巣をし，一夫多妻である別の種である．写真 ©Warwick Tarboton．

表 2.2 ハタオリドリ (Ploceinae) の生息地と食性に関連した社会構造 (Crook, 1964; Lack, 1968).

生息地	主な餌	各カテゴリーに入る種数				
		つがいの関係		社会性		
		一夫一妻	一夫多妻	単独	集団縄張り	コロニー性
森林	昆虫	17	0	17	0	1
サバンナ	昆虫	5	1	4	0	2
森林	昆虫＋種子	3	0	2	0	1
サバンナ	昆虫＋種子	1	7	1	0	7
草原	昆虫＋種子	1	1	1	0	1
サバンナ	種子	2	11	0	1	16
草原	種子	0	15	0	13	3

食者，営巣場所であった．彼の解析では，ハタオリドリは 2 つの大きなカテゴリーに分けられた（表 2.2）．

(1) 森林に生息する種は，昆虫食で，単独採餌し，大きな縄張りを守り，その中に目立たない巣を 1 つ作る傾向がある．彼らは一夫一妻で，雄と雌は似たような羽毛色をしている．

捕食と餌分布は重要な淘汰圧である

(2) サバンナに生息する種は，種子食で，群れで採餌し，大きな目立つ巣を集団で作る傾向がある．彼らは一夫多妻であり，羽毛色に性的二型が存在する．雄は鮮やかな体色をしているが，雌はかなり地味である．

ハタオリドリ類の行動と形態は，なぜこれほど顕著にその生態と関係しているのであろうか？ Crook は，社会構造の進化に影響を与えた主な淘汰圧は，捕食と餌であるとしている．彼の主張は以下の通りである．

(1) 森林では，餌となる昆虫は散らばって生息している．よってハタオリドリ類は，単独で採餌し，餌がまばらに分布した場所を縄張りとして防衛する方がよい．餌は見つかりにくいので，両親は協力してヒナに餌を与えなければならない．そのため，繁殖期間中ずっとつがいのままでいることになる．雄と雌が巣に通うと目立つので，捕食者を引き付けないように両者は地味な体色でなければならない．隣の巣から離れた場所に目立たない巣を作ることで，捕食の危険性を低下させている．

(2) サバンナでは，種子はパッチ状（まばらで局所的）に分布し，場所によっては非常に豊富になる．そのとき種子の豊富なパッチを見つけるには，群れになった方が広範囲を探索することができるので効果的であろう．さらに種子パッチは非常に多くの種子を含んでいるため，鳥が採餌するとき，たとえ群れであってもほとんど競争にはならないはずである．またサバンナでは巣を隠すことができないため，刺を持つアカシアの木のような防衛しやすい安全な場所が巣場所として必要となる．巣はしばしば巨大で，太陽からの熱を遮断する効果を持っている．繁殖に適した良い場所は少なく，また分散しているので，多くの個体は同じ木で一緒に営巣する．コロ

ニー内部では，雄は営巣場所をめぐって競争し，最も良い場所を確保した雄が複数の雌から好まれる．一方コロニーのあまり良くない場所しか持てなかった雄は繁殖に失敗する．さらに餌は豊富なので，雌は自分だけでヒナに給餌できる．そのため雄は保育の仕事から解放され，より多くの雌を引き付けるために時間を使うことができる．このことが，雄の羽毛色がより鮮やかな色となり，一夫多妻が進化するのを進めたと考えられる．

　この説明を支持する証拠を得るには，中間的な生態を持つハタオリドリ類の種でどうなっているかを調べればよい（表2.2）．草原で種子を食べる種にとって，餌資源はパッチ状に分布する．そのため餌を効果的に見つけるためには，群れで生活するようになっている．しかし草原では巣は捕食者から襲われやすいので，各巣は離れて間置き的に分布するようになっている．よって結果は折衷的で，これらの種は中間的な社会構造を持つ．すなわち，あまりしっかりとまとまっていないコロニーで営巣し，採食は群れで行う．

　これらの結果は，社会構造の決定において餌と捕食がいかに重要な要因であるかを示唆するものである．ハタオリドリの例は，さらに営巣様式，採食行動，羽毛色，配偶システムといったいくつかの異なった形質が，同じ生態的要因の結果としてまとめて考察できることを示している．Crookのハタオリドリ類の研究に触発された研究者達は，他の分類群の社会構造の研究にも比較の方法を利用した．David Lack (1968) はこの議論を鳥類のすべての種に発展させ，Peter Jarman (1974) はアフリカの有蹄類に対して同じ手法を用いた．

アフリカの有蹄類の社会構造

　Jarman (1974) は，アフリカの有蹄類の74種について考察した．これらすべての種は植物食であったが，細かく見ると植物の種類は異なっており，その違いは移動性，配偶様式，対捕食者行動の様式の違いと関係していた（図2.3）．これらの種は5つの生態的カテゴリーに分類された（表2.3）．これを見ると，ちょうどハタオリドリ類のように，いくつかの適応現象が同時に生じたようである．

　食物と社会構造に最も強く相関しているのは体の大きさである．体の小さな有蹄類は，単位重量当たり高いエネルギー代謝が必要である．よって野イチゴや新芽など質の高い食物を選ぶことが必要となる．これらの植物は森の中に分散して存在するので，小さな有蹄類は単独で生活せざるを得ない．そして森の中で捕食者を避ける最良の方法は，身を隠すことである．雌が分散して生息するので，雄も分散せざるを得ない．そのため最も一般的な配偶システムは，つがいとなって同じ縄張りを共有することである．

　これとは対極にある極端な例として，最も体の大きな有蹄類は，栄養価の低い食物を大量に食べ，草原の植物を選り好みしない．このような場合，食物を守ることは経済的でないので，これらの種類の有蹄類は，雨が降って新鮮な植

体サイズ,餌メニュー,社会構造

図2.3 アフリカの有蹄類の社会構造の違い．(a) キルクディクディク (*Madoqua kirki*) は森でつがいを作り生活する．写真©Oliver Krüger．(b) インパラは開けた森や草地で小さな群れを作り生活する．写真©Bruce Lyon．(c) ワイルドビーストは開けた草原で大きな群れを作り草を食べる．写真©iStockphoto.com/William Davies．

物が繁茂すると，それを求めて群れでさまよい歩く．そのような大きな群れでは，最も強い雄が，ハレムを守ったり，交尾権を持つ優位階級として，複数の雌を独占する可能性がある．捕食者が近付いてきても，見通しのきく草原では隠れることができないので，逃げるか，もしくは数を頼りに群れの安全を図る．一方，中型の有蹄類は上述の両極端の中間的な生態や社会構造を示す（表2.3）．

比較法による初期の研究の限界

　これらの初期の研究は，行動生態学における比較法の将来性を示したといえるだろう．しかし，その方法には限界もあった．それら限界の多くは，比較法を用いた研究だけに留まらず広く当てはまるものなので，本書の全体を通じて心に留めておくのがよいだろう．

比較データを解釈するときの問題

(a) 対立仮説

　行動の違いに関する説明は，かなり尤もらしく見えるが，それに代わる対立

	典型的な種	体重(kg)	生息地	食性	群れサイズ	繁殖単位	対捕食者行動
階級1	ディクディク,ダイカー	3〜60	森林	果物,新芽の選択的採食	1もしくは2	つがい	隠遁
階級2	リードバック,ジェレヌク	20〜80	低木叢林,川辺の草原	選択的採食,草食	2〜12	雄によるハレム	隠遁,逃避
階級3	インパラ,ガゼル,コープ	20〜250	川辺の林や乾燥した草原	草食,木の葉の採食	2〜100	繁殖期に雄の縄張り	逃避,群れ内で隠遁
階級4	ヌー,ハーテビースト	90〜270	草原	草食	150頭以下,移動時は数千頭	群れ内で雌を守る	群れ内で隠遁,逃避
階級5	エランド,アフリカ水牛	300〜900	草原	非選択的草食	1000頭以下	群れで雄に優位性階級	捕食者から集団防衛

表 2.3 アフリカの有蹄類（ウシ科）の,各種の生態に関連した社会構造 (Jarman, 1974).

仮説について厳密には考察しなかった．例えば，ユリカモメとミツユビカモメの営巣場所の違いは，同時に避難場所の存在，営巣場所をめぐる競争，採食場所への近さなどにおける違いとも相関していそうである．これら代わりの要因のどれかではなく，捕食が最も重要な淘汰圧であることをどのように確かめればよいのであろうか？

(b) 生態的要因の定量化

生態的要因は定量化されてこなかった．例えば，ハタオリドリ類の場合，昆虫は「分散」しているのか？　そして植物の種子は「パッチ状（まばらで局所的）」に分布しているのか？　これらにおける違いは，個体による資源利用の経済学に正確にどれくらい影響を与えるのだろうか？

(c) 原因と結果

種子食のハタオリドリが，群れで生息しているという観察例を考えてみよう．種子食の鳥がなぜ群れをなすのかという点に対しては，パッチ状に分布している食物源を発見するのに群れを作ることが最もよい方法であるからだと説明した．しかし，同様に，捕食圧によって群れ生活が進化するよう淘汰されたとも説明できる．捕食から逃れるためには群れにならねばならず，群れのメンバー全員が十分に採食できるように，一ヶ所にかたまっている食物源を選ぶように淘汰されたのだとも説明できる．この場合，種子食であることは群れ生活の結果，もしくは群れの果たす効果によるものであり，群れ生活をする原因ではない．おそらく，森林に生息する昆虫食のハタオリドリ類にも，捕食圧は群れ生活を進化させるような淘汰圧として働いたと思われる．しかし，食物（昆虫）が群れでの採餌に対応していないので，それらの鳥は単独生活者にならざるを得

なかったのだろう．

(d) 別の最適点か，それとも適応していない変異か？

様々な種を比較する場合に，各種の違いはそれぞれの生態的条件に対して常に適応的であると見なしがちである．しかしそのような種間の差異の中には，同じ生態的な淘汰圧に対する代替の解決方法の違いに過ぎないものがあるかもしれない．今仮に，火星から地球に生態学者がやってきたとすると，アメリカ合衆国では車が右側通行しているのに，イギリスでは左側通行しているのを発見するだろう．火星からの生態学者は，両国の差異の適応的な意味を説明できる生態的な要因を発見しようと，一生懸命，様々な測定をするかもしれない．しかし答えは見つからず，実際のところ右側通行も左側通行も交通事故を防ぐために同じように有効で，どちらであってもよい方法だということが分かるに違いない (Dawkins, 1980)．

> 種間のいくつかの違いは，同じ問題に対する異なる解決を反映したものかもしれない

様々な動物の間に見られるいくつかの差異は，上に述べたようなものかもしれない．例えば，ヒツジは闘いのために角を用いるが，シカは枝角を用いる．角は皮膚が変化したものだが，枝角は骨が変化したものである．角と枝角の間に見られる差が生態的差異を反映していると見なす必要はない．単に異なる材料に同じ機能を持たせるように，進化が作用しただけであろう．また，適応していないという仮説は，他の仮説がすべて当てはまらない場合の窮余の策である．というのも，非適応という仮説を採用すれば，それ以上の研究は不必要になるからである．また，様々な差異を説明できる他の適応的な説明もおそらくあると思われるが，まだそれを発見していないだけかもしれない．例えば，枝角は毎年抜け落ちて新しいものに生え変わるが，角は生え変わらない．この両者間の差は，おそらく雌をめぐる競争や，食物供給の季節変動に関連したものではないだろうか？

> 独立なデータとは何か？

(e) 統計解析と独立データ

結論に対してどれくらい信頼を置けるのかを述べるためには，統計解析が必要である．その統計解析のためには，何が独立なデータ点となっているのかについて注意深く考える必要がある．例えば，Crook のハタオリドリ類の解析では（表 2.2），草原に生息する 16 種のうち 14 種がキンランチョウ属 (*Euplectes*) という 1 つの属に含まれている．これらすべての種の場合が，独立な「進化的実験」結果であると考えてよいものだろうか？ 同じ属に含まれる種は，しばしば祖先が共通であるということだけで，似た行動形質を持つかもしれない．このように多くの種を含む属が存在した場合，種レベルのデータの解析は統計的に偏った結論を出してしまうだろう．

要約

　これらの批判は重要である．しかし，そのことが比較の方法が駄目だということを意味するものでは決してない．それどころか，この方法は極めて多様な行動や形態を，同じ生態的な枠組みの中で，ひとまとめに扱うことができるという意味で，非常に感動的である．ハタオリドリ類を対象にした Crook の研究や，有蹄類を材料にした Jarman の研究は，他の動物に対して生態学的研究をする場合のモデルとして役立ってきた．最近の比較研究では，これらの様々な問題点を解決しようという試みがなされている．今までの批判を心に留めつつ，方法を改良することで，様々な動物の種間比較をより正確に行った他の例を，これから議論しよう．

霊長類の生態と行動に対する比較法

　ハタオリドリ類や有蹄類の場合のように，霊長類も様々な社会構造を持つ（図 2.4）．メガネザル類は，単独性の昆虫食で，森林に生息し，夜行性である．一方，コロブスモンキーなどは，森林に住む昼行性のサルであり，小さな群れで生活し，葉や果実を食べる．その他のヒヒ類のようなサルは，地上性で 50 頭から数百頭の大きな群れで生活する．類人猿の中では，オランウータンは単独性で，テナガザルはつがいや小さな家族単位で生活し，チンパンジーは 50 頭もの群れで生活するときがある．

　1970 年代と 1980 年代に，Tim Clutton-Brock と Paul Harvey はこの霊長類の社会構造の多様性の進化を解析するために比較法を用いた．彼らの解析は，比較法を使った初期の研究と異なり，3 つの顕著な改良を導入したものであった．第 1 に，彼らは行動と形態の様々な様相を連続尺度で測定した（各種の霊長類を，色々な形質を基にグループに分類するのではなく）．第 2 に，いくつかの代わりの仮説も考え，多変量統計学を用いて，様々な生態的要因の効果を各形質上で分割した．第 3 に，解析のとき，祖先を共有することからくる類似性の問題を少なくするために，種ではなく異なる属を独立なデータ点として用いた．彼らのやり方を説明するために，これからいくつかの例を議論してみよう．

比較研究における 3 つの改良

行動圏の範囲

　一般的に，体の大きな動物は多くの食物を必要とするから，より大きな行動圏を持つと考えられる．だから，食物のような生態的要因が，どのように行動圏の大きさに影響を及ぼしているかを調べたければ，交絡する要因の 1 つである体重の影響をなくさなければならない．いま，縦軸に行動圏の広さを取り，横軸にそこに住む群れ内のすべての個体の体重を加えたものを取ってそれぞれの点をプロットすると，群れの総体重が大きくなるほど，大きな行動圏を持つことが分かる（図 2.5）．

　行動圏の大きさに対する食性の影響は，特殊な餌を食べるグループ（昆虫食

食性に伴う変異

図 2.4 霊長類の社会構造の違い．(a) 単独性で昆虫食のメガネザル．写真© iStockphoto.com/ Holger Mette．(b) 森林で葉を食べるアビシニアコロブスの小さな群れ．写真© iStockphoto.com/ Henk Bentlage．(c) 地上で草の葉や根を食べて暮らすゲラダヒヒの大きな群れ．写真© iStockphoto.com/ Guenter Guni．

や果実食のもの）を，葉を食べるグループ（食葉性）から分けた場合に，はっきりさせることができる．特殊な餌を食べるものは，食葉性のものに比べて，群れの総重量が同じでも，より広い行動圏を持っている．これは，おそらく次のように説明できる．果実や昆虫は，葉に比べて，分散して分布しているから，特殊なものを食べる動物は十分な餌を見つけるために，より広い採餌場所を必要とするのだろう．

体重における性的二型

霊長類では，たいてい雄は雌より体が大きいことが知られている．このことを説明する2つの仮説が考えられる．1つは，両性の体重が異なることによって，雌雄が異なった食物のニッチを利用でき，競争が避けられるという仮説である (Selander, 1972)．この仮説が本当ならば，雄と雌がいつも一緒にいて，同じ地域で採食する一夫一妻の種において，性的二型が最も発達していると予想できる．他の仮説は，性的二型が性淘汰を通じて進化的に有利になったというものである (Darwin, 1871)．交尾相手をめぐる競争が重要な要因だとすると，一夫多妻の種で，性的二型がより発達していると予測される．なぜなら，雄が

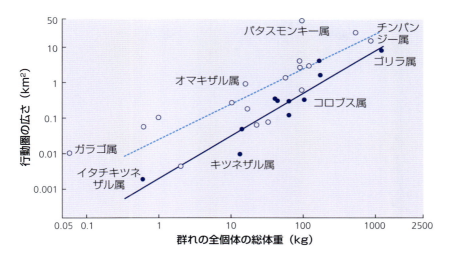

図 2.5 霊長類の様々な属において，行動圏内にいる群れの全個体の総体重に対してプロットした行動圏の広さ．紺丸は葉食の属を表し，それらに対して実線の回帰直線が引かれている．白丸はより専門的な食性（昆虫食，果実食）の属を表し，それらに対して破線の回帰直線が引かれている．いくつかの属には属名が付けられている．Clutton-Brock & Harvey (1977) より転載．

大きければ複数の雌を独占でき，有利だからである．

いくつかの種を比較した結果，次のことが明らかになった．ニッチを分けるために性的二型が発達したという仮説から予測される傾向は全く認められず，反対に，雌をめぐる競争の結果として性的二型が進化したという仮説を支持するデータが得られた．すなわち，繁殖集団において，雄が 1 頭当たりより多くの雌を所有するような属では，雄の体が雌に比べて大きくなっていた（図 2.6）．

> 性的二型は配偶機会をめぐる競争から進化する

歯の大きさにおける性的二型

雄は，しばしば雌より大きな歯を持っている．このことについても 2 つの仮説が考えられる (Harvey *et al.*, 1978)．1 つは，大きな歯は捕食者から群れを守るために雄に進化したというものである．もう 1 つは，雄が大きな歯を持つのは，雌をめぐる競争に打ち勝って雌を手に入れるためだというものである．ここでも体重という要因が入り込む問題がある．つまり，雄は雌よりも体が大きいため，歯の大きさが雌雄で異なるのは，単に体の大きさの反映に過ぎないかもしれないからである．

雌の歯の大きさを縦軸に取り，体重を横軸に取って回帰直線を描くと，この問題を解決できる．同じグラフに，雄の歯の大きさをプロットすると，雄の犬歯の大きさが同じ体重の雌のものに比べ，大きいかどうかを知ることができる．その結果一夫一妻の雄の犬歯の大きさは，同じ体重の雌のそれと等しいことが分かった．ところが，ハレムを形成する種類では雄の歯が雌よりも大きかった．このことは，雄が大きい歯を持つようになったのは雌をめぐる競争によるとい

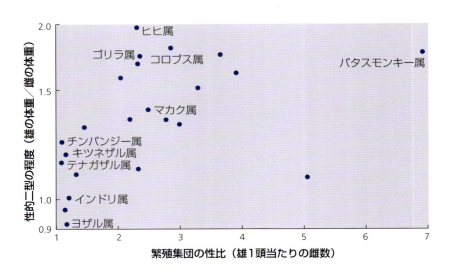

図 2.6 性的二型の程度は，繁殖集団の中で雄当たりの雌の数に伴って増大する．各点は異なる属を表す．いくつかの属には属名が示されている．Clutton-Brock & Harvey (1977) より転載．

う仮説を支持する．にも関わらず，捕食者から群れを守るために大きな歯を雄が持つようになったという仮説も捨て去ることはできない．なぜなら，ハレムを形成する種類は捕食者から最も狙われやすい種類でもあるからである．

集団の中に数頭の雄が同居する（複数雄群の）種について，この分析をさらに進めることができる．このようなタイプの社会構造を持つ種では，地上性の種の方が樹上性のものより大きな歯を持つことが分かった．それゆえ，同じような配偶システムを持っていても，生息地が異なれば，歯の大きさにも差が生ずることが分かる．樹上に比べて地上は捕食者からの攻撃にさらされやすい環境なので，地上性の種において大きな犬歯が進化した理由として，捕食者からの攻撃を考えることもできる．

配偶をめぐる競争と捕食者への防衛の両方が重要かもしれない

以上の結論は，歯の大きさにおいて性的二型が進化した理由は，雌をめぐる競争と捕食者の両方が働いたものだろうということだ．しかし他の可能性も考えられる．すなわち，歯の大きさが雌雄で異なるのは，餌をめぐっての雄と雌の競争を避けるために重要だからかもしれない．この例で分かるように，注意深く行われた分析でさえも，ある形質の進化に及ぼすいくつかの要因の効果を，それぞれ独立に明らかにすることは難しい．

睾丸の重さと繁殖システム

最も体重の重い霊長類であるゴリラ（*Gorilla gorilla*）とオランウータン（*Pongo pygmaeus*）は，1 頭の雄が数頭の雌を独占して交尾するという配偶システムを持っている．そして，それぞれの睾丸重量は 30 g と 35 g（睾丸総重量の平均値）である．対照的に，それらの種より体が小さいチンパンジー（*Pan troglodytes*）では，複数の雄がそのとき発情している雌と交尾するという配偶システムを取るが，その睾丸重量はなんと 120 g もある！　この驚くべき睾丸重量の差は配偶システムと関連があるように見える．単雄群（ゴリラやオ

ランウータン）の配偶システムでは，それぞれの雄は受精を確かなものにするのに十分なだけの精子を射精するだけで良い．しかしながら，複数雄群の配偶システム（チンパンジー）では，ある1頭の雄の精子は他の雄達の精子と競争しなければならない．だから，淘汰は多くの精子を生産する雄に味方し，その結果，大きな睾丸が有利になったのであろう．

Harcourt *et al.* (1981) は，体の大きさが320gのマーモセット (*Callithrix*) から170kgのゴリラまで，20属の霊長類を比較することによってこの仮説を検証した．

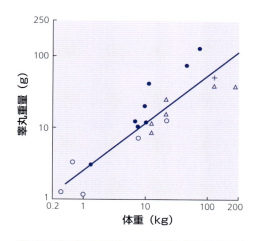

図 2.7 霊長類の様々な属において，体重 (kg) と睾丸重量 (g) の対数の連関が調べられた．紺丸は複数雄を群れに持つ配偶システムである．白丸は一夫一妻である．白三角は単雄の配偶システムである（複数雌に対して1頭の繁殖雄）．十字は，比較として，*Homo* 属の種である我々自身を表す．Harcourt *et al.* (1981) より転載．掲載は the Nature Publishing Group より許可された．

複数雄群では睾丸がより大きい

図2.7は予想通り，体重の増加に伴って睾丸重量が増加することを示している．しかし，ある体重について見ると，複数雄の配偶システムの属が単雄あるいは一夫一妻の配偶システムの属よりも重い睾丸を持つことが明らかである．前者のグループの各点は平均回帰直線よりも上方に位置し，後者のそれは下方に位置している（「単雄」とはゴリラのように，その社会的群れに2頭以上の雄がいても，繁殖雄が1頭のみの場合を指し，「一夫一妻」とは1つの群れ内に雌雄が1頭ずついるだけの場合を指す）．それゆえ，これらのデータは精子競争仮説を支持している．

比較法の解析における系統樹の利用

1980年代中期以降，比較法による解析にさらなる重要な進歩があった．それは系統樹の利用である．つまり，第1に独立な進化的推移を特定し，第2に形質が進化した順番を解明することである（Felsenstein, 1985; Grafen, 1989; Harvey & Pagel, 1990）．それがどのようになされるかを説明する前に，まずなぜそれがなされる必要があるのかについて，もっと詳しく述べることにする．

種は独立ではない

仮説を統計的に検証するには，データ点が独立である必要がある．スミス家から数人の男性の体重を測定し，ジョーンズ家から数人の女性の体重を測定し

て，男女の体重を比較したとしよう．個体群レベルでは男性は女性より大きい傾向があったとしても，その傾向はこのようなやり方では検出できないかもしれない．ジョーンズ家の人々は特に背が高く，裕福で，食べ物をより豊富に取っているかもしれない．この場合，男女の違いではなく，家族の違いが影響するような擬似的な結果が得られてしまうだろう．言い換えると，各性内のデータ点が独立ではないため，間違った結論を導く確率が上昇している可能性があるということである．

<small>種は共通祖先を持つ系統であることから類似することがある…</small>

実際に，種間の比較を行うときに，同じ問題が起こりうる (Clutton-Brock & Harvey, 1977)．近縁な種が似る傾向を持つのは，独立な進化を経たというよりも，共通な祖先からの形質を引き継いでいることがあるからである．極端な例をあげると，オーストラリアのほとんどの哺乳類は育児嚢で子どもを育てる有袋類であるが，イギリスの哺乳類はすべて子宮の中の胎盤で胎児を育てる有胎盤類である．もしイギリスとオーストラリアの哺乳類を比較しようとするならば，育児嚢を持つということが，イギリスとオーストラリアの間の色々な環境要因の違い，例えば，平均温度や降水量や砂漠面積の割合における違いに相関してしまっていることに気付くだろう．しかし，このような環境要因が淘汰圧となって，有袋類と有胎盤類の違いが生じたと推測するのは馬鹿げている．オーストラリアが他の大陸から分離して孤立した後，有胎盤哺乳類が進化したという歴史的な事実によって，もっと単純に，有袋類と有胎盤類の違いを説明することができるであろう．

<small>それは，比較解析に偏りを生じさせるかもしれない</small>

独立でないデータ点の問題は，このような極端な歴史的な特徴がある場合だけでなく，形質の進化的な柔軟性が欠如している場合にも生じる (Ridley, 1989)．例えば，霊長類をとおして考えてみると，テナガザル類 (*Hylobates* spp.) はすべて一夫一妻で，果実を食べ，縄張りを持つ．その結果として，テナガザルの新しい種を比較研究のデータ点として加えるときには常に，これらの形質がテナガザル類の仲間内で相関してしまう程度を上げてしまうことになる．自然淘汰がこれらの形質を関連させるからこのような傾向になるとも言えるが（例えば，十分な果実を得るために大きな縄張りが必要であり，このことが個体を分散させ，一夫一妻を進化的に有利にさせたかもしれない），ほとんど無限の数のそれとは異なる説明も可能であろう（例えば，テナガザル類は果実を食べるスペシャリストであるが，一夫一妻を有利にさせたのは彼らすべてに共通する他の何かである可能性もある）．

系統樹

種の非独立性の問題を解決するには，系統樹を考慮する必要がある．系統樹とは，種間の進化的関係性を示すための樹形のことである（図 2.8a；さしあたり詳細は省く）．当初は，これらの樹形を描くために形態形質が使われた．しかし今日では，核遺伝子やミトコンドリア遺伝子内の DNA 配列における類似性

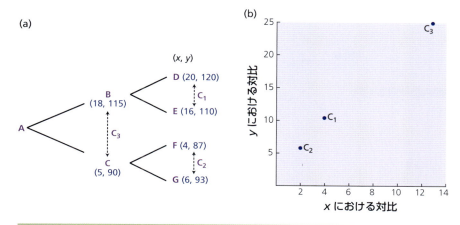

図2.8 (a) 簡単な系統樹．この樹形において，Aは2つの子孫種BとCを生み出した．それらの子孫種BとCは，それぞれさらに2つの子孫種DとE，FとGを生み出した．現存の4種 (D，E，F，G) の形質状態 (x, y) が測定されており，彼らの祖先 (BとC) の形質状態が推定されなければならないとする．この場合，彼らは子孫の値の中間の値を持つと仮定される．この樹形では，3つの独立な対比 (contrasts, 相対差) が存在する (C_1, C_2, C_3)．(b) y における対比に対して，x における対比をプロットすると，これらの2つの形質に相関した進化があったことが示される．

が基本的に利用されており，2種が似ていればいるほど，より最近まで共通な祖先として一緒だったことを表している．もし突然変異率が分かっているならば（年代の分かっている化石や地質学的出来事から目盛ることによって），DNA配列の違いの程度は，2種が最後に共通祖先として一緒だったときからの時間を推定する「分子時計」になる．そして系統樹の枝の長さは，分岐してから経過した時間を表すことができる．現存する種のDNA配列を基にして，最も信頼性の高い系統樹を作るために，様々な統計的方法が使われている．

現存種の形質の状態（食物，脳の大きさ，配偶システムなど）は測定可能である．では，彼らの絶滅した祖先はどのようなものであったかを，どのように知ることができるだろうか？　形態形質の場合，化石を利用できるが，行動形質は化石の記録にはほとんど残らない．よって，祖先の状態について熟練した推測を行わなければならない．今度も，様々な統計的手法が利用できる．最も簡単な方法は最節約法 (maximum parsimony) である．これは，祖先から現存種に向かう系統樹の中で，進化的な形質変化の回数が最小になるように祖先の状態を配置することである．もっと複雑な方法として，様々な可能性の中で最も確率の高い祖先状態を推定するための最尤法やベイズ法もある．一般的に系統樹の中で多くの変化があればあるほど，祖先状態の再構築はより不確実になっていく．共通祖先がより遠い場合，それは特に顕著である（Schluter *et al.*, 1997）．

祖先状態を推定する

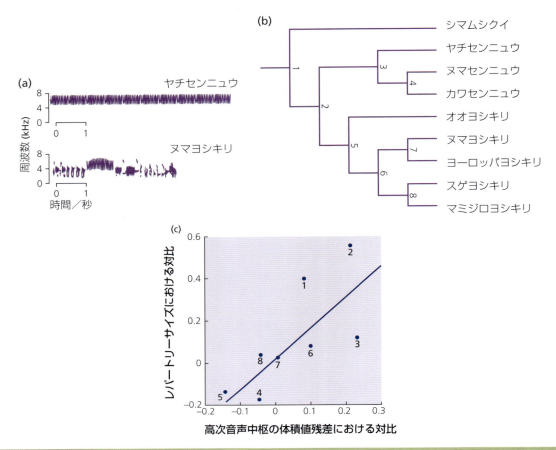

図2.9 ヨーロッパムシクイの仲間（ウグイス科 (Sylviidae)）である，ヨシキリ属 (*Acrocephalus*) とセンニュウ属 (*Locustella*) におけるさえずりの複雑さと脳の解剖学的構造．(a) ヤチセンニュウ (*L. naevia*) などのいくつかの種は，非常に単純なさえずりを持つ（この種では，1つの音節が繰り返されるだけである）．一方，ヌマヨシキリ (*A. palustris*) のような他の種は，レパートリーの中に百種類もの異なる音節を伴う複雑なさえずりを持つ．(b) ヨシキリ属とセンニュウ属の系統樹を示す．数字は解析で使われた8個の独立な対比に対応する．(c) 音節のレパートリーサイズにおける対比と，脳の高次音声中枢 (higher vocal centre, HVC) の体積における対比の間の相関を表す．8個の独立な対比にラベルが付けられている．Szekely *et al.* (1996) より転載．

独立な対比

独立な進化的変化を特定するために，系統樹を利用する

Joe Felsenstein (1985) は，種が独立ではないという問題を解決するために，独立な対比（相対差）を利用した方法を導入した．図2.8は，その方法を説明する簡単な例である．重要な点は，2種が分岐以来，独立に進化したと仮定される点である．よって，彼らの間の違い（差）の程度は，系統樹の中の他の変化から（統計的に）独立である．近縁な分類群の間のこのような違いは，解析の際に，独立な変化あるいは対比として利用できる（図2.8aの中のD対EとF対G）．系統樹の先端で2種を比較することだけでなく，さらに遡ってもっと高レベルでの比較を行うこともできる．それは，結果的に複数の種を含むグ

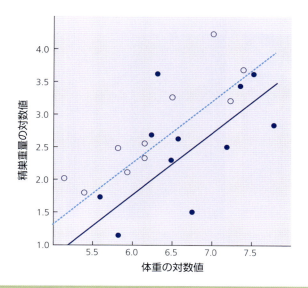

図 2.10 キリギリス科 (Tettigoniidae) の種の精巣重と体重の間の関係．一妻多夫の程度が低い種（紺丸）と高い種（白丸）が区別されている．系統樹の情報が統計解析に組み込まれた．それは，現存種の値に対して，系統樹の中で彼らを隔てている距離で重み付けすることによって行われた．ある系統樹に適合させた結果から，回帰直線が一妻多夫の程度の低い種（実線）と高い種（破線）で推定された．Vahed *et al.* (2011) より転載．

ループあるいは祖先間の比較ということになる（B 対 C）．これは，連続形質（例えば脳の大きさ）の祖先状態が，2 つの子孫種の間で独立であると仮定することによってよく行われる（例えば，B は D と E の平均である）．図 2.9 はこの方法を用いた例である．この図は，ムシクイ類のさえずりの進化における複雑性の増加が，さえずり学習に関連する脳核（高次のさえずり中枢）の体積の増加と相関していることを示している．もっと大規模な，ウタスズメ類 45 種の比較においても，この関係性は明らかになっている（De Voogd *et al.*, 1993）．

　この系統樹を用いた方法によって，霊長類の睾丸サイズのデータが再び解析される気運が高まった（図 2.7）．霊長類 84 種による系統樹を基に，配偶システムにおける複数雄群と単雄群の間で，7 個の独立な対比較が示された．その 7 つの比較のすべてにおいて，複数雄の分岐群の方が体重当たり大きな睾丸を持っていた．これは最初の研究の結論を追証するものであった (Harcourt *et al.*, 1995)．また同様な解析によって，キリギリス類の精子競争がより大きな精巣を導いたという結果が明らかにされた（図 2.10）．

進化過程における離散変数と変化の順番

　脳の大きさや睾丸重量のような形質は，連続変数で表される形質である．一方で，比較法の解析でよく扱いたい形質は，離散変数で表される形質の場合もある．例えば，食性（昆虫食 vs 種子食），配偶システム（単独雄 vs 複数雄）

… そして，**変化の順序**

図 2.11　チンパンジーの雌における性的隆起（西アフリカ，ギニア共和国ボッソウ地域）．(a) 右に退却中の雄と左に雌がいる．写真©Kathelijne Koops．(b) 5歳の娘を背中に乗せた42歳の雌が，雄成獣から調べられている．この雌は，写真が撮られた後すぐに妊娠した．写真©Susana Carvalho．

などである．統計的な方法が開発されて，祖先のありそうな状態を決定したり，系統樹の中で形態変化はどのような順番で起こっていそうかを決定することができるようになってきた (Pagel, 1994; Pagel & Meade, 2006)．Crook のハタオリドリ類の例で言うと，「種子食への進化は，群れ生活の促進につながったのか？」，あるいは「群れ生活への変化が，種子食への進化を有利にさせたのか？」のどちらが正しいかを決定する問題である．もしこれを決定することができるならば，最初の方で取り上げた原因—結果の疑問に答えることになるだろう．

　これから霊長類の別の例を扱うことにしよう．そこでは，離散形質を系統樹の中で解析することが，独立な進化的推移と変化の順番の両方を判別するためにどれくらい役立つかということを示すことにする．

霊長類の雌における性的隆起

ダーウィンは悩んだ

　旧世界ザルと類人猿のいくつかの種では，雌は自分の性的隆起を視覚的に目立たせることによって性的許容性をアピールする（図2.11）．Charles Darwin (1876) は，自分の著書『人間の由来』の中で，「ある種のサルの鮮やかに色付いた臀部と付属部分ほど興味を引き，また当惑させるものはない」と述べている．このような性的隆起を持つヒヒ類や旧世界ザルの種は，生殖可能な複数雄を含む群れ（複数雄の群れ; Clutton-Brock & Harvey, 1976）で生活する傾向がある．類人猿の中でも同様に，複数雄を含む大きな群れで生活するチンパンジーの雌の場合，はっきりとした性的隆起が生じる．しかし，テナガザル，オランウータン，ゴリラではそのようなことは起こらない．これら後者は，一夫一妻あるいはハレムの単雄を伴う群れで生活する種である．全体の70種をとおして見ると，単雄の群れで生活する29種の中ではどの種も性的隆起が生じていない．それに比べて，複数雄を含む群れで生活する41種のうち29種 (71%)

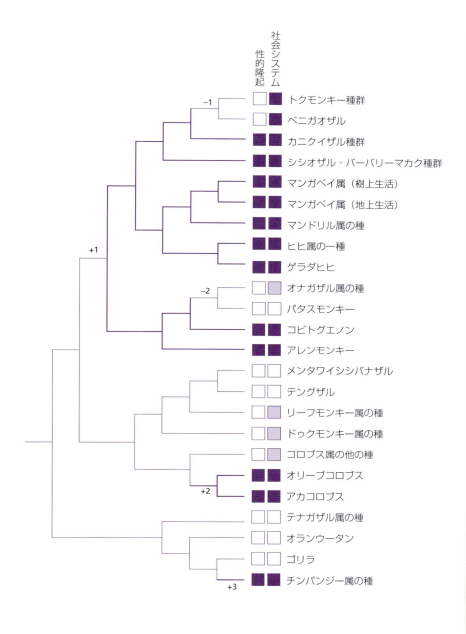

図 2.12 旧世界ザルの系統樹 (Purvis, 1995). データを簡単に表現するために，いくつかの系統をひとまとめにして表にしてある．先端の枝は現存種を表し，それらの形質が表示されている．性的隆起が存在するか（紫色のボックス），存在しないか（白色のボックス）は左側の列に示されている．一方，複数雄の配偶システムか（濃い紫色のボックス），単雄の配偶システムか（白色のボックス）は右側の列に示されている．薄い紫色で塗られたボックスは，複数雄の配偶システムと単雄の配偶システムの両方の種を持つ分類群を示す．祖先状態は，おそらく性的隆起がない状態から始まっただろう．その後，この系統樹において，3回の性的隆起が発生し (+1, +2, +3)，2回消失したであろう (-1, -2). Nunn (1999) より転載．掲載はElsevierより許可された．

複数雄の群れで，雌の性的隆起が生じている

が性的隆起を生じさせている (Nunn, 1999).

　性的隆起と複数雄を含む群れ生活に関連性があることは，系統樹による解析によって支持されることが分かっている（図2.12）．性的隆起は，旧世界ザルと類人猿の中で独立に3回進化した．そしてその3回の場合のすべてにおいて，性的隆起という進化的推移は，単雄を持つ群れから複数雄の群れへの進化と関連していた．可能性のある祖先状態を再構築するための統計手法を用いたさらなる系統樹解析によって，複数雄による配偶システムは性的隆起の前に進化したようだということが示唆されている（図2.13）．よって，性的隆起が複数雄

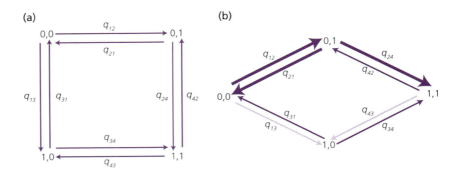

図2.13 (a) 離散的形質の相関した進化を説明する霊長類の 2 つの離散的形質を考えてみよう：1 つ目の形質 (*x*) は性的隆起による発情の宣伝のなし (0)，あるいはあり (1) である；2 つ目の形質 (*y*) は単雄の配偶システム (0) か，あるいは複数雄の配偶システム (1) かである．8 個の矢印は，4 つの状態の間の可能な推移方向を表す．霊長類の系統樹におけるこれらの推移の進化率を定量化し，進化的推移を最もうまく記述するモデルを見つけるために，統計的手法が使用される．例えば，もし $q_{1,2} = q_{3,4}$ ならば，これは複数雄の配偶システムへの推移は発情信号の有無とは独立であったということを意味する．(b) 霊長類の系統樹において，性的隆起を持たずかつ単雄の配偶システムである祖先状態 (0, 0) から，性的隆起を持ちかつ複数雄の配偶システムである祖先状態 (1, 1) へ向かう進化的経路が，統計的に最もありそうな場合を表すフローチャートである．最も細い矢印は，推移率が 0 となる事後確率が高い (> 94%) ことに対応している．最も太い矢印は，最も頻繁に起こる推移を表す．矢印が細くなるほどあまり起こらない推移であることを表す．矢印の連結は，配偶システムがまず進化的に変化して (状態 0, 1)，そしてこれが淘汰圧となって，雌による性的隆起のディスプレイへの変化が起こる (1, 1) ことを示す．性的隆起が先に進化し (1, 0)，そしてその淘汰圧によって複数雄の配偶システムが選択される (1, 1) という別の仮説は支持されない．Pagel & Meade (2006) より転載．掲載は the University of Chicago Press より許可された．

の群れの進化を促したのではなく，複数雄の群れの中で生じた新しい淘汰圧が性的隆起の進化を進めたということである．

　図 2.12 にあるように，性的隆起は 2 回消失したようである．その内の 1 つでは (消失番号 2)，予想通り，この消失は複数雄の群れから単雄の群れへ戻る変化と関連していた．しかしもう 1 つの場合では，性的隆起の消失は複数雄の群れシステムのままで起こっていた (図 2.12 の消失番号 1)．このことに対する妥当そうな理由については，後で議論することにしよう．

段階的な信号仮説　　性的隆起は，なぜ複数雄の群れ形成と関連しているのだろうか？　複数の雄が群れに存在するとき，雌は微妙に均衡する 2 つの課題に直面する．その一方は，優位雄と交尾すれば，その雌にとって得になるかもしれないということである．なぜなら優位雄は遺伝的に最良の雄である可能性があり，また雌自身や子ども達を捕食者や群れ内の他の雄によるハラスメントから守れる最良の雄である可能性があるからである．もう一方は，もし優位雄が確実な父性を持つことが他のすべての雄に明白になれば，劣位雄達はその雌の子をいじめ，殺すこ

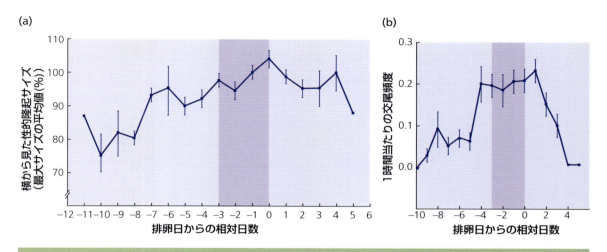

図 2.14 野生チンパンジーの群れでの性的隆起が、コート・ジボワールのタイ国立公園の常緑森林で研究された. (a) 12 頭の雌の性的隆起サイズ（平均値 ±SE）は排卵日（日数 0）に同調していた．性的隆起サイズは写真から測定され、排卵日は尿の酵素免疫検定によって決定された．図の影の部分は、受精が最も起こりやすい生殖可能な時期を表す. (b) 性的隆起が最大サイズであるときのアルファ雄の交尾率（平均値 ±1SD）を表す．排卵日（日数 0）に合わせた 10 頭の雌からデータを取っている．受精可能時期は影で示した．Deschner *et al.* (2004) より転載．掲載は Elsevier より許可された．

ともあるかもしれないということである (Hrdy, 1979). Charles Nunn (1999) は、性的隆起は雌の受け入れを段階的に知らせる信号であるかもしれないと提案している．つまりそれによって、雌は父性獲得の機会を優位雄に偏らせることができ、同時に、雌がまだ受精の可能性があるときには、劣位雄にも交尾の機会を高めることができるのである．これは、その雌自身や子を守るぐらいの、あるいは少なくとも脅威にはならないぐらいの十分な父性獲得の機会を各雄に与えるだろう．

段階的な信号仮説を支持する証拠として、雌の排卵は性的隆起が最大になる時期に起こる傾向が最も高いことがあげられる．その時期は、優位雄が雌を防衛し最も頻繁に交尾する時期である（図 2.14）．この時期には、雄は雌の排卵を正確に査定するため、匂いも手がかりとして利用するようである (Higham *et al.*, 2009). しかし、雌個体は最大の性的隆起時期の前後数日の間に排卵することもあるかもしれない．さらに性的隆起を持つ種の雌が性的に積極的で、そのため雄にとって魅力的であり続ける期間は、排卵周期の 1 周期の約 2 倍の長さ（11 日）にもなり、性的隆起を伴わない種（5 日）に比べて長い．これは、優位雄が雌の全受精期間をとおしてその雌を独占することができないようにさせており、そのことによって複数の雄と交尾する機会を増やしていると考えられる．

劣位雄による雌への接近の可能性を高める別の要因としては、群れの中で受精可能な雌が斉一的に出現することがあげられるであろう．もし優位雄が自分の注意を他の魅力的な雌に移しているならば、劣位雄は雌との交尾の大きな機

生殖の同調性も重要かもしれない

会を持つことになるだろう．これは，群れに複数雄を持ちかつ繁殖に季節性がない種（例えば，ヒヒ）で性的隆起が多く発生する傾向があるのはなぜか，また繁殖に強い季節性を持つ種（例えば，ベルベットモンキー）では性的隆起が発生する傾向がないのはなぜかという疑問に対して妥当な説明になりそうである．季節性のある繁殖を行う種では，すべての雌が1～2週間の期間内に排卵期を迎えるので，雌達の受精感受期は重複する傾向が高い．これは，優位雄が雌を独占しそうもなく，そのため劣位雄はより容易にその雌に接近できることを意味する．したがってそのような雌にとって，性的隆起はそれほどの有利性をもたらさない．この文脈の中で，複数雄の配偶システムを持ちながら，性的隆起からそれを失う方向への進化的推移を果たした種において，繁殖の季節性が強まっていたことは興味深いことである（マカク属のトクモンキー（*Macaca sinica*) 種のグループ；図 2.12; Nunn, 1999）．

比較法の再検討

これまで説明した統計的アプローチは，比較の方法を改良する大切な第1歩であることは確かである．重要な改良点を要約すると以下の通りである．

現代の研究における主な改良点

(1) 社会構造の異なる様相を独立的に取り扱う．
(2) 交絡する要因を厳密な方法で処理する．
(3) 独立な進化的推移と，進化過程で起こっていそうな形質変化の順番を特定するために系統樹を用いる．
(4) 様々な対立仮説を区別するために可能な限りデータを用いる．

実験に持ち込めない仮説検証には比較の方法が有効である

比較の方法は，進化の大きな流れを捉えたり，社会構造と生態的要因の一般的関係を調べるために特に有効な方法である．この方法は，他の動物グループを予測するために利用できる仮説を与えてくれる．また，性的二型に対する一夫多妻の影響のような，実験が不可能な仮説に対する検証にも使える．さらに比較の方法は，例えば食物，捕食圧，社会行動，体サイズなどの要因が，いかにそれぞれ相互関連しているかを示してくれるという意味でも感動的である．

しかし，生物個体が自分達の生態的状況に関連して，なぜある特別な戦略を採用するのかについての経済学を詳しく理解するためには，異なるアプローチが必要になる．実際に食物の分布や捕食の危険性を測定し，その結果から，生物個体がいかに振る舞うべきかを，詳細に予測できるだろうか？　ある種のサルが，15頭や25頭の群れではなく20頭の群れを作るのはなぜか，また行動圏の広さが8 haや12 haではなく10 haなのはなぜか，さらにそのサルは，移動する前に，なぜ果実のあるパッチで1時間だけ過ごすのか，これらをうまく説明できるだろうか？　このような細かな問題に対しては，最適化理論と実験的アプローチによって答えようと試みることができるはずである．

適応の実験的研究

　さてここで，自然淘汰が行動をいかに設計したかを知るための，比較の方法とは異なっているが，互いに補完的な方法を見てみよう．その方法では，広く種間の比較を行う代わりに，同種内の各個体の行動が注目され，**コスト**と**利益**という観点からそれらの行動が分析されるだろう．

　コストと利益を測定しようとする発想は，Niko Tinbergen による行動の適応的利点を研究する実験的方法から生まれた．例えば，Tinbergen はイギリス北西部の海岸砂丘でコロニー営巣しているユリカモメを観察して，ヒナが卵から孵化した直後に，いつも親鳥が卵の殻をくわえて，巣から遠く離れたところへ運び去ることを発見した（図 2.15a）．卵殻を運ぶのに，たとえ 1 年当たり数分しかかからなくても，ヒナにとっては，親のいない間はその身が危険にさらされる．ユリカモメの卵もヒナも，周りの草や砂や小枝にうまくカムフラージュしている．しかし，孵化後の卵の内側は真っ白で，とてもよく目立つ．Tinbergen は，よく目立つ白い殻が，巣の隠ぺい効果を下げるのではないかという仮説を検証するために，ある実験に取りかかった．まず彼は，ニワトリの卵にユリカモメの卵にそっくりの斑紋を付け，ユリカモメのコロニー内に一定の間隔で並べた．続いて，そのうちのいくつかの卵のそばに，よく目立つ割れた卵殻を置いた．実験の結果から，彼の仮説の正しいことが証明された．すなわち，斑紋を付けた隠ぺい色の卵も，すぐそばに割れた卵殻があると，カラスのような捕食者に発見されやすくなり，食べられてしまうのである（図 2.15b）．このことから，ヒナの孵化直後に，よく目立つ卵殻を親鳥が巣のそばから運び去ることがなぜ有利かは，たやすく理解される．ヒナの隠ぺい効果が保たれ，親がその遺伝子を次世代に伝える確率が増加するからである．

カモメの卵殻除去行動に対するコストと利益

　しかし，話はこれで終わったわけではない．親鳥はヒナの孵化直後，卵殻を運び去ると言ったが，実は少し時間が経ってから運ぶ．親鳥は生まれたばかりのヒナのそばに，1 時間もしくはそれ以上留まった後に，卵殻を捨てに行く．なぜ孵化直後ではなく，しばらく経ってから卵殻を親が捨てに行くのかを明らかにするため，ここでコストと利益の釣り合い，すなわちトレードオフという考えを導入する必要がある．もし親鳥が，ヒナの孵化直後に，卵殻を捨てるために巣を離れると，生まれたばかりのヒナは無防備のまま巣に残される（もう 1 羽の親は，次の役割交代に備えたエネルギー補給するために，採食地へ行っているため）．Tinbergen は，生まれたばかりのヒナは羽毛がまだ濡れてべっとりと体にくっつき，呑込みやすいので，近隣の巣の親鳥の餌食になりやすく，親鳥達も，隙あらばヒナを襲おうとするのを観察した．しかし，ヒナの綿羽が乾いてフワフワした状態になると，ヒナを呑込むのがより困難になるため，近隣の親鳥からそれほど攻撃を受けなくなる．これらのことから，親鳥がヒナの孵化後，いつ卵殻を捨てに行くべきかは，おそらく，卵殻を捨てることで巣の隠ぺい効果を高めることにより得られる利益と，生まれたばかりのヒナを最も危

除去時期に関するトレードオフ

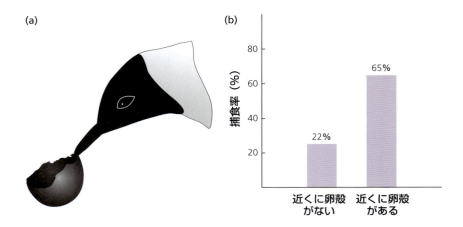

図 2.15 (a) 卵の殻を移動させているユリカモメ．(b) ユリカモメの卵に似せて色付けされたニワトリの卵を，営巣コロニー近くの砂丘に置く実験の結果を表す．このような空の卵殻を隣りに置かれた（5 cm 離れて）巣の卵は，捕食者から奪われやすい傾向があった（各処理群で n = 60）．Tinbergen *et al.* (1963) より転載．

険な状態で放置することにより生ずる不利益とのバランスで決定されると思われる．

　コストと利益のバランスが変わると，親鳥が卵殻を捨てに行くまでの時間もまた，それに応じて変わると思われる．このことは，ユリカモメと同様に，卵と幼鳥が隠ぺい色をしている地上営巣性の種である，ミヤコドリ（*Haematopus ostralegus*）の観察でも明らかになった．ミヤコドリは，他の巣からずっと離れて，単独で営巣する．それゆえ，孵化直後のヒナを巣に残して出かけていっても，近隣の巣の親からヒナが攻撃を受ける危険性はない．親鳥にとってはヒナの孵化後，できるだけ早く目立つ卵殻を捨てに行き，巣の隠ぺい度を守った方が有利になる．そして実際にその通り，ミヤコドリの親鳥はヒナが孵化すると，その綿羽の乾かないうちに割れた卵殻を捨てに飛び立つ．

最適化モデル

コストと利益についての定量的方法

　Tinbergen が行った卵殻を親鳥が捨てる行動の研究は，行動学的な適応を解明するために，どのようにコストと利益についての実験をすればよいかを分かりやすく説明している．しかし，この方法にも重要な問題点がある．隠ぺい効果を守ることと，ヒナの危険度を最小にするという 2 つの要因間のトレードオフについての仮説は，単に親がどのように振る舞うかについて定性的な予測が立てられたに過ぎない．その仮説は，親鳥がヒナの孵化後，1，2，3 もしくは 4 時間後に卵殻を捨てに行ったという観察に対応したものであってもよい．そのため，仮説が本当に正しいのか，間違っているのか検証することはとても難しいだろう．仮説を検証しやすくするための 1 つの方法は，定量的な予測ができるような仮説を立てることだ．今仮に，ユリカモメの親は卵殻をヒナの孵化

後，73.5分後に捨てに行くという仮説を立てたとすると，これは実に検証しやすいモデルが提出されたことになる．これが，適応の研究に**最適化モデル**を利用するというやり方で発達してきた1つのアプローチである．最適化モデルは，様々なコストと利益のトレードオフのうち，どの組合せが最も純利益を上げることができるかを明らかにする．

　話をもう一度，ユリカモメの例に戻してみよう．もし，巣のそばによく目立つ割れた卵殻が転がっていることで，ヒナの生存率がどれだけ低下するかを正確に測定でき，さらにヒナが近くの親鳥に食べられる危険度が，孵化後の時間とどのような関係にあるかを正確に知ったとすると，親鳥がヒナの孵化後，何時間後に卵殻を捨てに行くのが最も好ましいかを計算できる．この場合は，最適時間の値は，ある繁殖期における総繁殖成功度を最大にできるような時間（孵化後，卵殻を捨てに行くまでの時間）と定義できる．しかし，最適化モデルにおいて基準となるもの（通貨）は，子の数や，その生存数だけとは限らない．ある動物が自分の遺伝子を子孫に伝える場合の総成功度には，おそらく十分な餌を見つけることや，休息のための適切な場所を選ぶことや，多くの配偶者を引き付けることなど，その他様々な要因が関与しているだろう．これらのどの問題を解く場合にも，動物は意志決定をしなければならない．いかなる決定がなされるかは，適切なコストと利益の間の，最適なトレードオフを明らかにするという方法で分析できる．例えば，餌を探している動物にとっての「通貨」とは，時間とエネルギーである．これは次の章の主なテーマとなるだろう．では，簡単な例を述べてからこの章を終わることにしよう．

カラスとバイ貝

　多くの海岸地方と同じように，カナダの西海岸地方でも，カラスは貝を食べる．カラスは引潮のときにバイ貝を探し，見つけると近くの岩場へ運び，ホバリングしながら，上空から落として貝殻を割り，中身を出す．Reto Zach (1979) は，ヒメコバシガラスのこの行動を詳細に観察し，カラスが常に最も大きいバイ貝しか選ばず，そして常に高さ5mのところから落とすことに気付いた．そこでZachは，色々な大きさのバイ貝を，色々な高さから落とす実験を行った．飛行と探索に要するエネルギー消費のデータと，前述の結果から，彼は，採餌に伴うコストと利益についての計算を行った．このときカラスが得た利益も，支払ったコストもカロリーで計算できた．彼の計算の結果，最も大きいバイ貝（最大のカロリーを有し，最もたやすく割れる）を利用する場合にのみ，カラスは採餌によって純利益を得られることが明らかになった．この計算から予測される通り，海岸に置いた1枚の皿に様々な大きさの貝が並べられているときでも，カラスは最も大きなバイ貝を選び，他の貝には目もくれなかった．

　バイ貝を落として割るためには，カラスは通常2回か，もしくはそれ以上，貝を落とさなければならない．飛び上がるには高いコストを要する．そこでZach

カラスは，バイ貝を割るための上昇飛翔量を最小にする

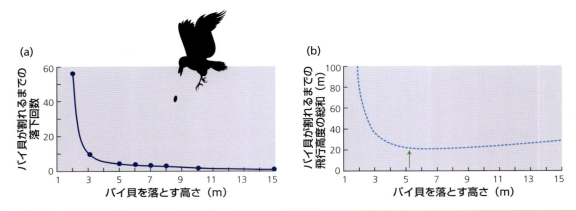

図 2.16 カラスがバイ貝を落とす行動．(a) 様々な高さからバイ貝を落とす実験によると，高いところから貝を落とした場合，貝を割るためにあまり多くの落下回数は必要でないことが分かる．(b) 貝を割るために必要な総上翔飛行距離の計算結果（落下回数 × 各落下の高さ）を表す．これはカラスによって最も普通に採用された高さのところで最小になった．Zach (1979) より転載．

は，カラスが上昇飛行に費やすエネルギーの総支出を最小にできて，なおかつ貝が割れる高さを選んでいるのであろうと考えた．貝を落とす位置が，高いほど貝が割れやすくなり，1 回でも割れるが，地上近くから落下させる場合は，貝を割るために何度も落とさなければならない（図 2.16a）．様々な高さから貝を落とす実験から，Zach は，異なる高さから落とした平均的大きさの貝が割れるために，全体として何メートルの高さから何回落とさなければならないかを計算した（図 2.16b）．カラスによって選ばれた平均観測落下高度 (5.2 m) は，実際，バイ貝当たりの総飛翔高度を最小にするように予測された値に近い値である．しかしながら，5.2 m よりも高い位置まで上がって貝を落としても，カラスが貝を割るまでの飛翔量の期待値はほとんど増えない（このことは，図 2.16b の曲線が浅い U 型を描いていることから分かる）．なぜなら，必要落下回数がほんのわずかだが少なくなるためである．Zach は，あまりにも高いところから貝を落とす場合は，他の不利益がつけ加わるのであろうと考えている．例えば，バイ貝が跳ねて，どこに行ったか分からなくなってしまうとか，回収をするのが困難なほど多くの小さな破片に砕けてしまうことなどである．

　カラスとバイ貝の話から定量的な予測を立てる場合に，どのようにコストと利益の計算を行えばよいかが明らかになった．カラスは，バイ貝当たりの総飛行量を最小にするような落下高度を選ぶようにプログラムされているように思える．しかし，単位時間当たりの純エネルギー獲得速度を最大にするといった，他の通貨を使った場合にはこれよりもっと高い落下高度が予測される (Plowright *et al.*, 1989)．

要約

　本書をとおして，行動の適応性についての仮説を検証するために，3つの方法を使うことになるだろう．それは，種内の個体間の比較，生物個体へのコストと利益に関する実験的解析，種間の比較（これは，結果的に，進化的時間を経て自然淘汰によって行われた「実験」の結果を調べることになる）である．

　比較法とは，行動や形態の違いが生態の差異と相関しているかどうかを調べるために様々な種を比べることである．カモメ，ハタオリドリ，有蹄類，霊長類の初期の比較研究は，食物量と捕食を，社会構造（繁殖行動，群れサイズ，行動圏サイズ，性的二型）に影響を与える主な淘汰圧要因と見なした．最近の比較研究は，系統樹を用いて，独立な進化的推移を特定するため，共通祖先を持つ種であることからくる類似性を制御できるようになってきた．独立な対比（鳥類において，さえずりレパートリーと解剖学的脳構造の間の関連した進化を説明するのに用いられた）や，各現存種が持つ形質値を，系統樹の中で各種を分けている距離で重み付けする方法（一妻多夫と関連したキリギリス類の精巣サイズを説明するのに用いられた）などの様々な統計的方法が利用されている．

　系統樹は，進化の過程で形質が変化する順番を明らかにするときにも役に立つ．例えば霊長類では，単雄の群れから複数雄の群れへの変化は性的隆起の進化に先立って起こった．性的隆起は，複数雄の群れでは雌に有利に働くであろう．なぜなら，性的隆起は受精可能性の段階的な信号になり，それによって雌は父性を優位雄に偏らせることができ，他方，同時に劣位雄にも配偶の機会を高め，劣位雄が自分の子どもに危害を加える機会を減らすことができるからである．

　比較法は，進化における広範囲の傾向を研究したり，実験に持ち込めない仮説を検証したりするのに特に有効である．実験法は，特定の種のある個体に対する，行動のコストと利益についての詳しい解析を伴うものである．行動とはコストと利益を持つものであると考えることができ，また動物は自然淘汰によって純利益を最大にするように設計されているはずである．そして最終的には，その純利益は，将来の世代への遺伝的貢献という基準で測定されなければならない．これは，採餌効率，配偶成功，捕食回避効率などのような短い期間の成功に依存して決まるだろう．最適化モデルは，コストと利益の間の特定のトレードオフの内のどれが純利益を最大にするのかを予測するのに利用できる．

もっと知りたい人のために

　比較法は，Harvey & Purvis (1991) によって概説された．Ridley (1989) は，たとえ進化的に変わりやすい形質に対しても，なぜ種を独立なデータ点として使うべきでないかを分かりやすくまとめている．現代の比較解析のための統計手法の解説は，本書の目的を超えている．よって最近の文献として Freckleton

& Harvey (2006)，Pagel & Meade (2006)，Felsenstein (2008)，Hadfield & Nakagawa (2010) を紹介する．Freckleton (2009) は，比較法による解析の7つの致命的な間違いを概説している．

比較法による研究のさらなる例は，Fitzpatrick *et al.* (2009)（雌の乱婚傾向は，シクリッド科の魚で速い精子の進化を促した）と Kazancioglu & Alonzo (2010)（魚類での性転換の進化）で見ることができる．様々な配偶システムを持つ鳥類の体長と羽毛の二型についての Höglund (1989) の研究は，系統樹を考慮するとどれくらい結論が変わりうるのかを示す実例である．

Huchard *et al.* (2009) は，いったん霊長類の中で性的隆起が受精可能の信号として進化してしまうと，次に雌の質を知らせる信号として淘汰されるかもしれないと提案した．さらにそのことは，ナミビアの野生のチャクマヒヒの研究で得られた証拠から支持されることを示した．

討論のための話題

1. 行動の適応性を研究するとき，比較法と実験的方法の相対的利点は何だろうか？
2. 比較法による研究において，独立な観測データ単位をどのように決めたらよいだろうか？
3. Esther Cullen (1957) のミツユビカモメについての古典的研究を読んでみよ．この研究は，その種の崖に営巣する行動の適応性を，地面に営巣するカモメの適応性と比較した．現代の研究であれば，(a) 彼女の実験方法をどのように改善するだろうか？　また (b) 比較法による解析をどのように拡張するだろうか？

第3章
経済的な意思決定と個体

写真 © Leigh Simmons

　本章では，コストと利益による経済学的解析が，行動を理解するのにどのように用いられるかについて，より詳しく議論することにしよう．取りあげた例のほとんどは採餌行動に関するものであるが，我々の目的は，すべての行動に当てはめることができる一般的原理を解説することである．

荷物運搬の経済学
ホシムクドリ

　ホシムクドリは，主にガガンボの幼虫（*Tipula* 属の幼虫）などの土壌無脊椎動物を餌としてヒナに与える．繁殖の最盛期には，親鳥は巣から餌場へ毎日400回も忙しく往復する（図3.1）．本節では，ホシムクドリの親の行動の1つの側面，すなわち1往復当たりどれくらいの餌数を持って帰るべきかについて，経済学的解析を行ってみよう．この疑問は些細なことのように思えるかもしれないが，荷物の量は親鳥が巣へ餌を運ぶ全体速度（時間当たりの餌運搬量）に大きく影響するので，それはヒナが健康に巣立てるかどうかを決める重要な要素となる．1章で見たように，小鳥の繁殖成功度はしばしばヒナに給餌する能

図 3.1 ホシムクドリは巣から採食場所へ飛んでいき，草の中を，ガガンボの幼虫をくちばしいっぱいになるまで探し，そして巣へ持ち帰る．本章の最初の部分では，ヒナに餌を運ぶ速度を最大にするためには，1往復当たりに何匹持ち帰るべきかという問題を検討する．

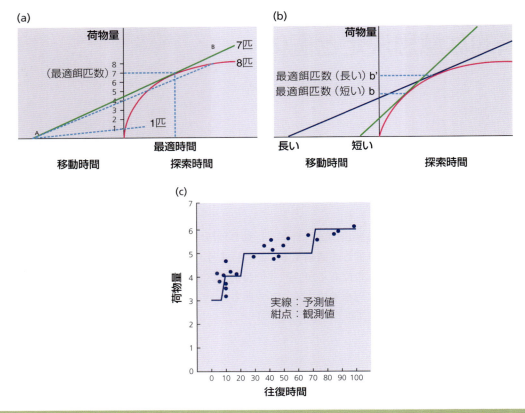

図 3.2 (a) 荷物量についてのホシムクドリの問題．横軸は「時間」を，縦軸は「荷物量」を表す．曲線はガガンボの幼虫の積算数を探索に使った時間の関数として表している．直線 AB の傾きはホシムクドリがヒナへ餌運びをする速度を表している．最大速度は 1 往復ごとに 7 匹のガガンボの幼虫を運ぶことによって達成される．他の 2 直線は 7 匹よりも多い場合（8 匹）と，少ない場合（1 匹）の荷物運びに対応しているが，これらはより低い運搬速度（小さい傾き）をもたらす．積算荷物量はここでは滑らかな曲線として示されているが，餌は離散的塊なので，実際には階段状の線である．(b) 往復の移動時間が増大するにつれて，運搬速度を最大にする荷物のサイズは b から b' へと増加する．(c) 給餌装置からミールワームを集めるようにホシムクドリを訓練すると，遠くからは大きな荷物を持ち帰るようになる．各点は特定の距離から運んできた多数の観測値の平均である．予測された直線が階段状に増大するのは，ホシムクドリの荷物の大きさがミールワーム 1 匹刻みで変化するからである（平均の荷物量はもちろん整数だとは限らない）．この予測値は図 3.2b のモデルに基づいているが，さらに親鳥の採餌行動とヒナの餌乞い行動に伴うエネルギーコストを考慮して精密化している．Kacelnik (1984) より転載．

力によって制限されている．そのため親鳥には，効率の良い餌運びをするように強い淘汰圧が働くはずである．

　荷物の量についてのホシムクドリの問題は，1 つのグラフにまとめることができる（図 3.2a）．グラフの横軸は時間で，縦軸は荷物の量（ガガンボの幼虫の数）である．巣から餌探しに出かけ 1 往復しようとしているホシムクドリを考えてみよう．餌場へ飛んでいき，そして帰ってこなければならないが，この時間が「移動時間」として図に示されている．ガガンボの幼虫が豊富にいる草原の場所に到着すると，ホシムクドリは餌を口にくわえ込み始める．最初の 2～3

匹の餌は簡単に見つかるが，口にくわえた餌が邪魔になるので次の餌を見つけるまでに次第に長い時間がかかるようになる．この結果が，最初は急激に上昇しそして平らになる「積み込み曲線」（「利得曲線」とも呼ばれる）である．これは収益の逓減（つまり収益速度の減少）を示す曲線である．ホシムクドリにとっての問題は，どこで諦めるかである．諦めるのが早過ぎると，わずかな荷物を運ぶために多くの時間を費やすことになる．かといって長く頑張り過ぎると，効率の悪い餌探しに時間を使ってしまい，むしろ巣に帰って荷物を下ろし，積み込み曲線の最初の時点からやり直す方がましになる．これら両極端の中間にホシムクドリにとって「最良の」選択があるだろう．ホシムクドリにとって「最良の」とは，「ヒナに餌を運ぶ正味の速度を最大にする」という意味であるという仮説を置いておくのがよいかもしれない（しかし，今のところは1つの仮説に過ぎない）．ヒナを育てるのに競争相手よりわずかでも優れているホシムクドリは淘汰上有利だから，長期的には育て上げるヒナ数を最大にする行動が自然淘汰によって進化するはずである．

最良の荷物量は，図3.2aに接線ABを引くことで求められる．この直線の傾きは［荷物量］／［移動時間＋探索時間］であり，餌の運搬速度に等しい．このことは，「時間」で目盛られた底辺と「荷物量」に対応する垂線を持つ直角3角形の斜辺が，その直線であることから読み取れる．移動時間と積み込み曲線とはホシムクドリにとっての制約条件であり，環境によって（あるいはもっと正確には，ホシムクドリとその環境との相互作用によって）決まる性質である．そして直線ABは，最大の傾き，つまり最大の餌運搬速度を与えている．Aから積み込み曲線に向かってどんな他の直線を描いたとしても，直線ABよりも傾きの低いものになってしまうだろう（つまり，低い餌運搬速度を与える）．そのような2本の直線の例も図3.2aには示されている．

図3.2bで，この議論をもう少し進めてみよう．ホシムクドリが，より移動時間が短くて済む近い場所で餌を探すように変わったとしよう．1往復当たりの荷物の大きさはどのように変わるべきだろうか？　前と同じ方法を用いると，移動時間の長短に対応してここでは2本の直線を引くことができ（図3.2b），移動時間が短いと餌運び速度を最大にする荷物の量も少なくなる．この結果を理解するためには，巣に帰ろうと意志決定する瞬間のホシムクドリを想像するとよい．帰れば餌探索を続ける機会を失うが，留まれば帰ってから出直す機会を失う．巣からずっと遠く離れた所なら，いったん帰ることで得られる収益は相対的に低くなる．というのも，餌探しをする次の機会までに飛ばねばならない時間が長くなるからである．よって，もう少し頑張って今のまま続ける方が割に合うことになる．ただしそれも，そのときの獲得利益がさらに低下してしまわない限りの話である．

Alex Kacelnik (1984)は，荷物量に関するモデルの予測を次のように検証した．野生のホシムクドリの親を，ヒナに給餌するミールワームを木製の盆から集めさせるように訓練した．ただし，その盆にはプラスチックの長いパイプを

ホシムクドリの最適荷物量：収益速度は減少する

モデルは，短い移動時間のとき少ない荷物量を予測する

とおしてミールワームを投下できるようにした．Kacelnik は，鳥自身の探索効率の減少によって積み込み曲線が形成されるのではなく，彼自身が，ミールワームを投下する時間間隔を次第に長くしていくことによって積み込み曲線を作成した．訓練された鳥は次のミールワームが出てくるのをただ待ち，最終的に，ヒナのための荷物をくちばしにくわえて飛び帰った．この実験方法の素晴らしいところは，Kacelnik が積み込み曲線の形を正確に知っていて，日ごとに巣からの距離を無作為に変化させるとき（8～600 m の範囲で）にも，全く同じ積み込み曲線を用いることができたことである．結果は目を見張るものであった（図 3.2c）．給餌装置から巣までの距離の増加に伴って荷物量が増加しただけではなく，結果は観測された荷物量と餌運搬最大速度のモデルによる予測値と定量的によく一致していた．

ホシムクドリでの野外検証

ホシムクドリの研究結果が示すことを手短かにまとめてみよう．まずコストと利益の観点から荷物量を考察した．それからコストと利益が荷物量にどう影響するかについての仮説を数理モデルとして定式化し（図 3.2a），そのモデルを用いて定量的な予測をした（図 3.2b）．モデルを作成する際に，3 つの重要なことを行った．第 1 に，ホシムクドリは自然淘汰によって子育ての仕事をうまくやり遂げるよう設計されているはずだという一般的な信念を表明した．これは検証するようなことではなく，コストと利益を関連付けた中で利得を最大にするという考え方を正当化するための一般的背景となる仮定である．第 2 に，コストと利益の**通貨**について推測し，それを基にホシムクドリの親が仕事をうまく成し遂げるときに重要なことは，巣立ち前のヒナに餌を運ぶ純速度を最大にすることであると提案した．第 3 に，ホシムクドリの行動にいくつかの**制約**を規定した．これらの制約（移動のための時間や積み込み曲線の形など）は，環境の特徴に関係している．さらにもう 1 つ重要な制約は，ホシムクドリが移動時間や積み込み曲線について「知っている」，少なくともあたかも知っているかのように行動するという仮定である．最適な荷物量を計算した時には，実際に，これらのことを鳥は知っているものと仮定した．実験の結果はモデルの予測を支持していたので，モデルで仮定された通貨や制約も支持していると考えてよい．Kacelnik は，いくつかの異なる通貨に基づくモデルの予測を比較している．しかし，例えば運搬速度ではなくエネルギー効率（得られたエネルギー／使ったエネルギー）に基づくモデルは，データにあまり適合しないことが明らかとなっている．

最適化モデルは，通貨と制約についての仮定を含む

Box 3.1 では，ホシムクドリに対して用いたのと同じ経済学的モデルが，他の状況にも応用できることが説明されている．そこでは，生物個体はあるパッチから得られる収益が次第に減少していく状況を経験することになる．

ミツバチ

ミツバチのワーカーは，花から花へと飛び回り，蜜を集めて巣へ持ち帰るとき，

Box 3.1　限界値定理と繁殖の意志決定

ホシムクドリの荷物運びのモデルは，動物がパッチ内での収益速度の減少を経験するような他の多くの状況にも適用することができる．そして，それは「限界値定理」として知られている (chornov, 1976a)．荷物を運ぶ代わりに，自分自身のために餌を探す時間がどれくらいになるかを予想するのにも用いられた (Cowie, 1977)．それぞれのパッチ収益逓減（一般的に「資源の低下」という）が生じる理由には，様々なものがある．資源が枯渇するため，パッチにいる餌が逃げるので捕えにくくなるため，前と同じ場所を何度も探すことになりパッチ内の新しい場所を探しにくくなるため，捕食者が捕えやすい餌から始めて次第に捕えにくい収益の少ないものへと進んでいくためなどである．最後にあげた理由の一例としては，マルハナバチなどの蜜食昆虫が，花序の中で最も大きくかつ報酬も最も多い花から訪問し始め，次第に蜜の少ない小さな花へと移っていくことがあげられる (Hodges & Wolf, 1981)．

繁殖に関する意志決定も，同じモデルで解析できる．その一例が，フンバエの雄が交尾相手を探すやり方についての Geoff Parker (1970a) による解析である（Parker & Stuart (1976) も参照せよ）．雄は，産卵のために牛糞にやってくる雌と交尾をしようとして互いに競争する．そして，交尾中の他の雄を蹴飛ばして雌を奪い取るのに成功することもしばしばある．2匹の雄が続けて同じ雌に交尾した場合，後から交尾した雄の精子がほとんどの卵を受精させる．Parker (1970a) は，この点を明らかにするために，コバルト60の合成同位体を照射した雄を使うという巧妙な方法を用いた．照射された雄は卵を受精することができるが，その受精卵は発生しないのである．不妊雄が交尾した後に，正常な雄が同じ雌と交尾すると80%の卵が孵化したが，逆に不妊雄が2番目に交尾すると20%しか孵化しなかった．この「精子競争」実験の結果から，後から交尾した雄の精子が80%の卵を受精できることは明らかである．だから，交尾が済んだ後も，雌の上に乗ったまま，産卵が終わるまで他の雄から雌をガードする行動を雄がとったとしても驚くには当たらない．雄は，激しい戦いがあった後でない限り，雌の上のポジションをライバル雄に明け渡したりはしないのである．

2番目の雄が雌を乗っ取った場合（もしくは処女雌に出会った場合）には，どれくらい長く交尾すべきだろうか？ Parkerは，2番目の雄が交尾をしてから一定時間経った後に雄を引き離す方法で，精子競争を実験的に調べた．その結果，2番目の雄が交尾する時間が長いほど，多くの卵を受精させることができたが，さらに交尾時間を追加することによる収益は急速に減少した（図B3.1.1を参照せよ）．長く交尾していると，雄は新しい雌を探しに出かける機会を失うというコストがかかる．約80%の卵を受精

させるぐらいの時間で交尾できれば，それ以上交尾を続けることの収益は小さくなるため，雄は新しい交尾相手を求めて探索の旅に出る方がよいと思われる．

　ホシムクドリの移動時間に対応するものが，フンバエの雄が産卵終了まで雌をガードする時間と新しい雌を探すための時間との和であり，この合計時間は平均 156 分である．以下に示すように，移動時間のこの推定値を用いると，雄が 1 匹の雌との交尾に使う時間をかなりの精度で予測できる．

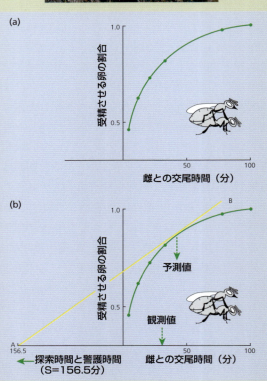

図 **B3.1.1**(a) フンバエ (*Scatophaga sterocoraria*) の雄 1 匹により受精された卵の割合を交尾時間の関数として描いたものである．これは精子競争実験の結果である．(b) 最適交尾時間（分当たりの卵を受精する速度を最高にするもの）は，(a) の受精率曲線と，新しい雌を探したり雌をガードしたりするために必要な時間 156 分とから，41 分と求められる．最適時間は，直線 AB を引くことで接点の座標として求められる．観察された

> 平均交尾時間である36分は，予測値に近い値である (Parker, 1970a; Parker & Stuart, 1976).　(フンバエのペアの写真©Leigh Simmons).

ホシムクドリと同じ問題に直面する．ミツバチも運べる最大量より少ない荷物を巣に持ち帰ることがよくあり，彼らの行動はホシムクドリで用いたモデルと似たようなモデルで説明できる．しかし重要な違いがある．ミツバチが収益逓減を経験するのは，体の蜜囊の中で増加する蜜の量がさらなる花への吸蜜能力を下げるからでも，資源が枯渇するからでもない (Box 3.1)．それは蜜囊にある蜜の重量が，飛翔に伴うエネルギーコストを増大させるからである．ミツバチが蜜囊に詰め込めば詰め込むほど，荷物のうちで，巣に持ち帰る前に燃料として消費する分も増大する．その結果，蜜の総収量は一定速度で増加したとしても，巣にとってのエネルギー純収量が増加する速度は，蜜囊が満ちるにつれて逓減する（その結果，ホシムクドリと似た積み込み曲線が描ける）．

　Paul Schmid-Hempel (Schmid-Hempel et al., 1985) は，このような純収益に関する逓減の様相が，帰巣して蜜囊を空にするタイミングの意志決定に影響するかどうかを検証した．ミツバチを訓練して，巣から造花の群落へ飛ぶように訓練し，造花のそれぞれに 0.6 mg の蜜を仕込んだ．造花群落内の各花の間で飛ばなければならない飛翔量を変えることによって，蜜囊内の荷物を運ぶ全コストを変化させ，ミツバチが経験する純収量の減少程度を変えた．例えばミツバチが全部で5秒間飛ぶ間に10個の花に相当する蜜の荷物を集めたとすれば，荷物を積み込むにつれ経験する純収益の減少はごくわずかだろう．ところがミツバチが同じだけの荷物を全部で50秒間飛ぶことによって集めようとするならば，収益の急激な減少を経験するはずである．予想された通り，ミツバチは花の間の長い距離を飛ばねばならない場合には，より少ない量の荷物しか持ち帰らなかった（図 3.3a）．図 3.3a にはまた，異なる通貨を最大化するという考えに基づいた2本の予測曲線が示されている．1つはホシムクドリに対して用いられたのと同様に，エネルギーの純運搬速度を通貨とするものであり，他方はホシムクドリに対してはうまくいかなかった通貨，つまりエネルギー効率（消費エネルギー当たりの運搬量）に基づくものである．ホシムクドリとは違って，1番目ではなくて2番目の通貨がミツバチの行動をうまく説明できるのである．

　ミツバチとホシムクドリとの違いはどうして生じたのだろうか？「ホシムクドリの通貨」が通常尤もらしいという理由は，簡単な例によって説明することができる．1時間に1 kJ を消費して9 kJ を得るホシムクドリと，10 kJ を使って 90 kJ を得るホシムクドリを比較してみよう．両方とも同じ効率（9倍）を持つが，前者は 8 kJ，後者は 80 kJ をヒナに与えることができる．言い換えると，純速度（[利益－コスト]／時間）は，動物が1日の終わりに繁殖や生存に用いることのできる量を示しているが，効率はそうではない．一方，動物にとって重要な変数が収益量ではなく消費量である場合には，効率の方が意味の

ミツバチでは，蜜を運ぶコストから収益速度の減少が生じる

ミツバチはどれくらいの量の蜜を巣に運ぶべきだろうか？

ミツバチは，エネルギー獲得の速度ではなく効率を最大化する

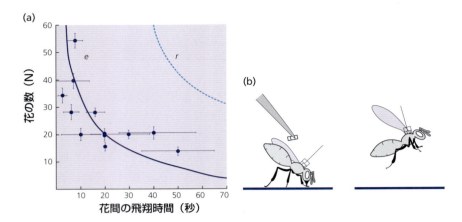

図3.3 (a) ワーカーによって巣に持ち帰られた荷物量（訪問した花の数で表す）と，パッチ内での花の間の平均飛翔時間との関係．各点はミツバチ1個体についての平均値を表し，実線と破線は効率の最大化に基づく予測 (*e*) と速度の最大化に基づく予測 (*r*) とを表す．Schmid-Hempel *et al*. (1985) より転載．(b) 採餌中のミツバチの背にごく小さな重りを載せることによって，Schmid-Hempel はミツバチがパッチを離れて蜜の荷物を巣まで持ち帰るタイミングに関する経験則を研究することができた．金属ナットの重りは，ミツバチの背にのりづけした針をとおして置かれた．金属ナットは，加えられたり取り除かれたりして，ミツバチによる荷物の積み下ろしが再現された．Schmid-Hempel (1986) より転載．

ある通貨かもしれない．例えば，決まった量の燃料だけでA地点からB地点まで車で走らねばならないとすると，効率は極めて重要である．ミツバチはこの立場にいるかもしれないことが分かったのである．もしミツバチのエネルギー消費の生涯総量が多かれ少なかれ決まっているならば，採餌を行うミツバチは決まった量の燃料を持つことと同じ状況にあるだろう．

　Wolf と Schmid-Hempel は，個体のエネルギー消費の速度を操作することによってこの考えを検証した．彼らは，日ごとの採餌に許される時間を変化させたり (Schmid-Hempel & Wolf, 1988)，あるいはミツバチの背中に様々な重さの重りを一生涯固定することによって (Wolf & Schmid-Hempel, 1989)，この検証を行った．両方の実験によって，最も頑張って働くミツバチは対照群よりも短い生涯を過ごすことが示された．例えば，ワーカーが 20 mg を超える重りを生涯にわたって付けられると，生存期間が 10.8 日から 7.5 日に減少した．ワーカーは効率を最大化することによって自分の寿命を延長させ，そのことで純速度の最大化の場合よりもより多くの総蜜量をコロニーに供給するという仮説は，これらの実験によって支持されることが分かった．

ミツバチの期待寿命は仕事量に依存して決まる

　コストと利益を考えて経済学的解析をする目的の1つは，異なる通貨を比較して，それぞれの場合になぜ特定の通貨が適切なのかを理解することにある．ミツバチとホシムクドリの比較はこの点を強調するものである．それぞれの研究において，どんなときに観測結果と予測との間に**ずれ**が生じるかを知ること

ができたことは，定量的解析の大きな利点であるといえる．ずれが生じる可能性がなければ，例えばミツバチが速度を最大にしているのか効率を最大にしているのか，あるいは何も最大にはしていないのかを理解することはできなかっただろう．

　ミツバチの例は，もう1つの重要な点を明らかにしている．動物は，問題の解決者としてうまく設計され，適切な通貨を最大化する意志決定をするものとしてこれまで考えられてきた．しかし，もちろん行動生態学者が計算するのと同じやり方で，ミツバチなどの動物が計算すると思っているわけではない．動物は，ほぼ正しい答えを与えてくれる経験則に従うようにプログラムされているだけに過ぎない．ミツバチは，例えば「体重が x よりも重くなったら帰巣する」といった体重の閾値を伴う規則を用いているだけかもしれない．Schmid-Hempel (1986) はこのことを調べるために，ミツバチが採餌をしている間に，背にごく小さい (7 mg) 重りを乗せた（図3.3b）．ある採餌の間に5個の重りを間隔を空けて乗せていったところ，ミツバチは小さい荷物を持って帰巣した．これは，ミツバチが体重の閾値規則を用いている場合に予測されるものであった．ところが，もう1つの実験は規則がそれほど単純でないことを示した．Schmid-Hempelは5つの重りを少しずつ乗せていく代わりに，全部を採餌行動の初めに乗せて，その後ミツバチが蜜囊を満たすにつれて少しずつ重りを取り除いていった．これらのミツバチもまた，操作されなかったミツバチより（もしくは背に短時間だけ重りを置いた対照実験のときより），小さい荷物を持って帰巣した．これらの結果に対する最も妥当な説明は，ミツバチは餌場に到着して以降，運んでいる全重量を何らかのやり方で累積加重し続けるというものであろう．

ミツバチは，背に重りを追加されるほど，より少量の荷物を巣に持ち帰るようになる

餌選択の経済学

　ミツバチやホシムクドリに用いてきたのと同じような経済学的方法は，捕食者が食べる餌の種類を決定する問題を説明するときにも用いることができる．

　イソガニの1種に様々なサイズのムラサキイガイを選択させると，カニはエネルギーの収益速度を最大にするサイズを好む（図3.4）．非常に大きな貝はハサミでこじ開けるのに長い時間がかかり，カニに好まれる中間サイズの貝に比べて，開けるときの単位時間当たりのエネルギー収量 (E/h) は小さい．非常に小さな貝の場合には，こじ開けるのは簡単だが中身が小さ過ぎて手間をかけるに値しない．しかし，カニは最も有利なサイズばかりでなく，それを中心に大きいものから小さいものまで広範囲のサイズのものを食べている．どうして小さな，もしくは大きなムラサキイガイも食べるのだろうか？　考えられる1つの仮説は，最も有利なサイズの餌を探すためには時間がかかるので，それが餌選択に影響するというものである．有利なムラサキイガイを見つけるのに長時間かかるなら，それほど有利でないサイズの貝も食べることによって，カニはエネルギー取り込みの全体的速度を高めることができるかもしれない．

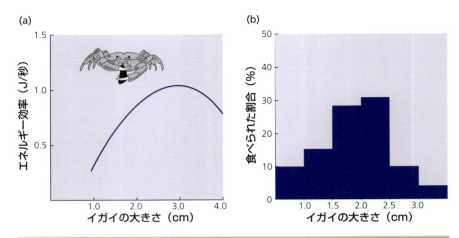

図 3.4 カニの1種 (*Carcinus maenas*) は，最大のエネルギー収益速度が得られる大きさのムラサキイガイを好んで食べる．(a) 曲線は，それぞれの大きさの貝のエネルギー量を，開けるのに必要な時間で割った値を示す．(b) 棒グラフは，水槽の中に，それぞれのサイズクラスの貝を同数だけ入れた場合に，カニに食べられた貝の割合を示す．Elner & Hughes (1978) より転載．

最適餌選択は，餌のエネルギー価値，処理時間，そして探索時間に依存して決まる：3つの予測

　何種類の異なるサイズの貝を食べるべきかを正確に計算するためには，異なるサイズの餌についての処理時間，探索時間，エネルギー価値を考慮して，より正確に考察しなければならない (Box 3.2)．Box 3.2 にある方程式は，捕食者が2つの餌サイズからの選択問題に直面したときの簡単な例を基にして，以下のような予測を与えている．第1に，もし有利なタイプの餌（E/h が大きい）が豊富にある場合には，捕食者はその餌だけを食べるのがよい．このことは直観的にも明らかで，もし収益率の高いものが容易に手に入るのならば，得にならないものを気にするべきでない．第2に，より劣る餌の手に入りやすさは，より良い餌に専念すべきかどうかの決定には何ら影響しない．この結果もまた納得がいく．良い餌に十分に頻繁に出会えるので悪いものを無視してもよいならば，悪い餌がどんなに沢山あったとしてもそれらの処理に時間をかける価値はない．第3に，最良の餌の獲得しやすさが増加するにつれて，選択性の全くない状態（捕食者は出会えば両タイプの餌を食べる）から，完全な選択性（捕食者は最良の餌だけを食べて，悪い餌は常に無視する）へと突然に切り替わるべきである．

　これらの予測を検証した実験が図 3.5 に示されている．捕食者はシジュウカラで，餌はミールワームを大小に切ったものが用いられた．捕食者が餌に出会う確率を正確に制御できるように，実験では，通常とは逆に大小のミールワームが捕食者の前を通り過ぎるように工夫された（図 3.5a）．実験に用いた大きなミールワームは小さなものの2倍の大きさであった（$E_1/E_2 = 2$）．そして h_1 と h_2 は，シジュウカラがミールワームをついばんで食べ終えるまでに実際にかかった時間である．大きなミールワームに出会う率を変化させ，シジュウカラ

Box 3.2　大きな餌種と小さな餌種の間の餌選択モデル (Charnov, 1976b; Krebs *et al*., 1977)

　大きい餌と小さい餌の2種類の餌種に出会う捕食者を考えてみよう．大きい餌種は E_1 のエネルギー価値を持ち，処理に h_1 の時間がかかるものとする．また小さい餌種は E_2 のエネルギー価値を持ち，処理に h_2 の時間がかかる．それぞれの餌の好ましさ（処理時間当たりのエネルギー収益）は E/h である．大きい餌種の方がより高い好ましさを持つとすると，以下の通りである．

$$\frac{E_1}{h_1} > \frac{E_2}{h_2}$$

　採餌全体の収益速度を最大にするためには，捕食者はどのように餌種を選べばよいだろうか？　捕食者がある餌種に出会ったと仮定しよう．それを食べるべきだろうか，あるいは無視するべきだろうか？

(a) もし大きい餌種に出会ったならば，明らかに常にそれを食べるべきである．よって，好ましい餌である大きい餌種に出会ったとき，それを選ぶことに小さい餌種の多さは影響しない．

(b) もし小さい餌種に出会ったとき，以下の条件が成り立つならば，それを食べるべきである．

　その条件とは，（その摂食から得る利益）＞（それを無視して，もっと好ましい，大きい餌種を探索して得る利益）である．これは別に表現すると，以下のときである．

$$\frac{E_2}{h_2} > \frac{E_1}{S_1 + h_1} \tag{B.3.2.1}$$

ここで，S_1 は大きい餌種の探索時間である．

　さらに整理して，以下であるとき，捕食者は小さな餌種に出会ったときそれも食べるべきだということになる．

$$S_1 > \frac{E_1 h_2}{E_2} - h_1 \tag{B.3.2.2}$$

　よって，好ましくない小さな餌種に出会ったときそれを選ぶかどうかは，もっと好ましい大きな餌種の多さに依存して決まるのである．

　このモデルは，3つの予測を与える．第1に，捕食者は大きい餌種だけを食べるか（専門化），大きい餌種と小さい餌種の両方を食べるか（一般化）である．第2に，専門化するかどうかの決定は，S_1 に依存するが，S_2 には依存しない．第3に，大きい餌種への専門化から両方の餌種を食べる決定への切り替えは，S_1 が増加して式 (B3.2.2) が成り立つようになるときに突然起こる．大きい餌種だけ食べても，両方の餌種を食べても，捕食者にとって違いがないのはこの式の両辺がちょうど等しくなるときだけだろう．

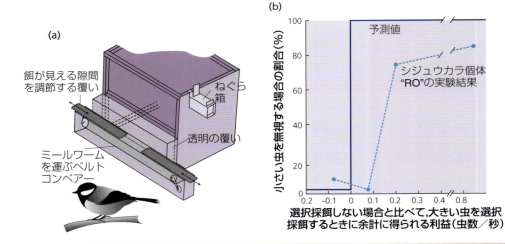

図 3.5 (a) シジュウカラ (*Parus major*) を用いて，大きなミールワームと小さなミールワームの餌選択モデルを検証するために用いた実験装置．シジュウカラは鳥籠の中に止まっていて，ミールワームが長いベルトコンベアーで運ばれて通り過ぎるのを待つようにしてある．ミールワームは，ベルトコンベアーの上のカバーにある隙間を 0.5 秒で通過するが，鳥にはそのときにしか見えないようになっている．シジュウカラはこの短い時間にそのミールワームを食べるかどうかを選ぶ．もしついばむとすれば，そのミールワームを食べている間はベルトコンベアーを通過する他の餌は狙えないことになる．(b) 実験結果の一例．大きなミールワームと出会う頻度が増加するにつれ，シジュウカラはより選択的になる．グラフの横軸は選択的に捕食することで余計に得られる利益を示す．Box 3.2 で示したように，大きいミールワームに対する探索時間 S_1 のある閾値を過ぎるところで，この報酬は正の値を取るようになる．鳥は，この予測された点の付近で，より選択的に捕食するようにはなったものの，モデルの予測とは違って一挙に変化したわけではなかった．Krebs *et al.* (1977) より転載．掲載は Elsevier より許可された．

最適餌メニューモデルの検証

が非選択的採餌から選択的採餌へと移行すべき閾値（Box 3.2 の式 (B3.2.2) による）を挟んで，小さい値から大きい値までになるようにして実験した．実験結果は，定量的にとはいかないが，定性的にはモデルの予測と合っていた．観測値と期待値とが食い違った主な点は，非選択的採餌から選択的採餌への切り替えが，一挙にではなくて徐々に生じたことである（図 3.5b）．大きなミールワームが十分に与えられると，小さなミールワームが非常に多かったとしても，シジュウカラが選択的採餌をしたことは，予想通りであった．

サンプリングと情報

これまでの考察は，自分の環境をよく知っている動物に関するものであった．これが当てはまる場合もあるが，動物が餌探しをするうちに次第に学習していくと仮定する方がより現実的である場合もある．Steve Lima (1984) はこの問題をセジロコゲラを用いて研究した．彼は，穴をあけた丸太をぶら下げて，そ

こに隠した種子を探すように野生の鳥を訓練した．それぞれの丸太には24個の穴をあけ，実験ごとにいくつかの丸太はすべての穴を空にし，他の丸太ではいくつかもしくはすべての穴に種子を隠した．セジロコゲラは，どれが空の丸太なのかをあらかじめ知ることができず，それぞれの丸太で採餌を始めてから収集した情報を用いて，その丸太が空であるか否かを判断し，諦めるべきかどうかを決めなければならない．丸太の24個の穴すべてが空であるかあるいはすべて種子が詰まっているときは，この仕事は容易である．理論上は穴を1つ調べれば十分な情報が得られるし，実際に空の丸太では，セジロコゲラは移動する前に平均1.7個の穴しか調べなかった．1本当たり0個か6個の種子を入れた丸太が半分ずつ混ざっている条件での実験と，1本当たり0個か12個の種子を含む2種類の丸太が半分ずつ混ざっている条件での実験が行われた．このような場合には，見分ける仕事はずっと複雑である．1つの穴が空であったとしてもその丸太を見捨てるのは早計である．しかし次々と見ていった穴がどれも空であったという情報から，ある時点で，その丸太の穴はすべて空であるという確信が次第に強まり，ついには丸太を諦める方が有益だということになる．Limaは，餌の取り込み速度を最大にするためには，1つの丸太の上で諦めるまでに，いくつの穴について空であることを確かめるべきかを計算した．計算による最適値は，種子数が0個と6個である丸太の実験に対しては6で，0個か12個である丸太の実験では3であったが，鳥の行動から観測された値の平均はそれぞれに6.3と3.5であった．よってセジロコゲラは，採餌しながら集めた情報を利用して，餌の取り込みの全体速度を最大にする最適なやり方に近いやり方ができているようである．

飢えのリスク

　今まで，採餌する動物にとって2種類の通貨，つまり取り込み速度（ホシムクドリ，シジュウカラ）と効率（ミツバチ）を取りあげてきた．採餌を行う動物にとって重要かもしれないもう1つの通貨は飢えのリスクである．動物が予測不可能な環境に生息し，そのため獲得できる餌量が不確定であるようなときには，この通貨はとりわけ重要である．

　仮に，2種類の食料配給様式のうちどちらかを選択するという問題に毎日直面したと考えてみて欲しい．一方の食料配給では，毎日10本のソーセージがもらえる．他方では，その日いくらもらえるかが不確定で，配給日のうち半分の日は5本，残りの半分の日は20本のソーセージがもらえるとする．2番目の食料配給様式の場合，**平均**すると最初のものより多くをもらえるが，より危険性の高い選択肢である．2種類の配給様式のうち，どちらを選ぶ方がよいのだろうか？　この答えは，1日当たりに食べる本数のソーセージの与える利益（経済学用語では「効用 (utility)」）がどんなものかによって違ってくる．もし1日10本のソーセージなら十分に生き延びることができるが，5本では生存できな

いとすると，危険性のある選択肢を選んでも得るところがない．これに対して10本のソーセージでも生き残るに十分でないならば，可能性のある唯一の方法は，危険性のある選択肢の方を取り，20本のソーセージに望みをかけるしかない．この選択肢は50％の生存確率を与えるが，確定的な選択肢の方だと生存の見込みは全くないからである．

　要するに動物は，特定の採餌方法からの収益速度の平均値に対してばかりでなく，その変動に対しても敏感であるべきだということである．動物が高い変動性を好むかどうかは，動物の必要程度（通常「状態 (state)」と呼ばれている）と期待報酬の関係に依存して決まるはずである．もしエネルギー必要量が期待報酬の平均値よりも小さいならば，報酬量があまり変動しない選択肢を選ぶであろう（**リスク回避的行動** (risk-averse behaviour))．一方，もしエネルギー必要量がその平均値よりも大きいのならば，普通は報酬量がより変動する選択肢を選ぶであろう（**リスク志向的行動** (risk-prone behaviour))．

リスク回避的行動か，リスク志向的行動か

　この考えは，Caraco *et al.* (1990) によって行われた実験で検証された．彼らは，鳥小屋の中のメキシコユキヒメドリ（*Junko phaeonotus*，小型の鳥）に，餌量が変動する採食方法と餌量が確定する採食方法のどちらかを選ばせるという一連の選択を行わせた．例えば，一方の変動餌量の採食方法は，確率0.5で種子0個か6個かが得られるものであった．しかし対応する他方の確定餌量の採食方法は，常に種子3個が得られるものであった．実験は，1℃と19℃という2通りの気温で行われた．低い気温では，確定餌量の採食方法からの報酬は，毎日のエネルギー要求量を満たすには不十分であったが，19℃では十分であった．理論的に予測したように，その鳥は19℃ではリスク回避的行動を採用したが，1℃ではそれをリスク志向的行動に切り替えた．Cartar & Dill (1990) のマルハナバチの採食行動の研究でも同等な結果が得られた．彼らは巣のエネルギー貯蔵量を増加させたり枯渇させたりする実験を行い，巣内のエネルギー貯蔵量が少なくなると，ワーカーがリスク志向的行動になることを見出した．この場合，コロニーの全エネルギー貯蔵量は，1個体が蓄える量と同じぐらいになるように処理された．

　これらの実験が示唆することは，採餌者は獲得報酬量の変動に反応でき，その好みは自身の状態に依存して変化するということである．しかしそれらの実験も，採餌者の好みが時刻とともに変化するかどうかについてはまだ調べていない．一日の時刻がいかに重要となるかについては，Houston & McNamara (1982, 1985) が，2つの研究例を提出している．1つ目は，もし動物がリスク志向的行動でその日を開始し，しかし最初の2～3回の選択では幸運であったとしても，その後はリスク回避的になった方がよいと期待されるというものである．2つ目は，夕方を迎えつつある昼行性動物にとって，一晩中絶食を強いられる時間が長いほど，夜を生き延びる確率を高めるためには，リスク志向的行動へ切り替えた方がときには有利になるというものである (Box 3.3)．

Box 3.3　行動のリスクと最適連鎖 (Houston & McNamara, 1982, 1985)

夜を生き延びるためのエネルギーを，夕方までに蓄積しなければならないような冬の小鳥を考えてみよう．下の例では，その鳥は生き残るためのエネルギー8単位を夕方までに貯めなければならないとしている．

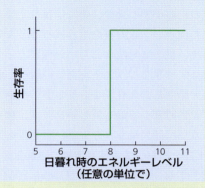

ここでその鳥は，以下のようなエネルギー獲得のための2つの採餌方法からどちらか1つを選ばなければならないと仮定しよう．

(i) 確率1でエネルギー1単位を得る．
(ii) 確率1/2でエネルギー2単位を，確率1/2でエネルギー0単位を得る．

このように，両選択肢の平均利得は同じであるが，選択肢 (ii) の方には大きな変動がある．もし鳥が夕方になる前に1つの採餌方法だけを選ぶ時間があるのならば，下に示すように，最良の意思決定はその時点の状態に依存して変わるべきであると簡単に理解できる．

	選択後のエネルギー状態		
状態	(i)	(ii)	最良の選択
6	7	8もしくは6	(ii) つまりリスクを犯す
7	8	9もしくは7	(i) つまり安全を取る

さて，夕方になる前に，採餌方法を2回選ぶ時間があると仮定してみよう．もし現在のエネルギー状態が6単位であるならば，その鳥は2回とも安全な採餌方法（(i) の採餌方法）を選ぶべきである．そうすると，まず1回目の後に7単位になり，次に8単位になり，その結果，夜を生き延びられるであろう．

この簡単な理論的議論により，採餌方法の最適な選択は，現在のエネルギー状態と採餌に使える時間に依存して変化することが分かる．一般的には，空腹な個体ほどリスクを犯す傾向があるということである．

環境変動：身体への蓄積と食物貯蔵

　小型の鳥は，冬になると一日の中で大きな体重変動をしばしば経験する．例えば，20 g 以上のシジュウカラは一般に冬には体重の 10～15% を夜間に失い，次の日の日中にその体重を取り戻す (Owen, 1954)．昼間の体重獲得と夜間の体重損失の中身は，ほとんどすべて脂肪に限られる．脂肪は夜間の生存のための燃料として働き，そのため小型の鳥は，冬には毎日十分な脂肪蓄積を果たすための大変な苦労に立ち向かい，次の夜を生き残ろうとする．この観察事実を前提にして，小型の鳥は，飢えに対抗するための保証として，可能な限り多くの脂肪を常に持つと期待すべきだろうか？現場での観察と最適化モデルから，実際は，鳥は普通，最大脂肪量よりも少ない量の脂肪を身に付けることが示唆されている．鳥は通常，冬の寒くて最も厳しい日には，体重が最も重くなる．これはそれ以外の日には鳥は最大量よりも少ない脂肪量を持っていることを示唆している．さらに，1 日をとおしての体重増加の過程を調べてみると，鳥は体重を午後に急激に増加させることが分かった (Owen, 1954; Bednekoff & Krebs, 1995)．これは，1 日の早い時間帯には，彼らは持ちうる最大脂肪量を持つことはないということを意味している．Lima (1986) と McNamara & Houston (1990) は，これらの観察結果を説明するために，鳥に蓄えられる脂肪量はコストと利益の間の最適トレードオフを反映するという仮説を立てた．つまり過剰な脂肪量を蓄積する利益は，夜の飢えの危険を減少させることであるが，一方そのコストとして，捕食者からの死の危険を増加させてしまう．コストである死の危険が高まる原因は，単に太った鳥が捕食から逃げるときあまり俊敏でないということだけでなく，より凝った過程ではあるが，脂肪を貯めようとする鳥は捕食者から隠れている鳥よりも長い時間を採餌に費やさなければならないからである．よってこの仮説からの予測として，脂肪蓄積量の最適水準が増加する（つまり鳥が体重を増加させる）のは，夜に生き延びるために必要なエネルギーコストが高いかあるいはそのコストを予測できないとき，または捕食される危険が低いときであろうと考えられる（図 3.6）．

最適脂肪蓄積：飢えリスクと捕食リスクのトレードオフ

　Andy Gosler とその共同研究者達は，イギリス，オックスフォードのワイタムの森における長期のシジュウカラの研究から，この予測に対する証拠を見つけた．ハイタカ (*Accipiter nisus*) が 1980 年代（殺虫剤による減少の後）にその森に再定着したとき，冬に森で捕獲されたシジュウカラの体重はそれまでより約 0.5 g だけ減少した．またイギリスの他の地域でもシジュウカラの体重減少は，タカの地域的な再定着と一致していた (Gosler *et al.*, 1995)．餌場でのタカの模型を使った実験でも，鳥個体の同様な体重減少につながった．よって体重変化は，増加する捕食リスクに合わせて，脂肪蓄積を少なくしようとする個体の戦略的な選択を反映していると考えられる．さらに，優位な個体（餌への接近の優先権を持っているもの）は劣位な個体よりも軽くなる傾向があった．これらの結果は，脂肪の蓄積は 1 つの保険であり，実際に鳥に保持される脂肪

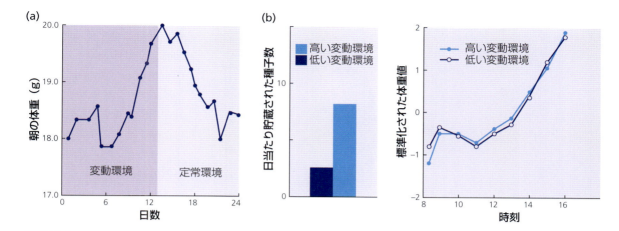

図 3.6 (a) 身体への蓄積と環境変動. グラフは, 一定環境から変動環境に移されて 12 日間, その後一定環境に戻されて 12 日間経過した, ケージ内のシジュウカラ (実験における 8 羽のうちの 1 羽) の体重を示している. この実験における環境の変動性は, 採餌できない夜の時間の長さを無作為に変えることによって発生させた. Bednekoff & Krebs (1995) より転載. (b) 餌貯蔵と変動性. この実験では, より変動的な環境に置かれると, ケージ内のハシブトガラ (一例が示されている) はより多くの餌を貯蔵したが (左図), 身体への蓄積は増えなかった (右図). これらの結果は, 餌貯蔵が脂肪蓄積のように環境変動に対処するための方法であることを示唆している. つまり, 環境変動に対して, 餌貯蔵をしないシジュウカラは脂肪蓄積を余計に増やすことによって対処するが, ハシブトガラの方はより多く餌を環境に貯蔵する. また右側のグラフは, ハシブトガラの 1 日の体重変化を表している. 午後になると, ハシブトガラは貯蔵餌を食べて体への蓄積にまわし, そのため体重が日暮れ時に向かって急激に増加している. Hurly (1992) より転載.

量は飢えのリスクと捕食されるコストの両方によって調整されるものであることを示唆している (Gentle & Gosler, 2001).

食物を貯蔵する鳥類：行動生態学から神経科学へ

　北アメリカ西部のハイイロホシガラス (*Nucifraga columbiana*) は, 秋になるとマツ属 (*Pinus*) の様々な種から種子を集め, 特殊な喉の袋に入れて運び, 丘陵の急な斜面のあちこちに地面を数 cm 掘ってそれらを隠して保存する. これらの種子は, 冬と春には食物資源として, そして次の繁殖期にはヒナへの給餌資源として利用するときに回収される. ハイイロホシガラスの各個体は, 2500～4000 ヶ所もの別々の場所に約 3 万個もの種子を貯蔵すると推定されている (VanderWall, 1990). アメリカコガラ類とシジュウカラ類の科 (Paridae) に含まれる多くの種も, 冬期に生き残るため貯蔵した種子を利用する (Pravosudov & Smulders, 2010). その種子貯蔵の規模は桁外れである. あるシジュウカラ類の種では, 1 個体の鳥が冬期に 10 万～50 万個の小さな種子をそれぞれ別々の場所に貯蔵することがある (Pravosudov, 1985; Brodin, 1994).

　貯蔵される食物は, ふんだんに採食できるときに蓄積され, 不足すると利用さ

短期間の食物貯蔵かあるいは長期間の食物貯蔵か

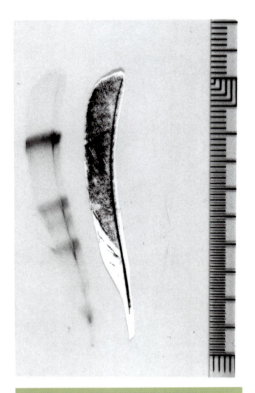

図3.7 このペアの写真は，コガラの尾羽の放射線写真（左）と複写写真（右）である．放射線写真にある暗いバンドの上辺は，羽根の持ち主が放射性同位体でラベルされた種子をある日に食べて，ちょうどその日に放射性硫黄が伸長過程の羽根に取り込まれたことを示している．羽根は，前の羽根を押し出しながら成長を促され，次の40日間で生え変わりが完了する．右側の複写写真の映像には，日々の成長帯である水平の縞がかすかに映し出されている．(Brodin & Ekman, 1994)．掲載は the Nature Publishing Group より許可された．

れる体脂肪と類似したものと考えることができる (Hitchcock & Houston, 1994; Pravosudov & Lucas, 2001)．ハイイロホシガラスのように，ある期間全体をとおして貯蔵した種子を利用する種もあれば，カラ類 (Paridae) のいくつかの種のように，おそらく厳冬期の夜を生き残るための戦略として，数日，あるいは数週間という短い時間単位で貯蔵種子を使う種もいる．

　鳥類学者は，種子貯蔵は群れの生存を改善する共同作業の特性であるとかつては考えていた．これは，1つには鳥類が，種子を貯蔵した多くの場所を，実際に覚えられるとは想像もできなかったからである．我々の多くが，鍵束をどこに置いたかすら覚えておくのが難しかったりするのだから当然であろう！　しかし，もし貯蔵がコストを伴うものならば，貯蔵コストを支払わずに利益を得る種子泥棒は，個体群の中で貯蔵者に取って代わることになるであろう (Andersson & Krebs, 1978)．種子の貯蔵は，貯蔵者がそれをやった方が，その地域で他のことをやるよりも得をするときだけ有利になる．この有利さを得るための方法の1つは，個体が貯蔵場所を覚えておくことである．

鳥個体が自分の貯蔵物を回収する

　この進化的議論は，あちこちに種子を貯蔵する鳥の記憶に関する多くの研究を刺激してきた (Brodin, 2010)．そのような研究は，生態学，行動学，神経解剖学につながる注目すべき内容を明らかにしてきた．Anders Brodin & Jan Ekman (1994) はスウェーデンでコガラの個体に硫黄の放射性同位体 (^{35}S) でラベルしたヒマワリの種子20個を与えた．鳥はそれらの種子を彼らの行動圏内に貯蔵した．鳥個体がラベルされた種子を回収して食べると，放射性硫黄は

伸長する羽根に取り込まれた．そのため，BrodinとEkmanは群れのどの鳥がいつ種子を見つけたかについて，成長する羽根の放射線写真を用いて調べることができた（図3.7）．その結果，2ヶ月を通した観察によって，ラベルされた種子を貯蔵した個体は，ラベルされていない種子を貯蔵した同じ群れの個体よりも，5倍以上，ラベル種子を見つける傾向があることが分かった．

この結果は，種子を貯蔵する鳥が自分の貯蔵行動から利益を得ていることを簡潔に示しているけれども，この利益の原因が少なくとも部分的には記憶にあるという証明は室内実験から得られている．先駆的な研究において，David Sherry (Sherry et al., 1981) は，鳥の右目からの情報の大部分は左脳に残され，左目からの情報は右脳に残されるという事実を利用した．これは，視覚神経の経路が視交叉 (optic chiasm) のところでほぼ完全に交差するからである．そこで，Sherryはケージ内のハシブトガラ (*Parus palustris*) に，片目を塞いだ状態で苔を生やしたお盆に種子を貯蔵させた．そして，最長で24時間の休憩の後に，貯蔵時と同じ目を塞いだ場合と，他方の目に変えて塞いだ場合のどちらかで彼らの貯蔵物を回収させた．後者の目隠しを左右で交代させた場合には，鳥の種子を回収する実績は劇的に低下した．これは，脳に貯められた情報が種子の回収成功に極めて重要であることを示唆している（図3.8）．

この結果や他の多くの実験で，餌を貯蔵する鳥は顕著な空間記憶 (spatial mem-

餌を貯蔵する鳥類の空間記憶

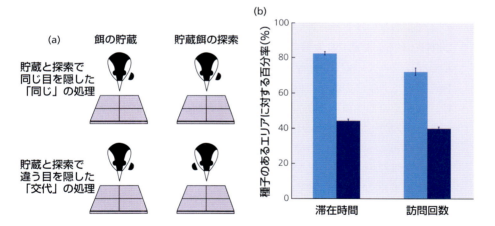

図3.8 (a) Sherry *et al.* (1981) が用いた実験計画の模式図．鳥が餌を貯蔵し回収するとき，小さなプラスチックキャップで片方の目が隠された．「同じ」と呼ばれた処理では，餌貯蔵時と餌回収時の両方で，目隠しキャップは同じ目に付けられた．しかし「交代」と呼ばれた条件では，目隠しキャップは餌貯蔵時から餌回収時に移るとき他方の目に交代させられた．餌回収のとき，鳥は，彼らが鳥かごの床に置いた苔むしたトレイで24時間前に貯蔵した種子を探索した．(b) 苔トレイを4等分して分けた4つのエリアのうち，種子を貯蔵したエリアに滞在した時間と訪問回数の百分率．餌貯蔵したときと同じ目で餌探索させる場合（青棒）と，異なる目で餌探索させる場合（紺棒）が示されている．

ory) を持っていることが示されてきた．その中には，ハイイロホシガラスが餌を隠した場所を 9～10 ヶ月後も覚えておくことができるという実証も含まれている (Balda & Kamil, 1992)．しかし，それは餌を貯蔵しない近縁種の記憶よりも，とりわけ驚くべきことなのだろうか？　あるいは，餌を貯蔵する種は，彼らの記憶を単にこのような特定の方法で活用するだけなのだろうか？

　Alan Kamil と Russ Balda およびその共同研究者達は，貯蔵餌への依存程度が様々である北アメリカのカラス類およびカケス類の 4 種を研究することによってこの問題を検討した (Balda & Kamil, 2006)．それらは，ハイイロホシガラス，マツカケス，メキシコカケス，アメリカカケスの 4 種である．彼らは空間記憶について 2 つの室内実験を行って，貯蔵餌への依存度合いが最も高いハイイロホシガラスが，他種よりも貯蔵を上手にやり遂げることを明らかにした．一方，場所の代わりに色を覚えなければならない仕事を与えられたときには，ハイイロホシガラスは他種より完全に劣っていた．これらの結果は，他の研究結果 (Shettleworth, 2010a) と同様に，餌を貯蔵する種は，実際，とりわけ空間記憶が優れていることを示していると思われる．それは，おそらく蓄積される情報量の多さという点，さらに記憶の持続期間の長さあるいは空間刺激が使われる程度の大きさという点で，そのように考えてよいだろう．

　また餌を貯蔵する種は特殊な脳を持っている．哺乳類では，海馬 (そう呼ばれるのは，それが何人かの神経解剖学者の目に，タツノオトシゴ (*Hippocampus*) の形のように映ったからである) と呼ばれる大脳皮質の特殊な領域は，空間情報の認知，あるいはおそらくいくつかの他の記憶に不可欠な存在である (Squire, 2004)．鳥も，貯蔵された餌の発見に極めて重要な，哺乳類の海馬に類似した構造を脳に持っている (Sherry & Vaccarino, 1989)．餌貯蔵を行う種や行わない種を含めて，多くの様々な鳥種の脳を測定することによって，餌を貯蔵する種は，脳のその他の領域と比べると，餌貯蔵を行わない種よりも大きな海馬を持つことが分かってきた (Roth *et al.*, 2010) (図 3.9a)．アメリカコガラ (*Poecile atricapillus*) という種の中でも，より厳しい冬の条件で生活し，冬を生き延びるために餌貯蔵に依存している個体群の個体は，厳しくない条件で生活している個体よりも相対的に，多くの神経細胞を持つ大きな海馬を持っている（Roth *et al.*, 2011; 図 3.9b）．

餌貯蔵動物とタクシー運転手における脳の特殊化

　アメリカコガラにおいては，海馬の相対的体積や新しい神経細胞の発生も季節によって変化する．しかし，この変化が餌貯蔵行動の季節的な変化に関連する様式は，まだ明らかになっていない (Sherry & Hoshooley, 2010)．1 つの可能性としては，餌貯蔵の季節の開始を見越して，新しい神経細胞が追加されることが考えられる．もう 1 つは，原因と結果の進行矢印が他のルートを経由する可能性が考えられる．Nicky Clayton & John Krebs (1994) は，ハシブトガラの若鳥において，餌貯蔵の経験や，あるいはその他の空間記憶を使う仕事が，海馬の発達にとって必要である，つまり「使わないとダメになる」事例であることを明らかにした．いずれにしても，餌貯蔵をほとんどあるいは全く行わな

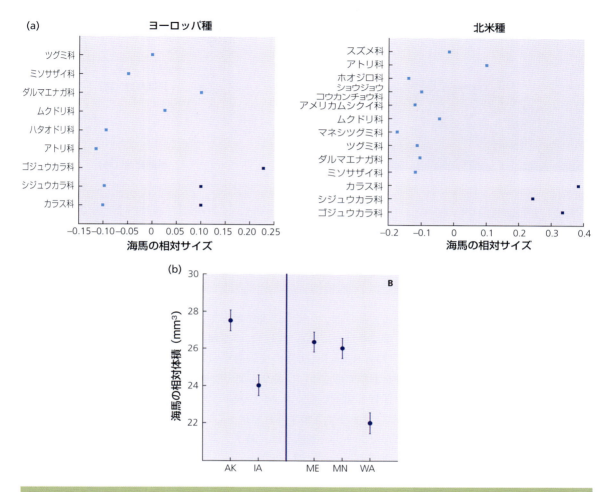

図 3.9 (a) 海馬サイズの種間比較を行った 2 つの研究．鳥類の科の中では，餌を貯蔵する種は相対的に大きな海馬を持っている．横軸は，鳥類の様々な科に対する海馬の相対サイズを表す．ただし体サイズや前脳全体のサイズの効果は補正された（つまり体の大きい種は大きな脳を持つだろうという事実が考慮された）．青点は，餌貯蔵をしない科に対する平均値である．一方，紺点は餌を貯蔵する科，あるいはそのような科内の種の集まりである．餌を貯蔵する分類群は，相対的に大きな海馬を持っていることが分かる．Krebs (1990) を基に作成．(b) 種内比較．アラスカ州 (AK) とアイオワ州 (IA)（左側パネル），またメイン州 (ME) とミネソタ州 (MN) およびワシントン州 (WA)（右側パネル）から採集されたアメリカコガラ (*Poecile atricapillus*) の海馬の体積が，前脳の他の部分に対する相対値として示された．前者の比較では，冬期の日長がアイオワ州よりもアラスカ州の方で短いが，両州とも冬は大変寒い．後者の比較では，3 つのすべての州では日長は同じくらいであるが，ワシントン州の冬の気候は他の 2 つの州に比べて穏やかである．このデータから，より厳しい冬では，日長が短かったりあるいは気温が低いことから，その結果，鳥は相対的に大きな海馬を持つことが分かる．Roth *et al.* (2011) を基に作成．

い時期には海馬が縮小することから，脳の組織を維持することはコストを伴うことであることが示唆される．

　人間の脳の検査でも，環境要求に対応して海馬の体積が可塑的に変化することが分かっている．ロンドンのタクシー運転手は，餌貯蔵を行う鳥が環境要求に対処するために用いる空間記憶と同様な挑戦を行わなければならない状況に

図3.10 (a) エピソード記憶を調べるための実験で，餌貯蔵トレイにやってきたマツカケス．色付きのブロックは鳥にとって空間認知の手がかりを与えている．写真©Nicky Clayton. (b) エピソード記憶を検証するための実験デザイン．処理 (i) では，まず堅果の貯蔵が許され，その120時間後に青虫の貯蔵が許された．さらにその4時間後，埋めた餌を回収することが許された．処理 (ii) では，貯蔵の順番に関して，まず青虫，その後に堅果の貯蔵が許された．Clayton & Dickinson (1998) より転載．掲載は the Nature Publishing Group より許可された．説明については本文を参照せよ．

直面している．彼らは，大変な訓練に耐えて，市内の幾千もの場所間を行き来する進路を学ばなければならない．この訓練は，口コミで「タクシー運転手の技能試験 ("The Knowledge") の受験過程」として知られているが，完全なタクシー免許を取得するためには約2年間を要する．核磁気共鳴画像法 (MRI) によると，対照群と比較して，タクシー運転手が大きな海馬の後半部分を持っている（そして，より小さな前半部分を持っている）ことが分かった．そして，最も経験を積んだタクシー運転手は，最も大きな海馬の後半部分を持っていることが分かった (Maguire *et al.*, 2000)．

認知の進化

Nicky Clayton とその共同研究者達は，マツカケス (*Aphelocoma californica*) の実験室での種子貯蔵行動を利用して，この鳥の心理的能力を探索した（図3.10a）．彼女は，驚くほど複雑な心的表象を示すように見える3つの行動特性を調べた．

エピソード記憶：いつ，どこに，何を？

彼女のある1つの研究からは，マツカケスはいつ，どこに，何を貯蔵したかを覚えていることが示された．人類においては特殊な出来事を覚えるというこのような類いの記憶は「エピソード記憶 (episodic memory)」と呼ばれており，自転車に乗ったりピアノを弾いたりするときに学習する技術に関連する「手続き記憶 (procedural memory)」とは異なるものである．この実験の重要な点は，120時間ごとに与えられた貯蔵機会において，鳥が堅果と青虫という2種類の食物をトレイに貯蔵することが許されたということである．さらに，その4時間後に，鳥は堅果と青虫の両方をトレイから回収することが許された（図3.10b）．通常，マツカケスは青虫を好むが，青虫は124時間後には腐敗してしまう．一方，堅果

はそのようなことはない．よってもし鳥がいつ，どこに，何を貯蔵したかを覚えているのならば，124 時間前に青虫を貯蔵した（4 時間前には堅果を貯蔵した）場合は，トレイの中の堅果を置いた場所を探すべきだし（図 3.10b の処理 (ii)），124 時間前に堅果を貯蔵した（4 時間前には青虫を貯蔵した）場合は，トレイの中の青虫を置いた場所を探すべきである（処理 (i)）．回収の時間に，匂いやその他の手がかりが影響を与えないことを保証するため，青虫と堅果をトレイから取り除いたとしても，鳥は実際に予測通りに行動した (Clayton & Dickinson, 1998)．よってこの鳥はエピソード的な記憶を持っているようである．

Clayton の 2 番目の研究は「社会的認知 (social cognition)」を調べるものであった．社会的認知とは，あたかも別の個体の知識を解釈するかのように行動する鳥の能力である．Dally et al. (2006) は，マツカケスが餌を隠しているところを別の個体から観察されると，後で 1 羽になったときに，その貯蔵餌を新しい場所に埋め変えることを発見した．それはまるでその個体が，餌の貯蔵を見られたことで，その観察者が貯蔵した餌をくすねるかもしれないという事実に気が付いたかのようである．さらにマツカケスは，優位な鳥に観察されたときには，彼らの配偶者や劣位な鳥から観察されたときよりも多くの貯蔵餌を埋め変えた．また自分自身くすねたことがある鳥は，餌の貯蔵を別個体に観察されると，その貯蔵した餌を移動させる傾向がより高くなるという面白い情報もある．これは，まさに「盗人のことが分かるのは盗人（蛇の道はへび）」の一例である (Emery & Clayton, 2001)．

社会的認知：潜在的な盗人を認知する

マツカケスで調べられた動物の知性に関する 3 番目の特徴は，しばしば「心的時間旅行 (mental time travel)」と呼ばれるものである．つまり，現在の生理的要求とは独立に，未来へ向かうことができる能力である．人間が，空腹でないときでも，毎週の買い物リストを作り，スーパーマーケットに出かけるのと同じことである．この能力を証明することを目的とした実験は，一連の出来事を繰り返し経験することからくる学習や，体内時計に関連したタイミングなど，他の説明ができないように注意深く制御されなければならない．

心的時間旅行：将来のために計画する

Raby et al. (2007) は，種子貯蔵を行うマツカケスにおいて，心的時間旅行であると解釈できる行動があることを証明した．まず鳥個体には，中央の部屋と両端の部屋を持つ 3 つの部屋が同時に与えられ飼育された．訓練期間中，夜になると，鳥は両端の部屋の 1 つに閉じ込められた．一方の部屋では，朝の光が差し込むとすぐに鳥は餌を与えられたが，他方の部屋では，2 時間遅れて餌が与えられた．この訓練の後，鳥は中央の部屋のお椀に置かれた松の種子を貯蔵することが許されると，鳥は朝一番に餌を食べさせてもらえなかった部屋に好んでその種子を隠した．彼らは，種子貯蔵を許された最初の試行でこのことを実行したので，これは，彼らが未来のことを考え，夜に閉じ込められると空腹になるであろう部屋を予想していることを示唆している．2 つ目の実験では，鳥に両端の部屋で朝食が与えられる訓練が行われた．しかし一方の部屋では，餌は常に松の種子であり，他方の部屋では餌は常にドッグフードであった．貯

蔵する餌を選べるような選択の機会を与えられると，鳥はドッグフードの部屋では松の種子を隠し，松の種子の部屋ではドッグフードを隠した．それはまるで，彼らが朝食に得られる餌の種類を予測し，反対の餌の種類を貯蔵することによって食事メニューを多様にしているかのようであった．

　これらの研究は，餌を貯蔵する鳥は空間記憶のさらにその先へと発展した，驚くべき心的能力を持っていることを示している．しかしそれらは，餌貯蔵行動と同時に進化の過程で生じた特殊な適応であろうか？　先に説明したカケス・カラス類の空間記憶を比較したように，餌貯蔵を行う種と行わない種を比較してみないことには，すぐには答えられない．ただ，餌を貯蔵する鳥類の研究では，彼らの生態と行動，および脳は互いに関係しあう顕著な例であることが明らかとなっている．

　餌貯蔵動物から，「動物の知性 (animal intelligence)」についてのもっと一般的な疑問が生じる．Sara Shettleworth (2010a, 2010b) は，餌貯蔵を行う鳥類からの結果と他の動物の同様な事例が，連合学習などの単純な過程の結果でありうるのか否かを問題にした．あるいはそれらの結果や事例から，人間以外の動物が「心の理論 (theory of mind)」，つまり知識，信念，欲やその他の意識状態に動機付けられた行動をするような意識体として，他者を扱える複雑な認知能力を持っていると考えてよいのか否かを，彼女は問題にした．

知性と単純な規則　　Sara Shettleworth は，3 つの重要なことを指摘している．第 1 に，複雑そうに見える行動は非常に単純な行動メカニズムによって一般化できることがあるということである．これは Daniel Dennett (1983) が「興ざめ (killjoy)」説明と呼んだものである．この例で有名なのは，適切な事前訓練を受けたハトがある未経験な問題を解くことができたという証明である，その問題とは，ハトに正しい場所へ箱を移動させて，そのままでは届かない報酬を取るためにその箱の上によじ上る方法を発見させるというものであった (Epstein et al., 1984)．この実験は，Wolfgang Kohler (1929) によるある古典的な報告を真似たものであった．それは，チンパンジーが同様な行動をすることから，彼らが「洞察力 (insight)」（不意に解答が分かる「アハ」体験）を持つことが示されたと結論付けるものであった．第 2 に，ある類いの「知性的」行動とは，餌貯蔵を行う鳥類の記憶のように，特定の生態的問題に対する特殊な適応である場合があるということである．第 3 に，おそらく我々が考えるよりももっと多くの場合において，人間は意識的な計算ではなく意識下にあるおおざっぱな法則を使っているということである．12 章で紹介する，コーヒー代の支払いに関する Melissa Bateson の研究はその良い例である．マーケティングの専門家は，我々の潜在意識にある偏った好みに付け込んで，商品を購入するように操作しているのであろう (Cialdini, 2001)．したがって，人間以外の動物と人間の間には知性の連続性があるはずだとする Darwin の主張は，異なる言い方をすると，人間はある意味で，しばしば認識される以上に人間以外の動物的であると述べ直すことができる．

摂食と危険：トレードオフ

　Steve Lima とその共同研究者達が行ったように (Lima *et al.*, 1985)，公園でチョコレートチップクッキーを食べるリスを観察したとしよう．リスは，ピクニックテーブルにやってきて，クッキーをつかみ，木に戻ってそれを食べる行動をよく示すだろう．もしクッキーの小さなかけらをテーブル上に撒くと，多くの場合，リスはそこへの襲撃を繰り返し，クッキーのかけらを口にくわえるたびに木に戻って，それを食べるだろう．これは明らかにあまり効果的な摂食方法ではない．つまり，もしリス個体がエネルギー収入の純速度，もしくはエネルギー収入効率の最大化を唯一の重要な要因としているならば，単純にそのテーブルに留まり，クッキーで腹がいっぱいになるまでそれを食べればよい．では，実際に見せるリスの行動を解釈すると，その行動は摂食の要求と捕食者に対する安全のバランスを取っているものではないかと考えることができる．テーブルに留まって最大エネルギー収入速度で摂食すれば，ネコに自分を殺させる良い機会を与えてしまうし，あるいはネコから完全に安全な木の上に身を置き続ければ，餓死してしまう．これらのどちらも生存率を最大にするための最良の答えではない．よって，リスはこれらの 2 つの方法の混合した方法を行っているのである．Lima *et al.* は，摂食速度への犠牲がまだ小さなものであるときには，採食時に，リスは樹上でもっと安全を求める傾向を持つべきであると主張した．彼らは，その主張通り，餌台が木に近いときには，リスは各食物を隠れ場所である樹上に持って行く傾向が高くなることを発見した．さらにクッキーの大きなかけらの場合は，小さいかけらよりも樹上に持って行く傾向が高かった．大きいかけらは食べるために長い時間を要するので，開けた場所で処理をすることはより危険であろう．また処理時間が長いとき，行ったり来たりするコストは相対的に減少するだろう．

　摂食の利益と危険回避の利益のバランスは，動物の空腹の程度によっても影響を受ける．冬の非常に寒い日には，普通，臆病なはずの鳥が庭のとまり台のところで完全にじっとする．これはおそらく，彼らの食べ物への必要性の増加が，開けた場所にやってきて待機するときの危険性を凌駕してしまうからであろう．Manfred Milinski と Rolf Heller (Milinski & Heller, 1978; Heller & Milinski, 1979) はイトヨ (*Gasterosteus aculeatus*) を使って同様な問題を研究した．彼らは，小さな水槽に腹を空かせたイトヨを入れ，好物であるミジンコが様々な密度で投下される場所を同時に選ばせる試行をやらせた．イトヨが非常に空腹なときには，イトヨは餌の投下密度が最も高い場所の方に向かった．その場所は，潜在的な採食速度が高くなる場所であった．しかし，イトヨがあまり空腹でないときには，餌の投下密度が低い場所を好んだ．これに対して Milinski と Heller は，イトヨが餌の投下密度が高い場所で採食するときには，視界の周りで跳ね回るミジンコの群れのためにそれを捕獲することが次第に難しくなるはずであり，そのため捕食者を監視することもできなくなってしまうだろうとい

採餌と安全の釣り合いを取る

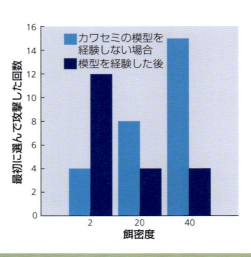

図 3.11　空腹なイトヨは通常は高密度の餌の群れを襲うことを好むが，カワセミの模型を水槽の上で飛ばした後は，低密度の餌の群れを襲うようになる．Milinski & Heller (1978) より転載．掲載は the Nature Publishing Group より許可された．

う仮説を立てた．これは，後に Milinski (1984) によって確認された．非常に空腹なイトヨは，相対的に高い確率で餓死する危険にさらされており，そのため，餌不足を早く解消するためにあえて警戒を犠牲にしようとする．イトヨがあまり空腹でないときには，高い採食速度の方ではなく警戒の方に重きを置こうとする．そのため，彼らは餌の投下密度が低い場所を好むのである．イトヨが次第に空腹でなくなるにつれて，コストと利益の平衡点が，摂食から警戒の方に移ったと言える．

　この仮説通り，Milinski と Heller は捕食リスクが採食速度の選択に影響を与えることを見つけた．彼らが，空腹なイトヨが入っている水槽の上で，カワセミ（*Alecedo atthis*，イトヨの捕食者）の模型を飛ばしたとき，イトヨは餌投下密度の高い場所ではなく，低い場所を好むことを発見した（図 3.11）．もし餓死しそうな程に空腹なイトヨでも，捕食者が近くにいるときには警戒の方を優先するということが正しければ，この結果は期待される通りである．

　採餌についての Milinski と Heller の解析が，この章の前半で説明した解析と異なる重要な点は，コスト − 利益の計算に動物の空腹状態が含まれていることである．動物の状態がその行動の結果として変化する（イトヨは摂食の結果として空腹ではなくなる）最適化モデルは，静的モデルに対して動的モデルと呼ばれている．実際，動物の内的状態がその行動を制御するという伝統的な見方は完全に転換して，動物は自分の行動的レパートリーを利用しながら最適なやり方で内的状態を制御する存在として見なされている．例えばカワセミがイトヨに対して与える影響については，イトヨがより遅い速度で空腹を回復する

空腹なイトヨは，高い餌獲得速度を得るためには捕食される危険を冒さなければならない

ように，採食と警戒への時間の最適配分を変えることであるとされる．

　採餌，体内への栄養蓄積，捕食リスクの間の動的フィードバックの考えを用いることで，Jim Gilliam (1982) が予測したのは，個体が成長とともにどのように生息地を変えるべきかということである．彼の解析に使われたのはブルーギル・サンフィッシュ (*Lepomis macrochirus*) である．アメリカ合衆国ミシガン州の実験池において，Earl Werner は，これらのブルーギル・サンフィッシュがユスリカの幼虫などの無脊椎ベントス（底生生物）を採餌することによって，プランクトンを採餌したり，あるいは池の岸際の抽水植物の近くで採餌するよりも，高い餌摂取速度を実現していることを見つけた．期待通りかもしれないが，ブルーギル・サンフィッシュは多くの時間（全体の75％）をベントスの採餌に使った．しかし，捕食者であるオオクチバス (*Micropterus salmoides*) が池に入れられると，ブルーギル・サンフィッシュの生息地利用が極端に変化するのが見られた．オオクチバスは最も小さなブルーギル・サンフィッシュだけを食べることができ（他のサイズの個体は大き過ぎた），そのようなブルーギル・サンフィッシュは，今度は採餌時間の半分以上を使って，比較的安全なヨシの近くでプランクトンを摂食した．その結果，彼らの餌摂取量が約1/3も減少し，その期間の成長速度が27％も減少した．もっと大きなブルーギル・サンフィッシュの場合は，慌てることなくベントスの採餌を続けた (Werner *et al.*, 1981)．よって小さな魚はトレードオフに直面していることになる．ヨシの生えた比較的安全な場所に留まり，捕食者に狙われる期間をもっと引き延ばしながらゆっくりと育つ方がよいだろうか？　あるいはベントスを採餌しながら安全な大きな体になるために早く育つことに賭けた方が良いだろうか？　このとき，魚がやるべき最良のこと（生存のすべての確率を最大化すること）は，ある体長になるまでヨシの生えた安全な場所に留まり，その後ベントスのいる場所に移動することであることを，Gilliam は示すことができた．これは以下のような観察結果と一致するものである．つまり捕食者がいるとき，若いブルーギル・サンフィッシュは安全な場所で採餌する傾向があり，その後，大きくなるにつれ良い食物の場所に移動した．

ブルーギル・サンフィッシュ：齢によって生息地選択が変化する

社会学習

　生物個体は，最も利益のある選択肢を決定するために，自らもよく情報を収集する (Krebs *et al.*, 1978; Lima, 1984) けれども，ときに情報源として他個体の行動を利用することがある．個体学習が時間を消費するあるいは危険であるなどのコストを伴うとき，社会学習 (social learning) にはとりわけ利益があるだろう．

　これは，トゲウオの2種の採集行動の比較によってうまく説明される（図3.12）．イトヨ (*Gasterosteus aculeatus*) は，捕食者から身を守るための大きな刺と甲冑板を持っているので，様々な餌場で比較的安全に採餌することができ

トゲウオでは，社会学習か個体学習か

図 3.12 トゲウオの2種．(a) トミヨは，採餌場所を選ぶとき，しばしば公的情報に頼る．(b) 一方，イトヨは，様々な選択肢の自己情報収集の方に信頼を置く．写真ⓒKevin Laland．

る．対照的に，弱い防衛装備しか持たないトミヨ (*Pungitius pungitius*) は，水草の群落の中で隠れながら多くの時間を過ごす．実験によると，トミヨは次のようなやり方で「公的情報 (public information)」を利用することが示されている．つまり同種あるいは異種のお手本魚が採餌するのを観察し，より良い採食速度を実現できる餌場へ向かうやり方を選択するのである．しかし，イトヨは公的情報を無視し，自分自身の経験を重視することで，悪い餌場よりも良い餌場を選ぶ (Coolen *et al.*, 2003)．これらの異なる戦略は，信頼できるがコストのかかる自己獲得情報と，基本的に信頼性は低いがより安価な社会伝達情報の間のトレードオフを反映しているかもしれない (Laland, 2008)．

　社会学習は，いくつかの異なる学習メカニズムを伴うかもしれない (Laland, 2008)．例えば未熟な個体は，他個体が行う仕事に単に注意を引き付けられるだけかもしれない．そしてその仕事をどのように成し遂げるべきかは自分で学ぶことになる．ときには，そうではなく，未熟個体でもお手本個体の行動を真似ることによって学習することもあるかもしれないし，あるいは熟練個体によって，未熟個体が教えられることもあるかもしれない．

模倣と学習の促進

　Whiten *et al.* (2005) は，檻の中のチンパンジー (*Pan troglodytes*) が他個体の行動を真似るかどうかを検証した．ある群れ内の1頭の個体に対して，餌を出す装置に棒を差し込むと餌が得られるという訓練を行った．別の群れでは，1頭の個体に対して，同じ装置から餌を得るために，棒を使っていくつかのフックを持ち上げるという異なる手段を用いるような訓練を行った．これらのお手本個体が自分の群れに戻ると，仲間達が彼らの仕事を観察し，その後，多くの仲間達は群れに持ち込まれた特定の技術（棒を差し込むか，あるいはフックを持ち上げるか）を使用した．それに比べて，群れ特有の専門家を欠いた3番目の群れでは，どちらかの道具による技術を習得したチンパンジーはいなかった．

お手本個体のいないこの群れは，社会的でない学習がある可能性も考えて，対照グループとして扱われた．

　Thornton & Malapert (2009) は，南アフリカのノーザンケープに生息するミーアキャット (*Suricata suricatta*) において，食べ物を獲得する新技術が野生個体群の中で広がるかどうかを検証した．この場合も，ある装置から2つの方法のうちのどちらかの方法で餌を獲得できるような訓練が行われた．つまり一方は，何歩か階段を登って箱のフタを引き裂いて開ける方法で，他方は箱の底についたネコ用入り口を通って中に入る方法であった．3つの群れにおいて，各群れの1頭の個体が「階段」技術を実行するように訓練された．別の3つの群れにおいて，各1頭の個体がネコ用入り口を使うように訓練された．さらに対照群となる3つの群れにおいては，どの個体も訓練を受けなかった．その結果，2種類の実験条件下の群れの個体は，箱から餌を獲得しやすい傾向を持つことが分かった．そしてそれらの群れで訓練を受けていない個体は，お手本個体の技術を用いる傾向があった．しかもそれを行うのは，お手本個体の技術を観察した後か，あるいはお手本個体が箱から餌を採食するときに付いていきおこぼれにあずかった後であった．この場合，未訓練な個体は必ずしもお手本個体の行動を真似たと考える必要はないかもしれない．単に階段あるいはネコ用入り口に興味を持っただけであったが，その後，餌をどのように獲得すべきかを自ら学んだのかもしれない．

> チンパンジーとミーアキャットは，他個体から採餌技術を学習する

地域的伝統

　社会学習は地域的伝統に発展するかもしれない．例えばチンパンジーは，いくつかの野生個体群では，長い棒を利用してアリを採餌する．チンパンジーは多くのアリが棒にしがみつくまで待ってから，それらを他方の手でしごき取り，口に運ぶ．しかし別の個体群では，チンパンジーは小さな棒を使って，一度に少ない数のアリを集めて，それらを棒と一緒に直接口に持っていく (Whiten *et al.*, 1999)．これらの違いは，社会学習によって伝達された文化的な違いをよく反映しているかもしれない．しかし，観察的研究だけから，その違いが個体群間の遺伝的な違いあるいは資源の豊富さなど，生態的な違いを反映している可能性を排除することは難しい (Laland & Janik, 2006)．

　野生動物にも社会学習によって維持される伝統があることを示す最良の証拠は，魚類の移植実験から得られている．Helfman & Schultz (1984) は，フレンチグラント (*Haemulon flavolineatum*) という魚が珊瑚礁に伝統的な日中の群れ場所を持っており，また近くの藻場にある採餌場所へ朝方に行き，夕方に帰るための伝統的な移動ルートを持っていることを発見した．これらの群れ場所と移動ルートは，魚1個体の一生よりも長く維持されている．群れに新しく参加する個体が群れの休息場所と移動ルートを学習するかどうかを検証するために，何頭かの魚が別の場所に移された．すると，これらの個体は新しい場所の

> チンパンジーと魚類における地域的伝統

先住個体の行動パターンを直ぐに採用するようになった．対照的に，先住個体が取り除かれると，新しく移入された個体は新しい休息場所あるいは新しい移動ルートを使うようになった．よって社会学習の機会がいったん閉ざされると，地域的伝統は崩れてしまうのである．

　Warner (1988) は，同様な実験において，珊瑚礁に住むベラ科のブルーヘッドワラス (*Thalassoma bifasciatum*) の配偶場所が，資源の質を基に最良の場所を選ぶという個体の選択によるのではなく，社会的に伝わった伝統によって維持されていることを明らかにした．配偶場所は 12 年間（4 世代）の毎日の利用のために維持されてきた．しかし地域的な個体群全体が取り除かれて，新しい個体に置き換えられると，新しい配偶場所が採用されて維持されるようになった．

　将来の研究では，伝統を浸食したり新しい伝統に向かわせるような個体的探索投資よりも，彼らの群れの社会的伝統に従うことによって利益を得ることができる条件を調べることが面白いだろう．場合によっては，伝統が不適応的であったとしても，伝統は維持されるかもしれない．グッピー (*Poecilia reticulata*) の室内実験において Laland & Williams (1998) は，未訓練な個体が，訓練された他個体に従ってエネルギー的に負担となる回り道を採用して餌場に向かい，負担の少ない短いルートを選ばないことを発見した．さらに，いったん魚が長い回り道ルートを取るように訓練されると，短いルートを学習する速度が対照個体よりも遅くなった．よって社会学習による情報は，ときに最適な行動様式の学習を阻害することがあるのである．

教える

　個体学習あるいは無意識の社会学習が大きなコストを伴う場合，あるいはこれらの学習の機会がない場合は，知識を持つ個体が積極的に他個体に「教える」ことがあるかもしれない．個体を「教師」と見なすためには，次の 3 つの基準があると示唆されている．(a)「生徒」となる個体が観察しているとき，自分の行動を修正する；(b) それをすることによる初期のコストを請け負う；(c) 結果的に，「生徒」個体が技術や知識をより早く獲得する (Caro & Hauser, 1992)．人間以外の動物で，このすべての基準を満たすという例の証拠はまだ少ない．

「教える」行動の 3 つの基準

　Nigel Franks と Tom Richardson (Franks & Rechardson, 2006; Richardson *et al.*, 2007) は，上記で定義された「教える」行動は大きな脳を必要としないことを示した．ある種のアリ (*Temnothorax albipennis*) が餌を見つけると，その個体は餌場を知らない別の個体を巣から「連なり歩行 (tandem running)」によって餌場まで先導する（図 3.13）．先導個体は先を行き，追随個体は自分のアンテナで先導個体の肢や腹部にタップすることによる頻繁な接触を維持する．先導個体は，追随されるときに負担を支払う．なぜなら追随個体がまだ付いてきているかを確かめるために，また追随個体自身が巣に帰る道を見つけるときに利用するであろう陸票を追随個体に学習させる時間を与えるために，規則的

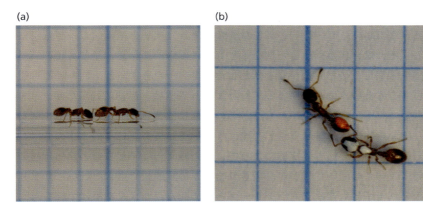

図3.13 (a)(b) あるアリ種 (*Temnothorax albipennis*) の「連なり歩行」．先導個体は，追随個体に餌を見つけるにはどこに行けばよいかを教える (Franks & Richardson, 2006)．写真ⓒTom Richardson．

に停止するからである．先導個体と追随個体の間が大きく開くと，先導個体は歩みを遅くし，追随個体は歩みを速くする．結局，追随個体は1匹で探索するときよりも，連なり歩行のときの方が餌を早く見つけることになる．これらの結果により，先導個体の行動は，「生徒」としての追随個体の行動とともに，「教える」行動のすべての基準を満たしていることが示されている．追随個体が学んだ授業は，彼らが先導個体になることでさらに先に続いていく．よって，連なり歩行は遅い方法ではあるけれども，コロニーの採餌個体の間で時間節約的に知識を浸透させていくことができるのである．

図3.14 ミーアキャットの子どもとサソリ．成獣は，子どもにこれらの危険な餌動物の処理技術について教える (Thornton & McAuliffe, 2006)．写真ⓒSophie Lanfear．

Alex Thornton & Katherine McAuliffe (2006) は，餌（無脊椎動物やトカゲ）を取るために穴を掘らなければならない厳しい砂漠環境に生息するミーアキャット (*Suricata suricatta*) において，「教える」行動があることを発見した．

アリとミーアキャットの「教える」行動

致死的な神経毒と力強いハサミを持つサソリは，ミーアキャットの好物の餌種である（図3.14）．ミーアキャットの成獣は狩りの技術を積極的に子ども達に教える．それは，成獣が生きた餌を子ども達に段階的に与え，子ども達の餌処理行動を観察し，子ども達が餌を落としたり見失ったりするとそれを子ども達に戻してやるというやり方によって行われる．成獣は，最初に死んだサソリを子ども達に与え，その後，子ども達がその技術を改善していくにつれて，毒針を取り除いた生きたサソリを子ども達に与え，そして最後にそのままのサソリを与える．手渡しの餌やり実験によって，この教え方は子ども達の餌処理技術を次第に改善させていくことが確認された．3日間連続で生きた針なしサソリを与えられた子ども達は，対照グループとして死んだサソリや堅ゆで卵を与えられた子ども達よりも，サソリを正しくかつ素早く処理する傾向があった．

「教える」行動は単純な規則を使う

アリのときと同じように，ミーアキャットの成獣の「教える」行動は，「生徒」の無知を再認知するような複雑な認知メカニズムではなく，単純な行動規則を伴っているようである．例えば，餌乞い声の再生実験によると，成獣は子ども達の餌乞い声の成熟度に応じて餌の提示方法を修正することが分かった．年上の子どもの餌乞い声を再生すると，成獣は生きたサソリを給餌した．一方，若い子どもの餌乞い声を再生すると，成獣は死んだサソリを子どもに与えた．

最適化モデルと行動：概観

この章では，採餌と配偶に関する意思決定について解析するとき，最適化モデルがどのように利用できるかを見てきた（表3.1）．この研究方法は，前章で紹介したコストと利益の観点から行動を解釈していこうとする考え方を延長したものである．ここで最適化モデルの利点と限界についてまとめることにしよう．この章で説明した3つの主な利点は次の通りである．

(1) 最適化モデルは，検証可能な量的予測をたびたび与えてくれる．そのため，モデルに示された仮説が正しいか間違っているかを見極めるのは比較的たやすい．例えば，ミツバチのワーカーは巣への正味のエネルギー運搬速度ではなくて，採餌における効率を最大化していることが示された．ミツバチの研究に限らず，すべての最適化モデルにおける研究で検証されるべき仮説は，**通貨**（何が最適化されるのか）と動物の行動遂行における**制約**（エネルギーコストや処理時間など）についての仮説である．通貨とは，動物にとって重要なコストや利益に対しての仮説である．例えば，ミツバチにとって，エネルギー上のコストと利益は，捕食者などによる危険よりもはるかに重要であるように思われる．制約とは，動物における行動メカニズムや生理的限界についての仮説である．例えば，蜜濃度の違いを認知できるかどうか，あるいはどれくらい速く飛べるかなどである．

(2) 2番目の利点は，通貨と制限の仮説を支える仮定が明示的に捉えられるということである．例えば，ホシムクドリの荷物量を解析するのに使われた

動物	意思決定	通貨	いくつかの制約	検証
ホシムクドリ	荷物量	純獲得速度の最大化	移動時間, 積み込み曲線, エネルギーコスト	荷物量 vs 距離
ミツバチ	蜜嚢積載量	効率の最大化	移動時間, 吸蜜時間, エネルギーコスト	荷物量 vs 飛翔時間
フンバエ	交尾時間	受精率の最大化	移動時間, 警護時間, 受精曲線	交尾時間の予測
シジュウカラ	青虫の大きさ	純獲得速度の最大化	処理時間, 探索時間	大きい餌か小さい餌の選択
セジロコゲラ	パッチ滞在時間	純獲得速度の最大化	移動時間, 認知時間	調べる餌の穴数
メキシコユキヒメドリ	採食場所	飢餓リスクの最小化	処理時間, 日々のエネルギー収支	確定報酬か変動報酬の選択
シジュウカラ	身体蓄積量	生存率の最大化	保存実行のエネルギーコスト	予測可能環境と予測不可能環境での身体蓄積量と貯蔵餌量
ハシブトガラ	貯蔵餌量			
リス	摂食場所	生存率の最大化	移動時間, 処理時間	餌量と距離を変化させる
イトヨ	採食場所	危険性と飢餓の最小化	両立しない警戒と採餌行動	空腹度合いと危険性を変化させる
ブルーギル・サンフィッシュ	生息地選択	生存率の最大化	成長は餌摂取に依存し, 危険性は体長に関係する	異なる齢で利用される生息地

表 3.1 議論された色々な意思決定, 通貨, 制約のまとめ.

モデルでは, 積み込み曲線について明示的な仮定を設定しなければならなかった. さらに鳥は同時に1つの餌場パッチにしか出会えないという事実や, 巣に戻るのにかかる時間などについて明示的な仮定を設定しなければならなかった. モデルの中でこれらのことを明示的に示すことによって, 研究者は問題を整理して考えざるを得ないのである.

(3) 最後に, 最適化モデルは, 動物が直面する単純な意思決定問題全般に適用できるという一般性を持つことを強調したい. 例えば, 採餌するホシムクドリや交尾するフンバエは, 逓減曲線から, 対象をいつ諦めればよいかという同じ一般問題に直面している.

最適化モデル：検証可能性, 明示的仮定, 一般性

今度は, 最適化モデルが動物の行動を予測するのに失敗したときどうすべきか, という最適化アプローチの持つ困難さについて考えてみよう. 一例としてフンバエを取り上げてみる. モデルによる交尾時間の予測はおおよそ合っていたが, 正確ではなかった. その食い違いについてはどう対処すべきだろうか？ 許容すべき誤差の範囲内にあるとして無視すべきだろうか？ それともさらに

モデルが, 観察された行動の予測に失敗したときに何をすべきか？

解析を進めるべきか？　とりあえず後者を選びたいとしてみよう．1つの可能性は，モデルの通貨に誤りがあったということである．フンバエは単に受精速度を最大にするのでなくて，摂食と交尾，もしくは生存の危険と交尾をトレードオフにかけているのかもしれない．第2の可能性は，通貨は正しいけれど，制約要因のいくつかが正しく見極められていなかったということがある．もしかすると雄は交尾中にエネルギーの貯蔵分を使い切ってしまったのかもしれない．最後に，フンバエや他の動物が通貨を最大にするという考え自体が誤っているのかもしれない．動物は自然淘汰によってうまく調節されなかったか，もしくは環境変化に遅れを取っているのかもしれない（1章で見たように）．重要な点は，観察された行動と予測された行動のずれは，通貨，制約，動物の環境について将来の研究のヒントを与えてくれるということである．そしてそのことによって，動物の意思決定についてより良い理解が構築されていくのである．

要約

　行動とは，コストと利益を生じる意思決定（例えば，どこを探索するか，あるいは何を食べるか）を伴うものである．個体は，自然淘汰によって彼らの適応度を最大にするように設計されているはずである．この考えは，次のような仮説を指定する最適化モデルが定式化されるときの基本理念として利用されている：(i) 最大利益に対する**通貨**（例えば，ホシムクドリの巣への最大エネルギー運搬速度，あるいはフンバエの最大の卵受精速度），(ii) 動物の行動遂行における**制約**（例えば，探索時間，処理時間，エネルギーコスト，捕食リスク）．この方法の重要性は，適応度を最大にするであろう選択肢について定量的，そして検証可能な予測を与えることである．観察された行動が単純なモデルの予測から外れることはたびたびある．この食い違いは，コスト，利益，通貨，制約に対するもっと良い理解を与えるように，モデルを改善するために使えるであろう．

　採餌個体は，自分自身の空腹度合いや，様々な選択肢からの餌報酬の平均値と変動に反応して，危険を冒す傾向を変化させることによって，自らの飢餓の危険を最小にするかもしれない（ユキヒメドリ）．数種の動物は，厳しい時期に対する保障として体脂肪を蓄積する．一方，餌を埋設貯蔵する動物もいる．餌を貯蔵する鳥類は，顕著な空間記憶と特殊化した脳を持つ（餌貯蔵をしない種よりも相対的に大きな海馬を持つ）．マツカケスの実験では，彼らがエピソード記憶を持ち，潜在的餌泥棒に反応して彼らの貯蔵餌を埋め変え，将来のために計画的に餌貯蔵することが分かった．

　採餌個体は，しばしば採食利益と捕食リスクの間のトレードオフに直面する（シジュウカラの脂肪蓄積，イトヨによる餌選択，ブルーギル・サンフィッシュによる場所選択）．

　生物個体は，最も好適な選択肢を決めるために様々な情報を自分で収集するかもしれない．あるいは1つの手がかりとして他個体の行動を利用するかもし

れない（社会学習）．とりわけ，個体の学習が大きなコストを伴うときはそうであろう（トミヨ）．チンパンジーとミーアキャットは，群れ内の他個体から採餌技術を学んだ．社会学習は，地域的伝統に発展するかもしれない（魚類の採餌あるいは配偶場所）．ときに熟練個体が積極的に未経験個体に「教える」行動を取ることもある（アリ，ミーアキャット）．

餌貯蔵と社会学習（教える行動も含めて）の両方は，他個体の意識や知識を基にした複雑な認知を伴うものではなく，簡単な行動メカニズムによるものであるかもしれない．

もっと知りたい人のために

David Stephens, Joel Brown & Ronald Ydenberg (2007) によって編集された本は，採餌行動の理論的および実践的研究についての優れた総説となっている．Kacelnik & Bateson (1997) は，採餌個体が様々な餌量に直面するときと，餌取得に関する様々な遅延に直面するときとで，リスク負担の比較をしている．Shafir et al. (2008) は，ミツバチと人間におけるリスク負担行動を比較した．Marsh et al. (2004) と Pompilio et al. (2006) は，ホシムクドリとサバクトビバッタにおいて，学習時の個体の持つエネルギー状態が採餌での選択に影響することを示した．これらの研究は，行動メカニズムの理解によって，コストと利益という観点からの機能的解析がどれくらい分かりやすくなるかを示している．

Mangel & Clark (1988) と Houston et al. (1988) は，生物個体の状態変化に反応した行動連鎖の予測に，「動的モデル」がいかに利用できるかを明らかにしている．

Kendal et al. (2005) は，社会学習と非社会学習の相対的な利点を議論している．また Danchin et al. (2005) は，公的情報の利用が文化の進化にどのようにつながるかについて議論している．Taylor et al. (2009, 2010) と Kacelnik (2009) は動物における認知と道具の使用について議論している．一方，Tebbich & Bshary (2004) は，ガラパゴスキツツキフィンチにおける道具使用の実験的な研究を行っている．

Sara Shettleworth (2010a) の本は，社会学習と餌貯蔵に関する将来的な研究にとって良い参考書である．

討論のための話題

1. 図 3.2c にある荷物量の観測値がモデルの予測にあまり適合していなかったと想像してみよう．次に何をすればよいだろうか？
2. 簡単な環境での意思決定に関する室内実験は，野外での行動を理解するためにどれくらい役に立つだろうか？

3. 純摂取速度の平均値は，採餌個体にとって意味のある通貨となるだろうか？
4. 動物が，餌量が確定している場合と変動している場合を区別するメカニズムを持っているとしたら，それはどのように調べることができるだろうか？
5. なぜ餌を貯蔵する種がいたり，しない種がいたりするのだろうか？ 分散させて餌を埋設貯蔵する利点は何だろうか？ これらについての自分の仮説をどのように検証すればよいだろうか？ 生態的な違いに関連して海馬サイズが異なるだろうと予測させるような，他の状況はないだろうか？（Pravosudov et al., 2006; Reboreda et al., 1996 を参照せよ）．
6. 動物における道具使用は，動物が知的であることを示すものだろうか？（Taylor et al., 2009, 2010; Kacelnik, 2009; Tebbich & Bshary, 2004 を参照せよ）．
7. Franks & Richardson (2006) は，「教える」行動を認めるためには 4 番目の基準，つまり先生と生徒の間の双方向に向かうフィードバックが必要であると提案している．これに同意するか？

第4章
捕食者と餌生物：進化的軍拡競走

写真 © Kyle Summers

3章では，捕食者が餌動物を探したり選んだりすることについて検討した．そこでは，餌動物を見つけ処理する捕食者の戦術や，捕食を回避する餌動物の戦術などにおける様々な母数（パラメータ）をほぼ一定のものと見なした．しかし進化的な時間スケールでは，これらの母数も変化するかもしれない．捕食者による効果的な採餌を導く自然淘汰は，餌動物に対しては防衛効果の改善を導く淘汰となる．そして今度は，それは捕食者の戦術を改善に向かわせる淘汰となるであろう．その結果，餌動物と捕食者の子孫にさらなる変化がもたらされていくだろう（図4.1）．相互に進化的な変化を導く対抗的相互作用 (antagonistic interaction) は，「共進化 (co-evolution)」の1つであり，適応と対抗適応のエスカレートは軍拡競走 (arms race) になぞらえられている (Dawkins & Krebs, 1979)．

「赤の女王」進化

もし捕食者と餌動物が進化的時間スケールで自らを改善していくならば，彼らの戦術は変わっていくかもしれないが，それぞれの側の相対的成功度合いに変化はないかもしれない．van Valen (1973) は，このような類いの終わることのない軍拡競走を「赤の女王 (Red Queen)」進化と名付けた．それは，Lewis Carrollの本『鏡の国のアリス』から「赤の女王」を引用したものである．この物語の中で，赤の女王はアリスの腕を捉えて，速くもっと速くと一緒に走っている．アリスが驚いたことに，2人は

ライバルに遅れを取らないように進化する

捕食者
採餌技術の向上への淘汰

餌生物
防衛技術の向上への淘汰

図 4.1 捕食者の効果的な採餌に対する淘汰は，餌動物のより良い防衛に対する淘汰となる．そしてそれは，翻って，捕食者の捕食技術の向上に対する淘汰となり，さらにそれは，将来の餌動物の防衛技術に対する淘汰となり，それが繰り返されてゆく．

表 4.1 捕食者の適応と餌動物の対抗適応の例.

捕食者の活動	捕食者の適応	餌動物の対抗適応
餌の探索	視覚の鋭敏さの改善	隠蔽色（背景への溶け込み，分断的体色様式，陰影への対抗措置）
	探索像	多型
	餌の高密度場所を集中探索	間置き分布
餌の認知	学習	仮装（食べられない物へ似る）
		毒を持つという警告信号（警告色，ミュラー式擬態）
		防衛する餌動物に擬態することで捕食者を騙す
餌の捕獲	こっそり近付くなどの動作の技術（速度，機敏さ）	発見後の捕食者への信号
		逃避飛翔
		驚き反応の利用：目玉模様
	攻撃用の武器	攻撃をそらす
		防衛用の武器
餌の処理	押さえつける技術	積極的な防衛，刺，硬い外皮
	抗毒能力	毒

動いた気配はなく，同じ場所に留まっているように見える．そこでアリスが「私の国では，長いこと速く走ると，普通はどこかよそに辿り着きます」と言うと，女王が答えて，「なんて鈍い国だ！ ここでは，同じ場所に留まるだけで，必死に走らなきゃならないんだよ！」．

ミジンコ vs 細菌

まず，我々が「赤の女王」式の動態を直接検証することはできそうにない．なぜなら，それは現在の餌動物の個体群に対する捕食者の成功度合いを，過去と未来の捕食者世代間で比較する（あるいは，逆に，現在の捕食者に対する餌動物個体群の成功度合いを，過去と未来の餌動物個体群間で比較する）必要があるからである．しかし，これを可能にしたのが，ミジンコ (*Daphnia magna*) とそれに寄生する細菌 (*Pasteuria ramosa*) の素晴らしい研究である (Decaestecker et al., 2007).

これらの宿主と寄生者は，休眠ステージを持ち，それらは池の沈殿層に累積していく．そして，それは過去の世代の生きた「化石記録」となる．休眠宿主の卵と休眠寄生者の胞子を再活性化させることによって，様々な世代（39 年間をとおして）からの宿主と寄生者の個体群を復活させることが可能であった．そしてそれらミジンコ属の個体が，同じ沈殿層から採取された寄生者（同時代の寄生者），あるいはそれより過去および未来の沈殿層から採取された寄生者に対して暴露させられた．感染率は，同時代の寄生者と一緒にしたときの方が，それ以前の増殖時期からの寄生者と一緒にしたときよりも高かった．よって，ミジンコ属は過去の寄生者の遺伝子型を打ち負かせるように進化したと考えられる．そして寄生者の方も，変化する宿主の遺伝子型に適応するように急速に進化したのだろう．一方，そのミジンコを将来の増殖時期からの寄生者と一緒に

図 4.2 餌動物の防衛には次のような例がある．(a) カムフラージュ：(i) ガの例と (ii) クモの例．写真ⓒMartin Stevens, (iii) カエルの例．写真ⓒOliver Krüger. (b) 仮装：(i) オオシモフリエダシャクの幼虫 (*Biston betularia*) は小枝を真似ている．写真ⓒNicola Edmunds. (ii) ハンノケンモン (*Acronicta alni*) の 1 齢幼虫は鳥の糞を真似ている．写真ⓒEira Ihalainen. (c) ヤドクガエル (*Ranitomeya fantastica*) のように，鮮やかな体色は毒を持つことの信号となる．写真ⓒKyle Summers. (d) クジャクチョウなどに見られる目玉模様．写真ⓒiStockphoto.com/Willem Dijkstra.

したときにも，感染率は低かった．よって，寄生者の適応性は，彼らと同時代の宿主個体群に対して専門化していたのである．最後に，同時代の寄生者と宿主の個体群を各年代ごとに組み合わせた場合，それらをとおして寄生者の感染率に変化はなかった．これは，宿主と寄生者の相対的成功度合いは（少なくともこの測定方法で適応度を測ったとき）世代を超えて同じままであったことを示唆している．よって，両者は，実際に「同じ場所に留まるために走り続けている」ということであった．

このような類いの対抗進化は，生物多様性の進化に重要な役割を果たしているようである．Charles Darwin 自身，これを次のように認識していた：「多くの本能ほど素晴らしく賞賛すべきものはない．しかし，本能は絶対的完成品として考えることはできない．例えば，天敵から逃れようとする 1 つの本能と，餌動物を確保しようとする別の本能の間には，自然の至る所で進行する恒常的な争いがある」(Dawkins & Krebs, 1979 にて引用)．この章の目的は，まず捕食者—餌動物の相互作用がどのように複雑な適応と対抗適応を導くのかについて調べることである（表 4.1; 図 4.2）．そして，カッコウとその仮親種の間の対抗的相互作用についても考えることにする．これら両システムに対して，一般

軍拡競走についての2つの疑問

(1) **適応か単なるお話か？** 軍拡競走の中で，一方の側で起こると主張される適応は，他方の側の適応を前提として機能的な意味を持っているのだろうか？ これは些細な疑問ではない．例えば，Thayer (1909) は，フラミンゴは夕日に溶け込むようなピンク色をしているが，それはライオンに対して夕方の狩りのときにフラミンゴを見つけにくくさせるためだと述べている．読者は，そんなことはないだろうと思うかもしれない．しかしガが木の幹に溶け込んだり，あるは鳥の糞に擬態したりするのも同様にありそうにないことかもしれない．よって，仮説を検証するためには実験をする必要があるのである．

(2) **軍拡競走はいかにして始まるのか？** 餌動物は完璧な対抗適応を突然に進化させることはできないだろう．それは，脊椎動物が目のような完全で複雑な構造を瞬時に進化させることができないことと同様である．そのため，2番目の疑問は，餌動物による粗雑な対抗適応でも捕食圧を減らすことができて，それによって進化上の軍拡競走の出発点になれるのかどうかということである．

捕食者と隠蔽的な餌動物

シタバ類のガ

これらの2つの疑問に対して，軍拡競走の一例，すなわち捕食者である鳥が隠蔽色の餌動物を捕食する場合について答えることから始めてみよう．Alexandra Pietrewicz & Alan Kamil (1979, 1981) は北米の落葉樹林に生息するシタバ類（*Catocala* spp.）について研究した．ある特定の地域には40種も生息していて，アオカケスやヒタキなどの鳥によって大量に捕食されている．

適応についての仮説を検証する

…「隠蔽的」な前翅と「驚かせる」効果を持つ後翅

ガの前翅は隠蔽色で，ガのとまる樹皮とそっくりに見える（図4.3）．これに対して，後翅は黄・オレンジ・赤・ピンクなどでとても目立つ色をしている（図4.3）．ガが休んでいるときには前翅が後翅を隠すようになっているが，敵が近付くと後翅が突然に現われる．だから，仮説として，前翅は捕食者からの発見効率を下げて，後翅はガを見つけた捕食者を「驚かす」効果を持ち，鳥が一瞬ひるむ隙にガが逃げられるのではないかと考えられる．

図 4.3 シタバ類（*Catocala* spp.）は隠蔽色の前翅と目立つ配色の後翅を持つ．写真 ©Martin Stevens.

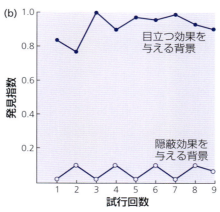

図4.4 (a) 実験装置内のアオカケス．鳥の目の前にあるスクリーンにはスライドが映し出される．前進ボタン（本文を参照）は左にある．アオカケスが正しい反応を示したときには，丸い赤い穴からミールワームが与えられる．写真は Alan Kamil による．(b) アオカケスは，シタバ (*Catocala*) 属のガが目立つ背景に置かれたときに，それを発見しやすかった．すべてのスライドを区別なくつつく鳥は，発見指数で低い得点しか獲得できないことになる．Pietrewicz & Kamil (1981) より転載．

隠蔽的な前翅

前翅の色は隠れるためだとする仮説を支持するものとして，シタバ類の様々な種は，自分の色に合わせて，隠蔽効果を最大にするような背景を選択する．さらに，翅の模様が樹皮の裂け目模様に同化するような特定の方向を向いて静止する．Pietrewicz & Kamil は，鳥籠の中のアオカケスにスライドショウを見せることによって隠蔽効果の重要性を検証した（図 4.4a）．スライドはスクリーンに映し出され，映像にはガが存在する場合と存在しない場合がセットされた．アオカケスは，ガが映っているときにスライドをつつくとミールワームがもらえて，すぐに次のスライドが新たに現れる．映像の中にガがいないときには，別の小さな「前進」ボタンを押すことによって直ちに次のスライドに移ることができる．アオカケスが，ガの映っていないスライドをつつくか，ガのいるスライドを見て前進ボタンを押すという2種類の誤りのどちらかを犯すと，次のスライドに進めないという形の「罰」を受ける．

この実験手順は2つの理由で優れている．第1に，捕食者が知覚の問題だけに直面しており，餌動物の味・活動性・逃げやすさなどという他の要因が関与しないことである．第2に，捕食者がじっとしていて，餌動物が（一連のスライドの形で）目の前を通り過ぎていくようになっているために，捕食者が餌に出会う頻度や順序を簡単に制御できることである．捕食者が実際のガを求めて動き回る場合には，これはほぼ不可能である．アオカケスは，ガが見えにくい背景の上にいるときの方が目立つ背景の上にいる場合よりもよく失敗した（図4.4b）．この結果は隠蔽色仮説を直接的に支持するものである．

「隠蔽効果」の実験的検証：スクリーン上のガの写真をつつくカケス

Box 4.1　探索像

　Luc Tinbergen (1960) は，オランダの松林で鳥の採食行動を研究した．彼は，鳥達がある種の昆虫が春に出現したばかりのときにはそれを食べないのに，その後しばらくすると急に食べ始めることを発見した．Tinbergen は，この突然の変化は，鳥が隠蔽色の餌を発見する能力を急速に改善し，「特定の探索像を採用する」ようになるからではないかと考えた．しかしながら，Tinbergen の観察結果を説明できる仮説は他にもある．例えば，鳥はすべての餌を見ることができるけれども，量が十分にあって探す価値のあるときに限って食べるのだという説明もありうる (Royama, 1970)．その他には，鳥は新しい餌を中々食べたがらないのだとか，餌を捕獲する能力が次第に改善されるという可能性もある．

　Marian Dawkins (1971) による実験は，これらの対立仮説を排除し，実際に隠蔽色の餌を見る捕食者の能力が変化することを示した．用いた捕食者はニワトリのヒナであり，餌は色の付いた米粒であった．実験の設定の巧妙な点は，餌を同じにして処理の手間や受け入れ可能性は共通に保ったまま，背景だけを変えたところである．2 つの例を紹介しよう（図 B4.1.1）．ヒヨコ (a) には，緑色（緑線），もしくはオレンジ色を背景にして（黄線），オレンジ色の米粒が与えられた．ヒヨコ (b) には，オレンジ色（緑線），もしくは緑色を背景にして（黄線），緑色の米粒が与えられた．これら 2 つのテストは，ヒヨコの各個体に対して別々に行われた．両方の場合において，ヒヨコは目立つ背景の場合に餌をより早く見つけた．隠蔽色の背景では，ヒヨコは最初，背景にある石をつついていたが，3〜4 分後には米粒を見つけ，実験の終わりまでには「目も慣れてきて」，隠蔽色の餌も目立つ背景にある餌と等しい速度で食べるようになった．

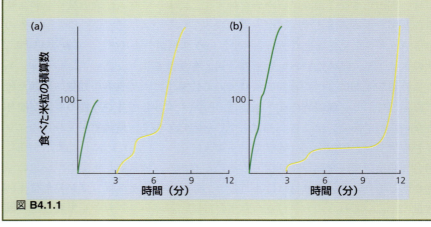

図 B4.1.1

多型的な隠蔽色

シタバ類の多くの種では，前翅は多型的であり，同一の個体群内にも異なる翅色のタイプが共存している．このことを説明する1つの仮説は，捕食者がガを見つけたときにその特定の色模様に対して「探索像 (search image)」を作り上げると，同じように見える他のガがいた場合，それを集中して探すようになるかもしれないということである (Box 4.1)．よって，もし個体群全体が全く同一の翅色をしていればすべての個体にとって危険になるが，翅色に多型があると，1つのタイプに探索像を確立させた捕食者は他のタイプを見逃しやすいだろう．Pietrewicz & Kamil は，スライドを異なる順序でアオカケスに見せることによってこの考えを検証した．例えば，「すべてがAタイプ」もしくは「すべてがBタイプ」という一連のスライドが示された場合には，アオカケスの目がすぐに慣れてしまい実験が進むにつれて成功率は高くなっていった．しかしAとBのタイプが無作為な順序で示された場合には，スライドが進んでも検出成功率はよくならなかった（図4.5）．この結果は，多型的な餌に出会う場合，捕食者による効果的な探索像が作られにくいことを示しているだろう．

多型的な隠蔽色は，バッタ，同翅目，カマキリ，二枚貝などの他の多くの餌動物種で発生している．しかしとりわけ，日中，木の幹や草むらで休むガの種では一般的である．北米に住む *Catocala* 属のガの種の約半数は多型的で，9つの異なるタイプを持つ種もいる．理論的には，捕食者が一般的な餌動物タイプに集中して，稀なタイプの餌個体が見過ごされやすくなると，これらの多型は維持されるだろう．この効果は「好異端淘汰 (apostatic selection)」として知ら

> 多型的な餌動物は，捕食者による探索像の利用を妨害する

> 好異端淘汰：より稀な餌動物タイプほど有利となる

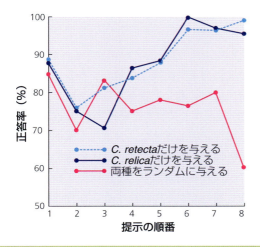

図 4.5 アオカケスが示す正しい応答の平均百分率．同一種のガが続いて与えられる場合（つまり *Catocala retecta* ばかり，もしくは *Catocala relicta* ばかり）と，ランダムな順番で両方の種が混ぜて与えられる場合で，実験が行われた．同じ種が続いて与えられる場合には，アオカケスの得点は次第に高くなったが，両種が混ざる場合にはそうならなかった．Pietrewicz & Kamil (1979) より転載．掲載は AAAS より許可された．

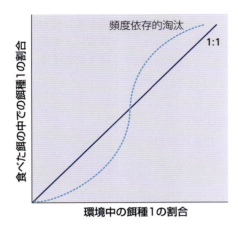

図4.6 捕食者が，より一般的な餌タイプを，その餌タイプが環境中で示す頻度から期待されるよりももっと多く食べるとき，好異端淘汰が起こる．これは，餌動物において稀なタイプを生き残りやすくさせるので，多型の進化を促進させる．

れている（図4.6）．

　Alan Bond & Alan Kamil (1998) は，アオカケスを用いた同じ実験方法でこの考えを検証した．ただし今回のアオカケスには，コンピュータ画面上で，*Catocala* 属のガを発見しにくい模様の（木の幹のような）背景に映したガのデジタル映像を攻撃させた．ガの初期集団には3つのタイプが同じ個体数で含まれるようにして，実験は始められた．そのうち1つのタイプは他より隠蔽的であった．各実験日の最後に，発見されたガは捕食されたと見なして集団から取り除かれた．そして次の日の朝，生き残ったガのタイプの相対的な割合を維持させたまま，ガの集団は最初の総個体数にまで戻された．30日間の実験（「30世代」）をとおして，最も隠蔽的なタイプの個体数が増加したが，個体数全体の約75％のところで安定した．このとき，他の2つのタイプは，それぞれ約12.5％に減少し安定した（図4.7）．よって，捕食者は最も発見しやすいタイプに集中し，それは各タイプの個体数の多さと隠蔽度合いに依存していたので，安定した多型が生じた．安定した平衡状態では，各タイプは同等の発見リスクを持っていた．さらなる実験によると，安定した平衡状態は必ず起こる必然的結果というわけではなかった．というのも，もし1つのタイプが目立ち過ぎると，捕食されて絶滅し，一方，1つのタイプが他の2つよりあまりにも隠蔽的だと，集団の中で唯一生き残るタイプとなった．

餌動物の多型の進化

　Bond & Kamil (2002) は，遺伝的アルゴリズム（「遺伝子」は模様と明るさをコードし，子には突然変異や組換えが起こりうる）を使って各タイプを進化させることで，この「仮想生態」実験をさらに進めた．アオカケスは「突然変異型」である変則的な隠蔽タイプのガを発見するのによく失敗した．そのため，このようなタイプは頻度を増加させた．何世代も続けていくにつれて，ガは発見されにくく，また表現型的に大きなばらつきを示すようになった．この「仮想」実験は，自然で起こる軍拡競走を十分に近似しており，餌動物が隠蔽色を改善し，多型を増強していくように進化することを再現した．これをもっと拡張して，捕食者にも進化を許すと面白いだろう．そのためには，仮想捕食者と仮想餌動物の両方を用意する必要があるだろう．

鮮やかな色の後翅と目玉模様

「驚かせる」効果の実験的証拠

　では，鮮やかな後翅についてはどうだろうか？　Debra Schlenoff (1985) は，様々な模様の「後翅」がボール紙の「前翅」の後ろに隠れているようにしたモデルに対して，アオカケスがどのように反応するかを調べた．ガのモデルは板

の上に貼り付けられ，アオカケスがそれを取り外すと，その下にある餌が得られるという訓練を行った．そしてモデルが取り除かれると，実際のガの動きを真似て，前翅に隠れていた後翅が突然飛び出してぱっと広がるようになっていた．灰色の後翅で訓練したアオカケスは，*Catocala* 属のガに典型的な鮮やかな色パターンを持った後翅を見せられると，驚き反応を示した．ところが鮮やかな色のモデルで訓練したアオカケスは，灰色の後翅を初めて見せられても驚かなかった．また *Catocala* 属のガの特定のパターンを繰り返し提示した後だと，鳥はそれには慣れてしまったが，ガの別のパターンを見せると再び驚き反応を示した．これらの結果は，驚き仮説 (startle hypothesis) の十分な証拠になる．さらに慣れの効果は，*Catocala* 属の同所的な種の間で後翅パターンが大変多様であることが，適応的に有利であることを示唆するものである．

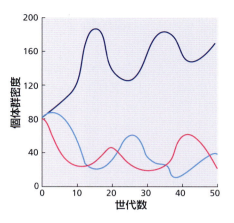

図 4.7 この実験では，アオカケスにコンピュータ画面に映ったガのデジタル画像を攻撃させた（図 4.4 にあるような報酬付きで）．最初の集団において，3 つのタイプの個体数は同じであった（各 80 匹）．そしてそのガの集団を，3 タイプが安定分布になるまで，50 世代をかけて「進化」させた（本文参照）．その結果，最も隠蔽的なタイプが最も高密度になった．Bond & Kamil (1998) より転載．掲載は the Nature Publishing Group より許可された．

他の隠蔽色を持つガやチョウは，目玉模様 (eyespots) を翅に持つことがあり，攻撃されるとそれを見せつける（図 4.2）．捕食者は，目玉模様を見せられると接近を止めてしまう．クジャクチョウ (*Inachis io*) の実験によって，鳥は目玉模様を塗り潰されたチョウを対照個体（目玉模様はそのままで，翅の他の場所が塗られた個体）よりも攻撃し捕食する傾向があることが示された．クジャクチョウは不味い味の餌ではないので，目玉模様の露出ははったりで捕食者を怖がらせようとするものであろう (Vallin *et al.*, 2005)．

目玉模様は，フクロウや猛禽類などの捕食者自身の天敵の目を真似ているので，効果的な抑止力を持つものと長く考えられてきた．しかし，人工的なガ（ミールワームの体に 3 角形の翅を持つ）による実験によって，翅の斑紋に対して最も効果的に捕食圧を減少させるものは，目玉への擬態そのものではなく，高いコントラストと派手さであることが分かった．つまり，円の形をした斑紋刺激を持つ個体が，他の派手な形（棒形など）でマークされた刺激を持つ個体よりも生き残りやすいということはなかったのである．また実際の目によく似せた丸い斑点（例えば，薄い色の縁取りに濃い色の中心部）の方が，その他の場合の斑点（例えば，濃い色の縁取りに薄い色の中心部）より効果的であるということもなかった．よって目玉模様は，単に派手で新奇の刺激を与えて，捕食者の攻撃をためらわせることに機能しているものと思われる (Stevens *et al.*, 2007, 2008)．

なぜ餌動物が持つ目玉模様は，効果的な防衛になるのか？

ほんの少し隠れるだけでも有利なのか？

　アオカケスとガの実験は，隠蔽色と多型が実際に捕食者の裏をかくための餌動物側の防衛装置として進化したということを示している．しかし，このような驚嘆すべきカムフラージュの進化が始まる出発点は何であろうか？　ほんの少し隠れることが原因で捕食者の探索時間がわずかに増加する場合でも，餌動物側に適応上の有利さを与えるのだろうか？

　Jon Erichsen *et al.* (1980) は，ケージの中のシジュウカラに対して，図3.5aにあるようなベルトコンベアー上に餌が流れていく「カフェテリア」を使った実験によって，このことを検証した．アオカケスを用いた前述の実験と同様に，この実験の巧妙な点は，捕食者が餌に出会う順序と速度を観察者がきっちりと制御できるということである．次の3種類の対象物がベルトに乗ってシジュウカラの前を通り過ぎた．

(a) **食べられない木の枝**：実際には，不透明なジュース用ストローの1片の中に，茶色のひもが入れられた．

(b) **大きな隠蔽色の餌**：不透明なジュース用ストローの1片の中に，ミールワームが入れられた．

(c) **小さな目立つ餌**：透明なジュース用ストローの1片の中に，ミールワームの半分が入れられ，内部の餌がはっきり見えるようにされた．

　大きな餌は，単位処理時間当たりのエネルギー価値では小さな餌よりすぐれている．しかし大きな餌を選ぶことの問題点は，食べられない小枝と識別するために時間がかかることである．要するに，目の前を通り過ぎる不透明なストローに対しては，入っているのがミールワームなのかあるいは食べられないひもなのかをついばんで調べる必要がある．この実験設定は，利益率は高いが隠れた餌を，捕食者が探すという状況に似せてある．

ほんの少し隠れるだけでも有利になるかもしれない

　大事な点は，食べられない小枝であることを知るための識別時間が，ほんの3～4秒だったことである．時間さえ十分にあれば，シジュウカラは小枝と大きな餌を識別することは簡単だったはずである．にも関わらず，目立つ餌と十分頻繁に出会い，大きなものの多くが食べられない小枝であるという条件の下では，理論上，エネルギー収入速度を最大にするために，シジュウカラは大きな餌を完全に無視するだろうと期待される．実験では，実際に，シジュウカラはこのような条件下で大きい餌をほとんど無視することが分かった（図4.8）．このことから，識別にほんの1～2秒余分にかかるというほんのちょっとした隠遁であったとしても，餌動物にとっては自然淘汰の上で有利になりうると結論することができる．餌動物が有利になるためには，捕食者にとって他の餌の利益率が少し高くなる程度に，十分にうまく隠れればよいだけである．この実験結果は，粗雑な対抗適応でも実際に進化的軍拡競走の出発点となりうるという考えを支持するものである．

カムフラージュ効果を強化する

動物の中には，皮膚の色素沈着を変化させることで，その場所の背景に合わせて自分の隠蔽色を変えることのできるものがいる（頭足類：Hanlon, 2007；魚類：Kelman et al., 2006；カメレオン類：Stuart-Fox et al., 2008；クモ類：Théry & Casas, 2009）．しかし隠蔽効果を持つ体色は，背景との同調を伴うものだけではない．その他の体色技で，捕食者からの発見率を低下させるのに役立っているものもある．

分断的体色

多くの隠蔽色を持つガやその他の餌動物では，強いコントラスト効果のある太いパターンを翅の縁に持ち，それが体

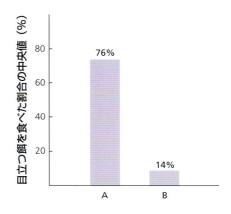

図 4.8 人工的に作った隠蔽色の餌を探すシジュウカラ．隠蔽色だが食べたときの利益率の高い餌と食べられない小枝を識別するにはわずかなコストがかかる．そのために，捕食者はもう一方の目立つ餌だけを食べるようになるかもしれない．実験設定 A では，食べられない小枝はそれと似た大きな餌の 4 倍ほど多かった．B では逆に餌が小枝の 4 倍あった．目立ってすぐに見分けられる小さい餌は，A と B とで同じだけあった．最適採餌モデル（3 章で議論したものと同様）によると，設定 A では捕食者は目立つ餌だけを食べるのがよく，B では隠蔽色の餌だけ狙うのがよい．Erichsen et al. (1980) より転載．

分断的体色を検証する実験

の輪郭を消散させるのに役立っているのではないかと思われている（図 4.9a）．Innes Cuthill, Martin Stevens とその共同研究者達は，森でヨーロッパナラの木に人工の「ガ」をピンで貼り付けることによって，分断的体色の効果を検証した．その人工ガは，体は死んだミールワームで，翅は木肌のデジタル画像から作られた三角形の紙でできていた．その結果，隠蔽色を持つガは，茶色か黒色の単一色で塗られた対照のガよりも昆虫食の鳥の攻撃からうまく生き残ることが分かった．しかし，分断的体色パターンの方が，生存確率をより増加させることが分かった．すなわち，翅の縁に太いパターンが位置するとき（体の輪郭を消散させてしまう）の方が，同じ太いパターンが翅の縁でなくもっと内側に存在するときよりも，ガは有意に生き残った（図 4.9b）．さらなる実験によって，分断的パターンは，太いパターンの色が背景の色と合っているときには最も効果的に働いたが，背景に対して目立つ色のときでも，体の輪郭を消散させるその効果により捕食圧を低下させることが分かった（Stevens et al., 2006）．

図 4.9 (a)(i) このヒサゴスズメの仲間 (lime hawk moth) の翅の縁にある分断的な色彩パターンは、体の輪郭を隠してしまう。(ii) ボール紙の翅にミールワームの体で作られた人工的なガが、分断的体色パターンの効果を検証するために木の幹にピンで貼り付けられた。写真©Martin Stevens。(b) 人工的なガを使った野外実験の結果(本文参照)。分断的体色パターンは隠蔽的体色パターンよりも生存率を増加させた。一方、隠蔽的体色パターンの場合は、黒一色の場合や茶一色の場合よりも生存率が高くなった。Cuthill *et al.* (2005) より転載。掲載は the Nature Publishing Group より許可された。

影を隠す

食べられない物体への模倣

(a)

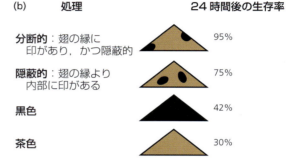

陰影への対抗措置

　均一色の餌動物が太陽光によって上から照らされると、腹側にできる影は体の形を露にする。そのため、たとえ隠蔽色を持つ餌動物であったとしても、視覚を使って狩りを行う捕食者に対しては目立ってしまうだろう。多くの餌動物は、陰影への対抗措置、つまり背面（あるいは、通常、日に当たる側の面であればどちらの面でも）をより暗い配色にすることによって、この問題を解決しているようにみえる。腹側にできる影は、今度は暗い背面とつながって、均一な輝度を体に与える。この陰影への対抗措置は、青虫に対して「平らな」イメージを体に与え、採餌場所である葉の上で隠蔽効果を強化させる（図 4.10a）。パイ生地で作られた人工青虫を使った実験では、陰影への対抗措置を施された青虫が、背も腹でも均一な配色あるいは影を逆転させた青虫よりも、実際によく生き残ることが示された（図 4.10b）。

仮装

　仮装とは、枝（シャクトリムシなど多くの青虫）、葉（多くの昆虫）、鳥の糞（ある種の青虫）、花（ある種のクモやカマキリ）、石（*Lithops* 属の植物）などの食べられない物体に自分を似せることである。餌動物は、おそらく仮装から利益を得ていると考えられる。なぜなら、捕食者はそのような餌動物を食べら

図 4.10 陰影への対抗措置．(a)(i) このヨーロッパウチスズメ (*Smerinthus ocellata*) の幼虫は，腹側を上に向けて摂食している．彼らの腹側はより暗くなっているので，上から光で照らされると，背側（下側）にできる影とつながって，均一な輝度の反射を与えている．それは体の立体的な形を隠すのに役立っているだろう．(ii) ひっくり返すと，今度は，背側に光が当たり，より明るくなった背側と影になってより暗くなった腹側は，はっきりとした陰影の勾配を作っている．そのため，幼虫はより目立つようになった．写真 ©Hannah Rowland. (b) パイ生地で作った「幼虫」を，森の木の枝の上側にピンで貼り付けた実験．陰影への対抗措置を施された幼虫（青の破線）は，均一に暗くした幼虫（赤線），均一に明るくした幼虫（紫線），腹側と背側で逆に陰影を付けた幼虫（暗い腹側，紺線）よりも，高い生存率を示した．Rowland *et al*. (2008) より転載．

れないものと錯覚してしまうからである．一方，捕食者も仮装した場合，無警戒な餌動物が攻撃範囲内に入ってくるので，利益を得るかもしれない．よって，仮装とは隠蔽ではないカムフラージュ効果を伴うものである．なぜなら，生き物の存在は発見されるかもしれないが，それが餌動物や捕食者であるとは認識されないからである．

　生き物の存在が発見されなかった（隠蔽）のではなく，発見されたが間違って認識された（仮装）ことをどのように判断すればよいのだろうか？ John Skelhorn とその共同研究者達 (2010) は，捕食者に仮装者を提示し続けながら，捕食者の食べられない物体への経験を操作することによってこの検証を行った．彼らの実験は，ニワトリのヒナを捕食者とし，枝に似たガの幼虫を餌動物とす

仮装か隠蔽か

るものであった．幼虫ははっきりと見えるように捕食者の前に置かれた．ヒナは3つのグループに分けられ，あるグループは自然の木枝に出会うようにされた．別のグループは紫色の綿の糸を巻くという操作を行った枝に（それらの物理的な構造を変えずに，視覚的なイメージを変えるため）出会うようにされた．3番目のグループは何もない実験場所を経験するようにされた．その後，ヒナには枝に似た幼虫を提示された．事前に自然の小枝を経験していたヒナは，枝を経験しなかったヒナや色を付けられた枝を経験したヒナよりも，その幼虫を攻撃するのに長い時間をかけ，またそれらを慎重に扱った．よって，幼虫は発見されたが正しく認識されなかったということなので，これは仮装の真の事例であるといえるだろう．

警告する体色：警告色
なぜ鮮やかな色なのか？

餌生物の中には隠蔽色どころか，むしろ鮮やかな体色をしたものがいる．果実は熟れると鮮やかな色になることが多く，食べてもらうことで種子を散布してもらう確率を増している．これは捕食者に食べられるように淘汰を受けた餌生物の例である．その一方で，多くの餌動物もまた鮮やかな色をしているが，これは捕食者を回避するように淘汰されてきたと考えられている．餌動物はよく赤，黄，オレンジ色の斑点を持ち，そしてそれが黒色との組合せになっていることがある．そのため緑色の植物群の中では，特に目立つ存在になる（図4.11）．

餌動物の鮮やかな体色は，毒，とげ，毒針などの忌避的防衛手段と一緒になっていることが多い．例えば，熱帯の中南米に生息するヤドクガエル科の仲間は，210種からなる単系統群を形成しており，その内の数種は隠蔽色を持っており，食べても問題はなく，またそれ自身広い餌メニューを持つ傾向がある．一方，他の数種は鮮やかな体色をしており（黄，青，赤，黄緑，そしてそれが黒色と組み合わさっていることが多い），極めて強い毒を持っている．少なくともそ

鮮やかな体色の餌動物は，毒やその他の防衛手段を持つことがよくある

図4.11　鮮やかな体色の餌動物は，忌避的防衛手段を持つことが多い．(a) 毒針を持つアシナガバチの仲間．写真©iStockphoto.com/Mikhail Kokhanchikov．(b) 赤いヤドクガエル．写真©Oliver Krüger.

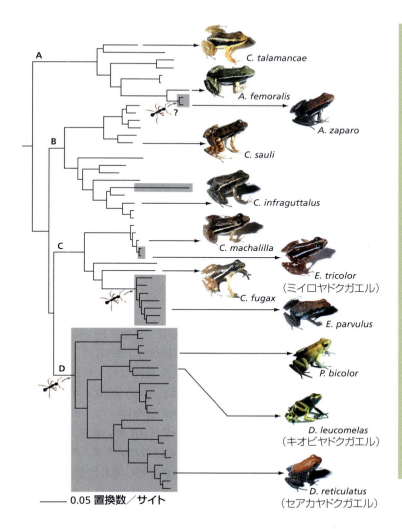

図 4.12 分子遺伝解析を基にした，毒を持つカエル（ヤドクガエル科）の系統樹．アリの印は，特殊化した餌メニューに導く2つの起源を示しており，疑問符は3番目の起源として可能性のあるものを示している．写真の左側の列は，隠蔽色で毒を持たない種の代表であり，右側の列は派手で毒を持つ種の代表である（*A. zaparo* が毒を持つかどうかはまだ分かっていない）．図は Santos *et al.* (2003) より転載したもので，その掲載は David-Cannatella と Juan Carlos Santos の好意による．

の毒のいくつかは，皮膚にあるアルカロイド系の毒で，アリ，シロアリ，ダニなどの特殊な餌メニューからくるものである（Daly *et al.*, 2002）．この特殊な餌メニューと鮮やかな体色の関係は，ヤドクガエル科の系統の中で，広食性かつ隠蔽色を持った祖先から，複数回独立に進化したと考えられている（図4.12; Santos *et al.*, 2003）．

なぜ鮮やかな体色なのか？ Alfred Russel Wallace は，Charles Darwin に宛てた手紙の中で，以下のような1つの答えを提案している．「不味い味であることの信号は，捕食者に一口でもひどい味がすることを思い知らせ，間違えて食べないようにするために必要なのだ」．Wallace の仮説は，鮮やかな体色は警告信号として最良だということである．このような警告をするための体色は「警告色 (aposematism)」として知られている．

Wallace の仮説：捕食リスクを減らすための警告信号

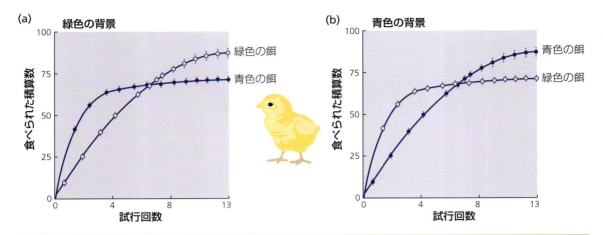

図 4.13 不味い餌が，目立つ場合と隠蔽的である場合に，ヒヨコによってついばまれた餌の積算数．(a) では緑の餌が，(b) では青の餌が隠蔽色である．両方の実験において，不味い餌が目立つときには，最後の試行までに食べられた量は少なかった．Gittleman & Harvey (1980) より転載．掲載は the Nature Publishing Group より許可された．

目立つ体色は，捕食者が不味い餌を避けるように学習するのを助ける

忌避的防衛手段を持つ餌動物は，目立つ体色を持つことから実際に利益を得ているのだろうか？ Gittleman & Harvey (1980) は，ヒヨコに異なる色のパンくずを与えることによってこの考えを検証した．ヒヨコは，青と緑のパンくずに同程度の好みを示した．実験では，キニン硫酸とカラシの粉にすべてのパンくずを浸すことによって，不味い味の餌を作った．ヒヨコを4つのグループに分けて，(a) 青い背景の青いパンくず，(b) 青い背景の緑のパンくず，(c) 緑の背景の青いパンくず，(d) 緑の背景の緑のパンくず，の条件にそれぞれを置いた．実験の初期には，どちらの背景の色に対しても目立つ餌が多く食べられた．ところが全体を通して見ると，目立たない餌の方がより多く食べられたのである（図 4.13）．このことは，不味い餌にとっては目立つことが淘汰の上で有利であることを意味する．ヒヨコが目立つ餌を避けるように学習しやすい理由は，鮮やかな色のために容易に認識できるためかもしれない (Roper & Redston, 1987)．あるいはヒヨコにとって，不味い餌でも大量に短時間で食べることの方が強烈に嫌な経験になり，たとえより多くを食べることになったとしても，長い時間をかけて食べる方を選んでしまうのかもしれない．

他の実験によって，鮮やかで不味い餌を避けるように学習することはただ1回の試行でも成立し，それは長く保たれることが分かった．Miriam Rothschild がペットとして飼っていたホシムクドリは，鮮やかな色の不味いチョウ目幼虫を食べる経験を一度しただけで，1年間出会わなかった後でも，この幼虫種を食べるのを避けた．ときに，捕食者は経験がなくても鮮やかな色の危険な餌を避けるかもしれない．例えば，ヒナから人手で育てた「未経験な」キバラオオタイランチョウ (*Pitangus sulphuratus*) は，赤と黄色の縞を持つサンゴヘビ (*Micrurus* spp.) を避けた (Smith, 1977)．

警告色にはもう1つ別の有利さがあるのかもしれない．捕食者にとって，鮮やかな色の餌の方が避ける学習をしやすいだけでなく，鮮やかな色ならば間違えて攻撃することも起こりにくいのではないだろうか (Guilford, 1986)．捕食者はしばしば餌かどうかはっきりする前に攻撃することがあるので，現実には攻撃は起きてしまう．これは餌が動くものであったり，餌をめぐる激しい競争があったりするときには，捕食者にとって有利な行動かもしれない．捕食者が急いで決定を下さねばならない場合には，不味い味の餌動物は間違えられないように鮮やかな体色にしておく方が有利であろう．

> …そして認知の間違いを少なくさせるかもしれない

　サバクトビバッタ (*Schistocerca gregaria*) の研究は，隠蔽色と鮮やかな体色の相対的有利さを明らかにした素晴らしい研究例を与えている．個体群密度が低いときには，幼虫は「孤独相 (solitarious phase)」の状態で発育する．すなわち緑の体色で隠蔽的であり，ゆっくりと動き，他個体を避け，アルカロイドのような化学防衛を持つ植物を食べない傾向を示す．しかし個体群密度が高いときには（隠蔽色はもはや役に立たない），幼虫は「群生相 (gregarious phase)」に発育する．すなわち，鮮やかな黒と黄色の配色になり，他個体に好かれ，より活動的な採餌様式に行動転換し，毒を持つ植物も摂食するようになる．この毒植物の摂食は，自分自身を捕食者から食べられないようにすることでもある (Despland & Simpson, 2005)．実験によると，捕食者は，毒を持つようになったバッタが黒と黄色の目立つ配色であった方が，隠蔽色の場合よりも，それを避けるように早く学習することが分かった．よって，高密度時に警告色タイプに変化することは捕食圧を低下させるための適応であることが明らかとなった (Sword *et al.*, 2000)．

> 隠蔽体色のバッタと鮮やかな体色のバッタ

警告色の進化

　この章の始めに，餌動物の防衛に関して2つの一般的疑問を提起した．その答えの1つとして，鮮やかな体色には明らかに利点があることは分かった（疑問1）．しかし，それはいかにして進化したのだろうか（疑問2）？　その1つの可能性は，派手な体色が先に進化し，その後，不味い味が進化したというものである．例えば，カワセミのような鮮やかな体色の鳥は，不味い味を持っている (Cott, 1940)．彼らの体色は配偶者をうまく引き付けたり，あるいは縄張りを防衛するのに有利であったから進化したかもしれない．しかし，捕食者への目立ちやすさも増大させたために，その後，不味い味になるような進化にも有利になったかもしれない．別の可能性としては，不味い味の方が先に進化したというものである．これは，毒を含む植物を食べ，捕食に対抗する防衛物質として毒を自分の体に溜め込むオオカバマダラ (*Danaus plexippus*) の幼虫のような昆虫に当てはまるかもしれない．ここでは，毒を持つ性質が先に進化し，それに続いて派手さが進化したように思われる．そしてこの場合，鮮やかな体色は警告のための道具として特別に進化したのであろう．

> 派手さと味の不味さ：どちらが先に進化したか？

表 4.2 イギリス諸島のチョウの幼虫は，鮮やかな体色を持つ種ほど，隠蔽色を持つ種よりも，家族で集団を形成しやすい (Harvey *et al.*, 1983)．

分布様式	種数 警告色	種数 隠蔽色
家族で集団形成	9	0
単独生活	11	44

この2番目のシナリオは，興味ある問題を含んでいる．不味いが隠蔽色を持つ幼虫の集団があったと想像してみよう．もっと派手な幼虫を産むような突然変異が，ある成虫に生じたとする．それらの幼虫は，捕食者に対してより確実に目立つようになり，そのため捕食されやすくなるだろう．不味い味を経験した結果，捕食者は鮮やかな体色タイプには触らないように意思決定するかもしれない．しかし，鮮やかな体色は稀な突然変異なので，鮮やかな体色タイプに捕食者が出会うことは二度とないだろう．よって，その突然変異はお試し期間中に絶滅してしまって，集団に広がる機会はないと思われる．ではいかにして警告色が進化しうるのだろうか？

Fisher の仮説：警告色は同じ群れの血縁者の生存率への効果のために進化したかもしれない

R. A. Fisher はその答えを提出した最初の研究者である．彼は，不味い味で鮮やかな体色を持つ昆虫は，しばしば集まって家族の集団を作ることを見出した（表4.2はその一例を示している）．この状況のとき，鮮やかな体色タイプは集団を作るため，捕食者は鮮やかな体色タイプの他個体，つまり試しに捕食されてしまった個体のきょうだいとも出会うことになる．このとき，きょうだいの命は助かり，鮮やかな体色の遺伝子のコピーは次世代に受け継がれていく．この過程は血縁淘汰と呼ばれるものであり，まさに同じ遺伝子のコピーを共有する血縁者に利益をもたらす形質が有利となって進化する過程に他ならない．このことについては，11章でもっと詳しく説明することになるだろう．数理モデルによると，次のような条件のときに，家族で集団を作る特徴と一緒になって，鮮やかな体色が不味い味の種の中で進化しうることが示された．その条件とは，隠蔽色タイプに比べて，鮮やかな体色タイプがあまりに派手過ぎないこと，そして捕食者による鮮やかな体色タイプの試しの捕食が少数に限られることである．これらは鮮やかな体色タイプが不味い餌であることを捕食者が学習するために必要な条件である (Harvey *et al.*, 1982)．

しかし，個体は直接的に利益を得ているかもしれない…そして，群れ形成が警告色の後から進化したかもしれない

Fisher の答えは巧妙なものであるが，その中の2つの仮定の妥当性に対して，最近の研究が挑戦している．第1に，試しに捕食される個体が必ず死ぬという仮定は間違いかもしれない．多くの鮮やかな体色を持つ昆虫は硬い外皮を持っており，未経験な捕食者による攻撃から身を守り，たとえ口に入れられても無事に吐き出される．実際に，ときには防衛手段そのものが鮮やかな色であったりする（例えば，毛虫の毛）．このように，場合によっては，目立つ体色を持つ個体への直接的な利点があるかもしれない．そして鮮やかな体色がより覚えられやすい条件が続く限り，同じ捕食者と繰り返し出会う状況では，鮮やかな体色で不味い味の幼虫の方が隠蔽色の幼虫よりもうまく守られるだろう (Sillén-Tullberg, 1985)．多くの捕食者は，新しいタイプの餌に対して攻撃を躊躇するので（「新

しいもの嫌い」），それもまた，より目立つ餌タイプである突然変異型の生存確率を促進するだろう (Marples & Kelly, 1999)．第2に，Fisher は家族の集団形成が警告色の進化の舞台を設定すると仮定したが，チョウ類の系統解析（第2章）によると，警告色の進化は集団生活を開始する前に起こったことが示唆されている (Sillén-Tullberg, 1988)．よって警告色は，たまたま個体にとって攻撃を受ける確率を下げるという直接的な利点があるために進化し，その後，集団生活が，個体当たりの捕食者の攻撃を薄めるために進化したように思われる（6章）．このように，集団化は鮮やかな体色の進化にとって必ずしも必須ではない．表4.2にあるように，鮮やかな体色を持つ多くの種が単独生活をしていることに注目しよう．

この議論は，警告色の中心的問題，つまり未経験な捕食者の攻撃確率を増加させるという派手さに伴うコストと，記憶されやすく，また発見されやすい信号をとおして，経験のある捕食者から身を守る確率を増加させるという利益の間のトレードオフに焦点を当てるものである．この淘汰圧の平衡点は，様々な警告色を持つ生物の間で変動するだろうと思われる．よって，1つの進化経路がすべての場合を説明するということはないだろう．

擬態

鮮やかな体色と忌避的防衛の結び付きは，様々な形式の擬態の進化につながった．

ミュラー式擬態：忌避される種同士が似る

Fritz Müller (1878) は，忌避的防衛手段を持つ様々な種の間で，類似した体色パターンがあることに最初に気付いた人物である（図4.14）．例えば，同じ地域に住む，毒針を持ったスズメバチ，不味い味の甲虫，カメムシ，ガはすべて同じ黄色と黒色の体色を持っていることがある．Müller の仮説は，もしこれらの忌避的防衛手段を持っている種が互いに似るならば，捕食者が彼らすべてを避けるように学習することはより容易になるだろうというものである．すなわち捕食者は1つの体色パターンを覚えるだけでよく，それによってそれらすべての餌動物は恩恵を得ることになる．

Müller は，稀なタイプが一般的なタイプの体色に向かって収斂することで，擬態としての体色パターンが進化するだろうと提案した．異なる体色を持った不味い味の2種がいたと想像してみよう．種Aは10000匹の集団で，種Bはもっと少なく100匹の集団だったとする．また捕食者は，体色パターンと味の不味さが連合していることを学習するためには，10回の試し攻撃が必要であると仮定する．種Aにおいて種Bに似た突然変異が生じると，それは100匹の集団の中で試し攻撃を受けることになるので，不利益を被るだろう．対照的に，種Bにおいて種Aに似た突然変異が生じると，それはより大きな集団の中に隠

理論的には，稀なタイプが一般的なタイプに擬態するように進化する

図 4.14 ミュラー式擬態．個々の例において，近縁でない複数の種の個体群が，ある1つの地域内では同じ鮮やかな警告的体色パターンに収斂し，各種の分布全域を見るとその体色パターンは変化する．(a) 北米のヤスデ類で，3 つの地理的地域のそれぞれに生息する Apheloria 属の系統（上段）と，それらに擬態する Brachoria 属の系統（下段）の種．写真ⓒPaul Marek. (b) 亜熱帯の 3 つの地理的地域に生息する，Heliconius erato（上段）とその擬態種である Heliconius melpomene（下段）．写真ⓒBernard D'Abrera & James Mallet. (c) ペルーの 2 つの地域に生息する Ranitomeya 属（ヤドクガエル属 (Dendrobates) と同種異名）．Ranitomeya imitator（両パネルの左側）と，その擬態種である R. summersi（左パネル）と R. ventrimaculata（右パネル）．写真ⓒJason Brown. Merrill & Jiggins (2009) より転載．

されることになるので，恩恵を得ることになるだろう．よって，稀なタイプはより一般的なタイプに合わせるように進化すべきである．なぜなら「より大きな保護の傘」によって守られるからである．

ミュラー式擬態の有名な例として，中南米に生息する *Heliconius* 属の毒チョウの間で見られる驚くべき類似性があげられる．同じ地域に住む多くの種が同じ体色パターンを共有しているが，体色パターンには地理的変異があり，ある地域では青色の体色で，他の地域ではオレンジ色や赤色であったり，あるいはそれのトラ模様であったりする（図 4.14; Mallet & Gilbert, 1995）．*H. melpomene* と *H. erato* の 2 種は，南米全域にわたって翅色パターンに平行的な変異を呈しており，Benson (1972) によるミュラー式擬態の最初の検証実験の 1 つで使われた種である．コスタリカにおいて，彼は *H. erato* の数個体に本来の擬態翅色とは異なるように色を塗った（実際には，それらはコロンビアの *H. erato* 種の別の地域タイプに似るようにされた）．これらの個体の生存率は，自分の擬態と同じ翅色に塗られた対照個体に比べてよくなかった．翅色タイプの分布境界を越えて別の翅色タイプを繰り返し導入したときも同じ結果が得られた．つまり，擬態でない翅色タイプの生存率は悪く，生存した個体でも翅により多くのビークマーク（鳥によって付けられた嘴の跡）を付けていた．これは，キリハシ科 (jacamas) などの食虫鳥による捕食攻撃が増加したことを示唆している (Mallet & Barton, 1989)．

H. melpomene と *H. erato* のそれぞれ種内での交配実験によって，各種における翅色パターンの制御に関係するゲノム領域が特定された．その DNA 配列の解析は，2 種の収斂的翅色パターンの発生が同じ遺伝子における変化を伴っていることを明らかにした (Baxter *et al.*, 2010)．様々な分類群を含んだ擬態環（mimicry rings; 例えば，カリバチ類やチョウ類）の中で，翅色パターンを制御している遺伝子が同じ遺伝子であるかどうかは分かっていないが，そうである可能性は高い．

ミュラー式擬態はより一層の実験的検証が必要である．捕食者は試し捕食からどのように学習するのか？（学習に必要な攻撃回数についての Müller の考えは単純過ぎたようである）．なぜ，異なる体色パターンが異なる地理的地域で発生するのか？ これらは，試し捕食をするときの環境の違いを反映しているかもしれないし（様々な体色は，異なるそれぞれの生息環境に対して最良であるかもしれない），あるいは単なる初期条件における，おそらく確率的な違いを反映しているだけかもしれない（どの餌動物種が最も高密度かなど）．

ベイツ式擬態：美味しい種による騙し

Henry Walter Bates (1862) は，11 年の歳月を費やしてアマゾンの熱帯雨林を探検した．彼は，ときどきチョウの無毒な種（擬態種）の外見が毒を持つ種（モデル種）と非常によく似ていることに気付き，このような擬態は鳥の捕食に

Heliconius 属の毒チョウ

収斂パターンは同じ遺伝子群での変化によるものかもしれない

美味しい種は，味の不味い種を擬態するかもしれない

図 4.15　ベイツ式擬態．(a) ソノラ砂漠に生息する強力な毒を持つソノラセイブサンゴヘビ (*Micruroides euryxanthus*) は，無毒のベイツ式擬態者である (b) ソノラシロハナキングヘビ (*Lampropeltis pyromelana*) のモデルである．これらの写真は，アリゾナ州内の互いに 3 km 以内しか離れていない場所で撮影された．写真⃝c David W. Pfennig．(c) ベイツ式擬態でからかったイギリスのパブの看板．これはまさにハナアブ（Syrphidae 科）である！　Francis Gilbert による写真．

よる淘汰によって進化したと提案した．Darwin の『種の起原』はこの時点より既に 3 年前に出版されており，Bates は擬態に関する自分の発見に興奮して，次のように述べている，「この事例は，自然淘汰理論に対して最も美しい証拠を提供すると信じている」．

　ベイツ式擬態の素晴らしい例がいくつかある（図 4.15）．例えば，アリに擬態したクモ (Nelson & Jackson, 2006)，スズメバチに擬態したハナアブ (Bain *et al*., 2007)，毒ヘビに擬態した無毒のヘビ (Pfennig *et al*., 2001) などがある．多くの室内実験によって，捕食者が毒を持つモデル種を避けるように学習し，その後，毒のない擬態種も避けるようになることが示されている．さらに，擬態種がモデル種に非常によく似ているときや，モデル種が高密度，あるいは毒性が強いとき，また捕食者にとって別の食べられる餌動物が多くいたりするときに，擬態の効果は高くなる (Ruxton *et al*., 2004)．

多型的なベイツ式擬態　　ミュラー式擬態が体色パターンの均一化を進めるのに対して，ベイツ式擬態は多型化を促進する．なぜなら，擬態の体色パターンはモデル種に比べて稀であるとき有利になり（捕食者が毒のあるモデル種を試し捕食することが多い），多くなると不利にあるからである（捕食者が毒のない擬態種を試し捕食することが多くなる）．よって，擬態種が相対的に多くなると，別の毒を持つモデル種に似る突然変異タイプが進化的に有利になるかもしれない．ある 1 つの種が様々なモデル種に擬態した異なるタイプを同じ地域内で持つという複数の事例がある（例えば，オスジロアゲハ (*Papilio dardanus*); Vane-Wright *et al*., 1999）．また複数の種で，各擬態タイプの頻度がモデル種の頻度によって制御されているというという証拠がある．つまり，ある特定のモデル種がより一般的な地域ほど，無毒種がそのモデルに擬態している割合が高いというものである (Sheppard, 1959)．

擬態種が相対的に多くなってきて，モデル種への捕食者の攻撃が増加するならば，なぜモデル種の側に擬態を妨げるような進化が起きないのだろうか？ 可能な説明として以下のようなことが考えられる．擬態種には擬態の改善の方向に淘汰がかかるけれども，モデル種側の異なる体色への突然変異は，逆に捕食の増加を被ってしまうだろう．なぜならそのような突然変異タイプは稀なタイプであり，毒を持つことがまだ認知されていないからである (Nur, 1970)．よって，ベイツ式擬態は擬態種が勝ってしまった軍拡競走の結末であるかもしれない (Ruxton et al., 2004).

餌動物の防衛におけるトレードオフ

餌動物の防衛は，利益ばかりでなくコストも伴う．第1に，資源は限られているので，**配分のコスト** (allocation costs) が存在する．防衛への投資の増加は，成長や繁殖へ投資する資源を少なくしなければならないことを意味する．第2に，別の利益が放棄されるので，**機会のコスト** (opportunity costs) が存在することになる．ヨーロッパナラの木の幹で隠蔽色を向上させていくことは，他の背景に対する目立ちやすさを増加させるため，生息地の選択が制限され，また他の競争者や配偶者への信号伝達などの他の活動も制限されるかもしれない．これからそれぞれの例が議論されるが，これら2種類のコストはしばしば密接に関連することに気付くことになるだろう．

2つのコスト

警告色のコスト

理論的な研究によると，警告信号への投資は，捕食圧 (Endler & Mappes, 2004) に応じて，そして忌避的防衛手段と体色信号の間のトレードオフ (Speed & Ruxton, 2007; Blount et al., 2009) に応じて変化させるべきであるとされる．このテーマはもっと実践的な研究が行われてよいはずである．ここではその1つの例に焦点を当てることにする．

ヒトリガの仲間であるヒメキタヒトリ (*Parasemia plantaginis*) は，幼虫と成虫の両方で警告色を持っている．幼虫は，毛に覆われ，オレンジ色の斑紋を伴った黒色の体色を呈する．雌成虫は，隠蔽色の前翅に，オレンジ色や赤色の後翅を持つ（図4.16）．両者は，昆虫食の鳥類に対して適度な毒を持っており，その毒（イリドイドグリコシド）は幼虫が食べる餌植物（ヘラオオバコ，*Plantago lanceolata*）由来のものである．幼虫と成虫の体色は，局所的また地理的に変異を示し，幼虫のオレンジ色の斑紋が体表を覆う割合は20%から90%まで，雌成虫の後翅は薄いオレンジ色から鮮やかな赤色まで変化する．Carita Lindstedt, Johanna Mappesとその共同研究者達によるフィンランドでの研究から，オレンジ色の割合がより多い幼虫とより赤色の強い成虫は，鮮やかでない体色を持つ個体より毒性レベルが高いわけではないのに，捕食者の鳥から拒否され易いことが分かった (Lindstedt et al., 2008)．よって，鮮やかな体色は警告信号と

ヒメキタヒトリは警告色を持つ…

図4.16 ヒメキタヒトリ (*Parasemia plantaginis*) の個体間に生じる警告色の変異. (a) 幼虫では，オレンジ色の斑紋の大きさが変化する. (b) 雌成虫の後翅は，鮮やかな赤色から薄いオレンジ色まで変化する. 写真©Eira Ihalainen.

して効果を持っている．ではなぜ，すべての幼虫や成虫は鮮やかな体色にならないのだろうか？　実験によると，警告色には身に付けるコストと生産コストの両方がかかることが分かった．

…身に付けるコストと生産するコスト

身に付けるコスト：幼虫のオレンジ色の斑紋の大きさは遺伝する．よって，実験室での選抜系統を利用して，オレンジ斑紋の大きい幼虫系統と小さい幼虫系統を作ることができた．低い気温の条件下では，オレンジ斑紋の小さな（要するに黒色部分が広い）幼虫は，熱を効率的に体表から吸収し，そのため毎日より長く採餌できたので，早く成長した．また低い気温で飼育された幼虫は，より小さなそして暗いオレンジ斑紋を発達させた．これらのことから，体温調節のコストが警告色の表現型可塑性の淘汰に働いていることが示唆される (Lindstedt *et al*., 2009)．

生産コスト：別の実験では，幼虫がグリコシドの含有濃度の低い食草株と高い食草株で飼育された．その結果，両グループの幼虫とその成虫において，体に蓄積した毒のレベルは同じであり，余分な毒は効果的に処理されることが分かった．しかし，高い毒濃度で飼育された成虫の繁殖力は低くなったので，無毒化処理にはコストがかかっていた．さらに，餌の毒レベルの違いは幼虫の体色に影響を与えなかったけれども，高い毒濃度で育てられた雌成虫の後翅はあまり鮮やかには発達しなかった．これは，毒処理に費やした資源のために，色素生産にまわす分が少なくなったことを示唆しているだろう (Lindstedt *et al*., 2010)．

目立ちやすさ vs 隠蔽

　隠蔽色を持つことは，捕食者への防衛として有利かもしれないが，縄張り防衛や配偶者への誇示など，他の活動では目立つことで得られる利点と拮抗してしまうかもしれない．このトレードオフの例として，鳥類の多くの種では，雄は繁殖時期には鮮やかな体色になるが，その時期を過ぎると雌のような地味な体色に換羽してしまう．

グッピーでは，鮮やかな体色の雄は配偶のとき有利になる

　John Endler (1980, 1983) のグッピー (*Poecilia reticulata*) の体色に関する研究は，このトレードオフに関する実験的研究に光明を与えるものであった．

餌動物の防衛におけるトレードオフ　**117**

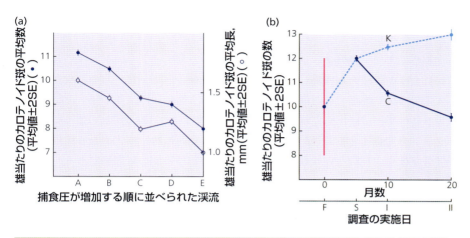

図 4.17 グッピーの雄の体色パターンに対する捕食者の影響. (a) 個体当たりの色斑の数と大きさの両方が，強力な捕食者がいる渓流でより減少した．主たる捕食者は，他の捕食魚やエビ類である．ベネズエラにおける，捕食レベルがAからEまで昇順に変化する5つの渓流からのデータが示してある．Endler (1983) より転載．(b) 実験室での選抜実験．F：捕食者なしで維持されたグッピーの初期集団．S：実験の開始；集団Cには捕食者が導入されたが，集団Kには導入されなかった．集団Cで，捕食者の導入後，急激な変化が起こっていることに注目しよう．IとIIは，2回行った調査日である．Endler (1980) より転載．

Endlerは，トリニダードとベネズエラの渓流に生息する，これら小さな魚の孤立個体群をいくつか調べた．グッピーの雄は雌より鮮やかな体色を持ち，その体色には，次のような3つのタイプが区別できる：(a) **色素による体色**（カロテノイドによる赤色，オレンジ色，黄色）．それらは餌から得られる物質である．もし魚がカロテノイドを含まない餌で育てられると，数週間でこれらの色は消えてしまう (Kodric-Brown, 1989)．(b) **構造色**（虹色に光沢のある青色と青銅色）．これは鱗からの光の反射によって生じる．(c) **黒色の斑点**（メラニン）．それは部分的には神経の制御下にあり，斑点の大きさが大きくなったり小さくなったりする．室内実験によると，雄の鮮やかな体色は配偶に有利であり，雌はとりわけオレンジの斑点に惹かれることが分かった (Houde, 1988)．

Endlerは，鮮やかな体色に対して，捕食圧を原因とした対抗的淘汰が働いているかどうかを検証するために，様々な捕食者群集を持つ渓流で採集を行った．彼は，捕食圧の大きな渓流に住む雄は地味な体色をしている，すなわち鮮やかな色の斑点の数や大きさが減少していることを見つけた（図 4.17a）．捕食圧の強さがグッピーの体色に影響を与えているばかりでなく，捕食者のタイプも重要であった．いくつかの渓流では，主たる捕食者は赤色の波長領域が見えないエビ類であるため，雄のグッピーは有意に赤色を呈していた．

…しかし捕食リスクの増加によって不利になる

最後に，Endlerは淘汰圧の変化に対応して体色がどのように変化するかを示した．制御された実験室内で何世代にもわたって飼育研究されてきた集団にお

野外での進化実験

いて，捕食者と一緒に飼育された雄は地味な体色に進化し，捕食者から離されて飼育された雄は斑点の数や大きさを増して鮮やかな体色に進化した（図4.17b）．同様な結果は，野外条件下でも示された．すなわち，トリニダードにおいて高い捕食圧の渓流から採集した 200 匹の地味な雄が，グッピーもその捕食者も住んでいない別の孤立した渓流に放されたとき，2 年後にはより鮮やかな体色の雄を持つ集団に進化していた．Endler の実験は，自然淘汰がどのように体色パターンを変化させることができるのかという問題に対して，異なる捕食圧の間での平衡点の移動という観点から説明した信頼性の高い研究例である．

カッコウ vs 仮親種

托卵種は自分の子を育てさせるように仮親種を騙す

図4.18 普通種のカッコウ（*Cuculus canorus*) は，複数の遺伝的に異なる寄主品種を持つ．各寄主品種は独特な卵（中央の列）を産み，それは特定の仮親種の卵（左側の列）の様式に様々な程度で一致する．ここで例として取り上げられた，寄主品種が卵様式を一致させる対応仮親種は，上から下に向かって，ヨーロッパコマドリ，タイリクハクセキレイ，ヨーロッパカヤクグリ，ヨシキリ，マキバタヒバリ，オオヨシキリである．右側の列は，仮親種の判別能力を検証するために使われた色付けの卵モデルである．Brooke & Davies (1988) より転載．

鳥類，魚類，昆虫類には托卵 (brood parasite) を行う種がいる．托卵とは，他の種（仮親種）の巣に卵を産み，無償で自分の子どもを育ててもらおうとする行動である．捕食者と餌動物の関係のように，一方の側（托卵種）が利益を得て，他方（仮親種）はコストを被る．そうであれば，明らかに，仮親種の方に防衛への淘汰がかかると期待できるであろう．さらにそれは，托卵種の方に対抗適応への淘汰を生じさせるはずである．ここで，この軍拡競走の様々な段階を明らかにするためには，野外実験がいかに役立つかを示した研究例の 1 つに焦点を当てることにしよう．

カッコウ科 (Cuculidae) は 140 種からなる分類群である．その 60% は，普通期待されるように，自分自身の巣を作り，ヒナを育てる保育の性質を持つ種である．それ以外の 40% は托卵を行う種である．この

図4.19 (a) 普通種のカッコウの雌が，ヨシキリの巣に托卵しようとしている．まず，仮親の卵を1個くわえて取り出し，それをくちばしにくわえたままで巣に少し留まり，取り出した卵があったところに自分の卵を産み込む．Ian Wyllie による写真．(b) ヨシキリの巣の中のカッコウの卵（右側）．(c) 新しく孵化したカッコウのヒナが，仮親種の卵を1個ずつ巣から捨てようとしている．写真©Paul Van Gaalen/ardea.com．(d) 仮親種であるヨシキリは，自分の体重の7倍にも大きく育ったカッコウのヒナに対しても給餌を続ける．写真©osf.co.uk．無断転載禁止．

寄生的な習性は，カッコウ科の系統樹の中で独立に3回進化した（Sorenson & Payne, 2005）．この科の普通種であるカッコウ（*Cuculus canorus*）は，ヨーロッパからアジアにかけた全域で繁殖し，とりわけよく研究されてきている．この種は，複数の仮親種のそれぞれに托卵する品種（寄主品種，host races）に分かれ，それらは遺伝的にも区別される．各寄主品種は，仮親となる1つの種に専門化し，その特定の仮親種の卵に合わせた特別なタイプの卵を産む（図4.18）．

カッコウの雌は，仮親種の巣に托卵行動をするとき，特定の手順を取る（図4.19a）．雌は普通，仮親の巣作りを観察することによって，仮親の巣を見つける．そして，仮親が産卵を始めるのを待ってから，仮親の産卵期間のある午後に托卵行動を開始し，仮親の巣当たりちょうど1個の卵を産む．カッコウの雌は，産卵に先立って仮親の巣の近くのとまり場所に1時間以上じっと潜み，突然滑空して仮親の巣に舞い降り，仮親の1個の卵を取り除くためにその卵をく

普通種のカッコウはどのように産卵するか？

ちばしにくわえたままで自分の卵を産み，飛び立つ．くわえた仮親の卵は，その後丸飲みにしてしまう．この間，カッコウの雌は信じられないぐらい素早く動き，仮親の巣に滞在する時間はしばしば10秒未満が普通である．カッコウは，自分の卵を仮親の巣に産むとそれを放棄し，その後の子の世話をすべて仮親に託すのである．

　仮親種は，ときどきカッコウの卵を拒否するが，多くの場合それを受け入れる（図4.19b）．カッコウのヒナは，異常なほど短い抱卵期間を経て，1番最初に孵化する．そして孵化後数時間も経たない，まだ裸で目も見えないときに，仮親種の卵を背中に乗せ1個ずつ巣から放り出していく（図4.19c）．新しく孵化した仮親のヒナがいたとしても，同様の恐ろしい運命が襲う．これによってカッコウのヒナは巣のだだ1羽の占有者となり，仮親種の親は，そのヒナをまるで自分自身のヒナのごとく育てるために，奴隷として働くことになる（図4.19d）．

　カッコウと仮親種のそれぞれの側は，相手からの淘汰圧にどの程度応じた進化を遂げてきたのであろうか？　実験によってその共進化の証拠が示されている．

カッコウは仮親種に応じて進化した

仮親の防衛を打ち破る産卵戦術

　共進化の証拠として，2つの情報をあげることができる．1番目は，カッコウの雌の産卵戦術が仮親種の防衛を出し抜くように特別に設計されている点である．ヨシキリの巣へ，カッコウの卵モデルを用いた人工的「托卵」実験を行うことによって，卵モデルが仮親自身の卵にあまり似ていない場合，あるいは仮親の巣にあまりにも早く（仮親自身が産卵を始める前に）「産み込まれる」場合，あるいは夕方に「産み込まれる」（仮親自身が産卵する時間帯に）場合，あるいは巣にいるカッコウに仮親が気付いて警戒体制に入った場合には，仮親はそれを拒否する傾向があることが明らかとなった．よって，カッコウの擬態した卵，産卵時間帯，異常なほど素早い産卵行動は，すべて托卵の成功率を上げるために適応した形質なのであろう（Davies & Brooke, 1988）．

カッコウは仮親種の卵に擬態する進化を果たした

　2番目は，カッコウの卵擬態は仮親種の判別能力に応じて進化したという点である．卵擬態を定量的に測るためには，鳥類の目をとおした定量化が重要である．鳥類には，人間よりも優れた色覚があり，非常に短い波長（紫外線），短い波長（青色），中程度の波長（緑色），長い波長（赤色）にそれぞれ対応した4つの錐体タイプを持っている．Mary Caswell Stoddard & Martin Stevens (2011) は，様々な寄主品種において，カッコウと仮親種の両者の卵の反射スペクトラムを測定し（図4.20a），これらの波長が4つの錐体タイプにどのように受容されるかを計算し，さらにその色を三角錐の形をした色軸空間にプロットした（図4.20b）．その結果，彼らは，カッコウの卵と仮親種の卵の一致性はカッコウの様々な寄主品種間で変動し（図4.20c），仮親が強い判別能力を持っている場合ほどよく一致する（図4.20d）ことを見出した．

　まだ解決していない疑問は，仮親種における判別能力の違いは，(i) 卵を拒否

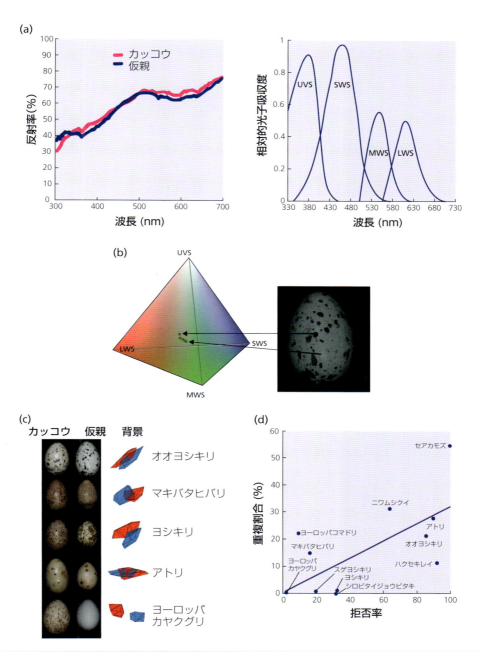

図 4.20 鳥の目をとおして卵を見る (Stoddard & Stevens, 2011)．(a) 鳥類の 4 つの錐体タイプ（紫外線感受 (UVS)，短波長感受 (SWS)，中間波長感受 (MWS)，長波長感受 (LWS)）の相対的刺激は，反射スペクトラムと各錐体タイプのスペクトラム感受機能から決定される．Hart (2001) より転載．掲載は Elsevier より許可された．(b) 卵の色彩は鳥の三角錐の色軸空間にプロットされた；色の位置は網膜にある 4 つの錐体細胞（レチナ錐体）の相対的刺激によって決められた．(c) そして背景色と斑点の色が，カッコウと仮親種の卵の間で比較された．ここでは背景色のみが示されている．普通種であるカッコウの卵と仮親種の卵の，三角錐の色軸空間の中での分布の重なりが，カッコウの様々な寄主品種に対して示されている．(d) 仮親による擬態していない卵への拒否率と，11 種の寄主品種に対する背景色の重なりとの間の関係．色の重なりは，カッコウの体積との重なり部分の，仮親の体積に対する百分率を表している．Mary Caswell Stoddard による卵の写真ⒸNational History Museum, London．

するときの利益とコストの違いによって異なる平衡点が生じている，あるいは (ii) もっと強い拒否を示す古い仮親種は進化の途中にある，ことを反映しているかどうかである．例えば，仮親であるヨーロッパカヤクグリは，オオヨシキリよりもカッコウの卵をあまり拒否しないようである．なぜなら，(i) 拒否には，さらなるコストがかかる反面，利益（托卵リスクの低下）は少ないからであり，あるいは (ii) ヨーロッパカヤクグリは最近加わった仮親種であり，防衛手段を進化させるには十分な時間を経ていないと思われるからである．

仮親はカッコウに応じて進化した

防衛はカッコウの托卵に反応して進化する

　もし仮親の判別能力が托卵に応じて特別に進化してきたならば，カッコウから托卵を受けていない種は異質な卵に対してあまり拒否を示さないだろうと予測できる．これは実際に確かめられている．すなわち，種子食であるために仮親として適さない（カッコウのヒナは無脊椎動物を餌として育てられる必要がある）種や，穴の中に巣を作るため仮親として適さない（カッコウの雌は巣に侵入できない）種は，もし托卵されたとしても，自分の卵と似てない卵を拒否することはほとんどない．そして本当の仮親種とは対照的に，カッコウの成鳥が近くにいたとしてもそれに対して攻撃行動を示すことはほとんどない (Davies & Brooke, 1989a, 1989b; Moksnes *et al*., 1991)．

仮親の卵「署名」とカッコウの模倣

　仮親種は，防衛として卵拒否の行動だけを進化させてきたわけではない．彼らの卵色様式は，「これは自分の卵だ」と表明するための特徴的な「署名」の役割を与えるものとして進化してきている．托卵の歴史を持たない種と比較して，カッコウに利用されている種では，一腹卵内で卵の外見にあまり変異がなく，異なる雌の一腹卵間で大きな変異を持つ (Stokke *et al*., 2002)．これはカッコウにとって生存を難しくしているであろう．なぜなら，もし一腹卵内のすべての卵が全く同じ配色様式を持っているならば，仮親はカッコウの卵を見つけやすくなるからである．また，仮親種の雌個体に特有な卵斑点は，カッコウの側に仮親の卵への効果的な模倣を進化させにくくしてしまうからでもある．

　1つの仮親の種内での卵斑点の多様性は，カッコウハタオリ (*Anomalospiza imberbis*) に托卵される，アフリカのムシクイ類であるマミハウチワドリ (*prinia subflava*) において特に顕著である（図 4.21）．仮親の卵は，背景となる地色，斑点の大きさ，斑点の形，斑点の分布において変異を持つ．これら4つの母数は独立に変化し，仮親が，卵「署名」に伴う個体の特有性を最大化するような淘汰を受けてきたかどうかを予測するのに役立つ．托卵者もまたその卵に顕著な変異を進化させてきた（図 4.21）．もしカッコウハタオリの個体が，仮親種の特定個体を狙って，卵をうまく似せることができるとしたら，それは驚嘆すべきことではないだろうか？　しかし，彼らにそんなことはできない．なぜなら，そのための淘汰はあまりに難し過ぎてとても成就できないからである．その代わりに，托卵者は無作為に卵を産んでいる．そのため仮親の卵との一致性

が低くなっているので，高い発生率の卵拒否を受けている (Spottiswoode & Stevens, 2010). このように，仮親の卵「署名」における個体差は，効果的な防衛手段となっているのである．

卵の軍拡競走：共進化の順番

これらの実験から，カッコウと仮親種の卵の段階で起こっただろうと思われる軍拡競走の順番を類推することができる (Davies & Brooke, 1989a, 1989b).

(i) 開始点において，小型の鳥は，托卵されるようになる前には，托卵されたとしても異質な卵への拒否をほとんど示さないだろう（仮親として適当ではない小型の鳥は，カッコウからの托卵の歴史を持たないので拒否しない）．

(ii) 托卵に対応して，仮親は異質な卵の拒否を進化させ（仮親による拒否），また個体特有の卵「署名」を進化させる（仮親は卵の変異をより増加させる）．

(iii) 仮親種の拒否行動に対応して，カッコウは卵擬態を進化させる（様々な寄主品種における卵擬態は，仮親の判別能力の程度を反映したものとなる）．

(iv) カッコウの卵擬態が十分に優れているならば，そして托卵圧の程度があまり高すぎないならば，仮親は，托卵されていない一腹卵から間違って自分の卵を拒否してしまうコストを避けるために，多くの場合，カッコウの卵を受け入れる方が最良かもしれない (Box 4.2).

図 4.21 マミハウチワドリの卵（外側の卵）とカッコウハタオリの卵（内側の卵）．仮親における卵「署名」の多様性は，仮親種とカッコウの間に署名－偽造の軍拡競走を導き，種内の卵色様式と斑点において顕著な多様性を導いている．Spottiswoode & Stevens (2012) より転載．写真は Claire Spottiswoode による．

いったんカッコウが卵擬態を進化させると，仮親にとって卵の拒否はコストになる

仮親の防衛としての卵拒絶 vs ヒナ拒絶

仮親は，場合によっては普通種であるカッコウのヒナを放棄することがあるが (Grim et al., 2003)，それならば，なぜいつもそうしないのだろうか？　カッコウのヒナは，仮親自身のヒナよりかなり大きく，口を開けたときの喉の色も異なっている．カッコウの卵を拒否するときにはその大きさや色が手がかりとして使われるけれども，なぜヒナの段階でもこれらの同じ手がかりが使われないのだろうか？

Arnon Lotem (1993) はこの問題に対して巧妙な答えを提案した．実験によって，卵の段階では，仮親は自分が産卵した最初のときに自分の卵に対して刷り込み (imprinting) を行い，そのとき学習した卵様式とは異なる卵を拒否することが示された (Rothstein, 1982; Lotem et al., 1995). このような刷り込みは，絶対確実な防衛手段というわけではない．第 1 に，もし仮親が，不幸なことに彼らの最初の一腹卵を残すときに既に托卵されていたら，カッコウの卵に対し

なぜカッコウのヒナを受け入れるのだろうか？認知上の挑戦？

ても刷り込みを行ってしまい，それを自分自身の卵の1つであると見なしてしまうだろう．第2に，いったん托卵者が卵擬態を進化させると，仮親は誤認知を犯すようになり，托卵者の卵ではなく自分自身の卵の1つを拒否するようになってしまうかもしれない (Box 4.2)．よって，餌動物の場合と同じように，仮親の防衛にはコストがかかるのである．しかし，もし仮親が，普通種のカッコウのように早期に孵化し，仮親の卵を巣から捨てるような托卵者のヒナと直面する場合には，ヒナの段階で間違った刷り込みを行うと膨大なコストになるだろう．つまり，もし仮親が最初の繁殖のときに托卵された場合には，ヒナの段階で彼らが巣で見るのは1羽のカッコウのヒナだけということになる．もし仮親がこのヒナに刷り込みを行ってしまうと，将来にわたって，托卵されていない一腹卵にいる自分自身のヒナも拒否してしまうことになるだろう．この難問に直面するかぎり，ヒナの段階では「すべて受け入れる」という規則の方が「刷り込みして拒否する」よりも良い方法であろう (Lotem, 1993)．

Box 4.2　信号検出 (Reeve, 1989)

　「好ましい」信号発信者と「好ましくない」信号発信者のいる世界を想像してみよう．カッコウの仮親種にとって，好ましい信号発信者は自分自身の卵で，好ましくない信号発信者はカッコウの卵である．捕食者にとって，好ましい信号発信者は美味しい餌動物であるが，好ましくない信号発信者は食べられない物か毒を持つ餌動物である．ここで，図 B4.2.1 に示されているように，好ましい信号発信者と好ましくない信号発信者からの信号には，ある程度の重なりがあるとしよう（仮親の卵はカッコウの卵によって擬態を受けている，あるいは美味しい餌動物は食べられない物や毒を持つ餌動物に似ている）．

　寄主あるいは捕食者は拒否のための閾値をどこに置けばよいのだろうか？　もし，Aより右の方にある信号を拒否すれば（厳しい閾値），すべての好ましくない信号発信者を拒否できる代わりに，多くの好ましい信号発信者を拒否してしまうコストも生じてしまう．他方の端にある，Bより右の方の信号を拒否するのであれば（ゆるい閾値），すべての好ましい信

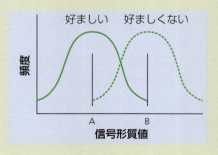

図 B4.2.1

号発信者を受け入れることができる代わりに，多くの好ましくない信号発信者も受け入れてしまうコストも生じてしまう．最適な閾値は，(i) 好ましい信号発信者と好ましくない信号発信者の相対的頻度に依存して決まるだろう．また，(ii) 4 つの結果，すなわち好ましい信号発信者を受け入れるか拒否するかと，好ましくない信号発信者を受け入れるか拒否するかの結果に関する経済学にも依存して決まるだろう．

普通種のカッコウから托卵を受けるかもしれないヨシキリにとって，以下のような利得表（脚注で説明されている）が当てはまる（Davies *et al.*, 1996a より修正）．

仮親の対応	仮親の繁殖成功	
	托卵されない	托卵される
	（仮親の 4 卵）	（仮親の 3 卵+カッコウの 1 卵）[a]
受容	正しい受容 [b]	拒否の失敗 [c]
	(4)	(0)
拒否	誤った警報 [d]	真の警報 [e]
	(3)	$(0.7 \times 3) + (0.3 \times 0) = 2.1$

[a] 平均一腹卵は 1 個である．カッコウは 1 個の仮親の卵を除去し自分の卵と置き換える．[b] 仮親は 4 個のすべての卵を育てる．[c] カッコウの卵が残り，カッコウのヒナは仮親のすべての卵を除去する．[d] 仮親は 1 個の卵を拒否すると仮定する．[e] 仮親は再び 1 個の卵を拒否するが，野外観察によると，彼らは誤認知を犯すことが示されている．すなわち 70%の確率で，カッコウの卵を拒否し，残りの 3 つの自分の卵を守ることができるが，30%の確率で，自分の卵を拒否してしまい，そのためカッコウの卵が残り，カッコウのヒナが仮親のすべての卵を除去してしまう．

もし托卵されたら明らかに拒否した方がよい (2.1 > 0)．しかし托卵されなかったら受け入れた方がよい (4 > 3)．拒否の方が受容よりも有利である場合の臨界托卵頻度は，32.2%である．実際にヨシキリは，カッコウが自分の巣にいるのを見ない限り，たいていの場合はカッコウの卵（普通の托卵はこの臨界托卵頻度よりかなり低い）を受容する．もしカッコウが自分の巣にいるのを見た場合，ヨシキリは 1 個の卵を拒否する傾向が高くなる．

重要な点は，認知システムは完全ではないということである．よって，最良の対応はコストに依存して決まるだろう．カッコウの卵の拒否に関する，より巧妙な解析は Rodriguez-Girones & Lotem (1999) によって与えられている．カッコウのヒナの拒否に向かう信号検出の方法については，Langmore *et al.* (2009) を見るとよい．また，餌動物による警戒声については（そこでは，捕食者の認知は完全ではないことがある），Getty (2002) を見るとよい．

しかしオーストラリアの数種の仮親は見慣れないヒナを拒否する…そして,それらのカッコウは擬態するヒナを進化させた

　この巧妙な考えは,なぜ普通種のカッコウのヒナがあまり拒否されないかという疑問を説明するのに役立つかもしれない.しかし,間違った刷り込みは,一般化できる制約要因ではないようである.なぜなら,オーストラリアのテリカッコウの 1 種(*Chalcites* spp.)(このカッコウのヒナも仮親種の卵を巣から捨てる)の仮親は,カッコウのヒナが居る巣を放棄したり(ルリオーストラリアムシクイはマミジロテリカッコウのヒナが居る巣の 38％を放棄する:Langmore *et al.*, 2003),あるいはそのヒナを巣から摘み出す(Sato *et al.*, 2010)ことによって,一定程度,カッコウのヒナを拒否する.テリカッコウのヒナは,仮親種のヒナに擬態するように進化してきており,おそらくそれはこのような仮親の拒否行動に対応したものであろう(図 4.22).

　実験によって,ルリオーストラリアムシクイは,カッコウを育てた後に自分自身のヒナを拒否することはないが,自分のヒナを育てる経験が増すほどに,カッコウのヒナを拒否する傾向が強くなることが示されている(Langmore *et al.*, 2009).よってこれらの仮親種は,鳴禽類が自分の種のさえずりを選択的に学習するときと似たように,選択的学習を導く生得的な鋳型的行動プログラム(行動における学習プロセスを規定する遺伝的プログラム)を使って間違った刷り込みを避けているようである.

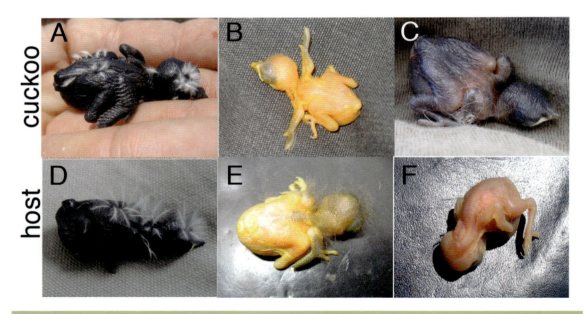

図 4.22　オーストラリアのテリカッコウ(*Chalcites* 属)のヒナによる,仮親のヒナへの視覚的擬態.左の写真から右の写真にかけて,A:小さなテリカッコウのヒナ(上段)と D:その仮親種であるハシブトセンニョムシクイのヒナ(下段),B:ヨコジマテリカッコウのヒナ(上段)と E:その仮親種であるコモントゲハシムシクイのヒナ(下段),C:マミジロテリカッコウのヒナ(上段)と F:その仮親種であるルリオーストラリアムシクイのヒナ(下段).Langmore *et al.* (2011) より転載.

要約

　捕食者と餌動物の対抗的相互作用は，適応と対抗適応の進化を導く．その結果が「赤の女王」共進化であるかもしれない．そこでは，両者の戦術は時間とともに変化するが，その相対的成功度合いは一定に維持される．隠蔽色の餌を探索する鳥についての実験より，背景色に溶け込む体色パターンは実際に捕食圧を低下させ，その傾向は分断的色彩パターンや陰影への対抗措置によって強化されることが示された．また捕食は，餌動物における多型の進化を促進するかもしれない．なぜなら，多型は捕食者による探索像の効果を低下させるからである．わずかな隠蔽程度であっても，捕食者に数秒の判別時間を余計に取らせる効果を十分に持っており，餌動物に利益をもたらすことができる．そのため，進化的軍拡競走の出発点としてうまく働くだろう．

　鮮やかな体色を持つ餌動物もいる．鮮やかな体色と目玉模様は捕食者を驚かすかもしれない．また鮮やかな体色は，毒を持つ餌動物による警告信号として効果的である（警告色）．警告色の進化は，未経験な捕食者に対する目立ちやすさの増加というコストと，より発見されやすく覚えられやすい警告信号として経験のある捕食者からより効果的に自身を守れるという利点の間のトレードオフに関連している．警告色はミュラー式擬態（忌避される種同士が似る）とベイツ式擬態（無毒の種が毒を持つ種に擬態する）の両方の進化を促進させた．

　餌動物の防衛手段はコストを伴い，その生産と利用の両方の中に存在するトレードオフに関係している．グッピーを用いた実験によって，雄の体色は，配偶のときの鮮やかな体色による利点と，捕食者を回避するときの地味な体色の利点との間のバランスを反映していることが分かった．

　カッコウ—仮親の相互作用は，カッコウによる自分の卵とヒナを仮親に受け入れさせるための騙しの技術と，それらを拒否する仮親の防衛技術の進化を進めている．野外実験によって，その共進化の各進行段階が明らかとなった．

もっと知りたい人のために

　ここでは，総合的な総括を与える意図はなく，むしろいくつかのよく定義された問題を取り上げ，それらが野外実験や室内実験でどのように取り組まれているのかを示すのが目的である．Ruxton, Sherratt & Speed (2004) の本は，捕食者—餌動物の相互作用の素晴らしい総説を与えている．動物のカムフラージュについては Philosophical Transactions of the Royal Society の Steven & Merilaita (2009) が編集した号に総説がある．Mappes et al. (2005) は警告色を概説している．Marshall (2000) は，珊瑚礁の派手な体色の魚類は遠くからだとときどき隠蔽的に見えることを示している．Mallet & Joron (1999) は警告的な体色と擬態について概説している．Rowland et al. (2007) は，不均衡な防衛効果を持つ共擬態の種の間には，共生的な関係があるのか，あるいは寄生的な関係があるのかを実験によって検証した．Darst et al. (2006) は，ド

クガエルにおける警告信号への投資と毒への投資を比較している．

　Krüger (2011) は，カッコウの擬態していない卵の受容が，ときに仮親種にとってどのように適応的になりうるのかを示した．Rothstein (2001) と Lahti (2005, 2006) は，托卵が終わった後に仮親の防衛には何が起こるのかを考察している．Davies (2011) は，「騙し」（仮親の防衛を打ち破る）と「同調」（仮親の生活史に合わせることで，仮親の親による子の世話を改善する）に関するカッコウの適応について比較している．Hauber et al. (2006) は，仮親が，托卵の脅威に反応して，異質な卵に対する受容性をいかに変化させるかを実験によって示した．

　Susanne Foitzik とその共同研究者達による論文は，奴隷狩りを行うアリとその寄主となるアリとの間の対抗的相互作用を調べ，多くのカッコウ—仮親の相互作用との興味ある共通点を指摘している (Foitzik & Herbers, 2001; Foitzik et al., 2001, 2003)．Kilner & Langmore (2011) は，鳥類と昆虫類においてカッコウ—仮親の相互作用を比較している．

　Bukling & Rainey (2002) は，細菌とバクテリオファージの室内培養を利用して，共進化的軍拡競走の古典的な証明を行った．

討論のための話題

1. 餌動物の集団化は，警告信号の進化を促進するだろうか？（餌動物の「新しい世界」を扱った巧みな実験設計から，対照的な考えを提起している次の 3 つの論文を読んで欲しい：Alatalo & Mappes, 1996; Tullberg et al., 2000; Riipi et al., 2001）．
2. チョウ類では，目玉模様は捕食者を阻止するためだけでなく，配偶者選択のための信号かもしれない（Robertson & Monteiro, 2005 を読んで欲しい）．これら 2 つの淘汰圧の影響をどのように調べればよいだろうか？
3. なぜ隠蔽色（警告しない体色）や警告色（忌避的防衛手段も伴う）ではなく，ベイツ式擬態になるのだろうか？
4. なぜ餌動物はときどき（常にではない）多型になるのか？
5. 餌動物に接近するために，彼らの脅威とならない，あるいはむしろ彼らを誘う生物種，あるいは無生物の物体に擬態する捕食者がいる (Heiling et al., 2003)．この「積極的擬態 (aggressive mimicry)」を，餌動物の仮装，カムフラージュ，ベイツ式擬態と比較せよ．
6. オーストラリアのテリカッコウの数種の仮親は，カッコウのヒナをよく拒否する．一方，ヨーロッパの普通種のカッコウの仮親はめったにそのようなことをしない．両方の場合において，カッコウのヒナは，仮親の卵あるいはヒナを巣から放り出す．そのため仮親は，托卵の成功を許してしまった巣では，繁殖成功のすべてを失ってしまう．にも関わらず，仮親の拒否においてこのような違いがあるのは，何によって説明されるだろうか？（Kilner & Langmore, 2011 を読んで欲しい）．

第5章
資源をめぐる競争

写真 © Douglas Emlen

　3章では，生物個体はいかにして資源を利用するのかについて議論したが，重要な要因である競争を含めていなかった．多くの個体が限られた同じ資源を利用するとき，彼らは競争者となる．そしてある1個体が取るべき最良の行動は，他の競争者が何をするかということに依存して決まる．言い換えると，様々な戦略の利得は頻度依存的に決まるということである．よって，何が競争の安定した結果となりうるかを考える必要がある．John Maynard Smith & George Price (1973) は，**進化的安定戦略** (Evolutionarily Stable Strategy, **ESS**) という概念を導入した．これはすなわち，もしある集団のすべてのメンバーがその戦略を採用すると，他の戦略から侵入されることがない戦略のことである．彼らは当初はこの概念を闘争戦略の進化をモデル化するために導入したが，生物個体が相互作用するすべての事例で広く適用されるようになった．この概念が問うている重要な疑問は，「突然変異で出現する戦略はより優れたものか？」ということである．

　人間の例が，この概念を説明するのに役立つだろう．あるコンサートを鑑賞するために，人々がフロアーに着席していると想像してみよう．観衆の1人がもっとよく見えるようにと立ち上がったとする．するとその後ろの席の人も見るために立たなければならない．さらにその後ろの人も立つという波が観衆の中に広がっていき，結局，すべての人が立ってしまう．そして，誰も以前よりよくは見えないという結果に陥ってしまう！　この例の中で，座る行動はESSではなく（座っている観衆の中では，立つ行動が有利になる），立つ行動はESSである（いったん皆が立ってしまうと，誰も座る行動で利益を得ない）．さらにこの例は，ESSがしばしばすべての人にとって最良のものになるとは限らないという点を教えてくれる．なぜなら，もし全員が座ることに合意すれば，全員はもっと快適な状態を得られるからである．

進化的安定戦略

「タカーハト」ゲーム

　「ESS思考」をもっと正式に説明するために，タカ—ハトゲーム (Hawk-Dove

表 5.1　タカとハトのゲーム (Maynard Smith, 1982).

(a) 利得：争いの後の適応度変化
勝者の利得は $V=50$．敗者の利得は 0．負傷のコストは $C=100$ の損失．
以下を仮定する：(i) タカがタカと出会うと，1/2 の確率で勝利し，1/2 の確率で負傷する．(ii) タカはハトに対しては必ず勝つ．(iii) ハトはタカに出会うと，直ちに退却する．(iv) ハトがハトと出会うと，資源を分け合う．

(b) 利得行列：攻撃者への利得

攻撃者	対戦者	
	タカ	ハト
タカ	$(1/2)V-(1/2)C=-25$	$V=+50$
ハト	0	$(1/2)V=+25$

game) を取り上げよう (Maynard Smith, 1982)．競争者同士は無作為に出会い，ある資源をめぐって争うと仮定する．では，2 つの戦略が存在する単純な世界を想像しよう．**タカ**はいつも戦闘を行い，相手を傷付けることがあるが，その戦闘過程で自分自身も傷付く危険を負う．**ハト**は決して戦闘をしない．これら 2 つの戦略は，自然界で見られる 2 つの極端な戦略を象徴的に表すために選ばれており，その利得は表 5.1a で説明されている（表の正確な数値は，$V<C$ である限り，当面は問題ではない．また数式ではなく数値を用いた理由は，このゲームを説明しやすいからというだけのことである）．これらは，争いの結果生じる適応度の**変化値**であることに留意することは重要である．よって，資源を得られなかった個体の全適応度が 0 である必要はない．例えば，もし資源が好適な場所での縄張りであるならば，敗者はもっと劣った場所で繁殖することができるかもしれない．よって，競争者の間の勝者が獲得する値は，良い場所と劣った場所での繁殖成功の差であると考えてよい．

　ここで，表 5.1b で説明されている 2×2 の行列に従って，タカとハトの可能な 4 通りの出会いに対する平均利得を求めてみよう．進化はこのゲームの中でどのように進むだろうか？　まず，集団中のすべての個体がハトであったとすると，何が起こるか考えてみよう．すべての争いはハト同士の争いとなり，そのときの利得は +25 点となる．この集団では，タカの突然変異はすぐに広がっていく．というのも，タカはハトに出会うと +50 点の利得を得るからである．よってハト戦略は ESS ではない．

　しかし，タカが集団全体を占めてしまうわけでもない．すべての個体がタカである集団では，争い 1 回当たりの平均利得は −25 点となり，もし突然変異でハトが出現すると，そのハトはタカとの争いでは直ちに退却して利得 0 点を得るので，タカよりも有利である（これは，タカの集団でハトが 0 点という利得を持っているという意味ではない．ハトの適応度は，タカとの争いの後も変化しないことを意味するだけである）．よって，タカ戦略も ESS ではない．

　このゲームの重要な点は，各戦略が相対的に少数であるとき，他方よりも有利になることである．ハト集団ではタカが成功し，タカ集団ではハトが成功す

タカ−ハトゲームは，我々が争い行動の進化的安定性を考えるときに役に立つ

る．これは平衡状態の結果をもたらす頻度依存淘汰に他ならない．その平衡状態では，タカとハトの頻度はちょうど両者の平均利得が等しくなる頻度となる．もし各集団頻度がこの平衡状態からタカまたはハトの方へずれたとすると，どちらか一方の戦略が有利になるので，その頻度が増加し，その結果，その戦略の繁殖成功が減少し，集団は再び平衡状態に戻ってしまう．表 5.1 の数値のとき，安定的な共存状態は以下のように計算される．h を集団の中でのタカの割合としよう．するとハトの割合は $1-h$ である．タカの平均利得は，それがタカおよびハトと対戦したときの利得を出会う確率で平均したものとなる．そのため，

$$H\ average = -25h + 50(1-h)$$

同様にして，ハトの平均利得は，

$$D\ average = 0h + 25(1-h)$$

安定な平衡状態では，$H\ average$ は $D\ average$ に等しくなければならない．$H\ average = D\ average$ とおいて，上の式を解くと，$h = 1/2$ となる．よって，ハトの割合 $(1-h)$ も $1/2$ になる．一般的には，もし $V < C$ であれば，このゲームにおけるタカの安定した割合は V/C で与えられる．

表 5.1 における ESS は，以下の 2 つの形式で実現する．

(1) 半分の個体はタカで，半分の個体はハトであるような，それぞれ単一の戦略を取る個体からなる進化的に安定な多型状態となる．
(2) すべての個体が混合戦略者で，それぞれ 1/2 の確率で無作為にタカあるいはハトの戦略を採用する．

> タカとハトの混在が進化的に安定である

ESS の状態では，争い 1 回当たりの平均利得は +12.5 点となる．もしすべての個体がハト戦略になることに同意しさえすれば，利得は +25 点となる！ 人間の観衆の例で見たように，すべての人の適応度を最大にするための最適戦略による利得は，多くの場合，ESS での利得よりも大きい．にも関わらず，期待される進化は安定戦略の方に向かうと考えられる．なぜなら，Richard Dawkins が言ったように「それは内部からの裏切りに対して免疫を持つ」からである．タカ—ハトゲームは別の一般的視点も与える．つまり安定平衡状態の集団には，個体間でも個体内でも変異がありうるということである．よって，変異は必ずしも集団平均の周辺のノイズとは限らない．むしろ，個体が競争するときにしばしば期待される安定的結果なのである．

> ESS の解はすべての個体の適応度を最大にするわけではない

$V < C$ という仮定は，自然界で起こる多くの争いに当てはまるだろう．例えば，食べ物や隠れ場所を勝ち取るためだけの戦闘に，重大な負傷リスクを負うほどの価値はめったなことではないだろう．しかし，$V > C$ であるならば，タカ戦略が ESS となる．直感的に，なぜそうであるかを理解するのは易しい．ただ，そのためには現在の争いの結論は，生涯繁殖成功をとおして考えることが必要である．これは，現在の争いから得られる資源の価値と，将来の争いで期

> もし，**$V > C$** ならば，タカ戦略が ESS である

待される資源の価値とのバランスに関係する．現在の資源の価値が将来の資源の価値と同等であるか，あるいはそれよりも大きいときは，個体はたとえ重大な負傷や死を負ってでも，より危険な争いに向かうと期待される．実際に，もし将来の資源の価値がほとんど0に近いならば，理論的には，戦闘を始めてしまった競争者は，決して諦めず，そのため争いは少なくとも一方の対戦者にとって致命的なものになるはずである (Enquist & Leimar, 1990)．

期待されるように，致命的な戦闘は，生物個体が短い寿命を持つときや，繁殖の機会がほとんどないときに起こるという報告がある．例えば，サラグモの一種 (*Frontinella pyramitela*) の雄 (Austad, 1983) とイチジクコバチの雄 (Hamilton, 1979; Murray, 1987) は，一生に一度しかない，配偶可能な雌を勝ち取るための機会をめぐって死ぬまで戦うことがよくある．

タカ―ハトゲームは単純過ぎて，自然界で起こる実際の例にそのままでは当てはめられないのは明らかである．例えば，実際では戦略の数は2つより多いだろうし，戦略は個体の強さとともに変化するだろうし，出会いは無作為ではないだろう．14章では，ディスプレイがいかに対戦者の闘争能力の査定と関係し，それによって個体は争いごとに闘争戦術をどのように変えるかについて示されるだろう．よって，タカ―ハトゲームにおける固定した戦略（「封印した入札 (sealed bids)」）はかなり単純過ぎるといえる．にも関わらずこのゲームは，競争があるときはいつでも，進化がいかに進行するかについて有意義な考え方を教えてくれる．進化的に**安定**した結果はどのようなものになるかは，重要な問題である．この章では，これから「ESS 思考」を採用して，どこを探すべきか，またどのように行動すべきかという2つの問題に焦点を当てながら，生物個体はどのように乏しい資源をめぐって競争をするのかについて調べていこう．まず，競争の最も単純な形式である**消費型競争**（単に「資源を利用し尽くす」という意味で；exploitation competition）を議論することから始め，それからもう1つの競争の形式である**資源防衛型競争**（生物個体が自分の優位性や縄張りを利用して，他個体を資源に近付かせないようにする；resource defence competition）の説明に向かうことにする．その次に，食物あるいは配偶者をめぐる競争の中で，**生産者とたかり屋** (producers and scroungers)，あるいは**戦闘個体とスニーカー** (fighters and sneakers) の共存など，集団内の個体の競争行動における違いがどのように生じるのかを見ることにしよう．最後に，この行動変異を，動物の個性の概念と関連させて考察することにする．

資源消費による競争：理想自由分布

理想自由モデル

まず単純なモデルから始めることにする．2つの生息地があると想像しよう．良い方は多くの資源を含み，劣った方は少ししか資源を含んでいないとする．また縄張り性も戦闘もないため，各生物個体は，資源の消費速度で測定される

獲得利得の高い方の生息地を自由に利用する．もし競争者がいなければ，個体は単に2つの生息地のうち良い方に行くだろう．これは，まさに最初にやってきた個体が行うだろうと期待されることである．では，後から来る個体はどうだろうか？ より多くの競争者が良い生息地を占めるにつれて資源の枯渇が進み，後から入ってくる個体にとって利益は減少することになる．ついには，次に到着する個体にとって，資源の少ない劣った生息地に行く方がましな状況になるだろう．そこでは資源の供給は少ないけれども，競争も少ないからである（図5.1）．それ以後は，各生息地における個体にとっての利益が等しくなるように，2つの生息地が埋まって行くはずである．言い換えると，競争者は，自らの分布を生息地の質に対応させて，各個体の資源獲得速度が等しくなるように調節する．競争者の異なる資源間での分布に関するこの理論的パターンは，Stephen Fretwell (1972)によって「理想自由分布 (ideal free distribution)」と呼ばれた．というのも，それぞれの動物は，自らの意思で最良の場所へと移動できる（強い競争者による弱い競争者の排除はない）という意味で自由であり，また資源量について完全な情報を持つという意味で理想的だと仮定しているからである．

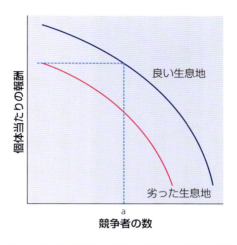

図 5.1 理想自由分布．資源を利用できる競争者の数に制限はなく，各個体はどちらの生息地に行くかを自由に選べるとする．最初にやってくる個体は良い生息地に行くだろう．競争者が同じ生息地に増えれば増えるほど資源は枯渇していくので，個体当たりの報酬も減っていく．よって，劣った生息地の方も，ある時点で良い生息地と同じくらい魅力を持つことになるだろう．その後，2つの生息地の個体当たりの報酬が等しくなるように，両生息地が埋まっていくはずである．Fretwell (1972) を基に作成．

この例をスーパーマーケットでレジの順番を待つ人の行動に見ることができる．もしすべての店員が，同じ効率で客をさばき，客1人当たり等しい時間をかけるならば，列は全部同じ長さになるだろう．1つの列が短くなったら，客はそこへ並んだ方が有利なので，その列もすぐに他の列と同じ長さになってしまう．どの人がどの列に並ぶのも自由なので，各客はその時点で最も良い場所に行き，各列には理想自由状態と同じやり方で人が並び，結果としてすべての客にとって待ち時間が等しくなる．

競争者は生息地間でどのように分布すべきかについての簡単なモデル

餌をめぐる競争：イトヨとカモ

動物の同様な例として，Manfred Milinski (1979)のイトヨに関する実験があげられる．彼は，水槽の中に6匹のイトヨを入れ，水槽の両端に餌のミジンコ（*Daphnia* 属）をピペットで滴下した．一方のピペットからは他方の2倍の速度でミジンコが落ちるようにした．このとき，それぞれのイトヨにとって，どちらに行く方がよいかは，明らかに他のすべての個体の動きによって変わることになる．Millinskiは，イトヨ間に資源防衛行動はなく，2つの端へはミジン

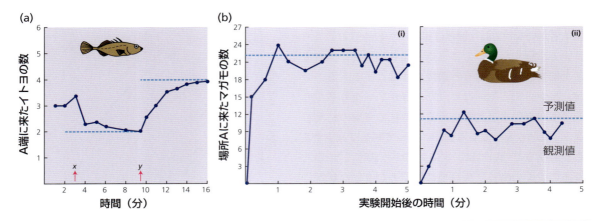

図 5.2 (a) 6 匹のイトヨに対する Milinski (1979) の餌供給実験．時刻 x に，水槽の一方の端 B に他方の端 A の 2 倍の速度で餌を与え始めた．そして時刻 y に，餌の供給速度を逆にした．青破線は，理想自由分布の理論から端 A に集まると予想される魚の数を示している．紺点で結ばれた線は，端 A で観察された魚の数（複数の実験の平均数）を表す．(b) 33 羽のマガモの群れに対する Harper (1982) の餌供給実験．(i) は，岸 B に比較して，岸 A から 2 倍の速度で池に餌を投げ入れたときの結果である．(ii) は，餌の投げ入れ速度を逆にしたときの結果である．青破線は，理想自由分布の理論から岸 A に集まると予想されるマガモの数を示している．紺点で結ばれた線は，岸 A で観察されたマガモの数（多くの実験の平均数）を表す．

コの供給速度にちょうど比例した数のイトヨが集まることを見い出した．つまり，ミジンコが 2 倍落ちる端へは 4 匹，他方の端へは 2 匹が集まった．餌のやり方を逆にすると，魚は素早く居場所を変えて，やはり餌が速く落ちる端へ 4 匹の魚が集まった（図 5.2a）．この分布が，理想自由状態にある唯一の安定した分布である．他のどの分布の場合にも，移動した方が得になる個体ができてしまう．例えば両端に 3 匹ずつ集まっていたなら，ミジンコの供給が遅い端にいる魚にとっては速い端へ移動した方が得になる．そして，1 匹が移動すると 4 匹と 2 匹になり，もはやどの魚にとっても移動しても得にならなくなる．スーパーマーケットの例で言うと，ある店員が他の店員よりも 2 倍速く客をさばく能力を持っていたとしたら，そこには 2 倍の長さの列ができるのと同じである．

David Harper (1982) は，マガモ (*Anas platyrhynchos*) の群れがどのように分かれて 2 つの採餌場所を利用するかを検証するために，同様な実験を行った．2 人の実験者が池の両端の各岸に分かれて立ち，各人は一方が他方の 2 倍の速さでパン切れを水面に投げ入れた．このとき，ちょうどイトヨと同じように，各岸に集まったマガモの相対数は，パン切れの投げ入れ速度の比率に一致していた．つまり，パン切れが 2 倍の速度で投げ入れられる岸の方に，2 倍の数のマガモが集まったのである（図 5.2b）．

魚とカモは餌場間で安定的な分布に落ち着く

イトヨとマガモの個体分布がこの安定分布に落ち着くには 2 つのやり方がある．一方の生息地が他方の 2 倍好ましいという場合を例に取ると，(i) 良い場所へは劣った場所の 2 倍の数の個体が行くように，競争者の数が調整される；(ii) すべての個体が両方の場所を訪れるが，各個体は良い場所では劣った場所の 2

倍の時間をかけて滞在するというものである．イトヨとマガモの実験は，数的な予測（各生息地における摂食者の数）を調べることによって，このような理想自由分布を検証したものであった．つまり食物の投入速度の比率に競争者数の比率が一致するという予測の検証である．その他に，これまで2つの予測が検証されてきた．1つは，**等しい摂食速度の予測**である．これは，摂食速度が両生息地で等しいはずだとする予測である．もう1つは，**餌動物にとってのリスクの予測**である．これは，餌動物の死亡率が両生息地で等しかったはずだとする予測である (Kacelnik *et al.*, 1992)．また2つの実験は，餌の「連続的な投入」システムの例である．そこでは，餌は一定の速度でやってくるので，餌密度は時間とともに変化せず，餌は到着すると同時に摂食されてしまう．これは，いくつかの自然な採餌環境で実際に存在する例であるかもしれない．例えば，餌がそれを待つ捕食者の前を流れて過ぎていくような渓流などである，しかし，たいていの餌（あるいは他の資源）は次第に枯渇していく傾向を持つことが多い．その場合，理想自由モデルの予測はもっと複雑なものになるだろう (Kacelnik *et al.*, 1992)．

配偶者をめぐる競争：フンバエ

フンバエ (*Scatophaga stercoraria*) の雌は，産卵のために新しい牛糞にやってくる．それを，雄の群れが牛糞の周りで待つ（図5.3a）．雌が到着すると必ず，最初に出会った雄がその雌と交尾し，そして産卵の間その雌を警護する（3章）．雌は新しい牛糞に好んで産卵し，糞が古くなって堅い外皮がその上にできると（産卵に適さなくなる），ほとんど雌は来なくなってしまう．雄の問題は，各牛糞にやってくる雌を待つ最適時間はいくらかということである．

ちょうどイトヨやマガモのように，1個体にとって最良の意思決定は，他の競争者が何をするかに依存して変化する．例えば，ほとんどの雄が短い時間だけ雌を待つとしたら，もう少し長く待つ雄は高い配偶成功を獲得するだろう．なぜなら，遅く到着する雌を独り占めできるからである．一方，もしほとんどの雄が長く糞に留まるとしたら，早くその糞を切り上げて新しい糞に向かう雄は，その次の糞に早い段階でやってくる雌を勝ち取る恩恵を得られるであろう．この競争的状況はイトヨやマガモが直面したものと似ているが，同じでない点は，この場合は異なる場所ではなく，異なる時間に対する頻度依存的利得が扱われていることである．ここでも，理論的には，競争の結果が理想自由分布，あるいは安定分布になることを期待できるだろう．これは，糞で待つ雄の相対数が飛来雌の期待相対数と一致している状態である．そのため，利用する雄が多過ぎたり少な過ぎたりするような待ち時間はないだろう．

フンバエの雄は何をしているのだろうか？ Geoff Parker (1970b) は牛糞の上の雄の数をカウントし，その数が時間とともに指数関数的に減少することに気付いた（図5.3b）．そして彼は，観察されたこの雄数の時間分布を基にして，

フンバエの雄における競争ゲーム：どれくらい長く雌を待つべきか？

雄達は進化的に安定した待ち時間を採用している

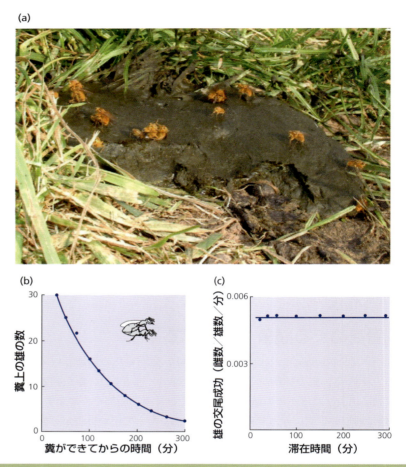

図 5.3 (a) 牛糞の上で，産卵のためにやってくる雌との交尾を待つフンバエの雄．この写真には 6 匹の探索雄がいる．2 組のペアが他の雄から攻撃を受けており，そのときペアの雄は彼の産卵雌を警護している（中央と左側）．また単独雌の所有をめぐって争いも見られる（中央の糞の上辺あたり）．写真ⓒG. A. Parker．(b) 雄の個体数は，牛糞が出現した後，時間とともに指数関数的に減少する．(c) 滞在時間に関するこの分布を前提にすると，異なる滞在時間を採用する雄でもその配偶成功率はほぼ等しく，ちょうど理想自由分布モデルから予測される結果となる．Parker (1970) より転載．

異なる待ち時間における期待配偶成功率を計算した．そして期待配偶成功率が，実際，待ち時間全体をとおして一定であることを見い出した（図 5.3c）．よってフンバエの雄は，予測される安定分布を，イトヨやカモがちょうど空間に対して達成していたのと同じように，時間に対して達成しているのである．しかし，安定分布がどのように達成されるかはまだ分からない．理論上，それが起こるのは，異なる個体が異なる待ち時間を持つことによるか（数匹の雄は短期滞在者で，他の数匹の雄は長期滞在者である），あるいは個体自身が待ち時間を変えることによるか（ときには短時間滞在し，ときには長時間滞在する）のどちらかしかない．後者の方がありそうである．おそらく雄は，雌の飛来率を，直接

査定したりあるいは糞の新鮮さや競争者数を手がかりに間接的に査定することによって，糞の上での待ち時間を変えているのであろう．

資源防衛による競争：独占的分布

先に考えたのと同じように，良い生息地と劣った生息地の2つがあるとしよう．しかし今度は，最初に来た競争者が良い生息地に定住して，そこで縄張り（資源を含む土地の一部）を確立することによって資源を防衛するものとする．後から到着する個体は，仕方なく劣った生息地を占め，良い場所にいる個体ほどには成功できない．そしてそこもまた満員になると，その後やってくる個体はすべて資源から排除される（図5.4）．このようなことは自然界ではごく普通に見られる．イギリスのオックスフォード大学の近くにあるワイタムの森では，シジュウカラにとって最も良い場所はヨーロッパナラ林である．シジュウカラは，春になると素早くヨーロッパナラ林に縄張りを作って定着し，そこはすぐ満員になってしまう．ヨーロッパナラ林に入れなかった個体は，近くの生け垣の灌木に住み着かざるをえない．しかしそこでは食物が少ないので繁殖の成功率は低い．最適な場所に住むシジュウカラをヨーロッパナラ林から取り除くと，生け垣の中に住んでいた鳥がやってきて，空いた場所をすぐに埋めてしまう (Krebs, 1971)．同様に，アカヌマライチョウ（*Lagopus lagopus scoticus*）の縄張り個体は，ヘザー（ツツジ科の低木）の平原で最も良い場所を占有して繁殖と採食を行う．そこに入れない鳥は群れを作って放浪し，生存率の低い不適な生息地に住み着かねばならない．この鳥でもまた，縄張り所有者を取り除くと，その場所は群れから来た鳥によってすぐに埋められてしまう (Watson, 1967)．

これらの例では，最も強い個体が暴君として最も良質な資源場所を手に入れ，他個体を質の劣った場所へ追いやったり，資源から排除したりする．

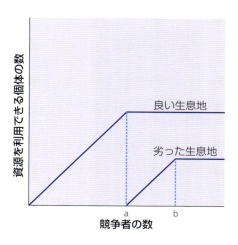

図 5.4 資源防衛．まず最初にやってきた競争者は良い生息地を占める．競争者数がaとなる時点で，良い生息地は占有者で満杯になり，新しい来訪者は今度は劣った生息地での縄張り占有を余儀なくされる．この生息地も満杯になると（競争者数bの時点），さらなる来訪者はすべて資源から排除され，「放浪者」となる．Brown (1969) を基に作成．

縄張り行動のために，競争者が良い生息地から追い出されるかもしれないことは，除去実験によって示されている

対等でない競争者の理想自由分布

自然界におけるほとんどの例は，上で議論した2つの単純なモデルの両方の性質を併せ持っている．探索すべき最良の場所は他のすべての個体がどこにいるかによって変わるが，その一方で同じ生息地の中でも，ある個体は他よりも多くの資源を手に入れるということが，おそらく最もよくある状況であろう．例えばマガモの実験では，個体数は安定分布を示したけれども，数個体のカモ

が他個体よりも競争に強く，食べ物のほとんどを奪っていた（Harper, 1982）.
安定分布が出現するのは，劣位の個体が，暴君との関係の中で自分の場所を決
めるというやり方を取ることが原因かもしれない．要するに，暴君は，劣位個
体が探索場所を決定するときに影響する環境の一部なのである．

ある個体達はより優れた競争者かもしれない

Geoff Parker & Bill Sutherland (1986) は，対等な能力を持つ競争者による
単純な理想自由分布と，対等でない能力を持つ競争者による理想自由分布の違
いを，数による予想だけで区別することは困難であると指摘した．彼らは対等
でない競争者の場合を「競争単位 (competitive unit)」モデルと呼んでいる．な
ぜなら，生物個体の数ではなく，「競争単位」の数が，パッチ間で均等になると
いう仮説が立てられるからである．もし1個体が他個体よりも2倍速く資源を
消費できるならば，競争単位数として2倍分の得点が与えられる．これら2つ
のタイプの理想自由分布を区別するときの困難さは，単なる偶然だが，競争単
位の分布も単純な理想自由分布のように見えてしまうことが多いという事実に
起因している（図5.5）．またこれは，なぜ競争者達が対等ではない多くの研究
が，理想自由分布の数による予測を支持しているかのごとく見えてしまうかと
いう理由にもなっているかもしれない．

「競争単位」モデル

資源防衛と理想自由分布の両モデルの性質を示す良い例として，Thomas
Whitham (1978, 1979, 1980) によるアブラムシの1種 (*Pemphigus betae*)
の研究がある．春には，「幹母 (stem mothers)」と呼ばれる雌がドロノキの1
種 (*Populus angustifolia*) の葉に定着し，葉の組織を膨らませてその中に潜り
込み，虫こぶ (gall) を作る．幹母は単為生殖を行うが，そのとき，生まれる子の
数は葉から吸い取る液汁の質と量に関係する．大きな葉は液汁に富むので，最
大の葉についた幹母は小さな葉についたものの7倍もの数の子を生産すること
ができる．予想されるように，大きな葉はすぐにすべて定着されてしまう．そ
のため遅れてきた個体は，大きな葉に入り込み資源を先住者と分け合うか，あ
るいは小さな葉に1匹で定着するかを決めねばならない．

虫こぶを作るアブラムシ：競争単位モデルの検証

Whitham は，繁殖成功度を測定し，生息地の質（葉の大きさ）と競争者密度
（葉当たり雌数（虫こぶ数））の違いに対応した適応度曲線の一群を描いた．図
5.6a はその結果を示している．この図から3つの結論を引き出せる．第1に，
どの競争者密度においても，繁殖成功度の平均値は生息地の質とともに増加す
る．第2に，葉の質が同じだと，繁殖成功度は競争者の数とともに減少する．
これは同じ葉に定着した幹母が，資源をめぐって争うことを示している．第3
に，葉を1匹で占有している幹母，他の1個体と葉を共有する幹母，他の2個
体と葉を共有する幹母のそれぞれにおいて**平均**繁殖成功度が計算されたが，そ
れらの結果の間に有意な差はなかった．また他の適応度測定値である，幹母の
体重，幼虫の発育失敗率，成長速度，捕食率などを比較してみても，葉当たり1
匹当たりの平均値に有意な差はなかった．この結果は，理想自由分布モデルか
らの予測と一致している．よって，幹母は様々な大きさの葉に定着するけれど
も，質の良い葉は競争相手が多く，質の劣った葉は競争相手が少ないので，結

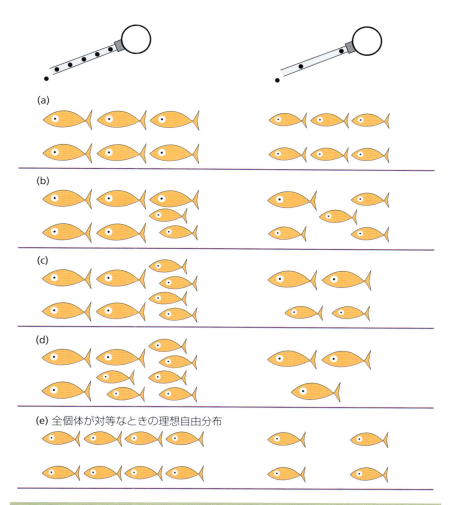

図 5.5 対等な競争者の単純な理想自由分布を基礎とした数の分布 (e) と，対等でない競争者の分布 (a–d) を区別することが理論的にいかに難しいかを説明する図．左側のパッチでは，右側のパッチに比べて 2 倍の速度で餌が投入されるため，12 匹の対等な競争者の理想自由分布 (e) は 8:4 となる．対等でない競争者の場合を説明するために，ここで，6 匹の魚（2 倍の大きさで描かれている）が，他の 6 匹よりも時間当たり 2 倍の餌を摂食することができると想像しよう．両端の平均餌摂取量が等しくなるように 12 匹の魚を分布させるとき，4 通りのやり方が存在する (a–d)．しかし，これらの各分布に達している異なる可能な組合せの個体の数は様々である．それぞれの個体が名前を持っていると考えてみよう．分布 (a) が達成される場合，12 匹の魚を配置するには 1 通りのやり方しかない．しかし，分布 (b)，(c)，(d) の場合，何通りものやり方が存在し，具体的にはそれぞれ，90 通り，225 通り，20 通りにもなる．つまり偶然だとしても，(c) の場合は最も観察されやすい例であることが分かる．さらにこの場合は，(e) と同じ配置数のパターンであることに留意しよう．Milinski & Parker (1991) を基に作成．

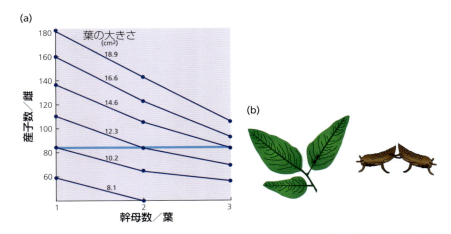

図 5.6　(a) 細い線は，アブラムシの 1 種（*Pemphigus betae*）において定着した様々な葉の質（葉の大きさ）や競争者の密度（葉当たりの幹母の個体数）に対する適応度曲線の一群である．青色の水平線は，葉当たりの幹母の個体数が 1 匹，2 匹，3 匹であるときのそれぞれの平均繁殖成功度である．説明については本文を参照せよ．Whitham (1980) より転載．(b) アブラムシの幹母は，葉の上の一番良い場所をめぐって互いに蹴ったり押したりしながら戦う．その勝者は，液汁を最も豊富に得られる中央の葉柄の基部に定着する．Whitham (1979) より転載．掲載は the Nature Publishing Group より許可された．

局，その平均繁殖成功度は等しくなると結論できる．

異なる質を持つ葉の間での平均繁殖成功度は等しいが，葉柄近くに定着する個体ほど成功している

　しかし，異なる大きさの葉の上での平均繁殖成功度は理想自由分布からの予測に合っているものの，1 つの葉の中ですべての個体が同一の報酬を得ているわけではない．なぜなら，1 枚の葉は一様な環境ではないからである．定着すべき最良の場所は葉柄の基部の主脈上であり，そこは葉に入りまた葉を出ていくすべての物質の通過点である．基部の虫こぶは末端部の虫こぶよりも多くの子を生産する．そして幹母はこの 1 番良い場所を占めようと，リング上のボクサーのように後足を使って蹴り合いをする（図 5.6b）．資源防衛モデルから予想されるように，もし基部の個体が排除されると，末端部にいた虫がすぐに移動してきてそこを占めてしまう．

資源防衛の経済学

　今までに見たように，いくつかの動物種は資源消費型競争を行う一方，他の種は資源防衛型競争を行う．前者ではなく後者のタイプの競争が用いられるべき状況があるとしたら，それはどのような状況か予測できないだろうか？

経済的防衛可能性

　防衛することが経済的に割に合うかどうかについて最初に述べたのは，Jerram

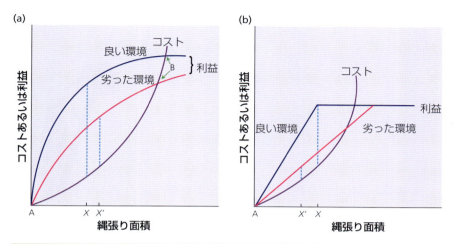

図 5.7 (a) 経済的防衛可能性の考え．守るべき資源量（あるいは縄張りサイズ）が増えると，防衛コストも増加する．また利益（例えば，食物量）は，最初は増加するが，資源が過剰になると，資源を処理する動物側の能力に関係して，頭打ちになる．図には2つの利益曲線が示されている．その1つは資源の豊富な環境に対するもので，もう1つは資源の乏しい環境に対するものである．前者では資源密度が高いので，その利益曲線は急な傾きで増加する．点Aと点Bの間は，資源を防衛した方が経済的に割に合う縄張り面積の範囲である．この範囲内で，最適な縄張りサイズは，正味の利得（B−C）を最大化するという通貨に依存して決まる．このとき，最適縄張りサイズは，資源の乏しい環境（X'）よりも資源の豊富な環境（X）で小さくなる（これは，コスト曲線と利益曲線の傾きが等しくなる場所であることに留意しよう）．(b) 同じモデルであるが，少し異なる形をした曲線の場合．ここでは，正味の利得を最大にする最適縄張りサイズは，資源の豊富な環境の方で**大きくなる**と予想される（つまり値 X は値 X' よりも大きい）．よって，予測を行うためには，コスト曲線と利益曲線の形が重要である．Schoener (1983) を基に作成．

Brown (1964) である．彼は，資源の防衛には，資源の占有によってもたらされる利益とともに，コスト（エネルギー消費や闘争による怪我の危険など）が伴われることを指摘した．利益がコストより大きいときにはいつでも，自然淘汰は縄張り行動に対して有利に働く（図5.7）．この考えを契機に，野外研究者は，縄張りを持つ動物個体の時間収支をもっと詳しく調べるようになった．

Frank Gill & Larry Wolf (1975) は，東アフリカで非繁殖期にシソ科レオノチス属（*Leonotis*）の花のパッチを守るコバシゴシキタイヨウチョウ（*Nectarinia reichenowi*）の，縄張り内にある花蜜量を測定した．また，飛翔・休息・戦闘などの行動に関する，時間配分の研究と実験室内でのエネルギーコストの測定から，このタイヨウチョウが1日にどれだけのエネルギーを使うかを計算した．1日のコストを，縄張りを守ったり競争者を排除したりして得られる利益と比べてみると，縄張りを守る利益の方が勝っていた．よって，その資源を守ることが経済的に割に合うことが分かった（Box 5.1）．

経済的防衛可能性の考えに基づいて，資源がどれくらい存在するときに縄張

縄張り防衛のコストと利益

タイヨウチョウの時間とエネルギーの予算は，いつ資源が防衛されるべきかを予測する

Box 5.1　コバシゴシキタイヨウチョウの縄張り防衛の経済学 (Gill & Wolf, 1975)

(a) 様々な活動の代謝コストが，実験室で測定された：

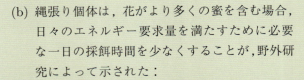

花蜜採集	1000 cal/h
とまり場所で待機	400 cal/h
縄張り防衛	3000 cal/h

(b) 縄張り個体は，花がより多くの蜜を含む場合，日々のエネルギー要求量を満たすために必要な一日の採餌時間を少なくすることが，野外研究によって示された：

花当たりの蜜量 (μl)	採餌に必要な時間 (h)
1	8
2	4
3	2.7

(c) 縄張りを防衛することによって，他の花蜜消費者を排除し，そのため各花の蜜の利用量を増加させることができる．よって，この鳥はエネルギー需要をより速く満たすことができるので，採餌時間を節約できるのである．そのため，採餌よりもエネルギーを使わずに済む，とまり場所での待機に時間を振り分けている．例えば，もし防衛が花当たりの蜜量を 2 μl から 3 μl に増加させる結果になるならば，その個体は採餌時間を一日当たり 1.3 時間節約できることになる ((b) より)．その正味のエネルギー節約は次の通りである：

$$(1000 \times 1.3) - (400 \times 1.3) = 780 \text{ cal}$$
　　採餌　　　　　待機

(d) しかしこの節約エネルギー量は，防衛のコストで重み付けされなければならない．野外での測定によって，この鳥は防衛のために一日当たり約 0.28 時間を使うことが分かっている．この時間は本来は待機の時間として使われるはずだったので，防衛に余計にかかるコストは次の通りである：

$$(3000 \times 0.28) - (400 \times 0.28) = 728 \text{ cal}$$

言い換えると，コバシゴシキタイヨウチョウは，縄張り防衛の結果，花蜜水準が 2 μl から 3 μl に増加するとエネルギー的に得をするということである．Gill & Wolf は，彼らが扱ったタイヨウチョウの多くが，経済的に花を防衛してよいときに縄張りを持つことを発見した．

りを守ればよいかについても予測されてきた（図5.7）．もし資源が低密度であれば，縄張り防衛に支払ったコストと比較して，他個体を排除して得られる利益は割に合わないかもしれない．その場合，縄張りを放棄して他へ移動した方が得だろう．これとは逆に，資源がこれ以上多過ぎても縄張り防衛が割に合わなくなるような，つまり防衛が経済的に割に合う資源量の上限もあるはずである．なぜなら，良い縄張り場所は侵入者が多過ぎて縄張り防衛のコストが膨大になるからである．あるいは，縄張り所有者が防衛によって得られる追加の資源を有効に利用できないならば，縄張りを防衛しても有利にはならないからである．

　Gill & Wolf のタイヨウチョウの例では，縄張り防衛の利点の 1 つは，それが（蜜泥棒を追い払うことによって）花当たりの蜜の量を増加させ，そのため採餌の時間を節約できることである (Box 5.1)．しかし，もし花蜜レベルが既に高い場合には，縄張り防衛によるその増加量は採餌時間の節約にほとんどつながらない．これは，花蜜が豊富なときでも，花の中にくちばしを突っ込んで調べる時間（処理時間）が必要なため，鳥の摂食速度は制限されるからである．例えば Gill & Wolf は，花当たり 4 μl から 6 μl への増加は採餌時間で 0.5 時間未満の節約にしかならないけれども，Box 5.1 で見るように，1 μl から 2 μl への増加は 4 時間もの節約になることを示した．このように花蜜が既に豊富にある場合には，縄張り防衛をして蜜泥棒を追い払っても採餌時間の節約にはならない．

花蜜量が少な過ぎるか多過ぎるとき，資源防衛は割に合わない

資源防衛の分担

　資源競争の経済学は，協力して行う資源防衛行動の有利性を説明するときがある．その 1 つの例は，イギリスのオックスフォード近くのテムズ川の流れに沿って出現する，ハクセキレイ (*Motacilla alba*) の冬期の採食縄張りである (Davies & Houston, 1981)．縄張りの中で，ハクセキレイは川岸に打ち上げられた昆虫を食べる．鳥が特定の岸辺域で採餌し，昆虫をすっかり取り尽くした後でも，そこでの餌量は，新しく昆虫が岸に打ち上げられるに従い次第に回復する．縄張り所有者は縄張りを規則正しく巡回し，餌量の回復にかかる約 40 分ごとにそれぞれの場所を訪れる（図5.8a）．

　縄張り防衛が割に合う理由を理解するのは難しくない．川岸を独占的に使用しなければ，新しく出現した餌を収穫するというハクセキレイの戦略は，侵入者による餌の奪取のために崩壊してしまうからである．よって，ハクセキレイは常に独占的に縄張りを防衛するのではないかと思うかもしれないが，そうではない．ときによっては，縄張り所有者は 2 番目の鳥，いわゆる「サテライト (satellite)」個体を許容する．2 羽は互いに時間をずらして縄張り内を移動する傾向があり，特定の場所へ戻ってくる平均時間は 1 羽の場合の半分の 20 分になる．その結果，縄張り所有者にとっての平均的採食速度は低下してしまう（図

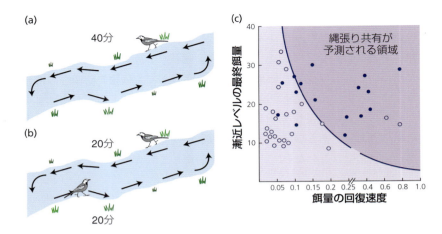

図 5.8 (a) ハクセキレイの縄張り個体は，川岸の縄張りを規則的に利用する．つまり，一方の岸で採食した後，他方の岸に移り（約40分の巡回行動），同じ岸ルートへは一定時間ごとに訪問し，次に訪れるまでの時間に，餌量が回復するようにしている．(b) サテライト個体と縄張り占有を分担することは，防衛という観点からは利益になるが，各個体は他個体の後から巡回コースの半分を歩くことになるので，餌量の回復時間を半減させるというコストを伴う．(c) 縄張り所有者は，餌量の回復速度と漸近レベルの最終餌量が曲線より上に位置するとき，縄張りを共有すると期待された．これらの条件の組合せは，縄張りを共有する利益がコストに勝るために，縄張り所有者が，採食速度において正味の利益を獲得する場合を表している．観測結果は点で示され，各点が1日の結果を表している．紺点はサテライト個体が許容された縄張り，白丸はサテライト個体が追い出された縄張りである．Davies & Houston (1981) より転載．

5.8b)．このコストの埋め合わせとして，サテライト個体が侵入個体を追い出してくれるという防衛分担の利益がある．よって，所有者は防衛のための時間を節約し，採食により多くの時間を使うことができるのである．採食速度における，これらのコストと利益の正味の効果は，餌の供給速度によって変化する．餌量の回復速度が高い日には，縄張り内での餌量の増加とともに侵入者の侵入速度も増えるため，分担のコストは比較的低く，利益は高くなる．これらのコストと利益が縄張り所有者の採食速度にどれほど影響するかを計算することによって，縄張り所有者にとってどの日にサテライト個体と防衛を分担し，どの日にサテライト個体を追い出すのが見合うかを予測することができた．すると40日のうち34日について予測が当たっていた（図5.8c）．

ハクセキレイの研究は2つの重要な点を説明している．第1に，この研究は，一見異なる種類のコストと利益（防衛と採食）が，ときによっては単一の通貨（今の例では採食速度）に帰着可能であるという例を与えており，第2に，群れ生活の有利さの1つは，餌の共同防衛にあることを示している．ハクセキレイの群れは2個体を超えることは決してないが，同じ議論はより大きなサイズの群れにも一般化することができる (Brown, 1982)．群れ生活のコストと利益については，6章で再び取りあげる．

> 餌の更新が速く，侵入者の頻度が高いとき，ハクセキレイは共同縄張りから利得を得る

生産者とたかり屋

　乏しい資源をめぐる競争は，個体群の中で様々な競争行動の発生につながりやすい．このような競争行動の変異がどのように起こりうるかについて，2つの仮説を考えてみたい．例えば，次のような2つの採餌戦略者が存在したと想像してみよう．「生産者 (producers)」は餌を掘り出して摂食可能にする，あるいは餌を露出させる．一方，「たかり屋 (scroungers)」は生産者が見つけた餌を盗んでしまう．生産者とたかり屋の混在はどのように維持されるだろうか？

　1つの可能性は，生産者はより高い能力を持った競争者であり，一方たかり屋はその劣った競争能力のために，少ない利得しか得られない技術を駆使しながら，「悪い状況で最善を尽くす (make the best of a bad job)」ことを余儀なくされているという場合である．集団の中でたかり屋の割合が増加するとき，生産者の適応度は低下し（餌がさらに多く盗まれる），たかり屋の適応度も低下する（盗人同士の競争が激しくなる）．しかし，生産者はたかり屋よりは常にうまくやることになる（図5.9a）．

　キョウジョシギ (*Arenaria interpres*) は，この仮説に適合する様々な採餌手法の例を見せてくれる．しかし，2つではなくもっと多くの関連する採餌手法が見られる．このシギは，岸辺の岩場で冬を過ごすため小さな群れを作り，小さな無脊椎動物，特に甲殻類や軟体動物を探索し採食する．Philip Whitfield (1990) は，スコットランドの南西部で色付きの足輪で個体識別した鳥個体を研

生産者が最も成功し，**たかり屋**は「悪い状況で最善を尽くす」しかない

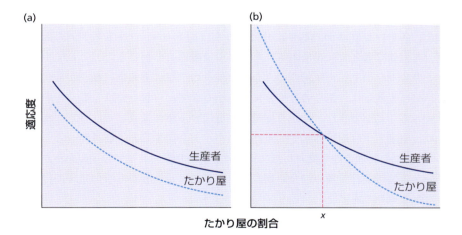

図5.9 生産者とたかり屋の混在が集団内でいかにして維持されるかを説明する2つのモデル．(a) たかり屋の割合が増加するにつれて，生産者とたかり屋の両方の適応度は低下する．しかし，生産者の方が常にうまくやり，たかり屋はより低い能力を持った競争者のままである．(b) 両者の競争能力に違いがないときもある．各行動は自分が稀な存在のときに最も有利になる．2つの行動の安定した平衡頻度は，生産者とたかり屋の適応度が等しい値 x のところに存在する．モデル (b) は Barnard & Sibly (1981) を基に作成された．掲載は Elsevier より許可された．

究して，この種が「露出させる」（餌を露出させるために海藻をはじきのけたり押しのけたりすること），「石をひっくり返す」，「掘る」，「探査する」，「表面をつつく」，「フジツボを叩く」という6つの異なる採餌手法を持つことを発見した．各個体は様々な程度で専門性を持っており，彼らが持つ得意な採餌手法の傾向は2年間連続して維持された．優位個体は，「露出させる」採餌手法を持つ傾向があり，たびたび劣位個体を良い海藻のパッチから追い出して，その海藻パッチを乗っ取った．劣位個体は，優位個体が露出させた餌をときどき盗んだ．優位個体を一時的に取り除くと（そして鳥かごに入れた），数羽の劣位個体は「露出させる」採餌手法の使用頻度を増加させた．しかし，その他の個体は自分の得意手法に固執したままであった．

　個体間で競争能力に違いがない場合でも，採餌手法の変異は集団の中では維持されるだろう．個体が生産者となるかたかり屋となるかを自由に選べると想像してみよう．もし集団の多くの個体が生産者であった場合は，たかり屋になるのが最良の選択である（盗む餌が豊富にある）．一方，集団の多くの個体がたかり屋であった場合は，盗人同士の激しい競争があるので，生産者になるのが最良の選択であるかもしれない．これは頻度依存淘汰になるだろう．理論的には，生産者とたかり屋の各行動が同じ利得を享受するような，安定した混合状態に落ち着く結果となるだろう（図5.9b）．

あるいは生産者とたかり屋が同等に成功して，安定した混在が生じる

　Kieron Mottley & Luc-Alain Giraldeau (2000)がケージ内のシマキンパラ(*Lonchura punctulata*)の群れを使って行った実験は，個体が取りたい行動を自由に選べる場合，生産者とたかり屋の頻度がこのように予測される安定平衡頻度に到達するのかどうかを検証するものであった．彼らは6羽の群れを研究した．各ケージは2つの部屋に分けられた（図5.10a）．「生産者」側の部屋では，鳥個体は各とまり場所の隣にあるヒモに触ることができた．そして生産者がそのヒモを引くと，反対側の「たかり屋」の部屋にある皿に種子が放出された．その生産者は，部屋の仕切りにある小さな穴から首を伸ばして，その種子を食べることができた．たかり屋側の部屋にいる個体にはヒモは与えられないため，生産者が利用可能にしてくれる餌パッチを探すことになった．この実験では，2つの処理条件が試された．それは，たかり屋にとって種子の存在が簡単に分かる処理条件（覆いのない皿）と，部分的にしか分からない処理条件（覆いのある皿）であった．

シマキンパラにおける実験的検証

　最初に行われた実験では，鳥はケージの2つの部屋の間を移動することができないようにされ，生産者側の部屋とたかり屋側の部屋に置かれる群れの数が様々に変えられた．予測されるように，たかり屋は，生産者が多く存在するときにうまくやった．そしてたかり屋にとって餌を見つけるのが困難な条件のとき，たかり屋の採食速度は低くなった（図5.10b）．

　2番目の実験では，6羽のすべての鳥がケージの2つの部屋の間を行き来できるようにされた．生産者の部屋とたかり屋の部屋を選ぶ数は，それぞれの処理条件が数日間試された後に，予測される安定頻度に収束した（図5.10c）．よっ

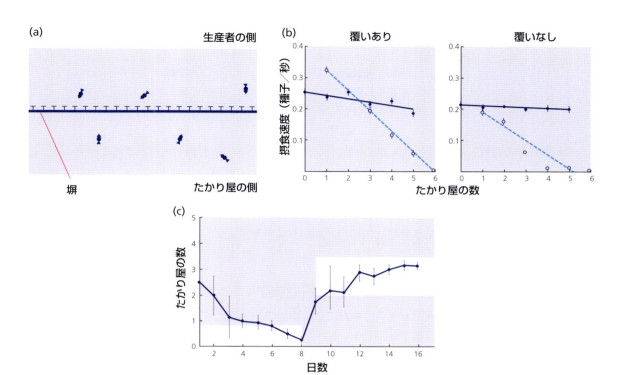

図 5.10 図 5.9b のモデルを検証するために Mottley & Giraldeau (2000) が行ったシマキンパラの実験．(a) 実験ケージ．生産者の側では，鳥は小さなとまり場所にとまることができ（T 字），ヒモを引くと皿に餌が放出されるようになっている．たかり屋の側では，鳥は生産者が餌を出してくれるのを待たなければならない（詳細については本文を参照せよ）．(b) 鳥の群れの結果は，生産者（実線）とたかり屋（破線）の採餌速度が，たかり屋側の部屋にいる鳥の数とともにいかに変化するかを示している．群れには，計 6 羽の鳥がいる．左のグラフは，餌の皿に覆いはない場合であり，群れの 2〜3 羽の鳥がたかり屋であるとき，たかり屋と生産者の採食速度が等しくなる時点がある．右のグラフは，皿に覆いがある場合であり，そのためたかり屋の餌発見の機会が減り，0〜1 羽の鳥がたかり屋であるとき両者の採食成功が等しくなっている．(c) 6 羽すべての鳥が両方の側の部屋に自由に行けるとき，たかり屋の数は，実験を始めてから日が経過するうちに予測された安定平衡に収束した（薄い色の領域）．1〜8 日の間は皿には覆いがかけられ，9〜16 日の間は覆いは取られた．

て集団内でのたかり屋の数の変動性は，異なる部屋を選択することからくる頻度依存的な利得に由来するものであろう．

代替繁殖戦略と代替繁殖戦術

　図 5.9 にある 2 つの仮説は，なぜ集団内の生物個体が，配偶者獲得競争の手段において変異を持つのかを説明するのにも役立つだろう．以下のような戦略と戦術の 2 つの用語を区別することは有益である．

　戦略．これは遺伝的な基礎を持つ意思決定の規則であるので，戦略の違いは遺伝子における違いに依拠する．例えば，ある 1 つの戦略は「常に戦う」であり，別の戦略は「常にスニーカー（戦いを避け，標的にこっそり近づいて目的

> 戦略の違いは遺伝的違いを反映する

を果たそうとする個体）になる」であるかもしれない．また戦略は，個体が自分の体サイズ（サイズ x よりも大きければ「戦い」，小さければ「スニーカーになる」）や環境（閾値 y より高ければ「戦い」，低ければ「スニーカーになる」）に依存して競争行動を変化させるような「条件戦略」であることもある．この場合，戦略間の遺伝的違いは，反応閾値における違いに関係したものとなるだろう．

1つの戦略の中の複数の戦術

　戦術．これは，戦略の一部として果たされる行動パターンである．例えば，もし戦略が「環境値が閾値 x よりも高ければ戦い，低ければスニーカーになる」であれば，「戦う」と「スニーカーになる」は，ここでは同じ1つの遺伝的戦略の中での複数の代替戦術となる．これらの違いについて悩む余裕はここではない．なぜ戦略—戦術の区別が有益かを示すようないくつかの例を議論するときに，その違いはより明瞭になっていくだろう．

代替戦術を伴う条件戦略

ナタージャックヒキガエル：求愛コール雄とサテライト雄

　春になると，ナタージャックヒキガエル（*Bufo calamita*）の雄は，池に移動し，雌に対して配偶のための求愛コール（一方の性が求愛のときに他方に送る音声，振動音，フェロモンなど）を行う．その求愛コールの声はとてもうるさく，夕方でも1マイル以上離れた場所からも聞くことができる．1m離れた場所からだと，その求愛コールは，歩道から聞こえる自動車の（法的に許容された）エンジン音よりも大きくなる！　Anthony Arak (1983) は，雄の求愛コールを拡声器から広く流してやると，雌が最も大きいコールの方向へ音の傾斜を遡って受動的に移動することを明らかにした．よって，最も大きなコールを出す最も大きな雄が多くの雌を引き付けた．小さな雄は，求愛コールの合唱の中で自分のコールを聞かせることができそうにはないため，求愛コールを発している雄の方へ向かっている雌を横取りしようとするサテライト行動を取った（図5.11a）．求愛コールをする雄は，明らかにサテライト雄よりも成功した．つまり，平均的に雄の60%が求愛コール雄であったが，彼らは配偶の80%を獲得した．よって小さい雄は，もっと大きく育って大きな求愛コールを出せるようになるまでは，悪い状況でも最善を尽くしていることになる．にも関わらず，彼らは，大きな雄との競争の程度に依存して行動を変化させた．もし大きな雄が求愛コールの合唱集団から取り除かれると，小さな雄は求愛コールを始めた．また，拡声器から求愛コールを広く流すと，大きな雄は拡声器の所にやってきてそれを攻撃したが，小さい雄は拡声器の隣でサテライト雄となった．

ナタージャックヒキガエルの大きな雄は求愛コール雄となり，小さな雄はサテライト雄となる

　サテライト雄は，どの求愛コール雄に寄生するかをいかにして決めるのだろうか？　観察によると，2匹の雄が一緒にいて，一方が求愛コール雄で他方がサテライト雄であるとき，彼らはほとんど同じ確率で雌を捕まえることが示された（すべての求愛コール雄がサテライト雄を伴っていたわけではなかったの

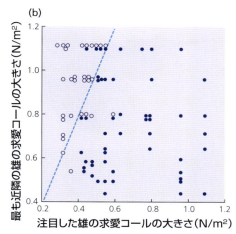

図 5.11 (a) ナタージャックヒキガエルの求愛コール中の雄と，それに引き付けられてやってくる雌を横取りしようと，その隣で待っている静かなサテライト雄．写真©Nick Davies．(b) ナタージャックヒキガエルの雄は，求愛コール雄になるかサテライト雄になるかをどのように意思決定しているのだろうか？　対象雄の求愛コールの大きさが，最も近隣にいる雄の求愛コールの大きさに対してプロットされた．隣の雄が自分の2倍以上の大きさでコールするとき（破線より左側の領域），その雄はサテライト雄になることが予測された．白丸はサテライト雄を示し，紺丸は求愛コール雄を示している．Arak (1988) より転載．掲載は Elsevier より許可された．

で，求愛コール雄の方が全体としてより成功していた）．もしサテライト雄が，求愛コール雄の方にやってくる雌の50%を獲得し，雌の誘引が単に求愛コールの大きさに依存しているならば，雄の意思決定ルールは「隣の雄の求愛コールが少なくとも自分の2倍の大きさであるならば，サテライト雄になるべし」であると予測されるだろう．図5.11bは，89%の雄がこの単純なルールから予測される行動を取ったことを示している．

よって，求愛コール雄とサテライト雄は，「閾値 x より上であれば求愛コール雄になり，下であればサテライト雄となる」という条件戦略の中の2つの戦術である．そこではその閾値は，競争者との相対的な体サイズ（つまり求愛コールの大きさ）に依存して決まる．これは図5.9の(a)の一例である．つまりサテライト雄（たかり屋）はより劣った競争者であるが，求愛コール雄（生産者）の誰かに寄生する機会を持つことで，雌獲得の確率を最大にしている．

自然界ではこのような例は多くある．そこでは，より劣った競争者は，悪い状況で最善を尽くすための別の戦術を選ばなければならない．例えばゾウアザラシの小さな雄は，大きな雄が自分のハレムの他の雌を守るのに忙しいときに，スニーカーとして交尾を獲得しようとする．また，劣った身体条件のカブトガニ (*Limulus polyphemus*) の雄は，ある雌が警護雄に対して放卵するときに，スニーキングによって受精を獲得しようとする（図5.12）．

小さな体サイズが齢と相関する場合には，生物個体は，年取って強くなるに

> サテライト雄は，どのコール雄に寄生するかに関して適応的な選択を行う

戦術は齢，条件，体サイズとともに変化するかもしれない

図 5.12　カブトガニの，雌（前方）と警護雄（後方）の隣にいるサテライト雄．Brockmann *et al.* (1994) と Brockmann (2002) より転載．

つれてより有利な戦術に変更するかもしれない．例えば，ヒキガエルやアザラシの雄は，競争相手の強さを査定して，戦術を変えることがある．しかし他のいくつかの場合では，体サイズは一生をとおして固定しており，未成熟ステージでの採食成功を反映するものになる．このとき劣った能力の競争者は，一生をとおして悪い状況で最善を尽くさなければならないかもしれない．その一例として，ハナバチ類の一種 (*Centris pallida*) がある．この種では，幼虫のとき良い餌で育った雄は，幼虫時に乏しい餌で育った最も小さな雄に比べて，3 倍の体重にもなる．大きな雄は，処女雌が地面から出現するときにそれと交尾するために戦う．弱い戦闘能力しか持たない小さな雄は，出現時に交尾されずに飛び上がった少数の雌を探すという不利な戦術を採用しなければならない (Alcock *et al.*, 1977)．

体の大きさに伴う形態の切り替え：糞虫とハサミムシ

いくつかの例では，条件戦略の中の複数の代替戦術は，形態的な特殊性と関連している．エンマコガネ属 (*Onthophagus*) の糞虫の雄は，2 つの形態で出現する．大型雄（「メジャー雄」）は頭部に長い角を持っており，小型雄（「マイナー雄」）は角を持たない（図 5.13a）．角の発達は随時的で，幼虫時の成長に利用される糞量に依存している．体サイズが臨界閾値を超えたときのみ，幼虫の成長期に起こるホルモンの変化が起こり (Emlen & Nijhout, 1999)，角の成長が誘導される（図 5.13b）．

糞虫の大型雄は角を持ち戦うが，小型雄は角を持たずスニーキングをする

2 つの形態の雄は，様々なやり方で雌をめぐって競争する．エンマコガネ属の雌は，脊椎動物の糞に引き付けられる．エンマコガネ属の一種 (*O. acuminatus*) は，亜熱帯地方でホエザルの糞を利用する．一方，別の種 (*O. taurus*) は，多くの温帯地方でウシとウマの糞を利用する．雌は積もった糞の下にトンネルを掘り，その中に保育室を作り産卵する．そして，その保育室には，幼虫に食べさせるために糞の一部を備蓄する（図 5.14）．雌をめぐる雄の競争は激しい．メジャー雄は雌のトンネルを防衛するために戦い，そしてその入り口を警護する．マイナー雄は，スニーカーとして横穴を通って侵入し，交尾を得ようとする．もしメジャー雄から攻撃されると，彼らは安全な場所に慌てて逃げ去る（図5.14）．同じ体サイズの 2 匹の雄の戦闘に関する室内実験では，より大きな角を持つ雄が勝つ傾向があった．一方，角はトンネル内で雄の走る速度と機敏さを鈍らせた．よって角を持つことは戦闘にとって有効であり，角を持たないことはスニー

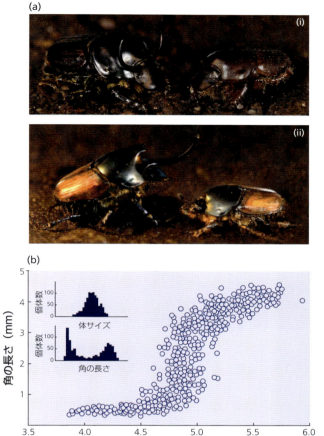

図 5.13 (a) 糞虫の角を持つ雄（左）と持たない雄（右）：(i) *Onthophagus taurus* と (ii) *O. nigriventris*. 写真ⓒ Douglas Emlen. (b) カリフォルニア州北部のダーハム行政区にある放牧地から採集された 810 匹の *O. taurus* の雄に対する，角の長さと体サイズ（胸幅）の量的関係．図には，体サイズと角の長さの頻度分布も挿入されている．Moczek & Emlen (2000) より転載．掲載は Elsevier より許可された．

キングをするときに有効である (Moczek & Emlen, 2000). では，角の発達に対して閾値となる体サイズは，どれくらいになると期待できるだろうか？

　条件戦略における戦術の切り替えは，地位の高い個体（ここではメジャー雄）が競争に勝つための表現型（ここでは角）に投資すると利益を得られるようになる時点で起こるはずだと，Mart Gross (1996) は提案した．図 5.15a は，彼のモデルを説明している．John Hunt & Leigh Simmons (2001) は，西オーストラリアのエンマコガネ属の 1 種（*O. taurus*）を使って，このモデルを検証した．室内実験において，彼らは 10 匹の雄と 10 匹の雌を一緒にしたグループを，湿った砂と牛糞を入れたバケツで飼育した．そして同じ家族の幼虫を採集し，雄の受精成功度を測定した．彼らは，雄の体サイズを変えることによって，体サイズが雄の競争能力にどのように影響するかを検証した．メジャー雄は，平均してマイナー雄の 5 倍の繁殖成功度を持っていたので，戦闘を行う戦術の方がスニーキング戦術よりも明らかに有利であった．マイナー雄の場合，受精成功度は体サイズに従って有意な変動を示さなかった．しかしメジャー雄の場合，前胸背板の幅が 5 mm よりも大きいときに，受精成功度が顕著に上昇した（図

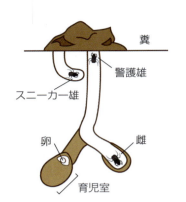

角の発達のための体サイズ閾値を予測する

図 5.14 エンマコガネ属の糞虫における代替繁殖戦術．角を持つ大型雄は穴の入り口を警護し，雌を守るために戦う．角を持たない小型雄は，横穴を使ってスニーキングにより交尾を得る．Emlen (1997) より転載．

5.15b)．これは，この個体群において角が発達し始める閾値とよく一致していた．よって，雄にとってメジャー戦術を採用すると適応度が増加するような体サイズにおいて，角なし戦術から角あり戦術へ切り替わるように淘汰が働いているのである．

理論上，地域の条件が配偶者をめぐる競争にいかに影響を与えるかに依存して，この閾値的な形態の切り替わりが起こる体サイズは色々な個体群で異なるだろうと期待される．Douglas Emlen (1996) は，選抜実験によって，その閾値は遺伝的な基盤を持っていることを示した．彼は，体サイズに比較して特に長い角を持つ雄と特に短い角を持つ雄をそれぞれ選抜した．そして7世代の選抜の後には，S字曲線の変曲点の位置が，横軸の体サイズに沿って変化した（図 5.16）．これらの結果は，個体群が角サイズへの淘汰

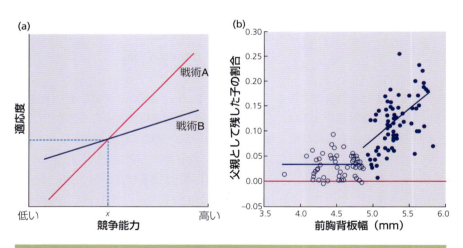

図 5.15 (a) 単一の条件戦略内での代替戦術の間には，ある閾値を持った形態的切り替えがあるとする Gross (1996) のモデル．各代替戦術 A と B の適応度は，個体の競争能力とともに変化する．平均的には，戦術 B は低い利得を持つ．しかし，閾値 x より下では，B は最もうまくやる戦術である．一方，閾値 x より上では，A が最もうまくやる戦術である．掲載は Elsevier より許可された．(b) 糞虫の一種 (*O. taurus*) における，角あり雄（紺丸）と角なし雄（白丸）の繁殖成功度．角あり雄は，前胸背板の幅が約 5 mm のときの体サイズからうまくやり始める．これは，研究対象の個体群において角の発達が始まる閾値にちょうど一致している (Hunt & Simmons, 2001)．

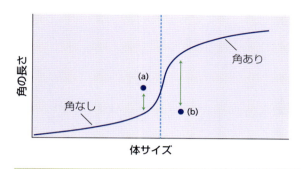 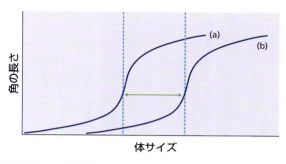

図 5.16 エンマコガネ属の糞虫を使った Douglas Emlen (1996) の人為的選抜実験．左のグラフ：ある選抜系統では，体サイズから期待されるよりも大きな角を持つ雄 (a) が選抜飼育され，別の選抜系統では，より小さな角を持つ雄 (b) が選抜飼育された．右のグラフ：ちょうど 7 世代後には，2 つの選抜系統間で，角への切り替えの閾値に差が生じるようになった．

に反応して進化する（角の発達に対する閾値を変えることで）可能性を持つことを示している．

ヨーロッパクギヌキハサミムシ (*Forficula auricularia*) の研究は，形態における閾値的な切り替え点が，淘汰によって移動するという優れた例を明らかにした (Tomkins & Brown, 2004)．糞虫と同様，雄は 2 つの形態で出現する．「長角型 (Macrolabic)」の雄は，石や倒木の下での雌をめぐる戦いに使う長いハサミを腹部先端に持っている．「短角型 (Brachylabic)」の雄は，短いハサミを持っており，こっそりと交尾を得ようとする．再び糞虫と同じように，長いハサミの発達には体サイズの閾値が存在する（S 字曲線の関係がある．図 5.17a）．しかし，この閾値はちょうど 40 km 離れた島の孤立個体群の間で異なることが分かった．ハサミムシの個体群密度が高く，戦闘タイプの雄にとって高い利益があるような島では，長いハサミへの切り替わりがより小さな体サイズで起きていた．そのため，個体群の中で長いハサミを持つ雄の割合が高くなっていた（図 5.17b）．

> 形態的切り替わりに対する体サイズ閾値は，自然淘汰の支配下にある

代替戦略：平衡とサイクル

これまで議論してきた例はすべて，代替戦術を伴う単一の条件戦略に関するものである．少ない利得を伴う戦術を採用する個体は，自らの低い競争能力を前提に，彼らができる最善を尽くすしかない．その戦術の選択は運が悪かったためにせざるを得なかったことであり，遺伝子が悪かったためではない．しかし，理論的には，様々な競争行動は代替的な遺伝的戦略からも生じるはずである．よってそのとき，個体群の中には遺伝的多型が存在することになる．この場合，もしある 1 つの戦略が常により少ない利得を持つならば，これは悪い遺伝子の例になるだろう．そしてその場合，自然淘汰はその遺伝子を個体群から排除すると期待できる．よって，もし代替的な遺伝的戦略が個体群の中に維持されるのならば，それらは平均して同じ繁殖成功度を持っていると期待できるだろう．

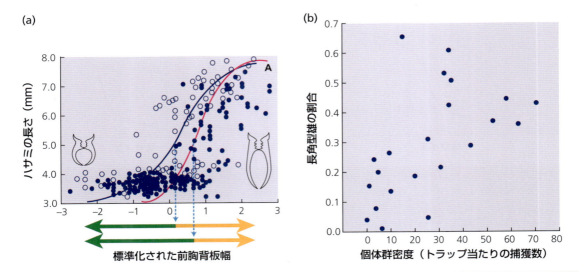

図5.17 ヨーロッパクギヌキハサミムシにおける雄のハサミの長さに対する，閾値的な形態の切り替え．Tomkins & Brown (2004) より転載．掲載は the Nature Publishing Group より許可された．(a) イギリスの北海に位置する2つの島に生息する個体群に対する，雄のハサミの長さと体サイズ（前胸背板の幅として測定）の間にあるS字曲線の関係（バス・ロック島は白丸；ファーン諸島のノックス岩礁は紺丸）．x軸は，各個体群の標準化された前胸背板の幅である（平均値 0±1, 2, 3 SD）．バス・ロック島では，長いハサミへの切り替わりが，相対的に（そして絶対的にも）より小さな体サイズで生じている．そのため，ここでは雄が高い割合で大きなハサミを持っている（大きなハサミを持つ雄の割合は，x軸の下にある黄色の矢印棒の長さで表される）．(b) 北海の22島に生息する個体群における，ハサミムシの個体群密度と長角型雄（長いハサミを持つ雄）の割合の間の関係．

頻度依存選択は，代替戦略に対してすべて同等な繁殖成功を導く

このことが最も起こりそうなのは，頻度依存淘汰による場合である．生産者とたかり屋が，ある安定頻度で共存することを説明した図5.9b に戻ってみよう．シマキンパラでは，行動的な意思決定によって平衡状態が達成されていた．一方，遺伝的に異なる戦略に関連する進化的ゲームでは，平衡状態は自然淘汰によって生じるだろう．例えば，図5.9b において，遺伝的な戦略である「たかり屋」の割合が，値xよりも低かったと想像してみよう．たかり屋タイプは生産者タイプよりも高い適応度を持つため，自然淘汰はそれに対して有利に働き，世代を重ねる内に，その頻度を増加させるだろう．そうするうちに，たかり屋タイプの利得は減少していくだろう（生産者が用意した資源をめぐって，たかり屋同士の競争がますます激しくなるから）．一方「たかり屋」の割合が値xよりも高くなると，生産者の方が有利になるため，その頻度が増加する（そしてそのため，たかり屋の割合が減少する）．ちょうど値xのところで，2つの遺伝タイプの安定的な共存状態が出現する．なぜなら，そこでは各タイプは同じ繁殖成功度を持つからである．

理論上，この類いの遺伝的多型は自然界では稀なことだと期待されるかもしれない．なぜなら競争者は，代替戦術を伴う条件戦略を用いて，自分達の行動を地域的な環境条件に適合させるように調整することができるだろうし，またそうすることが淘汰上有利になるだろうからである．にも関わらず，代替的な遺

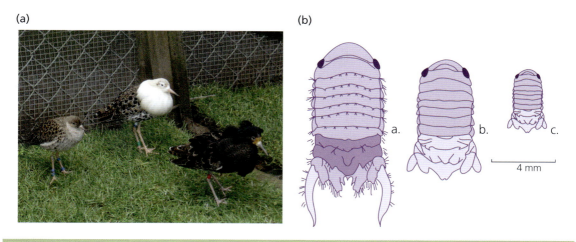

図5.18 遺伝的代替配偶戦略．(a) エリマキシギには，雄に次のような3つの戦略が存在する：縄張り雄（右）は黒い襟巻きを持ち，サテライト雄（中央）は白い襟巻きを持ち，雌への擬態雄（左）は襟巻き飾りを持たない．写真©Susan McRae．(b) 海産等脚類の1種 (*Paracerceis sculpta*) では，雄に体サイズと行動が異なる3つの形態型が存在する．それらは，左から右にかけて，アルファ雄，ベータ雄，ガンマ雄である．Shuster (1989) より転載．

伝的戦略の驚くべき例がいくつか存在する．それらの例をこれから見ていこう．

エリマキシギ：戦闘雄，サテライト雄，雌に擬態する雄

エリマキシギは海岸に生息する鳥で，雄と雌の間で顕著な形態的違いを持つ（図5.18a）．雄は雌より大きく，春になると，襟巻き飾りと頭のふさを発達させ，雌をめぐって競争するためのディスプレイ場所（レック：10章を参照せよ）に集まる．学名である *Philomachus pugnax* は「戦いへの愛好」を意味し，多くの雄の行動をよく表現している．そのような雄は黒い襟巻きとふさを持ち，雌が交尾を求めて引き寄せられる小さな縄張りを守るために戦う．しかし，16%の雄は白い襟巻きとふさを持ち，非常に異なる行動を行う．これらの雄は戦いをせず，代わりに縄張りの周辺でサテライト個体として行動し，戦闘を行う雄が自分の縄張りを守るのに忙しいときに，密かに交尾を盗もうとする (Hogan-Warburg, 1966; van Rhijn, 1973)．

David Lank とその共同研究者達 (1995) は，野外から採集した卵からヒナを育て，DNA鑑定によって父性を調査した．また彼らは網室でエリマキシギを飼育した．これらの家系データから，雄の羽毛と行動の違いは遺伝的に支配されており，常染色体上の単一遺伝子座の2対立遺伝子による多型に相当することが分かった．3番目の雄タイプも最近見つかった (Jukema & Piersma, 2006)．このタイプは襟巻き飾りあるいは頭のふさを持たず，ちょうど雌のように見える雄である（しかし，体は雌より少し大きい）．実際，このタイプは戦闘雄とサテライト雄からときどき交尾マウントの姿勢を受ける．このような雌への擬態タイプは，低い頻度でしか出現しない（1%以下の雄）．ただ，彼らは巨大な精巣を持ち（戦闘雄の精巣の2.5倍の体積を持つ），スニーカーとして行動をする

傾向がある．

これら3つの雄の戦略の繁殖成功を調べることは，骨の折れる仕事である．なぜなら，例えばサテライト雄の交尾成功は，レック間で異なり，また季節的にも変動するからである．さらに，サテライト雄は複数のレックを訪れることがあり，1羽の雌が戦闘雄とサテライト雄の両方と交尾するときがある．これは一腹卵の半分において重複父性につながる (Lank *et al.*, 2002)．よって，3つの雄タイプは頻度依存的な利点があるから維持されているのか，あるいは異なる場所あるいは異なる時期にそれぞれの雄タイプが最も成功するからその戦略が続くのかは，まだ分かっていない．

エリマキシギの雄の3型

雄に3形態型を持つ海産等脚類

Stephen Shuster とその共同研究者達は，カリフォルニア湾の北部域で海産等脚類の1種 (*Paracerceis sculpta*) を研究した．この種は潮間帯に住むカイメンの体にある穴の中で繁殖する．雄は連続的ではない3つの形態型を持つ（図5.18b）．単一の常染色体上の遺伝子座にある3つの対立遺伝子が，雄の成長速度と成熟速度に影響を与え，これら3つの形態型を決定している (Shuster & Sassaman, 1997)．

(1) **大型の「アルファ」雄**は，カイメンの穴（カイメン腔 (spongocoel)）の入り口に定着し，穴の奥の方に頭を向けながら，防衛のため彼らの大きな腹部のトゲ（尾脚 (uropod)）を外に突き出す．雌はアルファ雄がいるカイメン腔に引き寄せられる．アルファ雄はやってきた雌を捕まえ，穴に招き入れる前に，注意深く雌の感触を調べる．1匹のアルファ雄が，10匹にものぼる雌のハレムを1つの穴に蓄えることもある．そしてそのアルファ雄は，他のアルファ雄がやってきて先住者を追い出そうとする行動に対抗して，そのハレムを守る．雄は，雌が脱皮するときにその雌と交尾できる．雌は卵を産み，育て，その後，幼生達は潮間帯の海草を食べるために去っていく．

(2) **中型の「ベータ」雄**は，トゲを持たず，性的に成熟した雌に似ている．ベータ雄は雌の行動を擬態し，アルファ雄を騙し，カイメン腔の中に招き入れさせようとする．いったん穴の中に入ると，雌と交尾する機会が得られる．

(3) **小型の「ガンマ」雄**は，彼らの小さな体と入り口に突進する素早い動きを駆使して，カイメン腔に密かに侵入する．アルファ雄はガンマ雄が侵入するのをブロックしたり，それを捕まえて放り投げようとしたりする．しかし，ガンマ雄はときどきすり抜けて侵入する．いったんカイメンの中に入ると，彼らも雌と交尾をする機会が得られる．

海産等脚類の雄の各型は等しい適応度を獲得する

合成ポリマーで作られた人工のカイメン腔を使った室内実験で，Shuster (1989) はカイメン腔当たりの雌と雄の数を変化させ，遺伝マーカーを用いて3型の雄の受精成功度を測定した．彼は，1匹の雌しかいないときは，アルファ雄は効

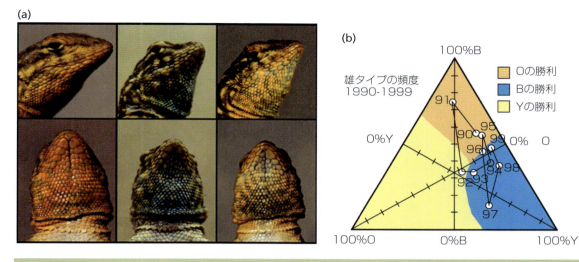

図 5.19 (a) サバクワキモンユタトカゲの雄の 3 つの色彩タイプは，オレンジ雄，青雄，黄雄である．各タイプは，異なる配偶戦略を持っている（本文を参照せよ）．写真ⓒBarry Sinervo. (b) 1990 年から 1999 年にかけて，カリフォルニアの個体群で観察された各雄戦略 (O, Y, B) の頻度．三角形の図は以下のような頻度をプロットしたものである．底辺から頂上点までを 0～100% の青雄頻度，右側の辺から左下の頂点までを 0～100% のオレンジ雄頻度，左側の辺から右下の頂点までを 0～100% の黄雄頻度としている．色の付いた領域は，各タイプが最も高い適応度を持つ場合を表す．Alonzo & Sinervo (2001) より転載．

果的にそれを警護し，すべての子の父性を獲得することを見い出した．しかし，カイメン腔当たり 2～3 匹の雌がいるときには，ベータ雄とガンマ雄も次第に成功するようになった．おそらくそれは，アルファ雄がすべての雌を，とりわけ同時に雌が脱皮をする（そして交尾を受け入れ可能になる）ときには，同時に警護し切れないからであろう．これらの室内実験の結果を利用し，野外標本におけるカイメン腔当たりの雄と雌の頻度を基に，自然状態での雄の 3 型の平均繁殖成功度を計算することができた．この計算によって，各雄型は等しい繁殖成功度を獲得していることが示された (Shuster & Wade, 1991)．どのようにして繁殖成功度が等しくなるかは，まだ分かっていない．頻度依存的な利得があるのかもしれない．あるいは異なる雄型は異なる雌密度のとき他より成功するために，雌密度の変動性が雄の 3 型の維持に役立っているのかもしれない．

サバクワキモンユタトカゲ (side-blotched lizard)：オレンジ雄，青雄，黄雄のサイクル

最後の例は，戦略が明らかに頻度依存的利得を持つが，安定平衡にはないというものである．その代わり，戦略の頻度が時間とともに循環する．Barry Sinervo とその共同研究者達は，カリフォルニア州でサバクワキモンユタトカゲ (*Uta stansburiana*) を研究した (Sinervo & Lively, 1996; Zamudio & Sinervo, 2000; Alonzo & Sinervo, 2001)．その雄は喉の色の 3 タイプのうち 1 つを持っており，各雄タイプは雌をめぐって異なる競争のやり方を示す（図 5.19a）．

オレンジ色の喉を持つ雄は，攻撃的で，複数の雌が住む大きな縄張りを防衛する．

黄色の喉を持つ雄は，交尾可能な雌（同じように黄色の喉を持つ）にそっくりである．この雄は縄張りを防衛せず，その代わりに交尾をスニーキングしようとする．

青色の喉を持つ雄は，オレンジ色の喉を持つ雄よりも攻撃的ではない．彼らは小さな縄張りを防衛し，そこで1匹の雌を警護する．

トカゲの雄の3つの体色タイプにおける頻度依存的循環

父親と息子の喉の色を比較することによって，これらの違いが遺伝的で，3つの対立遺伝子を持つ1つの遺伝子座によって決まることが示された．つまり，o 対立遺伝子は優性で，b 対立遺伝子は y 対立遺伝子に対して劣性である．よって，オレンジ雄は oo, ob, oy という遺伝子型を持ち，青雄は bb という遺伝子型を持ち，黄雄は yy, by という遺伝子型を持っている．

1990–1999年の間，250 m の露出した砂岩帯において，3タイプの雄の頻度は変化した（図 5.19b）．DNA 鑑定を使った親子解析と組み合わせた行動の詳細な研究によって，これらの頻度変化は，あるゲームによって引き起こされることが明らかとなった．そのゲームとは，各雄タイプが，隣にいるある雄タイプに対してはそれを打ち負かすことができるため強くなるが，別の雄タイプが隣にいるときにはその雄に負かされるため弱くなるというものである．例えば，青喉の雄は雌を警護し，そのため黄喉のスニーカー雄から雌を寝取られることを避けているが，攻撃的なオレンジ喉の雄から圧倒される．一方オレンジ喉の雄は，すべての雌を同時に警護することができないので，黄喉のスニーカー雄から雌を寝取られる被害を受けている．最後に，黄喉の雄は，雌を警護する青喉の雄に完敗してしまう．よってゲームは次のようになる：

稀なオレンジ雄は，多くなった青雄を負かす．

稀は黄雄は，多くなったオレンジ雄を負かす．

稀な青雄は，多くなった黄雄を負かす．

これが，周期を繰り返すように続いていく．

これはちょうど，子どもがやるジャンケンゲームのようなものである．「パー」は「グー」に勝ち，「チョキ」は「パー」に勝ち，「グー」は「チョキ」に勝つという繰り返しである．

ここまでのところで，読者は戦略—戦術の区別が重要であることに確信を持ってくれたであろう．1つの条件戦略の一部として複数の代替戦術が存在する場合には，1つの戦術がより多い利得を獲得することが普通である（ナタージャックヒキガエルの求愛コール雄，糞虫の角を持つ雄）．しかし代替行動が遺伝的戦略であり，かつそれらが共存している場合には，それらは安定平衡頻度における等しい平均利得を持っていたり，あるいは頻度依存的な循環をしていると期待できるだろう．

ESS 思考

　この章では，競争者がいかにして資源を探すのかを調べるために「ESS 思考」を行ってきた．また動物個体が，時空間的に変動する資源に反応して，安定分布に至る傾向があることを見てきた．そして競争の安定的帰結がいかにして行動の変異につながるかを示してきた．ときにこの変異は個体内で起こり，「閾値 x より下であれば戦術 A を採用し，閾値 x より上であれば戦術 B を採用せよ」という条件戦略の様式を持つ．この場合，どの閾値が ESS になるのかを分析する必要がある．あるいは行動の変異は，代替戦略として個体間に存在するときがある．つまりある個体は戦略 A を採用し，別の個体は戦略 B を採用するのである．この場合，個体群は，進化的に安定した多型的状態にあるか，あるいは時間をとおして頻度依存的な戦略の交代を繰り返す循環状態にあるかもしれない．

　本書では，全編をとおして「ESS 思考」が推奨されている．なぜなら進化は競争ゲームの結果だからである．例えば 1 章では，集団のための出生速度の制限は，自分の子の生産を最適化する利己的突然変異の侵入と拡大を許してしまうため安定しないことが主張された．本書の後半では，最適集団サイズは安定かということを考えたり，正直な信号システムや性比の進化，その他の多くの問題を考えるために，ESS 思考を使うことになるだろう．

ESS 思考：突然変異の戦略はより成功するだろうか？ 競争の安定的結末はどうなるか？

動物の個性

　人間が様々な個性を持つことはよく知られている．例えば，ある人は他人より大胆であったり，社交的であったり，あるいは攻撃的であったりする．これらの個性の違いは遺伝的基礎を持ち，健康，社会関係，性的行動に影響を与える (Carere & Eens, 2005)．この章では，動物もまた行動において変異を持つことを見てきた．それは，資源をめぐる競争の進化的帰結として生じる戦術あるいは戦略の個体変異であった．しばしばこの変異は離散的な形式を持つ．例えば，ヒキガエルにおける求愛コール vs サテライト行動，糞虫における角を持つ個体 vs 角を持たない個体，トカゲのオレンジ喉の雄 vs 青喉の雄 vs 黄喉の雄などである．また，しばしばこの変異は連続的な形式を持つ．例えば，フンバエの雄が糞に待機して雌を待つ時間がそうである．最近の研究は，行動の連続変異をより詳細に調べ始めており，それらは一連の相関する形質をしばしば伴っていることを明らかにしてきた．例えば，鳥類，げっ歯類，魚類では，同種他個体に対して相対的に攻撃的である個体は，捕食者の方へ接近するときも大胆であることがよくあり，新しい環境での探索も素早く躊躇なく行う．時間を隔てて同調的であり，かつ異なる状況間でも同調的なこのような行動変異の傾向は，人間における行動変異と同様なものとして，今日では同じ専門用語，すなわち「動物の個性 (animal personality)」，「気質 (temperament)」，「コピー

イング特性 (coping style)」,「行動シンドローム (behavioural syndrome)」と呼ばれるようになってきている．さらに個性は，脊椎動物だけでなく，昆虫類やクモ類でも認識されるようになっている (Sih *et al.*, 2004; Dingemanse & Réale, 2005; Réale *et al.*, 2007)．

相関した一揃いの行動形質と一貫した個体差

オランダでの研究は，シジュウカラの個性が驚くほど簡単な技術によって調べられることを示した．ある4年間の研究で (Dingemanse *et al.*, 2002)，巣箱を利用している野生のシジュウカラ個体群から，1342羽の個体が捕獲され，個体ごとに鳥小屋の中で夜を過ごさせられた．翌朝，彼らは野外に戻される前に，5つの人工木をセットした小さな部屋に個体ごとに置かれ，彼らの探索行動が測定された．最初の2分以内に行った飛翔行動と飛び跳ねる行動の回数が，彼らの探索行動の指標として用いられた．この測定値は再現性があり（追試によっても，個体の傾向は変わらなかった），遺伝的であった（子の測定値のスコアは親のスコアと相関した）．別の研究では，シジュウカラが鳥小屋で飼育され，2つの選抜系統が作り出された．1つの系統は最も高い探索行動スコアを示した幼鳥の選抜からであり，別の系統は最も低い探索行動スコアを示した幼鳥の選抜からであった．4世代をとおして両系統に対して強い選抜効果があり，探索行動は遺伝的基礎を持つことが示された (Drent *et al.*, 2003)．

探索行動の指標は，様々な行動形質と相関していた．より探索的な個体は，同種他個体に対してより攻撃的であり，初めての物体に接近するときは大胆で，他個体から餌をたかる傾向があり，実験の処理を受けるとき低い生理的ストレス反応を示した (Dingemanse & Réale, 2005)．

シジュウカラの個性は遺伝する

動物の個性に関するこれらの研究やその他の研究から，2つの興味深い疑問が浮かび上がる．第1に，探索行動の遺伝的変異，あるいはその他の個性の形質を維持させているものは何かということである．1つの可能性は，頻度依存淘汰が存在し，その結果，探索行動の様々な程度などの形質が安定的に混在するという場合である．例えば，素早く探索する個体は鈍く探索する個体の集団ではうまく振る舞うが，逆の集団では逆になる．これは，2者の安定的混在状態を導く（1章で紹介した，ショウジョウバエ属 (*Drosophila*) の幼虫における「放浪者」と「定着者」の例を参照せよ）．これは，この章をとおして見慣れた概念となってきた．別の可能性は，異なる個性が異なる状況（例えば，異なる生態条件や異なる社会環境）の下で成功するため，時空間的な環境変動が淘汰圧のゆらぎとなって様々な形質を保持する場合である．

シジュウカラでは，異なる個性タイプは異なる生態的条件下でより成功する

シジュウカラの研究は，この後者の可能性を支持するものであることが分かっているが，個性と適応度の関連性は複雑である (Dingemanse *et al.*, 2004)．冬に餌供給（ブナの実）の多い年には，餌をめぐる競争が緩和され，鈍く探索する雌にとって生存率の上昇につながった（初めての採食場所でも素早く探索する雌にとって利益はなかった）．しかし，結果的にもたらされるシジュウカラの高い生存率は，繁殖場所をめぐるより激しい雄の競争につながった．そこでは，素早く探索する雄が最もうまくやった．対照的に，冬に餌供給の少ない年には，

素早い探索をする雌がよく生き残ったが（これらの雌は初めての餌場所でもより早く餌を発見した），興味深いことに，雄間で最も成功したのは鈍く探索する雄であった．これらの違いの原因は，まだ十分に理解されておらず，その解明には長期間の研究が必要だろう．

第2の疑問は，なぜ様々な行動形質がよく相関し，個性のタイプを形成するのかということである．1つの可能性は，それらが同じホルモンあるいは遺伝子によって支配されており，そのため複数の形質が一緒に出現するように制約を受けている場合である．例えば，捕食者の前でも採餌の危険を冒す大胆さと，同種他個体への攻撃性があげられる．もし複数の形質が独立ではないならば，ある行動が別の行動の犠牲の上でのみ最適化されるというトレードオフが存在するかもしれない．よって，互いに相関した行動の進化を理解するためには，コストと利益を個別に研究しても無駄である (Sih *et al.*, 2004)．

> なぜ異なる行動形質が相関するのか … 制約のせいか？

様々な行動は，共通の至近的支配のために，ときどき一緒に出現するように制約を受けているかもしれないが，イトヨ (*Gasterosteus aculeatus*) では，種内の攻撃性と探索行動あるいは捕食者への大胆さの間の相関の程度は，個体群間で異なっていた．これは，これらが別々の形質として進化しうることを示唆している (Bell, 2005; Dingemanse *et al.*, 2007)．よって，もっと高い可能性としては，同調するように淘汰される一連の適応形質が，個性の形質として形成されるのではないかということである．例えば，多くの季節を繰り返す親としての生存や繁殖に投資することが有利になるような，ゆっくりと進む生活史では，親の生存率を犠牲にして今の子に投資を増やすことが有利になるような早く進む生活史の場合よりも，複数の状況（採餌，捕食者への接近）で危険を冒さないように淘汰されるかもしれない (Wolf *et al.*, 2007; Biro & Stamps, 2008)．いくつかの種で，大胆な個体は高い繁殖成功を持つけれども，臆病な同種他個体よりも生存率が低い傾向があるという発見は，この考えに矛盾しないだろう (Smith & Blumstein, 2008)．

> … あるいは，適応か？

要約

生物個体が食物や配偶者などの乏しい資源をめぐって競争するとき，彼らが取るべき最良の行動選択肢は他の競争者が何をするかによって影響を受けるだろう．このような場合，何が行動の安定的な結果，つまり進化的安定戦略 (ESS) になるのかを考える必要がある．動物は資源をただ消費することによって，あるいは資源を防衛することによって，またはその両方を行って競争するかもしれない．資源消費型競争の単純なモデルは，「理想自由分布」のモデルである．これは，良い生息地から劣った生息地にかけての個体の安定的分布を予測するものである．実験によって，イトヨやカモが餌獲得速度の異なる採餌場所間で理想自由な様式で分布することが明らかにされている．観察によって，牛糞の上で雌を待つフンバエの雄も，異なる待機時間に対して安定分布を形成するこ

とが示されている．

　資源の防衛は，その利益とコストの両方によって影響を受ける．経済的防衛可能性の考えは，タイヨウチョウの縄張り防衛やハクセキレイの縄張り分担行動を予測することができる．

　競争は，集団の中での生産者とたかり屋の混在など様々な採餌行動につながることがある．このとき，生産者はより優れた競争者であり，たかり屋は「悪い状況で最善を尽くしている」だけかもしれない．あるいは，両者は同じ利得の下で安定的な共存を果たしているかもしれない．これらの2つの代替的行動は，同じように集団内の様々な配偶行動にも当てはまるだろう．これは1つの条件戦略内の代替戦術からの結果かもしれない．例えば，能力の低い競争者はスニーキングによって配偶者を獲得し，能力の高い競争者はディスプレイや戦闘によって配偶者を獲得する（ナタージャックヒキガエル）．条件戦略では，体サイズにおけるある閾値で形態の切り替えが発生することもある（糞虫の角，ハサミムシの長いハサミ）．様々な配偶行動もまた，個体群内での遺伝的代替戦略を反映する可能性がある（エリマキシギ，等脚類）．代替戦略の平均繁殖成功度は，平衡状態において等しいと期待できるかもしれない．しかし，サバクワキモンユタトカゲでは，安定した平衡状態にはならず，雄の3つの色彩タイプが頻度循環を繰り返している．なぜなら，各色彩タイプは他の1つの色彩タイプに対しては優位に立てるけれども，別の色彩タイプからの搾取に対しては弱いからである．

　この章で議論した多くの例は，離散的な形質（スニーカー vs 戦闘者，角あり vs 角なし）に関したものである．最近の研究では，探索行動や攻撃行動などにおける連続的な形質の違いが，個体間に存在することが認められてきている．個体の様々な行動の中で，時間が経過しても，また異なる状況下（そして一連の相関した形質を伴っている）でも変わらない傾向は，個性と呼ばれている．これらは，危険を冒す行動，攻撃行動，あるいは社会行動における傾向の違いに関連していることもある．例えばシジュウカラでは，個体の探索行動に遺伝的な違いが存在している．そしてその違いは，他の多くの行動形質と相関したものである．理論的には，個性の変異は ESS として頻度依存淘汰によって維持されているかもしれない．あるいは様々な個性が，それぞれ異なる社会的，生態的条件の下で最も成功しているのかもしれない．

もっと知りたい人のために

　Tom Tregenza (1995) は理想自由分布を議論している．Giraldeau & Dubois (2008) は採餌における生産者—たかり屋ゲームを議論している．Jane Brockmann (2001) は代替戦略と代替戦術について総説をしている．Gross (1996) と Tomkins & Hazel (2007) は，戦術における条件依存的切り替えのモデルを考え，その証拠を提示している．Simmons & Emlen (2006) は，糞虫の角に対す

る体サイズの閾値が，精巣重量への投資（スニーカーは大きな精巣を持つ）にも影響を与えていることを示している．Müller et al. (2006) は，シデムシの雄（サテライト行動）と雌（保育寄生）の代替戦術を記述している．そこでは，彼らの幼虫の餌となる死体をめぐって競争が存在する．Hori (1993) は，頻度依存淘汰によって，ウロコ食いのシクリッドにおいて50%の「左利き」タイプと50%の「右利き」タイプの安定頻度が導かれることを示している（ここで，「左利き」や「右利き」とは，寄主魚の一方の体側のウロコを食べやすいように，口がどちらかの側に移動することを指している）．Raymond et al. (1996) は，人間における左利きは戦闘での頻度依存的有利さによって維持されてきたと提案している．戦闘能力が直接的（ボクシング，フェンシング）あるいは間接的（テニス）に影響を与える対戦型スポーツでは，一般に人口から期待されるよりももっと多くの，左利きスポーツエリートが見受けられる．しかし，対戦型でないスポーツ（体操，ダーツ，玉突き，槍投げ）では，左利きは特別な有利さを持っていない．

討論のための話題

1. カモを使った David Harper の実験では（図5.2b），各カモが両方のパッチを訪れる時間が来る前の1分以内に，群れの平衡サイズに至った．カモはいかにしてそれほど素早く安定分布に至ったのだろうか？ カモ個体はどのような規則を使っているだろうか？
2. パッチ間の捕食圧の違いの効果を，どのように理想自由分布に組み込むことができるだろうか？ （Abrahams & Dill (1989) を参照せよ）．
3. 食物以外の資源（例えば，巣場所，配偶者）に対して経済的防衛可能性の考えを適用できるだろうか？
4. 条件依存戦術は，自然では遺伝的代替戦略よりも一般的である．なぜだろうか？
5. 糞虫のすべての個体群において，体サイズの同じ閾値で，角ありの雄が生じると期待できるだろうか？ もしそうなら，それはなぜか？
6. エリマキシギの3つの雄タイプ（縄張り雄，サテライト雄，雌への擬態雄）の繁殖成功度を，どのように測定できるだろうか？
7. ジャンケンゲームの別の例が，細菌の1種 (*Escherichia coli*) の系統でも与えられている．これらの系統は毒を生産できたり，できなかったりする．そして毒に抵抗できたり，できなかったりする．Kerr et al. (2002) の実験は，どの条件が複数の系統の共存につながるかを明らかにしている（Nowak & Sigmund (2002) によるコメントも参照せよ）．これらの細菌のゲームを，この章で議論したトカゲのゲームと比較せよ．
8. すべての動物が個性を持つと期待すべきだろうか？

第6章
群れ生活

写真 ⓒ iStockphoto.com/stevedeneef

群れ行動についての疑問

　動物の群れは，自然界が持つ最も素晴らしい光景を見せてくれるときがある．冬の夕暮れどきに，ホシムクドリ (*Sturnus vulgaris*) の群れは，終日採餌をしていた平原から，町であれば建物，あるいは田舎であれば森にある夜のねぐらに向かって飛び立つ．彼らは四方から集まり，しばしば数万から数十万の個体からなる巨大な群れになり，ねぐらに行き着く前に，絶え間なく変化する煙状になって回転し続ける．海では，魚の巨大な群れが同様の驚嘆すべき統制の取れた動きを見せてくれる．彼らは，狭い空間の中で回転し，円環体（中央の空いたドーナツ状の形態）を作ったり，あるいは銀色のきらめきを見せて急に四方に分散したりする（図6.1）．

　この章では，資源をめぐる競争の激化や病原菌による感染という潜在的コストがあるにも関わらず，なぜ動物個体はこのような群れを作るのかについてまず考えてみよう．群れ生活は，厳しい気候に対する防護（例えば，集合による保温），移動時の気流力学や水流力学における利点など，多くの利益を持つ可能性がある．しかしここでは，それらの中の2つの主な利点，つまり捕食を減らし，採餌成功を改善する効果に焦点を当てることにする（表6.1）．個体の適応度を最大にする最適群れサイズは存在するのだろうか？　個体に利害の対立があったとしても，群れ形成は安定しうるのだろうか？　そして最後に，集団の意思決定のメカニズムについて考えることにする．群れは，いかにしてこんなにも素晴らしく統制の取れた動きができるのだろうか？　群れは，次にいつどこへ行くかをいかにして意思決定するのだろうか？　先導者と追随者はいるのだろうか？　あるいは，動物個体も投票によって合意に至るのだろうか？

図6.1 群れ生活：(a) 冬の夕暮れには，数万羽のホシムクドリが，夜のねぐらに向かう前に集まって壮大なアメーバ状の群れになる．写真©osf.co.uk．無断転載禁止．(b) 捕食者が近付くと，多くの魚は緊密な群れを作る．なぜ動物個体は群れを作るのだろうか？ 群れの動きはどのように統制されるのだろうか？ 写真©iStockphoto.com/stevedeneef．

利益	群れは個体に対してどのように利益をもたらすか
対捕食者効果	攻撃されるリスクを薄める
	捕食者を混乱させる
	共同防衛
	捕食者への警戒性の向上
採餌効果	餌発見の向上
	餌捕獲の向上

表6.1 捕食者に対抗する群れの利益と，群れによる採餌の利益のまとめ．

群れはいかにして捕食を減らせるか？

攻撃のリスクを薄める

薄め効果：理論

　G.C. Williams (1966) と W.D. Hamilton (1971) は，群れ行動は個体群や種の利益をとおして進化するという考えを否定した最初の人達である．彼らは，その代わりに群れの個体利益を追求した．彼らは，その中でおそらく最も単純な考え，すなわち生物個体は自分が攻撃されるリスクを減らすため，隠れ場所を求める形式として他個体と一緒にいるとする考えを提案した．もし個体が1頭でいるならば，捕食者と出会った場合，その個体は明らかに攻撃される危険性がある．一方，もしその個体が N 頭の個体の群れの中にいるならば，犠牲になる確率は $1/N$ となる．よって生物個体は，自分ではなく他の誰かが攻撃を受けるだろうという希望の下に，他個体達と一緒になるのかもしれない．この薄め効果の利点は，攻撃率が群れサイズに比例して増加しないということを前提にすると，群れ形成を有利にするだろう．つまり，もし N 頭の群れが1頭のときの N 倍の回数で攻撃を受けるならば，群れでいる方が1頭でいるよりも明らかに安全であるとは限らない．しかし，もし N 頭の群れでいるとき，N 倍

捕食リスクと食物は，群れ生活のコストと利益に影響を与える

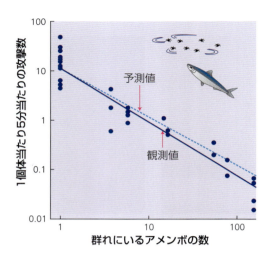

図6.2 薄め効果の例．ここでは，餌動物は水面上にいるウミアメンボの仲間（*Halobates robustus*）であり，捕食者は小さいマイワシ（*Sardinops sagax*）である．魚は水面下からパクッとアメンボに食いつくので，群れサイズが大きくなったからといって，アメンボの警戒性が高まる可能性はない．魚による攻撃率は，群れサイズが違ってもたいして変わらなかったので，アメンボ1匹に対する攻撃率は薄め効果だけで変化している．ここでの「予測」直線は，アメンボの群れサイズの増加とともに起こるアメンボ1匹への攻撃率の減少が，完全に薄めの効果だけによると仮定したときのものである．この直線は，観察値から描いた直線と非常に近似していた．Foster & Treherne (1981) より転載．掲載は the Nature Publishing Group より許可された．

群れることは，餌動物個体が攻撃されるリスクを薄める

の回数よりも少ない回数で攻撃を受けるならば，個体はやはり群れにいた方が安全であろう．この考えの重要な点は，捕食者を見つけやすいとか共同防衛ができるなどの，群れ形成による他の利点がなかったとしても，生物個体は群れでいる方が，攻撃されるリスクを薄めることから，より安全である傾向を持つだろうということである．

薄め効果：証拠

理論についてはもう十分であろう．では，薄め効果の証拠はあるのだろうか？図6.2の例は，捕食者の攻撃率が群れサイズとともに変化せず，餌動物の集合形成が完全な薄め効果を持つという証拠を与えている．100頭の群れでは，個体は単独でいるときと比べて1/100倍の攻撃率を受ける．しかし，大きな群れはより目立つので，捕食者の攻撃率が群れサイズとともに増加することもよくあるだろう．にも関わらず，群れ形成は，通常，薄め効果の正味利益をもたらす．例えば，南フランスのカマルグ湿地では，野生のウマが吸血アブ（Tabanidae）に攻撃される．このアブは，血を吸うだけでなく細菌性・ウイルス性の病気も移す．これらのアブが最も活動的な数週間は，ウマは集まって大きな群れになる．Duncan & Vigne (1979) は，群れサイズを実験的に変化させると，ウマの群れサイズが大きくなるほど，より多くのアブが引き寄せられることに気付いた．そして，それにも関わらず，ウマ1頭当たりのアブの攻撃率は，ウマの大きな群れでは低下する傾向があることも見つけた（表6.2）．

群れ当たり攻撃される率が群れサイズとともに増加するときでも…

薄め効果の見事な例は，メキシコで見られるオオカバマダラの冬の群れである．そこでは，数千あるいは数百万の個体が集まって，3haにも及ぶ広い地域の木を覆ってしまうほどの巨大な共同休息集団を形成する．捕食攻撃を受けた

表 6.2 群れ形成による薄め効果の利点. 南フランスのカマルグ湿地に生息する野生のウマが, 3 頭あるいは 36 頭の群れで維持された. 大きな群れはより多くの吸血アブを引き付けたが, 1 頭のウマが被ったアブの攻撃は, 大きな群れでは少なくなった (Duncan & Vigne, 1979).

ウマの頭数	吸血しているアブの平均数	
	1 群れ当たり	1 頭当たり
小さな群れ（3 頭）	30	10
大きな群れ（36 頭）	108	3

後に残った個体を数えたところ、大きなコロニーほど多くの捕食者を引き付けるけれども、オオカバマダラの 1 匹当たりの捕食率は大きなコロニーほど低くなることが示された. よって, 薄め効果の有利さは, 大きな休息群れの目立ちやすさによる不利益を上回ることが分かった (Calvert *et al.*, 1979).

時間的同時性：捕食者を圧倒する

薄め効果は, 捕食者が餌動物の捕獲する能力を圧倒するような, 時間的同時性によっても達成されるかもしれない. カゲロウの一斉羽化は, その効果を示す印象的な例である. 北米において, カゲロウの一種 (*Dolania americana*) は, 5 月下旬から 6 月初旬にかけた 2 週間で羽化する. このとき, 幼虫はちょうど各日の日の出前に羽根を持つ成虫に変身する. 成虫達は, 直ちに交尾し, 産卵し, そして 1 時間程の間にすべて死ぬ. 彼らは, 水面では甲虫の餌となり, 羽化後はトンボ, コウモリ, 鳥の餌となる. このカゲロウの個体は, より多くの成虫が羽化する日に, 最も安全になる（図6.3）. この一斉羽化は, 第一義的には交尾成功を促進するために進化したと主張することができそうである. しかし, 単為生殖のカゲロウも同様に一斉羽化を行うことから, 捕食者を圧倒することで生じる捕食率の低下が, 一斉羽化を有利にする大きな淘汰圧になっていることが示唆される (Sweeney & Vannote, 1982).

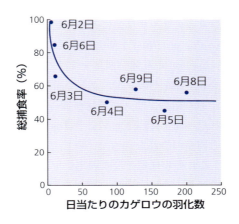

図 6.3 一斉羽化は捕食者を圧倒する. 水生捕食者と飛翔性捕食者の両方から食べられたカゲロウ (*Dolania americana*) の雌成虫の百分率が合算され, 6 月の 7 日間の分として示された. カゲロウ個体は, より多くの雌が羽化する日に, 最も安全になっている. Sweeney & Vannote (1982) より転載.

時間的同時性も, 餌動物 1 個体当たりの捕食者の攻撃率を薄めることができる

利己的群れ

羽化時期の中頃に羽化するカゲロウの個体が, 羽化時期の初めや終わりに羽化

する個体よりも安全であるように，群れの中心部に位置する個体は，周辺部に位置する個体よりも大きな安全を享受するかもしれない．W.D. Hamilton (1971) は，生物個体は自分にとっての「危険領域 (domain of danger)」を狭めるために，他個体に近付くべきであると示唆した．またこのことは，虫のスワーム，鳥の群れ，魚の群れの中で，個体が最も安全な位置を得ようと絶え間なく移動する現象を説明するかもしれないと提案した．彼はこの現象を「利己的群れ効果 (selfish herd effect)」と呼んだ（図 6.4a）．

危険領域を狭める

Alta De Vos & Justin O'Riain (2010) は，動物個体が攻撃されるリスクは自分の危険領域と関係しているとする Hamilton の仮定を検証した．彼らは，南アフリカのケープ半島に近いフォールス湾でミナミアフリカオットセイ (*Arctocephalus pusillus*) を研究した．このオットセイは，ホオジロザメ (*Carcharodon carcharias*) から強い捕食を受けていた．捕食のときのホオジロザメは，水面のオットセイをそのシルエットで探知し，水面下からものすごい速さでそれを襲った．その結果，サメが獲物が捕らえるとき，その全身の動きで海水が白くなるほどだった．Alta De Vos と Justin O'Riain は，発泡スチロール板でオットセイの模型の群れを作った．そして，各模型の背面に結び付けたヨシの竿を使って，これらの模型を筏に固定した．彼らは，筏（いかだ）につないだ模型の間の距離を変化させることによって，様々な危険領域を伴う餌を提示することができた．さらに，その筏をオットセイのコロニーの近くでボートの後ろにつないで引っぱり，サメを引き付けた．Hamilton のモデルで仮定されたように，サメから攻撃される各模型のリスクは，それらへの危険領域の拡大とともに増加した（図 6.4b, 6.4c）．これは Hamilton モデルの巧みな検証になっていた．なぜなら，餌動物の警戒性の改善や捕食者の混乱（次節を参照せよ）などの，餌動物の群れへの攻撃を減らすかもしれない他の要因と，利己的群れ効果を区別しているからである．

群れの中央にいる個体は端にいる個体よりも安全かもしれない…

Jens Krause (1993a) は，ウグイの一種 (*Leuciscus leuciscus*) とヒメハヤの一種 (*Phoxinus phoxinus*) を使った室内実験において，警戒した個体は仲間の間に潜り込んで安全を求めるだろうという Hamilton の予測を検証した．これらコイ科の魚は群れで生活するが，捕食者によって攻撃されて傷付いた仲間の皮膚の傷から出た化学物質を感知すると，彼らはより緊密な群れになる．Jens Krause は，ウグイの一種の 14 匹の群れをこの化学物質の刺激に繰り返し暴露させることによって順応させた後，まだ未順応なヒメハヤの一種の 1 匹をその群れに加えた．水中にその化学物質を入れる前は，ヒメハヤの一種とウグイの一種の群れの中での位置に違いはなかった．しかし，化学物質を投入すると，未順応なヒメハヤの一種の個体は，ちょうど利己的群れモデルで予測されるように，他の魚のそばに移動し，近くの仲間によって四方から取り囲まれるような位置取りをした．

…しかし，群れ内の位置の選択は，捕食リスクと採餌機会のトレードオフを反映するかもしれない

群れの中での個体の位置は，採餌の利益と捕食されるリスクの間のトレードオフを反映しそうである．例えば，魚を使った実験によると，空腹個体は，餌

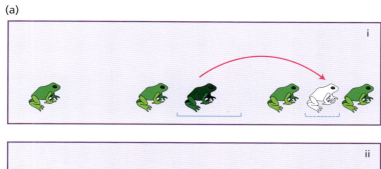
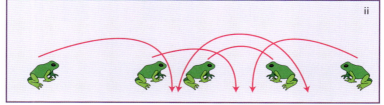
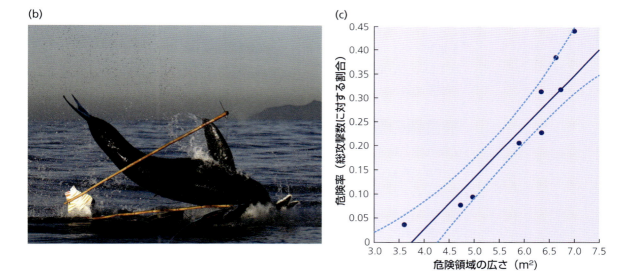

図6.4 (a) 利己的群れについての W.D. Hamilton (1971) のモデル．各カエルは「危険領域」を持っている．その領域に捕食者が現れると，その領域保持者のカエル個体が攻撃に選ばれ易いことになる．この領域は，(i) では，ある1匹の個体に対して実線の横棒として示されており，またこれは左右どちらかに隣りの個体がいるときには，その個体への距離の半分のところまでの範囲がその領域となることが示されている．この領域にやってくる捕食者は，その中のカエルを，最も近くに存在する潜在的犠牲者として選ぶことになるだろう．カエルは，ジャンプして2匹の近接したカエルの間に身を置くことによって，この危険領域を狭めることができる（移動が矢印で示され，新しい危険領域が破線の横棒で示されている）．もしすべてのカエルがこの原理に従うと，その結果，(ii) 集合性が高まることになるだろう．(b) Hamilton のモデルの検証．実験で，発泡スチロールでできたオットセイの模型の集団が，アシの竿を使って筏に結び付けられ，ホオジロザメに提示された（本文参照）．サメはその模型を攻撃した．写真©Claudio Velasquez Rojas/Homebrew Films．(c) オットセイの1模型に対するサメからの攻撃リスクは，Hamilton のモデルで仮定されたように，危険領域が広がるにつれて増加した．De Vos & O'Riain (2010) より転載．

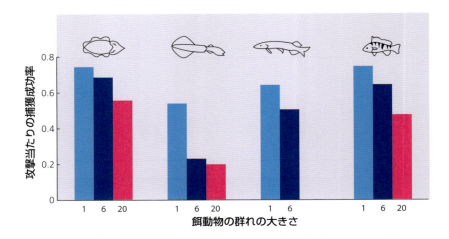

図 6.5　餌動物の集団化による混乱の効果．左からイカ，ナマズ，パイク，パーチが，単独，6匹，20匹の集団にされた餌の小魚を攻撃するときの，それぞれの1回の攻撃当たりの捕獲成功度が表されている．すべての場合において，捕獲成功度は集団サイズが増加するとともに低下している．Neill & Cullen (1974) より転載．

を最初に見つけるであろう群れの先頭に位置取りをする傾向があることが示されている (Krause, 1993b)．しかし先頭は捕食者の攻撃も受けやすい．よって，満腹な魚はもっと中央の位置を求める傾向がある (Bumann *et al.*, 1997)．

捕食者の混乱

群れ内の様々な個体は捕食者の視界を横切って動くので，群れの中の個体は，捕食者から狙いを1つに定められにくいということからも，攻撃に対してより安全であるかもしれない．我々自身，複数のボールを一度に放られるとこの混乱の効果を経験する．一度に1個のボールを放られる場合よりも，複数のボールを放られてその中から1つを捕球することは非常に難しい．

群れになると，攻撃する捕食者を混乱させるかもしれない

Neill & Cullen (1974) は，4種の水生捕食者の，餌の小魚に対する捕獲成功を，水槽を用いた室内実験で検証した．イカ，ナマズ，パイク（カワカマス科の捕食魚）は，待ち伏せ型の捕食者であり，ゆっくりと獲物に後ろから近付き，短い追跡をした後，敏捷な攻撃を仕掛ける．一方，パーチ（スズキ目の捕食魚）は追跡型の捕食者であり，獲物に突進し，よく長い追跡をする．4種すべての捕食者において，攻撃の成功度は餌動物の群れサイズの増加とともに低下した（図 6.5）．そこで Neill と Cullen は，この結果は捕食者の混乱が増加したことが主な原因であると提案した．これはパーチの場合で最も明らかであった．この場合，餌動物の群れは，捕食者が餌個体を追跡する間，絶え間ない狙いの変更を余儀なくさせることで攻撃を中断させた．Milinski (1984) も，イトヨはミジンコの群れの端にいる単独の個体を攻撃することを好み，おそらくそれは単独個体の方が狙いやすいからであることに気付いた．

混乱効果の間接的な証拠を与えているのは，捕食者はよく群れ内で奇妙な体色の個体を狙うということを示す実験である (Ohguchi, 1978; Landeau & Terborgh, 1986). 他とは異なって見える個体に集中することによって，捕食者は混乱に対抗できるのかもしれない.

共同防衛

餌動物は，単なる受け身の犠牲者でなく，捕食者に攻撃を仕掛けたり集団で襲ったりして積極的に自分を守ることもある．そのようなとき，集団化は餌動物の防衛力を強化するかもしれない．営巣しているユリカモメ (*Larus ridibundus*) は，卵とヒナを探してコロニーにやってくるカラスを集団で襲う．密度の高いコロニーの中央では，カラスは多くの巣に近付くことになるので，多くのユリカモメがカラスを同時に襲う．そして集団防衛はカラスの捕食成功度を低下させる (Kruuk, 1964). 同様に，ウミガラス (*Uria aalge*) の繁殖成功は，コロニーの密度の高いところでより大きくなる．なぜなら，込み合って抱卵している多くのウミガラスによる防衛がより効果的になり，カモメのような巣を狙う捕食者を近寄らせないからである（図 6.6; Birkhead, 1977）.

Andersson & Wicklund (1978) は，スカンジナビア半島北部の森林で繁殖するノハラツグミ (*Turdus pilaris*) において，コロニー営巣をすることによって集団防衛の効果が増加するのを実験的に証明した．ノハラツグミは，カラスやその他の捕食者に対して集団で激しく襲い，それらを排除する．ノハラツグミのコロニーの近くに置かれた人工巣は，単独巣の近くに置かれた人工巣よりも，よく生き残ることが分かった.

捕食者を共同で襲う

捕食者に対する警戒性の向上

群れは捕食者を早く見つける

多くの捕食者にとって，捕食成功は不意打ちできるか否かに依存して決まる．つまり，もし狙った獲物が攻撃途中であまりに素早く警戒態勢に入るならば，逃げる好機を与えてしまう．例えば，モリバト (*Columba palumbus*) を捕獲するオオタカ (*Accipiter gentilis*) では，これが実際に当てはまっている．オオタカがモリバトの大きな群れを襲うとき，オオタカの捕獲成功度は低下する．なぜなら，モ

図 6.6 群れによる防衛. この写真のようなウミガラスの高密度コロニーでは，カモメのような巣を狙う捕食者に対抗する大きな防衛効果を持つので，低密度コロニーよりも繁殖成功が高い. Birkhead (1977) より転載. 写真©T. R. Birkhead.

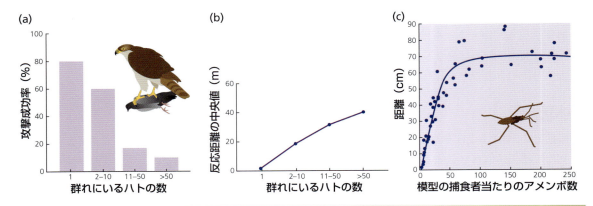

図 6.7　(a) オオタカは，モリバトの大きな群れを攻撃するとき，あまり成功しない．(b) これは，主には大きな群れであるほど，タカがまだ遠くにいるときに飛び立つからである．その実験は，訓練されたタカをある標準的な距離から放すことで行われた．Kenward (1978) より転載．(c) 大きな群れを作っているウミアメンボの一種 (*Halobates robustus*) も，模型の捕食者が近付くと，その捕食者がまだ遠くにいる段階で，水面を騒ぎ回る動きによってそれにいち早く反応する．Treherne & Foster (1980) より転載．

多くの監視の眼があるときは，1 個体のときより成功する

リバトの群れが大きいと，タカがまだ遠くにいる段階で，モリバトは早く飛び立ってしまうからである（図 6.7a, 6.7b）．このことの最も妥当な説明は，モリバトの群れが大きくなればなるほど，タカが水平線を超えて近付いてきたとき，誰かがそれに気付いて警報を出す確率が高くなるからだというものである (Pulliam, 1973)．あるハトが飛び立つと，それが警報となり他のハトも追随する．アメンボも，大きな群れになるほど，近付く模型の捕食者に対してより早く反応し，捕食者がまだ遠くにいるときでも逃げる移動行動を取り始める（図 6.7c）．

　これらの結果を解釈するときの問題点は，餌動物による捕食者の探知とその逃走反応の間には遅れがあるかもしれないということである．よって，逃走反応は必ずしも捕食者探知の優れた測定値とはならない．しかし一般的に，より大きな群れにいる個体はより安全だろうから，むしろ大きな群れであるほど，捕食者の探知とその逃走反応の間の遅れは長くなるはずである．これは，群れサイズが大きくなるとともに逃避反応までの時間が増加することにつながるだろう．しかし図 6.7b と図 6.7c の結果はその反対になっている．これは，大きな群れの個体では，捕食者に気付くのがより早くなるからだということを示唆している (Krause & Ruxton, 2002)．

　群れが大きいほど警戒性は増すのだろうか？　Brian Bertram (1980) は，ケニアのチャボ国立公園でダチョウ (*Struthio camelus*) の小さな群れを研究した．その場所では，ダチョウは開けた草原で生活し，ライオンの攻撃を受けやすい状況にあった．彼は，群れサイズが大きくなると，ダチョウの 1 個体が周りを見回すために頭を上げている時間割合が減少することに気付いた（図 6.8a）．にも関わらず，群れ全体の警戒性（少なくとも 1 個体は頭を上げて見回している時間割合）は，群れサイズの増加とともに増加した．この警戒性の増加曲線

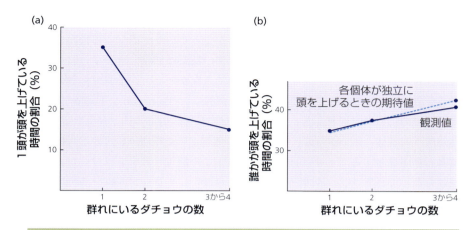

図 6.8 群れの警戒性．(a) ダチョウの個体は，大きな群れにいるとき，(頭を上げて) 見回す時間割合を少なくしている．(b) 群れ全体の警戒性 (少なくとも 1 個体は見回している時間割合) は，群れサイズとともに増加し (実線)，またそれは，群れ内の各個体が他個体とは独立に頭を上げるときに期待される関係曲線と同じように変化している (破線)．Bertram (1980) より転載．掲載は Elsevier より許可された．

は，各個体が他個体とは独立に頭を上げるときに与えられる予測曲線とちょうど合っていた (図 6.8b)．また，ダチョウはランダムな時間間隔で頭を上げていた．これは，忍び寄るライオンにとって，獲物が頭を下げているうちに見つからないでどれくらい長く前進すればよいかを予測できなくさせるものであった．見回し行動に予測できるようなパターンがあったならば，ライオンはそれを利用して，接近する戦術を編み出すことだろう．

これらのデータは，餌動物が群れを作ることによって，警戒性における 2 重の利点を得ていることを示唆している．第 1 には，群れの中の個体は周りを見回す時間を減らすことができ，そのため採食に多くの時間を費やすことができることである．第 2 には，多くの目が存在することによって群れ全体の警戒性が向上することである．しかし，個体の警戒性と群れサイズの関係は複雑で，多くの効果が絡んできそうである (Roberts, 1996)．例えば，群れサイズが増加するにつれて，多くの目の効果ばかりでなく薄め効果によっても個体の捕食されるリスクは低下し，これら両方の効果が個体の警戒性の低下につながるかもしれない．さらに，群れサイズの増加は採食競争を促進し，そのため個体は採食により多くの時間を裂かなければならないかもしれない．この場合に起こる見回し時間の減少は，大きな群れに対して，しばしば利益よりもコストを与えるだろう．

他者の警報への反応

群れの個体は，他個体が発する警報に反応することで利益を得られるのだろうか？ あるいは，捕食者そのものを確認するまで待ってから反応しなければならないのだろうか？ Magurran & Higham (1988) は，コイ科の小魚を材

ダチョウは無作為な時間間隔で見回す

料に，一方方向だけが鏡になるマジックミラーを使った実験を行った．そこでは群れの数個体は，捕食者自身を見ることができないが，忍び寄る模型のノーザンパイク (*Esox lucius*) に脅された他個体の反応は観察できるように設定された．実験対象の魚はパイクを見ることはできなかったが，それでも他の魚の警報行動に反応して隠れる行動を示した．同様に，Treherne & Foster (1981) は，模型の捕食者が近付くと，ウミアメンボの一種 (*Halobates robustus*) の個体が隣りの個体にぶつかって，その結果，「艦隊」の中で次々に広がる対捕食者移動行動が発生することを示した．彼らは，この警報の波をトラファルガー海戦にちなんで「トラファルガー効果」と名付けた．トラファルガー海戦において，並んだ軍艦の間で合図が伝わり，そのおかげでネルソン提督は，提督自身が水平線の彼方にいる敵を確認することができないにも関わらず，敵の接近を知ることができたという．よって，群れの個体が他個体の警報から利益を得ることができるという優れた証拠は，実際に存在するのである．

> 動物個体が他個体の警告に反応するという証拠

抜け駆け

単独でいるダチョウの個体を想像してみよう．もしその個体が，頭を下げてばかりで自分のすべての時間を採餌に使ったならば，飢えて死ぬことはないが，いずれライオンに食べられてしまうだろう．一方，頭を上げてばかりですべての時間を見回しに使ったならば，捕食者を逃さず見つけるだろうが，いずれ飢えて死んでしまうだろう．よって，見回し行動はトレードオフを伴う行動である．理論的には，飢えと捕食の両方を避けながら，個体の全生存確率を最大にするための，採餌と見回し行動の間の最適時間配分様式が存在するだろう．

ここで，ときに見回し，ときに採食する個体で構成される大きな群れを想像してみよう．その群れでは，抜け駆けして見回し時間を減らす個体は誰でも利益を得るだろう．つまり，その個体は採食の方にもっと多くの時間を割けることになる．そして群れ全体の警戒性に不利な効果があったとしても，そのような利己的な行動はまだ些細な影響しか持たないだろうから，警戒した仲間から発せられる警報によって依然と利益が得られるだろう．しかし当然，問題は，すべての個体が駆け抜けを始めたならば，集団の警戒性が低下し，すべての個体が捕食の危険にさらされるということである．

> 理論から，見回し行動をする群れにおいて，抜け駆けして見回ししない個体は得をするかもしれない

よって，群れにおける警戒行動は明らかにゲームであり，そこでは，どの個体にとっても最良となる戦略は，他のすべての個体が何をしているかに依存して決定されることになる．5章で議論した競争ゲーム（例えば，雌を待つ時間をめぐる雄のフンバエ，生産者とたかり屋）と同様に，安定的な解決戦略は何であるか，つまり進化的安定戦略 (ESS) は何であるかを考える必要があるだろう．これは，個体群の大多数に採用されるとき，他のどんな警戒戦略によっても取って代わることのない警戒戦略（見回し時間と下を向く時間の配分様式）である．John McNamara & Alasdair Houston (1992) は，様々な大きさの群れの個体にとって，ESS となる警戒戦略を理論的に計算した．その計算結果の正

> 警戒行動の ESS

確な様式は，飢えと捕食の相対的な危険性などの，様々なパラメータに依存して変化したが，一般的に導かれる結果は，ダチョウの例で見たように，個体の警戒性が群れサイズの増加とともに低下するというものであった（図6.9）．

理論上は，もし捕食者を見つける個体が無警戒な仲間よりも追加的利益を得るならば，駆け抜けをする衝動は減少するだろう．観察によると，警戒する個体は個体としての利益を実際に得ており，これは2つの効果から生じていることが示唆されている．第1に，捕食者は警戒している個体をあまり狙わないようである．Claire FitzGibbon (1989) は，タンザニアのセレンゲティ草原でトムソンガゼル (*Gazella thomsoni*) を襲うチータ (*Acinonyx jubatus*) を観察した（図6.10）．彼女は，チータから忍び寄られているときのガゼルの各個体の警戒行動を測定し，16回の観察事例のうちの14回では，そのチータが最も警戒的でないガゼル個体を狙っていたことに気付いた．さらに，チータに捕らえられてしまったガゼル個体は，逃げおおせた個体に比べて，チータの忍び寄りに対してほとんど警戒していなかった．一方，逃げることができた個体は早い段階で捕食者を発見していた．

第2に，餌やり場での小型鳥類の研究によって，警報となる飛翔の開始に対してより敏感な個体が，無警戒な個体よりも早く安全にその場を離れられることが示された (Elgar *et al*, 1986)．Lima (1994) は，スズメとユキヒメドリの群れにおいて，狙いをつけた個体に向けて1個のボールを傾斜路の上から静かに転がり落とすことによって，これを実験的に証明した．その傾斜路の両脇にある塀は，狙われた個体しかそのボールを見ることができないくらい十分に高かった．Limaは，まず狙われた個体が隠れ場に向かって逃げていき，その個体の飛び立ちに注意していた個体がそれに続き，最後に無警戒だった個体が逃

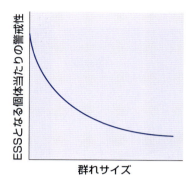

図6.9 様々なサイズの群れにいる個体に対する，進化的安定戦略 (ESS)（説明については本文を参照せよ）．McNamara & Houston (1992) より転載．掲載はElsevierより許可された．

もし警戒する個体ほど攻撃から逃れやすいなら，抜け駆けは減るかもしれない

(a)  (b)

図6.10 チータ (a) は，トムソンガゼルの群れの中でも，より警戒的な個体 (b) をあまり攻撃しないようである．写真ⓒ Oliver Krüger．

図 6.11 ミーアキャット(a)とシロクロヤブチメドリ(b)の見張り個体．これらの個体は，目立つ見張り場所から捕食者を監視する一方，群れの他の個体は下方の地面で採餌を行う．見張り行動は利他的であろうか，あるいは利己的であろうか？ 写真©Tom Flower．

げることを発見した．よって，警戒している個体は2重の利点を持っているのである．つまり，彼らは捕食者に早い段階で気付き，そして警報を出している仲間にもいち早く気付くのである．

見張り

見張りは他の個体に警告を発する…

ミーアキャット（*Suricata suricatta*）やチメドリ科の様々な種の群れでは，見張りとして働く個体がよくいる．それらの個体は，目立つ見張り場所から捕食者を監視する一方，群れの他の個体は下方の地面で採餌を行う．見張り個体が接近する捕食者を見つけると，警報を発し，そして全個体が安全な場所に急いで逃げる（図6.11）．

…しかし見張り行動は，利己的個体にとっても最良のやり方だろう

一見，見張り個体は，集団のために自分自身を危険にさらすことで，利他的に行動しているように見える（11章）．しかしPeter Bednekoff (1997)は，理論モデルの中で，見張り行動は個体の利己的な動作として発生しているということを示した．彼のモデルの重要な仮定は，第1に，群れの個体は満腹なときに見張りの義務を果たす傾向があるに過ぎないということである．第2に，見張り役を果たすことは，見張り個体自身にとって捕食者に早く気付くことができるので利益があるということである．モデルの結果は，見張り役も空腹になり，満腹になった採餌個体と交代するので，群れ内で一連の交代が続くだろうというものである．このとき各個体は，自分自身の状況と群れの他個体の行動に依存して，単に自分にとって最良な行動選択をしているだけである．

ミーアキャットとチメドリの利己的な見張り個体

ミーアキャットとアラビアヤブチメドリ（*Turdoides squamiceps*）の観察は，この利己的な見張り行動の考えを支持している (Clutton-Brock *et al*., 1999a; Wright *et al*., 2001)．両種は，開けた砂漠で，砂の中から無脊椎動物を掘り出し，それを食べて生活する．採餌の間，近付く捕食者に彼らが気付くのは難しい．群れの個体は，毎回の食事の時間後，満腹状態のときに，見張り役になりやすく，それは，自然の採餌後のときでも，実験的に追加の餌を与えた後でもそうである．さらに，見張り個体がより高い被食リスクを持つということはない．実際，見張り個体は多くの場合で捕食者を最初に発見し，しばしば安全

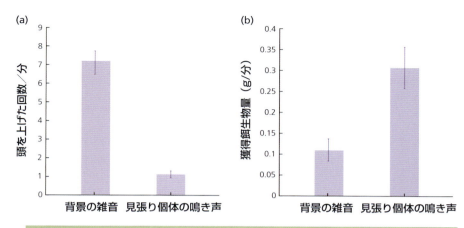

図 6.12　夜警の歌．見張り個体は警備をしているとき静かな鳴き声を発する．シロクロヤブチメドリの採餌個体へ，録音した見張り個体によるこの鳴き声を再生すると，背景の雑音を再生した場合と比べて，採餌個体の警戒性を低下させ (a)，採餌成功を向上させる (b)．Hollen, Bell & Radford (2008) より転載．掲載は Elsevier より許可された．

な場所に最初に逃げている（ミーアキャットの場合は巣穴であり，チメドリの場合はやぶの中である）．最後の指摘として，単独個体であっても，満腹状態にあるときには見張り行動を取る．これは，見張り行動が個体の利益を与えるという考えを支持するものである．一方，見張り個体による警戒声は相利共生的行動の一例であろう（12章）．つまり，群れ生活自体の利益として，警戒声発信者とその受容者は両者とも得をしているのである．

見張り行動の次の特徴は特に興味深い．見張り個体は，警備をしているとき静かな鳴き声を発する．Wolfgang Wickler (1985) は，これは群れの他の個体に，誰かが見張り役に立っているので安全だということを知らせる「夜警の歌 (Watchman's song)」であるかもしれないと示唆している．ミーアキャット (Manser, 1999) とシロクロヤブチメドリ (*Turdoides bicolor*) (Hollen *et al.*, 2008) で行われた再生音の実験によって，見張り個体によるこの鳴き声を採餌個体が聞くと，自分で行う警戒行動の頻度が減少することが分かった．またチメドリでは，これは採餌成功の著しい上昇につながることが分かった（図 6.12）．見張り個体のこれらの静かな鳴き声には，あまりコストはかかっていないかもしれない．むしろ，もし他個体の採餌成功の向上が，群れの見張り活動の協調的な組織化に良い影響を及ぼしているのならば，利益が生じているかもしれない．

「夜警の歌」

群れはいかにして採餌を改善できるか？
餌発見の向上

2章で紹介した比較研究の手法によって，多くの量が短期的に集中して供給される種子や果実などのような食物を採食する動物種は，よく群れで生活することが明らかにされた．これらの動物にとって，採食の時期は限られるので，

いかにして良い場所を見つけるかが問題になる．しかし，いったん良い場所を見つけると，少なくともある期間は豊富な食物が確保できる．Peter Ward & Amotz Zahavi (1973) は，鳥の共同ねぐらと営巣コロニーが「情報センター (information centre)」の役割を果たしているかもしれないという考えを思いついた．その場所にいる鳥達は，他の鳥の後に付いていくことで良い場所を見つけることができる．この考えは，餌にありつけなかった鳥がコロニーやねぐらへ戻ってきて，餌探しに成功した鳥の後に付いていく機会を待っているというものである．餌にありつけなかった鳥は，他の鳥がコロニーから次の餌探しに飛び立つスピードなどによって，その鳥が良い餌場の発見に成功したかどうかを判断しているのかもしれない．

コロニーとねぐらは情報センターとして機能するかもしれない

この「情報センター」という語句には，あたかもアリやミツバチのコロニーに見られるような情報交換のための相互協力という意味が含まれている．13章で述べるように，社会性ハチ目のコロニーでは，協力することを期待できる特別な理由が存在する．つまり，それは近縁の血縁個体間の相互作用だということである．しかし，鳥のねぐらや営巣コロニーは，血縁関係のない知らない個体同士の大きな集まりであることがほとんどである．よって，問われるべき重要な疑問は，情報提供者が他個体に餌場所を教えることで何を得るのかということである．Richner & Heeb (1996) は，情報提供者は単に集団採餌から利益を得ており（例えば，捕食者からのより良い防御），もしこれが主な利益であるならば，情報共有には当たらず，むしろ「リクルートセンター (recruitment centre)」仮説と呼んだ方がよいと提案した．ただし，もし実際に群れ形成が捕食圧によって進化したのならば，単にその結果として，餌を見つけた個体が積極的に信号供与するわけではないにも関わらず，他個体に餌場まで付いてこられてしまっているだけかもしれない．この場合，群れは単に「盗聴センター (eavesdropping centre)」ということになるだろう．

にも関わらず，採餌情報を共有する機会を持つことが共同ねぐらの進化さえも導くことが，ゲーム理論のモデルによって理論的に示されている．もし多くの個体の独立な探索努力を集積することが，稀な餌の大当たり（例えば，カラスやワタリガラスなどのような死肉食者にとっての動物死体）を取る最も効果的な方法であるならば，また群れでの採餌にほとんどコストがかからないならば（なぜなら，餌パッチは広く，あるいは一時的にしか利用できないから），「独立に探索し，餌を発見したらコロニーやねぐらから他個体をリクルートする」という戦略は ESS になりうるのである (Mesterton-Gibbons & Dugatkin, 1999; Dall, 2002)．群れによる採餌がもたらす追加的利益は，当然，共同ねぐらやコロニー形成をさらに促進することになるだろう．

ワタリガラスのねぐらにおける情報伝達

共同ねぐらは，Ward & Zahavi (1973) が創案した方式の情報センター，つまり餌探しに成功した個体が良い採食場所についての情報を積極的に共有する集まりとして機能しているということを示す強い証拠が，ワタリガラス (*Corvus corax*) の2つの研究によって与えられている．アメリカ合衆国のメイン州にお

いて，Bernd Heinrich とその共同研究者達は，ワタリガラスの縄張りペアは哺乳類の死体を 1～2 羽の若鳥の侵入者からは防衛するが，6 羽以上の若鳥集団が来た場合には放棄することを発見した．そのため若鳥が既に防衛されている大きな死体を見つけると，うるさく鳴いて他の若鳥を招集した (Heinrich et al., 1993)．しかし，最も効果的な死体への招集は，若鳥達の共同ねぐらで発生した．これは，数羽の鳥を短期間ケージに入れ，野外の餌場所を直接に知ることができないようにすることによって，実験的に証明された．これらの餌場所を知らない鳥がねぐらに放されると，餌場所を既に知っている鳥の後に付いて死体の場所に向かった．反対に，餌場所を知らない鳥がねぐらから離れて放されると，死体の場所を見つけることができなかった (Marzluff et al., 1996)．面白いことに，餌場所を知っている若鳥は，夕暮れどき，ねぐらに落ち着く前に飛翔するディスプレイ行動を始め，そして次の日の明け方，採食集団がねぐらから出発するのを先導した．これは，これらの鳥が餌場所を発見したことを積極的に他個体に伝えようとしているものと考えられる．

Jonathan Wright とその共同研究者達 (2003) は，イギリスの北ウェールズ州アングルシー島において，1500 羽ものワタリガラス（主につがい前の若鳥）が集まる冬の大きなねぐらを研究した．彼らは，そのねぐらから 2～30 km 離して，小さな色付きのビーズで覆ったヒツジとウサギの死体を置いた．ワタリガラスは死体を食べるときこれらのビーズを飲み込み，ねぐらでそれらをペレットとして吐き戻した．各死体からのビーズは，ねぐらの中でも特定の場所に現れる傾向があり，それはともに採食した鳥がともに寝ることを示していた．ねぐらでのビーズの堆積は日ごとに大きくなり，死体からの最初のビーズを中心として塊の半径が次第に増大した．これは，餌場所を知らない鳥が一緒に採食しねぐらを共有する集団に参加し，その数が増えていったことを示していた．さらに，集まりの中央でねぐらをとっていた鳥によって先導され，集団はねぐらを一斉に飛び立ち，そして特定の死体に向かってまっすぐに飛んでいった．

実験室での研究によっても，餌場所を知らない個体は餌場所を知っている経験個体から学習できることが示された．Geoff Galef & Stephen Wigmore (1983) は，ドブネズミ (*Rattus norvegicus*) に対して，3 つの分かれ道を持つ迷路で餌を探すように訓練した．各分かれ道の先にある餌場には，異なる匂い（ココア，シナモン，チーズ）を持つ餌が置かれた．最初の実験では，どの日にも 3 つの餌場の 1 つだけに餌を置き，その場所を予測できない状況をドブネズミに学習させた．そして実際の実験日には，7 頭の実験ネズミのそれぞれが，隣のケージの「経験ネズミ」の匂いを嗅ぐことが許された．「経験ネズミ」は，その日に無作為に選定された餌のどれが利用可能であろうが，それを食べることが許された個体であった．7 頭の実験ネズミのうち 4 頭が，「経験ネズミ」の匂いを嗅いだ後，その日の最初の選択試行で「経験ネズミ」が食べた正しい餌場所の方に向かった．このとき「匂いを嗅ぐ」という表現は重要である．なぜなら別の実験によって，実験ネズミが「経験ネズミ」から得る手がかりは，摂食後の餌

ドブネズミにおいて情報は匂いで受け渡される

からの匂いであることが示されたからである．

他個体の餌場利用を観察することによって，利用可能な餌場所についてもっと直接的に学習することは，鳥の群れにとっても魚の群れにとっても重要である (Krebs et al., 1972; Laland & Williams, 1997)．あるいは場合によっては，他個体を採食場所に招集するかどうかは，食物を分け合うというコストに依存して意思決定されるかもしれない．Mark Elgar (1986a) は，イエスズメ (*Passer domesticus*) を用いた実験において，餌場所を発見した個体は他個体を引き付けるための「チュッチュッ」招集声を発することに気付いた．ただし，これは餌が分配可能な場合（パン屑の集まり）のみであって，そうでない場合（同量のパンであってもそれが 1 個の塊）にはこの招集声を発しなかった．よって，群れの利益（捕食者からの安全性）とコスト（餌の分け合い）の間にトレードオフが存在することが分かる．

> 情報伝達は，食べ物を分け合うコストによって調整されるかもしれない

餌捕獲の向上

捕食者は，ときどき群れで狩りをすることによって餌動物の捕獲能力を向上させることがある．Hans Kruuk (1972) は，タンザニアのセレンゲティ国立公園とンゴロンゴロ・クレーター地域でブチハイエナ (*Crocuta crocuta*) の研究を行った．その中で，彼は以下のようなことを観察した．単独のハイエナは，通常，草むらに隠れているトムソンガゼルの幼獣を，ただ拾い上げることで容易に殺すことができた．しかし，シマウマ (*Equus burchelli*) は，噛んだり蹴ったりして自分自身を守ることができるため，単独のハイエナが後から付いてきても，それを恐れるそぶりを見せなかった．しかし，群れのハイエナに対しては全く異なる様子を見せた．ハイエナは，シマウマを狩るとき，狩りの前に集まって 10〜25 頭の個体からなる群れを作った（図 6.13a）．シマウマの群れは，体を緊密に寄せて歩いたり走ったりした．一方，ハイエナは，ほとんどの場合で三日月状の隊形を組んで，シマウマの群れの端にいる個体に噛み付こうとしながら，またシマウマが防衛のために繰り出す蹴りを避けながら，その後を追い続けた（図 6.14）．その追跡は 3 km にも及び，多くの場合，ハイエナは，そのときまでに体調が良くないか，あるいは 1 頭のハイエナによってうまく引き離されるかして遅れた 1 頭のシマウマを孤立させた．そして他のすべてのハイエナが直ちにこのシマウマに集中的に襲いかかり，協力してそれを引きずり倒した．

> ハイエナとライオンは群れによる狩りから利益を得ているかもしれない

ライオン (*Panthera leo*) の場合もまた，1 頭のライオンが単独で殺すのは難しいバッファローのような大型の獲物を襲うときや，走り負かされる獲物に対して不意打ちを仕掛けるときには，群れによる狩りを行うことで利益を得ている（図 6.13b）．Philip Stander (1992) は，ナミビアのエトーシャ国立公園でライオンの研究を行った．その地域でのライオンの主な餌は，シマウマ，スプリングボック (*Antidorcas marsupialis*)，オグロヌー (*Connochaetes taurinus*) であった．彼は，ライオンの雌個体を焼き印で，およびその中の何頭かは無線機付

> ライオンの雌達は，群れでの狩りのとき特定の攻撃ポジションを好むかもしれない

図 6.13 群れによる狩り．(a) ブチハイエナや (b) ライオンが群れで狩りをすると，彼ら自身よりも大きい獲物を襲うのに成功できる．写真 (a) ⓒHans Kruuk．写真 (b) ⓒCraig Packer．

きの首輪で識別した．それによって，狩りをしている群れを追跡することができた．そして各個体に，フットボールチームの各選手が示すような，驚くべき専門性があることを発見した．ライオンの群れは，普通，数頭の雌（フットボールの「ウィング」）が獲物を取り巻いて，他の雌（「センター」）が隠れて待機するという隊形を取る．そして各個体は，左ウィング，右ウィング，あるいはセンターに専門化する傾向がある（図6.15）．ウィングの個体は，獲物に対してこっそりと近付き，最初に攻撃を仕掛けることが多い．一方，センターの個体は，通常，群れの中で最も体が大きく重い雌で，獲物が彼らの方に駆り立てられて来たときに，それを仕留めることを最も頻繁に行う雌である．ライオンの雌個体が狩りの隊形の中では定例の役割に就くというだけでなく，多くの雌が自分の好きな役割で働いたとき，狩りの成功率がより高くなるということもあった．

狩りを行う群れのすべてが，このような高度なレベルを持っているわけではない．群れによる捕食がよく成功する理由は，多くの捕食個体による同時的な攻撃

図 6.14 シマウマの群れを襲っているブチハイエナの 14 頭の群れ．シマウマの雌と子どもが緊密に集合した隊形で走っており，その後にシマウマの雄が続いている．その雄はハイエナから繰り返し攻撃を受けている．kruuk (1972) より転載．

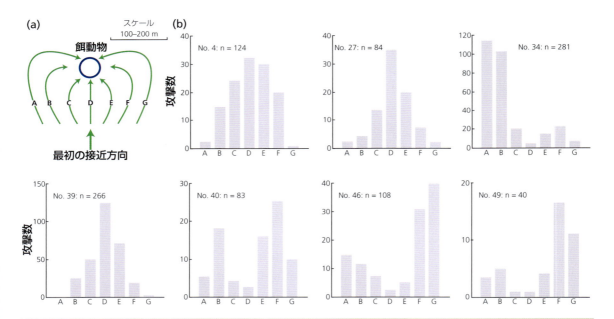

図 6.15 ライオンの協力的な狩りは，個体の専門化を伴うようである．(a) 獲物に向かう雌ライオンによって採用された 7 つの忍び寄り方法の役割．A–B の位置は「左ウィング」，C–E の位置は「センター」，F–G の位置は「右ウィング」である．(b) ナミビアのエトーシャ国立公園に住むオコンデカという群れ (pride) の，7 頭の雌ライオンが取る忍び寄り行動の役割．狩りの回数が一連のヒストグラムの上部に示されている．雌個体によって，明らかにその役割傾向が異なることが分かる．例えば，雌 No.34 は「左ウィング」を好んでおり，雌 No.4, 27, 39 は「センター」を好んでおり，雌 No.46, 49 は「右ウィング」を好んでいる．Stander (1992) より転載．

が，餌動物をパニックに陥れ，より効果的になるというだけのことかもしれない．また，餌動物は四方に逃げるので，捕食者が簡単に 1 頭ずつ仕留めることができるということかもしれない．例えば，このことはユリカモメ (*Larus ridibundus*)

とロウニンアジ（捕食魚，*Caranx ignobilis*）に当てはまる．これらの種では，小型魚の群れを襲うときの個体の狩りの成功率は，捕食者側の群れの個体数とともに増加することが分かっている（Götmark *et al.*, 1986; Major, 1978）．

群れ生活の進化：グッピーの群れ形成

この章でこれまで説明してきた研究は，捕食のリスクや餌獲得速度などのような，群れ生活の短期的なコストと利益の測定値を基にしたものであった．一方，これらのコストと利益が進化的な変化にどのように翻訳されるかを示すことができた研究がある．1957年，アメリカ合衆国の魚類学者である C.P. Haskins は，200匹のグッピー（*Poecilia reticulata*）をトリニダードの捕食者が豊富な水系（カノーリ水系）から，別の水系（オロプチェ水系）の捕食者がほとんどいない上流部に移植した．移植されたグッピーは，新しい水系の下流部に段階的に定住し，再び捕食者と出会うことになった．

最初の移植から30年以上が経過した1989–1991年に，Anne Magurran（Magurran *et al.*, 1992）は，複数の川からグッピーを採集した．それらの川には，Haskins が最初にグッピーを採集した捕食者の豊富な川や，それらのグッピーが放された捕食者のいない川，その後それらのグッピーが定着した捕食者の豊富な下流の川が含まれていた．グッピーは群れを作ることで捕食される頻度を減少させることが分かっているが（Magurran, 1990），群れ形成はコストにもなる．Magurran & Seghers (1991) は，群れる傾向の高いグッピーは食物をめぐってあまり攻撃的な競争をしないことを示した．よって，行動的なトレードオフが存在するのである．つまり群れ形成を促進させる淘汰は，乏しい資源をめぐる競争を低下させるということである．Magurran *et al.* (1992) は，水槽の一方の端に空のビーカーを置き，他方の端にはグッピーの群れを入れたビーカーを置いた後，グッピーの単独個体を入れて，どちらの端を選ぶか実験した．その結果，Haskins が最初に移植した捕食者のいない川のグッピーは，群れる傾向を低下させていることが分かった．しかし，捕食者がいる場所に再び侵入し定着したとき，今度は2次的にその傾向を増加させたことが分かった．これらの違いは，実験室の標準的な条件で交配・飼育された個体によっても同様に示された．このようにグッピーでは，群れ形成の短期的なコストと利益が，群れる行動傾向をまず低下させ，その後上昇させるという進化的反応に翻訳されたと言える．これらの変化は100世代内で起こったようである（グッピーはおそらく1年に約3世代は繰り返す）．

捕食圧の変化に反応した群れ形成の急速な進化

群れサイズと利益の不均等性

最適群れサイズ vs 安定群れサイズ

大きな群れは，捕食者からの防衛と採餌成功を改善することで，個体に利益

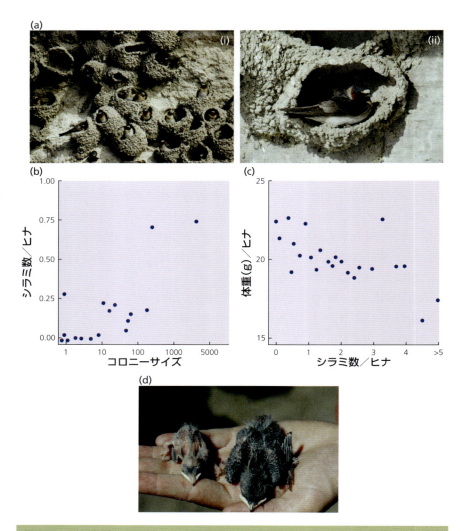

図 6.16　群れ生活の利益とコストの例．(a) (i) サンショクツバメの繁殖コロニー．(ii) 巣の入り口にいるツバメ．ツバメの個体は，餌の発見を向上させる情報センターとして機能するコロニーから利益を得ている．(b) しかしコストも存在する．それは，ヒナに付く吸血性シラミの 1 種 (swallow bugs, *Oeciacus vicarius*) の数がコロニーサイズとともに増加し，(c) ヒナの体重はこれらの外部寄生者の数が増加するにつれて減少することである．(d) 同じ 10 日齢の 2 羽のヒナ．右のヒナは，燻蒸によってシラミが駆除された巣からのものである．左のヒナは，同じコロニーの自然状態でシラミに侵されている巣からのものである．写真 (a),(d) ⓒCharles R. Brown．図 (b) と (c) は Brown & Brown (1986) より転載．掲載は the Ecological Society of America より許可された．

をもたらしそうだということを見てきた．しかし大きな群れは，資源競争や病気によるコストの増大ももたらす（図 6.16）．そうであるならば理論的に，個体の適応度を最大にする最適群れサイズというものを考えることができるかもしれない（図 6.17）．

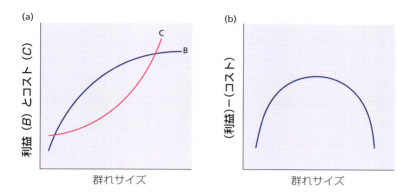

図6.17 最適群れサイズの考え．(a) 群れサイズが増加するにつれて，利益とコストも増加する．しかし理論的には，利益の増加は逓減関数になり（新しい個体の追加による利益が，それ以前の個体の追加よりも小さくなっていく），コストの増加は加速する（新しい個体の追加によるコストが，それ以前の個体の追加よりもさらに大きくなっていく）．よって，コストは，大きな群れサイズでいつか利益を追い越すだろう．(b) 理論的には，それより小さな群れサイズのときに，最適な群れサイズ（（利益−コスト）の最大化）が存在するだろう．Krause & Ruxton (2002) を基に作成．

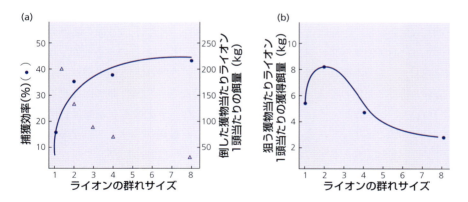

図6.18 セレンゲティ国立公園で，ライオンがオグロヌーの狩りをするときの，最適群れサイズに対する Caraco と Wolf の計算．(a) ライオンの群れサイズが増加するとともに，捕獲成功率も増加したが（紺丸），獲物を倒したときのライオン1頭当たりの餌量は減少した（白三角形）．(b) これによって，ライオン1頭当たり狩り1回当たりの餌量を最大にする最適群れサイズは，2頭であるという結果が与えられる．しかし，観察された群れサイズはもっと大きく，平均して，狩り1回当たり3頭から4頭である．Caraco & Wolf (1975) より転載．

理論的には，最適群れサイズがあるかもしれない…

　George Schaller (1972) によるセレンゲティ国立公園のライオンの狩り行動に関するデータを用いて，Caraco & Wolf (1975) は，狩りのときの個体の餌獲得速度を最大にする最適群れサイズを予測した．捕獲成功はライオンの群れサイズとともに増加したが（利益），獲物を捕まえたときのライオン1頭当たり獲物1頭当たりの餌量は，群れサイズとともに減少した（コスト）．CaracoとWolfは，オグロヌーの狩りに対して，ライオン1頭当たり狩り1回当たりの餌量を最大にする最適な群れサイズは，2頭のライオンであることを計算した．しかし，観察された群れサイズは，平均してそれよりも大きく，狩り1回当たり3頭から4頭のライオンであった（図6.18）．

　Packer et al. (1990) は，ライオンの大きな群れは，隣の群れからの縄張り防衛や子殺し雄から子を守るなどの別の有利さを持っているので，群れサイズは狩りの必要性だけから予測されるものではないだろうと示唆した．これは，個体の適応度を最大にする適切な通貨を考慮した議論である．しかし，コストと利益に影響するすべての関連要因を測定したとしても，個体は最適な群れサイズで生活していると期待できるものだろうか？

…しかし最適群れサイズは安定しないかもしれない

　Richard Sibly (1983) は最適群れサイズは安定ではないかもしれないと指摘した．彼の考えが図6.19で説明されている．この図では，最適群れサイズは7頭であるが，新しい参入者にとって群れサイズが14頭になるまで群れへの参加が続いても利益になるだろう．しかし，この14頭の時点に至って，次の参入者は単独でいた方がましだという状況になる（この定着様式は，5章の図5.1で議論した理想自由モデルの様式と似ていることに留意しよう）．小さな単位で分かれたりくっ付いたりする群れを想像したとしても同じ原理が適用できるだろうが，議論はもっと複雑になる (Kramer, 1985)．例えば，12頭の群れが分かれて，6頭の2つの群れ単位になったとしよう．しかしそのときには，1個体が移動して7頭の群れと5頭の群れになり，7頭の群れは5頭の群れからさらに別の1頭の個体の参入を受けるだろう．なぜなら，8頭の群れは5頭の群れより良いからである．そしてこれが続いていくだろう．厳密な結果は，図6.19の曲線の形に依存して決まり，結果的に安定した最適群れサイズに至るような適応度曲線を描くことも可能である (Giraldeau & Gills, 1985)．

　Siblyのモデルから得られる一般的な論点は，最適サイズにある群れは，さらなる新参者が参加するのを阻止できない限り，自然の群れは最適サイズよりも大きくなりがちだということであろう．なぜなら，安定分布が達成されるまでは，個体にとって群れに参加することが得になるからである．

群れ内での個体の違い

不均等理論

　図6.19は，様々な大きさの群れにいる個体の平均適応度を考えたものである．しかし，多くの群れでは，群れ生活からの正味の利益において個体差が存在す

るであろう．例えば採餌をする鳥の群れでは，群れの先頭に位置する個体は，後ろにいる他個体よりも成功しているかもしれない (Major, 1978)．また捕食者が来たとき，群れの中央の位置を獲得できる個体は，端にいる個体よりも安全であろう．年寄りであったり，体が大きかったり，より経験を積んだ個体は，しばしば群れの最良の位置を奪い取り，他個体を悪い場所に留めることがあるだろう．理論的には，劣位個体はどこかに移動して状況を改善しない限り，低い利得で我慢しなければならないことになる．この考えは，「不均等理論 (skew theory)」(Vehrencamp, 1983) として知られるようになった理論の基礎概念である．

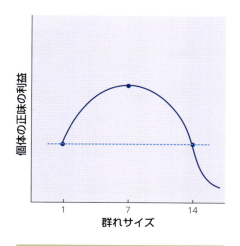

図 6.19 最適群れサイズは安定ではないかもしれない．この図の例では，個体の適応度は群れサイズが 7 頭のときに最大である．しかし，新しい参入者は単独でいるよりも群れに参加した方が良いだろう．なぜなら 8 頭の群れでの個体の適応度は，1 頭のときよりも高いからである．群れサイズが 14 頭になるまで，個体の参入はさらに続くであろう．この 14 頭の群れサイズを超えたときだけ，新しく来た個体は単独でいる方が良いということになるだろう．Sibly (1983) を基に作成．掲載は Elsevier より許可された．

不均等モデルは，群れ生活がもたらすであろう採餌や捕食者回避等のすべてのコストと利益の結果となる個体の繁殖成功に対して，群れサイズに伴う効果がどのようなものであるかを考えたものである．その考えられる効果の 1 つは，優位個体が群れの繁殖を完全に制御するというものである．この場合，もし劣位個体が繁殖成功の分け前を過分に取ろうとし，それが優位個体にとって損害になるほどであったならば，優位個体はそれに対して，群れからその劣位個体を追い出すなどの何かの対策を講じることができる．結果として，劣位個体は優位個体から追い出されるのを避けるために自分の繁殖を抑制するかもしれない．別の可能性として，もし優位個体が完全な制御をしていないならば，繁殖成功の分け前をめぐって「綱引き戦 (tug of war)」的な対立が生じているかもしれない．

適応度の利益における個体差：誰が不均等性を制御しているか？

これは，理論モデルが先行して発展する一方，実践的研究があまり進まなかった研究テーマである (Keller & Reeve, 1994; Reeve, 2000; Johnstone, 2000; Kokko, 2003)．群れ内で不均等な利益配分があるにも関わらず，群れ形成が維持されるのはどのような仕組みによるかを扱った 2 つの研究を考えてみよう．

珊瑚礁の魚の群れにおける体サイズによる序列

珊瑚礁に住む魚類はよく群れで生活し，その群れでは大きい個体が小さい個体

図 6.20 繁殖の不均等性．(a) アカネダルマハゼ (*Paragobiodon xanthosomus*) の群れにおける体サイズの階級．これらの個体は，この写真を撮るために麻酔されたものであり，図には群れ内での体サイズの比が示されている．劣位個体は，優位個体によって群れから追い出されるのを避けるために，成長を自制する．写真©Marian Wong．(b) シママングースの群れ．優位雌は，群れサイズが優位雌の観点からの最適サイズを超えると，妊娠した劣位雌を追い出す．写真©Hazel Nichols．

よりも優位となることが多い．多くの種で，この順位制は社会的序列を形成する．つまり，群れの中で最も体の大きい個体だけが繁殖し，その個体が死ぬと，あるいは実験的に除去されると，次に大きな個体が繁殖者としての地位を引き継ぐのである．劣位個体は，単に餌摂食で優位個体に負けるので，よりゆっくりと成長するだけだと考えることもできるかもしれない．しかし，クマノミの1種 (*Amphiprion percula*) (Buston, 2003) とアカネダルマハゼ (*Paragobiodon xanthosomus*)(Wong et al., 2007) の両方の種において，順位の隣り合う個体間の体サイズの差は，確率的に期待されるよりもさらに規則正しく段階的である．ハゼでは，劣位個体は1つ上の階級の個体に比べて 90〜95% の体長を持ち，劣位個体がこの体サイズの閾値に至ると，その成長速度が通常低下する傾向がある（図 6.20a）．水槽で人工的に作られた群れを用いた室内実験では，劣位個体は1つ上の優位個体との体サイズ比が 0.95 よりも小さいときには，その優位個体によって群れから追い出されることは決してないが，この比が 0.95 より大きくなるとその優位個体から頻繁に追い出される傾向にあることが発見された．

これらの観察によって，劣位個体はたいてい自分の成長を制限し，そのため彼らは追い出される危険もなく群れに居続け，繁殖の地位が空くのを待つことができるということが示唆される．Wong et al. (2008) は，アカネダルマハゼの劣位個体に追加的に餌を与えることによって，これを検証した．数頭の劣位個体は，優位個体からの摂食干渉はなかったにも関わらず，この餌を拒否した．その他の劣位個体はこの追加餌を食べ続けて体サイズ比の閾値 0.95 を超えるまで成長し，優位個体によって群れから追い出された．よって劣位個体は，成長を自ら抑制し，次の繁殖者の地位を得る機会を待ちながら群れ生活の利益を享

劣位個体は，優位個体からの追い出し行動を回避するために，自分達の成長を抑制することがある

受するか，あるいは早く成長して，群れから追い出される危険を背負いながらも，繁殖機会を急いで獲得しようとするかのどちらかを選ばなければならない．

シママングース

シママングース（*Mungos mungo*）は，8～40個体の雄と雌の混在した群れで生活する．各群れは1～5頭の年取った優位雌と様々な頭数の若い劣位雌を含む（図6.20b）．Michael Cantとその共同研究者達（2010）は，ウガンダでの研究で，4～5頭の子育て中の雌を持つ群れの中では，優位雌が最も大きな繁殖成功を持つことを発見した．しかし，その後の子の生存率は，おそらく餌をめぐる競争のために低下した．劣位雌による繁殖の自制についての証拠はなかった．つまり，群れのすべての雌が同じ時期に発情期に入り，交尾した．しかし，群れに6頭以上の子育て中の雌がいるとき，優位雌は妊娠した雌を追い出す傾向が高かった．これらの追い出された劣位雌のうち，いなくなってしまう雌もいれば，一方，子を堕して再び群れに受け入れられる雌もいた．この堕胎と再受け入れの選択肢があることが，なぜ劣位雌は最初に事前の自制を示さなかったかを説明するかもしれない．

魚の階級制とマングースから得られる主な要点は，群れ生活から得られる個体の利得を査定する必要があるということ，そして群れ内でその利益が不均等に分配されるにも関わらず，群れ形成が安定化するのはどのような仕組みによるかを考える必要があるということである．場合によっては，優位個体が，（攻撃あるいは追い出しに向けた）脅しあるいは実力行使（卵食，子殺し，配偶干渉，攻撃）によって，劣位個体を群れ内で統制することができる．そうでない場合，対立は解決されず，劣位個体が応戦することで群れは不安定になってしまうかもしれない．例えば，シママングースでは，ときどき多数の劣位雌が追い出されたりあるいは出ていったりすることがあり，そのときには群れサイズが大きく変動してしまう（Cant *et al.*, 2010）．

優位個体は，劣位個体の繁殖を制御できないことがある

群れの意思決定

局所的ルールと自己組織的群れ

ここで，群れのコストと利益の観点から離れ，群れの動きに関係するメカニズムの議論に向かうことにしよう．鳥類や魚類の群れの複雑で統制の取れた動きは，古より観察者にとって不思議な現象であった．初期の哲学者は，見えない先導者がいて群れを統制しているに違いない，あるいは「テレパシー」かその他の不思議な力によって組織調整が達成されているはずだと想像した．最近の研究では，複雑な群れの動きやリーダーシップは，群れの個体が単純な局所的動作ルールを採用することで起こりうることが分かってきた（Couzin & Krause, 2003）．

人間とアリにおける通行行列

道路や回廊を行き交う一群の人々を考えてみよう．他の誰も近くにいないときは，人は思い通りに歩を速め，目的地に向かって突き進むことができるだろう．もし他人とはち合わせになったならば，歩む速度を緩め，衝突を避けるために身を横に躱すだろう．このようなことは頻繁に起こってしまうだろう．しかしその後，その人が他人の後に付いて歩き始めたとすると，その人はその方が時間浪費的な回避の動きをする必要はなさそうだと気付き，また一転して，自分が後に付いてくる他人の盾になっていることに気付くものである．この他人の後に付くという局所的ルールは，すぐに自己組織的に行列と化した一団を作り出す．これは，新しい人が参入する度に，「自分の」向かう方向に歩いている他人の後ろに付く傾向があるからである．

Ian Couzin & Nigel Franks (2003) は，新世界の軍隊アリ (*Eciton burchelli*) において同様な通行行列を研究した．この種のコロニーは，20万匹にもなる採餌個体を持ち，幅 20 m，距離 100 m にもなる壮大な行列ができる道筋を作る．巣を出発したアリは主にその道の両端を利用し，そして獲物の節足動物を巣に持ち帰るときにはその道の中央を利用する（図 6.21a, b）．Couzin と Franks は，アリ個体が従う3つの単純な移動ルールから，この驚嘆すべき群れの組織化が起きることを示した．

> (i) アリはフェロモン跡でできた道を辿る．アリは2本の触角の先端でこの道を検出し，フェロモン濃度が最も強い側に向かって移動する（図 6.21c）．アリがその道の真ん中近くにいるとき，2本の触角の間の濃度差はわずかになってしまうだろう．真ん中を過ぎると濃度傾斜は増加し，そのアリはまた真ん中に戻る．結果的にアリは，フェロモンの検出に誤差がなければ，フェロモン跡の道の中央をまっすぐに辿ることになる．あるいは，フェロモン濃度差が小さいときの検出に触角間で大きな誤差があれば，その道の中央を正弦曲線の軌道で辿ることになる（図 6.21d）．
>
> (ii) アリ個体は好みの方向を持つ．餌を探しに行くときはコロニーから離れる方向に向かい，獲物を見つけた後は帰巣方向に向かう．
>
> (iii) アリ個体は，他個体との衝突を避けるために迂回する．出巣アリは，衝突を避けるために帰巣アリよりも高い発生率で迂回する．これは単に，帰巣アリが獲物を運んでいるために上手に動きにくいという理由から生じているかもしれない．

軍隊アリの個体の行動から推定された母数を基に，これら3つの移動ルールを採用するアリのコンピュータシミュレーションが行われた．その結果，ちょうど自然で観察されるように，帰巣アリが中央を，出巣アリがどちらかの側辺を進むという，フェロモン道上の特徴的空間構造が出現した．よって，局所的ルールは大きな空間スケールで通行組織体に影響を与え，異なる方向に進んでいるアリ同士の衝突を少なくし，アリと獲物の効果的な流れを作ることができ

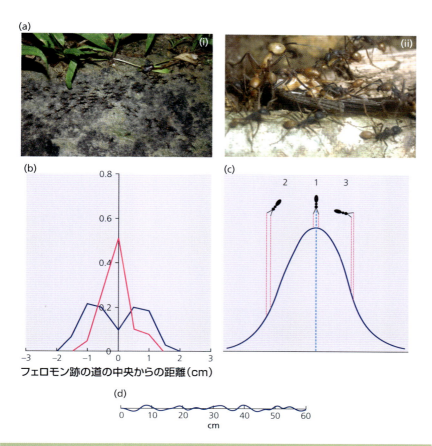

図 6.21 (a) (i) フェロモン跡の道で行列を作る軍隊アリ (*Eciton burchelli*) のコロニー. 写真ⓒStefanie Berghoff. (ii) 大きな昆虫の獲物を巣に持ち帰ろうとしている数匹のアリ. 写真ⓒNigel Franks. (b) 餌を運んで巣に戻るアリは, 道の中央を通る傾向がある (赤い曲線), 一方, 出巣した採餌アリはどちらかの端を通る傾向がある (青い曲線). (c) アリ個体は, 2本の触角の先端でフェロモンの濃度傾斜 (道の中央を中心とする正規分布で示されている) を検知し, その濃度の最も強い側に移動する. (d) その結果, アリ個体の移動は, 道に沿った直線となったり, フェロモン濃度の検出にいくらか誤差があるときには, 道の中央に沿った正弦曲線の軌道となる. Couzin & Franks (2003) より転載.

ているのである.

魚の群れの局所的ルール

　魚の群れにおける3次元の複雑な動きも, 個体によって行われる局所的意思決定から生じている可能性がある (Couzin *et al.*, 2002). 魚の個体が3つの行動範囲を持っていると想像してみよう. それは, 図6.22aで説明されているように, 反発の範囲, 定位の範囲, 誘引の範囲である. コンピュータシミュレーションによって, 群れは, 単に3つの範囲の変化の結果から生じる特徴的な3つの集団への組織化として起こるだろうということや, 3つの組織体の間の移行は突然に起こるということが示されている. もし個体が他個体へ魅力を誇示

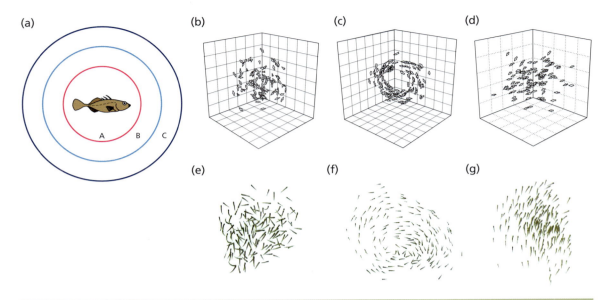

図 6.22 (a) 魚の群れにおける個体の3つの行動範囲．Aは反発の範囲（他個体がこの中に入ると，衝突を避けるためにその個体から離れようとする）であり，Bは定位の範囲（他個体がこの中にいるときは，その個体の動きに同調する）であり，Cは誘引の範囲（他個体がこの中にいるときは，その個体に近付こうとする）である．コンピュータシミュレーションによると，これらの範囲の変化の結果として異なる群れ構造が出現することが示されている．(b) 定位の範囲がほとんどあるいは全くない場合，群れはスワーム状態を呈する．(c) 定位の範囲の広さが増加するにつれて，群れは円環体を形成するようになる．(d) 定位の範囲がさらに広くなると，群れは一定方向に動き始める．Couzin et al. (2002) より転載．(e) (f) (g)：コイ科のゴールデンシャイナー（*Notemigonus crysoleucas*）の群れの3つの状態．これらは，この魚を長時間追跡して観察できた唯一の状態である．写真はIain D. Couzinの好意による．

遊泳群れの大規模な変化は，個体の局所的反応の変化の結果である……そして，群れサイズの変化も

しても，定位の範囲がほとんどあるいは全くないならば，群れは多くの異なる方向に動く個体からなる「スワーム」を形成する（図6.22b）．定位の範囲が増加するにつれて，群れは空いた中央の周りを回る「円環体」を形成するようになる（図6.22c）．さらに定位の範囲が増加すると，群れは一定方向に動き始める（図6.22d）．これらのすべての群れ様式は実際に魚の群れで見られるものである（図6.22e–g）．重要な点は，隣りの個体に対する群れ個体の局所的な反応の小さな変化から，群れ行動の大きな変化が理論的に生じうるということである．

Couzin et al. (2002) は，さらなるシミュレーションにおいて，捕食者が餌動物の最高密度の位置を探知しそこに向かう条件を付け加えた．餌動物は，今度は「もし捕食者を見つけたならば，そこを離れよ」という追加ルールを持つことになった．これによって，群れの中を広がる退避動作の波（トラファルガー効果），群れの断片化，あるいは全方向への突然の「拡散」のような，実際の群れでよく見られる組織的行動様式が導出された．

最後に，個体の局所的反応における単純な変化が，群れサイズの変化という結果に至ることを示した理論的研究について述べることにする．Hoare et al. (2004) は，カダヤシ目の1種（*Fundulus diaphanus*）の群れサイズが，コスト

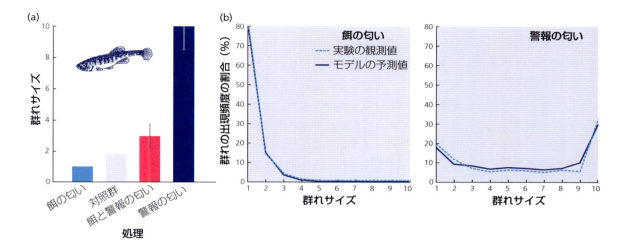

図 6.23 カダヤシ目の 1 種 (*Fundulus diaphanus*) の群れサイズ．(a) 様々な匂いを水槽に加えるという処理を施した実験で出現した群れサイズの中央値．処理条件は，餌の匂いだけ，対照，餌の匂いおよび警報の匂い（魚の皮膚の傷からの体液），警報の匂いだけの各条件である．(b) 2 つの処理条件の間で観察された群れサイズの変化は，隣の個体に対する個体の反応を変化させて行ったシミュレーション（本文を参照せよ）の結果と比較された．Hoare *et al.* (2004) より転載．掲載は Elsevier より許可された．

と利益についてのこれまでの議論から予測されるような様式で変化することを発見した．傷付いた個体の皮膚から出た体液が水槽に入れられると，魚達は大きな群れを作った．一方，食物の匂いが入れられると，個体ごとに泳ぎ回る傾向があった．そして，食物と皮膚の傷からの体液が一緒に入れられると，群れは中間サイズとなった．図 6.23a は，群れサイズを中央値で表し，これらの結果をまとめたものである．群れの個体は，群れ仲間の数を数えることによって群れサイズを変えているのだろうか？　そんな必要はないだろう．単なる局所的な個体間相互作用における変化の結果として，異なる群れ形成が起こっているのかもしれない．Hoare *et al.* は，シミュレーションを利用して，図 6.22a で述べた，他個体との同調の範囲と誘引の範囲の半径を変化させたときの結果を求めた．そこでは，食物の匂いはこれらの範囲を狭め（群れの個体は隣の個体に誘引されにくい），一方，捕食者の信号はそれらを拡大するだろう（隣の個体に誘引されやすい）という仮説を，彼らは設定した．このような様式でその行動範囲を変化させたシミュレーションは，様々な処理条件下で観察された群れサイズの中央値だけでなく，その分散に対しても非常に一致した結果を与えた（図 6.23b）．

　今後の研究では，これら予測された群れの現象が現実の行動の結果として起こっているかどうかを検証するために，魚個体が実際に用いている局所的ルールを調べる必要があるだろう．

リーダーシップと投票

リーダーと追随者

　各個体が，図6.22aで説明した3つの行動範囲を持っているような群れを考えてみよう．そして今度は群れの一部が，餌場所などへの好みの方向について情報を持っていると想像しよう．他のすべての個体は，好みの方向について情報を持っておらず，群れの中で誰が情報を持っているかについても知らないとする．コンピュータシミュレーションによると，情報を持っている群れの個体の比率が低くても（200匹の群れの5%未満でも），それらの個体は群れ全体の進む方向に影響を与え，目的の場所にすべての個体を導くことができることが明らかとなった．よって群れの意思決定は，明示的信号や複雑なコミュニケーションがなくても成されうるのである（Couzin et al., 2005）．

　人間の集団を使った実験が，この効果についての証拠を与えてくれている（Dyer et al., 2008）．数人（無情報）に「集団に留まれ」という指示が書かれた一片の紙が与えられ，他の数人には「特定の目的地に向かえ」という指示が与えられた．実験の結果，情報を持つごく少数の人が，言葉によるコミュニケーションや明示的な信号を使わずに，無情報な人の集団を目的地まで導くことが示された．情報を持つ人が目的地に関して対立する情報を持っているときには，多人数が持つ情報の方が集団の方向を決定した．

> 情報を持つ少数個体が群れを導くことができる

　また，動物の群れにおいても，他個体より空腹であったり（Rands et al., 2003），より大胆である（Harcourt et al., 2009）という理由で特定の資源場所への方向に向かう個体が，群れの移動のリーダーとなることが知られている．

投票

　群れは，場合によっては，リーダーによる統制ではなく意見収集（投票）によって，いつ，どこに行くべきかについての合意に至ることがある（Conradt & Roper, 2005）．情報の蓄積は人間の集団では一般的なことである．数学者であり，Charles Darwinのいとこである Francis Galton(1822–1911) は，雄牛の体重について人々が賭けを行う畜牛の見本市に参加した．Golton はすべての賭け（およそ200）を書き取った．個人の賭けの値は大きく変動したが，全体の平均値は，その雄牛の真の体重に驚くほど近かった．よって情報の蓄積は，極端に大きな誤差を減らし，全体的に最良の解決を導くのである．

> アフリカスイギュウの群れ：いつどこに行くかを投票する

　動物の群れでも，ときどき個体は何らかの投票を基に意思決定を行う（表6.3）．Herbert Prins (1996) は，タンザニアのマニアラでアフリカスイギュウを研究した．この動物の雌と子達は，数百頭からなる大きく安定した群れで生活する．1日の暑い時間帯には，普通，群れは休息のために座り込んでいるが，夕暮れが近づくにつれて，ある特定の場所で採食するために群れ一丸となって出発する．そのとき群れは，どこに向かうべきかをどのように決定しているのだろうか？　群れが動き始める前に，群れの個体はときに立ち上がって，そしてまた座り込むことがある．一見，これは個体が単に自分の脚のストレッチをしてい

動物	決定内容	行動	文献
セイヨウミツバチ (*Apis mellifera*)	新しい巣場所の選択	仲間を招集するための偵察バチによる体を振るダンス	Visscher & Camazine (1999) Seeley & Buhrman (2001) Seeley (2003)
ムネボソアリ属の1種 (*Temnothorax* (以前は *Leptothorax*) *albipennis*)	新しい巣場所の選択	タンデム随行の後, 運搬によるワーカー招集	Franks *et al.* (2002) Pratt *et al.* (2002) Pratt (2005)
オオハクチョウ (*Cygnus cygnus*)	休息場所からいつ移動するか	頭部の動き	Black (1988)
マウンテンゴリラ (*Gorilla gorilla beringei*)	休息場所からいつ移動するか	切迫した出発を知らせる鳴き声 (「ブーブー」)	Stewart & Harcout (1994)
アフリカスイギュウ (*Syncercus caffer*)	休息場所から移動する方向	立ち上がって特定の方向を凝視する	Prins (1996)

表 6.3 意見収集と群れの合意に基づく意思決定の例 (Conradt & Roper, 2005).

るように思われるが，Prinsは，群れの個体が立ち上がったときに特殊な姿勢を取り，1つの方向をじっと見つめ，頭を高く上げたままにすることに気が付いた．彼は，これらの個体が凝視した方向を記録し，群れが結果的に取った移動方向を個体の凝視方向のベクトルによって予測できることを発見した．彼は，群れの個体は投票をしており，いったんどこに行くべきかについて合意が得られると，群れは移動を始めるという案を提出した．

投票に対する最良の証拠は，社会性昆虫のコロニーがどのように新しい巣場所を選ぶかについて調べた研究から得られている（Franks *et al.*, 2002; 表 6.3）．ムネボソアリ属の1種（*Temnothorax*（以前は *Leptothorax*）*albipennis*）は，岩の割れ目に作った巣の中の小さなコロニー（ワーカーが500匹未満）で生活する．岩が砕けて割れ目が崩壊すると，コロニーは新しい巣場所を見つけなければならない．これらのアリは小さく（ワーカーの体長は 2.5 mm），彼らが探索する範囲は数 m^2 に過ぎない．偵察アリは，巣になりそうな新しい場所を見つけると，コロニーに戻り，タンデム方式で他個体を1個体ずつ随行させ，その場所へ連れて行き始める．このタンデム随行では，先導アリが追随アリに先立って歩き，追随アリは先導アリの体を触角でときどき軽く叩く信号を送って，先導アリに自分が変わらず追随していることを知らせる（図 6.24a）．もし連れて来られたアリが，新しい場所が好適であることに同意すると，今度は，そのアリも次のアリをその場所に連れてくるようになる．

この探索期間の間に，複数の場所が調べられ，その場所の好適性がどれくらいに査定されるかに依存して，招集アリは様々な場所に集結して増えたり，あるいはその後，減少することもある．そして最終的に，1つの新しい場所が十分な定足数に達する．その時点から，次のアリを連れてくる方法が，遅いタン

アリ：新しい巣場所を決めるために投票する

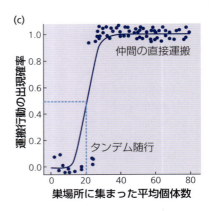

図 6.24 ムネボソアリ属の1種（*Temnothorax albipennis*）の意見収集．(a) 巣になりそうな新しい場所への別のワーカーの招集は，まず随行者が触角を使って先導者の体を軽く叩き自分の存在を知らせるという信号伝達を伴うタンデム随行によって行われる．(b) 十分な数のワーカーがその新しい場所に投票すると，その後，アリの招集方法は，1匹のワーカーが他のワーカーを単純に口にくわえてその場所に運ぶという，より素早い運搬方法に切り替わる．写真は Franks *et al.* (2002) より転載．(c) ある研究では，タンデム随行から直接運搬への切り替わりは，新しい場所に20匹の招集アリが集まったときに起こった．Pratt (2005) より転載．

デム随行（「自分に付いてこい」）から，他のアリを口にくわえて運ぶという素早い運搬法へと転換する（図 6.24b）．ガラス板の間に巣を作らせた室内実験では，約20匹のワーカーが新しい場所に集まったとき，素早いアリ運搬への切り替えが起こった（図 6.24c）．

最適な定足数　　最初に見られる遅いアリ招集方法（タンデム随行）は，「適応的な遅延（adaptive procrastination）」の例である．というのは，それによってアリのコロニーは，1つの場所への投票が十分となり最終的な意思決定が成される前に，いくつかの候補地を調べることができるからである．理論的には，最適なアリの定足数は，意思決定の早さと正確さの間のトレードオフを反映するだろうと考えられる．実験によると，新しい場所への素早いアリ運搬方法へ切り替わるときの基準となるアリ定足数は，条件が急速に悪化してしまった古い巣の場合にはより少なくなることが示されている．これは，巣の移転をより早く決定する必要があるからだろうと考えられる (Franks *et al.*, 2003)．

ミツバチは新しい巣場所を決めるため投票する：偵察バチが先導する　　セイヨウミツバチ（*Apis mellifera*）もまた，新しい巣場所を求めて探索に出発するが，彼らの探索はより大きなスケールで行われる（表 6.3 の引用文献）．女王と彼女に忠実な約 15000 匹ものワーカーは，木の枝にスワーム状態（集って群れた状態）で待機する．一方，偵察バチは新しい巣を求めて 10 km も離れた遠方まで探索する．偵察バチは巣になりそうな穴を見極め，その後スワーム

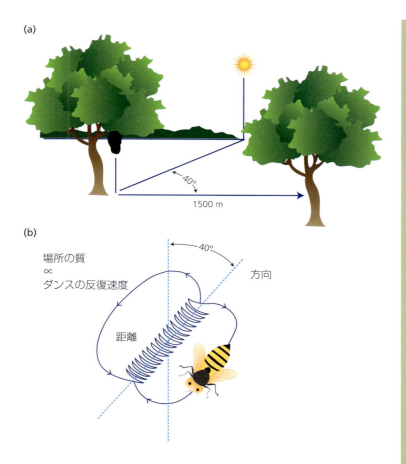

図 6.25 ミツバチの体を振るダンスによる新しい巣場所へのハチの招集．(a) 左側の木で待機しているスワーム集団から出発した偵察バチは，右側の木に巣になりそうな新しい場所を見つけた．そこはスワーム集団から1500 m 離れ，太陽の方向から時計回りに40°の方向にあった．(b) 偵察バチはスワーム集団の表面で体を振るダンスを行う．このときの雌は，ダンスしながら向かう方向の，垂直方向に対する角度によって新しい巣場所の方向を，またダンスをしながら直線的に進むときの時間によってその巣場所までの距離を，またダンスを繰り返す速度によってその場所の質を知らせているのである．Franks et al. (2002) より転載し，Seeley (1995) を基に作成．

集団の場所に戻ってきて，仲間に新しい場所の方向と距離を知らせるために，スワーム集団の表面で体を振りながらダンスをする（図6.25）．このダンスの勢いは新しい場所を推薦する熱意の大きさを知らせるものである．多くの偵察バチが巣になりそうな多くの候補地についてのダンスをするため信号伝達の時間が長くなっても，最終的に，合意は成され，まさに1つの場所に対するダンスが精力的に行われるようになる．コロニーの合意は，他の偵察バチのダンスを調べる偵察バチの間で担当され，ある場所から別の場所へとその支持の度合いが移っていく．いつ投票が終わり最終的な意思決定が成されるかが，何によって決まるかはまだ分かっていない．しかしこれは，スワーム場所に戻って1つの方向への信号伝達をする偵察バチの数が臨界閾値に達するときか，あるいは新しい場所に集まった偵察バチの数が臨界閾値に達するときかもしれない．しかし，いったんコロニーの意思決定が成されると，そのスワーム集団は，仲間を案内する偵察バチ（スワーム集団の約5%）と一緒に，塊となってまるでミサイルのように出発する．ナサノフ腺を塞いだ（よって，招集フェロモンを出すことができない）偵察バチでも，スワーム集団を効果的に新しい場所に案内できるため，追随者の手がかりは視覚的なものであることが実験によって示され

ている (Beekman *et al.*, 2006). 偵察バチがスワーム集団の中を速く飛び，おそらく魚の群れのときに議論したような局所的ルールに従って，他の仲間はその偵察バチに付いていくのであろう．

要約

　群れ形成は，色々な方法で個体の捕食リスクを減少させることができる．例えば，攻撃されるリスクを薄めたり（アメンボ，カゲロウ），個体の危険領域を狭めたり（利己的群れ：サメから襲われるオットセイ），捕食者の攻撃の狙いを混乱させたり（魚の群れ），共同防衛したり（カモメ，ウミガラス），捕食者への警戒性を向上させたりする（鳥の群れ）．

　群れ内では，個体は自らの利己的な利益に沿って行動する．空腹のときは餌に最初に出会いやすい群れの先頭に行き，満腹のときは群れの中央で安全を求めるかもしれない（利己的群れ効果）．

　個体の警戒性の水準は，大きな群れの中でも維持される．なぜなら，より警戒性の強い個体は襲われにくい傾向があるからである（ガゼル）．またそのような個体は，捕食者を早く見つけたり，仲間の警報に早く気付くので，素早く隠れ場所に逃げられるからでもある．群れによっては，満腹な個体は見張りとして行動することから利益を得ているかもしれない（ミーアキャット，チメドリ）．

　群れ形成は，餌発見の向上（情報センター，例えば，ワタリガラスのねぐら）や餌捕獲の向上をとおして，あるいは群れによる共同での狩り（ライオン）や，餌動物の群れの分散化をとおして（カモメ，数種の捕食性魚類），採餌行動を改善しうる．トリニダードでのグッピーの研究は，30 年を超える期間の捕食圧の変化に反応して，群れサイズがまず減り，その後増えるという傾向変化の進化があったことを明らかにした．

　理論的には，最適な群れサイズというものがあるかもしれないが，それは安定ではないだろう．群れ形成による個体への正味の利益には，「不均等性」が存在することが多い．群れの劣位個体は，優位個体から追い出されることを避けるために，自らの資源取得を抑制するかもしれない（魚の体サイズ階級制）．優位個体は，資源の取り分を増やそうとする劣位個体を追い出すかもしれない（シママングース）．

　群れの複雑な動きも，群れ個体が隣り合う個体への反応において単純な局所的ルールを採用することから発生する（例えば，軍隊アリの通行行列，魚の群れ）．リーダーシップは，群れの小数個体が好みの方向へ向かうとき生じるかもしれない．群れは，その個体が好みの選択肢に対して投票をした後で移動することがある（例えば，アリやミツバチの巣探索）．

もっと知りたい人のために

　Krause & Ruxton (2002) の本は，群れ生活の利益とコストについての秀逸

な総説である．Caro (2005) は，鳥類や哺乳類における，群れ形成を含めた対捕食者防衛を概説している．Cresswell (1994) は，アカアシシギの群れを襲う猛禽類の優れた野外研究を行った．Giraldeau & Caraco (2000) は，社会採餌についてのモデルと実践的研究を概説している．Lima (1998) は，捕食リスク下での個体の意思決定を考察している．

Packer et al. (1990) と Mosser & Packer (2009) は，ライオン社会の大きな利益が，他のライオンの群れに対抗して，質の高い縄張りを共同防衛することにあると示した．

Cant (2011) は，社会的な群れにおける繁殖の対立と不均等性が，優位個体からの脅しによって（攻撃，追い出し），あるいは優位個体からの実力行使によって（子殺し，配偶干渉，攻撃），あるいは群れの劣位個体による脅しや実力行使によって（離脱，干渉行動）いかに解決されるかについて概説している．Cant & Johnstone (2009) は，二者択一的選択（群れからの離脱か，あるいは他個体の追い出しか）を促すこれらの脅しが，対立の解決にどのように影響を与えているかをモデル化している．Hamilton (2000) は，招集個体と参加個体が群れ内でどのように行動すべきかを予測するために不均等理論を用いている．Radford & Ridley (2008) は，チメドリの群れにおいて，鳴き声がいかにして間置き定位と餌競争を調節するかを示している．

Couzin & Krause (2003) は，群れの移動がいかにして個体の局所的意思決定から生じるかを概説している．Conradt & Roper (2005, 2007) は，群れがいかにして合意に至るかを議論している．また King et al. (2009) は，リーダーシップがどのように群れで起こるかについて概説している．King et al. (2008) は，ヒヒの野外研究を行い，劣位個体が短期の採餌コストを被るときであっても優位個体に従うのは，どのような仕組みによるかを明らかにしている．Franks et al. (2002) は，社会性昆虫における意見収集と巣探索について概説している．

討論のための話題

1. 「混乱の効果」を検証するために，説得力のある実験を考案せよ．
2. 群れは最適サイズにあるというよりも安定サイズにあるという仮説は，どのように検証すればよいだろうか？
3. 魚の体サイズ階級制において，繁殖の地位が空くのを待つのではなく優位個体に挑戦するのであれば，そのために劣位個体はいつ成長すると期待できるだろうか？
4. 図 6.22a にあるような 3 つの行動範囲を，個体が実際に持つかどうかをどのように検証すればよいだろうか？
5. ライオンのような狩りのルールにおける個体の専門化が，群れでどのように発達するかを議論せよ．

第7章
性淘汰，精子競争およ び雌雄の対立

写真 ⓒ Joah Madden

『人間の由来と性淘汰』の第2部において，Charles Darwin (1871) は彼の「性淘汰」理論を提出した．彼は，一方の性（通常は雄）によく出現する誇張された形質に頭を悩ませていた．例えば，なぜ雄のクードゥーだけが巨大な角を持つのか？　また，なぜ雄のフウチョウ（ゴクラクチョウとも言う）だけが素晴らしい飾り羽を持つのか（図 7.1）？　Darwin は，これらの構造は生存に必須ではないはずであり，さもなければ，きっと雌もそれらの構造を持つはずだと主張した．そして対案として，これらの形質は単に配偶者をめぐる競争に有利であるから，つまり彼が「性淘汰」と呼んだプロセスによって進化したという考えを提案した．

性淘汰に関する Darwin 理論：配偶成功を増加させる形質への淘汰

Darwin は，「性的な争いには2種類ある．そのうちの1つは同性の，一般には雄の個体間に存在する，ライバルを排除したり殺したりする争いである．そして他方の雌は受動的なままである．もう1つの争いは，同様に同性の個体間に存在するが，反対の性を，一般には，雌個体を興奮させたり魅了したりする争いである．そこでは雌はもはや受け身ではなく，好みの相手を選ぶ存在となる」と述べた．1番目のプロセスは，より強力な競争者が勝利を得るプロセスであり，雄が持つ武器（クードゥーの角など）や他の特性（例えば，大きな体重や体長）の進化を説明するかもしれない．それらの武器や特性は，雄をライバルの雄との直接的な戦闘で有利にさせるものである．2番目のプロセスは，最も魅力的な競争者が勝利を得るプロセスであり，雄の装飾形質（フウチョウの飾り羽など）の進化を説明するかもしれない．幾分，困惑させるかもしれないが，1番目のプロセスは「性内淘汰 (intrasexual selection)」あるいは「雄間競争 (male–male competition)」と呼ばれ，2番目のプロセスは「性間淘汰 (intersexual selection)」あるいは「雌の選択 (female choice)」と呼ばれている．しかしこれは区別しにくい．なぜなら Darwin も認識していたように，両方のプロセスはどちらも性内競争であり，前者はただ力づくで配偶者を勝ち取ろうとするものであり，後者は魅力によって配偶者を勝ち取ろうとするものに過ぎないからである．

配偶をめぐる強制あるいは魅力を用いた競争

性淘汰の証拠やその効果を調べる前に，なぜ通常は雄が雌をめぐる競争をし，その逆は珍しいのかを考える必要があるだろう．そのために，まさに原点に戻っ

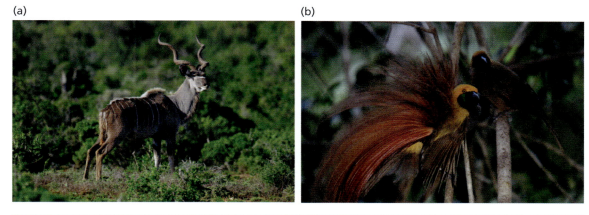

図 7.1 性淘汰の Darwin 理論は，通常は雄で見られる，力づくあるいは魅力による配偶相手獲得に関連する形質の進化を説明するために提唱された．(a) クードゥー (*Tragelaphus strepsiceros*) の雄の角．写真ⓒOliver Krüger. (b) アカカザリフウチョウの１種 (*Paradisaea raggiana*) の雌（右）にディスプレイをしている雄（左）の飾り羽．写真ⓒTim Laman/naturepl.com.

て雄と雌の基本的な違いに目を向けてみよう．

雌と雄
配偶子サイズの違い

　有性生殖では，減数分裂によって配偶子が形成され，次いで２個体の遺伝物質が融合される．例外はあるものの，それはほとんど常に雄と雌と呼ばれる２つの性によって行われる．高等動物では，生殖器官や羽毛，体の大きさ，色などの外部形質によって簡単に雌雄の識別ができる．しかしこれらは本質的な違いではない．動物や植物における両性の基本的な違いは，その配偶子の大きさの違いである．雌は卵と呼ばれる大きくて動かない栄養分に富んだ配偶子を作るのに対して，雄の配偶子である精子は小さく動きが活発で，自己推進力があり，DNA 以外にほとんど何も含まない．ゾウリムシ（*Paramecium* 属）のような多くの単純な単細胞生物で生じる有性生殖には雌雄の区別がなく，有性生殖において融合すべき「配偶子」が同じ大きさである．これは**同型配偶子** (isogamous) 生殖と呼ばれている．しかし，もっと一般的なものは，大きさの違う２つの配偶子の接合であり，実際，有性生殖をするほとんどすべての多細胞の動植物で見られるものである．それは**異型配偶子** (anisogamous) 生殖と呼ばれる．

　Parker *et al.* (1972) は，異型配偶子生殖がどのように同型配偶子生殖から進化したかを説明するために，明快なモデルを提出した．接合子の生存率がそれ自身の大きさに依存して決まると仮定すると，大きな接合子ほどその胚発生を支える栄養分を多く持ち，そのため生き残る確率が高いはずである．よって大きな配偶子にすることが，もしそれが少数しか生産されないという不利さを補うだけでなく，それよりももっと多くの生存個体を増加させるならば，淘汰

雌：大きな配偶子を生産する性

異型配偶子生殖の進化

図 7.2 栄養を蓄積した大きな配偶子（卵）と，その大きな配偶子の投資に寄生する小さな配偶子（精子）の 2 種類の配偶子に対して分断淘汰 (disruptive selection) が働くことによって，異型配偶子生殖が同型配偶子生殖から進化したと，Parker *et al.* (1972) は提案した．

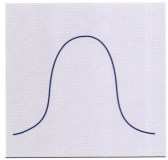
同型配偶子生殖
配偶子のサイズ

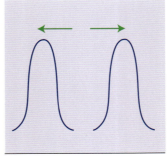
異型配偶子生殖
配偶子のサイズ

において有利となるだろう．例えば，もし個体の資源が 2 つの大きな配偶子に分配されるか，あるいは 4 つの小さな配偶子に分配されるかのどちらかであるとするならば，大きな配偶子によって作られる接合子が淘汰において有利であるためには，生存率において大きな配偶子は小さな配偶子の 2 倍を超えるような高い効果を持っていなければならないということである．

そして，いったん大きな配偶子が進化すると，より小さな配偶子において直ちに大きな配偶子を探して融合する方向への淘汰が生じる．なぜなら大きな配偶子の栄養分を寄生的に得ることができるからである．それと同時に，最も生存力のある接合子は 2 つの大きな配偶子の融合の結果生じるものになるだろうから，大きな配偶子には小さな配偶子に抵抗するように淘汰がかかるだろう．しかし，小さな配偶子と大きな配偶子の融合はより優勢になっていくだろう．それは単に，小さな配偶子の方が数多く生産されるからである．さらに，大きな配偶子は大きな配偶子を見つけるのに失敗しても中型の配偶子として生存できる見込みがあるが，小さな配偶子はそれに失敗すると生存できる見込みはないかもしれない．そうであるならば，大きな配偶子が小さな配偶子への抵抗に失敗した場合に被る損失は，小さな配偶子が大きな配偶子を見つけるのに失敗した場合に被る損失ほど大きくはないだろう．これは，小さな配偶子により強い淘汰が働くことを意味している．また，小さな配偶子は多く生産されるので，大きな変異を持つ遺伝子型を含む傾向があり，また高い死亡率を持つ傾向がある（両要因とも，数が多い結果として）．よって，小さな配偶子は速く進化し，進化時間の中で大きな配偶子を「出し抜く」ことができるだろう．

小配偶子は大配偶子の投資に寄生している

Parker *et al.* は，この祖先の進化的軍拡競走の結末は，小さな配偶子を多数生産する専門個体（雄）と大きな配偶子を少数生産する専門個体（雌）の出現に至るだろうということを理論的に示した．中間サイズの配偶子を作る個体は，多数による有利さも，多量の栄養蓄積の利点も持たないので消滅してしまったのだろう（図 7.2）．

Parker *et al.* によるモデルの基本的仮定の 1 つは，ボルボックスと呼ばれる藻類の科で行った比較調査によって支持されている．つまり，栄養蓄積が接合

子の成長にとって相対的に重要でない単細胞の属は同型配偶子生殖となる傾向があるが，接合子が生存するための役割を栄養蓄積が果たしている多細胞の属はほとんど異型配偶子生殖である (Knowlton, 1974)．その他の藻類の科も類似した傾向を持っているが，それほど明確ではない (Bell, 1978)．

このような配偶子競争の原始的様式が，なぜ2つの配偶子生産形態，つまり雄と雌が存在するのかを説明するかもしれない．そしてさらに，配偶子競争は，なぜ2つの性が維持されるのかをも説明することができる (Parker, 1982)．雌牛の卵が，雄牛の精子の約20000倍ものサイズを持つことについて考えてみる．ここで，精子サイズが2倍になったが，その結果精子数は半分になった（なぜなら資源は限られているから）ような突然変異体の雄牛を想像してみよう．大きくなった精子は，接合子の細胞質の蓄積を20000分の1単位だけ増やすことになるだろう．それはわずかな利益である．しかしそれは，2頭の雄牛が同じ雌牛と交尾するときには常に莫大なコストになる．なぜなら突然変異の雄牛の相対的受精成功率は1/2から1/3に落ちるからである．Parker (1982) は，ライバル雄の精子間競争は，たとえそれがわずかな程度でも，異型配偶子生殖を維持するためには十分なものになることを示した．

精子競争は異型配偶子生殖を維持させる

子の世話における違い

異型配偶子生殖は，小さな精子による大きな卵への寄生と考えることができる．雌は比較的少数の大きな配偶子を生産し，雄は多数の小さな配偶子を作る．それに加えて，雌はしばしば様々な形で子どもの世話を雄より多く行う（8章）．哺乳類では，妊娠と授乳の負担を負うのは雌である．雄はめったに子どもの世話に貢献しない（哺乳類の全種の約5%に過ぎない．しかし，哺乳類の3つの目，霊長目，食肉目，奇蹄目（奇数個の蹄を持つ有蹄類）では相対的に雄の世話が一般的である）．鳥類では，両親による子の世話が標準的であるが，よく雌の方が世話に多くを投資する．他の分類群で子の世話を行う場合を見ると，爬虫類と無脊椎動物では雌による世話が普通で，両生類では雄による世話と雌による世話は同程度ある．一方，唯一魚類では雄の世話の方が雌の世話よりも多い．特に魚類では，雄が卵を保護している間に，引き続き新しい雌を引き付けることができる縄張り種において，雄の世話が一般的である．このような種では，他の分類群と違って，雄が世話をしていても配偶機会を減らすコストが少ないことが関係していると考えられる（8章）．

親による投資と性的競争

Robert Trivers (1972) は，配偶子への資源投資やその他の子育て形態（親による子の世話）における，性間差と性的競争の間の関連性を認識した最初の人物である．彼は「一方の性が他方の性よりもかなり多くを投資する場合，後者はその性内メンバー同士で前者との配偶をめぐって競争するだろう」と書い

Robert Trivers の理論

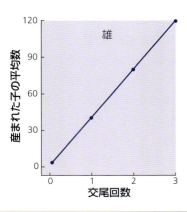
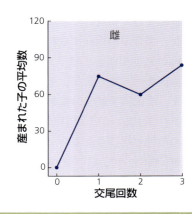

図 7.3　A.J. Bateman (1948) は，キイロショウジョウバエ (*Drosophila melanogaster*) の雄と雌を同じ数だけ瓶に入れ，交尾回数を記録するとともに，遺伝マーカーを用いて子の親を特定することで各個体が残した子の数を記録した．雄の繁殖成功度は交尾回数に比例して増加したが，雌の繁殖成功度はそうはならず，1 回目の交尾以降，交尾回数とともに増加しなかった．

ている．その重要な点は，親として最小の投資を行う性が，より大きな繁殖率を実現できる能力を持つということである (Clutton-Brock & Parker, 1992)．よって一般的には，雄は雌が卵を生産するよりも速い速度で卵を受精させる能力を持つ．雌が過剰に与えられたときに精子の供給が一時的に枯渇するような種においてさえ，子を生産する雄の潜在能力は雌よりも大きい (Nakatsuru & Kramer, 1982)．これの意味することは，雌は卵や子に資源を変換する速度を上げることによって繁殖成功を増加させるしかないが，雄は多くの異なる雌を見つけて受精させることによって繁殖成功をうまく増加させることができるということである．

雄の繁殖成功は雌との接触機会によってしばしば制限される …

配偶速度が，2 つの性の繁殖成功において異なる効果を持つことは，ショウジョウバエの実験を行った A.J. Bateman (1948) によって明確に証明された．とりわけ，彼の結果は Trivers の理論が発想される助けとなった（図 7.3）．表のように，人間などの哺乳類では，雄の方が大きな繁殖能力を持つことが明らかになっている（表 7.1）．人間の女性は，1 人の子どもを産むのに何ヶ月も費やしてしまうが，その間に男性は何百もの他の女性の卵を受精させることが可能である．

… 一方，雌の繁殖成功は資源量によってしばしば制限される

この章の後半で示すつもりであるが，2 つの性の間における，親としての投資の不均衡性とその結果生じる繁殖能力の違いは，性行動に対して広範囲に影響を及ぼす．雌が各子に対して雄よりも多く投資する場合，雄の求愛や配偶行動は，雌の投資を利用する方向に，またそれをめぐって競争する方向に大きく舵を切る．一方，雌は最良の資源と遺伝子を与えてくれる雄を選ぶ方向に向かうと期待される．

	生涯に残せる子の最大数	
種	雄	雌
ゾウアザラシ	100	8
アカシカ	24	14
人間	888	69
ミツユビカモメ	26	28

表7.1 一夫多妻あるいは乱婚の種では，雄が雌よりも高い繁殖率を実現する能力を持っている

人間のデータはギネスブックから転載した．男性で最大数の子を残したのはモロッコ皇帝のMoulay Ismailで，女性では27回の妊娠によるものである．ゾウアザラシのデータはLeBoeuf & Reiter (1988) から，アカシカのデータはClutton-Brock *et al.* (1982) から転載した．一夫一妻のミツユビカモメでは，子のそれぞれに対して雌と雄が同じだけ投資するので，繁殖成功の最大値にはほとんど性差がない (Clutton-Brock, 1983)．

なぜ雌は雄よりも子の世話に多く投資するのか？

明らかに，雌は世話をする性になる傾向があり，雄は配偶機会をめぐって競争する傾向を持つ．まずこのことを，小さな配偶子（精子）が雌の資源（卵）をめぐって競争する状況にあるという配偶子の二型性と結び付けることができる．しかし配偶後でも，なぜ雌は子の世話を多くするのだろうか？

David Queller (1997) は，雌の方が子の世話を多くする一般的な理由には2つあり，両方とも配偶システムに共通する特性に由来することを示した．これらは，雌の多回配偶（一妻多夫）と，雄間の不均等な配偶成功を導く性淘汰である．どちらの場合においても，雄が自分の資源（時間とエネルギー）を子育ての手助けに向けたときに得られる相対的な利得，あるいは他の配偶相手の獲得に向けたときに得られる相対的な利得を慎重に評価しなければならない．

1番目の理由では，ある確率で他の雄が（あるいは他の雄達が）子達の一部の父親である可能性があるような配偶つがいを考えてみよう．つがいの雄が子達の父性を独占できないとき，その雄にとって子達の遺伝的価値は低下し，そのため移動しないで子育てを手伝う利益も低下する．簡単に言うと，留まって他の雄の子が育つのを手助けする利益はないということである．結果として，父性が複数の雄に配分される種では，雄が子を育てる傾向を期待することはできないだろう．

2番目の理由では，一部の雄が平均よりも多くの配偶成功を得るような不均等性が，性淘汰によって導かれる種を考えてみよう．Queller (1997) は，雄の**潜在的繁殖率** (potential reproductive rate) がいかに大きかろうと，性比が1:1ならば，雄の**平均実現繁殖率** (average actual reproductive rate) は雌の平均実現繁殖率と正確に等しくなければならないということに気付いた．子は必ず1個体の母親と1個体の父親を持つので，これは正しいはずである．しかし，配偶に成功して，そのため世話を必要とする子を持っている雄と雌の部分集合を考え

父性はしばしば複数の雄に配分されるので，子の世話が雄にとって利益にならないことがある…

てみよう．雌のほとんどあるいはすべてが繁殖する一方，雄はその一部だけが繁殖に成功するとするならば（つまり，最も強い競争者達），これら繁殖成功した少数の雄の期待される将来の繁殖成功は，実際には，雌よりも大きいだろう．よって，これらの雄は子育てに協力せずに，その代わり多くの資源を投入して他の配偶相手を獲得することによって，多くの利益を得るはずである．例えば，20羽の求愛ディスプレイをするライチョウの雄の群れにおいて，最も大きく元気な雄がすべての交尾を行うと想像しよう（もし性比が1:1ならば，20羽の雌がいるだろう）．すると，この雄の期待繁殖成功は，雌の20倍となる．この雄は雌よりも子の世話をする傾向はないはずである．なぜなら子の世話は，この雄の潜在的な将来の繁殖成功を，雌の場合よりも多く失わせることになるからである．

よって，Queller (1997) による第2の指摘の論理は以下のとおりである．つまり，もし雌が配偶に先立って多くを投資するならば，雄間で雌の投資をめぐる競争が起こるだろう．これは雄の配偶成功に対してより大きな分散をもたらす（最良の競争者である一部の雄は，大きな繁殖成功を得るが，その他の雄は繁殖に失敗するだろう）．そして，これらの成功した雄達には，そのことによって配偶行動の後に子の世話をする傾向は生じないだろう．雌は子育てに多くを費やすので，雄への性淘汰は強くなり，そのため正のフィードバックが働き，雄が子育てする傾向がさらに消失していくだろう (Kokko & Jennions, 2009)．Box 7.1 は性淘汰の強度を測るときのいくつかの問題点をまとめている．

…そして，将来の配偶機会を失うという子の世話のコストは，しばしば雄の方がより大きなものとなる

> **Box 7.1　性淘汰の強度を測定する** (Klug *et al.*, 2010)
>
> 　指向性のある性淘汰の最大潜在強度（「性淘汰の機会 (opportunity for sexual selection)」）を測るための標準的測定値は I_s である．それは，配偶成功度の性内変異を標準化した測定量であり，各性に対する配偶成功度の変動係数の2乗で測られている (Wade, 1979; Shuster & Wade, 2003)．I_s は，ある任意の時点で配偶できる個体の性比によって決定されるだろうと仮定されてきた（「実効性比」(operational sex ratio, OSR); Emlen & Oring, 1977)．普通，雄は配偶子へも子の世話へもあまり投資しないので，配偶者集団の中では，より多くの雄が配偶可能であり，雌をめぐって競争する．よって多くの場合，OSR は雄の方に偏っているだろう．
>
> 　図 B7.1.1 の簡単な例によると，OSR と性淘汰の関係について一般的な予測を立てるには，同時に，配偶者を独占する雄の能力に OSR がいかに影響するかを知っていなければ不可能だということが示される．A において，配偶者集団に新しい雄が加わると，それは最上位の雄による配偶者の独占の増大につながるかもしれないし (B)，あるいは配偶相手の独占をより困難にさせるかもしれない (C)．D においては，競争者達の絶対密度を変えることなしに（1雄が加わり，1雌が去る）OSR を変化させたが，そ

の場合も配偶相手の独占傾向の増大につながったり (E)，あるいは減少につながったりする (F)．最初の枝分かれ図（すぐ下）では，I_S は予測通りに動く．つまり，配偶相手の独占傾向が増えると増加し（A から B へ），減ると減少する（A から C へ）．2 番目の枝分かれ図（さらに下）では，より多くの雄が未配偶のままになるので，I_S は増加するが（D から E へ），配偶成功が可能な限り平等であっても増加する（D から F へ）．

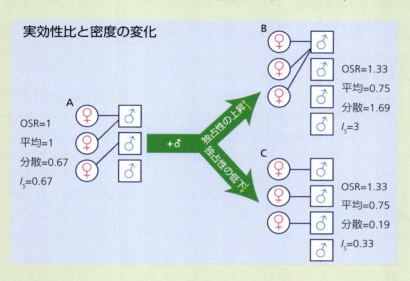

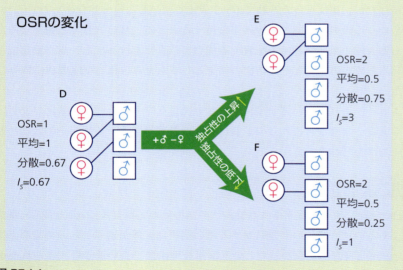

図 B7.1.1

F での性淘汰は D の場合よりも強いだろうか？　そのような場合もあるだろうが，配偶が無作為ならばそうではない．理想的には，まず雄の配偶成功に偶然で期待されるよりも大きな分散があるかどうかを検証する必

> 要がある (Sutherland, 1985). その上で，特定の形質（例えば，長い尾）にかかる淘汰の強度を測る必要がある．しかしこの場合，種を超えた比較は困難になるだろう（異なる種は異なる形質を持つかもしれない）．

性淘汰の証拠

戦闘の成功率を高める雄の形質

　Darwin が提唱した性淘汰の1番目のプロセス，つまり配偶者獲得をめぐる直接的な戦闘において，成功率を高める形質の進化に対する淘汰については，人々によく理解されてきた．そして今では，最も高い配偶成功を達成するのが，最大の体サイズを持つ雄であったり，最強あるいは最良の武器を持つ雄であることを示す多くの証拠が存在する．例えば，キタゾウアザラシ (*Mirounga angustirostris*) の雌は，子を産むために砂浜に集まり，翌年に再び子を産むために交尾する．繁殖場所の局所的な特徴から雌は群れになるので，雌の群れは防衛可能な資源となり，雄はハレムを独占するために互いに戦う（図7.4）．最大で最強の雄は最も大きなハレムを勝ち取る．Burney Le Boeuf & Joanne Reiter (1988) によるカリフォルニアでのある長期研究では，各年に180頭の競争雄のうち5頭ほどにも満たない雄が，470頭もの雌との交尾の48〜92%を占めていた．雄の成獣の体重は雌の3〜7.5倍であった．たいていの雌が4歳で最初に繁殖したが，雄はもっと遅れて6〜9歳まで繁殖しようとしなかった．これは，雌をめぐる熾烈な戦闘で勝つ確率を持てるように，体を大きくし強くなるためである．雌の繁殖成功は子を育てる能力に依存したけれども，雄の繁殖成功はハレムをめぐる戦いとその防衛の結果としてもたらされる交尾成功に依存していた．

大きくて強い雄ほど，多くの雌をよく獲得する

　よって，より大きい雄サイズや強さや武器を伴う性的二型の進化の説明は容易である．なぜならこれらの形質は，配偶者獲得をめぐる雄同士の戦闘において成功率を増加させるからである．

雌による選択

　Darwin によって提案された性淘汰の2番目のプロセス，つまり最も「魅力的な，あるいは好ましい」雄に対する雌の選択は，雌が選ぶことの確実な証拠を Darwin 自身が持たなかったという簡単な理由で，長い間受け入れられなかった．実際，Darwin が彼の理論を提唱して以来，誰かがそれを実験的に検証しようと思いつくまでに90年間も待たなければならなかった．Malte Andersson (1982) によるケニアでのコクホウジャク (*Euplectes progne*) を使った古典的な実験には，瞬間接着剤の発明が貢献した．このスズメほどの大きさの鳥の雄は，しばしば50 cm を超える長さの特徴的な尾羽を持つ（雌は普通の短い尾羽を持

つ）．雄は草原で縄張りを防衛し，営巣のためにやってくる雌を引き付けようとする．雄の尾羽は他の雄と争いで誇示されるのではない．その代わり，雌が近くを飛び過ぎるときには必ず，雌はゆっくりとした巡回飛行をし，このとき雄の尾羽は竜骨突起 (keel) の奥まで広げられて誇示される．この異常な尾羽は，雌の選択によって進化したのだろうか？

Malte Andersson の，コクホウジャクを用いた古典的実験

繁殖期の初期に，Andersson は 36 羽の雄の縄張りを地図に記録し，各雄が引き付けることのできた雌の数を記録した．そして，ある一部の雄集団において尾羽を切り落とし，約 14 cm になるようにした．そして，これらの切り取られた尾羽を接着剤で糊付けすることによって，他の雄集団の尾羽を長くした．そのため，その集団の尾羽は平均 25 cm 長くなった．それら以外の 2 つの雄集団を対照群とし，その 1 つの対照群には何も手を加えず，他の対照群には，尾羽の長さは変えないものの，尾羽を切り落とし，再度それを接着するという処理を加えた．各縄張りに作られた巣の数を数えることで（引き付けられた雌の数を測定），Andersson は，操作実験の前にそれぞれの雄集団間に配偶成功の差はなかったにも関わらず，実験後には尾羽を長くされた雄達が対照群あるいは尾

図 7.4　(a) キタゾウアザラシの雄．(b) 雌のハレムをめぐって戦う 2 頭の雄．(c) 雌と比べて巨大な雄．これら 2 頭はまだ未成獣である．写真©Oliver Krüger.

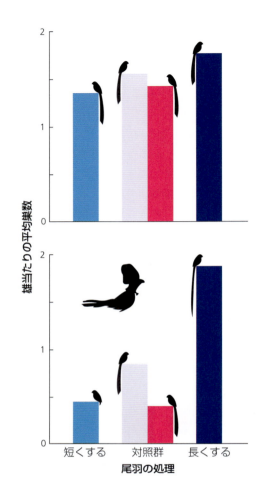

図 7.5 コクホウジャクの雄の尾羽の長さが，雌の選択にいかに影響するかを示した Malte Andersson の古典的な実験．上図：操作実験の前には，4 つの雄集団間で，雄の縄張り当たりの平均営巣数（引き付けられた雌の数の測定値）に有意な差はなかった．下図：操作実験の後には，尾羽を長くされた雄達は尾羽を短くされた雄や対照群の雄よりも多くの雌を引き付けた．図中の絵はディスプレイ飛行をしている雄を表している．Malte Andersson (1982) を基に描画した．掲載は the Nature Publishing Group より許可された．

雌は手の込んだ装飾形質を好む…

…しかし，手の込んだ装飾形質は雄の生存率に対してコストになるかもしれない

羽を短くされた処理群よりも有意に高い配偶成功を果たしたことを示した（図 7.5）．尾羽を短くされた雄達は，求愛ディスプレイに依然と積極的で，自分の縄張りを放棄する傾向もなかった．よって，尾羽を長くされた処理群の成功率の上昇は，雌の選択を反映したものであると考えられる．Andersson の重要な発見は，雌が通常の長さの尾羽よりもさらに長い尾羽を好んでいたことである．これは，尾羽に対する性淘汰（長い尾羽を有利にする）と自然淘汰（おそらく長い尾羽は生存の邪魔になるので，尾羽の長さを制限する）の圧力が，均衡しているに違いないということを示唆するものである．

性的装飾のコストは，ツバメ（*Hirundo rustica*）を使った同様な尾羽の操作実験で明らかにされた．実験的に尾羽を長くされた雄は，より早くつがいを形成し，また婚姻外交尾を求める雌から好まれた (Møller, 1988)．しかし，これらの雄は採餌においてハンディキャップを負っていた．つまり，小さい餌しか捕らえられず，羽毛の質は悪くなり，次の換羽のときに尾羽が短くなった．結果として，次の年に配偶相手を引き付けるのが遅くなり，繁殖成功度の低下を被った (Møller, 1989)．

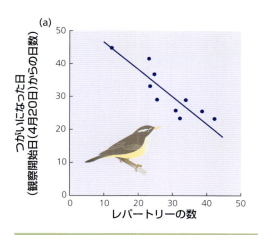
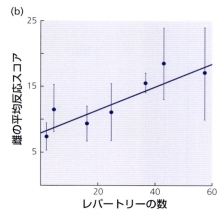

図7.6 (a) スゲヨシキリの雄のうち，レパートリーの最も豊富なさえずりを持つものが春の最初に雌を獲得する．さえずりのレパートリーの豊富さは，各雄に対してテープレコーダーを使って録音した標本から推定された．老齢の雄や良い縄張りを持つ雄が，最初につがいを形成し同時に豊富なレパートリーも持つという可能性を考慮して，それらの影響が出ないようにデータはまとめられた．Catchpole (1980) より転載．(b) 異なるレパートリー数に対して，5羽の雌が示した反応スコアの平均値 ± SE．反応スコアは性的行動で測定されている．Catchpole et al. (1984) より転載．掲載は the Nature Publishing Group より許可された．

雌の選択を初期に証明した別の巧みな実験研究は，Clive Catchpole (1980; Catchpole et al., 1984) による，スゲヨシキリ (*Acrocephalus schoenobaenus*) のさえずりに関する研究である．スゲヨシキリのさえずりは，トリル（ルルルル……）やホイッスル（ピーッピーッ），バズ（ジジジジ……）からなる長い歌の流れを持っており，越冬地であるアフリカから戻ってきた雄は，つがいを形成するまで繁殖縄張りでずっとさえずり続ける（この種は一夫一妻である）．Catchpole の測定によると，最も複雑なさえずりを持つ雄が最初に雌を獲得する（図7.6a）．さらに，雌のスゲヨシキリを実験室内でエストラジオール（発情ホルモン）で処理して性的に活性化させたところ，レパートリーを豊富に持つさえずりの再生音に対して強く反応した（図7.6b）．

ときには雄は複数の装飾形質を持つ．一部の装飾形質は雌を引き付けるためのもので，別の装飾形質はライバル雄を寄せ付けないためであったりする (Box 7.2)．

より複雑なさえずりを好む雌による選択

なぜ雌は選ぶのか？

今や，雌による選択を証明した研究は他にも数多くある (Andersson, 1994)．しかし，なぜ雌は選ぶのだろうか？　再び Darwin に戻ってみても，彼は動物も人間のように美的感覚を持つと述べた以外に答えは残さなかった．ここ40年間，多くの理論的研究および実践的研究が，雌は選択によってどんな利益を得るのかという問題に取り組んできた．ここでは，その利益を大きく2つのタイプに分けることが役に立つだろう．

Box 7.2　ウィドウバード類とビショップ類（ハタオドリ科キンランチョウ属 (*Euplectes*) の種）の複数の装飾形質

　ウィドウバード類のアカエリホウオウ (*Euplectes ardens*) は，アフリカの中部および南部の草原に生息している．雌および子育てしない雄は茶褐色の体色と短い尾羽を持つ．繁殖期間に先立って，雄は換羽して，際立った黒の羽毛に，胸には三日月型の赤い襟を付け，長い尾羽も持つようになる（図 B7.2.1）．なぜ彼らはこのような複数の装飾形質を持つのだろうか？

図 B7.2.1　ウィドウバード類のアカエリホウオウ．写真©Warwick Tarboton.

　雄は，求愛中に，自分の縄張りの上をゆっくりと飛びながら尾羽を誇示する．より長い尾羽を持つ雄は，雌とより早くつがいとなることができ，また多くの雌を引き付ける（9羽の雌まで）．胸の襟の色と大きさは配偶成功とは相関しておらず，ライバル雄に対する縄張り防衛の成功と相関している (Pryke *et al.*, 2001, 2002)．よって，その赤襟は雄同士の競争に機能しており，一方，長い尾羽は雌の選択に関して機能していると考えられる．さらに，これらの2つの装飾形質の間にはトレードオフが存在する．つまり，より大きくより赤い襟を持つ雄は，より短い尾羽を持つ傾向がある．これは，尾羽の発達に投入される資源と赤い斑紋に投入される資源の間の生理的なトレードオフを反映しているかもしれない．赤い斑紋は，食事からしか得られないカロテノイド色素によって生産されているはずである．

　キンランチョウ属 (*Euplectes*) の種間でも，尾羽の長さとカロテノイド系の体色には逆相関が存在する．ウィドウバード類は長く伸びた尾羽を持ち，カロテノイド色素の体色をほとんど持っていない．一方，ビショップ類は短い尾羽を持ち，体の広い範囲で黄色あるいは赤色の羽毛を持つ傾向がある（図 B7.2.2）．よって，2つの信号の間のエネルギー的トレードオフは，属内での羽毛の多様性の進化にも影響を与えたかもしれない．おそらく，それは雄同士の競争の圧力と雌の選択の圧力の間の均衡を反映しているだろう．ビショップ類はコロニーで繁殖する傾向があり，そのコロニー内では，雄は高密度に詰め込まれた小さい縄張りを防衛する．これは激し

い雄同士の競争につながっている（よってカロテノイド系の体色の誇示が重要である）．対照的に，ウィドウバード類は分散した大きな縄張りを持ち，そこでは雄に対する雌の選択がより重要になるようである（よって長い尾羽が重要である）（Andersson *et al.*, 2002）．

図 **B7.2.2**　赤い体色のビショップ類．写真ⓒOliver Krüger．

　最後に，キンランチョウ属（*Euplectes*）の33亜種（全部で17種）の系統樹によると，長い尾羽と鮮やかな赤色の体色は，短い尾羽を持ち黄色の体色信号を持つ祖先種から少なくとも2回進化したことが示されている．これは，進化の間に，信号による宣伝を促進するような性淘汰があったことを示唆している．その上，コクホウジャク（最も長い尾羽を持つ種）はカロテノイド色素の体色を最近失ったことが分かった．これは，体色と尾羽の間のトレードオフの考えをさらに支持する事実であろう（Prager & Andersson, 2009）．

良い資源

　コクホウジャクとスゲヨシキリの両種において，雌は選んだ雄の縄張り内で営巣する．そのため，雌の選択は営巣場所や餌などの良い資源を利用できる機会を増加させるかもしれない．コクホウジャクの雄はヒナ達への給餌を手助けすることはないが，スゲヨシキリの雄はよく子育ての手助けをし，レパートリーの多いさえずりを行う雄ほどよく子の世話をする雄となる（Buchanan & Catchpole, 2000）．よって，これら両方の例において，雄の形質（尾羽あるいはさえずり）を選ぶことは，雌の繁殖成功を向上させる資源に対する手がかりとなるだろう．

　多くの動物で，雄は，雌にとって必要な繁殖の資源を支配しようとして競争する．北米のウシガエル（*Rana catesbeiana*）の雄は，雌が産卵しにやってくる池や小さな湖で縄張りを守る（図7.7）．縄張りによっては，卵の生存にとって他より非常に優れたものがあり（温かいため速く発育し，ヒル（*Macrobdella decora*）による攻撃も少ない），雌はこれらの良い産卵場所を好み，雄はそのような縄張りの獲得をめぐり激しく奪う．そして，最も大きく最も強い雄が最良

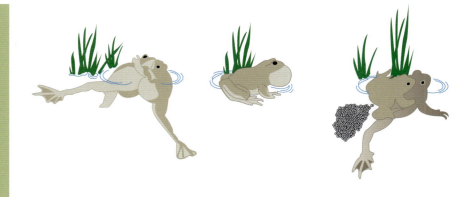

図 7.7 ウシガエルの雄は，良い産卵場所となる縄張りをめぐって競争し，ときにレスリングを行う（左）．勝利者は鳴き声によって雌に宣伝する（中央）．そして雌はその雄の縄張りに産卵する（右）．Howard (1978a, b) より転載．

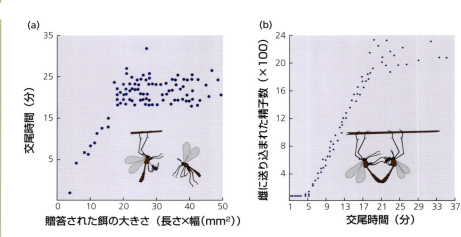

図 7.8 良い資源への雌による選り好み．(a) ガガンボモドキ科の 1 種 (*Hylobittacus apicalis*) の雌は，交尾中に雄からもらう餌が大きいほど交尾時間を延長する．(b) 交尾時間が長くなると雄が受精できる卵数が増えるので，雄にとっては利益がある．Thornhill (1976) より転載．

雄への雌の選択は，ときどき雌の資源への到達機会を増加させる

の場所を獲得する (Howard, 1978a, 1978b)．このように雌の選択と雄同士の競争は，しばしば密接な関係を保ちながら進んでいくものである．

別の例では，雌は餌を供給する能力を基準に雄を選ぶかもしれない．ガガンボモドキ科の 1 種 (*Hylobittacus apicalis*) の雌は，交尾中に自分が食べるための大きな昆虫の餌を雄が与えてくれるときだけ，その雄と交尾する．その昆虫が大きければ大きいほど，雄はより長い交尾を許され，より多くの卵を受精させることができる（図 7.8）．雌は，大きな昆虫の餌から多くの栄養分を卵にまわすことができるという利益を得られる．昆虫においては，求愛のときに与えられる贈り物は，栄養分ではなく，卵の保護に役立つこともある．ヒトリガの 1 種 (*Utetheisa ornatrix*) では，雄は交尾中に，雌が対捕食者物質として使うアルカロイドを雌に注入する．その上，雄はそのアルカロイドを誘引フェロモンとして利用している．雌は自分が受け取るであろう毒の質を，そのフェロモン濃度によって査定することができる (Dussourd *et al.*, 1991)．

良い遺伝子

場合によっては，雌が雄から受け取る唯一のものは卵を受精させるための精

図 7.9 (a) アオアズマヤドリのあずまや．Michael & Patricia Fogden/Minden Pictures/FLPA による写真．(b) マダラニワシドリのあずまや．アオアズマヤドリは青色の小物を好む．このあずまやには羽毛と人間のペン，プラスチック片，歯ブラシなどが置かれている．マダラニワシドリは緑色の小物，特に，ナス属の果実を好む．写真©Joah Madden．

子だけであったりする．にも関わらず，そのような場合でも雌はしばしば雄を選り好みする．アズマヤドリ（ニワシドリ，あるいはコヤツクリともいう）はその素晴らしい例の1つである．この鳥は20種すべてがニューギニアとオーストラリアに生息している．多くの場合，雄は子の世話に何ら役割を持たず，彼らのすべての繁殖努力はディスプレイに注がれる．雄は小枝，草の葉や茎を使ってあずまやを作る．その構造は種によって様々であり，小さな通路の形をしていたり，塔のようであったり，小さな屋根付きの小屋であったりする．そして雄は，色とりどりの果物，花，羽毛，骨，石，貝殻，昆虫の殻を使って自分のあずまやを飾り付ける．雄によっては，鉛筆キャップ，瓶の蓋，洋服フック，自動車のキー，宝石を集めたり，ある例では老人の義眼さえも集めるものさえいる！ 装飾品の色も種によって様々で，アオアズマヤドリ（*Ptilonorhynchus violaceus*）の雄は青色の物を好み，マダラニワシドリ（*Chlamydera maculata*）の雄は白色と緑色の物を好む（図7.9）．チャイロニワシドリ（*Amblyornis inornatus*）のあずまや風の小屋は非常に巧みに作られている．そこには，ピンク色の花や緑色のコケ，カブトムシの輝く鞘翅の山が別々に注意深く配置される．そのため，初期のニューギニア探検家は，これらが現地の部族によって作られた宗教的な神殿だと思ったほどである（図 14.8c; Frith & Frith, 2004）．

しかしときどき，雌が雄から得るものは精子だけだったりする

雌は交尾のために単独であずまやを訪れる．アオアズマヤドリ（Borgia, 1985）とマダラニワシドリ（Madden, 2003a）では，最も上手に飾られたあずまやを持つ雄が最も多くの交尾を獲得することが示されている．アオアズマヤドリで実験的にあずまやから装飾物を取り除くと，その雄の交尾成功が低下した（Borgia, 1985）．マダラニワシドリで行われた選択実験によって，雄は配偶相手を引き付

ける最良の指標となる装飾物，特に緑色のナス属 (*solanum*) の果実を自分のあずまやに追加することが明らかになった (Madden, 2003b)．雄はよく隣のあずまやから装飾物を盗むことがあり，またときどき他の雄のあずまやを破壊する．そのため雄の装飾は，彼らの宝物を集める能力と同時にそれらを守る能力の信号となるかもしれない．Joah Madden (2002) がマダラニワシドリのあずまやにナス属の果実を加えると，それによって，ライバル雄からあずまやを破壊される頻度の増加が誘発された．彼が雄のあずまやから果実を取り除き，再度あずまやを装飾するために雄に余計な果実を与えたところ，その雄は以前の装飾物数を回復するのに十分なだけの果実を追加し，それより多くの果実は取らない傾向があった．これは，雄が自分の社会的状況に関連させて装飾を調整しており，そのため雌は雄のあずまやからその雄の競争力を査定することができるかもしれないことを示唆している．

> アズマヤドリでは，よく飾られたあずまやほど雌から選択される

アズマヤドリのように，雌が配偶から得るものが精子だけである場合，配偶相手を選ぶことから遺伝的利益が得られるのだろうか？ 2つの仮説が提出されている．まず各仮説を順番に見ていき，その後それらがどのように検証できるかを考えてみよう．

雌の選択からの遺伝的利益：2つの仮説

Fisher の仮説：雌は魅力的な息子を得る

R.A. Fisher (1930) は，雌にとって雄が魅力的になるという理由だけで，雄の複雑なディスプレイは性的に淘汰されたというアイデア（ラナウェイプロセス）を明確に定式化した最初の人物である．これは循環論法のように聞こえるかもしれない．実際にその側面はあるが，そこが Fisher の議論の巧みなところである．彼は，進化の出発点として雄の特定の形質（例として長い尾羽を想定しよう）が，雄の質について何かを示しているので，雌はそれに対して好みを持つと仮定した．おそらく長い尾羽を持つ雄は，飛ぶのがうまく，そのため餌を集めたり，捕食者から逃げるのもうまかっただろう．別の出発点として，長い尾羽は単に雌にとって目に留まり易いものであったり，あるいは雌がある特定の刺激に対して事前に感覚傾向の偏りを持っていたと考えることもできる (Ryan *et al.*, 1990; 14章)．もし雄の尾羽の長さの違いに遺伝的な基盤があるならば，その有利さはその雌の息子に受け継がれるだろう．同時に，平均的な長さの尾羽よりも長い尾羽を雌に好ませる遺伝子もまた有利になるだろう．なぜならこれらの雌は，素質ある配偶相手から，上手に飛ぶことのできる息子や，あるいはより目に留まる息子を授かるだろうからである．

> 魅力効果だけに対する淘汰

さて，いったん長い尾羽への雌の好みが広がり始めると，長い尾羽を持つ雄は2重の利点を持つことになる．つまり飛ぶのがより上手であるばかりでなく，配偶相手を獲得する高い傾向も持つことになるだろう．同様に，雌も長い尾羽の雄を選ぶことから2重の利点を得る．つまり飛ぶのが上手で雌に対して魅力

的な息子を持つことになるだろう．雌の好みと雄の長い尾羽の間に正のフィードバックが発達するので，魅力的であるという息子の利点は，次第に雌の選択に対してより重要な理由となるようになる．そして有利であった形質も，遂には雄の生存能力を低下させるまでになるかもしれない．生存率の低下が性的魅力と釣り合うようになると，尾羽の長さの伸長に対する淘汰はゆっくりと停止するだろう (Lande, 1981; Kirkpatrick, 1982)．Box 7.3 は，Fisher の仮説のいくつかの側面をもっと詳しく説明している．

息子と娘に対する良い遺伝子

　Amotz Zahavi (1975, 1977) は雄の手の込んだ性的ディスプレイについて別の考えを提案した．彼は，クジャクの長い尾羽は日々の生存においてハンディキャップになっていると指摘した．そして，まさにそれらがハンディキャップであるがゆえに，雄の遺伝的質の信頼できる信号として働くという理由で，雌は長い尾羽（あるいは他の同様な形質）を好むと続けて提案した．尾羽はハンディキャップになるも関わらず生存する雄の能力を示している．つまりそのハンディキャップは，その雄が他の点において格段に優れているに違いないということを意味するのである．この能力が幾らかでも遺伝するならば，生存に「優れている」という傾向は子に受け継がれるだろう．このように雌は，自分の遺伝的質を正直に表示するディスプレイを持つ雄とだけ配偶するという選択を行うことによって，良い遺伝子を選んでいるのである．この仮説では，「良い遺伝子」は，Fisher の仮説で仮定されたような純粋に雌を魅了するだけの遺伝子ではなく，生存と繁殖における実利的な面を持つ遺伝子である．

　この Zahavi の考えは，最初に発表されたときは受け入れられなかった．しかし，それに続く理論的な論文によって，ハンディキャップ仮説は手の込んだ性的ディスプレイの進化，おそらく一般的な動物の信号の進化に対する正しそうな説明であることが示された（14章）．「機能する」（つまり，ハンディキャップを持つがゆえに雄を選択することで雌が利益を得ることを表す）ハンディキャップ原理の理論モデルの最も重要な要素は，良い条件にあるときだけ，雄はハンディキャップを発現させるということである．言い換えると，良い条件のときだけ完璧な性的ディスプレイを発達させるということである (Grafen, 1990a, 1990b)．これは，幾人かの批判家が気付いた Zahavi の最初の考えが持つ困った問題，つまり（ハンディキャップは固定的な形質として見なされていたので）雄は余裕があろうがなかろうが無理にでもハンディキャップを持つという問題を避けるものである．これまでに柔軟なハンディキャップ理論の色々な変型が提案されてきた（雄の現時点の元気さを露わにする「顕示型（暴露型）ハンディキャップ」を考える著者もいれば，雄の状態に比例して発現される「条件依存型ハンディキャップ」を考える著者もいる）．しかし，それらすべてのモデルの本質的な特徴は，雄の性的ディスプレイの発現程度が雌に対して自分の遺伝的

Amotz Zahavi のハンディキャップ仮説：良い質の雄だけが手の込んだ装飾形質やディスプレイ形質を持つ余裕がある

子の遺伝的質の増加に対する淘汰

質を伝えるものであるということである.

当初,理論家達を悩ませた別の問題として次のような問題があった.もし雌による「良い遺伝子」を持つ雄への強い淘汰があるならば,ほんのわずかな雄の遺伝子型しか繁殖に成功しないだろうから,遺伝的変異は急速に減少していくかもしれない.同様に形質への人為選抜は,最初は強い効果を持つ傾向があるが,その形質に対する遺伝的変異が「使い果たされる」につれて効果的でなくなっていく.もし雌の選択が,配偶相手を探索するための時間などのコストを伴うならば,少なくとも理論的には,雌は遺伝的変異が減少するにつれて選択を停止すべきである (Andersson, 1994).

質に対する遺伝的変異は,どのように世代を超えて維持されるか?

現在の考えでは,このことは以下の4つの理由で,実践的にはそれほど大きな問題にはならないだろうと示唆されている.第1に,個体群は有害突然変異の絶え間ない加入を受けており,そのため配偶可能な雄の中で,これらの有害突然変異雄を避けるような選択をする雌に利益があるかもしれない (Kondrashov, 1988; Agrawal, 2001).第2に,もし良い条件にある雄だけが手の込んだ装飾形質を発達させることができる,あるいは活発なディスプレイを行うことができるのならば,雌の選択が,必要な遺伝的変異を枯渇させるということにはなりそうにない.なぜなら,雄の状態に影響を与える仕事には非常に多くの遺伝子が関与しているからである.実際,雄の体内で起こる生理プロセスのほとんどすべてが雄の状態に影響を与えるだろうから,遺伝的変異の多さは莫大であろう (Rowe & Houle, 1996).第3に,雌が選ぶ雄の形質は,年によって異なっているかも知れない.それは複数の性的装飾の背景にある遺伝的変異を維持するだろう.例えば,カタジロクロシトド (*Calamospiza melanocorys*) では,ある年には雌は黒っぽい雄を好むが,他の年には羽に最も大きな斑を持つ雄を好み,さらに別の年には最も大きなくちばしを持つ雄を好む等々ということが起こっている (Chaine & Lyon, 2008).このように素早く変化する性淘汰様式は,ダーウィンフィンチで記述された自然淘汰の規則的な変動様式と類似するものである.ダーウィンフィンチの場合,餌供給の素早い変化が,ある年には小さなくちばしを選択し,他の年には大きなくちばしを選択した (Grant & Grant, 2002).

寄主—寄生者軍拡競走:病気への耐性能力に対する雌の選択

適応度における遺伝的変異を維持するかもしれない第4の要因は,寄主—寄生者軍拡競走である.1936年に生まれ2000年に亡くなったBill Hamiltonは,Darwin以来,最も影響力のあった進化生物学者の1人である.彼はかつて,イギリスの田舎で自身の存命中に起こった最も劇的な変化は2つあり,それらは病気によるものであると述べていた.1つは周期的にウサギの地域個体群を絶滅させ,植生の変化をもたらした粘液種ウイルス (myxoma virus) であり,もう1つはかつてイギリス低地を美しく飾っていた多くのニレ林を枯らした,カビによるニレ立枯病 (Dutch elm disease) である.これらによって,彼は,病気が自然界の生物にとって強力な淘汰圧であるに違いないと確信した.彼はMarlene Zukとともに (Hamilton & Zuk, 1982),性的ディスプレイは病気に対する遺

伝的抵抗能力の信頼できる指標であると提案した．この見方に従うと，雌は手の込んだディスプレイを選択することによって，診断する獣医のごとき役割を果たしながら，流行する感染に抵抗する遺伝的準備が完了している雄を選んでいるのである．寄生者と寄主は適応と対抗適応の終わりなき軍拡競走の状態にあり，それに伴って両方の遺伝的変化も起こっているので，「良い遺伝子」は常に変化し続け，それらを選択する雌には常に利益がもたらされるのである．

遺伝的利益の仮説の検証

形質が Fisher 過程で進化したということを証明するためには，雌の好みと雄の形質の両方に遺伝的変異があり，両者には遺伝的共変異が存在することを示す必要があるだろう (Box 7.3)．現在までに，いくつかの研究によって，雄の形質と雌の好みの間にこの予想された遺伝相関があることが示されてきている．

Box 7.3　鼻長に対する性淘汰：Fisher 仮説（ラナウェイプロセス）にとって遺伝共分散が重要である (Lande, 1981)

(1) 出発点として，個体群内に雄の鼻長とそれに対する雌の好みの変異が一定程度で存在していたとしよう．平均鼻長よりも少しでも長い鼻に対して好みを持つ雌は，長い鼻の雄と交尾し，そうでない雌は短い鼻の雄と交尾するだろう．注目すべき重要な点は，これらの交尾によって産まれる子は，鼻長と好みの**両方**の遺伝子を持つだろうということである．つまり，長い鼻の遺伝子はそれを好む遺伝子と一緒になり，短い鼻の遺伝子はそれを好む遺伝子と一緒になる．鼻長に対する好みは雌にだけ発現し，鼻長の遺伝子は雄にだけ発現するが，どの個体も両方の遺伝子を持っている可能性があるのである．言い換えると，鼻長の遺伝子と好みの遺伝子の間に 1 つの関係性，つまり**共分散** (covariance) が生じることになる．よって，雌の好みを見ることによって，雌がどのような鼻長の遺伝子を息子に与えるのかを予測することができる（図 B7.3.1）．

(2) このような共分散があると，進化はどのように進むのだろうか？　もし平均鼻長 (x) より長い方と短い方に好みを持つ雌が同じ数いたとすると，変化は起こらないだろう．しかし，平均よりもどちらかの方に偏った鼻長に好みを持つ雌がたまたま少しだけ多かったとすると（長い方でも短い方でもよいが，長い方を取ることにしよう），正のフィードバックが始まることになる．これは図の矢印によって示される．雌は長い鼻長の雄を選び（長い鼻長の雄はより高い交尾確率を持つ），それによって，**共分散のために**長い鼻長への好みが選択される．そして次に，長い鼻長をさらに長い方に押し進め，そのため好みも増強される．

(3) この仮説の量的遺伝モデルにおける性淘汰の最終結末は，モデルで用いられる実際の仮定に依存して決まる．その仮定は，例えば，雌の選択はコストを伴うかどうかである (Pomiankowski et al., 1991)．いずれにしても，一般的で重要な点は，雄の形質と雌の好みの間にある共分散が Fisher 仮説の基盤をなすということである．

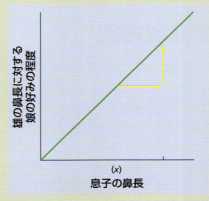

図 B7.3.1　長い鼻長とそれへの好みの遺伝子は，子において一緒になる．直線の傾きは，その関係性の程度，すなわち共分散を表す．

シュモクバエにおける，雄の形質と雌の好みの間の共分散

Wilkinson & Reillo (1994) はシュモクバエ (*Cyrtodiopsis dalmanni*) を研究した．この小さなハエでは，特に雄が長い眼柄を持ち，その両目の幅は体長よりも長い場合がある（図 7.10）．このハエはマレー半島の川岸沿いで植物の根に集まり，最も幅の広い目を持つ雄が，より多くの雌を付き添わせる．実験室で雌に選択させると，雌は最も幅の広い目を持つ雄を好むことが明らかとなった．そこで，Wilkinson と Reillo は次のような人為選抜実験を行った．彼らは，ある系統では目の幅が最も大きい雄を選抜し，別の系統では目の幅が最も小さい雄を選抜した．13 世代後には，相関した反応として雌の選択性も変化し，長い目の幅の選抜系統では雌は長い目の幅を持つ雄を好み，短い目の幅の選抜系統では雌は短い目の幅を持つ雄を好んだ．

トリニダードと北西ベネズエラの川では，グッピーの雄の体色にかなりの変異が見られる．高い捕食圧を伴う川では雄は地味な体色を持つ傾向がある一方，捕

図 7.10　根毛に集まっているシュモクバエの1匹の雄（上部）と3匹の集団雌．雄の目の幅が，雌より大きいことに留意して欲しい．Wilkinson & Reillo (1994) より転載．

食者があまりいない川では大きなオレンジ斑を持つ鮮やかな体色を持つ（4章）．Houde & Endler (1990) は，個体群の中で雄のオレンジ斑の総数とそれに対する雌の好みの強さの間に相関があることを発見した．イトヨでも同様に雄の赤い婚姻体色の鮮やかさに個体群間で変異が存在し，雌はより赤い雄を好む (Milinski & Bakker, 1990)．交配実験によると，息子の赤色の強さはその父親の赤色の強さと相関していることが明らかとなった．さらに，赤い雄の娘は赤い雄を好むが，地味な雄の娘は赤い体色に好みを示さなかった (Bakker, 1993)．よってこの場合も，形質と好みの間に正の遺伝相関が存在している．

グッピーでは…
…そして，イトヨでは

　これらの結果は，Fisher のラナウェイプロセスが潜在的に存在することを示唆している (Box 7.3)．しかしこれらの結果は，Fisher 仮説の重要な仮定，つまり淘汰される雄形質の利益が交尾成功の増加だけであることを検証していない．これを明らかにするためには，雄形質の発現が，受け継がれたどんな「実利的な」適応度要素，例えばハンディキャップ仮説で提案された病気への抵抗性や乏しい資源を集める能力などとも相関しないということを示す必要があるだろう．この予測を検討するための2つの方法は，(i) 雄間で極端な形質発現が生存力と相関しているかどうかを見極めることと，(ii) 極端な形質を持つ雄が残す子を調べることである．Fisher 仮説に従うならば，そのような子達は向上した生存力を持たず，単に向上した交尾成功を持つだけであるはずである．これら両方の検証に伴う困難さは，Fisher 仮説を支持しようとしても否定的な結果に遭遇しなければならないことである．その否定的な結果は，例えば，十分に大きなサンプルではなかったり，適切な変数を測定していなかったりするなどの多くの理由で生じるかもしれない．そしてそれ以上に，Fisher 仮説と良い遺伝子仮説が必ずしも背反である必要がないことが上げられる (Iwasa *et al.*, 1991)．雌の好みと雄の形質の間に遺伝相関があるならば，その形質が雄の遺伝的質を表す正直な信号であったとしても，Fisher のラナウェイプロセスは働く可能性があるのである．ではこれから「良い遺伝子」仮説を検証した2つの研究例を見ていくことにしよう．

クジャク

　インドクジャク (*Pavo cristatus*) の雄が持つ素晴らしい尾羽は，よく性淘汰の結果の最たる例として見なされてきた．その尾羽は，無数に伸びて広がる上尾筒（upper tail coverts，尾の付け根の羽）からなり，そのそれぞれの中心は青く，周りは銅色の目玉模様を持っている．雄は雌へディスプレイするとき，これらの上尾筒を逆立てて，揺らめき光る扇を作る（図 7.11a）．Marion Petrie は，この壮観なディスプレイが雄の遺伝的質を知らせるものかどうかを検証した．彼女はイギリス南部のホィップスネイド野生公園でクジャクの飼育個体群を研究し，まず尾にある目玉模様の数によって雄の交尾成功が予測できることを示した．そして目玉模様の数を実験的に減らすと，年を追うごとに雄の交尾

よりきれいな雄を選ぶことによって，雌は生存力のより高い子を得る

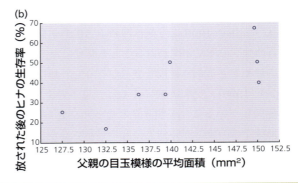

図 7.11　(a) クジャクの雄によるディスプレイ．写真©Marion Petrie．(b) 尾に大きな目玉模様を持つ雄は，高い生存率を持つ子の父親となった．Petrie (1994) より転載．

成功が減少することを示した (Petrie et al., 1991)．次に彼女は，雌を様々な自然の装飾尾を持つ雄と無作為にペアにする実験を行った．そのすべての卵を集め，標準的な条件でニワトリに育てさせ，そのクジャクのヒナにはケージ内で随時的に餌を与えた．そして Petrie (1994) は，よりきれいな装飾尾を持つ雄の息子と娘は良く育つことを発見した．さらにそれらが公園に放されると，2年齢になるまで高い生存率を示した（図 7.11b）．これは，この個体群において，雌は最もきれいな装飾を持つ雄を選ぶことによって，より高い生存力を持つ子を得たことを示唆している．しかし，日本での別の研究では，雌がより手の込んだ尾羽を持つ雄を好むという証拠は得られなかった (Takahashi et al., 2008)．おそらくグッピーの場合のように，雌の選択は様々な生態的条件に依存して変化するのであろう．

イトヨ

病気への抵抗性に対する雌の選択を検証することの困難さ

Hamilton-Zuk 仮説の検証は決して簡単ではない．例えば，単に雌が寄生感染程度の低い雄を好むことを示したとしても，それで十分ではない．雌がこのような雄を好むといっても，それは子のために良い遺伝子を求めているのではなく，単に交尾中の寄生感染を避けたいだけであったり，効果的な子育て行動のできる相手が欲しい（ひどく寄生感染した雄は衰弱していることがある）だけかもしれない．その検証に必要な4つの重要な仮定は次のとおりである：(i) 寄生は寄主の適応度を下げる；(ii) 寄生への抵抗能力は遺伝的である；(iii) 寄生への抵抗能力は性的装飾の巧みさによって明示される；(iv) 雌は最も手の込んだ装飾信号を持つ雄を好む．これら4つの仮定は，イトヨ (*Gasterosteus aculeatus*) の詳細な研究の中ですべて証明された．

春になると，イトヨの雄は鮮やかな赤い体色を発達させ，巣を作る．そしてジグザグダンスを誇示して産卵前の雌を引き付けようとする（図 7.12a）．雌は雄を気に入ると産卵のためにその巣に入る．雄はその後即座に巣に入り，産み落とされた卵を体外受精させる．そして，その雄は卵と稚魚を約 10 日間にわ

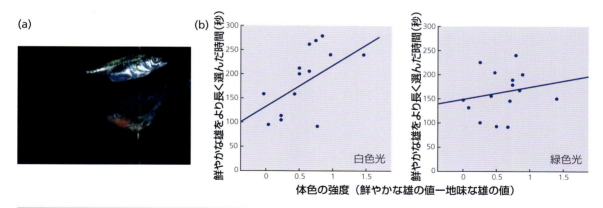

図 7.12 (a) 産卵前の雌の周りでジグザグダンスをする，婚姻体色をしたイトヨの雄．写真©Manfred Milinski．(b) 白色光の下では（左図），雌は 2 匹の雄のうち鮮やかな方の雄を好んだ．実験は 15 ペアの雄で行われ，雌によるより鮮やかな雄への好みの強さに対して，雄間の赤みの強さの差がプロットされた．赤みの強さの差が大きければ大きいほど，より鮮やかな雄への好みも強かった．緑色光の下では（そのとき雌は赤色の違いを区別することができない），有意な好みは検出できなかった（右図）．Milinski & Bakker (1990) より転載．掲載は the Nature Publishing Group より許可された．

たって世話する．Manfred Milinski & Theo Bakker (1990) は，巧みな実験によって，雌がより赤みの強い体色を持つ雄と好んで配偶することを示した．実験室の水槽で営巣させた 2 匹の雄を雌に選ばせたとき，雌は通常の白色光の条件下ではより赤い雄を選んだが，緑色光の下では（赤色が見えない）雌は強い好みを示さなかった（図 7.12b）．雄の求愛ディスプレイが光条件によって効果的でなくなったことから，雌の選択に影響を与えるものは雄の赤い体色であることが，この実験によって簡潔に示されたのである．

なぜ雌は赤い雄を好むのだろうか？ Milinski と Bakker は，雄の赤い体色はその雄の生理的状態を示していることを明らかにした（より赤い雄ほど単位体長当たり大きな体重を持つ）．雌に好まれる鮮やかな赤い体色の雄が寄生者に感染されると，彼らの生理状態も赤みの程度も低下した．白色光の下でも，雌はもはやそのような雄を好むことはなく，一方，緑色光の下では雄の寄生感染も雌の選択に影響を及ぼさなかった．

よって赤い雄を選ぶ利点の 1 つは，雌にとって卵と稚魚に対して新鮮な水を送るファンニングや防衛が上手にできるような，健康な雄を得られることだと分かる．しかしさらなる実験によって，健康な雄は「良い遺伝子」，つまり流行する感染に抵抗性を持つ対立遺伝子を雌の子に与える傾向もあることが示された．これはちょうど Hamilton & Zuk (1982) の仮説で指摘された通りである．主要組織適合遺伝子複合体 (Major Histocompatibility Complex, MHC) は，寄生感染との戦いに役立つ MHC 分子（糖タンパク質）をコードする遺伝子の塊である．様々な MHC 分子は色々な異質なペプチドを認識しそれに結合し，そして破壊する（詳細は複雑であるが，Milinski (2006a) が良い総説を提

> イトヨの雌は，良い健康状態にある赤い雄に対して好みを持つ…

> そして雄の MHC 対立遺伝子が自分の MHC 対立遺伝子に対して良い補完となるような場合の雄に対しても…．よって雌の選択は，子に対してよく世話をする雄を得ると同時に遺伝的利益にもつながるのである

供している).MHC は脊椎動物で知られる多くの多型遺伝子座を含んでいる.そのため,動物個体は自分の MHC プロフィールに関して大きく変異している.MHC 遺伝子の生産物は芳香を発するので,雌は匂いによって雄の MHC プロフィールを査定することができるのである.雌が異なる雄の匂いを選択できるようにセットされた室内実験において,雌は,流行する感染への抵抗力を与える MHC 対立遺伝子だけでなく,自分自身の MHC 対立遺伝子に対して最適な補完を与えるような MHC 対立遺伝子を持つ雄の匂いを好んだ(Reusch *et al.*, 2001; Eizaguirre *et al.*, 2009).よって雌は,健康な雄を選ぶことによって,自分の子にとってよく子の世話をする者を得ると同時に遺伝的利益も得ているのである.

雌に働く性淘汰と雄による配偶者選択

雌の装飾

　雄が保育投資に大きな貢献を果たすときには,雄の方が誰と配偶するかについて選択的になるかもしれない.これは,雄との配偶確率を増加させるための形質を雌に進化させる性淘汰につながる可能性がある(図 7.13a).例えば,一夫一妻の鳥類においては,雄雌両方とも子の世話に大きく投資することが多く,高い資質を持った相手を選ぶことは双方にとって有益になる.そしていくつかの例では,両性が類似した装飾形質を持つことがある(例えば,カイツブリ類の頭部の羽毛).Darwin (1871) は,それらが「相互的配偶者選択 (mutual mate choice)」によって進化したと示唆した.一方,雌の装飾形質は,雄が装飾形質を進化させるときの単なる非適応的な相関反応として生じたとする別の仮説もある.しかし選抜実験によると,このような相関した反応は弱く,装飾形質の

図 7.13　雌における性的装飾.(a) カンムリカイツブリでは,両性とも配偶相手への相互的な選択をとおして進化したと思われる頭部の羽毛飾りを持つ.写真ⓒosf.co.uk. 転載禁止.(b) 南アフリカ,ケープ半島に生息するチャクマヒヒ (*Papio ursinus*) の雌の性的隆起.写真ⓒEsme Beamish.

発現は一方の性に限定されがちであるとが示されている (Wiens, 2001). さらに比較研究によって，雌の装飾形質は進化過程で頻繁に変化してきたことが明らかになっている (Kraaijeveld et al., 2007). 現在では，相互的配偶者選択に対する優れた実験的証拠が揃っている. 例えば，エトロフウミスズメ (*Aethia cristatella*) の雄と雌は，繁殖季節に額に見事な冠羽を発達させる. 実験によって，両性はより長い冠羽を持つ異性個体に対して最も激しくディスプレイすることが明らかとなっている (Jones & Hunter, 1993).

> 雄もまた選択するかもしれない：相互的配偶者選択

複数雄を含む群れで生活し，雌が複数雄と配偶機会を持つような霊長類の中では，雌の宣伝形質は極端な形態を取ることがある. 例えば雌は大きい性的隆起を発達させ，そのときそのサイズと色は月経周期の間で変化し，繁殖力の変化を信号にして伝える (図7.13b). 種によっては，これらの隆起はクジャクの雄の尾と同じようなハンディキャップにまでなっているに違いない. アヌビスヒヒ (*Papio cynocephalus anubis*) では，その隆起サイズの個体差は雌の質（子を世話する能力；Domb & Pagel, 2001）と相関している. 雌は優位雄（雌やその子を最も上手に守ることができる雄）との交尾をめぐって競争するかもしれないし，子殺しを控えさせるのに十分な父性を群れの複数雄に与えるために彼らと交尾しようと競争するかもしれない (2章). 同様な性的隆起は，複数雄を含む群れで生活するイワヒバリ (*Prunella collaris*) でも生じている. この鳥の雄は雌と交尾し，子への父性の確率を確保できるときだけその雌の子達への給餌を手伝う. 雌は複数の雄に交尾（つまり父性）を配分することによって，1羽以上の雄が子の世話を手伝ってくれる確率を増加させているのである (Davies et al., 1996b). 受精可能な期間中，雌は鮮やかな赤色の総排泄腔を見せびらかし (Nakamura, 1990)，また雄を引き付けるさえずりを使って (Langmore et al., 1996)，雄の注意を引こうと競争する.

性の役割の逆転

雄をめぐる雌の競争が激しくなり過ぎて，通常の性の役割が逆転するところにまで達してしまう場合もある. ヨウジウオ属の1種 (*Syngnathus typhle*) では妊娠するのは雄である. 雄は受精させた卵を安全に保ち，それらに栄養と酸素を与えるための育児嚢を持つ (図7.14). 数週間は続く雄の妊娠中に，雌は複数回の一腹卵を産む. よって雄は雌の繁殖成功にとって限られた資源となり，雌は雄をめぐって競争し，雄は体が大きく一腹卵数が多い装飾雌を好む (Rosenqvist, 1990; Berglund et al., 2006).

> 雌は雄をめぐって競争することがある

性的競争はときに季節によって変動することがある. Darryl Gwynne & Leigh Simmons (1990) は，オーストラリアのキリギリス科の1種 (*Kawanaphila* 属) において餌量の季節的変動が性の役割の変化をどのように導くかを示した. 餌が乏しいときには，タンパク質の豊富な雄の大きな精包は生産にコストがかかり，また雌にとって大変貴重である (図7.15). 雌は雄をめぐって競争し，雄は

> キリギリス類では多くの場合，性的競争に季節変動がある …

図 7.14　性の役割の逆転．(a) ヨウジウオ属の 1 種 (*Syngnathus typhle*) のペア．雄は手前にいて，雌は雄の下で仰向けになっている．(b) 成長中の稚魚でいっぱいになった育児嚢を持つヨウジウオの妊娠雄．写真©Anders Berglund.

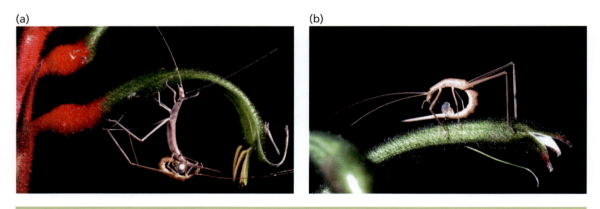

図 7.15　オーストラリアの多年草であるカンガルー・ポーの花の上に乗っているキリギリス科の 1 種 (*Kawanaphila nartee*)．雄はタンパク質の豊富な大きな精包を生産する．(a) 交尾の終了時に一緒にいるペア．雄（雌の下で丸く曲がっている）は精包を与える途中である．(b) 雌は精包を食べるために体を曲げている．雌は卵を作るのにこの餌を利用する．写真©Darryl Gwynne.

　　　　　　　　　　　多くの卵を産む大きな雌を選り好みする．しかし花粉の豊富な多年生植物が花を付ける時期になると，雄はより速く精包を生産できるようになる．そうすると今度は，雄の繁殖成功を制限するのは受け入れ可能な雌との配偶機会となり，そして雄が雌をめぐって競争し，雌が雄を拒否する場合も出てくる．

…そしてハゼ科の魚類でも
　同様な季節的変動は，西ヨーロッパの海岸の岩礁沿いで普通に見られる魚種であるハゼ科の 1 種 (*Gobiusculus flavescens*) でも起こっている．繁殖雄は海藻の中の巣場所とイガイの空の貝殻を守る．貝殻は産卵場所として雌を引き付けるものである．雄は複数の雌の一腹卵を同時に世話することができる．繁殖

時期の初期に性比が1:1であるときには，雄は雌をめぐって競争し，巣場所で活発に雌に求愛する．しかし夏期になると，子の世話と配偶競争のコストからくる雄の高い死亡率のために性比は雌に偏る．このため性の役割の逆転が起こる．今度は雌が雄との配偶機会をめぐって競争し，求愛のときに最も活発な役割を果たす (Forsgren et al., 2004).

競争における性差

2つの性は，競争における性の違いに関連して異なる装飾形質を持つ場合もある．北東オーストラリアに生息する見事なオオハナインコ (*Eclectus roratus*) は，はっきりとした性的二型を持つ（図7.16）．鮮やかな赤色と青色の体色を持つ雌は巣として不足しがちな木のうろをめぐって競争する．特に，水がたまりにくい木のうろがヒナの巣立ち成功率を高くする．雌は抱卵とヒナの世話をする間，これらの巣穴にこもるので隠蔽的な体色である必要はない．雌は樹冠下でディスプレイを行い，そこでは自分の鮮やかな体色が木々の暗い枝や幹に対して際立つようになっている．鮮やかな緑色の雄は，最良の巣場所を持つ雌との交尾機会をめぐって競争し，そしてその体色は，捕食者に対するカムフラージュの利点とディスプレイのときの派手さ（翼の下にある紫色の雨覆羽（あまおおいばね，underwing covert））の利点との間での妥協の産物となる (Heinsohn et al., 2005; Heinsohn, 2008).

オオハナインコ：体色と競争における性差

オオハナインコから気付くことは，どちらの性も自分と同じ性の仲間と競争しなければならないようだということである．雌の場合，繁殖成功は資源によって制限されることが最も多く，競争は雄の精子をめぐってではなく，繁殖成功

図7.16 オオハナインコの性的二型．雄は鮮やかな緑色の体色と翼の下に赤色の雨覆羽を持つ．雌は鮮やかな赤色と青色の体色を持つ．写真 (a) ⓒLochman Transparencies, (b) ⓒMichael Cermak.

にとって必要な資源（子育て場所，子の世話，社会的階級）の獲得機会をめぐって起こることが最も多いであろう．雄の場合，繁殖成功は配偶機会によって制限されることが最も多く，競争は通常，雌との交尾機会をめぐって直接的（力づくあるいは魅力で），あるいは間接的（雌が必要とする資源の独占によって）に起こるだろう．

精子競争

　Darwinが思い描いた性淘汰のプロセスは物語の半分に過ぎない．Darwinが理論を提唱してから1世紀後，Geoff Parker (1970c) は性淘汰プロセスの新しい観点を見い出した．彼は牛糞の周りで交尾相手をめぐって競争するフンバエ (*Scatophaga stercoraria*) を観察してきた．そのとき，まず雌はよく2匹以上の雄と交尾し，そして受精嚢 (spermathecae) と呼ばれる器官に精子を貯めることに気付いた．そして彼は異なる雄からの精液は雌の器官内で受精をめぐって競争することから，性淘汰は交尾行動の後も続くことに気が付いた．彼はこのプロセスを「精子競争 (sperm competition)」と呼んだ．現在では，これは動物界において生殖行動に対する強力な淘汰圧であることが認められている (Birkhead & Møller, 1998; Parker, 2006)．ちょうど交尾前の淘汰と同じように，そこには2つのプロセス，つまりライバル雄の精子との競争（雄の戦いに類似する）と雌の精子選択（よく「隠れた雌の選択 (cryptic female choice)」と呼ばれ，雌による配偶者選択と類似する；表7.2）が働く可能性がある．またDarwin理論と同じように，最初のプロセスの証拠は容易に受け入れられたが，雌の精子選択の方の重要性が認識されるようになったのはごく最近のことである．

> Geoff Parker は，性淘汰は配偶後も続くことを示している

なぜ雌は2匹以上の雄と交尾するのか？

　Batemanの古典的な実験を見ると（図7.3），複数の雌と交尾することから得られる雄の利点は明らかである．それは多くの子の父親になれる，ということである．しかしなぜ雌は2匹以上の雄と交尾しようとするのだろうか？　特に多くの種（例えば，Batemanの扱ったショウジョウバエ）では，1回の射精で，雌がすべての卵を受精させるのに十分な精子が与えられるにも関わらず，雌は多回交尾するのである．この疑問に対する3つの仮説を考えてみよう．

> 3つの仮説

抵抗のコストが黙従のコストよりも大きい

　利益はなかったとしても，余計な交尾を受け入れる方が雌にとって得になる場合があるかもしれない．例えば，フンバエの雌は産卵するために牛糞に行か

表7.2　性淘汰は交尾の前と後の両方で働く．

	2つのプロセス	
性淘汰	雄ー雄競争	雌の選択
交尾前 (Darwin, 1871)	ライバル雄間	配偶相手を
交尾後 (Parker, 1970c)	ライバル精子間	精子を

なければならない．雌は，そこで彼女を捕まえたがっている雄の軍団に出会う（5章；図5.3）．ある雄が交尾した後，別の雄が代わって交尾するかもしれない．雄が雌の所有をめぐって戦うと，雌が糞中に溺れてしまうこともある (Parker, 1970c)．雄は雌よりも体が大きく，このとき配偶者選択が働く機会はなさそうである．

多回交尾からの物質的（あるいは直接的）利益

多回交尾は，雌が生産する子の数を増加させる場合もある．雌は，単に多くの精子を得ることによって受精を確実にしているだけかもしれないし，もっと多くの卵を産むための材料となる餌の贈り物や精包の栄養などの多くの資源を雄からもらっているのかもしれない (Thornhill & Alcock, 1983)．雄が縄張りという形式で最良の産卵場所を支配しているときには，雌は産卵に訪れる度に，ただその場所に辿り着くためだけに交尾しなければならないかもしれない（例えば多くのトンボの不均翅亜目や均翅亜目）．またそれら以外にも，複数の雄と交尾することが，雌が子のために獲得可能な保育投資（親による子の世話への投資）を増加させるというような場合もあるかもしれない．なぜなら，ガラパゴスノスリ (*Buteo galapagoensis*) (Faaborg *et al.*, 1995) やヨーロッパカヤクグリ (*Prunella modularis*) (Davies *et al.*, 1996b) のように，複数の雄すべてがある確率で父性を持つならば，彼らは子達への給餌に協力するなどの子育てを手伝うだろうからである．同様に，雌が複数回交尾をするならば，自分自身や子への雄からのハラスメントを減らすことができるかもしれない．複数雄を含む群れで生活する霊長類の種では，雌が各雄に十分な父性の確率を与えると，それらの雄は子殺しをしないだろうから，その雌は得することになるだろう（Hrdy, 1999）．

遺伝的（あるいは間接的）利益

ここでは，雌が2個体以上の雄と配偶することによって子の遺伝的質を高める場合を考えてみよう．この仮説に対する良い証拠は，社会的一夫一妻（1羽の雄が1羽の雌とつがい関係を持つ）を最も一般的な配偶システムとして持っている鳴禽類の驚くべき研究結果から得られている (Lack, 1968)．父性を正確に測定するためにDNAマーカーが初めて利用できるようになった1985年以降，社会的一夫一妻である鳴禽類は婚姻外交尾 (extra-pair mating) を頻繁に行っていることが明らかとなってきた．典型的な場合では，子の10〜40%は社会的な婚姻相手ではない雄を父親にしている (Griffith *et al.*, 2002; Westneat & Stewart, 2003)．鳴禽類では，雌は飛び去って逃げることができるので，雄が無理矢理交尾することは簡単にはできない．実際，婚姻外交尾は，雌が自分達の縄張りからこっそり抜け出して婚姻関係にない雄を誘うことで発生している．鳥類の羽毛の比較研究によって，婚姻外交尾は性淘汰の重要な構成要素であることが示唆されている．Owens & Hartley (1998) は，婚姻外交尾による父性率のデータが分かっている73種の鳥類で雄と雌の羽毛を比較した．彼ら

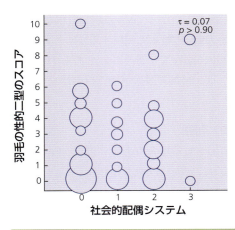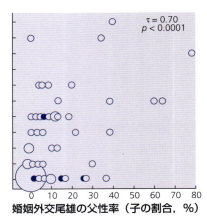

図 7.17 Owens & Hartley (1998) による鳥の羽毛の性的二型の比較研究は，性的二型は社会的配偶システム（配偶相手数のランク：0（社会的一夫一妻）を最低として，1から3とランクが増えるに従って雄の一夫多妻の程度が高くなる）と相関せず，婚姻外交尾雄の父性（婚姻外交尾雄を父親とする子の割合の百分率）とともに有意に増加することを示した．羽毛の性的二型は，0（雌雄間に差がない）から 10（雄が雌よりも非常に鮮やかである）までスコア化された．円の大きさは標本サイズを反映している．

表 7.3 鳴禽類の中には，社会的つがい雄のディスプレイ形質よりも巧みなディスプレイ形質を持つ雄との婚姻外交尾を求める雌がいることがある．

種	魅力的な雄の形質	社会的つがい雄と比較した婚姻外交尾雄の形質	引用文献
オオヨシキリ (*Acrocephalus arundinaceus*)	さえずりレパートリー	より大きい	Hasselquist *et al.* (1996)
ツバメ (*Hirundo rustica*)	尾羽の長さ	より大きい	Saino *et al.* (1997)
アオガラ (*Cyanistes* (*Parus*) *caeruleus*)	冠羽毛の紫外線反射	より鮮やか	Hunt *et al.* (1999) Kempenaers *et al.* (1997)
シロエリヒタキ (*Ficedula albicollis*)	額の白紋	より大きい	Michl *et al.* (2002) Sheldon *et al.* (1997)

鳥類における婚姻外交尾：雄の羽毛形質とディスプレイ形質をめぐる雌の選択

は羽毛の性的二型を 0（雌雄の間に差はない）から 10（雄が雌よりずっと色鮮やかである）までの段階で順位付けした．そして羽毛の性的二型の程度は，社会的な婚姻者の数とは相関はなく，婚姻外交尾による父性率と相関があることを見い出した（図 7.17）．これは雄が自身の社会的婚姻雌を引き付けるためではなく，むしろ婚姻外交尾のとき他雄の雌を引き付けるために，色鮮やかな羽毛を進化させたことを示唆している！

現在では，複数の種の詳細な研究から，雌は，自分の社会的つがい相手よりも巧みなディスプレイ形質や羽毛形質，例えばより多くのさえずりレパートリー，より長い尾羽，あるいはより鮮やかな羽毛を持つ雄との婚姻外交尾を求めるこ

とが実際に確認されている（表7.3）．魅力的な雄（これらの形質で測定される）とつがいになった雌は，より貞節である傾向を持つが，魅力的でない形質を発達させた雄とつがいになった雌は，婚姻外交尾を積極的に求める雌となる．表7.3にある4つの例にあるすべてのディスプレイ形質が，雌に対する魅力形質となるという実験的証拠が存在する．さらに，最も発達した魅力形質を持つ雄の生存率は高い．これは，これらのディスプレイ形質が生存力の指標であることを示唆している．婚姻外交尾の雄は子の世話はせず，精子だけを与える．雌は魅力形質を発達させた雄を選ぶことによって，自分の子のために良い遺伝子を手に入れようとしているのだろうか？　決定的な検証法は，婚姻外交尾によるヒナとつがい雄との間にできたヒナを同じ巣で育てて，それらの成功度合いを比較することである．この比較はアオガラとシロエリヒタキで実施された．その両方の場合で，婚姻外交尾によるヒナの方がよく生き残った．これは，雌は婚姻外交尾から実際に遺伝的利益を得ていることを示唆している．

> 雌は，婚姻外交尾によって自分の子の遺伝的質を高める

雄の「良い遺伝子」効果を明らかにしようとするときの問題の1つは，魅力的な雄と交尾すると雌が自分自身の保育投資を増やすことである．例えばマガモでは，魅力的な雄と交尾した後，雌はより大きな卵（これはヒナの生存率を高める）を産む（Cunningham & Russell, 2000）．よって，魅力的な雄を父親とするヒナにおける成功の増加は，部分的には（あるいは全体的には）雌の保育投資の増加を反映しているかもしれない．オーストラリアのネズミのような食虫有袋類であるチャアンテキヌス（*Antechinus stuartii*）の研究では，この交絡要因が消去された（Fisher *et al.*, 2006）．アンテキヌスの雌は1回繁殖で，生涯に1回だけ子を世話し，その後死ぬ．雄も生涯1回繁殖で，子の世話には何の役割も持たない．よってこの場合，雌は自分の子達に最大の投資をするべきである（子を世話する際の資源を温存すべき将来の子は存在しない）．野外観察によると，雌は，通常2週間の交尾期間の間に複数の雄と交尾することが示された．なぜだろうか？　入念に管理された実験において，複数の雌が捕獲され，実験室内で41頭の「種馬」雄の集団と交尾させられた．各雌は3回交尾することが許され，ある雌グループ（一夫性）は同じ雄と3回交尾させられ，別の雌グループ（一妻多夫性）は異なる雄と3回交尾することが許された（各雄と1回ずつ）．子が産まれると，子達は個体ごとに皮下に小さなマイクロチップを埋め込まれてマークされた．そして母親とその子達は，営巣箱に入れて野生に戻された．2ヶ月後，生き残っている子の数が各一腹兄弟ごとにスコア化された．

その結果は際立ったものであった．2つの雌グループの間で一腹子数に差はなかったものの，一妻多夫グループの雌が産んで乳離れの時期まで生き残った子の数は，他方の雌グループの場合の3倍であった．一夫グループの雌の成功度合いをもっと詳しく見ると，もし雌とペアとなった雄が一妻多夫のときに高い父性を獲得するような優れた競争者であったときには，その雌は他の雌より成功するだろうことを明らかに示していた．このことから，雌にとっての一妻多夫の利点は，自分の子に対して良い遺伝的父親を与える確率を高めることだっ

> チャアンテキヌス：多回交尾は雌の繁殖成功を向上させる

たようだということが示唆される (Fisher et al., 2006).

配偶者選択と婚姻外交尾における制約

これらの結果は2つの謎を残している．第1に，なぜ雌は最初の段階で理想的な雄との配偶を選ばないのだろうか？ 最良の雄をめぐる競争が激しい場合には，雌は最良ではない雄でも社会的つがい相手に決めざるを得ないのかもしれない．そして自分の子の遺伝的質を高めるために婚姻外交尾に頼るのかもしれない．

第2に，何が婚姻外交尾を制限するだろうか？ 2つの仮説が提案されてきた．その1つは，雄が子の世話を手伝う場合，社会的につがい関係にある雄は婚姻外交尾に反応して子の世話の程度を低下させるだろうということである．シロエリヒタキでは，このことを示す良い証拠がある．つまり，雌が受精する時期に1時間だけ実験的に取り除かれると（雌が婚姻外交尾を求めて出かける出来事をシミュレートした），その雌のつがい雄はヒナに給餌する努力を低下させた（受精期間以外に雌を取り除いた対照雄と比較して）(Sheldon et al., 1997)．よって雌は，婚姻外交尾による受精の利益とともに，ヒナを育てるための手助けが減るというトレードオフを受容しなければならないかもしれない．

もう1つの仮説は，息子と娘に対して，最良となる父親はそれぞれ異なるということである．これは性的に対抗的な遺伝子のために起こるだろう．その遺伝子は，一方の性には良い効果を持つが，反対の性には有害となるというものである．例えば，我々人類の腰の幅を増加させる祖先遺伝子を想像してみよう．これは娘にとっては良いかもしれない（出産しやすくする）が，息子にとっては良くない（効果的な動作ができない）．限性遺伝子 (sex-limited gene) の発現に対する淘汰は，2つの性の中で独立な進化をもたらすので，各性は最適な結果に到達することができる．にも関わらず，ショウジョウバエを使った選抜実験によると，一方の性に有利な遺伝子の選抜は，他方の性に適応度の低下を導くことがあると示された (Chippindale et al., 2001)．自然個体群でも同様に，性的に対抗的な遺伝子効果があることの証拠が存在する．スコットランド，ラム島のアカシカ (*Cervus elaphus*) では，高い生涯繁殖成功を持つ雄は，平均的に，低い適応度を持つ娘の父親であった (Foerster et al., 2007)．コオロギを使った繁殖実験では，野外でより魅力的な雄は質の高い息子と質の低い娘の父親であり，その傾向はあまり魅力的でない雄よりも強いことが明らかとなっている (Fedorka & Mousseau, 2004)．これは配偶者選択に影響を与えるだろう．一方の性の子に対しては社会的なつがい雄が良い父親であり，他方の性の子に対しては婚姻外交尾の雄が良い父親となるという理由から，雌は婚姻外交尾する傾向を持つということもあるかもしれない．

> 寝取られた雄は，子の世話の程度を低下させるかもしれない

> 息子と娘に対して最良となる父親は異なる

雌雄の対立

　これから，この章の重要な3番目のテーマに取り組むことにしよう．この章の始めに，小さな配偶子が大きな配偶子の資源を利用するように進化したことや，その原始的な対立の結果として生じた異型配偶子生殖の起源の話をした．そして，雌による配偶前の大きな投資は配偶後の大きな投資と結び付くことが多く，それは一方では雌をめぐる雄間の激しい競争を招き，他方では資源獲得や遺伝的な利益を求める雌による雄への選択につながることを示した．これは，しばしば交尾自体や交尾後の精子利用をめぐる雌雄の対立を引き起こすことになるだろう（表7.4）．雄と雌にとって最適な結果が異なるときには，必ず雌雄の対立が起こる．理論的には，その対立は，各性を自分の利益の方に結果が偏るような適応進化に向かわせようとする．その結果，雄と雌の生殖形質の間には，対抗的な共進化がもたらされる（Parker, 1979; Chapman et al., 2003）．ここでは，このような雌雄の対立の証拠について検討することにしよう．まず，交尾そのものをめぐる対立，そして交尾後の卵の受精をめぐる対立に注目する．次の章では，親による保育投資に関する雌雄の対立を調べることにする．

交尾をめぐる雌雄の対立

性的に対抗的な共進化

　雄の繁殖成功は，雌の繁殖成功の場合よりも，配偶相手への出会いの機会によって制限されやすいことをこれまで見てきた．よって，1つの出会いにおいて，雄にとっては交尾する方が良いけれども，雌にとっては拒否する方が良いという場合があるかもしれない．この対立の極めて明示的な事象は，例えばシリアゲムシ（*Panorpa* spp.）で見られる強制交尾である．シリアゲムシの雄は，通常，特殊な唾液分泌物あるいは昆虫の死体を婚姻贈呈用の贈り物として雌にプレゼントすることで交尾相手を獲得する（これは以前に説明したガガンボモドキ（*Hylobittacus* 属）と大変よく似ている）．雌は交尾している間に贈り物を摂食し，その栄養を卵に転化させる．しかし，雄はときどき強制交尾を行う．そのとき雄は贈り物を与えることなく，特殊な腹部の器官（背部器官）で雌を捉まえる（Thornhill, 1980）．強制交尾は雌雄の対立の一例であると思われる．強制交尾は，卵のための餌をもらえないので雌にとって敗北であり，雌は自ら餌を探さなければならない．一方，雄にとっては婚姻贈呈物の探索という危険

雄の形質	雌の形質
強制交尾	抵抗
交尾成功を高める挿入器官	精子の進行を邪魔する巧みな生殖管
雌の警護，繰り返し交尾，戦略的精子配分	婚姻外交尾を求める
ライバル雄の精子の除去あるいは置換	精子の排出
他雄との交尾を妨害する交尾栓と抗媚薬	精子の選択
雌を操作する付属腺タンパク質	化学物質への抵抗

表7.4　雌雄の対立：雄と雌の適応と対抗適応のまとめ

な仕事を省略することになるので都合がよい．というのも，シリアゲムシはクモの巣にかかった昆虫を食べるため，自分自身がクモの巣に捕まってしまうことが頻繁に生じる．つまり採餌は確実に危険な仕事なのである（成虫の 65% はこのとき死亡する）．なぜすべての雄は強制交尾をしないのだろうか？ コストと利益の釣り合いについては正確には分からないが，強制交尾の場合，雌を受精させる成功率はかなり低い結果となるようである．そのため，おそらく，雄は雌を引き付けるための餌を発見できないときや，十分な唾液分泌物を用意できないときだけこの戦略を用いるのであろう．

アメンボ類：雄の組み付き形質と雌の抵抗形質の共進化

Goran Arnqvist & Locke Rowe (2002a, 2002b) によるアメンボ類 (Gerridae) の研究は，交尾をめぐる対立が両性の間にどのように対抗的な共進化を生み出すのかについて，とりわけ優れた証拠を提出している．これらの昆虫は，餌や交尾相手を捜して池や川の水面を滑り回っている姿がよく見られる．雄は雌の背中に乗り，抱きつくことによって交尾を確実なものにしようとする．しかし，余計な交尾は雌にとって負担である．例えば背中の雄の存在によって，雌は動きが制限され，摂食成功率が減少し，捕食される率が増加する．そのため既に交尾を完了した雌は新たな雄を拒否して暴れ回る．雌に組み付く能力を増強させていく雄の形態（組み付きのための外部生殖器の伸長）とそれを拒絶する能力を高める雌の形態（雄を妨害するための腹部のトゲの伸長）について，複数の種をとおして比較すると，両者の間に相関した進化が認められる（図 7.18）．よって，一方の性における適応は，他方の性の対抗的適応と同調していることが分かる．異なる種が，なぜ武器レベルの異なる平衡点に至ったかは，交尾機会や武器生産コストの違いによって説明されるだろう．

父性を確実にするための配偶者警護と高頻度に行われる交尾

雌雄の対立が別の方向に向かうような他の例を見てみよう．婚姻外交尾は雌にとっては都合が良いが，婚姻関係にあるつがい雄にとっては，父性を守るためにそれを妨害する方が良い．一夫一妻の鳥類の多くのつがい雄は，つがい雌が交尾可能である 1 週間ぐらいの間，つがい雌のすぐ近くに付き添い，侵入雄をすべて追い払う．一方，つがい雌は，こっそりと婚姻外交尾を達成しようとすることがある．一方の配偶者が採餌に出かけている間（多くの海鳥や猛禽類），他方は巣を守らなければならないなどのために，雄が雌を守れない場合には，つがい雄はライバル雄の精子を数で圧倒するために雌と交尾を何度も繰り返す．それは，ときには一腹卵当たり数百回にも上ることが分かっている (Birkhead & Møller, 1992)．

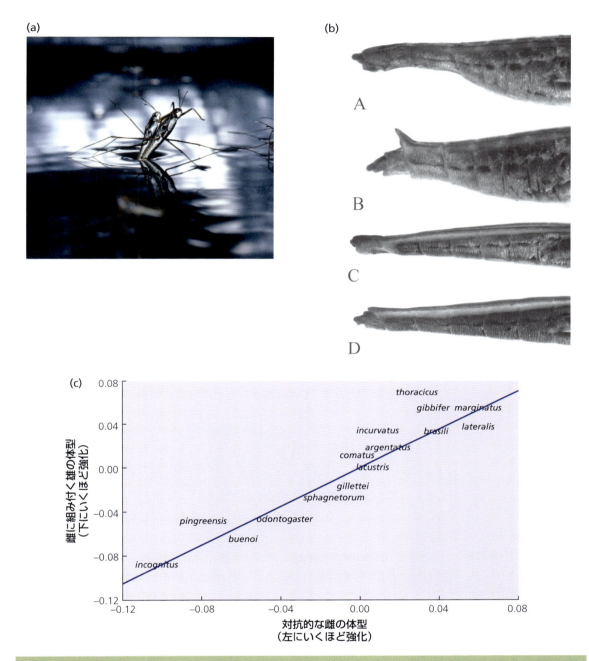

図 7.18　(a) 交尾前に取っ組み合いをするキタヒメアメンボ (*Gerris lacustris*) のペア．雌（下方）は張った水面に両者の腹部の先端を押し込んで伸び上がろうとしている．その行動が原因で，雄は雌への組み付きによく失敗してしまう．写真©Ingela Danielsson and Jens Rydell．(b) キタヒメアメンボなどの数種では，雄は雌に組み付くための生殖用体節を進化させ (A)，雌は雄の組み付きに抵抗するための腹部のトゲ (B) を進化させている．他の種（*Gerris thoracicus* など）のように，武器を持たず，また性的二型もない場合もある（C 雄，D 雌）．(c) アメンボ属 (*Gerris*) の様々な種の間で，雄と雌の武装レベルの指標値が互いにプロットされると，種は直線に沿って分布する傾向がある．これは対抗的な進化が起こったことを示唆している．そこでは，組み付くための雄の武装強化は，それに対抗するための雌の防衛強化と同調している．最も武装している種は図の左下に出現し（例えば，*G. incognitus*），最も武装していない種は右上に出現している（例えば，*G. thoracicus*）．Arnqvist & Rowe (2002b) より転載．掲載は the Nature Publishing Group より許可された．

交尾後の雌雄の対立

雄の適応進化

雄は，精子競争において成功率を高めるために多種多様な戦術を用いる．無脊椎動物はその最も驚嘆すべき例を提供してくれているので，ここではそれらを確かめることにしよう（Birkhead & Møller, 1998; Simmons, 2001）．

交尾後に父性を増加させるための雄の戦術

精子除去（Sperm removal）．多くの昆虫において，雌は精子を受精嚢と呼ばれる特殊な袋に貯蔵する．Jonathan Waage（1979）は，トンボの雄が自分の精子を注入する前に，雌の受精嚢に残されたライバル雄の精子を除去することを初めて示した．アメリカアオハダトンボ（*Calopteryx maculata*）の雄は，ペニスの先端に 2 本の特殊なスプーン状突起を持っており，自分の精子を新たに雌の精子貯蔵器官に注入する前に，そのスプーン状突起を使って，前の雄が残した精子を雌の貯蔵器官からかき出してしまう（図 7.19c と 7.19d）．さらに他の種の雄は，角状の突起物を持ったペニスを膨張させることができ，それを使って前の雄の精子を受精嚢の奥に押し込み，自分の精子が受精管に先に到達できるようにしている（後入れ—先出し；図 7.19a と 7.19b）．

ライバル雄の精子を除去する

精子置換（Sperm displacement）．他の昆虫では，雄の精子の注入自体が前の雄の精子を流し出してしまうものがいる．キイロフンバエ（*Scatophaga stercoraria*）では，雌は 3 つの受精嚢を持っており，1 回の交尾によってそのすべてが精子で満たされる．2 匹の雄が続けて交尾した場合，2 番目の雄は父性の 80％を獲得する（3 章）．Leigh Simmons *et al.*（1999a）は安定同位体でラベルしたアミノ酸を使って，雌の生殖管の内部にある 2 匹の雄の精子を区別した．そして，この精子注入による前の精子の流し出しは，精子の混合のために（つまり 1 番目の雄もある程度受精に成功する），100％の効果を持たないことを明らかにした．2 匹の雄による父性の分配程度は，受精嚢に存在する精子数の割合によって予測されるとおりであった（いわゆる「フェアな分配」という結果である）．

雌が再交尾する確率を低下させる

交尾栓（Copulatory plug）．無脊椎動物（特に昆虫類）の中には，交尾後の雌が他の雄から受精されないように，雄が雌の生殖器の口を塗り固めて塞いでしまうものがいる．ドブネズミの腸に寄生する鉤頭虫類（*Moniliformis dubius*）の雄は，この類いの貞操帯を造り，交尾後の雌の生殖器を塞ぐだけでなく，ときにライバル雄に乗りかかり「交尾」状態となり，その生殖器を塞いで彼らが再び交尾をできないようにしてしまう（Abele & Gilchrist, 1977）．ハナカメムシの 1 種（*Xylocoris maculipennis*）の習性はそれに劣らず驚くべきものである．この種の正常な交尾では，雄は単に雌の体壁に穴を開けて精子を注入する．その後，注入された精子は雌の体内を泳ぎ回り，卵と出会うとそれらを受精させる．鉤頭虫類の場合のように，ときどき雄は同性と「交尾」状態になり，その体内に自分の精子を注入する．注入された精子は犠牲となったライバル雄の体内を泳ぎ回り，精巣にまで泳ぎ着く．そしてライバル雄が次の交尾をするとき

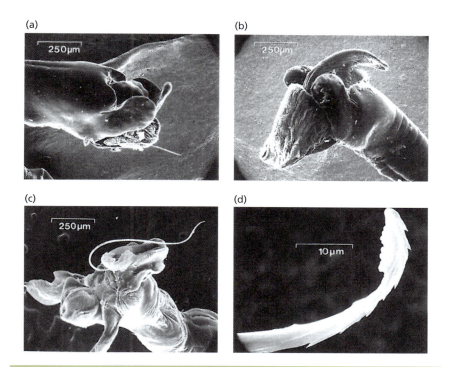

図 **7.19** トンボ目 (Odonata) における 2 つの精子置換メカニズム．ショウジョウトンボ属の 1 種 (*Crocothemis erythraea*) の (a) 膨張していないペニスと (b) 膨張しているペニス．角の形をした構造が，受精嚢に存在する前雄の精子を奥に押し込んでしまう．シオカラトンボ属の 1 種 (*Orthetrum cancellatum*) では，(c) 鞭状の鞭毛は交尾中に外へめくり返り，(d) 鞭毛に付いた逆トゲは受精嚢の狭い管から精子を取り除く．Siva-Jothy (1984)．Michael Siva-Jothy による写真．

に，雌に受け渡されるのをそこで待つことになる (Carayon, 1974)．

抗媚薬 (Anti-aphrodisiac)．Larry Gilbert (1976) は，交尾後のアカスジドクチョウ (*Heliconius erato*) の雌から特殊な匂いがすることに気が付いた．そして，その匂いは雌自身からではなく，雄が交尾の後に残したものから発せられていることを実験的に突き止めた．その匂いは，他の雄がその雌と交尾する意欲を低下させる効果を持っていた．おそらく，雄同士が別の状況で互いを避け合うときに利用する匂いと類似した匂いであるからであろう．

不妊精子 (Sterile sperm)．無脊椎動物の中には，雄に 2 つのタイプの精子を生産するものがいる．雌の卵と受精できる能力を持つ「正型精子 (eusperm)」と，不妊の（または核を持っていたり持っていなかったりする）「異型精子 (parasperm)」である．チョウやガでは，異型精子は雌の精子貯蔵器官への「安価な詰め物」として機能し，雌の再交尾を遅らせる結果につながる (Cook & Wedell, 1999)．ウスグロショウジョウバエ (*Drosophila pseudoobscura*) の異型精子は，雌の生殖管の中で受精しつつある兄弟の正型精子を殺精子物質から守る働きをする (Holman & Snook, 2008)．

「安価な詰め物」としての不妊精子

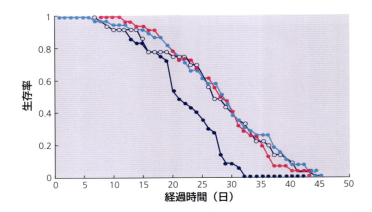

図 7.20 この実験は，キイロショウジョウバエ (*Drosophila melanogaster*) の雌を，交尾のとき雄の付属腺タンパク質 (Acps) に様々な条件で暴露させたものである．ただし産卵や，交尾をさせずに雄の中におくことや，交尾率など他のコストとなる繁殖要素についてはすべての条件群で一定になるようにされた．Acps を生産する雄と交尾した雌（紺線；寿命の中央値は 21 日）は，他の 3 つのタイプの雄と交尾した雌（寿命の中央値は 29 日）よりも有意に早く死んだ．3 つのタイプの雄とは，Apcs を遺伝的に欠くように設計された雄（赤線）と，正常な速度で雌に求愛したが，外部生殖器が切断されていたため交尾できなかった 2 つの対照雄（白丸を結ぶ線と青線）である．Chapman *et al.* (1995) より転載．掲載は the Nature Publishing Group より許可された．

化学物質による雌の操作

付属腺タンパク質（Accessory gland proteins; Acps）．多くの昆虫の雄の精液には，精子だけでなく，雌の行動や生理に影響を与える様々なタンパク質が含まれている．キイロショウジョウバエ (*Drosophila melanogaster*) の場合，80 種類以上の付属腺タンパク質が特定されており，それらを失ったり過剰に発現したりするように遺伝的に設計された雄を使って，それらの機能が調査されてきた．それらの機能の中には，ライバル雄の精子を無力化させるもの，雄自身の精子を雌の生殖管の中で酵素の攻撃から守るもの，雌の産卵率を増加させるもの，雌の再交尾の傾向を低下させるものがあることが分かった．これらのすべては，雄の繁殖成功を増加させるのに役立つものばかりであったが，実験によって，雄の利益は雌の適応度の犠牲を伴うものであることが示された．というのも，それらは雌の寿命を短くさせるものばかりだったからである（図 7.20）．雌への有害な副作用は，付属腺タンパク質が子宮壁を経て雌の体液に侵入し，雌の体腔内で進行する基本的な酵素反応過程に干渉するために生じるものであるかもしれない (Chapman *et al.*, 1995, 2003)．

精子の戦略的配分（Strategic allocation of sperm）．多くの分類群（霊長類，コウモリ，その他の哺乳類，鳥類，カエル類，魚類，様々な昆虫類）の比較研究によって，体サイズ当たりの精巣サイズ（精子への投資量の測定値）は雌の乱婚 (promiscuity) の度合いとともに増加することが分かってきた（精子競争の測定値；Wedell *et al.*, 2002）．この変異が進化的変化によるものである可能

性は，フンバエの淘汰実験で明らかにされている．その実験とは，強化された精子競争に暴露させて10世代もすると，より大きな精巣と射精量の増加が進化したというものである (Hosken *et al.*, 2001)．これらの結果は，精子生産に資源を投資することはコストを伴うことであり，それが競争に打ち勝つ利益をもたらすときだけ進化するということを示している．種内でもまた，雄が際限なく交尾できる潜在能力を持っているわけでないことは明らかである (Dewsbury, 1982)．例えば，ヨーロッパクサリヘビ (*Vipera berus*) の雄は，(非活動期に行う) 精子形成の期間に，その次に過ごす雌の探索・獲得競争の時期と同じくらい多くの体重を失う (Olsson *et al.*, 1997)．

図7.21 交尾しているニワトリのペア．雌はベルトで拘束されているので，交尾の後に精液を集め，精子数を測定することができる．写真©Charlie Cornwallis.

よって雄が，精子競争や雌の繁殖力に対応して，自分の精子を戦略的に配分したとしても驚くことではない (Wedell *et al.*, 2002)．Tommaso Pizzari *et al.* (2003) による，ニワトリ (*Gallus gallus*) の放し飼い集団の研究は卓越した例を与えている (図7.21)．彼らは拘束ベルトを着けた雌を使って精液を集め，精子数を数えた．競争者が増えると，優位雄は雌への精子の投資を増やし，より大きな卵を産むトサカの大きな雌に対して，より多くの精子を与えるようになった．さらに，同じ雌を繰り返し与えられると雄の精子投資は低下したが，新しい雌が現れると回復した．これはクーリッジ大統領から名をとって「クーリッジ効果 (Coolidge effect)」として知られている．クーリッジ大統領が彼の妻と養鶏場を訪れたときのことである．クーリッジ大統領夫人が，雄鳥は毎日何回も交尾ができるという話を聞かされたとき，以下のように話したと伝えられている：「このことを大統領に伝えて下さい」．それを聞いた大統領は，その行動は毎回同じ雌鳥に対してかどうかを尋ねてから，多くの異なる雌鳥に対する交尾であると知らされると，「このことを妻に伝えてくれ」と答えたそうである．

雄はときどき精子を使い果たしてしまう．これは雌の繁殖力を低下させてしまうかもしれない．珊瑚礁のコガシラベラ (*Thalassoma bifasciatum*) では，優位雄は多数の雌を引き付けるが，優位雄は配偶のときに少量の精子しか放出しないので，これらの雄とペアを組んだ雌は繁殖力においてコストを被ってしまう (体外受精のため，Warner *et al.*, 1995)．魅力的な雄の精子数の制限は，配偶成功をめぐる雌の競争を誘導するかもしれない．ヨーロッパジシギ (*Gallinago*

雄は，性的競争に反応して精子の配分を変化させる

雄における精子の枯渇

media) の雌は，レックの中で最も人気の高い雄と何回も交尾をしようと競争する．しかし雄は，既に交尾した雌を拒否することが分かっている (Saether *et al*., 2001)．

雌の適応進化

精子競争が性淘汰の重要な成分であることを Parker (1970c) が最初に認識したとき，研究者達は雄の適応に注目した．というのも，彼らは理論を基に，配偶後の対立における成功は雌よりも雄にとってより重要であると信じていたためである．雄は本質的に「数のゲーム」をプレイすると考えられ，そこでは受精成功が増加すると，より多くの子どもが得られる．一方，雌は「質のゲーム」をプレイしており，そこでは受精の制御を強化することで，まさに子どもの質を改善しているのだと考えられた．しかし，適応は利益と同様にコストからも影響を受けるはずである．そもそも，いったん精子が雌の体内に入ってしまった後で，雌は結果をうまく制御できるものだろうか？ Bill Eberhard (1996) は，とりわけ雌が制御できる能力と雌による精子選択（隠れた雌の選択）が存在する可能性を擁護した．この考えを支持する証拠の出現は今も増え続けている．

隠れた雌選択

雌による制御の注目すべき例が，ニワトリ (*Gallus gallus*) で与えられている．雌は優位雄と交尾することを好む．しかし，劣位雄はときどき雌の抵抗にも関わらず強制交尾を行うことがある．このような場合，その雌は交尾後直ちに総排泄口の収縮によって劣位雄の精子を除去するという報復を行う (Pizzari & Birkhead, 2000)．もし 2 匹以上の雄が雌への交尾に成功したならば，その後，雌は精子選択によって受精成功を偏らせることができるだろうか？ ショウジョウバエ類 (*Drosophila*) を使った実験は，2 匹の雄の精子競争における相対成功率は，雄の遺伝子型だけでなく，雌の遺伝子型にも依存することを示している (Clark *et al*., 1999)．これは，雄—雄精子競争に対して，雌は単なる受け身的な繁殖器官の提供者ではなく，ある程度，結果を制御できる存在であることを示している．

雌は精子貯蔵を制御できる

Tom Tregenza や Nina Wedell と彼らの共同研究者達による最近の実験は，交尾後の雌の精子選択に関する信頼できる証拠を提出している．彼らは野外のフタホシコオロギ (*Gryllus bimaculatus*) の研究を行った．この種の雌は，野外でも実験室内でも複数の雄（血縁者や非血縁者）と容易に交尾する．室内実験において，雌が連続して 2 匹の雄と交尾させられた．そのときの雄には，両方とも雌の兄弟である場合，両方とも兄弟ではない場合，1 匹は兄弟で他方は兄弟ではない（配偶する順番は色々）場合が設定された．雄コオロギは交尾のときに雌に精包を与えるため，雄は雌と出会う前に精包を準備する．そのため，兄弟と非兄弟は同じ精子数を雌に与えた．また，処理群の間で産み付けられた卵数に差はなかった．しかし自分の兄弟の 2 雄と交尾した雌の場合，兄弟ではない 2 雄と交尾した雌と比べて，卵の孵化成功が低下した（図 7.22）．それは有害劣性対立遺伝子のホモ接合によって生じる近交弱勢 (inbreeding depression)

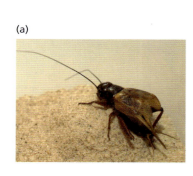
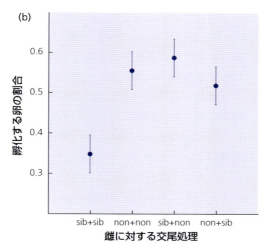

図 7.22 (a) フタホシコオロギ (*Gryllus bimaculatus*). 写真ⒸTom Tregenza. (b) 2 重交尾実験の結果. 自分の兄弟である雄 (sib) の 2 匹と交尾した雌は, 近交弱勢のために孵化率が低下する害を被る. 兄弟の 1 雄と兄弟ではない 1 雄 (non) と交尾した（順不同）雌は, 兄弟ではない 2 雄と交尾した雌と同等な孵化率であった. これは, 雌が好みに従って血縁でない雄の方に受精成功を偏らせることができることを示唆している. Tregenza & Wedell (2002) より転載.

の典型的な結果であった. もし 2 匹の雄からの精子が雌の生殖管の内部で混ざるのであれば, 兄弟雄と兄弟ではない雄の組合せの処理では, 卵の半数は兄弟雄の精子によって受精されると期待されるので, これらの雌は中間的な繁殖成功を持ったはずである. しかしそれらの雌の繁殖成功は, 兄弟ではない 2 雄の場合と同じくらいであった（図 7.22）. これは, 雌が好みに従って血縁関係にない雄の精液の方へ受精を偏らせることができることを示唆している. 異なる雄の精子を区別する DNA マーカーを使うことによって, 雌は好み通りに自分の受精嚢に血縁でない雄の精子を貯蔵することが示され, さらに兄弟雄と兄弟でない雄を交尾させる処理において, 雌に近親交配のコストを避けさせているのは, この偏った精子貯蔵であることが示された (Bretman *et al.*, 2009).

将来の研究にとって重要な疑問は, 雌雄のどちらが受精を支配するかが種間で異なるのか, もしそうならばそれはなぜかということである. 一般に, どの雄が交尾するかについて雌が最小限の支配権を持つ種では, 雌は交尾後の支配権を持つと期待できるかもしれない.

フタホシコオロギの雌における精子選択

雌雄の対立：誰が勝利者か？

もしそれぞれの性が, 自分の利益の方に結果を偏らせようとする一連の性的な対抗適応を進化させるならば, その対立に勝利するのはどちらだろうか？ 理論モデルによると, その結果はしばしば終わることのない進化的な追いかけ合いと

なり，両方の側に急速な進化的変化をもたらすことが示唆されている (Parker, 1979; Chapman *et al.*, 2003). 例えば，ショウジョウバエの付属腺タンパク質は高い水準のアミノ酸多型を持っており，その多型程度は種間で顕著に異なる．それらは非生殖的分泌腺タンパク質の2倍の速度で進化すると推定されている．これは継続する性的軍拡競走の存在を強く示唆するものである．

ショウジョウバエ属の選抜実験は，雄と雌の間の対抗的共進化を明らかにしている

雌雄の間に対抗的共進化を生み出す雌雄の対立の力は，キイロショウジョウバエ (*Drosophila melanogaster*) を使ったいくつかの素晴らしく巧みな人為選抜実験によって証明された．Bill Rice と Brett Holland は次のような疑問を持った：進化する雄の適応は，進化する雌の対抗適応によって食い止められるのだろうか？ ある実験で (Holland & Rice, 1999)，彼らは2つの選抜系統を作った．各系統では，実験室で最も成功した雄と雌が続けて選抜され，47世代続けられた．一方の系統では，各瓶中に3匹の雄と1匹の雌を入れるという強力な性淘汰がかけられた．この状況では，精子競争で成功する雄が強く選択され，また雄間競争に対処できる雌が強く選択された．他方の系統では，強制的に無作為な一夫一妻のペアリングをすることによって性淘汰は完全に消去された．つまりこれらの瓶の中に1匹の雄と1匹の雌が入れられ，一生をともに過ごさせた．この場合，雄間競争がない状況では，雄は雌の卵のすべてに対して父性を確実にし，雌の生涯繁殖成功を最大にするように行動することが雄にとっても明らかに得になった．

その結果として，一夫一妻系統では実際に，雄は雌にとって有害にならないように進化した．例えば，雄は求愛と交尾率を減少させた．結果として，雌の生存率と繁殖力は性淘汰系統よりも大きくなった．雌も進化したのだろうか？もし雌雄の対立が雌にコストを伴う対雄防衛形質を進化させることにつながるのならば，一夫一妻の雌はそれらの防衛形質を縮小させたに違いない．これを検証するために，一夫一妻系統からの雌を激しい性淘汰系統からの雄と交尾させる実験が行われた．するとこれらの雌は，性淘汰雄と交尾させた性淘汰雌よりも，生存率と繁殖成功を有意に低下させた．よって一夫一妻系統では，雄が雌に対して有害でないように進化しただけでなく，雌も抵抗力を低下させるように進化したのである．

雄系統は進化を許され，雌系統はそれへの共進化を妨げられるという別の実験が行われた．このとき雄は，雌の適応度の低下を犠牲にして精子競争での成功を増加させるように進化した (Rice, 1996). これらの実験は，雄の適応が雌の対抗適応によって食い止められるに違いないことを示している．関連する遺伝子はまだ明らかにはなっていないが，これらの実験では，交尾前と交尾後の対立の両方が結果に貢献したのかもしれない．

水鳥類の交尾器の形態における雄と雌の間の共進化

交尾後の対立の形態的結末が，水鳥では雄と雌の生殖器の形態の共進化によって説明できるのは印象深い．鳥類の多くは単純な生殖器を持っており，雄は自身の総排泄腔 (cloaca) を雌の総排泄腔の上に置くことによって精子を受け渡す．しかし水鳥の雄は陰茎 (phallus) を持っており，その長さは種間で 1.5 cm

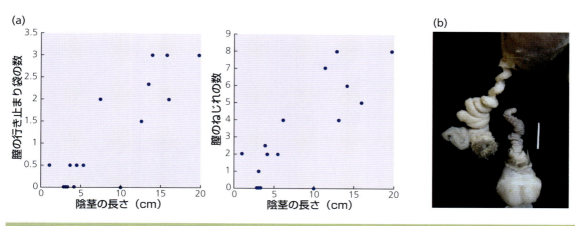

図 7.23 水鳥における雄の生殖器と雌の生殖器の共進化．(a) 雄が長い陰茎を持つ種では，雌は多くのねじれ（右図）や「行き止まりの袋」（左図）を伴う巧みな膣を持つ．膣のねじれは雄の陰茎のねじれとは反対方向に向かっている．これは互恵的な「錠と鍵」的共進化というよりはむしろ対抗的なものであることを示唆している．(b) マガモ (*Anas platyrhynchos*) は強制交尾のレベルが高い種である．この種では雄は長い陰茎を持ち（底辺右側），雌は長くて精巧な膣を持っている．白棒は 2 cm である．Brennan *et al.* (2007) より転載．

から 40 cm まで変化し，強制的な婚姻外交尾の頻度と正に相関する（Coker *et al.*, 2002）．これは，その陰茎が，力ずくで挿入するための雄の能力を増強するように進化したことを示唆している．しかし雌の生殖形質は雄の形態に対応して共進化を起こしており，雄が最も長く最も精巧な陰茎（刺や溝があったりする）を持っている種では，雌は行き止まりの袋状やコイル状になるなどの最も精巧な膣形態を持っている．それは，雌の協力がなかった場合，雄の陰茎挿入の確率を低下させる形質になりそうである（Brennan *et al.*, 2007; 図 7.23）．

「チェイスアウェイ」性淘汰（性拮抗淘汰）

雌雄の対立は，コストを伴う策略と対抗策略を駆使して各性が他方の性を追跡する進化ダンスになぞらえることができるかもしれない．雌雄間の対抗的共進化の発見に影響を受けて，Holland & Rice (1998) は性淘汰の新しいモデルを提出した．これは，雄には力づくかあるいは魅力によって雌を交尾に向かわせる操作をするように淘汰がかかり，雌にはそれに抵抗するように淘汰がかかり，それらの淘汰が雌を刺激する雄の操作形質と，さらに向上した雌の抵抗形質の間の「チェイスアウェイ (chase-away)」共進化につながる過程を想定したものである．「良い遺伝子」モデルと「Fisher のラナウェイ」モデルを思い出してみよう．そこでは，雌は遺伝的な**利益**のために雄の形質に対して**好み**を進化させる．「チェイスアウェイ」モデルはまさにその反対である．つまり雌は雄の策略に対して，それを受け入れることが**コスト**になるので**抵抗**を進化させる．ショウジョウバエの選抜実験結果と水鳥の雄と雌の生殖器形態の複雑な共進化は，確かにチェイスアウェイモデルに一致している．このモデルは，雄が持つ，

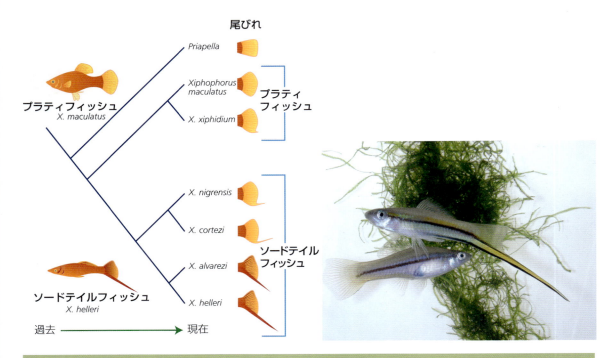

図 7.24 ソードテイルフィッシュ類の系統樹によって，クシフォフォルス属 (*Xiphophorus*) の祖先は長い尾びれを持たず，剣型の尾びれはプラティフィッシュから分岐した系統で進化したことが示唆される．驚くべきことに，プラティフィッシュや近縁属 (*Priapella*) の雌は，実験的に尾びれを付け加えて長くした同種雄をより好む．これは剣型の尾を好む感覚的偏りがまず進化し，その後，これがソードテイルフィッシュの種群によって利用されたことを示唆している (Basolo, 1990, 1995)．ソードテイルフィッシュ (*Xiphophorus helleri*) の雄と雌の写真©Alexandra Basolo．

雌は，雄の手段に対する抵抗を進化させる

雌を引き付けるいくつかの誇張形質も説明できるだろうか？

Holland & Rice (1998) は，その可能性のある 2 つの例を指摘している．カダヤシ科のクシフォフォルス属 (*Xiphophorus*) は，長い尾びれを持つソードテイルフィッシュ類とそれを持たないプラティフィッシュ類を含んでいる．これらの最も近い近縁の属 (*Priapella*) は長い尾びれを持たず，もっと遠い近縁類も長い尾びれは持っていないので，おそらくクシフォフォルス属の祖先はこの装飾形質は持っていなかっただろうと考えられる（図 7.24）．ソードテイルフィッシュの雌は，より長い尾びれを持つ雄を好むけれども，驚くべきことに，剣型の長い尾を持たないプラティフィッシュや近縁属 (*Priapella*) の雌も長い尾びれの雄を好む．後者らの雄の尾に人為的に剣型尾びれを付け足すと，雌は普通の短い尾を持つ雄よりもこれらの追加尾を持つ雄を好んだ (Basolo, 1990, 1995)．これは，これらすべての魚の雌が尾びれに対する好みを事前に持っており，これがクシフォフォルス属の数種では利用されたことを示唆している．ここで Fisher のラナウェイモデルに従うと，雌の好みと雄の形質が一緒に進化し，そのため雄の尾びれに対する雌の好みは，ソードテイルフィッシュの仲間ではより強くなっていることが予想される．しかし剣型尾びれに対する雌の好

みは，剣型尾びれを持たない属でより強いことが分かった．これは，雌の剣型尾びれに魅了される度合いは，剣型尾びれの進化に伴って低下したことを示唆しており，まさにチェイスアウェイモデルで予想されたとおりであった．

コモリグモ属 (*Schizocosa*) でも，実験によって，雄の前肢に付いた剛毛の房が雌の性的許容性に効果を持ち，剛毛房を持つ種よりもそれを持たない種においてその傾向がより強いことが示されている (McClintock & Uetz, 1996)．この場合も，雄の形質の進化が雌の抵抗の進化とともに進んできたことを示唆しているだろう．

よって結論としては，性淘汰による雌の好みの進化には 3 つのモデルがあり，それらすべてに対して証拠を与える例が存在することになる．これからの研究は，自然界でこれら 3 つの異なる進化過程の相対的重要性を調べる必要がある．種によっては，雄はこれら 3 つのすべての過程によって進化させた形質を持つかもしれない．例えばアヒルの雄は，病気に抵抗的な遺伝子を持つことを知らせる鮮やかな光沢羽毛を持ち，また Fisher のラナウェイプロセスによって誇張された長い尾羽を持つかもしれない．さらには，婚姻外交尾を進めるために進化し，しかし雌の対抗防衛としての巧みな生殖器の「チェイスアウェイ」共進化を誘発させた，手の込んだ形のペニスを持つかもしれない．

> 性淘汰の様々なモデルは異なる形質に対応したものかもしれない

要約

通常，雌の方が配偶子や子の世話に多くを投資する．そのため，雄は交尾集団の中で多くの時間を過ごし，その中でより大きな速度で生殖を行う潜在能力を持つ雄が成功する．これは，雄に対しては雌をめぐって競争するように，雌に対しては雄が与えてくれる資源や雄自身の遺伝的質を基準に雄を選択するように働いていく．性淘汰に関する Darwin (1871) の理論は，配偶相手をめぐる競争において強制あるいは魅力によって有利さを与えるような形質の進化を説明するために提出された．雄の配偶成功が，体重や体長（例えばゾウアザラシ）あるいは雌を魅了する装飾形質（例えばハタオリドリ科の長い尾羽）に関連するという良い証拠が存在する．雌は，営巣場所タイプ，餌，子の世話などで良い資源を与えてくれる雄を選ぶことがある．しかし雌は，雄が精子だけを与えてくれる場合でも選択的である．この場合，雄の巧みなディスプレイは，Fisher のラナウェイプロセス（そこでの雌の選択の利益は，遺伝的に魅力的な息子が得られることである）によって進化するかもしれないし，遺伝的質の正直な宣伝（雌は，息子と娘の生存力を高める良い遺伝子を獲得する）によって進化するかもしれない．雄が保育投資に大きな貢献をする場合には，雄の方が選択的になり，雌が雄をめぐって競争するかもしれない．

ライバル雄の精子は雌の生殖管の中で受精をめぐって競争するので（精子競争），性淘汰は交尾後も続くことが，Parker (1970c) によって示された．雌は 2 個体以上の雄と交尾することから，母親としての利益と遺伝的な利益の両方

を獲得するかもしれない．これは，精子競争で成功率を向上させる雄の適応と，精子選択と雄の操作への抵抗という雌の適応を伴う雌雄の対立につながる．それは，結果として，雄の強制や魅力に対抗する形質を雌に進化させるような雌雄間の対抗的共進化をもたらすかもしれない．

もっと知りたい人のために

　この章で議論した話題は特に活発に研究されている分野であり，文献は山ほどある．以下のように多くの優れた書籍が出版されている．Malte Andersson (1994) の本『Sexual Selection』は性淘汰を概説している．Tim Birkhead & Anders Møller (1998) が編集した本『Sperm Competition and Sexual Selection』は精子競争を調べており，Göran Arnqvist & Locke Rowe (2005) の本『Sexual Conflict』は雌雄の対立を題材にしている．Tim Birkhead の本である『Promiscuity』(2000) は，3つのすべてのトピックの優れた大衆向け書物となっている．短い概説であれば，雌雄の対立についての Chapman et al. (2003)，精子競争についての Wedell et al. (2002)，交尾後の性淘汰についての Birkhead & Pizzari (2002)，性淘汰についての Andersson & Iwasa (1996)，雄と雌における淘汰についての Clutton-Brock (2009a) を見て欲しい．Kokko et al. (2003) は配偶者選択についての良い総説である．彼らの重要な指摘は，直接的な利益と間接的（遺伝的）な利益は，しばしば切っても切れないほど密接な関係にあるということである．Bart Kempenaers (2007) は遺伝的質を求める配偶者選択について概説している．

　Robert Brooks (2000) は，グッピーを使ったいくつかの優れた実験から得られた性淘汰の Fisher モデルに対する証拠を提出している（Brooks & Couldridge (1999) を参照せよ）．Pizzari & Foster (2008) は精子の「社会生活」を概説し，精子は受精成功を高めるためにしばしばチームとしてどのように協力するかということを明らかにしている．

　Trevor Price の本である『Speciation in Birds』(2008) は性淘汰と種分化を議論している（9–11章）．Seddon et al. (2008) は，南米のアリドリ科の鳥類で性淘汰が種分化を促進してきたということを明らかにしている．Kokko & Jennions (2009) は親の保育投資と性淘汰のつながりについて概説している．

　Richard Prum (1997) は，マイコドリ科の鳥類（熱帯の鳥類）において雄の行動と羽毛の系統的解析が，性淘汰についての複数のモデルをいかに検証できるかを明らかにしている．

討論のための話題

1. Tim Clutton-Brock (2009a) は，性淘汰の定義を配偶相手をめぐる競争に焦点を当てるものから，生殖機会をめぐる競争に焦点を当てるものに広げるべきであり，また雌雄間での性淘汰の働き方の違いを対比する方法を強調すべきであると示唆している．あなたはこの意見に同意するか？

2. 配偶者選択に対して雌が最小限の制御しかしていない種では，その雌は精子選択をとおしてより大きな制御をしているはずであるという仮説をどのように検証すればよいだろうか？

3. Bro-Jørgensen et al. (2007) による最近の実験的研究は，空気力学的に最適な尾羽の長さは雄間で有意に変異するので，ツバメの尾羽の長さにおける変異は自然淘汰を反映しているということを示唆している．これは，長い尾が性的に選択された装飾であるとする説明をどのように難しくしてしまうだろうか？

4. なぜアオアズマヤドリの雄は青色の物を好み，一方でマダラニワシドリの雄は白色と緑色の物を好むのかについての仮説を提案せよ．そしてその仮説をどのように検証したらよいだろうか？

5. なぜ雌をめぐって雄が力で競争する種もいれば，魅力で競争する種もいるのだろうか？ 競争を，他のタイプではなく，ある特定のタイプに導く要因を議論せよ．

6. Geoffrey Hill (1991) は，メキシコマシコの雌が赤い雄（この体色は食べ物から摂取するカロテノイドと関連している）と交尾することを好むことを示した．より赤い雄は子の世話をよくする（良い資源）．雌は，より赤い雄を好むことによって，「良い遺伝子」も獲得する可能性があるだろうか？どんな実験でこのことを検証できるだろうか？

7. 人間以外の動物において，同性による性行動が広範囲に記録されてきている．これをどのように説明することができるだろうか？ また，自分の仮説をどのように検証できるだろうか（Bailey & Zuk (2009) による総説を参照せよ）？

写真 © Bruce Lyon

第8章
子の世話と家族内対立

相互に関連した3つの対立：雄親と雌親の対立，きょうだいの対立，親と子の対立

　前章で，ライバル雄は交尾をめぐって競争し，雌は雄に対して好みを持つことから，配偶のときに雌雄の対立があることを示した．またライバル精子は受精をめぐって競争し，雌は精子を選択することから，この対立は交尾後も続くことを示した．この章では，卵あるいは子どもへ世話が与えられるとき，対立はさらに続くことを見ていく．これから以下のような3つの互いに関連し合った対立を調べることにしよう（図8.1）：どれくらい保育投資を与えるかについての雄親と雌親の対立；どれくらい保育投資を要求するかについてのきょうだいの対立；保育投資の供給と要求をめぐる親と子の対立．そしてこれらの対立のそれぞれに対して，理論と証拠を議論することになるだろう．しかしそれをする前に，子の世話の進化を有利にした条件を考える必要がある．

子を世話する行動の進化

動物界に広がる子を世話する行動の変異

　動物界をとおして，子の世話の様式には顕著な違いが存在する（表8.1）．多くの種は子の世話を行わない（たいていの無脊椎動物）．なぜなら親は子を効果的に守ることができなかったり，たとえ卵の運命が偶然にゆだねられたとしても，卵を多く生産する方が淘汰に有利だったりするからである．無脊椎動物による子を世話する行動では，子の数が少なく，その子達を生理的環境や生物的環境（捕食者や寄生者）から保護できる場合を伴うことがよくある．一般に，子を世話する行動には，巣や巣穴の準備，卵の黄身への栄養貯蔵，出生前後の卵や子への給餌や保護が含まれる（Clutton-Brock, 1991）．雌だけが子を世話する種もあれば（多くの哺乳類），雄だけが子を世話する種もあり（多くの魚類），また両性が一緒に子を世話する種もある（多くの鳥類）．このような様式を説明するために，2つの要因を調べてみよう．1つは，様々な動物群が，片方の性に子の世話をするように仕向けるであろう，様々な異なる生理的制約や生活史的制約を持っていることである．もう1つは，生態的条件や配偶機会が各性の子の世話に対するコストと利益に影響を与えるだろうということである．これから，鳥類，哺乳類，魚類の保育様式を対比することによって，これら2つの問

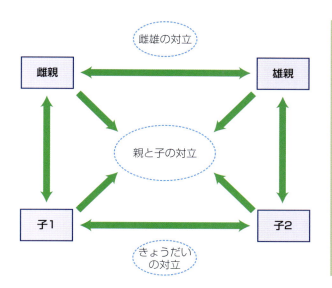

図 8.1 この章で議論される家族内対立の3つのタイプ．雄親と雌親は子の世話に誰がどれほど投資するかについて対立する．きょうだいは親からの投資をめぐって対立する．子は保育投資の供給と要望をめぐって親とは異なる利害を持つ．Parker *et al.* (2002) より転載．

分類群	子を世話する行動	引用文献
無脊椎動物	稀だが，それが起こるときは主に雌だけが子を世話する．両性による子の世話はめったにない．雄による子の世話はもっと稀である．	Zeh & Smith (1985) Tallamy (2000)
魚類	雄だけによる子の世話，両性による子の世話，雌だけによる子の世話をする属数の比は9：3：1である．	Reynolds *et al.* (2002)
両生類	雌だけによる子の世話と雄だけによる子の世話は同じくらいの頻度である．両性による子の世話の頻度は低い．	Beck (1998) Summers *et al.* (2006)
爬虫類	雌だけによる子の世話か両性による子の世話のどちらかである．	Reynolds *et al.* (2002)
鳥類	90%の種が両性による子の世話である（うち9%はヘルパー補助も含む）．しかし雌の世話に偏ることが多い．残りの種では，雌だけによる子の世話が主である．雄だけによる子の世話はあまりない．	Lack (1968) Cockburn (2006)
哺乳類	すべての種で雌は子を世話する．95%の種が雌だけによる子の世話である．5%の種で雄も子の世話を手伝う．雄だけによる子の世話はない．	Clutton-Brock (1991)

表 8.1 子の世話における性の役割 (Kokko & Jennions, 2008)．

題を分かりやすく説明していこう．

鳥類

1章で見たように，鳥類の繁殖成功は巣へ餌を運ぶ速度で制限されることがある．片親で運ぶよりも，両親で運ぶ方が2倍の数のヒナに給餌できるときには，雄と雌はともに巣に留まることで自分の繁殖成功を増加させるだろう．もしどちらかの性が他方を見捨てたならば，巣立ちさせることができるヒナ数はほぼ半分になり，再度繁殖を始める前に新しい配偶相手や巣場所を探す時間を

消費しなければならないだろう．よって，一夫一妻と雌雄による子の世話のつながりは理解しやすい．

両親でヒナを世話しなければならないという制約が取り除かれると，普通は雄は巣やヒナを見捨て，雌が残ってヒナの世話をする．比較研究によると，一夫多妻は果実食や種子食の種で多く見られることが分かっている．それはおそらく，こうした食物はある季節に非常に豊富になるので，片親でも両親とほとんど同じくらいうまくヒナを養えるからであろう（例えばハタオリドリ類，2章），しかし，ヒナを見捨てるのはなぜ雄なのだろうか？　重要と思われる要因は2つある．1つ目は，雄の方が雌よりも先に見捨てる機会を与えられることである．例えば，体内受精するものでは，雌は文字通り体内に子どもを宿してしまう．2つ目は，雄は見捨てることによって雌がそうするよりも多くの利益を得られることである．なぜなら，雄は交尾回数が多いほど生涯の繁殖成功度を高めることができるからである（7章）．

鳥類では，雄親と雌親による子の世話が一般的

哺乳類

哺乳類では，雌が子の世話をするという傾向が強い．子は雌の胎内で長い期間を過ごし，その間に雄は（雌を防衛したり，雌に給餌できるとはいうものの）子に直接的な世話はほとんどできない．いったん子が産まれると，子は乳で育てられ，雌だけが乳を分泌できる．子の世話についてのこれらの制限要因のために，また体内受精ということもあって，雄は雌より先に相手を見捨てることができる．そのためほとんどの哺乳類では，雌だけが子の世話を行い，それを見捨てる雄が次の配偶相手を捜すことは驚くに当たらない．

一夫一妻および両親による子の世話は，少数の種で見られるが，それらにおいて雄は給餌を分担するか（食肉類），あるいは子を運ぶのを手伝う（例えばマーモセット）．これらの哺乳類で，なぜ雄も乳を分泌するように進化してこなかったのかは興味深い問題である（Daly, 1979）．

哺乳類では，雌親だけによる子の世話が一般的

魚類

硬骨魚 (Teleosts) では，ほとんどの科 (79%) の魚は子の世話をしない (Gross & Sargent, 1985)．卵や稚魚の世話をする科では，片親がするのが普通である．すなわち，子の世話をする科のうちで，それを両親でするものは25%未満である．鳥類の入念なヒナの世話に比べて，魚類の親による子の世話は，ただ卵を守ったり，ヒレで新鮮な水を送ったりする単純な仕事である．これらの仕事は，普通，片親だけでも十分効果的に実行できる．では，どちらの親が子の世話をするのだろうか？　表8.2によると，体内受精をするものでは雌による世話が一般的であり（86%で雌がする），体外受精をするものでは雄による世話が一般的である（70%で雄がする）ことが分かる．魚類の親による子の世話が，全体的に見ると雄親にも広く行きわたっているように見えるのは，魚類では体外

魚類では，雄親だけあるいは雌親だけによる子の世話が一般的

表 8.2 硬骨魚における受精様式と雌雄による子の世話の関係．表中の数字は科の数を示す．同一の科が 2 つのカテゴリーに入る場合もある．「世話なし」は，その科で全く子の世話が知られていない場合だけを表す (Gross & Shine, 1981)

子の世話	体内受精	体外受精
雄親による	2	61
雌親による	14	24
世話なし	5	100

受精が多いことと関係がある．

どちらの性が保育を行うかに対して，なぜ受精様式が影響を与えるのかを説明する 3 つの仮説が提案されている (Gross & Shine, 1981)．

仮説 1：父性の確かさ

Trivers (1972) は，父性の確かさは受精の様式に影響されるだろうと提案した．体外受精は産卵のときに起こるので，父性の確かさは，雌の産卵管内部で精子競争が行われるような体内受精よりも大きいだろう（7 章）．この仮説に従えば，体内受精をするものでは，雄は子ども達が自分の子であるという確信はないから，雄は雌よりも進んで子の世話をしようとはしないはずである．この考えは理論上は尤もらしいが (Queller, 1997)，体外受精の場合で本当に父性の確かさがより大きいのかどうかはまだ分かっていない．例えばブルーギル (*Lepomis*) では，産卵放精の間にペア以外の雄による放精が起こる．

仮説 2：配偶子を放出する順序

Dawkins & Carlisle (1976) は，鳥類や哺乳類の場合と同じように，体内受精はまず雄に見捨てる機会を与えるので，雌が世話をしなければならなくなるのだと提案した．体外受精をする魚類については，この法則は逆転するだろうとも指摘した．精子は卵より軽いので，おそらく雄が受精を果たすには，産卵が終わるまでその放精を待たねばならない．さもないと雄の配偶子は流れ去ってしまうだろう．だから雌にはまず相手より先に子育てを放棄するチャンスが与えられる．つまり雄が卵を受精させている間に雌は泳ぎ去ってしまうというわけである！　これは巧妙な考えであるが，実際の観察結果から却下しなければならない．事実，体外受精の動物における配偶子放出の最も広く見られるパターンは雌雄同時放出である．同時放出の場合，両性が卵を見捨てるチャンスは 5 分 5 分であるはずなのに，同時放出しかつ片親が世話をする 46 種中 36 種で，雄が世話をしている．さらに，魚類のいくつかの科（Callichythyidae や Belontiidae）では，雄が泡で巣を作り，雌が産卵する前に精子を放出する．これらの場合，「遺棄の機会 (opportunity for desertion)」仮説はまず雄が見捨てることができることを予測するが，実際に子の世話をするのは雄である．よって雄親による子の世話は，依然と体外受精と相関するが，配偶子の放出順序や遺棄の機会とは関係ないのである (Gross & Sargent, 1985)．

体外受精種ではなぜ雄による子の世話が最も一般的か，また体内受精種ではなぜ雌による子の世話が最も一般的かを説明する3つの仮説

仮説3：胚との関連

Williams (1975) は，胚との関連の強さが前適応となって，世話をする性が決まるだろうと提案した．例えば，体内受精では雌が胚と最も緊密に関連を持ち，これが，胚の保持と正常な出産，そしてそれに続く稚魚の世話への進化の先駆けとなる舞台を提供しただろう．一方，体外受精では，卵はしばしば雄の縄張り内で産み出される．そして，その胚と最も緊密に関連を持つのは雄である．より多くの雌を引き付けるために縄張りを守ることに伴って，結果的に卵や幼魚の防衛が進化する．それゆえ，縄張り防衛が雄による入念な子の世話の前適応となる．よって巣の中で卵を守る雄はさらなる配偶相手にとって依然と魅力的でありうるから，雄による世話は，そうでない場合より配偶機会に関するコストをあまり伴わない (Hale & St Mary, 2007)．この仮説は表8.2のデータを最もうまく説明することができる．雄による子の世話は，縄張りを持つ種でより一般的である．雄による世話が体外受精の種で広く見られることは，雄による縄張り制が体外受精の種で特に一般的なことから生じているのだろう．

> 魚類での雄による子の世話は，雄の縄張り制と関係がある

保育投資：親にとっての最適値

ここで視点を変え，様々な分類群（鳥類，哺乳類，魚類）を広く比較して，子に与えられる親の保育投資量にはどのような要因が影響するのかを考えてみよう．Robert Trivers (1972) は，**保育投資** (parental investment) という概念を提唱した．彼は，これを「他の子に振り向けることができる親の投資分を犠牲にして，ある子の生存機会（結局，親自身の繁殖成功）を増加させるあらゆる親の投資」と定義している．保育投資は，警護あるいは給餌など，卵や子ども達に利するあらゆる投資を含むだろう．生涯保育投資は，親が子の世話のために生涯をかけて集めたり，使うことのできるすべての資源の総和を表す．

親の視点から考えると，子1個体当たりの最適な保育投資はどのようなものになるだろうか？ 重要な点は，これがトレードオフを含むだろうということである．なぜなら，どんな子であろうがその子に対する投資を増加させると，その子にとっては得になるが，他の子どもが利用する資源の減少というコストを親は被ることになるだろうからである．このトレードオフは2つの舞台で働く．1番目の舞台は，David Lack（1章）に認識されたものであるが，**一腹子内**の子の数と質の間のトレードオフである．もし親が限られた資源を過剰な数の子に薄くばらまくならば，ほとんどの子は生き残れないだろう．一方，あまりに少数の子ども達に気前良く資源を使用するならば，何世代か後には，もっと多くの子を生存させる他の親に負けてしまうだろう．理論的には，一腹子当たりの繁殖成功を最大にする子の最適数が存在する．2番目の舞台で働くトレードオフは，G.C.Williams (1966b) によって認識されたものであるが，**現在の一腹子 vs 将来の一腹子** (current versus future broods) への投資の間に存在するものである．生涯繁殖成功を最大にするためには，親は一腹子内だけでなく一腹子

> 同じ一腹子内の，そして異なる一腹子間での保育投資のトレードオフ

間でも世話を最適に分配する必要がある．なぜなら，どんな1つの一腹子に対しても保育投資を増加させることは，将来の一腹子に親が与えることのできる投資分の減少につながるだろうからである．

図8.2は，親の視点から見た子1個体当たりの理論的最適保育投資を表している．どの子に対して投資を増やしたとしても，与える世話は次第に子の要求を満たし始めるので，その利益の増加は逓減的だろう．また保育投資の増加は，現在の一腹子や将来の一腹子にいる他の子に利用される資源の減少という点でコストの増加をもたらす．利益からコストを引いた値が最大になる最適点が存在するだろう．

子を世話する行動の利益とコストの間のこのトレードオフに対しては良い実験的証拠が存在するが，

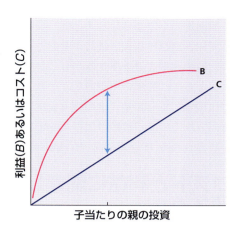

図8.2　親の視点から見た，子1個体当たりの最適保育投資は，利益からコストを引いた値が最大になるところにある．保育投資が増えると，要求する子の満足度は飽和していくので，その利益の増加は逓減的になる．しかし，その子にそのまま投資を続けることは，その単位投資分ごとに親の限られた（残された）生涯保育投資量から，他の子にも与えることのできる投資分を奪っていくので，コストは増加し続ける．

トレードオフの証拠：保育投資の増加は，親の生存率あるいは将来の繁殖力を低下させるかもしれない

そのトレードオフの形は種によって変化する．場合によっては，現在の一腹子への投資の増加は親の生存率を低下させることがある．ワキモンユタトカゲ（*Uta stansburiana*）では，産卵前の雌は卵の分の余計な重量を運ばなければならないだけでなく，膨れた腹部は脚の動きを妨げる．数匹の雌から卵の半分を外科的に取り除くと，運動能力が改善され，おそらく捕食される速度の減少によるものだろうが，生き延びて次の一腹卵を生む傾向が高くなった（Miles *et al.*, 2000）．また保育投資の増加は，親の生存率ではなく，将来の繁殖率を低下させる場合もある．ハゼ科の1種（*Pomatoschistus microps*）の雄が，巣の中の卵へのファンニング（ヒレで新鮮な水を送る）により多くの投資をするように誘導されると（水槽の溶存酸素レベルを低下させることによって），体重を多く失い，次の卵塊を放棄する傾向が高くなった（Jones & Reynolds, 1999）．ツノグロモンシデムシ（*Nicrophorus vespilloides*）の雌雄が，最初の繁殖機会のときに多数の一巣幼虫を世話するように誘導されると，最初の繁殖で少数の一巣幼虫を世話した雌雄よりも，その後の一巣幼虫でより少数の幼虫を生産するようになった（Ward *et al.*, 2009）．同様に，シロエリヒタキ（*Ficedula albicollis*）が，現在の一巣ヒナに対して給餌速度を増加させるように誘導されると，雌雄どちらも対照群と同程度の生存率だったが，翌年の繁殖力が低下した（Gustafsson & Sutherland, 1988）．

繁殖努力を増加させることは，捕食者からの捕食の危険を大きくし，あるいは繁殖者自身の体調を維持する能力を弱めるであろうことは明らかである．そのため生存率を低下させるかもしれない．ではなぜ現在の繁殖への投資の増加は，ときには将来の繁殖力だけを低下させることがあるのだろうか？　可能性の1つとして，繁殖に使われる資源は，免疫システムのための資源を消費して分配されるので，繁殖努力の増加が繁殖者自身の生理的状態を悪化させることが考えられる (Sheldon & Verhulst, 1996; Norris & Evans, 2000).

コストと利益に関連して子を世話する行動を変える

親は自分達のコストと利益に関連して子への世話を変化させるだろうか？　この疑問を調べる研究は，異なる淘汰圧に直面している近縁種の行動を比較するという手法と，特定の種においてコストと利益を操作するという実験手法によって進められてきた．

北米と南米のスズメ目の鳥類を比較する

Cameron Ghalambor と Thomas Martin (2001) は，北米と南米で繁殖するスズメ目の鳥において，捕食者に対する親のリスク負担の様式を比較した．北米温帯域に生息する種は，大きな一腹卵数を持つ傾向があり（たいていは 4～6 個の卵），次の繁殖シーズンまで生き残る成鳥の確率は低い（50％程度か，それ以下）．対照的に，南米熱帯域に生息する種は，小さな一腹卵数を持つ傾向があり（通常，2～3 個の卵），成鳥の生存率は高い（75％程度か，それ以上）．これらの異なる生活史に導く淘汰圧はおそらく複雑で，北米温帯域の繁殖シーズンでは餌の大発生があるが（これは大きな一腹卵数を可能にする），非繁殖シーズンでは厳しい気候条件に見舞われる（これは成鳥の生存率を低下させる）．Ghalambor と Martin は，これらの生活史の違いが，親としての異なるリスク負担反応を導いたはずだと予想した．彼らの以前の研究は，親による巣への訪問頻度の増加が，捕食者の注意を引くことから，親とヒナの両方の被食リスクを増加させるということを示していた．よって彼らは，成鳥狙いの捕食者の存在下とヒナ狙いの捕食者の存在下で，親はヒナのいる巣への訪問頻度をそれぞれどれくらい減少させるかという観点から親の反応を測定した．

親鳥は，現在の一腹子と将来の一腹子の間の価値に関連して，リスク負担の様式を作り上げる

北米と南米に生息するヒタキ，ツグミ，ミソサザイ，ホオジロ，ムシクイの各科に含まれる種から，生理的条件と生態的条件を一致させた 5 ペアが実験に用いられた．Ghalambor と Martin は，南米の種の親は将来の繁殖にも大きな期待が持てるので，北米の対応する種よりも成鳥狙いの捕食者（タカ）に対して強く反応するはずだと予測した．逆に北米の種の親は，彼らの現在の一腹子の価値は南米の種の親にとっての一腹子よりも高いので，巣を襲う捕食者（カケス）に対して強く反応するはずだと予測した．データはこれらの両方の予測

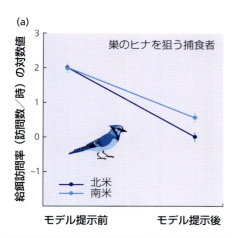
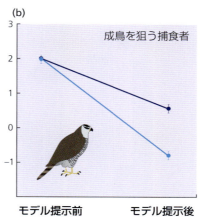

図 8.3 (a) 巣を狙う捕食者（カケスの声を実験的に再生）と (b) 成鳥を狙う捕食者（タカの剥製の提示）を与えたときの，北米と南米の鳴禽類の親の反応．その反応は，ヒナ達への給餌訪問頻度の低下として測定された．南米の種の親は自分自身の命（将来のブルード）をより大事にし（成鳥狙いの捕食者により強く反応），一方，北米の種の親は現在のブルードをより大事にした（巣を狙う捕食者により強く反応）．Ghalambor & Martin (2001) より転載．掲載は AAAS より許可された．

を支持していた（図 8.3）．よって，親は保育投資のコストと利益に対応して自分のリスク負担の様式を作り上げているのである．

現在の一腹子の要求に対する可塑的保育反応

　現在の一腹子からの要求増加への親の反応に対して，将来の繁殖への見通しも影響を与えるかもしれない．Rose Thorogood とその共同研究者達（2011）は，ニュージーランドに生息する蜜食のスズメ目の 1 種であるシロツノミツスイ（*Notiomystis cincta*）を使った巧妙な野外実験の中で，このことを明らかにした．いくつかの縄張り内の一巣ヒナ達に，過剰なカロテノイドを入れた砂糖溶液を実験的に食べさせると，彼らの口はより赤くなり，それによって強化された餌乞いディスプレイは親による給餌頻度の増加を導いた．なぜなら，おそらく，より赤い口はヒナの健康さを表し，より投資する価値のある存在であることを知らせるものであったからである．しかし別の縄張りで，成鳥にカロテノイドの豊富な砂糖溶液を与えたところ，同じ繁殖シーズンに 2 回目の一巣ヒナを持つ確率が増加した．2 回目の一巣ヒナを持ったつがいは，そのときの一巣ヒナからの強化された餌乞い信号に反応しなかった．よって親は，同シーズンでの将来の繁殖見通しに関連して，その時点の一巣ヒナ要求に対する彼らの感受性を戦略的に変化させたといえるだろう．

現在の一腹子の要求への反応程度は，親の将来の繁殖見込みに応じて変化する

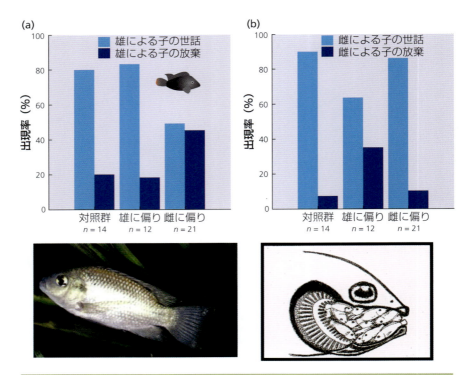

図8.4 口内保育者であるティラピア．写真と描画©Sigal Balshine．ティラピアにおいて，さらに配偶できる機会が，(a) 雄による子の世話と (b) 雌による子の世話に対して，どのように影響するかを検証する実験．次のような3つの条件が試された：対照群（2雄と2雌）；雄に偏った性比群（3雄と1雌）；雌に偏った性比群（1雄と3雌）．(a) 雌を過剰に利用できる条件は，雄による子の放棄を増加させ，(b) 雄を過剰に利用できる条件は，雌による子の放棄を増加させた．Balshine-Earn & Earn (1998) より転載．

ティピアにおける可塑的保育

　ティラピアの1種（*Sarotherodon galilaeus*）は，アフリカから小アジア一帯の川や湖に生息する，口内保育をするシクリッド科（カワスズメ科）の仲間である．子の世話は一方の性で行われる場合もあれば両方の性で行われる場合もある．種内のこの可塑性は，雄と雌がコストと利益に関連して子への世話を変えるかどうかを検証する理想的な機会を与えてくれる．配偶システムは一夫一妻である．雌雄のつがいは一緒になって水底の基質にくぼみを掘り，その後，雌はそのくぼみの中に20〜40個の卵を何回にも分けて産み，雄はそれらの上を泳ぎ，雌が一腹卵をすべて産み終わるまで，各卵塊ごとに受精させていく．そして雌あるいは雄，あるいは両方が卵を口の中に拾い上げ，そこで卵と稚魚を約2週間保護する．口内保育が始まった後，両親が世話を与えている場合でも，つがいの絆は解消される．

将来の配偶機会は保育投資に影響を与える

　Sigal Balshine-Earn と David Earn (1998) は水槽で実験を行った．まず彼らは，雄や雌がさらに配偶できる機会を変化させた．性比を雌に偏らせると，雄

が子を放棄する傾向が高まった．逆に性比を雄に偏らせると，雌による子の放棄が増加した（図8.4）．よって雄と雌は両方とも，世話のコストが高い（さらなる配偶機会を失うという観点で）ときには高頻度に子を放棄した．次に彼らは，一定の体サイズの雌に対して，その雌より大きな雄，その雌と同サイズの雄，あるいはその雌より小さな雄をペアにさせることによって，両親に子の世話をさせたときの利益を変化させた．小さい雄は小さい口腔を持つため，あまり多くの卵や稚魚を口に含むことはできない．よって小さな雄を伴う両親による世話は，片親による世話に比べて，あまり多くの追加的利益を与えない．3つの処理群の間で一腹産卵数に違いはなかったが，小さい雄は子を放棄する傾向が高かった．よって雄は，子の世話をしても得られる利益が少ないときに子の放棄をするようである．全体をとおして，一腹産卵数が少ないときにも，片親による子の世話（雄による世話，あるいは雌による世話）が起こる傾向があった．これもまた，子の世話の様式がコスト同様に利益によっても影響を受けることを示唆している．

フィリアルカニバリズム

自分の子を食べる行為（フィリアルカニバリズム (filial cannibalism)）は，一見すると奇怪な行動に思われる．とりわけ魚類では一般的に見られるが，長い間，異常な行動と見なされてきた．しかし Sievert Rohwer (1978) は，親が自分の子を臨時の餌資源として利用し，現在の一巣子への世話を向上させるためにその子達の一部を摂食したり，親の現在の世話に伴う損失を終わりにして将来の繁殖成功を向上させるために子達を丸ごと摂食してしまうことは，ときに適応的であるかもしれないと提案した．

Andrea Manica (2002, 2004) によって，ロクセンスズメダイ (*Abudefduf sexfasciatus*) の雄は，子を世話するコストと利益を実験的に変化させると，それに反応してフィリアルカニバリズム行動を変化させることが示された．雄は珊瑚礁で縄張りを防衛する．雄は2日から3日間の配偶期間を過ごし，その間，金色の体色になり，自分の縄張りにやってきて産卵する雌を引き付けるためにディスプレイをするようになる．また4日から5日間の子を世話する期間を過ごし，その間，金色の体色を失い，ディスプレイを止め，卵が孵化するまでそれらを警護する．そしてこれらの両期間を交互に繰り返す．子を世話する期間の初日に，警護している一巣卵の75％を除去されると，雄は残っている卵を食べてしまい配偶段階に戻ってしまう傾向が，同じような妨害はあったものの卵を除去されなかった対照群よりも高くなった．子を世話する段階の3日目に同じように卵が除去されても，卵食の増加にはつながらなかった．これはおそらく，その後の子を世話するコストがほとんどなくなったからであろう（卵の孵化間近）．別の実験で追加的に餌を供給したところ（同種の卵，あるいはカニの肉），対照群に比べて，フィリアルカニバリズムとして食べられてしまう卵の割

ときには自分の子達のすべてあるいは一部を摂食することが，親にとって得になることがある

合が低下した．これは，雄はときに子を世話するために必要なエネルギーを補給するために自分の一巣卵の一部を食べてしまうことを示唆している．

別の魚種では，放卵放精のときの割り込みの増加も（子を世話する利益を減少させる），警護雄による卵食の増加 (Gray et al., 2007) や保育努力の低下 (Neff, 2003) につながっている．

配偶相手の魅力に応じて投資を変える

理論上は，親は，優れた表現型あるいは良い遺伝的質を持つ配偶相手とつがいになると，それにより増大した潜在的利益を活用するために，現在の繁殖においてより熱心に子を世話すべきだとされている (Burley, 1986; Sheldon, 2000)．

Nancy Burley (1988) は，ゼブラフィンチ (*Taeniopygia guttata*) を使った実験で，最初にこのことを明らかにした．その雄は，鮮やかな赤いくちばしを持ち，実験的に赤い足輪を付けることによって，雌に対してより魅力的にすることができる．このような魅力的な雄とつがいにした雌は，青色あるいは緑色の足輪を付けてあまり魅力的でなくした雄とつがいにした雌と比べて，ヒナへの給餌努力を増加させ，より多くのヒナを育て上げた．

同様に，魅力的な雄とペアになったマガモの雌は，より大きな卵（より良い食糧準備）を産むことが実験によって示された (Cunningham & Russell, 2000)．またクジャクにおいて，手の込んだ尾羽を持つ雄と交尾した後の雌は，より多くの卵を産むことも示された (Petrie & Williams, 1993)．

魅力的な雄とつがいになったとき，雌はより多くの保育投資をするかもしれない

雌雄の対立

これまで議論してきた例は，この章で出会う雌雄の対立の最初の例を表している．この対立は 2 つの段階，つまり誰が子の世話を負担するかをめぐる対立と，どれくらいの世話を与えるかをめぐる対立として考えることが有益である．

誰が子の世話をするべきか？

各親は，子を世話すべきか見捨てるべきかの意思決定に直面する．これまで見てきたように，これら 2 つの選択肢のコストと利益は，生理的制約（例えば，哺乳類では雌は授乳できるが，雄はできない）や，子の生存率（捕食リスクの強さ，餌の豊富さ），さらなる配偶機会に影響を与える生態的要因に依存して決まるだろう．しかしこれらコストと利益に対する影響として重要なのは，他方の親の行動である．もし雌が子の世話を負担するなら，雄は子を放棄する方が得になるかもしれないが，雌が子を放棄するなら，雄は子の世話をする方が得になるかもしれない．例えばティラピアでは，それぞれの親は，他方の親が子の世話を負担してくれれば最も都合が良く，次の配偶を求めて子を見捨てることが自由にできた．John Maynard Smith (1977) は，両方の親による意思決定の組合せの結果を調べたモデルを最初に提出した．彼のオリジナルのモデル

には欠陥があるが，このモデルを説明し，モデルの基礎的な発想と限界を調べることは教育上良いことだろう．

そのモデルは，雌親と雄親の対立に対してゲーム理論の手法を導入したものである．そこでは，各親は子を世話すべきか見捨てるべきかを独立に意思決定すると仮定された（これらの「無情報の入札 (blind bids)」は単純化した仮定であり，多くは非現実的なものである）．このモデルは，ある戦略ペア，つまり雄にとっての戦略 I_m と雌にとっての戦略 I_f を探すものである．ただし，雌が戦略 I_f を採用する限り，雄にとって戦略 I_m から外れることは割に合わず，雄が戦略 I_m を採用する限り，雌にとって戦略 I_f から外れることは割に合わないという戦略のペアである．言い換えれば，それぞれが，雄と雌にとって進化的に安定な戦略である（5章）．

一方の親の最良な戦略は，他方の親が採用する戦略に依存する

P_0, P_1, P_2 をそれぞれ，世話がない，片親が世話する，両親が世話する場合の卵の生存率とし，$P_2 > P_1 > P_0$ の関係にあるとする．子を放棄する雄が再び配偶できる確率を p とする．また子を放棄する雌は W 個の卵を産み，子の世話をする雌は w 個の卵を産み，$W > w$ とする．このゲームにおける利得行列を表 8.3 に示した．このときの ESS としては次の4つの場合がありうる．

保育投資に対する ESS モデル

ESS 1：雌も雄も子を放棄する．これが ESS になるには $WP_0 > wP_1$ である必要があり，さもなければ雌は世話をしようとするだろう．また $P_0(1+p) > P_1$ である必要があり，さもないと雄は世話をしようとするだろう．
ESS 2：雌は子を放棄し雄は世話をする．これには $WP_1 > wP_2$ である必要があり，さもないと雌は世話をしようとするだろう．また $P_1 > P_0(1+p)$ である必要があり，さもないと雄は放棄しようとするだろう．
ESS 3：雌が子を世話し雄が放棄する．これには $wP_1 > WP_0$ である必要があり，さもないと雌は放棄しようとするだろう．また $P_1(1+p) > P_2$ である必要があり，さもないと雄は世話しようとするだろう．
ESS 4：雌も雄も子を世話する．これには $wP_2 > WP_1$ である必要があり，さもないと雌は放棄しようとするだろう．また $P_2 > P_1(1+p)$ である必要があり，さもないと雄は放棄しようとするだろう．

このモデルで色々なパラメータの値を入れてみると，ESS 1 と ESS 4 は，ESS 2 と ESS 3 がそうであるように，互いに代わりうる可能性のある戦略である．例えば ESS 2 は，雌が子の世話をしないと非常に多くの卵を産むこと

表 8.3 保育投資の ESS モデル (Maynard Smith, 1977)．各性は子を世話するか放棄するかの両方の可能性を持つ．行列は雄と雌に対する繁殖成功を表している（詳細は本文を参照せよ）．

雄		雌	
		世話	放棄
世話	雌が獲得	wP_2	WP_1
	雄が獲得	wP_2	WP_1
放棄	雌が獲得	wP_1	WP_0
	雄が獲得	$wP_1(1+p)$	$WP_0(1+p)$

ができ（$W \gg w$），そして片親で子の世話をする方がしないよりもはるかによいが（$P_1 \gg P_0$），両親での世話が片親での世話とそれほど違わないならば（$P_2 \approx P_1$），最もありそうな戦略である．この状況は，雌が子を放棄する傾向が強く，雄が子の世話をするという上述した多くの魚類におそらく当てはまるだろう．しかしながら，子を放棄した雄が再び配偶できる確率が特に高いならば，ESS 3 はその代替となる可能性のある戦略である．これは鳥類や哺乳類のいくつかの種に適用できるかもしれない．両親による世話が片親で世話するときの 2 倍以上の数の子どもを育て上げられるならば（$P_2 \gg P_1$），あるいは子を放棄した親が再び配偶する確率が小さいとすれば，スズメ目の多くの種でそうであるように，ESS 4 が最もありそうな結末である．

モデルの欠陥を修正する

もし読者であるあなたが表 8.3 の利得行列の欠陥に気付かなかったとしても，25 年間気付かれないままだったのだから，みんな同じようなものである（Kokko & Jennions, 2003）．Michael Wade と Stephen Shuster (2002) は，このモデルでは，子を放棄する雄は，「どこにもいない」雌と配偶することによって追加的に子を獲得するという欠陥を指摘した．つまり，当該の雌が適応度の計算に表れないのである．よって雄は，明示的な雌が生産する子の数から推定できるよりも多くの総父性を持ってしまうのである．Wade と Shuster はモデルを修正して，追加の子がどこからやってくるのかを正確に示した．例えば子を放棄した雄は，他の雄が子の世話をする子達の一部の父性を奪っているかもしれない．あるいは子を世話する雄を捨てた雌と配偶するかもしれない．これらを考慮すると利得行列は複雑になってしまう．にも関わらず，Maynard Smith のモデルによって与えられた本質的な着想は依然と有効である．その着想とは，一方の親による意思決定を理解するために重要なことは，他方の親によってなされる意思決定だということである．

Maynard Smith のモデルは，子を世話する行動の進化について考えるための有用な枠組みを与えてくれるけれども，子の世話や子の放棄に対して親が独立な意思決定（無情報の入札）をするという仮定は，自然で見られる多くの子の世話ではあまり当てはまりそうにない．例えば，独立な意思決定は両親による子の放棄に向かう場合もあるけれども，テラピアでは必ず少なくとも一方の親は子を世話する（Balshine-Earn, 1995）．段階的な意思決定や先に子を放棄する確率などを組み込んだ，より現実的なモデルが必要であろう．

どれくらい子を世話すべきか？

子の世話にどれくらい投資するかをめぐる対立も存在する．例えばロクセンスズメダイの雌にとっては，縄張り雄が自分のすべての卵が孵化するまで安全に守ってくれると最も良いけれども，雄にとっては，生涯の受精卵による繁殖成功を最大にするためには雌の卵の一部か全部を食べてしまうことが最も良いかもしれない．雌雄の対立は，雄と雌が子の世話をしている間にも発生するだ

ろう．鳥のつがいが空腹なヒナ達に給餌するという仕事を必死に行うとき，明らかな対立は見られないかもしれないが，簡単な実験によって背景にある対立を明らかにすることができる．もしどちらかの親が一時的に除去されると，もう一方の親は仕事の速度を増加させる．これは，各親がより懸命に仕事をする余力を残していることを示している．では，各親がどれくらい努力して仕事をすればよいかについて，協力している両親はどのように合意しているのだろうか？ ここでの問題は抜け駆けの発生である．つまり一方の親が，他方の親の補償的な反応に頼って，仕事の公平な分担よりも自身の仕事を少なくしようという誘惑に駆られるかもしれない．

この子の世話をめぐる対立は最初に進化ゲームとしてモデル化された．そのモデルでは，各親は一定の保育努力を決めるために独立に競技し（「無情報の入札」），各親にとっての最適努力が進化的時間スケールで解かれることになる (Chase, 1980; Houston & Davies, 1985)．ESS において，各親は配偶相手の投資努力を前提にして，自分の適応度を最大にする，ある固定レベルの投資努力を決めるだろう．あるつがいを考えよう．雌が投入したある保育努力に対して，雄は保育努力という点での「最良の反応」をするだろう．同様に，雄から与えられた保育努力に対して，雌も「最良の反応」をするだろう．もし一巣子の生産が総保育努力に対して逓減する増加関数になり，親が保育投資を増加させるときのコストが逓減しない増加関数になるならば（図 8.2 のように），各親にとってこのような「最良の反応」でも，不完全な補償にしかならないことが示されるかもしれない．つまり，一方の親が自らの保育努力を減少させるならば，他方の親は自分の保育努力を増加させるけれども，その損失を十分に補償することはない（図 8.5a, 8.5b）．このような不十分は補償は，図 8.5c で説明されているように，両親による安定的な子の世話を導くだろう．

もしも条件によっては，一方の配偶相手の保育努力の低下に対して，他方の親による完全な補償，あるいは過剰な補償さえも導かれるならば，両親による子の世話は安定せず，ESS は片親による世話になるだろう（図 8.5d で説明されるように）．

この基本的な考え方は拡張され，両親の間での交渉行動にも組み込まれた．そのモデルでは，各親は配偶相手の保育努力に反応して自分自身の保育努力を調整してもよい．そしてそこで進化するのは，保育努力のレベルではなく，その「反応規則」である．今度はその数学が複雑になり，交渉ゲームの進化的結末は，詳細なところで「無情報の入札」の場合とは異なるものになった．にも関わらず，そのモデルは同様に不十分な補償を予測した．ただし，この場合は行動的時間スケールにおいてその補償が行われるものとなっている (McNamara et al., 1999)．

よって，理論的に重要な予測は，両親による子の世話の場合，配偶相手の保育努力の低下に対して不十分な補償で対応することである．自分の保育努力を少なくして抜け駆けしようとする親は，そのヒナ達が餌を十分に与えられないこ

> つがいの各親がどれくらい子の世話をすべきかをめぐる対立

> 理論では，不完全な補償作用のために両親による世話が安定化する

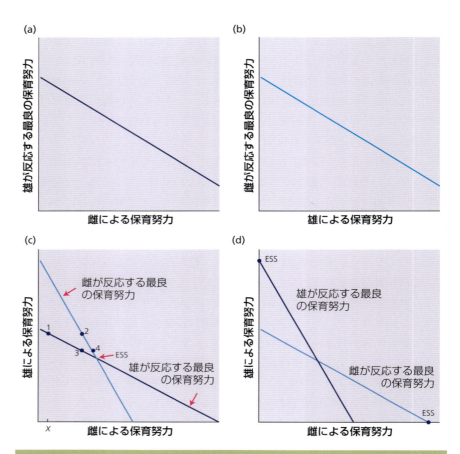

図 8.5 子の世話をどれくらいするかをめぐる雄と雌の対立 (Houston & Davies, 1985). (a) 雌の保育努力に対する雄の最良の保育反応. (b) 雄の保育努力に対する雌の最良の保育反応. これらがなだらかな傾きになるのは, 不十分な補償になるからである. よって, もし配偶相手が保育努力を減少させるならば, 他方の親は保育努力を増加させるけれども, その損失を十分に補償することはない. (c) 両方の反応直線を一緒に描くと, これらは両親による安定的な子の世話を導くことが分かる. 例えば, 雌親が保育努力を x だけ投資する場合を想像してみよう. そのときの雄の最良の保育反応は点 1 にくる. すると今度は雌は点 2 で応え, さらに雄は点 3 で応え, さらに雌は点 4 で応える等々である. このように各親の保育努力の変化量は次第に小さくなり, そのレベルは ESS である交点に収束する. (d) もし反応直線の傾きが 1 よりも大きいならば (過剰補償), 交点は不安定になり, 各親の保育努力の変化量は次第に大きくなり, 一方の親だけがすべての保育を行うようになって終わる. 読者は, 雌親のどこかの保育努力レベルから始めて, 雄の最良の保育反応, そして雌の保育反応等々と続けていってみて欲しい. ESS は雄か雌の片親による子の世話になってしまうことが分かるだろう. どちらの性が子を世話するかは, そのゲームをどの点から始めたかによって決まってしまう.

図 8.6　シジュウカラを使った Camilla Hinde (2006) の実験．(a) シジュウカラの巣内のヒナ．スピーカーは巣の中に隠されている．よってヒナからの餌乞い声は再生音によって増音させられた．写真ⓒSimon Evans．(b) シジュウカラの雄親．写真ⓒJoe Tobias．

とから，適応度の低下を被ることになるだろう．これは，鳥類（例えば，ホシムクドリ (*Sturnus vulgaris*)）を使った多くの実験で検証されてきた．そこでは，一時的な除去，羽の切除，尾羽への重り，雄性ホルモン（テストステロン）の移植など様々な技術を使って，一方の親の保育努力が低下させられた．全体として，他方の親の平均的反応は実際に自分の保育努力を増加させるものであったが，それは部分的な補償にしかならなかった (Harrison *et al.*, 2009)．にも関わらず，研究によっては，操作されなかった方の親が全く反応を示さなかったもの，あるいは完全な補償を示したものもあった．Camilla Hinde (2006) によって注意深く行われた実験は，驚くべき結果をもたらした．彼女は，シジュウカラ (*Parus major*) のヒナ達の餌乞い声の再生者を，巣のそばに置いた拡声器から流してその刺激を強化することによって，親を騙して保育努力を増加させた（図 8.6）．一方の親だけが（雄でも雌でも）その再生音を聞かされたとき，その親は給餌速度を増加させた（空腹と思われるヒナ達に対する期待通りの反応である）．しかし他方の親も，ヒナの餌乞いの増加を経験していないにも関わらず（餌乞い声の再生はヒナ自身には影響を与えなかった），給餌速度を増加させた（表 8.4）．よって操作を受けなかった親は，配偶相手の保育努力の増加に直接反応して，自分の保育努力を増加させたに違いないのである．

　この雄と雌の一致した給餌増加の反応は，これまでのモデルが予想するものではない．それをどのように説明できるだろうか？　最も妥当そうな説明は，モデルが単純過ぎるということである．一方の親が保育投資のレベルを変化さ

シジュウカラの実験：一方の親は投資を他方の親の反応に合わせる

表 8.4　追加的な餌乞い声に対する親の反応(Hinde, 2006)．各親はヒナ達に対して給餌速度を増加させるという反応を示した．餌乞い声の再生音を経験しなかった配偶相手もその給餌努力を増加させた．

処理	ヒナへの給餌速度（回数／時）		
	雌	雄	総計
対照群（再生音を聞かせない）	15	18	33
雌親へ再生音を聞かせる	22	25	47
雄親へ再生音を聞かせる	19	27	46

せるとき，以下の2つの理由で他方の親の行動は影響を受けるかもしれない．1番目の理由は，モデルによって指摘されたことであるが，一方の親による保育努力の変化は，他方の親による追加的保育投資の利益に直接影響を与えるということである．もし投資の見返りが逓減的に変化するのならば（モデルで仮定されたように），一方の親がより大きな保育努力をする場合，その配偶相手にとって子の世話の投資当たりの利益である限界利益の低下が起こるはずであり，そのため補償反応的投資を減少させる方が有利になる．しかし，モデルは2番目の理由を見落としている．つまり，一方の親の保育努力の変化から子ども達の要求についての情報が伝達されるという間接的なプロセスが，配偶相手の行動に影響を与えることである．もし一方の親がヒナ達がどの程度空腹かについてより良い情報を持つならば，他方の親は相手の仕事速度を自分がどれくらい一生懸命働くべきかを決める手がかりに使うかもしれない．もし一方の親による保育投資の増加が，他方の親に対して，子ども達が必要とする量の増加を知らせてくれるのならば，これは両親の一致した保育反応につながるかもしれない (Johnstone & Hinde, 2006)．

　親の反応において，補償と手がかりの相対的重要性を調べるためには，さらなる研究が必要であろう．この例が与えてくれる重要な提言は，理論と実践の研究の間には実りある相互交流が可能だという点である．つまり，観察される行動の予測にモデルが失敗したときこそ，その理論が見落としていた博物学的特徴についての洞察が与えられることが多いということである．

きょうだいの争いと親子の対立：理論

Robert Trivers の理論

同じ一腹きょうだい内での対立：各子は，親の視点から見た公平な分け前よりももっと多くを要求するはずである

　個人的な経験からのみならず文学や芸術からも，人間の家族の対立には誰もがなじみ深いだろう．よって動物の家族内の相互作用の進化に，対立が重要であることに科学者達が気付くのが遅かったということは，おそらく驚くべきことである．1974年，Robert Trivers は，家族生活についての我々の認識を変えてしまうことになる1つの論文を出版した．

　特定の子に保育投資をどのように分配するべきかということを考えるために使った図 8.2 に戻ることから始めよう．Trivers の考えは，親の最適投資量が

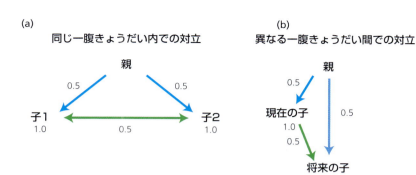

図 8.7 (a) 同じ一腹きょうだい内対立．親は 2 頭の子からなる 1 つの一腹子を持つとする．その親は両方の子と等しい血縁度（$r = 0.5$）を持つが，各子はきょうだいに対する血縁度（もし同じ両親を持つなら，$r = 0.5$）よりも自分に対して高い血縁度（$r = 1$）を持つ．(b) 異なる一腹きょうだい間対立．親は一腹子当たり 1 頭の子を持ち，次の一腹子の子も同父母きょうだい（同じ父親と母親を持つ）であると仮定する．現在の子は，将来の同父母きょうだいよりも（$r = 0.5$）自分自身に対して（$r = 1$）高い価値を与えるが，親は両方の子に対して等しい血縁度（$r = 0.5$）を持つ．

子の視点から見たものとは異なるというものであった．対立の 2 つの発生素因を区別することは有益であろう．1 番目の対立は**同じ一腹きょうだい内対立** (intrabrood conflict) である．有性生殖を行い，2 頭の子からなる一腹子を持つ種を考えてみよう（図 8.7a）．ある親はそれぞれの子と遺伝的に 0.5 の血縁度を持つ（その子の遺伝子の半分は他方の親から来る）．よって親がどの子かをえこひいきする遺伝的理由はない（実際上の理由はあるかもしれない．例えば，ある子が弱小なときなどである．しかし今のところ，それは無視することにしよう）．しかし，それぞれの子の視点から見ると，きょうだいよりも（両親が同じであるきょうだいであった場合，血縁度は 0.5 である；11 章）自分の幸福を優先するはずである（自分に対しては遺伝的に 1 の血縁度を持つから）．よってそれぞれの子は，親の保育投資の公平な分配量よりももっと多くを奪おうとするはずである．

また，**異なる一腹きょうだい間対立** (interbrood conflict) もあるだろう（図 8.7b）．1 回の繁殖で 1 頭の子を持つ親を想像してみよう（例えばアザラシ）．親にとって，その子への世話を終了し，次の子のため保育投資を温存する方が得になるときがいつかやってくるだろう（図 8.2 で B−C が最大となる点）．しかし世話を受けている子は継続して世話を要求することで利益を得るだろう．なぜなら今回も再び，将来のきょうだいの幸福よりも自分自身の幸福を遺伝的に優先するはずだからである．

親子の対立をグラフを用いて説明することができる（図 8.8）．親の視点から見た利益とコストの曲線は，図 8.2 の場合と同じである．ある子への保育投資の増加に対してその利益は逓減的に増加するが，コストは逓減することなく増加する．なぜならその子への単位投資分ごとに他の子（現在あるいは将来の）が

> 異なる一腹きょうだい間での対立：現在の一腹子は，将来の一腹子を犠牲にしてもっと多くを要求するはずである

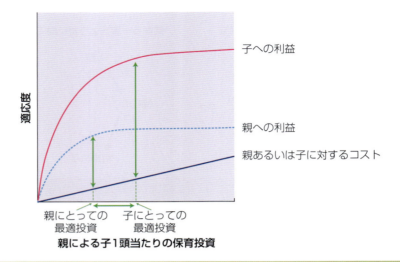

図 8.8　Trivers (1974) による親子の対立の理論．親の視点からの利益とコストは，図 8.2 のものと同じである．しかし，子は自分自身の命に対して ($r=1$)，親が ($r=0.5$) 持つ価値の 2 倍の価値を持つだろう．そのためきょうだいが同父母きょうだいであるならば，子にとっての利益曲線は親に対するものの 2 倍になり，子にとってのコスト曲線は親に対するものと同じになる（本文参照）．子の視点からの最適保育投資量は，親の最適値よりも大きくなる．Lazarus & Inglis (1986) より転載．掲載は Elsevier より許可された．

利用できる資源を減らしていくからである．ここで，この図に子の視点から見た利益とコストの曲線を付け加えることができる．ある子にとって，利益曲線は親の利益曲線の 2 倍になるだろう（どの子の場合も，親が自分に対して持っている血縁度と比較して，自分自身に対しては 2 倍の血縁度を持っている）．しかし，自分への保育投資量を増加させることは遺伝的関係を持つそのきょうだいからその分を奪うことになるので，その子はコストも背負うことになる．同じ両親を持つきょうだいであるならば，親に対する血縁度ときょうだいに対する血縁度は 0.5 と等しくなるので，コスト曲線は親の場合と同じであろう．ある単位分の余分な保育投資は，その親には血縁度 0.5 の将来の子への投資分を犠牲にさせ，余分に投資される子には血縁度 0.5 の将来のきょうだいへの投資分を犠牲にさせている．図 8.8 は，子の視点からの最適保育投資が，親の視点からのものより大きいことを示している．これらの最適値の間に，子にとっては続けて世話を要求することが得になるが，親にとっては子の要求に抵抗することが得になるような対立が存在するだろう．子にとっての最適投資を超えたところは，親と子の両方が保育投資を終了することに同意すべき範囲となる．

きょうだいの争いは親と子の対立につながる　　Trivers 理論の重要な点は，親子の対立に導くものが，きょうだいの争いだということである．もし親が生涯でちょうど 1 頭の子しか持たないように設計されていたならば，親子の対立は存在しないだろう．

きょうだいの争い：証拠

　これから，まずきょうだいの争いの証拠を，次に親子の対立の証拠を考えることにしよう．きょうだいが親の投資資源をめぐって競争するという証拠は数多く存在する．環境における餌獲得量を予測することはできないので，このような競争はよく起こってしまう．そこで親は，条件が良好であろうという希望的観測の下に，最適な一腹子数を生産することでうまくやれるだろう．つまり，もし餌不足に陥ったとしても，きょうだい間の競争が一腹子数の低下を促すだろうからである．

随時的きょうだい殺し

　ガラパゴスオットセイ（*Arctocephalus galapagoensis*）は，予測不可能な餌条件のために生じる**異なる一腹きょうだい間対立**の良い例を与えてくれる．ガラパゴス諸島の周辺の海では，魚の獲得量は季節ごとに，そして年ごとに変化する潮流とともに変動する．雌は1度に1頭の子だけを産む．魚が豊富なときには，母親は大量の母乳を生産し，自分の子に18ヶ月の月齢になるまで授乳できる．しかし餌の乏しい条件のときには，子はゆっくりと成長し，その子への授乳は2～3年間にわたって続くことがある．この変動の結果として，年当たり最大23％の子が，年上のきょうだいがまだ世話を受けている間に産まれてしまう．そして2頭の子が母親の母乳をめぐって競争することになる．たいていの場合，飢餓か，あるいは年上のきょうだいがつかみかかったり空中に放り投げたりする直接的攻撃のために，年下の子は1ヶ月以内に死ぬ．母親はときどきそれに介入して，母親が新しく産まれた子を引き寄せようとすると，年上の子がその子の他方の端を引っ張るので，その争いは致命的な綱引きにつながるだけになったりする（Trillmich & Wolf, 2008）．

　魚の獲得量を予測できないときには，**同じ一腹きょうだい内対立**が生じることもある．アオアシカツオドリ（*Sula nebouxii*）は，2個の一腹卵を産む熱帯の海鳥である．抱卵は最初の卵が産まれた直後から始まるため，1番目のヒナは，次に孵化する幼いきょうだいよりも約4日ほど早く成長する．この体サイズの有利性は，年上のヒナが高く背伸びして，親のくちばしから吐き戻された魚を奪い取ることができることを意味する．そして，その年上のヒナが満腹になった後にだけ，年下のヒナは給餌を受けることを意味している．もし餌が豊富ならば，両ヒナは自分の取り分を獲得できる．しかし餌が不足するときには，年下のヒナはめったに餌を得られず，最初の2～3週間で餓死してしまう．年下のヒナが生き残る機会を示す重要な示標は，年上のきょうだいの体重である．年上のきょうだいが期待される体重より20～25％低いとき，そのヒナは年下のきょうだいをつついて攻撃する．すると年下のきょうだいは萎縮し，餌乞いを控えるようになり，餓死する．餌が豊富な年に行われた実験において，いくつかの巣で両ヒナから1日間餌が取り上げられた．すると年上のヒナは年下のヒナに

オットセイとカツオドリにおけるきょうだいの争い

対して攻撃を増加させたが，この攻撃はいったん給餌が再開されると収まった．このように，きょうだい殺しは随時的で，年上のヒナの空腹度合いに依存して起こることが分かる．注目すべきことに，親は決して仲介して年下のヒナを守ろうとはしない (Drummond & Chavelas, 1989).

この他にも多くの研究が，餌が不足するにつれて同じ一腹きょうだい内での争いが増加することを確認してきた．そこでは，年上のきょうだいは年下のきょうだいを直接的に傷付けたり殺したり，あるいは親からの給餌を独占したりして，そのきょうだいの死亡を間接的に早めるのである (Mock & Parker, 1997).

絶対的きょうだい殺し

保険としての2番目の卵

猛禽類，ペリカン，カツオドリなどの鳥類では，母親は2個の卵を産むが，年上のきょうだいが**常に**年下のきょうだいを殺してしまう．このとき，なぜ母親は1個ではなく2個の卵を産むのかという疑問が生じる．このような場合，2番目の卵は1番目の卵が孵化に失敗した場合の保険であるという仮説が明快であろう．この仮説を支持する例として，ナスカカツオドリ (*Sula granti*) では，2番目の卵は1番目の卵が孵化に失敗した後に生き残って子になる (Anderson, 1990). さらに，この種 (Clifford & Anderson, 2001) とアメリカシロペリカン (*Pelecanus erythrorhynchos*) (Cash & Evans, 1986) で，2番目の卵を実験的に取り除いたところ繁殖成功が低下してしまった．

きょうだいの血縁度が争いに影響する

理論では，親が子の世話に使う資源に対する子の要求量は，獲得する利益に依存するばかりでなく，他のきょうだいから世話に使う資源を奪ってしまうことで生じるコストにも依存して決まるとされる（図8.8）．他の子との血縁度が低下すると，その子達の（遺伝的な）価値も低下するので，その子達から世話に使う資源を奪ってしまうことで生じるコストも低下するだろう（図8.8のコスト直線の傾きがより小さくなる）．よって親が子の世話に使う資源に対する子の要求量は増加するはずである．

スズメ目の様々な種の餌乞いディスプレイを比較することによって，この予測を検証した2つの研究がある．これらの例では，子は力づくではなく魅力で親が子の世話に使う資源を獲得しようとする（雄が雌をめぐって競争するときの2つの方法と明らかな類似性を持つ；7章）．スズメ目の鳥類のヒナは，孵化時には裸で，あまり発育しておらず，親に対して大きな声で，また鮮やかな色の口腔内を見せるというディスプレイで餌乞いを行う．Jim Briskieとその共同研究者達 (1994) は，巣のヒナの中に婚姻外交尾による父性を持つ子を高い割合で含む種では（その場合，仲間のヒナは片親だけを同じくするきょうだいである傾向が高く，そのため血縁度が低い可能性が高い；図8.9a），ヒナがより活発に餌乞いする（彼らの餌乞い声の大きさが測定された）ことを見つけた．

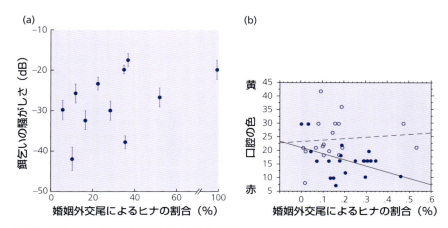

図 8.9 鳥類の同じ巣のヒナ達におけるきょうだい間対立は，血縁度が低下するにつれて激しくなる．(a) 婚姻外交尾の父性率が高い種のヒナは（つまりきょうだい間の平均血縁度は低い），より騒がしく餌乞いする．系統関係，巣のヒナ数，体重が統計的に考慮された後でも，この関係は有意に保たれることが分かっている．散布図内の，婚姻外交尾の父性率が 100% である種は，仮親種のヒナと全く血縁関係を持たない托卵種のコウウチョウである (Briskie et al., 1994)．(b) 婚姻外交尾の父性率が高い種の中では，開放的な巣で営巣する種においてのみ（紺丸，実線），ヒナが赤い口腔を持ち，暗い巣で営巣する種では（白丸，破線）そのような傾向はない (Kilner, 1999)．

　鳥類の種によっては，ヒナの口腔が空腹度合いの増加とともにより赤くなり，親が，巣のヒナ達の中で最も必要とするヒナに餌を与えるための指標としてそれを使っている場合がある (Kilner, 1997)．Rebecca Kilner (1999) は，もしヒナ達の中の他の子との血縁度が低下するとともに各子の利己的行動が増加するのならば，婚姻外交尾による父性率が高い種の子は口腔内は，より赤くなるはずだと予測した．そしてデータはこの予測を支持した．しかし，それは明るく日に照らされる巣で子の世話を行う種だけであった．これは，きょうだいの争いと同様に信号伝達の環境がヒナのディスプレイに影響を与えることを示唆している（図 8.9b）．

　孵化後すぐ活動できる早成性の鳥類では，新しく孵化したヒナは綿毛を持っており，孵化後すぐに走ったり泳いだり（水鳥の場合）できる．クイナ科 (Rallidae) では，調べられた 97 種のうち 36 種が，鮮やかに色付いた，くちばし，肉厚な地肌の露出部分や羽毛などの装飾形質を持つヒナを伴う．系統解析によって，ヒナの装飾形質はこの科の中で複数回進化したことが明らかになった．またヒナの装飾形質はきょうだい間の競争の増加と関連していることも明らかとなった．後者の結論は，系統解析の中で，より大きな一巣ヒナ数を持つ，そして複数親を伴う配偶システムを持つ（つまり，きょうだい同士は低い血縁度を持つ；Krebs & Putland, 2004）傾向を種の測定値として検討することから得られたものであった．

　ちょうどこの科の 1 種であるアメリカオオバン (*Fulica americana*) では，こ

一腹子の他のきょうだいとの血縁度が低いとき，子の利己性の程度が増加する

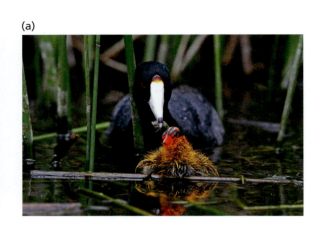
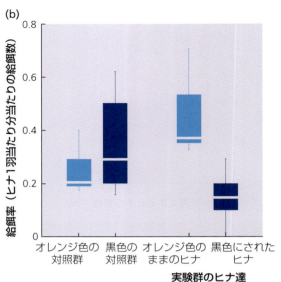

図 8.10　(a) アメリカオオバンのヒナは，オレンジ色の先端で飾られた羽毛を持つ．写真ⓒBruce Lyon．(b) すべての羽毛のオレンジ部分が刈り取られたヒナ達への親の給餌は（黒色の対照群），正常なヒナ達に対する場合（オレンジ色の対照群）と違いはない．しかしヒナの半分がオレンジ部分を刈り取られた実験によると，黒色になったヒナはオレンジ色のままのきょうだいよりもあまり餌をもらえないことが分かる (Lyon *et al*., 1994).

れまで親による給餌の際の好みについての研究が行われてきた．この種では，新しく孵化したヒナは体の黒い綿毛の先端に長く鮮やかなオレンジ色の部分を持っている（図 8.10a）．Bruce Lyon とその共同研究者達 (1994) は，カナダのブリティシュ・コロンビア州の中部域で明快な実験を行った．巣の全ヒナがオレンジ色の羽毛を刈り取られて黒い体色になっても，彼らは両親に良く給餌され，正常な羽毛をそのままにされたヒナ達と同様に良く育った（図 8.10b）．この結果は，これらの羽毛が完全に装飾形質であり，防寒能力を向上させるなどの手段でヒナの生存力に直接影響を与えているわけではないということを示している．しかし巣のヒナ達が操作され，ヒナの半分ではオレンジ色の羽毛をそのままにされ，他の半分ではそれを刈り取られたとき，親は装飾形質を残したヒナ達に対する給餌に明らかな好みを示し，黒くされたヒナ達はあまりうまく育たなかった（図 8.10b）．よって親の好みは相対的であり，そのことが誇張された装飾形質の進化の重要な要素なのである（7 章では，雌による配偶者への好みが，雄の装飾形質を淘汰するという類似した例が与えられている）．

ヒナの装飾形質が親を魅了する

なぜ親は装飾形質を持つヒナを好むのかということを調べるためにさらなる研究が必要である．装飾形質はヒナの齢あるいは質についての情報を知らせてくれるかもしれないし，あるいは別の文脈で発達した親の好みの感覚システムが利用されているのかもしれない．いずれにせよ，これらのすべての例において，低い血縁度を原因として増加するきょうだいの争いが，親が子の世話に使

う資源を求める信号伝達の増加につながっていることは明らかである．

親子の対立：証拠
行動的小競り合い

　きょうだいの争いに対する証拠は十分にあるけれども，親子の対立に対して信頼できる証拠を見つけるのは，より大変だということが分かってきた (Kilner & Hinde, 2008)．単に行動的な喧嘩を観察するだけでは，進化的対立を必ずしも証明したことにはならない．乳離れの際に子が起こすかんしゃくは，子が親の最適値以上に続けて保育投資させようと操作する子の試みを反映しているかもしれないと Robert Trivers (1974) は提案したが，同じように，それらは対立を背景に持たない行動発達の一部に過ぎないかもしれない (Bateson, 1994)．年上の子が年下のきょうだいを攻撃するとき，親はそれを子の必要量についての情報獲得の方法にしているかもしれないし，またオットセイで観察されるように，親が年下の子の味方をして介入する行動を示したとしても，それは単に子達の相対的適応度を査定する手段に過ぎないかもしれない．事実，これまで議論してきたきょうだいの争いのすべての例は，変動する資源に関連して保育投資を最適化する親の戦略の結果を反映しているのかもしれない．

　最適一腹卵数の考え（1章）の先駆者である David Lack は，育てるヒナ数の削減が親の適応であると提案した (Lack, 1947)．不斉一な孵化は，結果として，餌不足のときにヒナ数の削減を効果的に行えるヒナ間での順位をもたらすので，一腹卵を完全に産卵する前に抱卵を始めることは親にとって得になると，彼は提案した．そして Lack は，それとは対照的に，斉一的な孵化は類似した体サイズのヒナを作り，そのためヒナ達の間に明確な優位性順位が生じないので，親は少数の健康な生存個体ではなく，全員が生存の展望を持たない貧弱な多くの子を作ることになり，それは資源の浪費になるだろうと考えた．

　Robert Magrath (1989) は，親が自分の繁殖成功を最適化するためにきょうだいの争いの激しさに対して影響力を行使するという Lack の考え方を支持する実験的証拠を提出した．彼は，ツグミ科の1種であるクロウタドリ (*Turdus merula*) を研究した．この種では，親は餌としてミミズをヒナに食べさせているが，ミミズはその利用可能性が降雨とともに予測不可能な変動をする餌となっている．クロウタドリは，通常，不斉一な孵化を行い，その巣内ヒナの年下のメンバーは，ミミズが地中深く潜ってしまって取りにくくなってしまう乾燥期にはよく餓死してしまう．Magrath は巣間で新しく孵化したヒナを入れ替えたりすることによって，4羽のヒナからなる実験ヒナ群を人工的に造った．実験では2つの処理群を設けた．一方は類似した体サイズのヒナを持つ斉一ヒナ群で，他方は自然の一腹ヒナと同じ程度に体サイズに順位を持たせた不斉一ヒナ群であった．実験のときの環境条件はかなり乾燥していたので，その厳しい条件と，Magrath が実験的につがいに余計に餌を与えることで良好にした条件と

一腹きょうだい内順位は，一腹子数の削減に役立つ

巣内のヒナ間順位	巣立ち後2週間まで生きたヒナの平均数 (n = 巣数)	
	良好な餌供給	不足する餌供給
斉一孵化	2.9 (n = 8)	1.3 (n = 21)
不斉一孵化	2.3 (n = 13)	2.1 (n = 25)

表 8.5 親の繁殖成功に対する巣内のヒナ間順位の影響を検証するために，Robert Magrath (1989) が行ったクロウタドリの実験．すべてのヒナ群は4羽のヒナから構成された（斉一ヒナ群の場合は同じ体サイズのヒナ；不斉一ヒナ群の場合は異なる体サイズのヒナ）．クロウタドリの雌親がヒナ達にミミズを与えている写真©W.B. Carr.

で，彼は2つのヒナ群タイプの生産性を比較することができた．

Lack の仮説によって予測されたように，厳しい条件下では，不斉一ヒナ群は斉一ヒナ群よりも多くの生存ヒナを生産した（表8.5）．なぜなら明らかな順位がある場合，最も小さいヒナはすぐに死んでしまい，親が効果的に育て上げることのできるヒナ達が後に残るからである．斉一処理群では，ヒナが死ぬまでに長くかかり，またより多くのヒナが死んでしまった．しかし良好にした条件下では，斉一ヒナ群が最も良い結果を残す傾向があった（表8.5）．Lack の仮説を定性的な仮説ではなく定量的な仮説にするためには，さらなる研究が必要であろう．

性比の対立

もしきょうだいの争いが，ときには親に利益をもたらすかもしれないのならば，親子の対立をどのように検証すればよいのだろうか？ 理想的な検証は，親と子のそれぞれに対する親の投資の最適レベルを計算し，それらの差を示すことであろう（図8.8），これはかつて，社会性ハチ目の子の性比をめぐる親子の対立を明らかにした，Robert Trivers と Hope Hare (1976) による素晴らしい論文で示された．

社会性ハチ目の性比をめぐる親と子の対立

このことは13章で詳しく説明するので，ここでは簡単な要約だけを述べることにする．ハチ目の性は半倍数性によって決定される．受精した卵は娘（二倍体）になり，未受精卵は息子（半数体）になる．コロニーでは，女王は息子と娘に対して等しい血縁度を持つので（$r = 0.5$），理論上は女王は生殖できる子の性比を1:1にしようとするはずである．しかし働きバチ達は母親が産ん

だ生殖できる子の性比を違う比にしようとするだろう．なぜなら，もし女王が1回しか交尾していなかったら，働きバチ達にとって生殖できる妹との血縁度 ($r = 0.75$) は，生殖できる弟との血縁度 ($r = 0.25$) の3倍になるからである．よって働きバチの立場からすると，最適性配分は3：1となり，生殖できる妹の方に偏ったものになる (Trivers & Hare, 1976)．

どちらがその対立に勝つのだろうか？　働きバチは，選択的に雄の卵を壊すことによって彼らに都合良く性配分を偏らせることができ，ときどき彼らにとって最適な性比3：1を実現させる．しかし性比が女王の最適比となったり，ときどき妥協の産物として中間の性比になったりする別の場合もある．よってそれぞれの勢力の勝敗は状況に依存して決まるようである (Ratnieks et al., 2006)．

妊娠中の対立

もし親と子の最適値を正確に測定できないとしても，親と子に対して結果的に対抗的な生涯適応度を持たせる形質があることを証明することによって，親子の対立を示すことができる．同じ議論を使って，配偶における雌雄の対立を証明したことを思い出して欲しい (7章)．そこでは，例えば把握生殖器のような雄の形質は，雄の把握に抵抗するためのトゲのような雌の形質によって対抗された．同様な対抗進化の存在が，ハツカネズミの妊娠中に起こる現象で示された．そこでは，子の遺伝子は母親から余計に資源を獲得するように機能し，一方，母親の遺伝子は子の要求に抵抗するように機能するのである (Haig & Graham, 1991; Haig, 2000)．

この対立を理解するために，まず「ゲノム刷り込み (genomic imprinting)」の概念を導入する必要があるだろう．多くの遺伝子は，母親由来であろうが父親由来であろうが同じように発現する．しかし刷り込まれた遺伝子は，それらを伝えた親に依存して異なる振る舞いをする．David Haig とその共同研究者達は，ゲノム刷り込みが親子の対立という文脈の中で進化してきたことを提案した．多くの種（ハツカネズミのような）において，雌は一生に様々な雄と交尾する．現在の子の中の母親由来の遺伝子は，将来の子の中にそのコピーを持つ傾向（なぜなら母親は同じであるだろうから）が，雄由来の遺伝子よりも高いだろう（なぜなら別の子は他の父親を持つことがあるだろうから）．よって子の中の父親由来の遺伝子は，同じ子の中の母親由来の遺伝子よりも母親の資源を要求するだろうと予測される．ゲノム刷り込みは，このような条件の下で有利となり，遺伝子が母親由来か父親由来かに依存した条件戦略を行使できるようにするものである (Moore & Haig, 1991)．

> ゲノム刷り込みは，親と子の対立から進化するかもしれない

ハツカネズミにおける2つの対抗的遺伝子がこの考えを支持している．インスリン様成長因子2 (*Igf2*) は，父親に刷り込まれている（父親由来のときだけ発現する）．それは，母親から妊娠中に資源を引き出す役割を果たすインスリン様ポリペプチドである IGF-II をコードしている．父親由来のこの対立遺伝

> ハツカネズミにおける対抗的遺伝子：子と母親との間の綱引き戦

子の発現を実験的に止めると，子は出生時に通常の体重の60%になってしまうが，母親由来の対立遺伝子の発現を止めても，出生時の体重には何ら影響はない．$Igf2$の効果を妨害するのは，母親に刷り込まれた遺伝子であるインスリン様成長因子2レセプター ($Igf2r$) である．これは$Igf2$の生産物を無効化するレセプターをコードし，そのため母親から子へ運ばれる資源の量を減少させる．その母親由来の対立遺伝子の発現が止められると，子は出生時に通常の体重より20%も重くなるが，父親由来のその対立遺伝子の発現を止めても，出生時の体重には何ら影響はない (Haig, 1997).

このように子と親の間には綱引き戦があり，父親に刷り込まれた$Igf2$遺伝子は母親から余計に資源を引き出す機能を持ち，母親に刷り込まれた$Igf2r$遺伝子は余計に資源を投資することに抵抗する機能がある．ゲノム刷り込みが親子の対立に反応して進化した例が他にもあるかどうかは，まだ明らかではない (Haig, 2004).

対立の解決

Charles Godfray (1995) は，親子の対立のモデルを2つのタイプにうまく区別した．本章ではこれまで，対立の場を定義する「争いの場」モデルが考えられてきた．直前までの2つの例も，この「争いの場」の証拠を与えたものである．つまり社会性ハチ目社会の性比をめぐる，そしてハツカネズミの妊娠中における母親の資源をめぐる，親と子の綱引き戦である．しかし対立がどのように解決されるかを予測する「解決」モデルも考えられる．もし進化が際限ない軍拡競走に向かうのであれば，争いの場はいつまでも顕在的かもしれない．しかし，もし安定した解決に至ったのであれば，親と子の最適値における元々の差は，2勢力が互いの戦略に共適応することによって，隠されてしまうかもしれない．

> 「争いの場」モデルは対立を定義するもので，「解決」モデルは結末を予測するものである

ヒナの餌乞いディスプレイは，対立がどのように安定した解決に至るかについての良い例を与えてくれる．理論上は，子は必要に応じてその要求を増加させるはずである．しかし子にとって親の最適値よりも多くを要求することが得になるならば，親は子に対して必要量の提示が正直で偽りのないものであることを要求すべきであり，さもなければ騙されて多過ぎる量の投資を与えるはめになってしまうだろう．理論上は，もし餌乞いするヒナが世話をねだることで適応度コストを持つならば，この対立に対して進化的に安定的な解決が達成されることが分かっている (Godfray, 1991, 1995). これは，なぜヒナの餌乞いが大きな発声を伴う狂騒的な背伸びと口を開けて色鮮やかな口腔を見せることになるかを説明しているかもしれない．ちょうど雌が配偶者選択のとき雄に正直な信号を求めるように (7章)，親は投資レベルを選択するときに子に正直な信号を求めているのかもしれない．両方の場合で，信号のコストはその正直さを保証するのである (Grafen, 1990a).

> 子による餌乞いにコストがかかるとき，親子の対立は解決するかもしれない

カナリア (*Serinus canaria*) を使ったRebecca Kilnerの実験は，コストを伴

う餌乞いは親子の対立を解決するかもしれないというこの考え方を支持するものである．ヒナは空腹であるときほど激しく餌乞いをし，親は餌乞い信号が増加するにつれて餌を多く与えた (Kilner, 1995)．さらに，餌乞い行動は，報酬が与えられなかった場合，ヒナの成長を遅らせたので，明らかにコストを伴うものだった．ある実験で，きょうだいのペアに対して同量の餌を人の手で食べさせたが，そのペアの一方は食べさせてもらう前にちょうど 10 秒間餌乞いをしなければならなかった．しかし他方は 60 秒間餌乞いしなければならなかった（両時間とも自然における 1 回の餌乞い時間の範囲内であった）．より長く餌乞いしたヒナは，体重増加が少なかった（独立までの生存率を低下させる）．その結果は，餌乞いの増加がヒナの適応度にとってコストであり，そのことによってヒナの利己的傾向が抑制されることを明らかにした (Kilner, 2001)．

　よって解決モデルに従うと，子の要求と親の給餌は共適応し，そのためその背景にある対立は今では分かりにくくなっているはずである．Mathias Kölliker とその共同研究者達 (2000) は，シジュウカラ (*Parus major*) を使った巧みな里親操作実験によって，この共適応を初めて明らかにした．この実験によって，彼らは子の要求と親の気前の良さを独立に測定することができた．彼らは，新生のヒナを巣間で交換し，一巣ヒナの半分はある別の巣から，他の半分はさらに別の巣から持ってきて，それらを混ぜて作った一巣ヒナを親が保育するように設定した．そして，ヒナ達が 10 日齢になったとき，60 分間と 150 分間餌を与えないという 2 つの空腹レベルの状態においた後，各ヒナが示す餌乞いを室内において測定した．この測定値は，空腹度合いの増加に反応するヒナの餌乞い強度あるいは餌への要求度を示すものだった．ヒナの餌乞い信号に対する親の反応は，餌乞い声の強度を強めたり弱めたりした再生音に反応する親の給餌頻度の増加を測定することによって，野外で記録された．

　その結果から，ヒナの要求度合いは出身の巣に応じて変化することが分かった．言い換えると，異なる里親の巣で育てられても，同じ一腹ヒナからの出身であるヒナは，似た要求度合いを示す傾向があった．さらにこのことは，最も興味深い発見へとつながった．つまり，ヒナの要求はその遺伝的な母親の気前の良さと関連しており，より気前の良い母親から産まれたヒナは要求傾向が高く，あまり気前の良くない母親から産まれたヒナの要求傾向は低かった（図 8.11a）.

子の要求と親の給餌の共適応

　ツノグロモンシデムシ (*Nicrophorus vespilloides*) を使った里親操作実験は，子の要求と親の給餌傾向の間に同じような正の相関があることを示した (Lock et al., 2004)．この甲虫は地中に埋めた脊椎動物の死体のそばに産卵する．幼虫が孵化すると，這ってその死体に行き，親に餌乞いを行う（鳥類のヒナのように）．親は死体を消化してスープ状にしたものを吐き出し幼虫の口に直接食べさせる．室内実験によって，里子達に給餌するときの母親の世話レベルは，その母親の産んだ幼虫が里親に育てられたときの餌乞いレベルと正の相関を持つことが明らかとなった（図 8.11b）．

シジュウカラとシデムシの実験：気前の良い母親はより多くを要求する子を持つ

　理論上は，子の要求と親の餌供給の間のこのような共変動は，母親がもとも

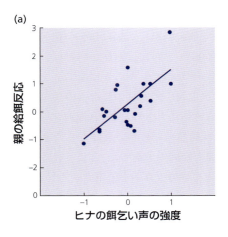
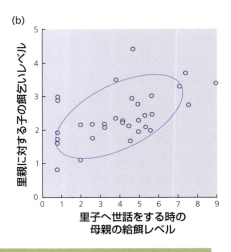

図 8.11 里親操作実験によって，家族内で親の供給は子の要求と共適応することが明らかにされている．(a) シジュウカラ：各点は異なる一腹ヒナに対応している．子の餌乞い強度（里親の巣で測定された）は，その遺伝的な母親の気前の良さ（餌乞いの再生に対して増加する給餌反応として測定された）と相関している．Kölliker *et al.* (2000) より転載．(b) シデムシ：各点は異なる一腹幼虫に対応している．より気前の良い（里子に対しての反応）母親は，より強く餌乞いする（里親によって育てられたときに測定された反応）子を持つ．Lock *et al.* (2004).

と遺伝的に気前の良い傾向を持ち，またその子が元々遺伝的により多くの資源を要求する傾向を持つために生じた遺伝的変異の結果であろうと考えられている (Kölliker *et al.*, 2005)．しかし，それは各親が子の世話に利用する局所的資源量に自分の子の要求を一致させる能力を持つという，いわゆる「母性効果 (maternal effect)」の結果であるかもしれない．これはありそうもないこじつけのように聞こえるかもしれないが，母親の制御の結果として，子の表現型が変動するという多くの例が存在する．例えば，冬が近付くにつれてハタネズミの母親は，より長い毛を持つ子を産むようになる．また小型甲殻類は，多くの捕食者がいる池では，防衛のための多くのトゲを持つ子を産む (Kilner & Hinde (2008) によって概説されている)．これらの母性効果は，遺伝子が子の中でどのように発現するかに，母親が関与するため起こるものである．

母性効果は，子の要求を母親の力量に一致させるかもしれない

母性効果は子の餌乞い行動にも影響を与えることがある．カナリアでは，卵黄の雄性ホルモンの濃度を実験的に増加させてやると，ヒナが孵化のときにより激しく餌乞いする．これは，母親が卵の母親由来のホルモン濃度を変化させることによって，ヒナの要求量を変えることができることを示唆している (Schwabl, 1996)．Camilla Hinde と Rebecca Kilner は，母親が利用できる餌量を産卵前後で変化させ，そして子の餌乞い強度と親の給餌強度を独立に測定できるように里親操作をすることによって，このことを検証した．彼らは，餌の質が向上すると母親由来の雌性ホルモンが上昇し，母親による給餌努力も増加し，そしてヒナの雌性ホルモンと餌乞い強度も上昇することを発見した (Hinde *et al.*,

2009).そして，ヒナの要求は母親の給餌能力にちょうど一致していた．それはおそらく卵内の母親由来のホルモンを使った手段によるものであろう．

　子の餌乞い行動を母親が制御できるという発見によって，親子の対立が向かう結末を見事に検証できるようになった．ある里親操作実験において，カナリアの親が，その親の保育能力に比べて過大に餌乞いする里子，過小に餌乞いする里子，あるいは適切に餌乞いする里子を持たされた（Hinde *et al.*, 2010）．その結果，里子のヒナは自分の餌乞いレベルが，里親自身のヒナから期待される餌乞いレベルと一致するとき，最も良く成長することが示された（図 8.12）．里親が期待するよりも低い餌乞いレベルを示した里子のヒナは過小な要求しかせず，あまり良く成長しなかったが，過剰に要求したヒナも被害を被った．なぜなら，里親はそのヒナ達に給餌し続けたけれども，それでも餌乞いで消費された高いエネルギーレベルを補償することはなかったからである．よってカナリアでは，親子の対立の共適応は，もし子が親の給餌計画よりも多くを要求しようとすると，代償を支払わなければならないという解決に向かっているようである．

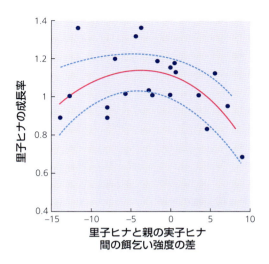

図 8.12　カナリアの里親操作実験．里子のヒナの成長率は，その餌乞いレベルが親自身の（注目の）ヒナから期待される餌乞いレベルと一致するとき，最も大きくなる．Hinde *et al.* (2010) より転載．掲載は AAAS より許可された．

カナリアを使った実験

托卵

　鳥類，魚類，昆虫類の種によっては，托卵を行うものがいる．そのような種は，自分の卵を他種（仮親種）の巣に産み付け，相手の種を騙して保育のすべてを負担させようとする．理論からすると，托卵種の子は仮親種の親や子と血縁関係はないので，非常に利己的に振る舞うはずである．予想されるように，托卵種の子は，Darwin (1859) が自然で最も「奇妙で嫌悪すべき」ことと呼んだいくつかの行動を示す．彼らの極端な利己行動もまた，親と子の相互作用の進化に新たな知見を与えてくれるものである．

　托卵をするカッコウ類（例えばカッコウ（*Cuculus canorus*））では，雌は仮親種の巣に 1 卵を産み，孵化後直ぐにカッコウのヒナは仮親種の卵を（そして孵化した仮親種のヒナもすべて）1 個ずつ背に乗せて，それらを巣の縁越しに放ることで，すべて巣外に捨て去る（4 章；図 4.19）．ミツオシエ属の 1 種（*Indicator* spp.）のヒナは，仮親種のヒナを鋭いくちばしで突き殺して処分する．死んだ仮親種のヒナは，巣の内側で踏み潰されたり，仮親種の親によって除去されたりする（Spottiswoode & Koorevaar, 2012）．ゴマシジミ属（*Maculinea*）の幼虫は，クシケアリ属（*Myrmica*）のアリが生産する体表炭化水素に似た物質を

托卵種の子を育てるように仮親種を騙す

分泌する．これによって，働きアリを騙し，自分の幼虫を彼らの巣に運び入れさせる．そして巣内では，シジミチョウの種によって異なるが，その幼虫が捕食者となったり（アリの幼虫や蛹を貪り食う），寄生する「カッコウ」となったりする（アリの幼虫のように餌乞い行動を行い，働きアリから餌を吐き戻してくれるようにねだる；Thomas & Settele, 2004）．ある大型の寄生的ゴマシジミ属の1種 (*Maculinea rebeli*) では，その幼虫は女王アリの音を真似ることによって，王族の一員かのように偽装する．これによって，餌不足のときには，誘導された働きアリが，自らの巣の幼虫や蛹を殺し，それらをその寄生者に食べさせることまでさせられてしまう (Barbero *et al.*, 2009)．

ときどき仮親種のヒナとの同居を我慢することが，托卵種のヒナにとって得になることがある

前節では，親が彼ら自身の子による保育資源の過剰利用をいかに防ぐかということを見てきた．これは，托卵種の子が仮親種の親から過剰な保育資源を引き出そうとしても，いつも簡単にいくとは限らないことを示唆している．托卵種であるコウウチョウ類とカッコウ類の餌乞い行動を比較することによって，托卵種のヒナはいくつかのトレードオフに直面していることが明らかとなった．コウウチョウ (*Molothrus ater*) は托卵を行う鳥種であり，北米に広く分布している．多くのカッコウ類やミツオシエ類とは対照的に，コウウチョウのヒナは仮親種のヒナと同居したとしてもそれに耐性を持つ．なぜだろうか？　その1つの仮説として，巣のヒナ全体の餌乞いが給餌総量のレベルを高めるということが考えられる．そしてコウウチョウのヒナは，仮親種のヒナと比較して公平な分配分よりも多くの資源を奪い取ることによって，その給餌総量を活用することができるのである．様々な仮親種の巣で育てられたコウウチョウのヒナの成長率を比較すると，仮親種の2羽のヒナと同居するときにコウウチョウのヒナは最も良く成長することが明らかとなった（図8.13a）．ツキヒメハエトリ (*Sayornis phoebe*) の巣で育てられたコウウチョウの実験でも，コウウチョウは単独で育てられるよりも，2羽の仮親種のヒナと一緒に巣で育つ方が良く成長することが分かった（図8.13b）．よって，コウウチョウは仮親種のヒナを使って，仮親種の親から資源を得るための協力をさせているのである．仮親種のヒナの最適な数は2羽である．おそらく，それよりも仮親種のヒナの数が多いと，巣のヒナ全体の餌乞いによって獲得した追加的餌を仮親種のヒナの方が取り過ぎてしまうのだろう (Kilner *et al.*, 2004)．

では，カッコウのヒナは自分自身でどのようにして対処しているのだろうか（図4.19dに戻って参照せよ）？　すべての仮親種のヒナを巣から追い出すことによって，カッコウは競争の排除という点では得するが，餌乞いという点では，すべての仕事を自分で行わなければならないというコストに直面することになる．普通種のカッコウの手口は驚くほど素早い餌乞い声である．それはまるで多くの空腹な仮親種のヒナによる餌乞い声のように聞こえる（図8.14a）．これを行うときのやり方は巧妙である (Kilner *et al.*, 1999)．ヨーロッパヨシキリ (*Acrocephalus scirpaceus*) を仮親種とする実験では，親が自分自身のヒナ達に給餌するとき，視界に映る口腔の総面積（視覚的手がかり）とヒナ達の餌乞い

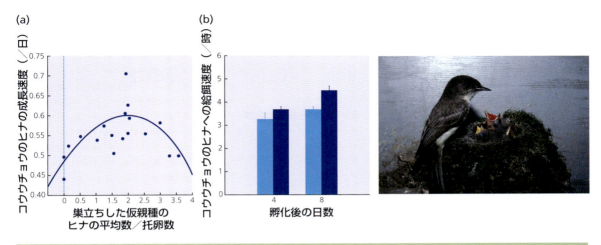

図8.13 (a) コウウチョウのヒナは，2羽の仮親種のヒナと巣で同居するときに最も良く成長する．各点は異なる仮親種に対応している．曲線は多項回帰式を当てはめたものである．(b) コウウチョウのヒナが，自身だけで（青棒）あるいは2羽の仮親種のヒナと一緒に（紺棒），仮親種であるツキヒメハエトリの親によって育てられるようにした実験．コウウチョウは，仮親種のヒナと一緒にいるときに最も良く成長する．Kilner *et al.* (2004) より転載．掲載はAAASより許可された．(c) 写真は，2羽の自分自身のヒナ（黄色の口腔）と1羽のコウウチョウのヒナのそばにいるツキヒメハエトリを示す．写真©Marie Read．

速度（音声的手がかり）の両方に対して反応することが示されている．視覚的手がかりは，それがヒナの数（ヒナが多ければ，口腔の数も多い）と齢（ヒナが年上であれば，口腔も大きい）に関連性を持つので，どれくらい多くの餌を持ってくるべきかについてのおおよその目安を，親に与える．音声的手がかりの場合，それによって親はヒナの空腹度合いに関連させて給餌を調整することができる（より空腹なヒナほど，速い速度で餌乞いする）．よって，もし仮親種の親がより多くのヒナを与えられたり，あるいはより年取ったヒナを与えられると，さらに一生懸命働き，またもしヒナ達の餌乞い声が再生音の追加によって増強されると，より一層一生懸命働くのである．

カッコウのヒナはこのシステムをどのように利用するのだろうか？ カッコウは，ヨシキリの4羽のヒナが必要とする餌量と同じくらいの餌量を必要とする．問題は，カッコウのヒナはヨシキリのどんなヒナよりも大きいけれども，その口腔面積はヨシキリの4羽の全ヒナの総口腔面積にはとても匹敵しないことである．この餌乞いディスプレイの視覚成分における不十分性を補うために，カッコウは異常に素早い餌乞い声を発生させることによって，餌乞いディスプレイの音声成分の方を増強しなければならない．カッコウは，このように仮親種の給餌ルールに合わせることによって成功しているのである (Kilner *et al.*, 1999)．

> 普通種のカッコウのヒナによる鳴き声を使った騙し

日本では，カッコウ属のジュウイチ（*Cuculus fugax*）も同様の手口を使っているが，それは餌乞いディスプレイの視覚成分に対する操作である．ジュウイチのヒナは餌を求めて餌乞いするとき，黄色い口腔と同じ色である翼の黄色斑を見せる（図8.14b）．これらの偽の口腔は，仮親種の親を欺き，餌をより多く

> そして，ジュウイチのヒナによる視覚的な騙し

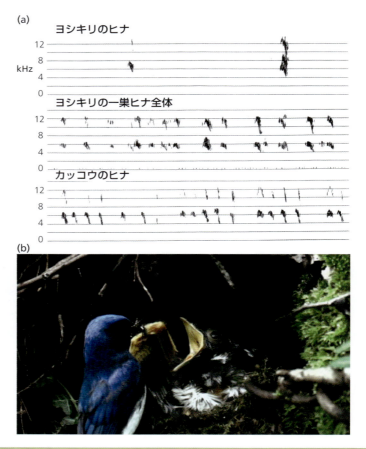

図 8.14 カッコウのヒナの音声と視覚による騙しの手口．(a) ヨシキリの巣における，カッコウのヒナによる音声的騙しの手口．それぞれ 2.5 秒の長さのソナグラムは，満足するまで餌を与えられた 1 時間後に実験室で録音された 6 日齢のヒナの餌乞い声である．カッコウの餌乞い声は，ヨシキリの 1 羽のヒナよりももっと速く，1 週間齢では，仮親種の空腹な一巣ヒナ全体の餌乞い声のようになる．Davies *et al.* (1998) より転載．(b) 自分自身の口腔の隣で偽の口腔（翼の黄色斑）を見せるジュウイチ．仮親種はオオルリ (*Cyanoptila cyanomelana*) である．写真は Keita Tanaka の好意による．

持ってこさせている．仮親種の親は，ときどき口腔ではなく，羽の黄色斑に餌を与えようとする．また，その黄色斑を実験的に黒く染色すると給餌頻度が低下することが分かっている (Tanaka & Ueda, 2005)．

餌乞い信号の 2 つの成分：子への給餌行動を促す刺激，そして持ち込まれた食物をめぐる競争

托卵者のこれらの騙しの手口から，餌乞いディスプレイは 2 つの成分を持っていそうだということが示唆される．それは，巣のヒナ達による信号刺激の増加が親による多くの餌の搬入につながるという協力的な成分と，いったん餌が巣に持ち帰られると，それをヒナ達が奪い合うという競争的な成分である (Johnstone, 2004)．各ヒナのディスプレイがどのようにこれら 2 つの成分に貢献するかを調べるには，さらなる実験が必要である．

要約

　子の世話を全くしない種（多くの無脊椎動物）がいる一方，雌だけが子の世話をする種（多くの哺乳類），雄だけが子の世話をする種（多くの魚類），両性で子の世話をする種（多くの鳥類）が存在する．これらの違いは，世話の利益やさらなる配偶機会の喪失というコストに対する生活史の制約の違いを反映しているだろう．どちらの親が子に世話を与えるべきか，またどれくらい世話すべきかをめぐって雌雄の対立がよく起こる．ゲーム理論のモデルは，雄と雌の進化的安定戦略があることを予測するが，現在のモデルは，雌雄による順番的な子の世話の放棄や，親は子達の要求度合いをお互いからどのように学習できるのかなど，自然で起こる複雑性のすべてを組み込んでいないことが多い．Robert Trivers (1974) は，各子が，親の視点から最適な世話量よりももっと多くを要求するように淘汰されてきていると指摘した．異なる一腹きょうだい間対立（例えば，ガラパゴスオットセイ）と同じ一腹きょうだい内対立（1つの一腹きょうだい内で餌乞いするヒナ達）が存在することを示す優れた証拠がある．予想されるように，対立はきょうだいの血縁度が低下するとともに激しくなる．親子の対立は結果的に「争いの場」になることは明らかで，例えば，ハチ目の社会における最適性比やハツカネズミの妊娠中の母親の投資をめぐる綱引き戦がそれに当たる．またその対立は進化的な解決に至ることもある．ヒナにとってコストを伴う餌乞いディスプレイはその一例であるが，そこでは親の供給と子の要求は共適応に向かうとされる（例えばカナリア）．托卵者は子が持つ利己性の極端な例を示してくれる．しかしそれでも，托卵種の子は仮親種の給餌システムに「波長を合わせ」なければならない．

もっと知りたい人のために

　Clutton-Brock (1991) は子を世話する行動の進化を概説している．Klug & Bonsall (2007) は，子の世話，子の放棄，子の摂食の進化に向かうであろう生活史特性を考察している．David Queller (1997) は，雄にとって低い父性確率が，雌よりもどれくらい子を世話しない傾向に雄を向かわせるかを示す巧みなモデルを提出している．Mock & Parker (1997) は，きょうだいの争いについて，理論と証拠の両方から素晴らしい総説を提出している．Royle et al. (2002) は餌乞いと正直な信号について考察している．Kilner & Hinde (2008) は親子の対立を概説し，その結末は各勢力が資源の供給と要求に関して持つ情報によって影響を受けることを指摘している．Grodzinski & Lotem (2007) は，人の手で餌を与えた一巣ヒナ達を使った実験で，餌乞い強度に応じて餌を分配するやり方の方が，ヒナ達に無作為に同じ餌量を配分するやり方よりも，ヒナの良い成長につながることを明らかにしている．これは，親は子の餌乞い信号に反応する方が得だという証拠になる．Emlen (1995) は家族内の対立についての理

論的な予測を概説している．Hrdy (1999), Mock (2004), Forbes (2005) らによる本は，動物の家族の進化について広い視点から概説している．Houston et al. (2005) は，子の世話をめぐる雌雄の対立のモデルを考察している．

討論のための話題

1. なぜ哺乳類の雄は授乳しないのだろうか？
2. ツリスガラ (*Remiz pendulinus*) では，ときには雄が子の世話を雌にまかせて巣を放棄し，ときには雌が子の世話を雄にまかせて巣を放棄し，さらには雄と雌の両方の親が巣を放棄することもあるが，3番目の場合では，その巣のヒナ達は全滅する (Persson & Öhrström, 1989; Szentirmai et al., 2007). このような色々な結末は，雌雄の対立をどのように反映したものであるか議論せよ．
3. 離乳時の子のかんしゃくに対する別の仮説を議論せよ．それらの仮説をどのように検証できるだろうか？
4. なぜ，良好な摂食条件下では，斉一的な一腹子達は最も生存率の高い子を残すのだろうか（表8.5）？
5. アオアシカツオドリの親は，彼らの年上のヒナによる兄弟殺しから年下のヒナを守るために介入すると期待してよいだろうか？
6. ミドリツバメ (*Tachycineta bicolor*) のヒナを用いた実験で，Marty Leonard と Andrew Horn (2001) は，きょうだいがいるときのヒナは鳴く速度を増加させることを発見した．彼らは，派手でコストを伴う餌乞いディスプレイは，親の注目を奪い合うきょうだいの競争下で，個体の効果的な信号伝達を有利にする淘汰をとおして進化したかもしれないと提案している．この仮説を，この章で議論した仮説，つまり派手な餌乞いは子の必要量を示す信号の正直さを実現するために進化したという仮説と区別するためには，どのような証拠があればよいだろうか？
7. 子の装飾形質に対する別の仮説を議論せよ．それらをどのように検証すればよいだろうか？　子の装飾形質は雄の装飾形質よりも穏やかなものになると期待できるだろうか？
8. 配偶をめぐる雌雄の対立を研究するために使われる方法（7章）と，親の保育投資をめぐる親子の対立を研究するために使われる方法（本章）を比較せよ．これら2つのテーマの研究者はお互いから学ぶことがありうるだろうか？

第9章
配偶システム

写真 © Alexander T. Baugh

前の2つの章の中心テーマは対立であった．それは，配偶と受精をめぐる対立（7章）と子の世話をめぐる対立（8章）である．ここでは，どれくらい多くの配偶相手をどのようにして得るのか，また関連する子の世話の様式はどのようなものかなどに関係の深い配偶システムという観点から，これらの対立の結末を調べることにしよう．一見，自然におけるその多様性は我々を当惑させるほどである（表9.1）．これらの多様性をどのように説明できるだろうか？

配偶システムを，自分の繁殖成功を最大化するために個体が競争する行動の産物として見なすことが生産的な方法になってきた．その方法を最初に用いたのは，後に大きな影響を与えた Stephen Emlen & Lewis Oring (1977) の論文である．様々な配偶システムは，次の2つの要因に依存して出現するかもしれない：(i) **時空間における雄と雌の分布**（それは，各性にとって配偶相手との出会いがいかに容易になるかということに影響を与えるだろう）；(ii) **各性による子の放棄の様式**（それは，子の世話の利益とコストに依存して決まるだろう）．

配偶システムの多様性に影響を与える2つの要因

雄による子の世話を伴わない配偶システム

雄が子の世話をしない場合から始めよう．理論上は，その配偶システムは2段階の過程から生じるはずである（図9.1）．最初の段階として，雌の繁殖成功はたいてい資源の獲得可能性によって制限されるため（7章），雌の分布は，他個体と一緒にいるコストと利益による修正を受けつつも（例えば，捕食や資源競争への影響；6章），資源の分布（餌や繁殖の場所）に依存して決定される．一方，雄の繁殖成功はたいてい雌の獲得可能性によって制限されるため（7章），配偶システムに至る過程の次の段階として，雄が雌の分布に関連して自分自身の分布を決めるということである．雄は，直接的に（図9.1A）雌をめぐって競争

表 9.1 配偶システムの分類.

配偶システム	誰が誰と配偶するか？
一夫一妻 (Monogamy)	1回の繁殖シーズンあるいは一生にかけて，1個体の雄が1個体の雌とのみ自分の配偶を行い，さらにその雌もその雄とのみ自分の配偶を行う．両配偶者は，自らの選択から他の配偶機会を放棄することによって，あるいは一方の配偶者が他方の潜在的配偶相手を寄せ付けないようにすることによって，一夫一妻を強制的に維持するのかもしれない．両配偶者が卵と子どもの世話をすることが多い．
一夫多妻 (Polygyny)	1回の繁殖シーズンに，1個体の雄が雌を直接防衛したり（ハレムあるいは雌防衛型一夫多妻），雌が必要とする資源を防衛したり（資源防衛型一夫多妻），多くの雄が一同に集まってディスプレイをする場所に雌を引き寄せたり（レック），広く分散した雌を雄が探しまわったりして（スクランブル競争型一夫多妻），複数の雌と配偶する．雌が保育のほとんどあるいはすべてを引き受けることが多い．
一妻多夫 (Polyandry)	1回の繁殖シーズンに，1個体の雌が複数の雄を同時にあるいは連続的に防衛することによってそれらの雄と配偶する．雄が保育のほとんどあるいはすべてを引き受けることが多い．
乱婚 (Promiscuity)	1回の繁殖シーズンに，雄と雌の両方ともが複数の配偶相手を持つ．
複婚 (Polygamy)	どちらの性でもその1個体が，2個体以上の配偶相手を持つときの一般的用語．

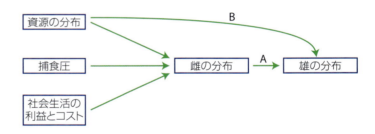

図 9.1 雄が子の世話をしない場合の配偶システムに影響を与える2段階過程．雌の繁殖成功は資源に制限される傾向があるが，雄の繁殖成功は雌の獲得に制限される傾向がある．そのため，雌の分布は一義的に資源に依存すると期待されるが，雄の分布は一義的に雌の分布に依存すると期待される．雄は，(A) 直接的に，あるいは資源がどれくらい雌の分布に影響を与えるかを予想し，資源の豊富な場所をめぐって競争することによって (B) 間接的に，雌をめぐる競争をする．

雌の分布は資源によって影響を受け，雄の分布は雌によって影響を受ける

したり，あるいは資源がどれくらい雌の分布に影響を与えるかを予想した上で，その資源の豊富な場所をめぐって競争することによって，間接的に（図 9.1B）雌をめぐる競争をするだろう．

雄による雌防衛あるいは資源防衛の経済性は，時空間における自らの分布に依存するだろう．配偶相手あるいは資源がパッチ状に分布するときは，一夫多

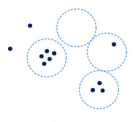

間置き的分布．
複婚の可能性は低い　　　パッチ状の分布．
複婚の可能性は高い

図 9.2　資源（食物，巣場所）や配偶者の空間的分布が，ある個体が他個体よりも多くを独占する能力にどのような影響を及ぼすかを示す図．紺点は資源で，円は防衛される地域．資源あるいは配偶者がパッチ状分布をしている場合，一部の個体が公平な割当てより「多くを独占できる」可能性がある．

妻が生じる大きな機会があるだろう（図 9.2）．配偶相手の時間的分布を決定する重要な要因は，「実効性比 (operational sex ratio)」である（Emlen & Oring, 1977; 7 章）．それは，そのときどきの生殖可能な雄に対する，受け入れ可能な雌の比率である．もしすべての雌が一斉に生殖するならば，本当の性比が 1:1 である個体群では，生殖時の実効性比も 1:1 となり，雄が 1 個体の雌よりも多く配偶できる機会はほとんどないだろう．なぜなら，その雄が 1 回目の配偶を済ませたときには，他のすべての雌は生殖を終えているはずだからである．これは，例えば，「集中的生殖者」であるヒキガエル（*Bufo bufo*）に当てはまる．この種の場合，すべての雌は 2～3 日の間に産卵するので，雄は，繁殖シーズンが終わるまでに 1 匹の雌か，多くても 2 匹の雌と配偶する時間しかない．対照的に，ウシガエル（*Rana catesbeiana*）は，数週間にわたって池にやってくる雌と配偶する「長期的生殖者」である．最も良い産卵場所を防衛できる雄は，1 シーズンに 6 匹もの雌と配偶することがある (Wells, 1977)．

これから，図 9.1 にあるフローチャートに対する実験や比較研究による証拠を見ていくことにしよう．

> 配偶システムは，配偶相手の時空間的分布によって影響を受けるだろう

実験による証拠：ノネズミとベラ

エゾヤチネズミ（*Clethrionomys rufocanus*）

Rolf Anker Ims (1987) は，雌の分布は餌によって影響を受けることを示した．つまり，特定の場所に餌が豊富に存在するとき，雌の分布範囲は資源の豊富な地域に集中して小さくなり，重複するようになる．雄もまたこれらの地域に集まるようになる．雄の分布の変化は，雄が雌に追随するせいだろうか，あるいは資源分布の変化に直接従ったせいだろうか？　これを検証するために，Ims (1988) は，ノルウェーの南東地方にある森で囲まれた小さな島に，エゾヤチネズミの小集団を導入した．1 つの実験で雌が個別に小さなケージに入れら

れ，行動圏内の移動を真似て日ごとにそれらの位置が移された．雌が間置き的分布をするときには，放された雄（ラジオテレメトリーで追跡した）は，雌の範囲と自分の範囲を重複させて分散した．雌のケージを近接して一緒に置くやり方で雌を塊状に分布させたときには，雄は雌の塊に集まった．対照的に雄が個別にケージに入れられたときには，放された雌の分布は雄の分布の実験的変化から影響を受けなかった．この研究は，図9.1にあるように，資源から雌の分布への，そして雌の分布から雄の分布への因果的つながりがあることを示している．

ベラ科の1種 (*Thalassoma bifasciatum*)

Robert Warner (1987, 1990) はカリブ海の珊瑚礁に生息するベラ科の1種を研究した．雌は，珊瑚礁の下降流が始まる外端の好みの場所で産卵する．その場所では，浮遊性卵は外洋にすぐに流されてしまうため，珊瑚礁の他の魚からの捕食を避けることができるのである．雌個体は特定の場所にほぼ毎日通って2～3個の卵を産む．雄はこのような雌に好まれる場所を縄張りとして防衛するために競争する．そのとき，最も大きな雄が最良の場所を守り，そのため最も多くの雌を獲得する．

産卵場所の決定における雄と雌の役割を査定するために，Warner は局所的な孤立個体群からすべての生殖可能な雄，あるいはすべての生殖可能な雌を取り除き，他の個体群からの個体を代わりに導入した．雄が置き換えられたときには，産卵場所のほとんどは以前と同じだった．それとは対照的に，雌が置き換えられたときには，一部の雄については初めから元の場所で続けてディスプレイしたり，その場所を守ったりしたけれども，雌によって使われた産卵場所は顕著に異なった．この手際の良い実験によって，雌が産卵場所を選択し，雄は単に雌が好んだ場所を守ろうと競い合うだけであることが示された．

比較による証拠：哺乳類の配偶システム

配偶システムに対する資源変動と雌分布の影響は，哺乳類でうまく説明できる．哺乳類では，雄による雌の独占の経済性が，3つの要因によって影響を受けることが分かっている．それは，雌の群れサイズ，雌の移動範囲のサイズ，繁殖の季節性である（図9.3）．以下に述べる比較研究は，Clutton-Brock (1989) による総説を基にしたものである．

単独雌：雄が防衛できる範囲

哺乳類の60％を超える種で，雌は単独性であり，雄は1つ以上の雌の移動範囲と重複する縄張りを防衛する．もし雌の移動範囲が雄の防衛範囲に比較して小さいならば，雄は一夫多妻を実現できる．雌の移動範囲が大きく，雄がようやく雌1頭を防衛できるほどであれば，一夫一妻になるだろう（例えば，多くのげっ歯類や夜行性の原猿類；Kleiman, 1977）．普通，雄は雌とは交尾するだ

ノネズミとベラでは，雌は資源に追随し，雄は雌に追随する

図 9.3 有蹄類で説明される，哺乳類の配偶システムの多様性．(a) ディクディク (*Madoqua kirki*) は一夫一妻である．1 頭の雄が 1 頭の雌を防衛する．おそらくそれは，雌の行動範囲が広過ぎて，雄が 1 頭を超える数の配偶相手を守れないからである．写真©iStockphoto.com/Mogens Trolle. (b) インパラ (*Aepyceros melampus*) の雄は，雌の群れを発情期に一時的に防衛する．写真©iStockphoto.com/Martina I Meyer. (c) ウガンダコブ (*Kobus kob thomasi*) の雄は，レック内の小さな縄張り (直径 15～30 m) を守り，雌を引き付けようとディスプレイをする．写真©iStockphoto.com/1001slide. (d) アフリカスイギュウ (*Syncerus caffer*) では，複数の雄が雌の大きな群れに関わり，複数雄の群れの中で交尾をめぐって競争する．Oxford Scientific Films の好意による．G.I. Barnard による写真．

けで，子の世話は雌にまかせる．ごく稀に (哺乳類の 3% の種で)，雄は捕食者から子を守ったり (例えば，クリップスプリンガー (*Oreotragus oreotragus*))，子を運んで移動したり (例えば，フクロテナガザル，マーモセット，タマリン)，子への給餌の手助けをしたりする (例えば，ジャッカル，ワイルドドッグ)．絶対的な一夫一妻は，雌の移動範囲が雄の防衛範囲よりも十分に小さいが，雄が 2 頭以上の雌を囲い込めるほど十分に大きな面積を防衛できないときに発生する (Rutberg, 1983)．この場合，雄は子への世話を提供することによって自分の繁殖成功を最大にするかもしれない．絶対的一夫一妻である種は大きな一腹子数を持つ傾向がある．例えば，大きな一腹子数を持つイヌ科では，この配偶システムは一般的だが，小さな一腹子数を持つネコ科では稀である．雄が子の世話をするマーモセットは，一度に双子を産むが，多くのサル類は 1 頭の子し

か産まない．もしマーモセットの雄が死ぬと，雌は子を放棄することが多いので，雄による子の世話への補助は重要なのであろうと思われる．

単独雌：雄が防衛できない範囲

雌がもっと広い範囲を放浪する場合は，雄は雌の発情期に雌に同調して広い範囲をうろつき回るかもしれない．これはヘラジカ (*Alces alces*) やオランウータン (*Pongo pygmaeus*) で起きている．この後者の種では，雌は季節ごとに実る様々な植物種の果実を追って広い範囲を移動して回る (Mackinnon, 1974)．

社会的雌：雄が防衛できる範囲

> 哺乳類では，雌の行動圏，群れサイズ，移動様式の変異から様々な配偶システムが生じている

雌が小さな地域に小さな群れで出現する場合には，1個体の雄が雌の群れを，永続的なハレムとして縄張り内に防衛できるかもしれない（例えば，ゲレザ (*Colobus guereza*)，ハヌマンラングール (*Presbytis entellus*)）．新しい雄は縄張りを乗っ取ると，雌を早く発情させて自分自身の子を持つ日を早めるために，しばしば前の雄を父親とする子を殺す (Hrdy, 1977)．雌が，縄張りを守る複数の雄（血縁がよくある）と一緒に大きな群れで出現する場合には，複数の雄が共同で縄張りを防衛するかもしれない（例えば，アカコロブス (*Colobus badius*)，チンパンジー，ライオン）．複数雄による共同防衛は，ハレムの保有期間を引き延ばすかもしれない．またそれは，広範囲を放浪する雌の大きな群れを防衛するときの経済性という点で，必要なことかもしれない (Bygott *et al.*, 1979)．

社会的雌：雄が防衛できない範囲

雌の群れが放浪する範囲が，1個体あるいは複数の雄が防衛しても良いほどの経済性を伴わないときもある．その場合，雄が雌をめぐって競争する様式は，雌の群れの動きが時空間的にどれくらい予想できるかということに依存して決まる．

> ときどき雄は雌を待つ

(a) **雌の毎日の動きが予想できる場合**．雌の群れは広い範囲を動き回るが，特定の水場や餌の豊富な場所などに向かうための決まった道筋を利用することがある．そのような場所で，雄は雌の移動範囲よりももっと小さな縄張りを防衛するかもしれない．そして，雌達が通り過ぎるときに彼らと交尾しようとするかもしれない（例えば，トピ (*Damaliscus lunatus korrigum*)，グレビーシマウマ (*Equus grevyi*)）．このような交尾縄張りの防衛では，ハレムをめぐる戦いのような直接的な雄間競争だと，コストが大きくなるだろう．なぜなら，雄は激しい雄間相互作用を続けるために必要な栄養蓄積を確保できないからである (Owen-Smith, 1977)．

> ときどき雄は雌に追随する

(b) **雌の毎日の動きが予想できない場合**．この場合，雄は雌がやってくるのを待つのではなく，雌を追跡する傾向になる．雌が小さな群れで生活する場合は，雄は動き回り，発情している雌と一緒に行動するかもしれない（例えば，ビッグホーン (*Ovis canadensis*)，アフリカゾウ (*Loxodonta* *africana*))．雌の群れが大きい場合は，雄はそれをハレムとして防衛しようとするかもしれない．ハレムは季節的であったり，永続的であったりする．

季節的ハレムの場合．もしすべての雌が特定の時期に発情期に入るならば，雄にとってエネルギーを身体に蓄積し，ハレムの防衛にエネルギー消費を爆発させることができるようにすることが得になるかもしれない．例えばアカシカ (*Cervus elaphus*) の成熟雄は，すべての雌が発情する1ヶ月の間，ハレムの防衛をめぐって競争する．雄の繁殖成功は，自分のハレムサイズとそのハレムを防衛できた期間の長さに依存して決まる．これは，言い換えると，体サイズと闘争能力に依存することを意味する．繁殖時期が終了すると，雄はやせ衰えた状態になり，文字通り「さかり疲れた」状態になる (Clutton-Brock *et al.*, 1982)．

別の例として，キタゾウアザラシ (*Mirounga angustirostris*) の雌は子を産み落とすために浜辺にやってきて，次の年に子を産むために再び交尾する．雌は繁殖場所の局所的な特徴から集団になり，防衛可能な資源となり，雄はそれを独占するために互いに戦う．最も大きく最も強い雄が最も大きなハレムを勝ち取り，どの年でもすべての交尾が少数の雄によって占有される (Le Boeuf, 1972, 1974; Cox & Le Boeuf, 1977)．ハレムのボスになることは非常に消耗することなので，雄は普通死ぬ前の1年か2年間だけ，なんとか頂点に君臨することになる．自分のハレムを他の雄から防衛する過程において，雄は自分の雌の新生児の上を踏みつけてしまうことがある．これは明らかに雌の利益にそぐわないものであるが，これらの新生児の父親はおそらくその雄ではないだろう．なぜならおそらく，その雄が前年もそのハレムのボスであったはずはないからである．よって雄の視点から見ると，子に怪我を負わせたり，死に至らしめたりしてもほとんどコストはないはずである．雄の主な関心事は自分の父性を守ることであろう．

ハレム防衛

永続的ハレムの場合．すべての雌が必ずしも特定の時期に発情するわけではない場合，雄は自分の繁殖期間の全期間をとおして永続的にハレムを防衛するかもしれない（例えば，マントヒヒ (*Papio hamadryas*)，ゲラダヒヒ (*Theropithecus gelada*), Dunbar, 1984; バーチェルシマウマ (*Equus burchelli*), Rubenstein, 1986）．よく複数の群れが一緒になって（雄とハレム）大きな「超群れ」を作る．雌がもっと大きな群れになると，複数の雄は雌の大きな群れとともに行動し，交尾をめぐって互いに競争する．このような「複数雄」の群れはアフリカスイギュウ (*Syncerus caffer*) やアヌビスヒヒ (*Papio anubis*) で発生する (Altmann, 1974)．

レックと合唱

レックは，小さな配偶縄張りを持った雄の集合体である

　これまで議論した例において，雄は直接雌をめぐって競争したり（雌の防衛），あるいは雌を引き付ける資源を防衛することによって間接的に競争する（資源の防衛）．それらとは対照的に，場合によっては，雄が集まって群れになり，各雄は資源を何も含まない小さな配偶縄張りを守るときがある．その縄張りは，ほんの2〜3m四方のわずかな裸地部分であることがよくある．雄は大変な努力を払って自分の縄張りを守り，雌に対して巧みな視覚，音声，においによるディスプレイを用いて自分を宣伝する．レックとして知られるこの配偶システムにおいて，雌は交尾をする前に複数の雄をよく訪問し，配偶相手を決めるのに大変選択的であるように見える．雄の交尾成功は大きく偏っており，大部分の交尾はレック内のわずかな割合の雄によって行われている（図9.4）．

　レックは哺乳類の7種（セイウチ，ウマヅラコウモリ，5種の有蹄類），鳥類の35種（3種の渉禽類，6種のライチョウ類，4種のハチドリ類，2種のカザリドリ類，8種のマイコドリ類，8種のゴクラクチョウ類，カカポ，ノガン科の1種を含む）で報告されている（Oring, 1982）．よってこの繁殖システムはあま

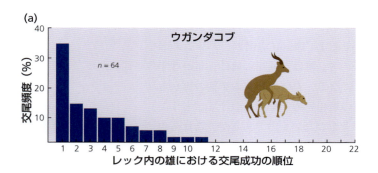
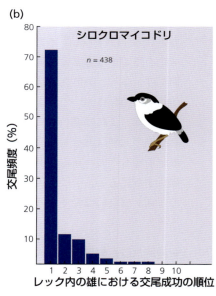
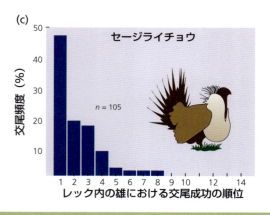

図9.4 レックでは，多くの交尾が少数の雄によって行われる．(a) ウガンダコブ (*Kobus kob thomasi*)．Floody & Arnold (1975) より転載．(b) シロクロマイコドリ (*Manacus manacus trinitatis*)．Lill (1974) より転載．(c) セージライチョウ（キジオライチョウ，*Centrocercus urophasianus*）．Wiley (1973) より転載．

り一般的ではない．同様な繁殖システムは，雌が雄の群れを訪れ，配偶雄を選び，そのディスプレイ場所から離れたところで産卵するような，数種のカエル類 (Wells, 1977) や昆虫類 (Thornhill & Alcock, 1983) でも見つかっている．

雄が雌自身や雌が要求する資源を防衛することが経済的に割に合わないとき，レックが生じると言われてきた (Bradbury, 1977; Emlen & Oring, 1977)．つまりレックは，雌が広く分散した資源を探索し，雄が防衛するには広過ぎる行動範囲を持つ場合に生じるかもしれない．あるいは個体群が高密度で，それに伴って雄間に高い頻度で相互作用があり，そのため雌や資源の経済的防衛が邪魔されるために生じるかもしれない．有蹄類やライチョウ類でレックを持つ種は，雌が最も大きな行動圏を持つ種である (Bradbury et al., 1986; Clutton-Brock, 1989)．一方，ウガンダコブ，トピ，ダマジカでは，雄は高密度のときにはレック制を取るが，雌を防衛する方がおそらく経済的であるような低密度のときには，資源を含む縄張りを防衛したり，ハレム制を取ったりする．

雌も資源も経済的に防衛できないときに，レックは出現するかもしれない

なぜ雄はレックに集まるのだろうか？　以下のような5つの主な仮説が提出されている (Bradbury & Gibson, 1983)．

雄は「ホットスポット」に集まる

雄の集合は，図9.1で既に見たフローチャートにあるように，雌と出会う確率が特に高い場所（ホットスポット）に雄が定着するという説明で足りるかもしれない．セージライチョウ（キジオライチョウ）では，レックは雌が越冬場所と営巣場所の中間の範囲に位置取りされる．さらにレックにいる雄の数は，半径2kmの範囲内で営巣する雌の数と関連している．これは，雄による「ホットスポット」への定着を示唆するものである (Gibson, 1996)．レック制を取るスナバエの1種 (*Lutzomyia longipalpis*) でも，雌が血を求めて訪れるホットスポット，つまり脊椎動物の寄主に雄は集まる．数百匹の雄がレックを形成し，各雄は小さな縄張り（半径約2cmの範囲）を防衛する．そのとき雄達は，縄張り空間をめぐって押し合ったり戦ったりする．ケージを用いてニワトリの数と分布を変化させた実験では，寄主の分布を変えると，雄が新しいホットスポットに素早く集合し，寄主が多くいるところに大きなレックを形成することが分かった (Jones & Quinnell, 2002)．

雌が多くいるところで，レックは出現するかもしれない

しかし多くの場合，雌は配偶のためにレック場所を訪れるだけなので，単純に，雌が普段の日々の通行の途中で訪れるような地域に雄が定着するというものではないだろう（例えば，リーチュエ (*Kobus leche*)，アンテロープ類；Balmford et al., 1993)．さらに雄は，雌の分布の「最高密度」ヶ所への定着から期待されるよりももっと緊密に集合することがよくある．

捕食リスクを減らすために雄は集まる

亜熱帯のトゥンガラガエル (*Physalaemus pustulosus*) において鳴いている途中の雄は，その鳴き声を手がかりにやってくるカエルクイコウモリの1種 (*Trachops* spp.) によって激しい捕食を受ける．大きな合唱集団の中で鳴く雄

捕食リスクを避ける

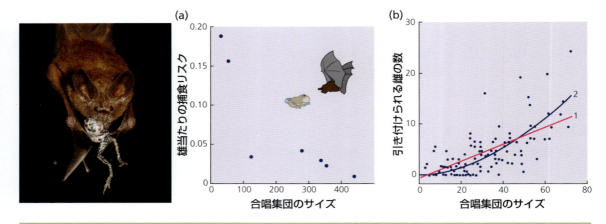

図 9.5 トゥンガラガエル (*Physalaemus pustulosus*) の雄は集まって合唱する．(a) 合唱集団がより大きくなると，捕食コウモリに対する雄個体の安全性は高まる．(b) また，引き付けられる雌の数は合唱集団の大きさとともに増加する．曲線 (2) は，直線 (1) よりも，観察データ点に適合している．これは，雄当たりの雌の数が合唱集団サイズとともに増加することを示唆する．Ryan *et al*. (1981) より転載．写真©Alexander T. Baugh.

は，薄め効果のために，より安全となる（図 9.5a; 6 章）．しかし，これはレックになることの一般的な説明にはなりそうにない．むしろ多くの鳥類のレックの場合，捕食圧は極端に低いと思われる．

相乗的ディスプレイ

雌への魅力を増すために雄は集まる

　雄は，「刺激の集合 (stimulus pooling)」から得ているかもしれない．つまり一緒にディスプレイすることによって，雄は雌に対してより大きな魅力となり，遠いところからでも配偶相手を引き付けるのかもしれない．雄の集合を説明するためには，雌への魅力の増加を点数化し，それが雄の個体当たりの利得としてレックサイズとともに増加するか否かを確かめる必要がある．図 9.5b は，トゥンガラガエルではこれが正しいことを示唆しているが，その関係は，むしろ雌が多い場所で大きな合唱集団ができるという事実を反映しているだけかもしれない．大きな合唱集団が，雌を引き付ける大きな魅力の「原因」であることを，検証するための実験的方法が必要である．Todd Shelly (2001) は，雄が葉上で集合し，フェロモンや音信号を発して雌を引き付けるミバエ類の 2 種において，実験的にレックサイズを変化させた．彼は，網で覆った小さな鉢の中に様々な数の雄を置き，その近くに数百匹の雌を放し，各レックにどれくらい多くの雌が引き付けられるかを調べた．一方の種では，雄当たり引き付けられる雌の数がレックサイズとともに変化することはなかった．もう一方の種では，より大きなレックが小さなレックよりも雄当たりの雌を多く引き付けたが，興味深いことに，この種のレックは大きくなく，むしろ小さい傾向があった．

下手な信号発信者は，上手な信号発信者に寄生するかもしれない

魅力的な「やり手雄」の周りに雄は集まる

　雄当たりの平均配偶成功は，実際に測定する必要のあるようなものではないか

もしれない．なぜなら，個体の信号発信能力が変動するかもしれないからである．もし数頭の雄が特に効果的なディスプレイを行うならば（「やり手雄（hot-shots）」），下手な信号発信者は，それらの雄の周りに集まり，その魅力に寄生した方が得をするだろう（Beehler & Foster, 1988）．

確かにこの過程は，コール雄とサテライト雄を伴うヒキガエルのレックのような（5章）小さなスケールでは，雄の集合を説明しそうである．しかし，根拠としての2つの証拠から，これではより大きなスケールのレック集合を説明できないと考えられている．第1に，最も成功する雄をレックから取り除くと，その縄張りは直ちに他の雄に乗っ取られる（ホソオライチョウ, Rippin & Boag, 1974; シロクロマイコドリ, Lill, 1974）．これは，場所に関して雌の好みに影響する何かがあることを示唆している．それに対して，「やり手雄モデル」は，前者の特定の場所への置き換わりが起こるのではなく，次に好まれる雄が自分の縄張りに留まり，その周りに他の雄達が再配置して集合することを予測するだろう．第2に，ダマジカ（*Dama dama*）のレックの実験において，Clutton-Brock *et al.* (1989) は，最も成功する雄の縄張りを黒いポリエチレンで覆って，無理矢理その縄張り場所を変えさせた．これらの雄は数百メートル離れた場所に新しい縄張りを作ったが，それでも雌から好まれ続けた．よってこの場合，雌は特定の場所ではなく特定の雄を選んでいるように見える．やり手雄モデルが当てはまるのであれば，他の雄はこれら魅力的な雄の移動に付いていき，新しい場所にレックを作るはずだと予測するだろう．しかし，多くの他の雄は自分の古い縄張りに留まったままであった．よって，やり手雄モデルは，雌が特定の場所ではなく雄を選ぶときでも，雄のレックへの集合を説明しない場合があるのである．

配偶者選択が容易になるため，雌は雄の集団を好む

レックという配偶システムは稀であるけれども，雌が配偶前に注意深い選択を行い，特定の雄が大部分の配偶成功を収めるという事実から，かなりの注目を集めてきた．レック制を取る種の雄は，いかなる子の世話も行わないので，雌にとってそのような選択から得られる唯一のありそうな利益は，安全な配偶であったり（雄のハラスメントや捕食から），あるいは遺伝的な利益であったりする（7章）．これらの利益のどちらか1つが重要なのか，それとも両方が重要なのかはまだ明らかではない．例えばクロライチョウ（*Lyrurus tetrix*）の雌は，最も活発なディスプレイをする雄を好み，選ばれたそれらの雄は高い生存率を持つ（Alatalo *et al.*, 1991）．よって1つの可能性として，レックは雄が自分達のディスプレイの活発さをとおして健康や生存力を披露する検査場の役割を果たすのではないかと考えられる．そして，もし雄の生存力が遺伝するならば，雌は最も元気な雄と交尾することによって，自分の子のために良い遺伝子を得ることになるだろうと考えられる．そのため，雌は，特定の場所を選ぶことによって最も元気な雄（その場所を勝ち取れる雄個体）と交尾できるという

レックでは，雌は雄を直接選ぶのか，それとも特定の場所を選ぶのか？

理由から，あるいは，雄の集合を好むことによって容易に雄間を比較できるという理由から，雌の選択が雄の集合を導いているのかもしれない．

結論として，レック配偶システムを導く要因は多様であるように思われる．5つの仮説のすべてが重要であり，それぞれ異なる種や異なる空間スケールに対応した異なる説明を与えているのかもしれない．

> 雌による選択は，遺伝的利益，あるいは単に安全な交尾の実現をもたらすものかもしれない

雄による子の世話を伴う配偶システム

雄が子の世話を行う場合，その雄自身が雌の分布に影響を与える資源となる．よって，もはや図9.1の単純なフローチャートは役に立たない．本章の最初で見たように，雄による子の世話はとりわけ鳥類で一般的である．そのためこの節では，主には鳥類からの例を用いて，そのような考えを説明することにする．

一夫一妻

絶対的一夫一妻：貞節と離婚

「各雄と各雌がヒナの世話を分担するならば，平均的に最も多くの子孫を残す」ので，一夫一妻は鳥類で優占的（90%の種）な配偶システムであると，David Lack (1968) は述べている．この仮説は，確かに，雄と雌が抱卵したり，雄が巣で雌に給餌したり，両性によるヒナへの給餌が必須であったりするような多くの海鳥や猛禽類における絶対的一夫一妻を説明する．これらの種では，一方の親が死んだり除去されたりすると，子育ては完全に失敗する．

> 一夫一妻のつがいとして繁殖することは，ときどき雄と雌の両方にとって得になるかもしれない

このような「絶対的一夫一妻種」では，雄と雌は生涯をかけて長いつがい関係を築くことがあり，毎年の繁殖成功はつがい関係にある期間とともに増加する．これは，雄と雌が互いを知るようになればなるほど，つがいがうまく機能するからだろうか？　あるいは齢とともに改善される，個体の経験による結果に過ぎないのだろうか？　オランダのワデン海にあるスヒールモニコーフ島で行われたミヤコドリ (*Haematopus ostralegus*) の長期間の研究は，雄と雌の齢やその他の交絡要因（例えば，縄張りの質）とは独立に，つがいを組んだ期間の長さが繁殖成功に影響を与えることを明らかにした．この渉禽類は社会的かつ遺伝的に一夫一妻を取り，つがいは毎年同じ縄張りにたびたび戻って繁殖する．新しく形成されたつがいの繁殖成功は低いが，5〜7年までは，つがい関係にある期間とともに増加する（図9.6）．経験を一緒に積むに従って，つがいはより早く繁殖し，卵やヒナの世話もさらにうまくなる．それはおそらく行動的な協調性が改善されていくためであろう．後年になって繁殖成功が低下するのは，老齢での繁殖を反映したものであろう．実験によって，つがい関係にある期間と繁殖の成果の間に因果関係があることが確認された．そして，つがいのどちらかが除去されると，残された親の繁殖成功は新しい相手と一緒になってもその年は低いが，その後4年間をとおして増加していくことが確認された (van de Pol *et al.*, 2006)．

> ミヤコドリにおける離婚の仕掛け個体と犠牲個体

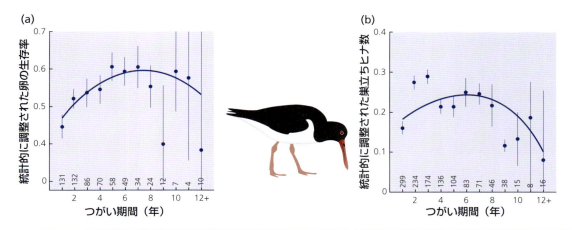

図9.6 ミヤコドリの (a) 卵の生存率と (b) 年間巣立ちヒナ数に対する，つがい期間の効果．これらの「調整された」測定値は，雄や雌の齢，個体の個性，縄張りの質など他の効果を統計的に調整したものである．標本サイズは x 軸上に示されている．van de Pol et al. (2006) より転載．

　これらの結果は，新しい相手と繁殖するときに初期コストがあることを明らかにしている．にも関わらず，このミヤコドリの個体群では，毎年の離婚率は 8％にもなる．なぜだろうか？　離婚の 2 つの原因を区別することと，注目する各個体にとっての結果を考えることが重要である（図 9.7，表 9.2）．配偶相手を捨てたミヤコドリ個体は，多くはより良い繁殖縄張り（良い採食場所に近い縄張り）を求めて出て行くので，生存率が上昇し，繁殖成功が増加していた．対照的に，競争者によって強奪されたため配偶相手を変えざるを得なかった個体は，結局，劣悪な縄張りに行くため適応度が低下する傾向があった．よって離婚を仕掛けた個体は得をしたが，その犠牲となった個体は失敗した (Heg et al., 2003)．

一夫一妻であるように制約される

　しかし，Lack の仮説は，両性が一緒にヒナを育てることが一般的な，多くの鳴禽類における一夫一妻配偶システムを説明しない．そこでは，もし巣での子育て中に雄が除去されても，雌は普通少なくとも数羽のヒナを独立するまで育て上げることができる．例えばウタスズメ (*Melospiza melodia*) では，雄の除去はつがい給餌と比べて一巣ヒナ達の独立成功率を 51％ に低下させ，ハマヒメドリ (*Ammodramus maritimus*) とユキヒメドリ (*Junco hyemalis*) では，その数字はそれぞれ 66％，38％ になる

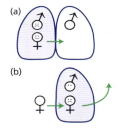

図9.7 離婚の 2 つの原因：(a) 遺棄，(b) 強奪．この漫画は，ミヤコドリなどの縄張りを持つ種に対応したものである．このような種では，雄は自分の縄張りに留まり，雌は別の縄張りへと移動する．離婚が起こった縄張りは，薄い影で表されている．Ens et al. (1996) より転載．

表 9.2　図 9.7 での配偶者遺棄と配偶者強奪において，各関係者が受ける離婚の適応度結果 (Heg et al., 2003).

関係者	役割	縄張りにおける変化
(a) 遺棄		
遺棄の犠牲者	配偶者に見捨てられる	居残る
遺棄者	配偶者を見捨てる	別の縄張りに移動する
(b) 強奪		
強奪の犠牲者	無理矢理，配偶者を放棄させられる	無理矢理，退去させられる
静観者	前の配偶者を失い，新しい配偶者を獲得する	居残る

(Smith et al., 1982; Gleenlaw & Post, 1985; Wolf et al., 1990). 種によっては，餌不足のときに雄の助けがより重要となることが，雄の除去によって示される場合もある (Lyon et al., 1987; Bart & Tornes, 1989). これらの実験は，雄の助けは明らかに繁殖成功を増加させることができるが，必須ではないことを示している．もし雄による子の放棄が，生産力をつがい給餌の一巣ヒナ達の場合の $1/x$ に低下させるとしても，1 羽の雄が x 羽よりも多く雌を獲得することができるならば，その雄の観点からすると，子を放棄することは有益な選択肢になるだろう．雄は，それによって繁殖成功が半分以下に低下し，2 羽の雌しか獲得できないとしても，もしその雄が少なくとも一方の一巣ヒナ達に対して給餌を手伝うならば，依然と一夫多妻の採算は取れるだろう．予測されるように，鳴禽類の雄は機会が与えられれば（例えば，隣りの雄の除去によって），追加の雌を獲得するために簡単に子を放棄する．その雄達は，1 羽の雌の一巣ヒナ達に対して専任として給餌の手伝いをするときもあれば，複数の雌の一巣ヒナ達に対して兼任で給餌の手伝いをするときもある．よく研究されたヨーロッパの鳴禽類の 122 種の 39%で，臨時的な一夫多妻が報告されてきた．

複婚の機会が制限されるために起こる鳥類の一夫一妻

これらの実験から，多くの鳥類で一夫一妻が優占する理由は，Lack が提案したように，各性が一夫一妻によって最大の繁殖成功を獲得できるからではなく，一夫多妻への機会が制限されているからであることが示唆される．最も明白な 2 つの制約は，(i) 雄間の激しい競争が，雄に 2 番目の雌を獲得させるのを困難にさせていることと，(ii) 一夫多妻の場合，雌は雄の手伝いがないことから損害を受ける傾向にあり，予測されるように，雌は他の雌に対してしばしば攻撃的になることによって，自分の相手が 2 番目の配偶相手を獲得できる確率を減少させるかもしれないことである．この後者の制約は，モンシデムシ属 (*Nicrophorus*) によって特によく説明されている．この昆虫では，まるで鳥類のように，雄が子への給餌を手伝う（8 章）．雌は脊椎動物の死体に産卵し，両親は死肉を吐き戻して幼虫に与える．小さい死体のときは，雄は 1 匹の雌の子に協力して給餌を行うが，大きな死体のときには，雄は「逆立ち」姿勢を取り，自分の腹部の最後の体節をむき出しにして 2 番目の雌を誘おうとフェロモンを発する．2 番目の雌のおかげで，その死体からの雄の繁殖成功は増加するが，1 番目の雌にとっては，雄の保育量が低下することにより生産できる自分の子が

シデムシ：雌は，配偶雄の一夫多妻になろうとする試みに対抗する

少なくなるのでコストになる (Eggert & Müller, 1992). よって, 驚くことではないが, 1番目の雌は一夫多妻を取ろうとする雄の行動に干渉する. つまり雄がディスプレイするとき, 雌はその雄の背に乗り, 雄を押し倒したり, あるいはその雄の腹部を牙で噛んだりする (Eggert & Sakaluk, 1995).

前の章で, 婚姻外交尾が多くの種で頻繁に起こっていることから (Box 9.1), 社会的一夫一妻は必ずしも遺伝的一夫一妻を意味しないことを見てきた. 鳥類の中には, 雄が自分の父性を守るために, 雌にその受精期間中に緊密に寄り添う種がいくつかいる (「配偶者警護」, 例えば, カササギやツバメ). その他の種では, 一方の配偶者が採餌に出かけている間, もう一方の配偶者は巣場所を守らなければならないために, このような寄り添いができない種もいる (多くの海鳥や猛禽類). このとき, 雄はライバルの精子の受精確率を下げるために頻繁に交尾を行う. ときにその交尾は一腹卵数当たり数百回にも及び, それは単純に卵を確実に受精させるためだけに必要な交尾回数を明らかに上回るものであろう (Birkhead & Møller, 1992). たとえそのようにして父性の防衛があったとしても, 婚姻外交尾による父性を持つ子の頻度は, 種によっては非常に高い場合がある (25〜35%) (Westneat & Stewart, 2003). 例えばハゴロモガラス (*Agelaius phoeniceus*) では, 婚姻外交尾による受精で, 雄の平均繁殖成功の21%を説明できることが, Lisle Gibbs とその共同研究者達 (1990) によって明らかにされた (図9.8).

鳥類の社会的一夫一妻は, 遺伝的一夫一妻を意味しない: 婚姻外交尾が一般的であることが多い

Box 9.1 親を特定するために DNA プロファイルを使う

1985年, Alec Jeffreys とその共同研究者達は, 父性や母性を正確に特定するのに使える膨大な遺伝的変異の存在を発見した. それ以降, DNA プロファイリングを行う方法は改良され, 個体の行動と繁殖成功を直結させることができるようになったため, 野外研究に革命がもたらされた. 個体の DNA には, 2つから6つの塩基対からなる短いヌクレオチドの反復であるマイクロサテライトもしくは単純反復配列 (simple sequence repeat) と呼ばれる DNA の一部が含まれる. それらは, 組織サンプル (例えば血液) から特定できたり, あるいは身体を切開せずとも糞の中の上皮細胞 (これらの細胞は, 糞便が腸を通るとき剥げ落ちるものである) の解析から特定できる. 下のマイクロサテライトは G と T という2つの塩基の対 (ジヌクレオチド) の反復を含んでいる.

```
AGATTTTAAAGTCGTGTGTGTGTGTGTGTGTGTGTGTGTGTGTGTGTGT
GATGACAAGTTGGTG
```

この特殊な対立遺伝子は塩基 GT の19反復を持っている. マイクロサテライトは, 親子関係の特定や血縁間の解析において理想的な証拠として

用いることができるなど，いくつかの重要な特性を持っている．

(1) それらは高い多型性を持っている．相同的マイクロサテライトの遺伝子座が，いくつかの個体間でその反復数において異なるとき（よく遺伝子座当たり 10 個以上の対立遺伝子である），マイクロサテライトの多型性が生じる．マイクロサテライトが持つ繰り返しの性質は，他の中立的 DNA 領域に比較しても高い変異率を示しており，それは DNA 複製の際の DNA 鎖のずれによるペアリングの間違い（複製スリップ）が増加したせいだと考えられている．そして，これはマイクロサテライトの長さの変化につながる（例えば，ジヌクレオチドの反復が 19 個から 20 個になったりする）．

(2) マイクロサテライトは，メンデル様式で遺伝する．つまり個体ごとに，各マイクロサテライト遺伝子座の 2 つのコピーを持ち，その 1 つの対立遺伝子はその個体の母親から受け継ぎ，他方の対立遺伝子は父親から受け継ぐ．子が持つその対立遺伝子を，想定された親が持つ対立遺伝子と比較することによって，最も可能性のある親を特定することができる．

マイクロサテライトは，下の例で示されるように，PCR（ポリメラーゼ連鎖反応（polymerase chain reaction））を用いて増幅され，蛍光染色でラベルされて DNA シークエンサーで視覚化されたり，あるいはゲル電気泳動によって暗いバンドとして視覚化されたりする．ここでの例は，ウガンダのクイーン・エリザベス国立公園のシママングース（*Mungus mungo*）において，Hazel Nichols *et al.* (2010) が行った研究からのものである．図 B9.1.1 に示されたマイクロサテライト遺伝子座において，雄 A はヘテロ接合体（2 つのバンドがマイクロサテライトの 2 つの異なる「長さ」つまり「対立遺伝子」を表している）であり，雄 B は 3 番目の対立遺伝子のホモ接合体であり，雌は雄 A の一方の対立遺伝子のホモ接合体である（ホモ接合体とは，同じ対立遺伝子 2 つのコピーを意味している．よってゲルにはちょうど 1 つのバンドしか現れていない）．ここには 7 頭の子がいる．子の 5 番目は母親と雄 B に一致したバンドを持つ．残りの子達は，母親と雄 A に一致したバンドを持っている．複数の異なるマイクロサテライト遺伝子座（この研究では 14 遺伝子座）を用いて，さらに正確に親子関係を特定することができる．シママングースの研究では，各群れにおける最も年上の 3 頭の雄が，平均で，群れの子の 85％に対する父親になっていた．年上の雄であればあるほど，繁殖力の高い最年長の雌を選び，配偶者としてそれを警護する努力を集中させる傾向があるので，このような高い繁殖成功を達成していた．

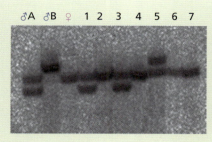

図B9.1.1 シママングースにおいて，父親を特定するためにDNAマイクロサテライトを利用．写真ⒸHazel Nichols.

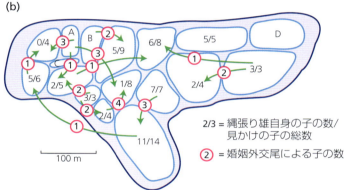

図9.8 (a) 赤い肩章でディスプレイするハゴロモガラスの雄．写真ⒸBluce Lyon. (b) カナダのオンタリオ湖の湿原に住むハゴロモガラスの雄の繁殖成功が，DNAマーカーよって調べられた．図の各雄の縄張りにある分数は，育った全ヒナのうち，その縄張り雄が父親であるヒナの数の割合を示す．矢印は婚姻外交尾による受精 (extra-pair fertilizations, EPF's) を示しており，矢印の基部は婚姻外交尾を行った雄の縄張りを表し，矢印の先端は婚姻外交尾によってヒナが受精された縄張りを表している．矢印にある丸の中の数字は，婚姻外交尾の雄が父親となったヒナの数を示している．この地図は，すべてではないが，多くの場合で不倫雄は隣りの縄張り雄であることを示している．Gibbs *et al.* (1990) より転載．掲載はAAASより許可された．

一夫多妻

　鳥類において一夫一妻がよく起こっている理由が，1羽の配偶者に対して貞節を守ることが雄の得になるというのではなく，むしろ雄が他の雌を獲得できないからであるのならば，標準的に一夫多妻を取る種では何がそれを可能にしているのであろうか？　鳥類における一夫多妻（1羽の雄に複数の雌）は，通常，雄が餌や巣場所などの不足しがちな資源を支配することによって雌を間接的に独占することで生じる．それらの資源がパッチ状に分布する地域では，最良のパッチを防衛できる雄は最も多くの配偶者を確保できる（図9.2）．コストと利益を各性ごとに考える必要があることに留意しながら，「資源防衛型一夫多妻」

鳥類の資源防衛型一夫多妻：最良の資源を支配する雄が，より多くの配偶相手を獲得する

が生じるときのその様々な起こり方を区別することは有益であろう (Searcy & Yasukawa, 1989).

雌へのコストを伴わない一夫多妻

雄が子の世話にほとんど貢献せず，そのため雌が一夫一妻の配偶からコストをほとんど被らない種がいくつかいる．例えば，キガシラムクドリモドキ (*Xanthocephalus xanthocephalus*) の雌は沼地に巣を作り，繁殖場所から離れた草原で採食する．ある研究によると，他の雌の近くに定着してもコストあるいは利益はおそらくなく，雌は沼地においてほぼランダムに定着した (Lightbody & Weatherhead, 1988). キゴシツリスドリ (*Cacicus cela*) の雌も，雄を他の雌と共有することから被害を被ることなく，安全な場所に一緒に近接して巣を作り，捕食鳥類から協力して巣を防衛することで利益を得ている (Robinson, 1986). 両種の雌にとって，起きている配偶システムはあまり重要ではないかもしれない．単に，それは配偶相手を独占する雄の能力によって決まるに過ぎないのであろう．もし少数の雄が，多くの営巣中の雌を含む地域を支配する能力を持つならば，一夫多妻は高い発生率で起こるかもしれない．

いくつかの種では，雌は一夫多妻のコストを被らないかもしれない

雌へのコストを伴う一夫多妻

しかし多くの種における一夫多妻では，雌は，雄の支配している資源（餌，巣場所）あるいは子育てへの雄の貢献を他の雌と共有しなければならないので，コストを被るだろう．もし一部の雄がすべての好適な繁殖場所を支配しているならば，雌はこれらのコストを受け入れざるを得ないかもしれない．つまり雌の選択肢は，「一夫多妻を受け入れるか」vs「繁殖を我慢するか」である．例えば，Leonard & Picman (1987) のハシナガヌマミソサザイ (*Cistothorus palustris*) の研究では，既婚雄のところに定着する雌は，すべての独身雄がつがいになった後でのみ出現した．他の雌より遅れて定着するこのような雌には，一夫多妻を受け入れるしか選択の余地はなかった．

その他の種では，雌は強制的に一夫多妻を受け入れるコストを被るかもしれない

しかしそれとは別に，大部分の雄が繁殖縄張りを獲得できる場合もある．もし雄の縄張りの質に違いがあるならば，雌の選択肢は「既婚雄の良い縄張りに定着する，つまり一夫多妻を選ぶか」vs「未婚雄が持つ良くない縄張りに定着する，つまり一夫一妻を選ぶか」であるかもしれない．Jared Verner & Mary Willson (1966) は，もし餌や巣場所などの良い資源を獲得する利益が雄の子育て協力を共有するコストを上回るならば，雌は一夫多妻を選ぶかもしれないと示唆している．Gordon Orians (1969) は，この考えをグラフモデルによって表した．これは「一夫多妻閾値モデル (polygyny threshold model)」として知られている（図 9.9）.

その他の場合，利益がコストを上回るので雌は一夫多妻を選ぶのかもしれない

モデルが予測するように，多くの種で，良い縄張りを持つ雄は実際に多くの雌を引き付ける雄である．しかし，資源共有に伴うコストや選択肢の中身について多くのことが分からない限り，雌が繁殖の選択肢の中で最良の選択を行うか否かを示すのは困難である（図 9.10）．このモデルを検証するために，最適

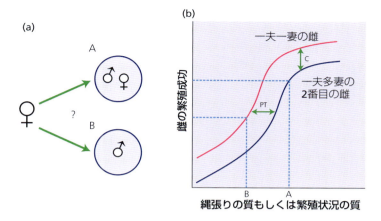

図9.9　一夫多妻閾値モデル．(a) 雌は，悪い質の縄張り B を持つ未婚雄のところに定着するか，良い質の縄張り A で既に配偶者を持つ雄のところに定着するかを選ぶ．(b) 雌の繁殖成功は縄張りの質とともに増加する．一夫多妻の 2 番目の雌の繁殖成功曲線は，別の雌と同居するコスト C のため，一夫一妻の雌の繁殖成功曲線より下に位置する．縄張りの質の差が PT（一夫多妻閾値）を超えると，雌は，縄張り B の未婚雄よりも，縄張り A の既婚雄のところに定着することを選んだ方が良い．Orians (1969) を修正して転載．

な配偶システムを持った 2 種を考えてみよう．

オオヨシキリ（*Acrocephalus arundinaceus*）

　この種は，ヨーロッパやアジアの湖岸のヨシ原で，ヨシの茎に編んだ巣をかけ繁殖する．Bensch & Hasselquist (1992) は，スウェーデンで行った研究において，春になって新しく渡ってきた数羽の雌を捕獲し発信器を付けた．そしてそれらを調査場所に放した．そこは，雄の縄張りがつがい前にどのように獲得されるかを見るために，既に縄張り位置を地図に記録していた場所であった．多くの雌は，3～11 羽の異なる雄の縄張りを訪問しながら，24 時間以内につがいとなった．ときどき前に調べた雄のところに戻ってつがいを形成する場合もあった．雌の中には，事前に未婚雄の縄張りを調べた後であるにも関わらず，縄張り内に他の雌の存在が目立っているような既婚雄をあえて選ぶものもあった．これらの観察は，雌がまさに一夫多妻閾値モデルで予想されたやり方で，雄の縄張りを調査し選択することを示している．

　雌は，最良の選択を行っているのだろうか？　これは，さらに返答に窮する困難な疑問である．Ezaki (1990) が琵琶湖で行った同種の別の研究によると，各年で雄の 30% から 80% が一夫多妻であり，場合によっては自分の縄張りに 4 羽もの雌を引き付けている雄もいれば，一夫一妻や未婚を貫き通す雄もいることが分かった．一夫多妻の雄は，最良の巣場所，つまりヨシ密度が高く捕食が最も少ない場所を縄張りとして勝ち取った雄であった．2 番目の雌として一夫多妻に身を置いた雌はその選択行為から不利になっているようには思われなかった．

オオヨシキリにおける一夫多妻閾値モデルの証拠

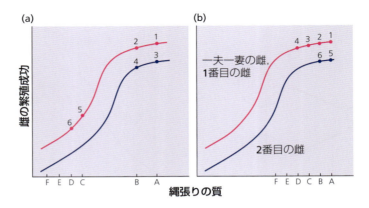

図9.10 雄の縄張りの質（縄張りAからF）についての2種類の分布（aとb）に対して，一夫多妻閾値モデルから予想される雌の定着パターン．1番目の雌は，2番目の雌の加入によって不利にはならないと仮定されているので，上位の曲線は，一夫一妻にある雌と一夫多妻にある1番目の雌の繁殖成功を表し，一方，下位の曲線は，一夫多妻にある2番目の雌の繁殖成功を表している．雌は自分の繁殖成功が最も大きくなるように定着すると仮定して，6羽の雄の縄張りに対して，6羽の雌（1〜6）が順番で定着するパターンが示されている．両方の図において，2羽の雄が一夫多妻になり（AとB），2羽の雄が一夫一妻になり（CとD），2羽の雄が未婚のままとなる（EとF）．しかし，雌の定着パターンと，一夫一妻雌と一夫多妻雌の繁殖成功は，取りうる選択肢に依存して変化する．Altmann *et al.* (1977) と Davies (1989) を基に作成．

なぜなら，少なくとも，悪い縄張りで一夫一妻の雌として同時に営巣した雌と同様な成果を上げたからである．よって雄の縄張りの質の違いは，雌にとって一夫多妻の閾値を超えるくらい十分な大きさを与えていると思われる（図9.9）．

ハゴロモガラス（*Agelaius phoeniceus*）

この北米の種も湿地で繁殖し，雌はガマ類（*Typha*）などの抽水植物群落の中に営巣する．雄は縄張りを防衛し，鳴いたり赤い肩章（図9.8）をディスプレイしたりして雌を引き付けようとする．Stanislav Pribil, Jaroslav Picman, William Searey はオンタリオ州でその個体群を研究し，一夫多妻閾値モデルの4つの重要な予測を，いくつかの巧みな野外実験によって検証した．彼らは，繁殖時期の初めに，近接した雄の縄張りをペアで選び，縄張りの質（抽水植物）と新しく訪れる雌数が縄張りペアの各雄間で一致するようにした．

一夫多妻閾値モデルの実験的検証

(i) 一夫多妻にコストはあるか？ 1番目の実験では，雄の縄張り40ペアの各一方から雌が除去された．そのようにして各ペア縄張りのうち，一方は2羽の雌を持ち，他方は1羽の雌を持つようにされた．除去された雌は鳥小屋で保管され，実験の最後に放された．一夫多妻の雌の被捕食率は高く，そのヒナは雄の助けが少ないためあまり多くは給餌されなかった．そのためそれらの雌の繁殖成功は，一夫一妻の雌よりも有意に低かった．よって，雌に対する一夫多妻のコストは確かに存在した (Pribil, 2000)．

(ii) **雌の定着は，雄の配偶状況から影響を受けるか？** 2番目の実験でも再び雌が除去された．それは，同様な質を持つ2つの縄張りペアのうち，一方は1羽の雌を含み，他方は雌をまだ含まないという条件を与え，それらのどちらかを，次にやってくる雌に選ばせるためであった．よって次に来る雌は一夫多妻か一夫一妻かの選択の機会が与えられた．16例すべてにおいて，最初にやってきて定着した雌は一夫一妻を選んだ (Pribil & Picman, 1996)．よって，雄の配偶状況は確かに雌の選択に影響を与えていた．

(iii) **雄の縄張りの質が上がると，雌はそこで一夫多妻を選ぶように誘導されるか？** 3番目の実験では，縄張りペア内で互いに植物の質や既に定着した雌の数が一致するようにして，16ペアの雄縄張りが選ばれた．各ペアの一方の縄張りには1羽の雌が留まることが許された（それ以降に訪れた雌は除去された）．さらにその縄張りには，木枠に下から金網を張って作った台にガマの茎を造巣用に刺したものを追加的に解放水面上に置き，それによってその縄張りの質を改善した．雌は，好んで水面の上に巣を作った．なぜならアライグマやイタチからの捕食を軽減されたからである．このようにしてこれらの縄張りには，良い巣場所条件が追加されたこととなった．各ペアの他方の縄張りでは，すべての雌が除去され，同じようにガマの茎を刺した台が加えられたが，今度はそれが地面の上に置かれたため，営巣するには適切ではなくなった．これらの実験縄張りでは，水面上のガマはすべて刈り取られた．

よって新しく到着した雌は，今度は，質の改善された縄張りを持ち既につがい相手を持つ雄と一緒になるか，質の低下した縄張りを持ち未だつがい相手を持たない雄と一緒になるかの選択を迫られた．この実験では縄張りの16ペアが用いられた．2ペアで，新しい雌が同じ日に両方の縄張りに定着した．残りの14ペアのうち，12ペアで新しい雌が良い縄張りでの一夫多妻を選び，2ペアで新しい雌が悪い縄張りでの一夫一妻を選んだ．よって雄の縄張りが十分良い質を備えている場合には，雌は一夫多妻を選ぶように誘導されるのである (Pribil & Searcy, 2001)．

(iv) **雌が良い縄張りで一夫多妻を選ぶのは適応的か？** そして Pribil & Searcy (2001) の計算によると，水面の上に営巣する利益は，地面の上で営巣する場合に比べて，1.02羽分だけ多くヒナを育てられることであった．一方，雌に対する一夫多妻のコストは，一夫一妻に比べて，0.62羽分だけ少なく子を育てることであった．よってその利益はコストを上回るので，雌が良い縄張りでの一夫多妻を選ぶことは適応的であった．

これらの結果は，一夫多妻閾値モデルに対して強力な支持を与えているが，モデルはハゴロモガラスのすべての個体群に対して成り立つわけではないかもしれない．ペンシルバニア州で行われた別の実験では，雌が一夫多妻からコスト

> ハゴロモガラスの雌は，悪い縄張りでの一夫一妻よりも，良い縄張りでの一夫多妻を選ぶことで利益を得ている

を受けなかった (Searcy, 1988). よって，雌が一夫多妻を選択するときのコストと利益は，局地的な捕食圧や餌供給に依存して，地理的に変化するようである. 雌が，様々な淘汰圧に直面して，どのような選択をするかを調べるためにさらなる研究が必要であろう．

雌雄の対立と複婚

一夫多妻閾値モデルの仮定は，5章で議論した「理想自由分布モデル」の仮定と似ている. つまり利用できる様々な資源パッチは，異なる質を持つ雄の縄張りであり，雌が定着場所を選ぶのは「自由」であると仮定される.「理想的な」条件下では，雌達は自分の繁殖成功が最大になる場所に定着するだろうと期待される. しかし，理想自由条件は本来は維持されないことが多い. なぜなら優位個体が自分の公平な分け前よりも多くを獲得しようとするからである. よって一夫一妻が理想自由な雌の定着から生じるという仮定は，多くの場合は非現実的かもしれない. 例えば，もし最初の雌が2番目の雌が来ることから不利に陥るのならば，最初の雌にとって2番目の雌が定着するのを邪魔しようとするのが得になるだろう. 雄は雄で，雌の繁殖成功にとっては不利なやり方で，配偶システムを変えようとするかもしれない. 以下の2つの研究は，このような雌雄の対立の良い例を与えている．

マダラヒタキ (*Ficedula hypoleuca*)

Rauno Alatalo および Arne Lundberg とその共同研究者達は，スウェーデン南部域のウプサラ周辺の森林でこの鳥を研究した. 雄は木の穴や巣箱を縄張り場所として防衛し，雌を引き付けようとしてさえずる. 雄が1羽の雌を引き付けると，その雌はそこに産卵するが，雄はさらに別の巣穴に行き，2番目の雌を引き付けようとする（図9.11）. 雄は次の巣の宣伝をすぐ近くからではなく，最初の巣場所から平均して 200 m，ときには 3.5 km も離れたところまで行く！そして雄の約 10～15％ が2番目の雌を獲得することに成功する. その後，雄はその2番目の雌を見捨て，ヒナを育てている1番目の雌のところに帰ってヒナの世話を手伝う. 一夫一妻の雌と比較すると，1番目の雌は，普通，雄の全面的な手伝いを得るので，一夫多妻であることからあまり損害を受けない. しかし2番目の雌は，自分だけでヒナの世話をするよう置き去りにされるので，繁殖成功の低下を被り，平均すると一夫一妻の雌が育てる子の数のわずか 60％ しか育てられない (Alatalo *et al.*, 1981).

マダラヒタキの2番目の雌は損害を被る．ではなぜ一夫多妻的に定着するのだろうか？ 3つの仮説

では，なぜ雌は一夫多妻でも定着するのだろうか？ 3つの仮説が提出された．

(i) **「セクシーな息子」仮説** Weatherhead & Robertson (1979) は，2番目の雌はあまり子を残さないけれども，もしその息子達が父親の一夫多妻になるという能力を受け継いでいるのならば，その不利さは相殺されるかもしれないと提案した. その雌はその最初の世代で損をするが，2世代目でセクシーな自分の息子が，一夫一妻の雌の息子に比較してより多くの孫の

図 9.11 マダラヒタキの雄は，1羽の雌を引き付けると，離れた別の巣場所に行き，そこで別の雌を引き付けようとする．2番目の雌は，その雄からヒナの世話の手伝いをほとんど，あるいは全く受けられないので不利になる．しかし雄の2巣間の距離は大きいので，雌は，自分がつがいとなった雄が別の雌を持っているのかどうかについて，おそらく知ることはできないだろうと思われる．

父親になるので，その損を取り返す．この仮説（Fisher の性淘汰論から導かれた，7章）に従うと，2番目の雌は一夫多妻になるように定着するときに，正しい選択をしていることになる．ただし子の質は，一夫多妻閾値モデルの y 軸の中で考慮されなければならない別の要因というわけである（図 9.9）．

マダラヒタキの場合で計算してみると，子の数の損失を補うほどの息子の「セクシーさ」がある場合，雄の配偶状態の遺伝率は 0.85 でなければならないということが示された．若鳥は分散し，自分の出身場所から遠く離れて繁殖するので，遺伝率は分からない．しかし雄個体が 2 年連続して一夫多妻になる確率は，わずか 0.29 しかない．これは遺伝率の上限を与えているに違いない．よってこの仮説は排除できるだろう．

(ii) **騙し** Alatalo *et al.* (1981) は，2番目の雌は騙されて一夫多妻で定着していると提案した．なぜなら数百メートルも離れた巣縄張りを作る雄の習性は（複数縄張り性），雌が既婚雄と未婚雄を区別するのを妨げているからである．2番目の雌が自分の一腹卵を産んでしまい，雄がその雌を見捨てて1番目の雌のところに帰ってしまう頃には，繁殖期間ももう遅い時期になるので，さらに別の一腹卵を用意し始めるのは得にならない．そのため雌は悪条件の中で最善を尽くさなければならないという意味で，自分の子を単独で育てるのである．

(iii) **見つけにくい未婚雄** 2番目の雌は騙されているわけではなく，単に未

婚の雄を見つけにくいので，最良の選択肢として一夫多妻を選んでいるのだとする別の仮説もある．この考えに従うと，雄の複数縄張り性は，雌が騙されることを助長しているのではなく，1番目の雌からの攻撃によって，2番目の雌の定着が邪魔される機会を減少させているということになる (Stenmark *et al.*, 1988; Dale *et al.*, 1990)．

雄による騙しの実験的検証

最後の2つの仮説を検証するには，雌が雄と縄張りをどのように調べるかについて詳細に観察し，それぞれの選択肢の有利性を測定する必要がある．Alatalo *et al.* (1990) はそれらの仮説を検証する巧みな実験を行った．未婚雄と既婚雄の巣箱を順番に注意深く組み立てることによって，それらを100m未満の間隔で配置した．既婚雄の1番目の雌は，100〜300m離れたところにある別の巣箱で一腹卵を抱卵していた．巣箱は無作為に選ばれた場所に設置されたので，既婚雄と未婚雄の間の縄張りの質に差はなかった．この状況では，雌は明らかに両方の雄を調べることができ（雌によってはその調査行動を目撃できた），両方の雄のさえずりがどちらの巣場所からでも聞こえてきた．20回のそのような選択機会の中で，9羽の雌が未婚雄のところに定着し，11羽の雌が既婚雄のところに定着した．明らかに両者に差はなかった．さらに既婚雄を選んだ雌が育てたヒナの数は，未婚雄をいったん拒否した後で，再びその未婚雄を選んだ雌が育てたヒナの数よりも有意に少なかった．この結果は「騙し仮説」を支持している．つまり雌は，既婚雄と未婚雄を同時に選べる状況でも，また既婚雄を選ぶと不利になるにも関わらず，それらを区別しなかったのである．

ヨーロッパカヤクグリ (*Prunella modularis*)

ヨーロッパに生息する別の種であるヨーロッパカヤクグリでは，利害の対立は，単純なつがい（一夫一妻），1雄に2雌（一夫多妻），1雌に血縁関係のない2雄（一妻多夫）など多様な配偶システムにつながったようである（図9.12）．

一夫多妻のときには，雌は雄の子育て協力を共有しなければならないので，最小の繁殖成功を持つ．一方，一夫一妻のときには，雌はヒナへの給餌に対する雄の全面的協力を得られるので，より大きい繁殖成功を持つ．一妻多夫の雌はすべての場合の中で最大の繁殖成功を持つ．なぜなら，もし雌が2羽の（互いに血縁関係のない）雄と交尾すると，両雄から子育て協力が得られ，3羽の親によるヒナ達への給餌は生き残るヒナの数を増加させるからである（図9.12a）．一妻多夫のとき，同じ雌との交尾は，よく一巣ヒナ達の父性混合をもたらす．観察と実験（雌が受精する時期のある期間，一時的に雄を除去する）によると，雄は交尾の分け前を得たときだけ，ヒナ達への給餌協力をすることが明らかになった．さらに雄は，自分の父性の高さを予測させる交尾の分け前に比例して，自分の子育て協力を増加させた．また雌は，各雄に同等に交尾を分配するとき，両雄から得られる子の世話の総量を最大にしていた (Davies *et al.*, 1992)．

しかし雄の観点からすると，一妻多夫（雌にとって最良となるシステム）のとき，雄の繁殖成功は最小になるだろう．なぜなら，追加によって増えた雄の

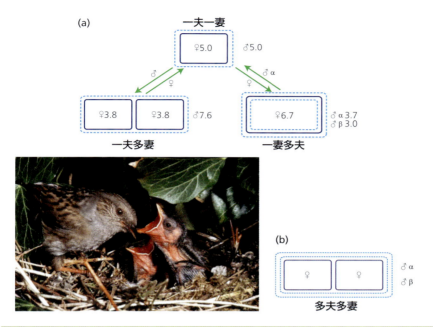

図9.12 巣のヒナに餌を与えているヨーロッパカヤクグリの雄．写真ⓒW. B. Carr．(a) ヨーロッパカヤクグリの雌雄の対立．雌の縄張り（実線）は排他的で，1羽あるいは2羽の（互いに血縁関係のない）雄によって防衛されることがある（破線）．数字は，色々な配偶の組合せのときの，雄と雌によって育て上げられた繁殖期あたりのヒナ数を表す（DNAフィンガープリンティングによって母親と父親が判定された．Burke *et al*. (1989))．矢印は，優位雄（α雄）と雌が配偶システムの中で自分の行動を積極的に向かわせるであろう方向を示している．雄は一夫多妻のときに最も有利であるが，雌は一夫多妻のときには雄による子の世話が分配されるというコストを持つ．雌は一妻多夫のときに最も有利であるが，雄は一妻多夫のときには父性が分配されるというコストを持つ．(b) 対立に対して手詰まり状態としての多夫多妻 (polygynandry)．ここでは，一夫多妻を目指すα雄はβ雄を追い出すことができず，一妻多夫を目指す雌もまた他の雌を追い出すことができない．Davies (1989, 1992) より転載．

手伝いによって多くのヒナが育つだろうが，3羽の親の給仕による一腹ヒナ数の増加も，分配される父性の損失分を補うほどではないからである．実際，雄は一夫多妻（雌にとって良さが最小となるシステム）のときが最も良いのである．なぜなら，各雌が被るコストはあるが，部分的に子育てに参加する雌2羽の総成果は一夫一妻で実現する総成果よりも大きいからである（図9.12a）．

繁殖成功に関するこれらの利害の対立は，雄と雌の行動で見られる対立を良く説明する．一夫多妻では，優位雌は雄を自分のものにするため他の雌をどこかに行かせようとするが，雄は，両方の雌が彼の下に留まるように，争う雌達をそのまま引き止めておこうとする．一方，雌は，劣位雄が留まって子育てに協力してくれることを期待して，劣位雄が交尾できるように仕向けるが，優位雄は雌を警護し，自分の完全な父性を確保するために劣位雄を追い出そうとする．よってこれら利害の対立の多様な結末として，多様な配偶システムが見られる

ヨーロッパカヤクグリの雄は一夫多妻を好み，雌は一妻多夫を好む

「こう着状態」としての多夫多妻が対立の結末である

のである．その対立は，ついには2羽の雄が2羽の雌を共有するという「こう着状態」に至ってしまう（多夫多妻；図9.12b）ことがある．この状態のとき，優位雄は2羽の雌を自分のものにするために（一夫多妻）他の雄を追い出すことができず，また優位雌も2羽の雄を自分のものにするために（一妻多夫）他の雌を追い出すことができないのである．

様々な配偶システムは，雄と雌の対立の異なる結末を反映している

よって，問うべき重要な疑問は次のようなものであろう．つまり，特定の個体は，他者との利害の対立があったとしても，どのような条件下であれば自分の最良の配偶システムを選択肢として獲得することができるのか？　その対立の結末には様々な要因が影響を与えているだろう．第1に，個体の競争能力の違いは重要である．例えば，若い雄は劣位雄になる可能性が高く，年上の経験を積んだ雄は，2羽の雌の縄張りを囲んだ大きな縄張りを防衛する可能性が高いだろう（一夫多妻あるいは多夫多妻）．第2に，成鳥の性比が配偶システムに影響を与えている．より厳しい冬の後では，繁殖期の性比は雄に偏るので（雌は餌場では劣位であり，より死にやすい），一妻多夫になりやすい．第3に，縄張りの持つ特質が対立の結末に影響を与えることがある．植生密度の高い縄張りでは，雌は優位雄の警護から容易に逃れることができ，そのため混合父性の状態を招きやすい (Davies, 1992)．

一妻多夫の閾値

ヨーロッパカヤクグリでは，一妻多夫は雌にとって有利であるが，α 雄にとっては不利である．実際，α 雄がそれを阻止しようと最善の努力をするにも関わらず，それが起こってしまう．しかし理論的には，複数雄による協力から子の生産性が増加し，父性を分配する雄のコストが補われるほどになるような条件があるかもしれない．つまり「一妻多夫の閾値 (polyandry threshold)」（前に議論した一夫多妻の閾値との類似）というものがあるだろう．そこでは，雄が一夫一妻の雄になるよりも，雌を共有することに同意した方が有利になるのである (Gowaty, 1981)．雄同士の協力の利益が父性を分配するコストを上回りそうな2つの状況は，餌不足（よって，子を効果的に育て上げるためには，3個体以上の親が必要である）と縄張りや雌をめぐる激しい競争（よって，繁殖機会を得るには，チームとなった雄がより効果的である）である．

ライオンの雄は一妻多夫から利益を得ている…

この最後のシナリオの良い例は，ライオン (*Panthera leo*) によって与えられる．そこでは，雄の大きな連合が雌のプライドを支配しやすく，プライドを長期間保有し続ける傾向を持っており，雄個体の生涯適応度が雄連合の大きさとともに増加するという結果が得られている．ライオンでは，雄の一団は血縁者（兄弟，片親を同じくする兄弟）からなっていることが多いので，協力行動には血縁淘汰も働いているだろう（11章）．しかし非血縁雄にとっても，自分だけでプライドを乗っ取ろうとするよりも，小さな集団で協力して乗っ取ろうとする方が得になるだろう (Packer *et al*., 1991)．

ガラパゴスノスリ (*Buteo galapagoensis*) のいくつかの個体群では，非血縁雄の集団（普通 2〜3 羽，最大 8 羽）が繁殖縄張りの防衛を協力して行う．雄達は 1 羽の雌との交尾を共有し，子の父性を分配し合う (Faaborg *et al.*, 1995)．ヨーロッパカヤクグリとは著しく対照的であるが，雄は交尾をめぐって小競り合いはせず，ほぼ同等に父性を分配する (DeLay *et al.*, 1996)．雄の協力を促進しそうな 2 つの要因は，雌が大きな体サイズを持つこと（雌が交尾の分配を支配できるかもしれない）と，より大きな集団の雄達で繁殖縄張りを防衛した方が，その縄張りの保持年数が延びるということにある．これは，多年にわたる繁殖によって生涯繁殖成功が増加し，各繁殖シーズンでの雄の短期的な父性の分配コストが補償されることを意味する．このような補償作用は，寿命が短く，雄が 1〜2 回の繁殖シーズンしか持てないヨーロッパカヤクグリでは起こりえないことであろう．

…また，ガラパゴスノスリの雄の場合もそうかもしれない

雌の放棄と性的役割の逆転

多くの鳥類で，一方の性が子の世話を放棄するとすれば，普通，それは雄である．なぜなら，その機会を先に持つのは雄だからである．また通常，雄は雌が産卵するよりも潜在的に速い速度で卵を受精させることができるので，交尾回数を増やすことによって獲得するものは雌より大きい（7 章）．よって，一夫多妻の方が一妻多夫よりもずっと一般的である．しかし研究によっては，子の世話を先に放棄する機会をめぐって雌雄の対立があることを示唆する場合がある（8 章）．フロリダタニシトビ (*Rostrhamus sociabilis*) では，ときにどちらの性でも子を放棄して，他方の性にその世話を任せる．どちらの性が子の世話を放棄するかは，どちらが別の配偶者を獲得する最大の確率を持つかに依存して決まるが，それは実効性比に依存して変化する．また餌が豊富なときには，残された配偶者が独力でもうまくヒナ達を育て上げられるので，子の世話の放棄は頻繁に起こる (Beissinger & Snyder, 1987)．

渉禽類（チドリ亜科）では，多くの種で両親が子の世話を行う一夫一妻を取る．しかしいくつかの種では，通常の性の役割が逆転し，雌が大きい体サイズと鮮やかな体色を持ち，また雌に代わって一腹卵を抱いてくれる雄をめぐって雌が競争する．ヒレアシシギの 1 種 (*Phalaropus* spp.) では，雌は 1 羽の雄を守り，その雄に抱卵させるための一腹卵を産んだ後，次の雄を見つけるために立ち去る（逐次的一妻多夫 (sequential polyandry); Reynolds, 1987）．アメリカイソシギ (*Actitis macularia*) とアフリカレンカク（図 9.13）では，一腹卵を抱き，孵化したヒナの世話をしてくれる複数雄を同時に囲う大きな縄張りをめぐって，雌は競争し，それを防衛する（資源防衛型一妻多夫 (resource defence polyandry)）．

なぜ数種の渉禽類は，このような性の役割の逆転を示すのだろうか？　このことは，一腹卵数サイズが少なく，通常 4 卵を超えないという渉禽類の特徴か

数種の渉禽類は性の役割の逆転を示す：雌が雄をめぐって競争する

図 9.13　鳥類における性の役割の逆転．この写真のアフリカレンカクの雄は，親としての義務をすべて果たす．雌は雄よりも体が大きく，大きな縄張りを防衛することによって，雄をめぐる競争をする．写真©Tony Heald/naturepl.com．

ら説明できるかもしれない．4つの各卵は大きく，サイズがきちんと揃っている．実験によると，それらの卵は抱卵できる限界を示しており，卵がそれより多過ぎると孵化成功の低下につながることが示唆されている．もし渉禽類が実際に，4個で抱卵できる最大一腹卵数に「陥っている」のならば，淘汰は特に雌によるヒナの世話の放棄を有利にするかもしれない．なぜなら，より好適な条件が出現したとき，雌が固定した一腹卵数を使って自分の繁殖出力を増加させることのできる唯一の方法は，一腹卵を何回も産むことだからである．アメリカイソシギにおいて繁殖場所での生産性は非常に高いことがあるので，そのときに雌は卵生産工場のようになって，40日間に一腹卵を5回も繰り返し総数20個もの卵を産んでしまう．それは，自分自身の体重の4倍にも達する．このとき，雌の繁殖成功は，もはや卵生産のための栄養蓄積能力には制限されず，むしろ抱卵させるために見つけることのできる雄の数に制限されているのである．このことが，雌の体が雄よりも25%は大きく，またできる限り多くの雄を獲得するように競争するという，性の役割の逆転の進化を導いてきたと考えられる (Lank et al., 1985)．

　アフリカレンカクでも，雌は雄よりも体が大きく，雌の縄張りは4羽もの雄の小さな縄張りと重なっていることがある (Butchart et al., 1999a; Emlen & Wrege, 2004)．雌は，隣の雄の縄張りを横取りするため競争し，追加の雄に自分の一腹卵を引き受けさせるために，ときどき他の雌のヒナを殺すことがある (Emlen et al., 1989)．このような雌による子殺しは，ライオンの雄が雌を受精可能にしようとして行う子殺しと同様であるが (1章)，性の役割が逆転した類似ケースといえるだろう．

一妻多夫は，アフリカレンカクの雌に利益をもたらす一方，雄にとっては，雌のハレム内の他雄（共同配偶者）が受精させた卵を自分の縄張りに産み付けられるかもしれないので，潜在的なコストをもたらす．アジアレンカク（*Metopidius indicus*）では，共同配偶者は交尾を求めて叫ぶことによって雌の注目を引こうと競争する（Butchart *et al.*, 1999b）．パナマのナンベイレンカク（*Jacana jacana*）の研究によると，一夫性（monoandry，1羽の雌が1羽の雄を持つ）では雄が彼らの一腹卵の全父性を獲得する一方，一妻多夫ではすべての一腹ヒナのうち41%がハレム内の他の雄を父親とするヒナを含むことが明らかになった（全ヒナの場合，その17%は共同配偶者が父親であった；Emlen *et al.*, 1998）．よって，共同配偶者は一腹卵の受け取りと交尾の両方をめぐる競争者ということになる．

> アフリカレンカクの雌は，子の世話をする雄をめぐって競争する

配偶システムの多様性に対する階層的方法

これまで，配偶システムに影響を与えるかもしれない3つの大きな要因について議論してきた．

(i) **生活史的制約** 例えば，哺乳類の雄（授乳しない）は，鳥類の雄よりも，子への給餌に対して役立つ貢献をすることはできないかもしれない．
(ii) **生態的要因** 例えば，餌や巣場所の分布は配偶可能な相手の分布に影響を与え，それゆえ経済的防衛可能性に影響を与えるだろう．
(iii) **社会的対立** 生物個体は，強制や騙しをとおして，自分の配偶相手の選択を制限するように行動することがある．

これらの3つの要因は，表9.1にある配偶システムの多様性をどのようにうまく説明するだろうか？

Ian Owens & Peter Bennett（1997）は，これら3つの要因はすべて必要なものであるが，各要因はそれぞれ異なる分類段階の解析で最も妥当なものになるだろうと述べた（表9.3）．鳥類の配偶システムを考えてみよう．もし上位の分類段階，例えば異なる目や科の間での違いを説明したいときには，生活史的制約における違いが重要になりそうである（上の要因の(i)）．例えば，キジ科（Phasianidae）の子は早熟で，孵化直後から，走り回ることができ，自分で採食できる．よって，雌親は単独で巣のヒナ達を世話できるので，雄がさらなる配偶相手を求めて保育を放棄するとしても，そのときのコストは雄にとって大き過ぎることはない．それに比べて，タカ科（Accipitridae）のヒナは裸で産まれ，無力で，両親の世話が必要である．雌親が初めに巣を守り，ヒナを暖め続ける一方，雄親は家族のために獲物の狩りを一手に引き受ける．

> 目あるいは科の間の違いは，生活史の違いを反映している

もし下位の分類段階における配偶システムの違い，例えば属内の種間の違いを説明したいならば，その場合は生態における違いが最も重要になりそうである（上の要因の(ii)）．よって種子を利用する（見つけやすい大きな餌パッチ）

> 近縁種間の違いは，その生態における違いを反映している

表 9.3 配偶システムの多様性に対する階層的解析方法 (Owens & Bennett, 1997).

分類上の比較	異なる配偶システムを導く主たる要因
目あるいは科の段階で（例えば，キジ対タカ）	生活史的制約における違い（例えば，早熟なヒナ対晩熟なヒナ）
属内の種間で	生態的制約における違い（例えば，餌，繁殖場所）
ある種の 1 つの個体群における個体間で	社会的対立

ハタオドリ類の種は，昆虫を利用する（餌利用が困難で，巣のヒナ達の世話には両方の親が必要になりそうである；2 章）ハタオドリ類の種よりも一夫多妻になりそうである．

種内あるいは個体群内の違いは，社会的対立を反映している

最後に，種内の個体群内部での違いは，社会的対立によって説明されそうである（上の要因の (iii)）．例えば個体が配偶相手を利用できる成功度合いの違いがそれにあたる．ヨーロッパカヤクグリやシデムシの雄が，1 番目の雌が阻止しようとしてもなお 2 番目の雌を獲得できる場合，雄にとっては得となるだろうが，それは 1 番目の雌にとっては損となるだろう．他個体の好みが対立する状況で，自分の好みを達成できるのはどの個体かということに依存して，異なる結末が生じるかもしれない．

これら 3 要因間の相互作用の解明に挑戦することが，将来の研究につながるだろう．

要約

雄が子の世話をしないとき，配偶システムは以下のような 2 段階の過程の結果として現れることが多い：(i) 雌が資源と関連して分布を形成し，(ii) そして雄は雌の分布に関連して分布を形成するが，そのとき雌をめぐって直接競争したり（雌の防衛），良い場所をめぐって競争したりする（資源の防衛）．雄による防衛行動の経済性は，雌や資源の時空間分布に依存して決まる．この考えは，ノネズミとベラにおける実験と，哺乳類の配偶システムの比較研究によって説明されている．

種の中では，雄がレックとして集合する場合がある．この雄の集合には 5 つの仮説が提案されている：雌の「ホットスポット」への定着；捕食率の低減；雌への魅力の増加；「やり手雄」への寄生；雌による選択の促進．

雄が子の世話を行う場合（多くの鳥類），雄は雌にとって資源となり，配偶システムはしばしば一方の親による子の世話の放棄の様式に依存して決定される．一夫一妻は絶対的なものになることがある．なぜなら，雄親と雌親の両方にとって，繁殖成功のためには協力することが必要となるからである．ただし，配偶相手の行動によって，あるいは配偶相手をめぐる競争によって，個体が一夫一妻に制約されていることもよくある．社会的一夫一妻は，婚姻外交尾があるために，遺伝的一夫一妻とは一致しないことが多い．雌は，悪い質の縄張り

を持つ雄と一夫一妻になるよりも，良い質の縄張りを持つ雄との一夫多妻の方を選ぶかもしれない（一夫多妻閾値モデル，例：ハゴロモガラス）．

個体の繁殖成功を最大にする（シデムシ，マダラヒタキ，ヨーロッパカヤクグリ）配偶システムをめぐって，雌雄が対立することもよくある．その対立は，個体群内であっても多様な配偶システムを導くかもしれない．渉禽類では，雌が雄をめぐって競争するという，性の役割の逆転が生じている種が見られる．階層的解析によると，異なる分類段階での配偶システムの多様性は，異なる要因によって説明されることが示唆されている．

もっと知りたい人のために

Bennett & Owens (2002) は鳥類の配偶システムを概説している．Höglund & Alatalo (1995) はレック配偶システムを概説している．David McDonald によるオナガセアオマイコドリの研究は，非血縁雄がレックでのディスプレイで協力することを示している．α 雄はすべての配偶を獲得するが，β 雄は後年に α 雄になるときのために，場所の魅力を維持しようと協力する (McDonald & Potts, 1994; McDonald, 2010)．Andersson (2005) と Berglund & Rosenqvist (2003) は，性の役割の逆転と一妻多夫の進化に対する理論と証拠を考察している．Setchell & Kappeler (2003) は，霊長類における雌雄の対立と配偶システムについて概説している．

討論のための話題

1. なぜ多くの哺乳類は一夫多妻で，多くの鳥類は一夫一妻なのだろうか？
2. ハゴロモガラスの雌が一夫多妻のコストを受け入れるような個体群もあれば，受け入れない個体群もあるのはなぜか？　このような変異は，配偶者選択や配偶システムにどのように影響を及ぼすだろうか？
3. 渉禽類とヨウジウオにおける性の役割の逆転の進化を比較せよ（Andersson (2005) と Berglund & Rosenqvist (2003) を参照せよ）．
4. この章で考察した哺乳類の配偶システムの比較調査は，配偶システムの違いを系統樹上へプロットすることによって，どれくらい促進されるだろうか？
5. 表 9.3 にある様々な分類段階において，配偶システムの違いを研究するために必要な技術を比較せよ．

第10章
性の配分

写真 © David Shuker & Stuart West

性の配分とは，性を伴う種における雄あるいは雌への資源の配分のことである

　有性生殖を行うすべての生物は，雄と雌に資源をどのように配分するかを決めなければならない．この問題は，様々なタイプの繁殖システムにまたがる多様な関連疑問を包括するものだろう．鳥類や哺乳類などの雌雄異体 (dioecious) の種では，個体は生涯一貫して雄か雌かのどちらかになるが，そこでの問題は雄の子を産むべきかそれとも雌の子を産むべきかである．多くの珊瑚礁の魚類に見られる逐次的雌雄同体 (sequential hermaphrodite) の種，言い換えると性転換 (sex change) の種では，個体は一生の前半で一方の性機能を持ち，その後，他方の性に転換する．そこでの問題は，どちらの性を最初に採用するか，あるいはいつ性転換をするかである．数種のエビや魚類のように，子の性が環境によって決定される種では（環境性決定, environmental sex determination），問題は何が子の性を決定する手がかりとなるか，またそれはどのように行われるかである．

　従来の考え方では，性の配分に関して興味深い現象が起こるかどうかは性決定様式に依存して決まるとされてきた (Box 10.1)．鳥類や哺乳類のように遺伝的性決定様式を取る種では，性の決まり方は無作為であり，親によって制御できないと仮定された．この考えは，ニワトリなどの家畜動物の選抜実験が行われ（雌に偏った性比は経済的に大きな利益をもたらす），子の性比を雌雄均等比から偏らせる試みが失敗に終わったという事実によって支持されてきた．それに比べて，半倍数性などの性決定メカニズムや環境による性決定は，子の性を制御できる大きな可能性を許しており，そのため興味深い性配分様式が息子や娘の方への偏りという形式で発生してきている．例えば，アリ，ハナバチ，カリバチといった半倍数性の種の雌は，局所的な条件に反応して卵を受精させるか否かを選択して，自分の子の性を調節することができる (Box 10.1)．

　しかし過去40年の間に，鳥類や哺乳類を含めた多様な生物が，自分の適応度を増加させるというやり方で子の性を操作していることが発見され，これまでの状況は劇的に変わってしまった．実際，性配分の研究は行動生態学の中で最も生産的かつ最も成功した分野の1つであり，自然淘汰が行動をどのように形作るかに関係する一般的な観点のいくつかを説明している．性配分に関する興味深い様式を理解するために，なぜ雄と雌への投資の等配分が帰無モデルになるかをまず説明する必要があるだろう．

Box 10.1　性決定

生物個体の性は，性染色体や環境によって決定されたり，あるいは生涯の途中で変化したりすることがある (Bull, 1983)．

鳥類や哺乳類のような遺伝的に（染色体で）性が決まる種では，個体が同じ種類の性染色体を2つ持つか（同型性，homogametic），異なる性染色体を1つずつ持つか（異型性，heterogametic）によって，性は決定される．哺乳類の場合，雌は同型性の性 (XX) であり，雄は異型性の性 (XY) である．すべての卵子はXであり，その結果，個体の性は1つの卵子がXの精子と受精するか，Yの精子と受精するかによって決定される．鳥類の場合，雌は異型性の性 (ZW) であり，雄は同型性の性 (ZZ) である．すべての精子はZであり，その結果，個体の性は卵子がZであるかWであるかによって決定される．自分の子の性を制御するためには，雌は卵の精子に対する受容性をX精子かY精子へ偏らせるか（哺乳類），あるいはW卵子かZ卵子の方に卵子生産を偏らせる（鳥類）必要がある．

図 **B10.1.1**　爬虫類における温度依存性決定．多くの爬虫類では，性は発生のときの温度によって決定される．例えば (a) ニシキハコガメ (*Terrapene ornata*) や (b) アオウミガメ (*Chelonia mydas*) では，雄は保卵温度が低いときに発生し，雌は保卵温度が高いときに発生する．(c) オーストラリアワニ (*Crocodylus johnstoni*) などの他の種は，雄が比較的高温で発生するという逆の温度性決定様式を持つ．最後に (d) エリマキトカゲ (*Chlamydosaurus kingii*) のように，一方の性が極端な温度（暑いと寒いの両方）で優先的に発生する場合もある．この種では，中間的な温度のときに両方の性が発生し，極端な温度のときには雌だけが発生する．写真 (a) ⓒFred Janzen; 写真 (b) ⓒAnnette Broderick; 写真 (c) & (d)ⓒRuchira Somaweera.

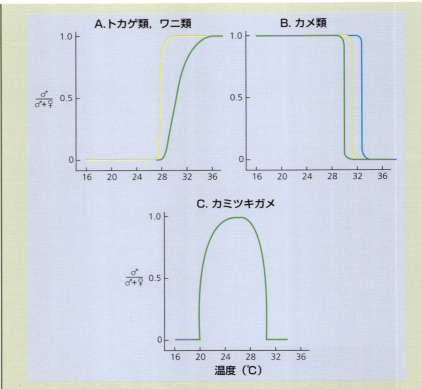

図 B10.1.2　温度依存性決定を持つ爬虫類における，保卵温度への性比の反応例．異なる曲線は異なる種を表している．Bull (1980) より転載．

　アリ，ハナバチ，カリバチや数種の甲虫類などの半倍数性の種では，性は卵が受精するか否かによって決定される．受精卵は2倍体となり雌として発生するが，未受精卵は半数体となり雄として発生する．このため，雌親は卵を受精させるか否かによって自分の子の性を制御することができる．数種のカリバチ類では，雌親は卵を受精させるときに休止行動を取り，それは観察できるので，観察者でも産み付けられた卵の性を判定することができる．

　環境によって性が決まる種では，温度や日長などの環境が持ついくつかの特徴が性を決定する．これは，カメ，ワニ，エビ，ユムシ動物類のボネリムシなどの種で広く起こっていることである．例えばカメでは，雄は比較的低温で産まれ，雌は比較的高温で産まれる．対照的に，多くのトカゲやワニでは逆のパターンになり，比較的高温で雄が産まれる（図 B10.1.2）．

等配分投資の Fisher 理論

　1個体の雄が多くの雌の卵を受精できるのであれば，例えば20個体の雌ごと

に1個体の雄というような性比が生じないのはなぜだろうか？このような性比のとき、個体群としての繁殖成功は1:1のときよりも高くなるだろう。なぜなら、それよりももっと多くの卵が受精されるはずだからである。しかし自然界では、雄が雌を受精させる以外に何もしないときでさえも、多くの場合、性比は1:1にごく近い値になっている。1章で見たように、形質の適応的価値は「集団の利益ため」として見なされるべきでなく、「個体の利益のため」あるいはもっと正確にはその形質を制御する「遺伝子の利益のため」として見なされるべきである。Darwinはなぜ1:1という性比が淘汰に有利なのかに悩んだが、その明らかな答えを与えたのはR. A. Fisher (1930)であった。

各雄に対して20個体の雌がいる個体群があったとしよう。各雄は雌の20倍の期待される繁殖成功を持つ（なぜなら、雄当たり平均20個体の配偶相手がいるからである）。よって子がすべて息子である親は、雌の子しか持たない親が得る孫の数に比べて、ほぼ20倍の数の孫を得ると期待できる。よって雌に偏った性比は進化的に安定しない。なぜなら、親に対して子の性比を雄の方に偏らせる遺伝子が急速に広がり、個体群の性比が次第に雄の比率を最初の20分の1より大きくする方向に変化するからである。しかし今度は逆のことを考えてみよう。もし雄が雌よりも20倍多いならば、娘だけを産む親が有利になるだろう。1個の精子が1個の卵を受精するので、20雄ごとに1個体の雄だけが子へ遺伝子を送ることができる。よって雌は雄の20倍の平均繁殖成功を持つ。そのため、この場合も、雄に偏った性比は進化的に安定しない。結論として、淘汰によって稀な性の方が常に有利になり、少ない性の子を産むことに専念する親が増えるだろう。雄と雌の期待繁殖成功が等しくなり、個体群の性比が安定するのは、性比が1:1のときだけであろう。たとえわずかな偏りであろうが、少ない方の性が有利になる。51個体の雌に49個体の雄がいる個体群では、各雌が1個体の子を持つとき、雄は平均51/49個体の子を持つ。この**平均値**は、1個体の雄が多くの父性を独占していようが、あるいは父性が雄の間で広く等しく配分されていようが、同じ値である。

> 他のすべてが同等なら、1:1の性比が自然淘汰の下で有利になる

Fisherの理論を検証する1つの方法は、性比を1:1からずらしてやり、その後この平衡点に戻る進化が起こるかどうかを調べることである。Alexandra Basolo (1994)は、プラティフィッシュ (*Xiphorus maculatus*) が変わった性決定様式を持つ利点を利用して、この方法を実行した。この種では、性は3つの性対立遺伝子を持つ1つの遺伝子座で決定され、雌には3つの遺伝子型 (WX, WY, XX) があり、雄には2つの遺伝子型 (YY, XY) がある。もしそれぞれの対立遺伝子の相対頻度を変化させて、偏った性比を持つ個体群を作ると、予測されるように淘汰は少ない方の性を有利にし、その性比を素早く1:1に戻すことがBasoloによって示された（図10.1）。

> もし性比が1:1から外れても、この平衡点に戻るように進化するだろう

性比は1:1であるべきだとする上記の主張は、資源投資の観点から説明し直すことでさらに洗練されたものになる。上の議論では、暗に、息子と娘は同等な生産上のコストを持つと仮定されていた。しかし、息子の生産には娘の2

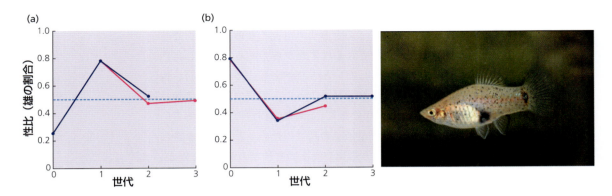

図10.1 プラティフィッシュの性比の進化．性比が雌雄同数となる比からずらされると，すぐにこの平衡点に戻る進化が起こる．(a) 雌の方に性比がずらされた場合と (b) 雄の方にずらされた場合が示されている．異なる曲線は繰り返しを表す．Basolo (1994) より転載．掲載は the University of Chicago Press より許可された．

もっと正確に言うと，雄と雌への等しい投資が進化的に有利になる

倍のコストがかかると仮定してみよう．例えば，それは息子は娘の2倍の大きさになり，発達の間に2倍量の餌を必要とするからかもしれない．性比が1:1であるとき，1個体の息子は1個体の娘と平均的に同じ数の子を持つ．しかし息子を生産するには2倍のコストがかかるので，それは親にとって良くない投資となるだろう．つまり息子によって生産される孫の1個体1個体には，娘によって生産される各孫よりも2倍のコストがかかっていることになる．性比が雌に偏る方に振れるにつれて，息子の期待繁殖成功は上昇し，それは各雄に対して2個体の雌が対応するという性比になり，かつ平均的な雄が平均的な雌の生産する子の数の2倍の数の子を生産するようになるところまで進むだろう．この時点で，息子と娘は，投資単位当たりの報酬をきっちり等しく与えていることになる．つまり息子は生産に2倍のコストがかかるが，2倍の報酬をもたらす．これは，息子と娘の生産に異なる量のコストがかかるとき，進化における安定戦略は，親が2つの性に等しい**投資**を与えることであり，等しい数を与えることではないことを意味している．この観点を説明する1つの例として，Bob Metcalf (1980) によるアシナガバチの1種 (*Polistes metricus*) と別の1種 (*P. variatus*) の性比の研究がある．前者では雌は雄よりも身体が小さく，後者では同等な体サイズである．予測されるように，個体群の性比は前者では偏っており，後者では偏っていない．しかし両方の種で，投資の比率は1:1になっている．

血縁者が相互作用をするときの性配分

Fisher の理論は，血縁個体が協力的あるいは競争的に相互作用することはないと仮定している．もしそのような相互作用が起こっているならば，個体は，血縁者同士の競争を減らすために，あるいは協力を増やすために，子どもの性比を偏らせる方が有利になるはずである (Box 10.2)．

Box 10.2 血縁者が相互作用をするときの性比

雌の適応度は，娘をとおして得られる適応度に息子をとおして得られる適応度を加えた値に等しくなるだろう．それは下の式によって与えられるだろう：

適応度 =（産まれた娘の数に各娘の適応度をかけたもの）
　　　　 +（産まれた息子の数に各息子の適応度をかけたもの）

娘達が資源をめぐって競争する場合を考えてみよう．そのとき，各娘の平均適応度は産まれた娘の数とともに減少する．このような局所的資源競争 (local resource competition, LRC) は，雄に偏った性比を有利にさせる．そうやって娘間の競争を減らし，そのため産まれた各娘の適応度を増加させるだろう（図 B10.2.1a）．性比がより雄の方に偏るにつれて，各雄によって得られる配偶相手の平均数が減り，そのため息子を産むことの適応度報酬を減少させるだろう．進化的に安定な (Evolutionarily stable, ES) 性比は，これら2つの力が打ち消し合う平衡点となるだろう．

対照的に，もし娘達が協力するならば，娘の平均適応度は産まれる娘の数とともに増加する．このような局所的資源強化 (local resource enhancement, LRE) は雌に偏った性比を有利にする．そうやって娘同士の協力行動を増加させ，そのため産まれた各娘の適応度を増加させるだろう

(a) 局所的資源競争

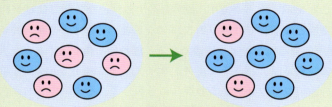

偏りのない性比から雄に偏った性比への移行は，
雌間の局所的資源競争を減少させる

(b) 局所的資源強化

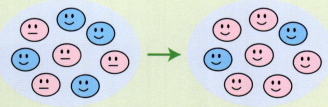

偏りのない性比から雌に偏った性比への移行は，
雌間の協力行動を増加させる

図 **B10.2.1** 血縁者が相互作用をするとき，淘汰は性比を偏らせる．(a) もし姉妹が資源をめぐって競争するならば，雄に偏った性比が姉妹間の競争を減少させる．(b) もし姉妹がお互いに協力し合うならば，雌に偏った性比が協力行動を促進させるために有利である．雄は青，雌はピンクで表されている．West (2009) より転載．

> （図 B10.2.1b）．性比がより雌の方に偏るにつれて，各雄によって得られる配偶相手の平均数が増え，そのため息子を産むことの適応度報酬を増加させるだろう．進化的に安定な (ES) 性比は，これら 2 つの力が打ち消し合う平衡点となるだろう．

局所的資源競争

　Anne Clark (1978) は，オオガラゴ（*Galago crassicaudatus*）が雄の方に投資を偏らせた子の性比を持つことを発見し，このことはその種の生活史によって説明されるはずだと指摘した．多くの哺乳類と同様に，オオガラゴの雌は雄ほど遠くには分散せず，母親の行動圏内にあるゴムや果実の木などの豊富な資源をめぐって，母親や他の雌と競争することが多い．雌間で起こるこの局所的資源競争 (local resource competition, LRC) は，子としての娘の価値を下げる．極端な場合，巣の近くで取れる餌で生き延びられるのは 1 頭の娘だけかもしれず，そのとき，他の娘への投資は無駄になるだろう．しかし，このような子の性比を適応的に調整することが霊長類でどの程度起こっているかに関しては，非常に大きな論争となった．なぜならそのデータは大きく変動し，また鳥類や哺乳類のような分類群では，染色体による（遺伝的な）性決定が子の性比の制御を妨げる制約として働くと主張されていたからである．

　Joan Silk & Gillian Brown (2008) は，102 種の霊長類からのデータを総合的に調査した中で，この予想を支持する証拠は存在するが，相対的に弱い効果しかないことを示した．つまり，雄が分散する性となる種では雄が約 53%，雌が分散する性となる種では雌が約 55% になるというわずかな偏りであった（図 10.2）．局所的資源競争がより極端であると思われる種では，もっと大きな偏りが見られる．例えば，バーチェルグンタイアリ（*Eciton burchelli*）の新しいコロニーは，古いコロニーが 2 つの群れに分裂して，その内の 1 つが古い女王によって先導され，他の 1 つがその娘の 1 匹によって先導されるときに形成され

もし一方の性の血縁者が資源をめぐって競争するならば，性比は他方の性に向かって偏る

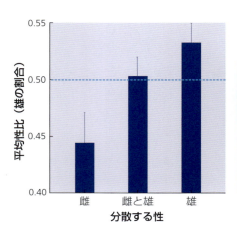

図 10.2 雌，雌雄両方，あるいは雄の分散する性である霊長類の種における誕生時の性比．その性比は分散する性の方に偏っている．Silk & Brown (2008) より転載．写真は Joan Silk によって撮られたチンパンジーである．

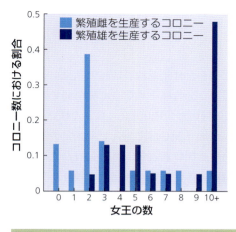

図10.3 ツノアカヤマアリにおいて繁殖雌個体を生産するコロニー（青），あるいは繁殖雄個体を生産するコロニー（紺）に対する，コロニー当たりの女王の数の分布．女王の数が相対的に少ないコロニーは雌を生産し，女王の数が相対的に多いコロニーは雄を生産した．Brown & Keller (2000) より転載．写真は Rolf Kümmerli による．

る．群れの支配をめぐって必然的に起こる姉妹間の競争は，なぜコロニーで 6匹の雌と 3000 匹の雄が生産され，繁殖個体において雄が約 99.8％にもなる偏った性比を生じさせるのかを説明するだろう (Franks & Hölldobler, 1987)．

　局所的資源競争は，種内あるいは個体群内の性比の変動を説明することもある．William Brown & Laurent Keller (2000) は，ツノアカヤマアリ (*Formica exsecta*) のコロニーが繁殖個体として雄だけ，あるいは雌だけを生産したりする傾向があることを発見し（図 10.3），この「分断性比 (split sex ratio)」は，13章で出てくる血縁度の非均衡性における変異という一般的な理由では説明しきれないことを示した．そして，これはコロニー間での女王の数の変異に起因した局所的資源競争の程度における変異によって説明できることを示唆した．この種では，女王の分散はしばしば制限されて，新しく交尾した女王が自分の母親のコロニーに戻ることがある．そして，そこから近くに新しいコロニーを創設するために，結局ワーカーと一緒に分散するのである．多くの女王が居たり，あるいは利用できる資源が少ないコロニーでは，局所的資源競争が激しくなり，そのため新しい女王を産む相対的利益が低下するだろう．Brown と Keller，そしてその共同研究者達は，1 つのコロニーの繁殖個体における性比が，女王の数やいくつかの生態的変数とともにどのように変化するかを調べることによってこの予測を検証した．彼らは，自分達の仮説を支持する証拠として，女王の数が多いときや（図 10.3），針葉樹の樹上で甘露を出すアブラムシなどの資源の利用率を低下させたときに，コロニーが雄の比率を高くすることを発見した．彼らはこの考えの検証を実験によってさらに進め，女王の除去と餌資源の増加（ツナ肉と蜜を巣に置いた）の両方によって，コロニーが雌の繁殖個体の比率を高くするように誘導されることを明らかにした (Kümmerli *et al.*, 2005; Brown

もし血縁関係のある雌の間で競争の程度が変動するならば，競争が最も低下するような環境では雌が生産されるだろう

& Keller, 2006).

局所的配偶者競争

　Bill Hamilton (1967) は，極端に雌に偏った性比を持つ数種の昆虫やダニもまた，多くの場合，雄が配偶相手としての自分の妹をめぐって兄弟間で互いに競争する生活史を持つ傾向があることに気付いた．Hamilton は，これを，彼が「局所的配偶者競争 (local mate competition, LMC)」と呼んだ局所的資源競争の特殊な場合であると説明した．なぜ局所的配偶者競争が雌に偏った性比を有利にするのかということへの正確な理由付けは，1970 年代から 1980 年代にかけて大きな論争の主題であった．しかし今では，2 つの理由で，その現象は起こるということが受け入れられている (Taylor, 1981)．第 1 に，例えば 2 匹の息子が配偶の機会を 1 回だけ持ち，彼らが同じ雌をめぐって競争すると仮定しよう．彼らの 1 匹だけが交尾に成功するならば，彼らの母親の観点からすると，もう一方の息子は「無駄」だということになる．これは極端な例であるが，息子が配偶相手をめぐって競争するとき，母親にとって彼らの価値は低下するという一般的な論点を分かりやすく説明している．よって，母親は子に対する投資の比率を娘の方に偏らせるべきであるということになる．第 2 に，もし息子達が自分の妹と交尾できるならば（近親交配），雌に偏った性比は，息子にとって多くの配偶相手（娘）を提供するという追加的な利益を与える．そのため母親が娘を高い比率で産めば産むほど，産んだ各息子の価値は大きくなるのである．

　Hamilton の理論によって予測された正確な性比の偏り程度は，局所的配偶者競争の程度に依存して決まる．完全な近親交配という極端な例を考えてみよう．しかもそこでは，母親は自分の娘のすべてが自分の息子によって受精されるということを「知っている」とする．この場合の最良の性比は，娘を受精させるのに十分な数の息子を産むことである．それより多くの息子は無駄なだけであろう．この主張と前に 1:1 の性比に対して行った主張の重要な違いは，ここでは個体群の他のメンバーも含めた雌に対する雄の比率は問題にされていないことである．1 つの一腹子内が雌に偏った性比であっても，他の親に雄を専門的に生む利益を持たせる機会はないだろう．Hamilton は，近親交配の高い可能性を持つ多くの種が，各一腹子内で産まれる雄の数を 1 匹あるいは少数にする傾向を持つだろうと気付いていた．この予測を支持する 1 つの例として，胎生のダニの一種（*Acarophenox* 属）があげられる．この種は 1 匹の息子と最大で 20 匹の娘を含む一腹子を持つ．その息子は母親の胎内で自分の姉妹と交尾し，産まれる前に死ぬ．

　また，もし子が経験するであろう局所的配偶者競争の程度がどれくらいになるかを，雌個体が査定できるならば，それに従って自分の子の性比を調節するはずだと Hamilton は提案した．具体的には，もし N 匹の母親が 1 つのパッチに産卵し，娘の分散が起こる前にそれら子ども達の間で交尾が起こるならば，

もし兄弟が配偶相手をめぐって競争するならば，性比は雌に偏るはずである

1 つの宿主パッチに多くの雌が産卵するほど，雌に偏らない性比が有利となる

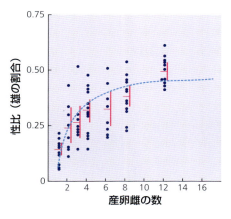

図 10.4 寄生蜂の1種 (*Nasonia vitripennis*) における性比調節．多くの雌が1つのパッチに産卵するとき，あまり雌に偏らない性比で産卵が起こる．Werren (1983) より転載．写真は Michael Clark による．

進化的に安定した (ES) 性比（雄の比率）は $(N-1)/2N$ となる．これは，性比は N が大きいときに 0.5 となり（Fisher の場合），N が小さくなるにつれて雌に偏る傾向が増加することを予測する．極端な場合として $N = 1$ のときには，性比が 0 となることが予測されるが，それは，母親が自分のすべての娘を受精させるに足りるだけの息子を生産するはずだという意味だと解釈される．

Jack Werren (1983) は，ハエの1種 (*Sarcophaga bullata*) の蛹の体内に産卵するキョウソヤドリコバチ (*Nasonia vitripennis*) を使って，この予測を検証した．この寄生蜂では，有翅雌と無翅雄は自分達が育った宿主の蛹の体内，体表あるいはその近くで，雌が分散する前に交尾する．その結果，もし1匹の母親だけが1つのパッチ内の1匹の蛹，あるいは複数の蛹に寄生したならば，娘のすべては自分の息子によって受精され，予測されるように，1腹卵の性比は大きく雌の方に偏った．このとき，一腹卵の中でわずか 8.7% が雄であった．しかし，もしもっと多くの雌親がパッチで産卵すると，局所的配偶者競争の程度は低下し，雌に偏らないような性比で産卵が起こるはずである．Werren は実験室でそのパターンを確認した．そこでは，多くの雌が1つのパッチで産卵すると，雌親はあまり雌に偏らない性比で産卵した（図 10.4）．

その後，近年になって進歩した分子的手法（マイクロサテライトマーカー）の利用によって，自然の野外個体群でも同じ傾向が起きているかどうかが，鳥類の巣で見つかったハエの蛹から羽化する寄生蜂において調べられた．Max Burton-Chellew とその共同研究者達 (2008) は，いくつかの巣から羽化する寄生蜂（子達）のすべての遺伝子型を特定し，彼らの母親の遺伝子型を再構築した．そうすることによって，どれくらい多くの母親が各巣に産卵したかを決定し，その数と羽化した寄生蜂の性比との相関を調べた．その結果，彼らは Werren とよく似た傾向を見つけた．つまり多くの雌親が産卵した巣の宿主の蛹では，あまり雌に偏らない子の性比が出現した．

動物はどれくらい完璧に行動すると期待できるだろうか？　この疑問に答えるとき，局所的配偶者競争についての研究が極めて役に立つことが明らかとなっ

捕食寄生蜂は，宿主パッチにどれくらい多くの雌が産卵するかに依存して子の性比を調節する

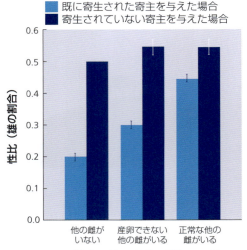

図 10.5 キョウソヤドリコバチ (*N. vitripennis*) における性比を調節するメカニズム．雌は，既に寄生された寄主の存在と他の雌の存在に反応して，雌に偏った性比で産卵した（写真は，個体の行動を追跡するために用いた赤眼の突然変異個体を示している）．Shuker & West (2004) より転載．写真©David Shuker & Stuart West．

た．なぜならこの理論は，生物個体がどのように行動するはずかについて，比較的明確な予測を立てることができるからである．ただ，そのために必要な要因の1つは，生物個体が環境について関連する情報を処理する能力を持っていることである．局所的配偶者競争の文脈の中で重要なその要因は，個体はパッチに産卵する雌の数，つまり局所的配偶者競争の程度をどのように査定するのかということである．Shuker & West (2004) は，このことをキョウソヤドリコバチ (*N. vitripennis*) で調査し，他の雌の存在からの直接的な手がかりと，他の雌によって産み付けられた卵からの間接的な手がかりの相対的重要性を調べた．彼らは，産卵しない雌を使うことによって，これらの2つの要因を分離することができた．というのも，彼らはその雌達の産卵管を切断したからである．また目の色の突然変異個体を使うことによって，個体の行動を追跡することができた．彼らの実験結果から，パッチでの雌数の増加に伴う子の性比の変化は，主には他の雌によって産み付けられた卵の存在を原因として起こり，他の雌の存在への反応の程度はそれより低いことが示された（図10.5）．したがって，他の雌に比べて自分がいつパッチに着いたのかに依存して，つまり他雌の産卵からの時間の経過とともにより多くの卵が既に産み込まれているはずなので，雌の間で行動は変化すると期待できるだろう．これは，「どのように」という（至近的）疑問への答えが，「なぜ」という（究極的）疑問への答えを理解するのにいかに役立つかを示すものである．

動物がどれくらい完璧に行動すると期待できるかということに影響するかも

しれない別の要因は，環境変動の度合いである．Allen Herre (1987) は，イチジクの果実に産卵し，そこで発育し，かつ受粉媒介者であるイチジクコバチ類の13種において局所的配偶者競争を研究した．これらの種では，雄に翅がなく，果実から外に出ることはないが，雌は分散する．そのためイチジクコバチの生活史は，Hamilton がモデル化した生活史に極めてよく適合している．Herre は，全種において個体は性比調節をするけれども，そのやり方が同じではないことを発見した．とりわけ，1つの果実に産卵する雌の数が自然条件下で大きく変動する種では，大きく性比を調節する傾向が見られた．これは，より変動的な環境が淘汰となって，より変動的な行動を進化させるという一般的な考えを見事に証明するものである．

局所的資源強化

血縁者は競争するだけではなく，協力することもあるかもしれない．協力的な繁殖を行う多くの脊椎動物では，一方の性の子が群れに留まり，親の次の子育てを手伝う傾向がある．例えば，セイシェルヤブセンニュウでは雌が親を手伝うことがよくあり，リカオンやホオジロシマアカゲラでは雄が親を手伝うことがよくある．多くの研究者は，このような種では，個体群の性比は親を手伝う性の方に偏ると主張してきた (Box 10.1)．しかし Ido Pen & Franjo Weissing (2000) は，その予測は最も単純な場合に限り有効なだけで，むしろその性比は生活史の詳細な条件に依存してどちらの方向へも偏ることがありうることを示した．この研究は，数学モデルを作成するとき基本仮定を必ず明確にしなければならないという利点を持つことを例証し，言葉による議論がときどき曖昧なものになってしまうことを示してくれた．Pen と Weissing は，従来の予測に代えて，相対的にヘルパーがほとんどいない群れでは親のヘルパーとなる性を産むべきであり，既にヘルパーを持つ群れでは他方の性を産むべきであるという明確な予測を示した．この予測は多くの種で支持された．例えばリカオンの場合，相対的に雄ヘルパーをほとんど持たない群れでは雄に偏って子が産まれ（63％が息子），一方，相対的に多くの雄ヘルパーを持つ群れでは雌に偏って子が産まれている（64％が娘）(Creel et al., 1998)．

ヘルパーのいない群れは，ヘルパーとなる性を過剰に生産するはずである

鳥類あるいは哺乳類における性比調節の最も顕著な例は，局所的資源強化 (local resource enhancement, LRE) と局所的資源競争が起こるセイシェルヤブセンニュウの例であろう．この種では，繁殖するつがいは長ければ9年間も同じ縄張りに一緒に留まり，毎年1羽の子を産む．そのとき娘はよく自分の産まれた縄張りにヘルパーとして残る．その様々なヘルパー行動は，縄張り防衛，巣作り，抱卵，ヒナへの給餌などを含む．Jan Komdeur とその共同研究者達は，手伝いの有利性は縄張りの質に強く依存して決まることを示した．良い質を持つ，つまり餌となる昆虫の密度が高い縄張りでは，ヘルパーを持つことは有利である（局所的資源強化）．それに対して悪い質を持つ，つまり餌となる昆虫の密度が低い縄張りでは，餌をめぐる競争の激化によってヘルパーを持つこ

質の低い縄張りでは，ヘルパーとなる性を生産する利益は減少あるいは失われる

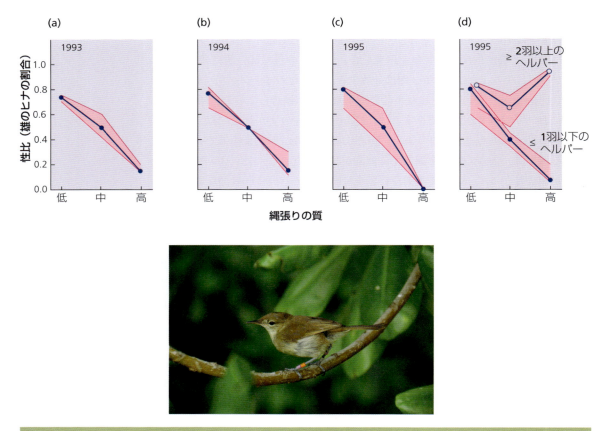

図 10.6 セイシェルヤブセンニュウにおける性比調節．(a)1993 年，(b)1994 年，(c)1995 年に様々な質の縄張りで産まれた子の性比（雄の比率）が示されている．母親は質の高い縄張りでは娘を産み，質の低い縄張りでは息子を産んだ．また (d)1995 年のデータは，既に 1 羽のヘルパーを持つ巣（紺丸）と 2 羽以上のヘルパーを持つ巣（白丸）の間の違いも表している．既に 2 羽以上のヘルパーを持つとき，母親は縄張りの質に関わらず息子を産んだ．Komdeur et al. (1997) より転載．掲載は the Nature Publishing Group より許可された．写真©Martijn Hammers．

少なくともいくつかの鳥は，自分の子の性比を驚くべき正確さで調節できる

とが不利になることを意味する（局所的資源競争）．驚くべきことに，雌はこれに反応して自分の子の性比を正確に調節し，質の良い縄張りでは子の 90％を娘で産み，質の悪い縄張りでは子の 80％を息子で産むことが，Komdeur et al. によって発見された（図 10.6）．

　Komdeur et al. は，自分達の観察データに加えて実験も行った．その実験では，セイシェルヤブセンニュウが質の良い縄張りを持てる新しい島に移された．質の悪い縄張りから質の良い縄張りへ移されたつがいは，子の 90％を雄で産むやり方から 80％を雌で産むやり方に変わった．一方，質の良い縄張りから質の良い縄張りへ移されたつがいは，子の 80％を雌で産むやり方を継続した．さらに，質の良い縄張りでは 1 羽か 2 羽のヘルパーを持つことが有利であるけれども，餌や繁殖をめぐる競争の激化によって 3 羽以上のヘルパーを持つことは不利であるはずである．予想通り，質の良い縄張りを持つつがいは，ヘルパーを

持たないかあるいは 1 羽しか持たないときに子の 85%を娘で産むやり方から，2 羽以上のヘルパーを既に持つときに子の 93%を息子で産むように変わった．これは実験的にも示された．つまり 2 羽のヘルパーを持つ質の良い縄張りから 1 羽のヘルパーが除去されると，繁殖つがいは子の 100%を息子で産むやり方から，83%を娘で産むやり方に変わった．

　Komdeur の結果は，鳥類のような脊椎動物が子の性比を操作することはできないという伝統的な常識を打ち砕くものであった．そのため，その論文が出版されると大きな反響が起こった．加えて最近の研究によると，その性比出現パターンは死亡率の差の結果ではあり得ないことが示された．この種の雌は通常 1 個の卵を産むが，質が高く空いた縄張りに移動すると，1 日に 1 個ずつ続けて 2 個の卵を産んだ．Komdeur *et al.* (2002) は，1 個目と同じくらい極端な性比で，2 個目も産まれることを示した．この卵が 1 個目の卵の翌日にだけ産まれることを前提にすると，性比の偏りは，ある性の卵を選択的に再吸収したり，あるいは間違った性の卵を放棄するなどの排卵後メカニズムの結果ではないはずである．結論として，子の性の制御は，必要な性染色体の方へ分離を偏らせるような（Z あるいは W の方へ；Box 10.1 を参照せよ），ある種の排卵前制御を伴うものであることが示唆されている．もっと一般的なことであるが，この研究は，性比の偏りパターンが代替えの説明によっても解釈できるか否かは常に検証されるべきだということを強く示唆している．例えば，資源をより必要とする一方の性の個体が，発生段階で，特に相対的に条件が厳しいときに死にやすいといった死亡率の差が，代替え説明として成立する場合もある．

　また，子の性比が群れ内のヘルパーの数とともに変化しないドングリキツツキやルリオーストラリアムシクイなどの種もいくつかいる．種間に存在するこのような変異をどう説明すればよいだろうか？　Ashleigh Griffin とその共同研究者達は，性比を調節することによる利益が低い種では，性比調節も弱くなるかもしれないと示唆している．もしヘルパーがほとんど実質的な利益を与えないならば，ヘルパーを持たない群れで手伝いをする性を優先的に産むことの利益はほとんどない．Griffin 達は，ヘルパーによって与えられる実質的な利益が低く，性比調節のレベルも低い 11 種に対して行ったメタ解析 (meta analysis, Box 10.3) の中で，この仮説を支持する証拠を見つけた（図 10.7; Griffin *et al.*, 2005）．つまり，ヘルパーが無視できるほど小さな利益しか与えない種では性比調節は観察されなかったのである．

ヘルパーがあまり利益を与えない種では，性比を調節できるようにさせる淘汰圧は低下する

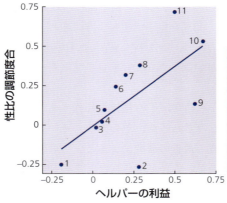

図 10.7 性比の調節程度とヘルパーの存在によって与えられる利益の相関．性比の調節程度を表す正の大きい値（縦軸）は，ヘルパーが不足する群れで手伝ってくれる性の子を生む傾向が大きいことを意味する．種間で見られる有意な正の相関は，ヘルパーの存在がより大きな適応度利益につながる種において，性比調節が特に大きいことを示している．データ点は以下の種を表す：(1) ワライカワセミ，(2) 社会性のあるハタオリドリの一種，(3) モモアカノスリ，(4) ドングリキツツキ，(5) ミドリモリヤツガシラ，(6) チャカタルリツグミ，(7) アルプスマーモット，(8) ホオジロシマアカゲラ，(9) スズミツイ，(10) セイシェルヤブセンニュウ，(11) リカオン．Griffin *et al.* (2005)．掲載は the University of Chicago Press より許可された．写真©Andrew Young．

Box 10.3　メタ解析

　本書で説明された多くの比較研究は，種をとおして2つの変数が相関しているか否かを問うものであった．例えば，2章では，霊長類の中で性的二型が配偶システムと相関しているかどうかが問われ，そしてそうであることが示された（図2.6）．しかし場合によっては，当該の疑問は，変数が相関するかどうかを問うのではなく，むしろ種をとおして一致した傾向が生じているかどうかを問うこともある．メタ解析はその方法を与えるものであり，本書で議論するすべての分野で次第に重要な手法になりつつある (Arnqvist & Wooster, 1995)．

　メタ解析の有用性を説明するために，Trivers & Willard (1973) の最初の指摘に倣って，哺乳類の雌が母性の条件に応じて子の性比を調節できるか否か，あるいは一般的な性決定様式がそうすることを阻んでいるか否かに興味があると考えてみよう．データは8つの種で取られたものとする．それらの研究の中で，ある2つの研究は，母親の条件と子の性比の間に有意な正の相関を示した．そこでは，Trivers & Willard が予想したように，良い条件にある雌親は息子を産む傾向があった．別の1つの研究は，母親の条件と子の性比の間に有意な負の相関を示した．そこでは，Trivers & Willard の予想に反して，良い条件にある雌親が息子を産む傾向はなかった．残り

の 5 つの研究は，母親の条件と子の性比に有意な相関を示さなかった．

　これらのデータから引き出すことのできる結論の 1 つは，Trivers & Willard の仮説は支持されないということと，仮説を肯定する結果は偶然によって起こったものだろうということである．しかしこの結論はデータを有意でない結果の側に投げ捨て，すべての研究は同じ標本サイズを持ち，同等に良い研究であるという暗黙の仮定を信じていることになる．これは間違った結論に導くかもしれない．例えば，2 つの肯定的結果は 150 個体の大きな標本による研究からのものであり，それ以外のすべての研究は 10 個体の小さな標本による研究からのものであると仮定しよう．この場合，最終結論に向けて，大標本の研究（両方とも肯定的な研究）には重み付けをしたくなるだろう．なぜならそれらは「正しい」結果を示すときに，より大きな確率を伴っているからである．さらに，すべての有意でない結果も肯定的な傾向を示していたと仮定してみよう．つまり，実際それらのうち 7 つの研究は予想された方向性を持っており，1 つの研究だけがそうではなかったとする．この場合，これらには一致した傾向があると見ることができ，有意でない結果はおそらく標本サイズの低さによって説明されるだろう．全体をとおして，このような標本サイズに対するより詳しい検討と結果の方向性は，結論を変えさせるものであり，Trivers & Willard 仮説への支持を与えるものであろう．

　メタ解析は，標本サイズと結果の方向性に関するこれらの問題を解くために開発されてきたものである．第 1 に，研究が有意であるか否かが考慮される代わりに，効果の大きさという標準的な測定量が用いられる．ここでは，相関係数 r である（このとき，r^2 はデータの分散のうち，説明される分散の割合である．ここでは，性比の分散のうち，母親の条件によって説明される分散の割合となる）．第 2 に，大きな標本サイズを持つ研究であるほど，大きな重み付けが与えられる．実際の有蹄類のデータに対するメタ解析によると，大きなばらつきが存在するけれども，Trivers & Willard 仮説に対して一貫して支持する傾向があることが示されている (Sheldon & West, 2004)．一貫した傾向が起こっているか否かと同様に，関係性の強さにおける種間のばらつきが説明されうるか否かを調べる方法も，メタ解析は与えている．例えば，Trivers & Willard 仮説が常に支持されるとは限らないので，それが支持されるか否かに関する種間のばらつきを説明できるかどうかである（類似した解析については，図 10.7 を参照せよ）．さらに，メタ解析の方法は最近発展して，いわゆる「比較メタ解析 (comparative meta-analysis)」というものが行われるようになってきた．それは，2 章で議論したように，種は独立なデータ点ではないという事実を考慮する方法である (Hadfield & Nakagawa, 2010)．

変動環境における性配分

母親の条件

良い条件にある雌は，優先して息子を産むように淘汰される

Robert Trivers & Dan Willard (1973) は，生物個体は環境条件に応じて自分の子の性比を調節するはずだと提案した．このとき彼らは，以下の3つの仮定が成り立つ哺乳類の個体群を念頭に置いていた：(1) 良い条件にある雌は繁殖のための資源を多く持っており，良い質の子を産む；(2) 高い質を持つ子は高い質を持つ成獣になる；(3) 息子が高い質を持つ成獣になると，より大きな適応度利益を獲得する．Trivers & Willard は，この最後の仮定は配偶相手をめぐる雄の競争が激しいときに成立するだろうと仮定した．つまり，多くの一夫多妻の哺乳類の種で見られるように，最も高い質を持つ雄が特別に大きな配偶機会を獲得するのである（7章）．これらの仮定の結論は，もし子の適応度が母親の質に対してプロットされたならば，息子の適応度は，娘の場合よりも急速に増加するだろうということである（図10.8）．このことについて，Trivers & Willard は，相対的に質の低い母親は娘を産むように淘汰され，質の高い母親は息子を産むように淘汰されるだろうと述べている．

Tim Clutton-Brock とその共同研究者達 (Clutton-Brock *et al.*, 1984) は，雌の条件が優位階級での地位によって決定されるアカシカにおいて，この予想を検証した．そして雌は，子の性比を予測された方向に，つまり低い地位の雌

アカシカでは，母親は自分の条件に応じて子の性比を調節し，良い条件にある母親は息子を産む傾向がある

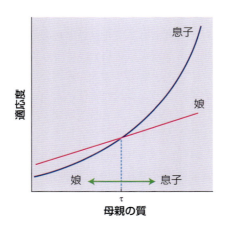

では47%を息子にし，高い地位の雌では61%を息子にするように子の性比を偏らせることを発見した．さらに Trivers & Willard による仮定が成立していることを以下のように示した：(1) 高い地位の雌は体重の重い（良い質の）子を産んだ；(2) 重い子はより大きくなり，質の高い成獣となった；(3) 息子は大きな体を持つときに大きな利益を得た．雄にとって質の増加は重要である．なぜなら，アカシカは一夫多妻で，雄は繁殖期に雌のハレムを防衛するために闘争するので，体が大きく体調が良好な雄は非常に高い配偶成功を獲得するからである．全体をとおして，Clutton-Brock とその共同研究者達は，これらの効果の結合した結果を検討することができた．そして雌の地

図 10.8 Trivers & Willard 仮説．息子の相対的適応度は，娘の場合と比較して，母親の条件に対して急速に増加する．結果として，相対的に良好な条件 ($> \tau$) にある雌は，息子を産むことによって最も成功し，相対的に悪い条件 ($< \tau$) にある雌は，娘を産むことによって最も成功する．Trivers & Willard (1973) より転載．掲載は AAAS より許可された．

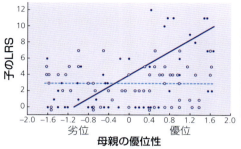

図10.9　アカシカでは，息子の生涯繁殖成功(LRS)は(紺丸と実線)，娘の場合(白丸と破線)よりも，母親の社会的な地位とともに急速に増加する．Clutton-Brock *et al.* (1984)より転載．写真©Alison Morris．

位は，娘の生涯繁殖成功 (lifetime reproductive success, LRS) よりも，息子の生涯繁殖成功に対して有意に大きな効果を持つことを示した (図10.9)．

配偶者の魅力

　Trivers & Willard 仮説が有蹄類に当てはまることを支持するか否かに関する実践的研究は様々であり，はっきり言って賛否両論があった．しかし，異なる分野から彼らの仮説を明快に支持する研究が現れた．Ben Sheldon とその共同研究者達は，配偶相手の質あるいは魅力に反応して性比のばらつきが生じることを，同じ論理によって説明できることを示した．アオガラの雄は，頭頂に紫外線を反射する斑紋を持ち，それは雄の質の信頼できる信号として働くように思われる (7章と14章)．Sheldon *et al.* (1999) は，鮮やかな UV 斑紋を持つ雄と交尾した雌が，高い比率で息子を産むことを示した (図10.10)．Sheldon 達は，質の高い配偶相手は良い遺伝子あるいは上手な子育てをとおして質の高い子をもたらし，高い質を持った息子は大きな利益を得るだろうから，雌は子の性比を雄に偏るように調節すべきだと主張した．この考えは，図10.8に示された古典的な Trivers & Willard (1973) の主張と大変よく似ている．ただし，子の適応度に影響を与える x 軸上の要因として，配偶相手の質が母親の条件に置き換わったものである．また，Sheldon *et al.* は彼らの結果を実験によっても確かめた．つまり，UV 信号が日焼け止め薬で遮断されると，娘の比率が高くなることが示された．これらの結果に対して当初は異論もあったが，ヨーロッパの異なる3つの個体群で観察と実験の両方が繰り返されることによって，その傾向は認められていった．

環境による性決定

　動物や植物の中には，子の性比が，胚発生段階の環境によって決定される種がいくつかいる．これは環境による性決定 (environmental sex determination,

> 魅力的な雄と交尾した雌は，優先的に息子を産むように淘汰される

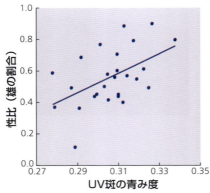

図 10.10　より鮮やかな UV 斑紋（頭頂）を持つ雄と交尾したアオガラの雌は，高い比率で息子を産んだ．Griffith *et al.* (2003) より転載．写真©Joseph Tobias.

一方の性が，ある条件下で胚発生することから大きな利益を得るならば，環境によって性が決定されるように導かれる

ESD) と言われている．例えば多くのカメ類では，相対的に低温で雄が産まれ，相対的に高温で雌が産まれる (Box 10.1)．Eric Charnov & Jim Bull (1977) は，Trivers & Willard 仮説と類似した論拠で，ESD の出現やその出現様式を説明できると主張した．彼らの考えは，生物個体が胚発生段階で経験する環境が，雄と雌に対して異なる適応度結果をもたらすというものであった．例えば「良い」環境での発生が，雄に対してのみ大変大きな適応度利益をもたらすものとしてみよう．つまり，悪い環境は雌には平均よりも少し低い適応度を与えるだけだが，雄には例外的に低い適応度を与え，逆に，良い環境は雌には平均よりも少し高い適応度を与えるだけだが，雄には例外的に高い適応度を与えると仮定するのである．この考えは，子の適応度に影響を与える x 軸上の要因である環境要因が，雌親の条件と置き換わっていることを除けば図 10.8 で示した古典的な Trivers & Willard (1973) の主張とよく似ている．

　カメ類やその他の多くの爬虫類が ESD を持つ理由はまだ明らかではなく，「進化的な謎」とさえ言われてきた（「討論のための話題」を参照せよ）．ただ，Charnov & Bull の考えに対する明快な支持が，北大西洋の両岸の温暖な湿地や河口域に広く分布する汽水性のヨコエビの一種 (*Gammarus duebeni*) の研究から与えられている．この種が日長に反応して ESD を持つことは以前から知られており，幼若個体は長日条件では雄になる傾向があり，短日条件では雌になる傾向があった (Bulnheim, 1967)．ESD のこの傾向は，雄と雌が 1 年の異なる時期に産まれるように誘導している．つまり，雄は繁殖時期の比較的初期に産まれ，雌は比較的後期に産まれるのである．この傾向の主な結末は，雄と雌が異なる成長期間を持ち，そのため次の繁殖時期には異なる体サイズになっているということである．とりわけ繁殖時期の初期に産まれた幼若個体はほとんど雄になるため，彼らには長い成長期間が与えられ，そのため雄は繁殖期間中に雌よりも大きくなる．もし雄がその大きな体サイズのおかげで雌よりも大きな適応度利益を獲得するのならば，ESD のこの傾向は淘汰によって進化するだろう．Jennie McCabe & Ali Dunn (1997) は，野外条件下で体サイズの効果を調べることによってこの仮説を検証した．そして大きな雌は多くの卵を産

1 年のどの時期に産まれるかが，重要な環境要因となりうるのは，それが次の繁殖時期までにどれくらい長く成長できるかの手がかりになるからである

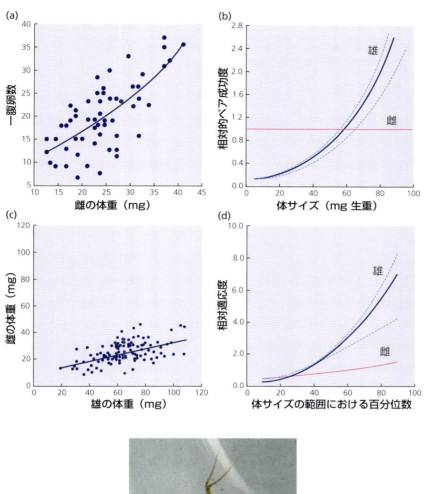

図 10.11 ヨコエビの1種（*Gammarus duebeni*）の体サイズと適応度．(a) 大きな雌は卵を沢山産んだ．(b) 大きな雄は交尾しやすい傾向を持っていた．(c) 大きな雄は大きな雌と交尾した．(d) 体サイズの効果のすべてを組み合わせると，雄の相対適応度は，雌の場合よりも，体サイズとともに急速に増加した（配偶ペアの写真．大きい方の個体が雄である）．McCabe & Dunn (1997) より転載．写真©Alison Dunn．

むけれども，大きな雄は，配偶相手を獲得しやすい，しかも多くの卵を産む大きな配偶相手を獲得しやすいことを発見した（図 10.11）．彼らは，これらの要因のすべてが組み合わさって，体サイズが雄に対して非常に大きな適応度効果を持つことを明らかにした．

性転換

齢が進み身体が大きくなることが，一方の性により大きな利益を与えるならば，性転換が進化的に有利になりうる

　生物個体がまず一方の性で成熟し，その後，他方の性に変化するという性転換は，様々な魚類，無脊椎動物，植物で起こっている（図10.12）．Ghiselin (1969) は，もし個体の適応度が齢や体サイズとともに変化し，その変化様式が雄と雌で異なるならば，性転換は進化的に有利だろうと主張した．この場合，自然淘汰によって，個体は齢ともにゆっくりと適応度が増加する性（1番目の性）としてまず成熟し，歳を取ると他方の性（2番目の性）に変化することが有利になる．この考えは，図10.8の子の適応度に影響を与える x 軸上の要因である雌親の条件が，齢と体サイズに置き換わっていることを除けば古典的な Trivers & Willard (1973) の主張と大変よく似ている．Box 10.4 で議論している性転換の特殊な様式は，この場合も個体群の性比について有用な予測を立てることのできる Trivers & Willard 仮説の数少ない適用例の1つなのである．

年上で大きな雄が雌との配偶を独占できるときには，個体はまず雌として成熟し，その後性転換して雄になるように淘汰されるかもしれない

　珊瑚礁に生息する魚類の中では，まず雌から始まる性転換（雌性先熟，protogynous）を行う種が多くいる．Robert Warner とその共同研究者達は，雄の配偶成功が最高齢で最大サイズの個体に独占されるような配偶システムを持つ種で，この現象が起こると主張した．例えば，アオガシラベラ（*Thalassoma bifasciatum*）の雄は，雌が放卵にやってくる場所に縄張りを作り（Warner et al., 1975），雌は最も大きく最終成長段階にある雄を選んで配偶する．これより，雄は大きい体サイズであることが有利になる．つまり，大きな雄は1日に40回を超えて放精を行うことになるが，小さい雄の放精は1日に2回もない（Warner et al., 1975）．さらに個体は，社会条件に反応して，極めて適切なタイミングで性転換をすることができる．もし珊瑚礁で最も大きな雄が除去されたならば，次に大きな個体（雌）が性転換し，鮮やかな体色の雄となる．そのような社会的な性転換を刺激する手がかりが何であるかについては論争になっており，行動，視覚，化学物質などが考えられている．

雄が配偶を独占できないときには，雄から雌へという逆向きへの性転換が進化的に有利になるかもしれない

　もし雄の体サイズが繁殖成功にあまり効果を持たないならば，性転換は，雄から雌へ（雄性先熟，protandry）という異なる方向で起こることもある．この場合，個体は小さいときに雄として繁殖をするのが最も良いかもしれない．なぜなら，大きくて最も繁殖力のある複数雌に対しても放精できるからである．雄から雌へ性転換する魚種の例として，インド洋の珊瑚礁に生息するクマノミ（*Amphiprion akallopisos*）があげられる．この種は，イソギンチャクと強く共生して生活しており，1匹のイソギンチャクにはちょうど2匹の魚が棲み着くほどの広さしかないので，つがいで生活する．結果的に，生活の場所が彼らに一夫一妻を強制しているのである．つがいの繁殖成功は，雄が精子を作る能力よりも雌が産卵する能力によって制限されるため，各個体は大きくなったとき雌である方がより成功する．ベラ類も同様だが，性転換は社会的に制御されており，もし雌を除去すると，より小さな個体が入り込み雄として機能し始め，つがいの雄は雌に性転換して産卵するようになる（Fricke & Fricke, 1977）．

図 10.12 性転換をする数種．雌から雄へ性転換する (a) アオガシラベラ（最終雄）．雄から雌に性転換する (b) クマノミの 1 種 (*Amphiprion percula*) と (c) ネコゼフネガイ (*Crepidula fornicata*)．この貝の写真の配偶集団では，一番下にいて最も大きい個体が雌であり，頂上にいる小さな個体が雄である．(d) タラバエビ科 (Pandalidae) の 1 種でも，雄から雌に性転換する．写真 (a) ⓒKenneth Clifton; (b) ⓒPeter Buston; (c) ⓒRachel Collin; (d) ⓒDavid Shale/naturepl.com.

> **Box 10.4 個体群の性比，性転換，生殖腺**
>
> 　この章の例が示しているように，性配分理論は，生物個体が，いつ環境条件に反応して自分の子の性比を調節すべきかについて明快な予測を立てることができる場合が多い．それに対して，このような随時的な性比調節が起こるときの個体群全体の性比の変動や繁殖性比の変動を予測したり調べたりすることに関しては，この理論はあまり成功してこなかった．その理由として，個体群の性比は，雄と雌の生活史がどのようなものかや，一腹卵数などの他の行動要素が条件依存的に調節されるか否かなどの詳細な生物学的情報に依存して予測されるが，それらの情報はよく分かっていないことがあげられる (Frank, 1987, 1990)．実際，この問題の理解不足が，性配分の研究分野における最も共通した欠陥の 1 つになっている．この問題に対する大きな例外として，性転換をする動物があげられることを Eric Charnov & Jim Bull (1989) は示した．性転換をする動物の場合，性比は生物個体がまず成熟するときの性，いわゆる**最初の性**の方に偏っているはずである．
>
> 　個体がまず雌として成熟し，その後，歳を取ると（大きくなると）雄に性転換をする雌性先熟の種を考えてみよう．この場合，雄の相対適応度は雌よりも齢とともに急速に増加する．すべての子は雄と雌を親とするので，雄と雌の次世代に対する遺伝的貢献度合いは等しくなければならない．つまり結果的に，以下の式が成り立っていなければならない：
>
> $$N_m W_m = N_f W_f \qquad (\text{B}10.4.1)$$
>
> ここで，N_m と N_f は成熟雄と成熟雌の数であり，W_m と W_f は雄と雌の平均適応度である．性転換の時点の雄の適応度が雌の適応度と等しいだろうと仮定し，また雄の適応度が齢とともに急速に増加すると仮定すると

（つまりなぜこの方向への性転換が有利かということである！），これは $W_m > W_f$（図 B10.4.1）を意味することになる．よって式 (B10.4.1) が成り立つためには，$N_m < N_f$ でなければならない．これは，雄よりも雌が多い，つまり雌に偏った性比となるだろうということを意味している．雄性先熟（雄が先）の種に対しては，逆の予測が同様に立てられ，雄に偏った性比が予測される．

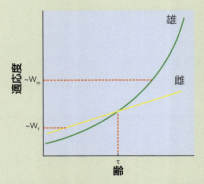

図 **B10.4.1**　雌から雄への性転換．雄の相対適応度は，雌の場合よりも齢とともに急速に増加する．結果として，個体はまず雌として成熟し，そして齢 τ のときに雄に性転換するように淘汰される．図 10.8 との類似性に注目して欲しい．

　この予測に対する支持は，性転換する 121 種の動物のデータから与えられてきた．それは，魚類，甲殻類，軟体動物，棘皮動物，環形動物などを含む分類群を広く調べた結果である（図 B10.4.2）．先に雌になる（雌性先熟）種の個体群の平均的な性比は，有意に雌の方に偏っており，一方，先に雄になる（雄性先熟）種の個体群の平均的な性比は，有意に雄の方に偏っていた．さらにこれら 2 つのグループの違いは，独立なデータ点として種を考えた場合にも，あるいは系統的に独立な比較ができるように調整された場合にも有意であった．

　Philip Molloy とその共同研究者 (2007) による 116 種の魚種を使ったごく最近の研究は，雄の生殖腺の相対サイズが性転換の発生と相関することを示した．特に，雌性先熟の種の雄は，性転換が起こらない種の雄よりも相対的に小さな精巣を持っていた（図 B10.4.3）．

　このような戦略間の共変異は，配偶システムが性転換と精子競争の両方に影響を与えることから説明できるだろう．雄が雌を独占できる種では，先に雌になる性転換を有利にするような淘汰が起こり，これはまた放精時の雄間競争を低下させ，そのため大きな精巣を持つ利益を減少させることを意味する（7 章）．対照的に，雄が雌を独占できない種では，性転換を有利にするような淘汰は起こらず，放精時の雄間競争は最大になり，精巣を大きくすることから生じる利益が増加するだろう．

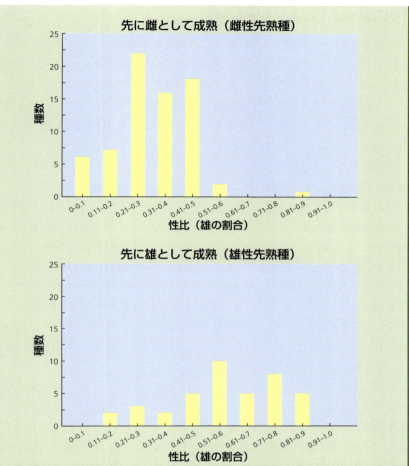

図 B10.4.2 (a) 雌性先熟, あるいは (b) 雄性先熟として性転換をする種における個体群の性比の分布. 個体群の性比は, 先になる性の方に偏る傾向がある. Allsop & West (2004) より転載.

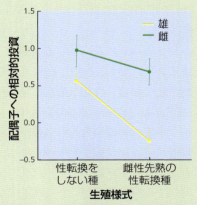

図 B10.4.3 配偶子への投資と性転換の間の相関. 性転換をしない種と比べて, 先に雌になる性転換の種では, 雌は相対的に同じくらいの生殖腺サイズを持つが, 雄は小さな精巣サイズを持つ. Molloy et al. (2007) より転載.

利己的な性比のゆがみ

本書をとおして，生物個体は自分達の適応度を最大にするように行動すると仮定してきた．しかし，もしある遺伝子がその生物個体あるいはゲノムの他の遺伝子へコストを与えたとしても，自分の次世代への伝達を増加させることができるならば，そうするように淘汰されるだろう．そのような利己的な遺伝因子が原因であるような最も明確な事例のいくつかは，**性比のゆがみ** (sex ratio distorter) と言われるものである．

> 遺伝子は，もし次世代への自分の分身の伝達を増加できる場合には，個体にとって最適な性比をゆがませるように淘汰されるかもしれない

数種のハエ類では，50％は息子になるという Fisher 理論が期待されるとき，ある特定の雄の子は優先的に雌になる傾向があることが観察されてきた．この偏りはある1つの性決定染色体上の性比のゆがみが原因である (Jaenike, 2001)．ハエ類は哺乳類と似た性決定遺伝様式を持っている．そこでは，性染色体は X あるいは Y であり，それぞれの染色体を1つずつ持っている個体 (XY) は雄になり，2つの X を持つ個体 (XX) は雌になる（雌は必ず1個の X を与えるので，YY は存在しない）．性比のゆがみは，X 遺伝子への減数分裂ドライブ (meiotic drive) が原因で起こる．それは何らかの方法で Y を持つ精子を死に至らしめ，そのため次世代での X 染色体の頻度を非メンデル遺伝的に増加させる．Y 染色体の減数分裂ドライブも発見されており，それはある特定の雄に対して優先的に息子を持つようにさせる．

なぜこのような性比のゆがみは一般的ではないのだろうか？　性比のゆがみが広がるのを止めている主な要因は，ゲノムの残りの遺伝子はそれを抑制するように淘汰されることである．X 染色体ドライブ因子が広がる場合を考えてみよう．それは雌に偏った個体群性比をもたらすだろう．この場合，偏らない性比を有利にする Fisher 淘汰のために，X 染色体ドライブ因子を持つすべての個体の適応度は低下するだろう．なぜならその個体らはより多い性を産むことになるからである．結果的に，どんな他の遺伝子座で起きた突然変異であっても，もしそのドライブ因子を抑制し，正常な性比を個体群に返すものであるならば，それは進化的に有利になるだろう．Egbert Leigh (1971) は，これによってゲノムの残りの遺伝子が性比のゆがみを抑制する「遺伝子の議会 (parliament of genes)」として連合するようになると指摘した．X 染色体ドライブ因子や Y 染色体ドライブ因子に対抗して働き，性比を等比に戻す様々な多くの抑制因子が見つかってきている (Burt & Trivers, 2006)．偏りのない性比を持つハエ類の種を交雑させることによって，実際にそれらの種が性比のゆがみを潜在的に持っているけれども，同時にその抑制因子を持つために，それらの性比のゆがみが抑えられていることが示されている．

> ゲノムの残りの遺伝子は，性比をゆがませる作用を抑制するように淘汰される

性比のゆがみ因子に対抗する抑制因子がいかに速く広がりうるかという驚くべき例は，リュウキュウムラサキ (*Hypolimnas bolina*) の東南アジアとポリネシアの個体群に対する Greg Hurst とその共同研究者達の研究によって与えられている．このチョウのポリネシア個体群は，雄チョウを死に至らしめ，その

> 母親から伝達される細菌は，それを持つ雄を殺すように淘汰されるかもしれない

ため雌に偏った性比をチョウにもたらすボルバキア属 (*Wolbachia*) の細菌を含んでいる (Charlat *et al.*, 2005). この細菌は，母親からの卵をとおして子に伝わるので，細菌にとって雄は行き止まりとなる．このような雄殺しは，チョウのように幼虫が集合して成長する種では進化的に有利となる．なぜなら雄の死は，遺伝的に同じ細菌を持っているであろう姉妹に対して資源を解放することになるからである (Hurst, 1991). 結果として，細菌が持っている雄チョウを殺す遺伝子は，個体群に広がるだろう．なぜなら，雄チョウの死はその遺伝子の他のコピーをより多く次世代へ伝えることになるからである．この「血縁淘汰」の考えは，11 章でもっと詳しく議論することになる．

　それに比べて，このチョウの東南アジア個体群では，ボルバキアを保菌するという事実にも関わらず，雄殺しは起こっていない．Hornett *et al.* (2006) は，この種内変異が雄殺し因子に対抗する抑制因子によって説明できるか否かについて検証した．彼らはチョウをポリネシアと東南アジア（フィリピンとタイ）から採集し，それらを数世代交尾させることによってこの検証を行った．そのとき，各地域からのチョウの遺伝的背景と各地域のボルバギアを掛け合わせるように組み合わせた．その結果，彼らは，宿主であるチョウの遺伝的背景が重要な役割を果たしていることを発見した．つまり，ポリネシアと東南アジアの両方からのボルバキアは，チョウがポリネシアの遺伝的背景にあるときに雄殺しを引き起こし，東南アジアの遺伝的背景にあるときには雄殺しを引き起こさなかったのである．このような交雑実験からのデータは，この変異が，東南アジア個体群に存在し，ボルバキアの雄殺しを抑制するある 1 つの遺伝子に起因していることを示唆している．近年得られたデータによると，理論が予測するように，この抑制因子は東南アジア全体に急速に広がり，ポリネシアにも広がり始めていることが示唆されている．例えば，ポリネシアのウポル島では，その抑制因子は 2001 年には約 0％の流行率であったが，2005–2006 年には約 100％の流行率に拡大したと見られている．これはわずか 8 世代から 10 世代の間での変化である (Charlat *et al.*, 2007).

宿主であるチョウの遺伝子は，雄殺しを抑制するように淘汰され，そして非常に急速に広がる

要約

　すべての個体が 2 つの性に同等に資源を配分する状態から，なぜ偏った性配分になることがあるのかを説明する，2 つの主要な仮説がある．第 1 に，もし血縁者が相互作用をするならば，偏った性比が血縁者間の競争を緩和するために，あるいは血縁者間の協力を促進するために有利となるだろう．第 2 に，もし環境の違いによって性の間で得られる利益が異なるならば，その環境条件に合わせて有利になるように性配分が調節されることがあるだろう．これは，子の性比の調節，環境依存的な性決定，性転換によって行われる．社会的動物種で性配分をめぐる対立が存在するという例については，13 章で議論することにする．

性配分に関する多くの研究で，アリ類，ミツバチ類，スズメバチ類などの社会性昆虫に焦点が当てられてきた．これは，これらの昆虫の半倍数性という遺伝様式が，子の性を決定する明瞭なメカニズムになっているからである．つまり，その性決定は卵が精子と受精するか否かによって行われており，未受精卵（半数体）からは雄が発生し，受精卵（2倍体）からは雌が発生する．しかし，鳥類や哺乳類など，性染色体による性決定が性配分の調節を妨げる制約として働くだろうと以前から仮定されてきた脊椎動物においても，その証拠が急速に集まってきている．ただ，このような脊椎動物種において，子の性比が調節されるメカニズムについてはまだ大きな謎のままである．

もっと知りたい人のために

Hamilton (1967) の論文は，行動生態学の分野に極めて重要な役割を果たした．それは，動物はどのように行動するはずかを予測するのに，簡単な数学的モデルが使えることを示した．そしてそのモデルは，種間を比較することによって，あるいは異なる条件下で，個体がどのように行動を変化させるかを見ることによって，簡単に検証ができるはずであるということを示した．この方法は，今日の行動生態学的研究では日常茶飯事の手法になっているので，当然のことのように思われているけれども，簡単な数行の数式で，生物はいかに行動するはずかについて検証可能な予測を立てられると言えるのは，昔からすると何と驚くべきことかが思い直されるべきだろう．

Charnov (1982) の本は概念的視点から性配分の分野をまとめたものである．West (2009) の本は，性配分の研究が行動生態学の中の大きな課題と疑問に対してどのように光を当てているかについて議論するとともに，理論的研究と実践的研究の文献を概観したものである．Hardy (2002) の本は，性配分の研究に必要な実践的方法を，様々な生物でどのように研究すべきかということからデータ解析まで詳しく紹介している．Munday et al. (2006) は，動物の性転換戦略の多様性について概説している．Burt & Trivers (2006) の本は，性比のゆがみを含めて，博物学上の遺伝子対立についてのすべての様式を概説している．

最近導入されたメキシコマシコの個体群における Badyaev et al. (2001) のデータは，淘汰によって同種の異なる個体群がいかに急速に性比調節の異なるパターンを取るようになるかについての衝撃的な例を与えている．Charnov & Hannah (2002) は，タラバエビ科 (Pandalidae) の1種の個体が，局所的な齢分布に反応して自分の性転換戦略を変化させることを示すために，30年間にわたる商業捕獲からの素晴らしいデータを用いている．このエビがその局所的齢分布の査定を行うために使っている生理的あるいは社会的メカニズムについては，何も分かっていない．Burley (1981) は，配偶相手の魅力が性比における淘汰に影響を与えることを提案した最初の研究者である．彼女は，ゼブラフィンチ (*Poephila guttata*) において，雄に付けたプラスチックの足輪の色が雄の

魅力に影響を与え，雌はそれに従って自分の子の性比を調節するという顕著な結果を得た．

討論のための話題

1. ミツバチでは，新しいコロニーは古いコロニーの分裂によって形成される．そのときワーカーは2つの群れに強制的に振り分けられる．その一方は，元の巣で産まれた新しい女王によって先導され，他方は元の女王によって先導される．繁殖個体の性比は偏ると期待されるだろうか？ またもしそうなら，それはなぜだろうか？
2. マラリアや近縁の血液寄生虫の有性生殖する生育段階においては，なぜ雌に偏った性比が起こりやすいのだろうか？
3. 捕食寄生バチであるキョウソヤドリコバチ (*N. vitripennis*) では，1つの宿主パッチ上で雌数が増えるにつれて子の性比の変化が生じる原因は，主に，他の雌によって産み付けられた卵の存在によるものであり，他の雌の直接的な存在によるものではない（図10.5）．このようなやり方は，なぜ進化的に有利だったのだろうか？ 自分の仮説があったとしたら，それをどのように検証すればよいだろうか？
4. 性配分は，行動生態学で最も成功した分野の1つであるとよく言われる．なぜこの分野で，理論とデータの対応付けが特にうまくいくと期待できるか議論せよ．
5. Trivers & Willard 仮説が有蹄類で支持される度合いについて議論せよ (Hewison & Gaillard, 1999; Cameron, 2004; Sheldon & West, 2004).
6. Joan Roughgarden (2004) は，伝統的な Darwin 的進化理論は性転換などのような配偶システムを説明するには問題があると主張した．これに同意するか？
7. 爬虫類の温度依存性決定は「進化的謎」であるかどうかを議論せよ (Shine, 1999; Janzen & Phillips, 2006; Warner & Shine, 2008 を参照せよ)
8. 結果を選択的に報告したか否かを検証するのに，メタ解析がどのように利用できるか議論せよ (Palmer, 1999; Simmons *et al.*, 1999b).

写真 ⓒ David Pfennig

第 11 章
社会行動：利他行動から意地悪行動まで

　これまで本書をとおして，自然淘汰は，種の利益や生活する集団の利益ためではなく，自分自身の利己的な利益のために行動するような生物個体を設計するという見方を支持してきた．例えば，観察される一腹卵数，採餌行動，配偶パターンは，淘汰が個体の繁殖成功を最大にするために行動や生活史戦略を最適化したときに期待されるものになるはずだということである．

　しかし，動物がいつも利己的に行動するとは限らないことは，どんなナチュラリストにとっても明白であろう．動物個体は他個体と協力することも多いように見える．数頭のライオンは協力して獲物を狩り，鳥類や哺乳類の多くの種では，ある個体は他個体に対して捕食者の接近を警告する警戒声を発する．また，ミーアキャットのように協同繁殖 (cooperative breeding) をする多くの種では，自分で子を持つより，むしろ他個体が子を残すのを助ける個体がいる．

相互に利益となる行動：他個体への利益，行為者への利益

　ときに協力行動 (cooperation) は，生存や繁殖という観点から，その行動実行に伴うコストを上回るような即座の利益 (immediate benefit) や遅延した利益 (delayed benefit) を，その行為者自身に与える場合もある．例えば，ある個体は他個体が助け返してくれるだろうから，その個体を助けるかもしれない．この場合，協力行動は相互に利益 (mutually beneficial) があるため，利己的な利害によって説明できるかもしれない．それは次の章でもっと詳しく議論することになる．

利他行動：他個体への利益，行為者へのコスト

　他の例としては，進化理論にとって困ったことだが，協力行動が行為者には何も利益を与えない，いわゆる利他的である場合がある．とりわけ，もしある行動がその行動を行う行為者の繁殖にとってコストであるが，他の個体あるいは個体達に対して利益になるならば，その行動は利他行動 (altruism) と定義される (Box 11.1)．例えば，アリ，ハナバチ，カリバチ，シロアリなどの社会性昆虫では，ワーカーはよく不妊個体としてあらゆる繁殖機会を放棄して，女王の子を育てる．もし自然淘汰が自分自身の利益のために行動する個体を有利にするのならば，このように利他的に他個体を助ける行動をどのように説明すればよいのだろうか？

> **Box 11.1　社会行動を分類する**
>
> 　Bill Hamilton (1964) は，行為者とその受け手の適応度効果に従って，社会行動をどのように定義できるかを示した．ある行動が，その行動を実行する個体（行為者，actor）とそれを受ける別の個体（受け手，recipient）の両方にとって適応度効果をもたらすならば，それは社会行動である．社会行動は，行為者と受け手に与えられる適応度効果が利益（適応度の増加）となるか，コスト（適応度の減少）となるかに従って分類される（表B11.1.1）．行為者にとって利益となり，受け手にとってコストとなる（+/−）行動は利己行動（selfish behaviour）である．行為者にも受け手にも利益となる（+/+）行動は相互に利益となる行動である（mutually benefitial behaviour）．行為者にとってコストとなり，受け手にとって利益となる（−/+）行動は利他行動である（altruistic behaviour）．行為者にとっても受け手にとってもコストとなる（−/−）行動は意地悪行動である（spiteful behaviour）(Hamilton, 1964)．利己行動と相互に利益となる行動は，個体が自分の繁殖成功を最大化するという観点から説明できる．また利他行動と意地悪行動は，その行動の間接的な適応度効果を考慮することでしか説明できない．
>
> **表 B11.1.1　社会行動の分類**
>
> | 行為者への効果 | 受け手への効果 | |
> |---|---|---|
> | | + | − |
> | + | 相互に利益 | 利己的 |
> | − | 利他的 | 意地悪 |

　自然淘汰がどうすれば利他行動を，さらには意地悪行動さえも導きうるのかを理解するためには，自然淘汰が遺伝子レベルでどのように働くのかという，まさに根本的な問題に立ち返らなければならない．

血縁淘汰と包括適応度

　生物個体が他個体を助ける最も卑近な例は，当然，親による子の世話の行動である．鳥類の親が苦労してヒナに給餌するのを見ても驚かないだろう．なぜなら，自然淘汰は将来の世代への遺伝的貢献を最大にする個体を有利にするからである．ヒナは親の遺伝子のコピーを持つだろうから，親による子の世話は，親が次世代へ自分の遺伝的貢献を増加させることのできる方法の1つであると言える．

　親のある特定の遺伝子のコピーが，子の中に存在する確率を計算することができる．2倍体の生物では，精子や卵は減数分裂によって作られ，親の体にある

遺伝子がそれらに含まれる確率は50%である．卵と精子が接合し受精卵を作るときに，それぞれの親はちょうど50%ずつ自分達の遺伝子を子供に伝えることになる．よってそのことから，親と子が特定の遺伝子のコピーを互いに共有す

Box 11.2　血縁度 r の計算法

r とは，祖先—子孫の系譜の関係より，2個体の一方が持つ遺伝子が，他方が持つ遺伝子と同一のコピーとなる確率である．

一般的方法

まず，当該の2個体とそれらの共通祖先を丸で示し，世代のつながりを矢印で示した系譜を描いてみる．1本の矢印がつなぐ2個体では，終点の個体は始点の個体の減数分裂でできた配偶子によって生じた個体であり，両者が特定の遺伝子のコピーを共有する確率は0.5である．すると，2個体が L 個の矢印でつながれているなら，その確率は $(0.5)^L$ となる．r を計算するには，2個体間を結ぶ経路すべてに対してその値を合算するとよい．つまり以下のようになる．

$$r = \sum (0.5)^L$$

特定の例

以下の系譜は，黒丸で示した2個体間の血縁度 r の計算法を示す．白丸は，今は問題にしていない血縁個体を示している．すべての例で，血縁同士でない交配が仮定されている．世代のつながりを示す矢印のうち，計算に用いた経路は実線で，それ以外のものは破線で示した．

(a) 親と子

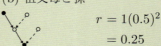

$r = 1(0.5)^1$
$ = 0.5$

(b) 祖父母と孫

$r = 1(0.5)^2$
$ = 0.25$

(c) 同父母きょうだい（同一な遺伝子は，父親か母親を介した2つの経路のうち，どちらかを通って伝わった）

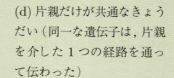

$r = 2(0.5)^2$
$ = 0.5$

(d) 片親だけが共通なきょうだい（同一な遺伝子は，片親を介した1つの経路を通って伝わった）

$r = 1(0.5)^2$
$ = 0.25$

(e) いとこ同士

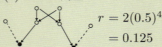

$r = 2(0.5)^4$
$ = 0.125$

表11.1 直系子孫との，あるいは直系子孫ではない血縁者との血縁度 (r). それらは，ある個体が持つ1つの遺伝子が，遺伝によって，他の個体が持つ遺伝子のコピーとなる確率として計算される（血縁者同士の配偶ではないことが仮定されている）．

r	直系子孫との血縁関係	直系子孫でない血縁関係
0.5	子	同父母きょうだい
0.25	孫	片親きょうだい
		甥，姪
0.125	ひ孫	いとこ

るであろう確率は 0.5 となる．祖先—子孫の関係によって，ある遺伝子（子孫は同じ祖先から受け継ぐ）を個体同士が共有するこの確率は，**血縁度** (coefficient of relatedness) という測定値で与えられ，r と表記されることが多い．

さて，祖先からの遺伝子コピーは，親子間だけでなく他の血縁者達の間でも共有されている．兄弟姉妹やいとこやその他の血縁者の間で，ある遺伝子のコピーを共有する確率は，親子間の場合と同様に計算できる．兄弟や姉妹に対しては r は 0.5, 孫に対しては 0.25, そしていとこに対しては 0.125 である (Box 11.2). 利他行動の進化を理解するためにこの測定値が重要であることに気付いたのは，Bill Hamilton (1963, 1964) である．彼は，親が子の世話をすることで，自分の遺伝子を増やすことができるのと同様に，兄弟・姉妹，いとこ，他の血縁個体を世話することでも，遺伝子を増やすことができることを示した．表11.1 では，子孫およびそれ以外の様々な血縁関係にある個体に対する r の値が示されている．Box 11.3 では，中立的分子マーカーを使うことによって自然個体群での血縁度をどのように測定できるかが説明されている．

ここでの主な論点は，子については血縁者として何も特別なことはないが，もし弟や妹への給餌を手伝う鳥を見たとしたら，それも将来の世代に遺伝子のコピーを送る手段として，淘汰によって進化的に有利になる行動だということである．これをさらに一般化すると，遺伝子は，それを持つ個体の繁殖成功を増加させることによって，あるいはその遺伝子のコピーを持つ他個体の繁殖成功を増加させることによって，次世代へ自分自身を多く伝えることができる．次世代に遺伝子のコピーを送るときのこれらの異なる経路は，それぞれ直接的あるいは間接的と形容して区別される．

Hamilton は，この間接的効果が考慮されるとき，遺伝子への自然淘汰は，生物個体に対して自身の繁殖成功もしくは直接的繁殖成功ではなく，彼らの**包括適応度** (inclusive fitness) を最大にする行動を取るように働きかけるだろうと提案した．包括適応度とは，直接適応度と間接適応度の和で定義される．そして，そのときの**直接適応度** (direct fitness) とは，子を産むことによって得られる適応度成分であり，**間接適応度** (indirect fitness) とは，助ける相手である血縁者から得られる適応度成分であると定義される (Box 11.4). Maynard Smith

血縁度とは，一般には，集団と比較して2個体の間の遺伝的類似性を測るものである

遺伝子の視点：直接的伝達と間接的伝達

包括適応度は，直接適応度と間接適応度の和である

血縁淘汰：血縁者の効果

(1964) は，形質が血縁者への効果によって進化的に有利になる過程を**血縁淘汰** (kin selection) と名付けた．

Box 11.3　分子マーカーによる血縁度の測定

　血統関係が分かっているならば，個体間の血縁度を推定する方法は最も簡単である．その場合，同父母きょうだい間では $r = 0.5$，片親が同じであるきょうだい間では $r = 0.25$ 等々と，血縁度の値を求めることができる．しかし，多くの自然個体群で詳しい血統関係を特定することは不可能である．その理由は，通常，親とりわけ父親を完璧な信頼性を基に特定することができず，また過去の世代をとおして個体群の繁殖の歴史に対する詳細な情報を持ち得ないからである．この問題を避ける1つの方法は，マイクロサテライト（マイクロサテライトについては Box 9.1 に説明がある）のような分子マーカーに含まれる共通の対立遺伝子を個体が共有する度合いを測定することである．Queller & Goodnight (1989) は，遺伝データを使って血縁度を推定する方法を提案した．それはコンピュータプログラムを用いて簡単に計算できる方法であった．この方法は，ある2個体間の遺伝的類似性を測定して，それを個体群全体で無作為に選ばれた個体間の遺伝的類似性と比較するものである (Grafen, 1985)．血縁度についてのこの統計的定義には，Box 11.5 で再び戻ることにする．

　血縁度を測定するために分子情報を直接扱う方法は，いくつかの利点を持つ．第1に，それにより社会集団内の血縁関係についての詳細な構造図を作ることができる．例えばミーアキャットでは，集団で産まれた劣位個体は彼らが育てる幼獣の片親きょうだいである傾向があるが，移入してきた劣位雄も彼らが育てる幼獣と血縁関係にある場合があることが示された．なぜなら移入雄は，優位雄と血縁関係にあったり，劣位雌の子の父親である場合があるからである（図 B11.3a; Griffin et al., 2003）．第2に，それは集団内の個体がどのような血縁関係を持つかについてのそれまでの仮定をひっくり返してきたことである．例えば，社会性のヨーロッパアシナガバチ (*Polistes dominulus*) では，巣に所属する約35%のヘルパーは，優位な女王と血縁関係がなく，普通，社会性昆虫で仮定されるような近い血縁者の繁殖を助けるという存在ではないことが分かった（図 B11.3b; Queller et al., 2000）．第3に，それは系譜を用いた血縁度の査定ができない場合にも，その査定を可能にすることである．例えば，細胞性粘菌であるキイロタマホコリカビ (*Dictyostellium discoideum*) の個体が野外で集合して子実体になると，平均血縁度は極端に高くなり，$r = 0.98$ となる．これは子実体の多くがクローン仲間で構成されることを示唆している（図 B11.3c; Gilbert et al., 2007）．

図 **B11.3** (a) ミーアキャットの集団における様々な個体の遺伝的血縁度 (±SE). Griffin *et al.* (2003) より転載. (b) 社会性のヨーロッパアシナガバチ (*P. dominulus*). 写真 ⓒAlex Wild. (c) オジロジカ (*Odocoileus virginianus*) の糞と死んだハエから発芽する細胞性粘菌キイロタマホコリカビ (*D. discoideum*) の子実体. 写真ⓒOwen Gilbert.

Box 11.4　包括適応度

　包括適応度は，教科書や学術論文で間違って定義されてきた長い歴史を持っている (Grafen, 1982; Queller, 1996). 特に，ある行動の包括適応度への効果を考えるとき，注目する個体そしてその血縁者の，その行動が原因となる繁殖成功の**変化**のみを考えることは極めて重要である．さもなけ

れば，子がある個体の直接適応度に換算され，他の個体（あるいはさらに別の個体でも）の間接適応度にも換算されるという二重評価の問題が生じてしまう．

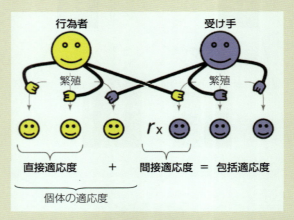

図 B11.4.1　包括適応度は，直接適応度と間接適応度の和である．包括適応度の重要な特徴の1つは，定義の通り，それが，ある行為者が影響を与えることで最大化させるはずの繁殖成功の成分だということである．West *et al.* (2007b) より転載．

図 B11.4.1 は，2 個体がどのように行動すればそれぞれ相手の繁殖成功に影響を与えるかについて示した解説図である．行為者の行動（黄色の手）が自分の繁殖成功（黄色の子）へ及ぼす影響は，直接適応度への効果である．行為者の行動（黄色の手）が社会的仲間の繁殖成功（青色の子）へ及ぼす影響に，受け手への行為者の血縁度で重み付けされたものは，間接適応度への効果である．ここで重要なのは，包括適応度は行為者の繁殖成功（黄色の子）のすべて，あるいは行為者の血縁者の繁殖成功（青色の子）のすべてを含むのではなく，行為者の行動（黄色の手）が及ぶものだけを含むという点である．

しかし実際には，包括適応度を計算することは不可能かあるいは極めて困難である場合が多いだろう．包括適応度理論を検証するためのより簡単でより有益な方法は，本文で説明されているように，Hamilton 則 (Grafen, 1991) を用いたものである．

Hamilton 則

血縁淘汰が原因で利他的行為が広がる条件として，次のことが考えられる (Hamilton, 1963, 1964)．利他行動者（行為者）と受け手とが相互作用をして，その結果生じたコストと利益とが，両者の生存確率の変化量によって測れると仮定しよう．行為者が，警戒声あるいは給餌を与えるなどの方法で受け手を助

けるような場合である．もし行為者の生存率が C だけ減少し（例えば，自分自身を捕食者に晒したり，自分が食べる食物を失うことから），その利他行動の結果，受け手の生存率が B だけ改善されるとすると，行為者にそのような利他行動を取らせる遺伝子の頻度は，次の場合に増加する．

$$\frac{B}{C} > \frac{1}{r}, \quad すなわち, \quad rB - C > 0$$

このとき，r は行為者から受け手への血縁度である．嬉しくなるほど簡単な形式であるこの結論は，「Hamilton 則」として知られている (Charnov, 1977)．この式を言葉で表すと，行為者から受け手への遺伝的血縁度 (genetic relatedness) によって重み付けされた受け手への利益 (B) が，行為者へのコスト (C) よりも大きいならば，利他的な協力行動は進化的に有利になるということである．

Hamilton 則は，次のように直観的に理解することもできる．利他行動の極端な例として，血縁者の命を助けるために自分自身は死ぬように個体に対して仕向ける遺伝子を考えてみよう．利他行動者が血縁者を助けるために命を投げ出すことで，その行動を支配している遺伝子のコピーの 1 つが集団からなくなる．それでも，平均して 2 人以上の姉妹や兄弟 ($r = 0.5$)，4 人以上の孫 ($r = 0.25$)，もしくは 8 人以上のいとこ ($r = 0.125$) をその利他行為によって救うことができるならば，集団中でその遺伝子の頻度は増加しうる．J.B.S. Haldane は，ある晩，パブの片隅で封筒の裏にこの計算をして，「2 人の兄弟，8 人のいとこのためならば，俺は命を捧げる覚悟がある！」と叫んだそうである．

コストと利益を，子の数の損得によって測ることが役立つことも多い．その場合には，次の Hamilton 則の式を用いればよい．

$$\frac{B}{C} > \frac{r_{行為者から自分の子への}}{r_{行為者から受け手の子への}}$$

2 つの例の助けを借りると，この式が分かりやすくなるだろう．ある個体が，自らの子を育てることと自分の母親の子への世話を手伝うこととの間で選択を迫られているとする．自分の子に対しても，母親の子に対しても（父親も同じならば），ともに $r = 0.5$ であるので，上の式は $B/C > 1$ となる．よってもし手伝いによって，（例えば，自身の子を作る機会を逃すことで）「犠牲にした」数よりも多くの子を余分に作ることができるならば，手伝いの行動は血縁淘汰によって進化的に有利になる．もし個体が，自分の子を育てることと姉妹の子の世話を手伝うこととの間で選択を迫られた場合には，式は $B/C > 2 \, (= 0.5/0.25)$ となる．この場合，手伝いの行動が進化するには，より多くの子が姉妹によって作られ，しかもその増加数が行為者の失った子の数の 2 倍以上であるときに限られる．上の例は，血縁淘汰は遺伝的血縁度 (r) に関するだけではなく，行動のコスト (C) と利益 (B) を決定する生態的要因に関するものでもあることを強調している．

Hamilton 則は，いつ利他的行為が淘汰において有利となるかを予測する

血縁者間の利他行動の例

極端な利他行動：社会性昆虫における自殺と不妊

社会性昆虫は，極端な利他行動を示す例である．ミツバチのワーカーは，逆刺のついた針を持っており，巣に近付く捕食者を攻撃する．捕食者を刺すと針は相手の体に埋め込まれ，ハチも死んでしまう．このような自殺行動がどうして進化できるのかという問題は，利他行為の利益を受ける者がワーカーの近い血縁個体であることが分かれば，納得できるだろう．ワーカーはもう 1 つのやり方でも利他的である．つまり，自分自身ではほとんど繁殖しない代わりに，巣の他個体の子を育てる手伝いをする．この事実から，Darwin は自然淘汰説が深刻な打撃を受けるのではないかと思った．利他行動者が子を産まないのに，どのようにしてその利他行動が進化できたのだろうか？ 血縁淘汰理論を用いると，この疑問はすぐに解決する．つまり自らは子を産まないワーカーは，通常，母親（女王）の繁殖を手伝い，そのおかげで女王は利他行動の遺伝子を将来の世代へ送る個体になっているのである（13 章）．利他行動は，自殺や不妊のような極端なものばかりではない．以下に考察する 2 つの例では，利他行動を取る個体へのコストは小さいが，やはりその行動の進化に血縁淘汰が主要な力となってきたようである．

極端ではない利他行動：警戒声

ジリスとプレーリードッグの協力行動と警戒声

Paul Sherman は，アメリカ合衆国の極西部の亜高山草原に生息する，昼行性の社会性齧歯類であるベルディングジリス（*Urocitellus beldingi*）を集中して研究した（図 11.5 と図 11.6 の写真を参照せよ）．この種は，冬期に休眠し，5 月になると地上に出てくる．雌は，地上に現れるとすぐに雄を受け入れる状態になり，交尾をする．交尾が終わると雄は去り，雌だけが残って子を育てる．雌は巣穴の周りに縄張りを作り，毎年 3〜6 頭の一腹子数で子を産む．子リスは出生後 3〜4 週で乳離れし，地上に出現するが，その後すぐに若雄は分散し，若雌は出生地の近くに留まる傾向がある．つまり，雄は血縁個体と相互作用することがめったにないのに対して，雌は血縁の雌個体に囲まれて生涯を送る．

血縁関係のないジリスは互いの子を殺すが，血縁関係がある場合にはそうしない

Sherman は，高い血縁関係の雌同士（母，娘，姉妹）が巣穴をめぐって喧嘩したり，互いを縄張りから追い払ったりすることはめったにないことを見い出した．それどころか，子殺しを狙う同種他個体に対して協力して自分達の子を守る．8％もの若リスが，同種他個体によって穴から引き出されて殺された．殺した方の個体は犠牲者と血縁関係を持たず，餌を手っ取り早く得ようとうろついている若雄か，移入して新しい巣穴を探している雌成獣であった．これらの雌は，既に占拠されている巣穴を横取り，縄張りをめぐる将来の競争者を取り除くために，子リスを見つけてはそれを殺そうとするのである (Sherman, 1981a, 1981b)．このような血縁個体間の協力行動は，非血縁個体間の対立とは対照的であり，まさに血縁淘汰の理論が予測する通りである．

ジリスは，コヨーテやイタチのような捕食者を見つけると必ず警戒声をあげる．警戒声を発した個体は目立ちやすく捕食者に狙われやすいので，おそらく

危険というコストを払っていると思われる．これに対して他の個体は，早い警告を受けて逃げられるという利益を得ている．Sherman (1977) の観察によると，警戒声をあげる行動は，雄よりも雌の方がはるかに頻繁に行い，さらには雌の中でも血縁個体が近くにいる個体の方が，そうでない個体に比べてより頻繁に警告した．多くの場合，警戒声によって利益を受けるのは自分の子であるが，親や直系でない血縁者が近くにいる場合でも警戒声をあげた．例えば，雌が，若くて自分の子をまだ持っていないときでも，母親や姉妹に捕食者の接近を警告した．別の種であるマルオジリス (*Spermophilus teretricaudus*) では，雄が母親の巣の近くにまだ留まっているときには，近くにいる血縁者に対して警戒声を発する傾向があったが，分散して周りに血縁者がいなくなると，捕食者が近付いてきても黙っているようになった (Dunford, 1977)．

血縁者が近くにいるとき警告が発せられる

警戒声に関するこれらのデータは，近くにいる血縁個体が利益を得るときには，リス個体は警戒声のコストをいとわないことをはっきりと示している．子に警告すること（つまり親による子の世話）と姉妹に警告することは，ともに遺伝子を将来の世代に伝える確率を増す方法である．しかし，警戒声が主として子以外の血縁者への利益のために進化しえたかどうかを問うのは依然として興味深い．このことを支持する最良の証拠は，John Hoogland (1983, 1995) によって長期間研究された，ジリスとは別種のコロニー性齧歯類であるオグロプレーリードッグ (*Cynomys ludovicianus*) から与えられている．

オグロプレーリードッグは，普通，成獣雄 1 頭，成獣雌 3～4 頭とそれらの子からなるコテリーと呼ばれる社会性の群れを作り生活する．若雌は出生コテリーに生涯留まるのに対して，若雄は 2 年目には出ていく．よって，コテリー内のすべての雌と 1 歳雄とは，通常，遺伝的に血縁関係を持つ．Hoogland は，捕食者であるアメリカアナグマ (*Taxidea taxus*) の剥製標本を提示したときの警戒声の反応を調べた（図 11.1）．この操作によって，野外で捕食者が攻撃するのを待つよりもずっと頻繁にデータを得ることができたし，捕食者とプレーリードッグとの距離を制御することもできた．図 11.1 には，700 回以上もの実験の結果が集計されている．このデータによると，コテリーに直系でない血縁個体がいたときと子がいたときとでは，警戒声を発する頻度に差がなかった．ただ，血縁者を持たない移入個体も，ときには警戒声をあげたので，血縁個体への警告以外の要因も関与しているはずである（図 11.1）．ときには，警戒声を発した個体自身に直接の利益があるかもしれない．例えば捕食者に「お前を見たぞ！」という信号を伝え，不意打ちができないことを知らせることによって攻撃の危険性を減少させているのかもしれない．また別の可能性として，もしかすると，血縁個体でなくても他個体に捕食者の接近を知らせることが利益になるかもしれない．というのも，捕食者が隣の個体の捕獲に成功すると，その捕食者は同じ場所に再びやってきて狩りを行う危険性が高まるかもしれないので，警戒声は同じ捕食者による将来の攻撃の危険性を減少させているかもしれない．

プレーリードッグの警戒声は，主に子や他の血縁者の存在下で発せられる…

…しかし，近くに血縁者がいないときにも発せられる

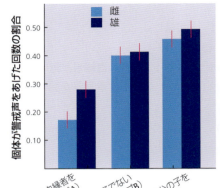

図 11.1 アナグマの剥製に対するオグロプレーリードッグの警戒声．雄（紺色のヒストグラム）と雌（青色のヒストグラム）の両方において，タイプ A 個体とタイプ B 個体の間には有意な差があり，またタイプ A 個体とタイプ C 個体の間にも有意な差がある．しかしタイプ B 個体とタイプ C 個体の間にはどちらの性においても有意な差はない．データは平均値 ±SE で表されている．Hoogland (1983) より転載．掲載は Elsevier より許可された．写真は，警戒声を発している雌と，アナグマの剥製である．この剥製が，捕食者の存在を真似て地上で引かれた．両写真©Elaine Miller Bond．

ジリスとプレーリードックにおける血縁個体間での協力行動の研究結果は，血縁淘汰モデルの予測と一致しているけれども，Hamilton 則を量的に検証したわけではない．警戒声がもたらすコストと利益を子の数の増減によって評価することは困難である．では，これらの値が推定された例を紹介しよう．

野生のシチメンチョウの協力的求愛行動

Hamilton 則の量的検証

野生のシチメンチョウ：雌を引き付けるために兄弟がディスプレイ協力連合を形成する

野生のシチメンチョウ（*Meleagris gallopavo*）では，同じ齢の雄のペアがときどき連合 (coalition) して雌達に求愛し，そしてその雌達を他の雄から防衛する（図 11.2）．この連合では，雄の一方は優位雄であるらしく，雌との交尾のすべてを獲得しており，他方の雄は劣位雄で，交尾は全くできていないようである．これが正しいならば，なぜ劣位雄はその連合に留まるのだろうか？ Alan Krakauer (2005) は，この協力的な求愛行動が血縁者間の利他的な協力であるのか否かを検討した．そのために，彼は Hamilton 則にある 3 つの母数 (r, B, C) を推定した（表 11.2）．まずマイクロサテライトマーカーを使って血縁度を推定し，連合の雄間の平均血縁度が $r = 0.42$ であり，雄達が同父母兄弟であるときに期待される値 ($r = 0.5$) と有意には違わないことを発見した．

Krakauer は，次にこの協力的求愛行動が劣位雄に与えるコストと，優位雄に与える利益を推定した．彼は，利益 (B) を推定するために，優位雄と協力行動のない単独雄の繁殖成功を比較した．ペアの優位雄は，単独雄よりも多くの雌と交尾し，平均して 6.1 羽も多く子を残していた．またコスト (C) を推定す

るために，劣位雄と協力行動のない単独雄の繁殖成功を比較した．単独雄が平均0.9羽の子を残す一方，劣位雄はどの子の父親になることも全く観察されなかった．

これらの値をHamilton則の式に代入すると，$(0.43 \times 6.1) - 0.9 = 1.7$ となる．この値は > 0 であるので，Hamilton則は成り立つ．結果として，劣位雄が助けるコストは，血縁者（兄弟）がより多くの交尾相手を獲得するのを助けることによって，劣位

図 11.2 野生のシチメンチョウの雄のペア．彼らは連合して雌に求愛する．写真は Maslowski/National Wild Turkey Federation による．

雄自身が得る間接的な利益を下回っていることになる．実際，Hamilton則に当てはまるために必要な最小の血縁度は $r = 0.15$（つまり，$r \times 6.1 - 0.9 = 0$ からの r の値）であり，それは片親兄弟であったとしても協力するだろうと期待されるものであった．ただ，データが観察からのものなので，これらの計算が，異なる戦略を追求する異なる質を持った個体の可能性といった複雑さを考慮するものではないことに気付くべきだろう．例えば劣位個体は，独立に繁殖する能力を持たない劣った質の個体に過ぎないのではないか？　よって理想的には，優位雄の繁殖成功も劣位雄の繁殖成功も，相棒がいないときには単独雄の繁殖成功に等しくなるという仮説を正当化するための除去実験が必要である．

にも関わらず，他の種では重要であろう劣位雄への直接的利益に基づくいくつかの別の説明は排除することができる (Krakauer, 2005)．その1つ目は，エリマキシギ (*Philomachus pugnax*; Lank et al., 2002) で生じているように，劣位雄が繁殖成功の「分け前」を得るために助けている可能性である．野生のシチメンチョウでは劣位雄は子を全く作らないので，これは排除できる．第2に，

協力的求愛行動は，血縁者がより多くの交尾ができるのを助ける利益によって説明される…

…そして，即座のあるいは遅延した直接適応度の利益によっては説明されない

変数	説明	計算	値
r	血縁度	劣位雄から優位な相棒であるディスプレイ雄への血縁度のペアごとの平均値	0.42
B	優位雄への利益（劣位雄の助けで増えた子数）	（優位雄当たり平均子数）−（単独雄当たり平均子数）	6.1
C	劣位雄へのコスト（優位雄を助けるために犠牲にした自分の子数）	（単独雄当たり平均子数）−（劣位雄当たり平均子数）	0.9
$rB - C$	Hamilton則は成立するか？	$(42 \times 6.1) - 0.9$	$+1.7 (> 0)$

表 11.2 野生のシチメンチョウでHamilton則の母数を決める (Krakauer, 2005). BとCは，雄当たりの子の数という単位で測定される．

劣位雄は，セアオマイコドリ属 (*Chiroxiphia*) で生じているように (McDonald & Potts, 1994)，ディスプレイ場所を将来譲り受ける確率を上げるために助けているかもしれない．野生のシチメンチョウでは，成鳥になる前に連合を作り，死に別れるときだけその状況が変わる．したがって優位雄が死ぬと，劣位雄は単独雄となるだけである．

個体はいかにして血縁者を認知するか？

利他行動に対する Hamilton の説明は，相互作用する個体間に十分に高い血縁度があることを必要とする．これを実現する1つの方法は，血縁識別 (kin discrimination) である．これによって，個体は，他個体との血縁度を査定し，それに従って行動を調節できる．動物個体が実際に血縁識別を行い，さらには血縁の近さの程度まで区別できるという証拠が今日，次々と発見されてきている．動物達はこれをどのように達成しているのだろうか？

緑髭効果

面白いが理論的にはうまくいきそうにない考えが，Bill Hamilton (1964) によって提案され，Richard Dawkins (1976) によって「緑髭効果 (green beard effect)」と名付けられた．その考えによると，「認知のための対立遺伝子」というものがあって，その対立遺伝子を持つ個体は，その発現した表現型から，同じくその対立遺伝子を持つ他個体を認知できるとする．そして同時に，そのような表現型を持つ個体に対して利他的に振る舞うというものである（図11.3）．そのためには，このような遺伝子はその保持個体に対して，次の3つのことをするように働きかける必要がある．それは，信号自体を発信すること，他個体の信号を認知すること，信号を検出できた個体に対して直接に協力することである．例えば，その遺伝子は，その保持者に緑色の髭を生やすとともに，同じ緑髭を持つ他個体には親切にするようにし向けるだろうということである．

> 緑髭遺伝子は，その遺伝子を持つ他個体に向かう利他行動を起こさせる

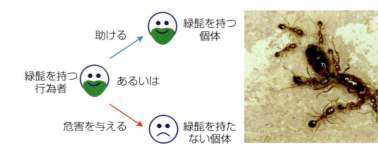

図 11.3　緑髭遺伝子は，行為者に対して，同じ緑髭を持つ他個体を助け，持たない個体に危害を与えるように仕向ける．アカヒアリ (*Solenopsis invicta*) の写真は，*b* 対立遺伝子を持たない女王を処刑するワーカー達を示している．Gardner & West (2010) より転載．写真©Ken Ross．

Laurent Keller & Ken Ross (1998) は，アカヒアリ (*Solenopsis invicta*) で緑髭遺伝子の例を見つけた．この種では，新しい女王が交尾後に巣に加入してくるので，巣は複数の女王を含む．そして緑髭遺伝子は *Gp-9* 遺伝子座に存在する．*Gp-9* 遺伝子座における緑髭遺伝子である *b* 対立遺伝子を持つワーカーは，匂いを利用して，将来の女王候補もこの遺伝子を持っているか否かを決定し，もしその女王候補がそれを持っていなければ首を刎ねて処刑する．これは *b* 対立遺伝子を持つ女王にとって利益となる．なぜなら，彼女らが巣に新しく加入したとき，*b* 対立遺伝子を持たない女王と資源をめぐって競争する必要がなくなるからである．

> アカヒアリは，ワーカーに対して同じ遺伝子を持たない女王を排除するようにさせる緑髭遺伝子を持っている

　しかし，このような緑髭効果は一般的ではなさそう，あるいは一般的には重要でなさそうである．問題の1つは，それらが3つのこと，つまり，信号発信，信号認知，信号発信者への直接の協力行動をするという複雑さを必要とすることである．1つの行動を完全にコードする遺伝子を想定することですら非常に困難であるにも関わらず，3つの行動をコードする遺伝子を想定しなければならない．別の問題は，利他的な行動なしに髭だけを誇示する「偽髭」に簡単に侵入されてしまうことである．この議論と一致するかのように，緑髭効果については非常に少数の例しか見つかっていない．しかも緑髭効果の多くは微生物の例であり，それはおそらく，それらの遺伝子型と表現型の間のつながりが比較的単純だからであろう．そこでは緑髭形質と社会形質は分離しにくく，そのために偽髭の発生は困難になるだろうと考えられる．

> 緑髭遺伝子は，偽髭との競争に負けるために，あまり一般化しないようである

直接的な遺伝的血縁識別と脇の下

　自分自身のコピーを直接認知するやり方に問題があるならば，次善の策は，遺伝子を共有する確率的なやり方として血縁関係を利用することである（表 11.1）．一方，血縁者を認知する方法の1つには，表現型で認知できるような直接の遺伝的手がかりを基にしたものがあるだろう．例えば，もしある匂いの特徴が遺伝的に決まっているならば，より近い血縁関係を持つ個体は，より似た匂いを持つだろう．この場合，血縁識別は，「自分と似た匂いの隣人に対して利他的であれ」などの規則を伴って生じるはずである．Richard Dawkins は，このような血縁識別をかなり連想的な表現を用いて「脇の下効果 (armpit effect)」と名付けた．

> 遺伝的類似性を基盤にして血縁者を直接認知する

　血縁識別が，遺伝的な手がかりに基づいているという最良の例の1つは，社会行動の視点からはまず思い浮かばない生物，つまりアメーバの集団から与えられている．Joan Strassmann および David Queller とその共同研究者達は，タマホコリカビ属 (*Dictyostelium*) の仲間の社会性アメーバ（あるいは細胞性粘菌）における，数種の社会行動を調査した．これらの種の細胞個体は，土壌中に住み，そこで細菌を食べて暮らす（図 11.4a）．しかし，餌に飢えると，細胞達は何千も集まって移動できる多細胞の集合体「ナメクジ」になる（図 11.4d）．

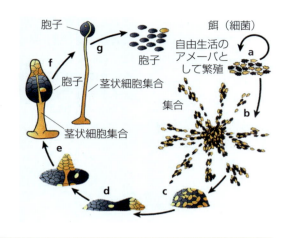

図 11.4 細胞性粘菌の生活史．掲載は Mary Wu 博士と Richard Kessin 博士により許可された．

ナメクジは地表面に移動し，そこで，頂上に乗せた胞子球とそれを支える茎状構造で構成された子実体に変身する（図 11.4g）．茎の細胞は生存することはできず，胞子の分散を助けた後，繁殖することなく死んでいく．したがって，茎部分の細胞になることは，社会性昆虫の不妊ワーカーと類似した利他行動の最たる例である．

Mehdiabadi et al. (2006) は，ムラサキタマホコリカビ（*Dictyostelium purpureum*）で血縁識別が生じているか否かを検証するために，血縁関係にない 2 系統の一方を蛍光染色でラベルして，両者を寒天プレートの上で混ぜ合わせた（Mehdiabadi et al., 2006）．そして，プレートにできた子実体を調べると，細胞は，クローン（$r = 1$）関係を持つ自分と同じ系統のメンバーと優先的に「ナメクジ」および子実体を形成していることが分かった．全体として，この識別によって平均 0.8 の血縁度を持つ子実体が生じた．これは帰無仮説として期待された 0.5（細胞の半数は $r = 0$ で，残りの半数は $r = 1$ であることから期待される）とは異なっていた．この高い血縁度のおかげで，なぜいくつかの細胞は自分を犠牲にして茎部分の細胞になるのか，つまりなぜ血縁者が分散するのを助けるのかという疑問に対して，血縁淘汰が有望な解答を与えていることになる．その後のさらなる研究によって，その遺伝的手がかりには，高い変異性を持った *lag* 遺伝子が関与しているかもしれないと示唆されている．この遺伝子は，細胞間の信号伝達と接合に関わるものである（Benabentos et al., 2009）．

血縁識別への環境的手がかり

血縁者を認知するためのもう 1 つのメカニズムは，例えば「自分の家にいるものはすべて血縁者として扱う」といった単純な規則を用いるやり方である．例えば，鳥類の親は，自分のヒナが巣のすぐ縁外に置かれると，もうそれを無視し，一方，見慣れないヒナでも巣内にさえ置かれたら，それを容易に受け入れるかもしれない．これによって奇妙な結果が起こる．例えば，ヨーロッパヨシキリ（*Acrocephalus scirpaceus*）は，自分の巣に近付いてくるカッコウ（*Cuculus canorus*）の成鳥に対しては，皆で大騒ぎして追い出すにも関わらず，その直後に，自分の巣にいるカッコウのヒナに懸命に給餌することがある．しかし，普通，このような単純な規則は，自分の子を世話するように向かわせるはずである．

血縁者を認知するための別のメカニズムは，成長するときに一緒に居てくれる個体を血縁者だと学習することである．Konrad Lorenz は，ガンのヒナ達が孵化後最初に見た，目立っていて動く対象に付いていくという現象に対して「刷

り込み (imprinting)」という名を与えた．普通，このような対象は彼らの母親だから，ヒナ達を暖め守ってくれる誰かに付いていく結果になる．しかし実験状況では，鳥類のヒナは人間にも，懐中電灯にさえも刷り込まれた．Holmes & Sherman (1982) による実験は，ベルディングジリス (*U.beldingi*) のきょうだい認知もまた，部分的に，産まれた巣での同居関係を基本にしていることを示している．彼らは，妊娠した雌を捕獲し，その子らを使って4種類の実験養育集団を作った．それは，1頭の母親に育てられるきょうだい（子自身の母親あるいは里母親のどちらかによる），異なる母親に離れて育てられるきょうだい，一緒に育てられるがきょうだいではない子達，離れて育てられるきょうだいではない子達である．その子達が成長したとき，4つの集団の1つから取られた1個体と，別の集団からの1個体がペアにされて，ある対戦場にペアで置かれ，彼らの相互行動が観察された．その結果 Holmes & Sherman は，本当の遺伝的血縁度とは無関係に，一緒に育てられた個体はめったに戦わないことを見つけた．図 11.5 は，一緒に育てられた非血縁の個体同士は，一緒に育てられた本当のきょうだい同士よりも闘争的だということはなかったことを示している．これによって，これらの個体は，子のとき同居することから血縁者が誰であるかを学習すると示唆される．

しかし，離れて育てられた個体の中でも，遺伝的きょうだい同士の方が血縁でない個体同士よりも闘争的でないことが，闘争実験から分かる（図 11.5a）．面白いことに，この効果は雌だけで生じている．つまり離れて育てられた本当の姉妹同士は，離れて育てられた非血縁の雌同士よりも互いに闘争的ではなかった．一方，遺伝的血縁度は，雄─雄ペアあるいは雄─雌ペアの間の闘争に影響を与えなかった．野外で利他的に行動する性である雌だけが，知らない相手でも遺伝的に血縁であることを認知できるという証拠であろう．

もちろん，別々に育てられた姉妹といっても，出産前に母親の子宮にいるときの経験によって互いを「認知」するよう学習しているかもしれない．しかし，Paul Sherman の野外観察によると，これですべての話が終わるわけではないようだ．ベルディングジリスの雌は，性的に活発になる春の日の午後に，最大8頭（平均 3.3 頭）もの異なる雄と交尾をする．母親，および父親である可能性のある雄，子リスから血液を採取して血液中のタンパク質の多型を解析すると，78％もの同腹子が2頭以上の雄を父親としていた（Hanken & Sherman, 1981；父性を判定したこの方法は，人間の裁判で父性をめぐる争いを解決するときに用いる古い血液型判定とかなり似たものである）．そして興奮させる発見は，同腹姉妹であったとしても，父母ともに同じくする姉妹は，父親が異なる姉妹（多回交尾のため）よりも，互いに闘争的ではなくむしろ協力的だということである．例えば，巣穴を確立して縄張りを守るときに，同父母姉妹は，母親だけが共通な姉妹に比べて，出会っても互いに喧嘩をしたり追い払ったりすることはほとんどなかった（図 11.5b, 11.5c）．

同腹の姉妹は，たとえ父親が同じでも違っていても全個体が同じ巣穴と同じ

ジリスの雌は，部分的に学習によって血縁者を認知する…

… そして，部分的に「表現型の一致性」によって認知する

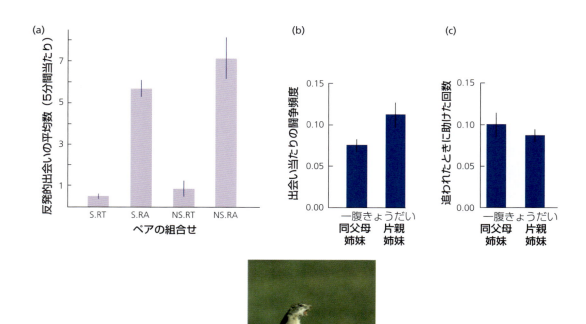

図 11.5 ベルディングジリスの血縁認知. (a) 室内実験：闘争実験においてベルディングジリスの当年個体のペア間で起こった反発的な出会いの平均数 (±SE). ともに育てられたきょうだいではない子同士 (NS.RT) は，ともに育てられたきょうだい同士 (S.RT) よりも闘争的ということはない．しかし，離れて育てられたきょうだいではない子同士 (NS.RA) は，離れて育てられたきょうだい同士 (S.RA) よりも闘争的である．(b), (c) 野外観察：同父母姉妹あるいは片親姉妹 (遺伝的血縁度は血液中のタンパク質によって決定された) である当年雌の間の闘争と協力．同父母姉妹は互いに闘争的ではなく (b)，むしろ互いに助け合う (c)．Holmes & Sherman (1982) より転載．警戒声を発している雌の写真©George D. Lepp.

口と背中の分泌腺からの匂いが，血縁度の手がかりとして作用する

子宮を用いるのだから，これらの共通経験以外のメカニズムが働いているはずである．Jill Mateo によるごく最近の実験では，口と背中の分泌腺からの匂いが血縁識別の機械的役割を果たすことが示された．彼女は，口の端や背中の分泌腺の上をプラスチック立方体で擦ることによって，様々な個体の匂いを集めた．さらに，各個体が，様々な個体からの立方体を与えられたとき，自分の行動をどのように調整するのかを検証した．そして彼女は，血縁度に対する強い反応を発見した．つまり，より近い血縁者で擦られた立方体を与えられた個体は，あまり長い時間をかけてそれを調べないことに気付いたのである（図 11.6）．

以上の結論としては，ベルディングジリスの雌は他個体を 2 つのやり方で分類しているようである．第 1 に，幼いときから巣穴を共有してきた個体とそうでない個体とを識別して，前者とだけ協力行動を取る．前者は，両親とも同じ

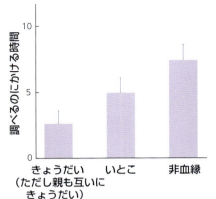

図11.6 ベルディングジリスの血縁識別と匂い.より近い血縁者で擦られたプラスチック立方体を与えられた個体は,あまり時間をかけてそれを調べない.Mateo (2002) より転載.掲載は the Royal Society により許可された.写真は,巣穴の入り口にいる子リスの集団.写真©George D. Lepp.

か,母親だけが同じであるきょうだいであろう.第2に,巣内の雌の中でも表現型が自身と似ている個体,すなわち母親だけが同じ姉妹ではなく,同父母姉妹である可能性が高い姉妹には,とりわけ協力的であるようである.

血縁淘汰は血縁識別を必要としない

上の例では,動物個体が,他個体との血縁度に依存して自分の行動をどのように変化させるかを検討した.そして結果的に,動物個体が血縁識別(条件依存戦略)を行うか否かを調べることになった.しかし,血縁淘汰は血縁識別がなくても重要となるかもしれない.もし血縁識別が可能でない場合,動物個体は固定的戦略を行うと期待されるだろう.そこでは,進化に必要な時間をとおして,自然淘汰は相互作用をする個体間の平均血縁度に応じて行動を調整することになる.この場合,自然淘汰は,平均して血縁度が高い個体群あるいは種では,利己的でない行動(あるいは協力的な行動)を有利にさせるだろう.Bill Hamilton (1964) は,分散が制限されると(個体群粘性 (population viscosity)),相互作用する個体間の血縁度が高くなり,そのことによって無差別な(血縁識別のない)利他行動が進化的に有利になると指摘した.なぜなら結局,高い確率で,近い血縁関係のある個体に対して利他行動は向けられることになるからである.

> 行動の問題は固定的戦略かあるいは条件依存戦略によって解決される

> 分散の制限は,血縁識別がなくても,相互作用する個体間に高い血縁度を発生させるメカニズムを与える

細菌の協力的な鉄吸収行動

Ashleigh Griffin とその共同研究者達は,緑膿菌 (*Pseudomonas aeruginosa*) の鉄吸収行動を調べることによって,分散率が血縁度にどのように影響を与え,またそれが協力行動への淘汰にどのように影響を与えるかを検証した.鉄は細菌の増殖にとって主要な制限要因である.なぜなら環境中で多くの鉄は不可溶

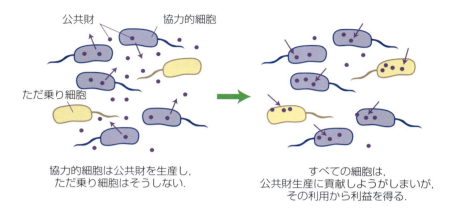

協力的細胞は公共財を生産し，ただ乗り細胞はそうしない．

すべての細胞は，公共財生産に貢献しようがしまいが，その利用から利益を得る．

> **図11.7** 細菌の公共財 (public goods)．細菌が生産するいくつかの因子は，局所環境中に分泌され，その後，局所個体群の増殖や移動に利益を与える．その因子は，協力行動に対する問題も引き起こす．なぜなら，それを生産しない「ただ乗り」個体も，他個体が生産するこの因子から利益を得ることができるだろうからである．鉄を吸着するシデロフォア分子はその一例である．他の例として，タンパク質や糖を消化する因子，宿主の組織を分解する因子，増殖のときの構造を与える因子，競争者や捕食者を殺したり撃退する因子，移動を助ける因子，免疫反応を調節する因子，抗生物質を無効にさせる因子などがある．

細菌による鉄吸収分子の生産は協力行動である

性である Fe (III) の形をしており，また細菌性寄生者がいる状況では，宿主はその供給を積極的に止めてしまうからである．細菌の多くの種は，この問題を解決するために，鉄を吸収するためのシデロフォア分子を生産する．これは細胞から放出され，鉄と結びつき，鉄を細胞内に取り込みやすくさせる．

このシデロフォア分子のような因子の生産は，それを生産するコストを避ける（「ただ乗り (free rider)」）細胞でも，他の細胞が生産した化合物分子を利用する利益を享受できることから，協力行動にとっての問題を引き起こす（図11.7）．これはある実験によって確かめられた．それは，シデロフォア分子を生産する正常な系統が，シデロフォア分子を生産しない「ただ乗り」突然変異系統と混ぜて培養されたとき，突然変異系統の方が密度を増加させることを示したものである．この実験は，協力系統と「ただ乗り」系統の細菌は，視覚的に容易に区別できるという便利な事実によって楽に行われた．というのも，シデロフォア分子は緑色のため，協力系統の細菌のコロニーは緑色をしており，「ただ乗り」系統の細菌は白色をしていたからである．細菌の細胞間における協力行動を理解するには，血縁淘汰による説明が重要になりそうである．なぜなら細菌のクローン的増殖や移動の制限によって，細菌は $r=1$ という高い血縁度の仲間に囲まれ，仲間同士の相互作用が頻繁に生じるだろうということが示唆されるからである．

Griffin et al. (2004) は，分散パターンとそれによる血縁度の違いが，実験の中での進化の起こり方と関係するか否かを検証した．彼らは，協力系統と「ただ乗り」系統を混ぜた個体群から培養を始め，その後，高い平均血縁度あるいは

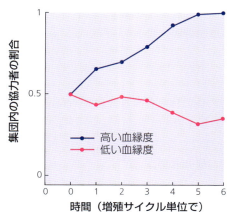
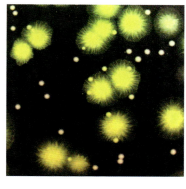

図 11.8 緑膿菌 (*P. aeruginosa*) における血縁度と協力行動．協力的なシデロフォア生産系統と，シデロフォアを生産しない非協力的な「ただ乗り」系統を混ぜた個体群から実験が始まった．相互作用する細菌の血縁度が高くなるように，その個体群が維持されると，協力的なシデロフォア生産系統の細菌細胞が広がって定着した．対照的に，相互作用する細菌の血縁度が低くなるように，その個体群が維持されると，「ただ乗り」系統の細菌細胞が個体群の中で存在し続けることができた．Griffin *et al.* (2004) より転載．掲載は the Nature Publishing Group により許可された．写真は，鉄が制限された寒天プレート上で（特異的に）増殖している，緑色のシデロフォア生産系統と白色の「ただ乗り」系統を示している．写真©Adin Ross-Gillespie．

低い平均血縁度に導くだろうと思われる条件下でそれらを維持した．これを行うとき，彼らは培養の各反応ごとに個体群を二分して作った部分個体群を基にして次の培養を始めた．そしてそれらの部分個体群の培養を始めるとき，一方は単一の細菌クローン（比較的高い血縁度）として用い，他方は 2 つの細菌クローン（より低い血縁度）として用いた．その結果，血縁淘汰理論から予測されるように，野生型の協力系統は血縁度が高いときに大きく成功した（図 11.8）．

協力行動は相互作用する細胞の血縁度が高いとき進化的に有利になる

利己行動の規制と血縁淘汰

　血縁淘汰は，まさに利他的に助ける行動だけを説明するわけではない．Hamilton (1964) が指摘したように，社会行動に関して (Box 11.1)，動物個体は，受け手に対するいかなる正の効果も負の効果も，血縁度 (r) に応じて評価すべきだというのが，その一般原理である．行動を実行する個体に利益を与えるが，行動の受け手にはコストとして働く利己行動を考えてみよう．Hamilton (1964) は，個体が近い血縁者と相互作用するときには，利己行動を大きく抑制すべきであると予測した．これは，血縁者に危害を加えることが，その血縁者が共通な遺伝子を次世代に送る能力を低下させ，そのため間接適応度のコストを被ることになるからである．さらに，これを遺伝子の観点から言うと，次世代に自分の遺伝子のコピーを送る確率を増加させる利己行動のいかなる直接的利益も，

利己的行動：行為者への利益，他個体へのコスト

より近い血縁者と相互作用するとき，個体は利己的でない行動をするべきである

それは，その遺伝子の他のコピーが次世代に送られる確率を低下させるという間接的コスト（例えば，資源をめぐる血縁者間の競争）に照らしてよく検討されなければならないということである．

サンショウウオの共食い

極端な利己的行動の1つは，同じ種の他個体を食べる共食い (cannibalism) である．これが行為者にとって利益であり（餌，競争者の減少），受け手にとってコストである（死，食われる）ことを理解するのに，凝った実験をする必要はないだろう．David Pfennigとその共同研究者達は，アリゾナタイガーサラマンダーの共食い行動を調査した．この種では，幼生は2つのタイプで生じ，それは，主に無脊椎動物を餌とする「普通」タイプと，同種を摂食しやすいように特殊化した口構造を持つとともに体も大きい「共食い」タイプである．この共食いタイプが頻繁に発生するのは，幼生の密度が高く，餌が制限されるときである．Pfennig & Collins (1993) は，幼生が血縁個体あるいは非血縁個体のどちらと相互作用するかによって，共食いタイプへの成育も影響を受けるか否かを検証した．血縁個体を食べることは間接適応度のコストになるので，血縁者との相互作用を伴う場合，共食いは進化的に有利になりそうではないと，包括適応度理論は予測するだろう．これを検証するために，Pfennig & Collins は，幼生を8匹のきょうだいの集団か，あるいはきょうだいときょうだいでない個体で混合した集団にして，その16集団を飼育した．予測通り，きょうだいだけで構成された集団の場合，幼生が共食いタイプに成育する傾向は有意に低かった（図11.9a）．しかも，きょうだいときょうだいでない個体の混合集団の場合，共食いタイプはきょうだいでない個体を好んで摂食した（図11.9b; Pfennig et al., 1994）．

> きょうだいとの相互作用のとき，共食いが抑制される…

Pfennig et al. (1994) は，この観察に対するいくつかの別の説明について検証を続けるために，見事な一連の実験を行った．そして，血縁者を食べることで生じる間接的コストは関係していないとする対立仮説を否定した．例えば，もし近い血縁者を食べることによって寄生者を取り込みやすくなるのならば，血縁者の摂食を避けることは病気を避けるための戦略かもしれない．もし寄生者が特殊な遺伝子型に感染するように適応しているならば，これはありうるかもしれない．そのような場合，ある個体に感染することのできる寄生者は，同様な遺伝子型を持ったその血縁者に対しても感染に成功しやすいだろう．しかし，共食いタイプは血縁者の摂食によって細菌やウィルスに感染しやすいということはなく（実際は逆のことが起こった），病気にかかった個体を避けることもなく，また病気が高い率で発生している場所では共食いが少ないということもなかった．よって，この仮説は否定された．

それとは対照的に，Pfennig et al. (1999) は，共食いタイプが血縁者を食べるときの間接的コストを避けるという血縁淘汰仮説を支持する明確な証拠を見つけた．彼は，きょうだいを食べるときのコストと利益を推定することによって，

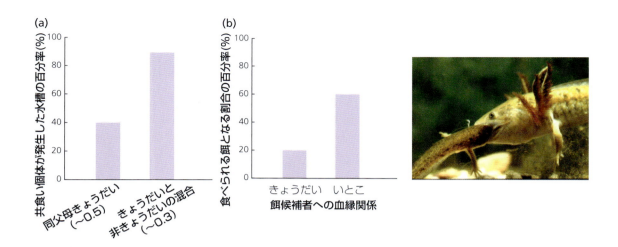

図 11.9 アリゾナタイガーサラマンダーの共食い行動. (a) 幼生は，非血縁者とともに飼育されると，共食いタイプに成育する傾向がある．(b) 共食いタイプは，あまり近い血縁者でない個体を食べる傾向がある．Pfennig & Collins (1993) より転載．掲載は the Nature Publishing Group により許可された．写真は，共食いタイプが普通タイプを食べているところである．写真©David Pfennig．

Hamilton 則を定量的に検証した．Hamilton 則の予測によると，共食いタイプは，$rB - C > 0$，言い換えると $B/C > 1/r$ ならば利他的になる（きょうだいの摂食を避ける）べきだということになる．同父母きょうだいの場合，$r = 0.5$ なので，$B/C > 2$ ならば，同父母きょうだいの摂食を避けるべきである．

Pfennig は，血縁者の摂食を避ける程度には個体間に変異が存在するという事実が持つ利点を利用して，血縁者を食べないことの利益 (B) とコスト (C) を推定した．つまり，血縁者の摂食を避ける強い傾向を示す個体（識別する個体）もいれば，全くそのような傾向を示さない個体（識別しない個体）もいた．Pfennig は，識別する，あるいは識別しない共食い幼生 1 匹を，24 匹の普通タイプの幼生とともに容器の中に入れた．その 24 匹の普通タイプの幼生は，6 匹は共食い幼生のきょうだいから，残りはきょうだいでない個体から構成された．そして，彼は血縁識別の大きな間接的利益 (B) を見つけた．つまり，識別する共食い幼生の場合はほぼ 4 匹のきょうだいが生き残り，識別しない共食い幼生の場合はほぼ 2 匹のきょうだいが生き残った．これは $B \approx 4 - 2 = 2$ を与えた．また，血縁識別の有意なコストは検出できなかった．つまり，識別しない共食い幼生は，識別する共食い幼生と同じ速度で成長し，同じ齢で成熟した．これは $C \approx 0$ を示唆した．これによって，$B/C > 2$ となり，共食いにおける血縁識別は血縁淘汰から説明されるだろう．

> … なぜなら兄弟を食べないことに対して，大きな間接適応度の利益があるからである

なぜ血縁識別をする幼生としない幼生がいるのかについては分かっていない．おそらく，資源をめぐる厳しい競争があるとか，あるいは非血縁個体はいないなどの条件下で，血縁者の摂食も得になることがあるのだろう．

意地悪行動

意地悪行動：他個体へのコスト, 行為者へのコスト

　Bill Hamilton (1970) は，Hamilton 則は利他行動を説明する一方，もっと不吉な説明もできることを指摘した．というのも，自然淘汰によって，危害となる意地悪行動，つまり行為者にも受け手にもコストになるような行動が進化的に有利になることがあることも，Hamilton 則から示されるからである (Box 11.1)．Hamilton 則の観点から，これは C が正で（その行動が行為者にとってコストとなる），B が負である（その行動が受け手にとってコスト，あるいは危害になる）ことを意味する．したがって，$rB - C > 0$ が成り立つためには，負の血縁度 (r) が必要になる．負の血縁度とはおかしな概念であるように思われるかもしれない．しかし，それは単に，特定の行動の行為者に対する受け手の血縁度が，個体群の平均的メンバーに対する血縁度よりも低いことを意味するものである (Box 11.5)．

意地悪行動が進化するためには，負の血縁度が必要になる

　意地悪行動がどうすれば進化的に有利になるかを検討するためには，遺伝子の観点から考えることと，その遺伝子を持たない個体に向けて，コストを伴いながらも危害を与える行動を導く遺伝子を考えることが役に立つ．もし意地悪遺伝子を持たない個体への危害行動が，資源を自由に使えるようにし，競争を少なくさせることでその意地悪遺伝子を持つ他の個体に利益を与えるならば，この遺伝子は集団に広がるだろう．これを概念化するときの1つの考え方は，意地悪行動が有利になるのはそれが非血縁者に向けられるときだということであり，また非血縁者へのこの危害行動が，行為者の血縁者にとって資源を自由に使えるようにさせる（あるいは競争を少なくさせる）ということである．よって意地悪行動は，間接的な受け手あるいは受け手達への利他行動として考えることができる．つまり，もしある個体に危害を与える行動が近い血縁者に利益を与えるならば，それは進化的に有利になりうるのである（図11.10）．ここで重要なことは相対的な適応度である．なぜなら，行為者が，実際に危害を加える個体（直接の受け手）に対するよりも，競争の減少から利益を受ける間接的な受け手に対して近い血縁関係を持つことが必要だからである．

間接的な利他行動としての意地悪行動

　意地悪行動は自然界では生じないと長く考えられてきた．なぜなら，ある個体に危害を加える行動が別の個体を助ける最も効果的な方法であるという例を見つけることは難しいとされたからである．意地悪行動でありそうないくつかの例が見つかったが，それらはすべて，長い期間で見ると行為者に利益を与える利己行動として単純に説明されるものばかりであった（表11.3）．例えば，鳥類では他個体と出会って縄張りをめぐる争いになることがある．このときの戦いは，行為者にとってコストであるように見えるかもしれないが，これは短い期間で見るとそう見えるだけで，長い期間で見ると資源をめぐる競争を減少させるという直接的利益から説明することができる．したがって，このような行動は利己行動であり，意地悪行動ではない．しかし，最近，実際の自然界で意地悪行動が起きている例が見つかってきた．

意地悪行動と考えられた多くの行動は，実際には長い期間で見ると，直接的利益を与えるもの，つまり利己的な行動であった

Box 11.5　血縁度再考

　この章と次の章では，祖先―子孫の決まった関係で共有される遺伝子という観点で，血縁度を議論している．しかし，これは議論を簡単にするための便利な近似に過ぎないことを理解すべきである．より厳密には，血縁度 r は，社会的パートナーとの間の遺伝的類似性を，個体群の他個体に対する場合と比較した測定値として統計的に定義されるものである (Hamilton, 1970; Grafen, 1985).

　統計量 r は，普通の統計的相関係数のように正にも負にもなりうる．しかし，個体群の内部では平均値として 0 という値を当ててよいだろう．これは図 B11.5.1 で模式図として示されている．そこでは緑の部分が，3 個体 (A, B, C) および個体群全体と共有する行為者の遺伝子の割合を表している．分かりやすくするために，行為者は個体群の平均的個体とはその遺伝子の 1/2 を共有するようにしたが，実際にはこの割合は 0 と 1 の間の色々な値を取りうるだろう．個体 A は，行為者の遺伝子を個体群の平均的個体よりも高い頻度で持っており，そのため両者は正の血縁度を持っている ($r > 0$)．個体 B は，行為者の遺伝子を個体群の平均的個体よりも低い頻度で持っており，そのため両者は負の血縁度を持っている ($r < 0$)．最後に，個体 C は，行為者の遺伝子を個体群の平均的個体と同じ頻度で持っており，そのため両者は 0 の血縁度を持っている ($r = 0$)．これは，個体群の平均血縁度を 0 とすることから導かれる．

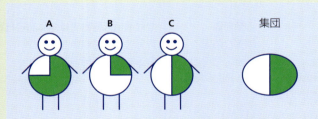

図 **B11.5.1**　血縁度の図式的見方．緑の部分は，3 個体 (A, B, C) および個体群全体と共有する行為者の遺伝子の割合を表している．本文で解説されるように，行為者は個体 A と正の血縁度を持ち，個体 B と負の血縁度を持ち，個体 C と 0 の血縁度を持つ．

多胚性捕食寄生蜂における殺戮兵隊

　Mike Strand とその共同研究者達は，捕食寄生蜂であるキンウワバトビコバチ (*Copidosoma floridanum*) を研究した．このハチは，ガの卵に自分の卵を産み付ける．ハチの幼虫は「ガ」の幼虫の中で，その内部を摂食しながら育つ．雌は 1 匹の宿主に 2 個の卵を産み，それらの卵は雄と雌であることが多い．これ

多胚性捕食寄生蜂では，いくつかの幼虫は他の幼虫を攻撃する兵隊として発育する

図 11.10 他個体に危害を加える意地悪行動は，その行為者と近い血縁関係を持つ間接的な受け手に利益を与えるとき，進化的に有利になる．

らの各卵は無性生殖的に分裂し，数千匹もの幼虫を生み出す．これによって，ガの幼虫の内部に，非常に多くの遺伝的に同一な雌と，雌の兄弟にあたる非常に多くの遺伝的クローン雄が含まれる状況が生じる．このようなハチの幼虫の多くは正常に発育するけれども，一部はいち早く発育して，宿主内の他の幼虫を攻撃する不妊の兵隊カストになる．Gardner et al. (2007) は，これが，より近い血縁者（クローンの姉妹；$r = 1$；このように半倍数性を取るハチ種における血縁度の計算については 13 章を参照せよ）に資源を自由に使わせるようにするための，相対的に血縁度の低い個体（兄弟；$r = 0.25$）に向けた意地悪行動だと示唆した．しかし，これが実際に意地悪行動であることを証明するには，以下の条件を満たす必要がある．

(1) その行動は，実際に行為者にとってコストであり，長い期間で見たとき何ら直接的利益を持たない．兵隊として発育することは明らかにコストである．なぜなら，兵隊はすべて不妊であり，成虫への発育に達しないからである．これは自分では決して繁殖できないという究極の犠牲を支払ってい

表 11.3 意地悪行動ではない行動例．これらは意地悪行動であると言われたが，行為者に直接的利益を与える利己行動として単純に説明されるものである (West & Gardner, 2010)．

動物	行動形質	なぜ意地悪行動ではなく利己行動か
鳥類	縄張り防衛	資源をめぐる競争を減らす
セグロカモメ (*Larus argentatus*) アメリカオオセグロカモメ (*L. occidentalis*)	近所の巣でのきょうだい殺し	資源をめぐる競争を減らす
オナガザル科の猿類（数種）	他個体の娘である幼獣や若獣へのハラスメント	自分の子のために競争を減らす
オナガザル科の猿類（ベニガオザル，*Macaca arctoides*）	性的干渉	長期間な繁殖成功を増やす
哺乳類	子殺し	自分の子のために競争を減らす
ビッグホーン (*Ovis Canadensis*)	負傷雄へのハラスメント	ハラスメントを受けた雄が死ぬ確率を増やし，次の繁殖期に配偶をめぐる競争を減らす
イトヨ	卵への共食い	自分の子のために競争を減らす

ることになる.

(2) 危害を加える行動は，相対的に血縁度の低い個体に向けられる． Giron et al. (2004) は，危害行動が非血縁者に優先的に向けられるときに血縁識別が生じているか否かを検証した．彼らは，クローンである姉妹 ($r = 1.0$)，あるいは兄弟 ($r = 0.25$)，あるいは非血縁の幼虫 ($r = 0$) を，発育中の雌の幼虫を体内に含む宿主の幼虫に導入することによって血縁度を変化させた．Giron et al. は，導入した幼虫を蛍光トレーサーでラベルし，そのラベルされた幼虫の組織をどれくらい多くの先住兵隊が摂食するかを測定することで，その被攻撃率を査定した．そして予測されるように，兵隊は血縁度の低い幼虫を攻撃する傾向があることが分かった（図11.11）．

Giron & Strand (2004) は，研究の補足として，血縁識別に使われる手がかりは，各幼虫が宿主の幼虫内で発育しているときにそれを取り囲んでいる胚体外膜であることを示した．一連の非常に見事な実験の中で，その膜が存在するときには兵隊の攻撃率は血縁関係と負の相関をするが，その膜が除去されるとそうならないことが示された．さらに，幼虫間の膜を交換することによって兵隊を騙すことができた．つまり，兵隊達の攻撃率は，その膜の元の持ち主との血縁度に対し負の相関を示し，その膜で包まれた幼虫との血縁度に対してはそうならなかった．

(3) 局所的資源をめぐる激しい競争と，血縁度におけるかなりの変異が存在する．そのことで，本当に近い血縁者が，他個体への危害行動から利益を得ることができる． ガの幼虫から与えられる制限された資源だけでは，ハチの幼虫の一部しか発育を完了し，成虫になることはできない．このため，宿主体内ではハチ幼虫の間で資源をめぐる激しい競争が起こっているが，兵隊による殺害行動はそれを減少させている．しかし，この殺害行動から利益を得る個体との血縁度が，殺される個体との血縁度とは，十分に差があることも重要である．そしてそれは，このハチで実際に成り立っている．なぜなら，兵隊達は，雄の兄弟を殺すことによって，より血縁関係の近いクローン姉妹に資源を自由に使わせるようにしているからである．

細菌における化学戦

意地悪行動の別の例は，細菌の異なる系統間に生じる対抗的相互作用である．多くの細菌はバクテリオシンと呼ばれる抗菌物質を生産する．それは，同種のメンバーがそのバクテリオシンを無効化する因子をコードする免疫遺伝子を持たない限り，そのメンバーを死に至らしめるものである．Andy Gardner とその共同研究者達 (2004) は，このバクテリオシンの生産と作用は，意地悪行動のための3つの条件をすべて満たしていると主張した．第1に，バクテリオシンの生産は大きな直接的コストを伴うものであり，そのため利己行動としてはそれを説明できない．実際，いくつかの種では，環境へのバクテリオシンの放出には細胞死が必要であり，そのためその細胞は不妊形質を持つ別の個体という

> 兵隊は不妊なので，兵隊として発育することはコストである

> 兵隊は，相対的に低い血縁度を持つ幼虫に対して優先的に攻撃する

> 各幼虫を包んでいる膜が血縁度の手がかりである

> 兵隊は，殺される幼虫よりも，競争が減ることで利益を得る幼虫と近い血縁度を持っている

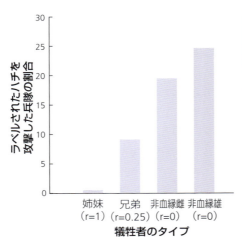

図 11.11 多胚性寄生蜂であるキンウワバトビコバチ (*C. floridanum*) の兵隊における攻撃率と血縁度. Giron *et al.* (2004) より転載. 写真は, イラクサギンウワバ (*Trichoplusia ni*) の卵に産卵している雌バチを表す. 写真© Paul Ode.

細菌は, 非血縁者を殺し, 血縁者が経験する競争を減らすための化学物質を生産する

ことになる. 第 2 に, バクテリオシンの有害な効果は, 相対的に血縁度の低い細胞に向けられる. この理由は, バクテリオシンの遺伝子とその免疫遺伝子の間に遺伝的連鎖が存在することである. これは, 近い血縁関係を持つ細胞が特定のバクテリオシンを生産する能力を持つと同時に, それに対して免疫能力を持つようにさせるか, あるいはどちらも持たないようにさせるものである. したがって, バクテリオシンは非血縁細胞だけに危害を加えることになるだろう. 第 3 に, 非血縁細胞を殺すことの利益は, 近い血縁の細胞に向かう. これは, 複数系統のクローンが 1 つの場所で増殖し競争するとき, クローン増殖する細胞は, 血縁細胞 (クローン仲間では, $r=1$) と非血縁細胞 ($r=0$) の両方を近くに持つだろうからである.

要約

利他行動は, 自分の生存や繁殖の機会をコストにして, 別の個体が残す子の数を増やすように作用する. 利他行動の極端な例は, 社会性昆虫の不妊ワーカーや細胞性粘菌の子実体の土台部分になる細胞である. Hamilton は, 利他行動は血縁淘汰によって説明できることを示した. ここでの考えは, 生物個体は, 自分の遺伝子のコピーを共有する近い血縁者を助けることによって, 将来の世代で自分の遺伝子のコピーを増やすことができるというものである. ある利他行動が集団に広がるための条件は, Hamilton 則, つまり $rB - C > 0$ によって与えられる. 血縁淘汰によって説明されるかもしれない形質の例には, ジリスの警戒声や野生のシチメンチョウの協力的求愛行動が含まれる.

血縁淘汰には, 相互作用する個体間に十分に高い血縁度が必要である. これを実現するための方法は血縁識別である. これにより個体は血縁者を査定することができ, そして優先的に近い血縁者を助けることができる. 遺伝識別の極端な様式は緑髭遺伝子である. この遺伝子は仲間の認知と助ける行動の両方を

導くので，その特殊な遺伝子を持つ他個体だけを助ける遺伝子となる．しかし，ヒアリのような例があるにしても，そのメカニズムは一般的に重要ではなさそうである．識別のもっと一般的な形式は，遺伝子を共有する示標として血縁関係を用いることである．このような血縁識別は，血縁関係の遺伝的手がかり（例えば，細胞性粘菌）を伴うものであったり，環境的手がかり（例えば，エナガ，12章）を伴うものであったり，あるいはそれらの両方（例えば，ベルディングジリス）であったりする．

　高い血縁度を実現するもう一つの方法は，分散を制限することである．分散の制限は血縁者を一緒に留まらせ，そのため隣の個体に対する血縁識別を伴わない利他行動が進化的に有利になるだろう．なぜなら，隣の個体は血縁者だろうからである．この例の1つは，細菌の鉄吸収シデロフォア分子の生産である．

　また血縁淘汰理論は，生物個体が近い血縁者と相互作用するときには利己行動をあまりしないだろうと予測する．なぜサンショウウオが近い血縁者への共食いをあまりしないかは，この考え方で説明できる．

　最後に，血縁淘汰理論には暗い側面もある．意地悪行動が優先的に非血縁者に向けられるならば，その意地悪行動は進化しうることを予測するのである．意地悪行動はめったにないように見えるが，その例として，多胚性捕食寄生蜂の不妊兵隊や細菌の化学戦（バクテリオシン）がある．

もっと知りたい人のために

　包括適応度理論についての Hamilton の原著論文は，1つの巻に一緒にまとめられたが (Hamilton, 1996)，それには，それぞれの論文に対して理解を容易にするための自叙伝風のメモが付けられている．Dawkins (1976) は，遺伝子の視点について非常に読みやすい啓蒙書を出版した．それと同時に，Dawkins (1979) は，血縁淘汰についての 12 の誤解について分かりやすく議論している．そのうちの多くは，今日でも誤解が続いている．Grafen (1991) は，包括適応度のより技術的な総括と，それをどのように検証できるかについて提案している．Grafen (1985) の本は，血縁度の概念についての古典的な教科書である．いくつかの利他的な行動や相互に利益になる行動を次の2つの章で詳しく議論するが，利他行動などの専門用語を再定義するときに生じるかもしれない混乱は，West $et\ al.$ (2007a) が総説としてまとめている．

　Hamilton 則の式において，概念的にも実践的にも，血縁度 (r) の項の重要性がときどき誇張され過ぎると同時に，利益 (B) とコスト (C) の項が軽視されるきらいがある．これは，遺伝的類似性の方が適応度成分よりも簡単に測定できるので，ある程度は，仕方のないことであろう (Box 11.2)．しかし，r に過剰に注目し過ぎると誤解と混乱を引き起こすかもしれない．というのも，B と C の変異は r と同等に重要だからである．個体が協力行動をするときに，C の変異が明確な効果を持つとする優れた例は，Field $et\ al.$ (2006) の研究である．

彼らの研究は，ハラボソバチの1種 (hairy-faced hover wasp) の社会集団における繁殖優位性の序列についてのものである．Gorrell et al. (2010) は，間接適応度利益が非社会的アカリスの養子引き受け行動を説明することを示すために，Hamilton則を使っている．

緑髭遺伝子の追加例として，キイロタマホコリカビ (*Dictyostelium discoideum*) の *csa* 遺伝子があげられる．この遺伝子は，細胞個体を他個体に付着させ集合への流れに乗せるようにし，協力して子実体を作らせるようにするが，同時にその遺伝子を持たない個体を排除する (Queller et al., 2003)．また出芽酵母菌 (*Saccharomyces cerevisiae*) の *FLO1* 遺伝子もその例に含められる．この遺伝子は，各個体が互いに付着して集合し，ストレス的環境から自分達をうまく守るための集団を形成するようにさせる (Smukalla et al., 2008)．緑髭遺伝子の進化動態とその他の知られた生物学的事例が，Gardner & West (2010) によって概説されている．

動物個体が血縁者と相互作用するとき，利己的でないように振る舞う方法の1つは，資源をより倹約的に，そして効率良く利用することである（5章の「たかり屋」よりむしろ「生産者」という議論と類似）．Frank (1996) は，これによって，寄生者が宿主に与えるダメージ（寄生者の毒性 (parasite virulence)）の変異をどれくらい説明できるかについて概観している．特に，もし宿主に感染した複数の寄生者が血縁度の高い者同士であれば，それらの寄生者には，獲得できる総資源量を最大にするために，長い時間をかけて宿主を倹約的に利用する（よって低い毒性）方が有利になるという共通の利害が存在する．一方，1匹の宿主に感染する寄生者が互いに低い血縁度を持つ場合，高い毒性が有利になるという予測は，Herre (1993) によるイチジクコバチの線虫の比較研究とMealors (2007) によるガのウィルスの実験的研究から実践的に支持されている．

Inglis et al. (2009) は，意地悪行動形質に対して，より特殊な予測をどのように作れるか，そしてそれをどのように実験的に検証できるかについての例を提案している．彼らは，バクテリオシン生産のような意地悪行動形質の利点は，パッチ内でのクローン仲間個体の比率など，個体群構造の特徴によって変化するだろうと述べている．

討論のための話題

1. すべての利他行動は，一般的に言うと利己行動である．議論せよ．
2. 利他行動のような専門用語をどのように正確に使うかは，重要な問題だろうか？
3. 人間は特に利他的な動物だろうか (Fehr & Gachter, 2002)？
4. ミーアキャットの警戒声は相互に利益となるものであるか，あるいは利他的であるかを議論せよ (Cutton-Brock et al., 1999b)．
5. 緑髭遺伝子は，残りのゲノムと対立するだろうか？

6. 動物が血縁者を識別する方法を研究するために，里親実験がどのように利用できるかを議論せよ (Mateo & Holmes, 2004; Holmes & Mateo, 2006; Todrank & Heth, 2006)．
7. 血縁識別は，複数女王を持つアリのコロニーで生じるだろうか (Hannonen & Sundström, 2003; Holzer *et al.*, 2006; van Zweden *et al.*, 2010)？
8. 分散の制限は，いつも利他行動を進化的に有利にさせるだろうか (Taylor, 1992; Queller, 1994)？
9. どのようなときに，自分の兄弟の頭部を噛み落としてもよいだろうか (West *et al.*, 2001)？
10. 意地悪行動も「間接的な利他行動」として考えられることを前提にすると，意地悪行動を利他行動と区別する利点は何かあるだろうか？
11. 意地悪行動は一般的だと期待すべきだろうか？ また，その新しい例を探すとすれば，どこが最良の現場になるだろうか？
12. 緑髭遺伝子は，動物で観察される複雑な適応を導きそうか？

写真 ⓒ Andrew Young

第12章
協力行動

　前章では，血縁淘汰によって，利他的協力行動 (altruistic cooperation) が血縁個体間でどのように有利になるかが説明された．しかし，協力行動は非血縁者の間でも起こりうる．例えば，ミーアキャット，コビトマングース，ルリオーストラリアムシクイなど協同繁殖を行う多くの脊椎動物では，ヘルパーの中には自分が助け育てる子に対して血縁関係を持たない個体もいる．さらにもっと極端な例は，掃除魚が依頼魚から寄生生物を取り除くときや，根粒菌が周辺から窒素を固定し，それをマメ科植物である宿主に与えるときに見られる種間の共生的協力 (mutualistic cooperation) である．したがって，協力行動が必ずしも血縁淘汰を必要としないのは明らかである．

　本章では，協力行動の進化に対する4つの異なる仮説を区別することにする．これらのうち1つ目の仮説は，血縁者間の利他的協力行動を説明できる血縁淘汰に依拠するものである．一方，他の3つの仮説は，すべて協力行為者に何らかの直接的利益を与える協力行動を前提とするものである．それらは，副産物の利益 (by-product benefit) を持つ協力行動，互恵的行動 (reciprocity)，強制的協力行動 (enforcement) である．これらの場合，結局，協力行動は利他的ではなく，その代わり双方にとって利益となるものになる（表B11.1.1）．協力行動が直接的利益を与える方法は複雑で，長い期間がかかったり，あるいは行為者の積極的な強制メカニズムを介して生じるため，遅延した利益 (delayed benefit) を伴うものになるかもしれない．

協力行動とは何か？

　もしある行動が，他個体（受け手）に利益をもたらし，その受け手への利益となる効果のために，その行動が淘汰を受けるならば（少なくとも部分的にも），その行動は協力行動である．この文の前半の条件節は，単に他個体へ一方通行

図 12.1 協力行動. (a) 藻類のボルボックス (*Volvox carteri weismannia*) の細胞は, 協同的な球体の多細胞集団を形成する. それは外縁に配置された 8000 個の小さな体細胞と少数のより大きな生殖 (発芽) 細胞から構成されている. 体細胞と生殖細胞の違いは, 社会性昆虫のワーカーと繁殖個体の間の違いと類似している. 写真ⒸMatthew Herron. (b) アフリカの東部, 南東部, 南中央部の広い地域にわたって, シママングース (*Mungos mungo*) は約 7〜50 頭からなる協同的な雌雄混合の群れで生活する. 写真ⒸAndrew Young. (c) 共生者である藻類の 1 種 (*Symbiodinium microadriatum*) に感染されたサカサクラゲの 1 種 (*Cassiopea xamachana*). 藻類 (写真のオレンジ色) は窒素および無機栄養物との交換で, 光合成産物をクラゲに与える. 写真ⒸJoel Sachs. (d) このアリ種 (*Camponotus hurculeans*) のような社会性昆虫では, 一部の個体は自分で繁殖する機会を諦め, その代わり他個体の子を育てる. 写真ⒸDavid Nash.

の副産物を与えるだけの行動を排除するために付け加えられている (West *et al.*, 2007a). 例えば, 象が糞をすると, それはその糞に集まって利用する糞虫にとって利益になるが, これを協力行動として考える必要はない. なぜなら, 象は純粋に利己的理由から (排泄器官を空にする) 糞をしているだけのことだからである. 糞虫への利益のために, より高いレベルで糞生産をすることが有利になるならば, 糞の排泄は協力行動として評価されることになるだろう. よって協力行動の定義は, すべての利他行動 (−/+) といくつかの相互に利益を得る行動 (+/+) を含むものである (Box 11.1).

協力行動は, 様々な生物において数多くの様々な様式を取る (図 12.1). ミーアキャットやフロリダヤブカケスのような協同繁殖をする脊椎動物では, ほぼすべての繁殖を行う優位つがいと, その子達を育てる手伝いをする劣位個体を含む群れでの生活がよく見られる (Hatchwell, 2009; Clutton-Brock, 2009c).

> ある行動が別の個体に利益を与え, その利益のために淘汰されてきたならば, その行動は協力行動である

> 協同繁殖をする動物種では, 群れの劣位個体が優位個体の子の世話を手伝う

劣位個体は，生まれた群れから分散しなかった個体であったり，群れに移入してきた個体であったりする．鳥類では，劣位個体は「巣のヘルパー (helper at the nest)」と称されることが多い．脊椎動物の協力行動は，群れにいる子や他の仲間への給餌や警護を含むものである．いくつかの昆虫種でも，類似したヘルパー形態を持っており，社会性昆虫（例えば，アリ類，ハナバチ類，カリバチ類，シロアリ類）においてその徹底さは頂点に達している．そこでは劣位個体は不妊ワーカーとなり，自分で繁殖する機会を完全に放棄するまでに至っている．

> 細菌は「公共財」を生産することで協力する

協力行動は，細菌などの，社会性という視点からは普通は考慮されることがなかった生物で見つかることもある．微生物の協力行動の最も一般的な様式は，細胞から放出され，細胞の局所集団に利益を与える因子の生産である．その因子は，増殖のための栄養物を集めたり，経済学が「公共財 (public goods)」と呼ぶものに似た役割を持つ（図 11.7）．これは，歯のプラークや流しの排水溝の周りにできる泡などのような，細菌が協同して作り上げる「粘液の都市 (slime city)」にも当てはまる．

また協力行動は種間でも生じる．種間の共生関係で見られる協力行動の最も一般的な様式は，一方あるいは両方の種がサービスあるいは資源を他方に対して与えることである．例えば，掃除魚と依頼魚（掃除を依頼しそのサービスを受ける大型魚）の共生では，掃除魚は彼らの依頼魚から寄生生物を取り除く．あるいはマメ科植物と根粒菌の相互作用では，根粒菌が彼らの宿主であるマメ科植物に窒素を与え，一方その植物は細菌に対して炭素を与えるのである．

ただ乗り，そして協力行動の抱える問題

> 協力行動の問題は，なぜ動物個体は別の個体を利する行動を行うべきかということである

協力行動の問題は，他個体の協力から利益を得ながら，同時に自分は協力するコストを省く「ただ乗り」個体に，協力行動が利用されてしまうことである．これは有名な「囚人のジレンマ」モデルで説明できる．それは，元々は人間の行動を考える助けとなるように開発されたものであるが，動物の社会で協力行動が成り立つときの問題を分かりやすく説明するときにも役に立つ (Axelrod & Hamilton, 1981)．

2人の犯罪者が捕まって，一緒に犯した犯罪を追求されていると想像しよう．2人の犯罪者は別々に留置され，各人に他方の犯罪への関与を白状するよう誘導する試みがされる．もしどちらもそれを白状しなければ，両方とも釈放される．この場合は協力戦略である．一方にあるいは両方に白状させる気にさせる（裏切らせる）ために，各人には，他方の関与を白状すると釈放される上にちょっとした褒美が与えられると告げられる．もし両方が白状すると各人とも投獄される．しかし，一方が他方の関与を白状し，他方が白状しなければ，白状された方は相方の関与を白状した場合よりも厳しい判決を受ける．このゲームの利得行列として，分かりやすいように適当な数値を記入したものを，表12.1に示

		対戦者B	
		協力	裏切り
対戦者A	協力	R = 3 相互協力への報酬	S = 0 お人好しの利得
	裏切り	T = 5 裏切りへの誘惑	P = 1 互いに裏切る罰

表 12.1 囚人のジレンマ・ゲーム (Axelrod & Hamilton, 1981). 対戦者Aの利得が，分かりやすく数値で示されている．

囚人のジレンマゲームでは，二人の囚人は相互協力から利益を得るが，両囚人はあえてお互いを裏切ろうとする

している．生物学的観点より，これらの値は相互作用から得られる適応度の増加量（例えば，子の数の増加）を示していると考えてよい．

対戦者Aは，他方の個体Bが常に協力することを知っていたとしよう．Aも協力すれば報酬3をもらえるが，裏切ると5がもらえる．だから，もしBが協力するならば，Aにとっては裏切る方が得である．さて，もしBが常に裏切るということをAが知っていたとする．するとAは協力しても何も得られないが（お人好しの利得は0である），裏切るなら1だけ得られる．だから，もしBが裏切るならば，Aも裏切る方が得である．すると結論は，相手の手のいかんによらず，裏切る方が得なのだが，その結果として両者に与えられる利得は1であり，両方が協力した場合の値3よりも小さくなる．これがジレンマである．

別の言い方をすると，協力者しかいない集団に裏切り者が侵入すると広がってしまうので，協力は進化的安定戦略 (ESS) ではない．これに対して裏切りはESSである．というのも，「すべての個体が裏切り」という集団では，突然変異で現れた協力者は不利だからである．そのため，遺伝するような両戦略が混ざった集団は，「すべての個体が裏切り」という状態へと進化するはずである．この結論が成り立つ条件は，表12.1にある行列において，

$$T > R > P > S \quad \text{かつ} \quad R > \frac{(S+T)}{2}$$

であり，これが囚人のジレンマ・ゲームを定義する式である．基本的な問題は，個体が相互協力によって利益を得ることができる場合でも，他個体の協力的努力に付け込んで，もっと儲けることができるという点にある．

囚人のジレンマ・ゲームは，協力行動の問題を分かりやすく説明するものであり，答えではないことを理解することが重要である．もし協力行動の問題に対する答えを見つけたいならば，協力あるいは裏切りの生涯獲得利得が表12.1に与えられるようなものではなく，囚人のジレンマが成り立たないような状況を見つける必要がある．

協力行動の問題を解決する

では，協力行動の進化をどのように考えればよいのだろうか？ 11章で議論したように，この問題に対する可能な答えの1つは，協力行動が血縁者に向けられ，そのことによって間接適応度の利益が生じるとき，協力行動は血縁淘汰

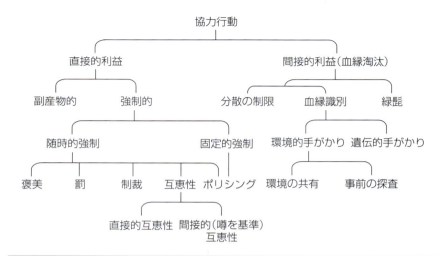

図 12.2 協力行動の説明における分類．直接的利益は相互に利益を与える協力を説明し，間接的利益は利他的な協力を説明する．直接的利益と間接的利益の背景にあるメカニズムはいくつかの方法で分類することができる．もし血縁者間に相互作用があるならば，直接的利益を導くメカニズムは間接的利益も導くことができる．緑髭遺伝子という特殊な場合については，その重要性は限定的なようであり，既に 11 章で議論しているので，この章では扱わないことにする．West *et al.* (2007b) より転載．掲載は Elsevier により許可された．

仮説	説明
血縁淘汰	同じ遺伝子のコピーを共有する個体を助ける
副産物の利益	利己行動の副産物として協力効果が発生する
互恵的行動	相手が助け返してくれるだろうから，その個体を助ける
強制	協力行動に褒美を与え，かつ（または）ただ乗りには罰を与える

表 12.2 協力行動に対する 4 つの仮説．血縁淘汰は利他的協力行動を説明することができる．他の 3 つは，相互に利益を得る協力行動を説明することができる．

によって有利になることがあるというものである．しかし，上で議論したように，非血縁者同士の協力も説明される必要があるので，この場合，協力行動は直接適応度における何らかの利益を協力行動者に与えなければならない．ここで言う直接適応度と間接適応度の違いとは，ある遺伝子が次世代への自らの伝達量を最大化させるために，その遺伝子を持つ個体の適応度（直接適応度）を増加させるか，あるいは同じ遺伝子のコピーを持つ別の個体の適応度（間接適応度）を増加させるかの違いである．これら 2 つの大きな概念の内部でも，協力行動に対する説明はさらにいくつかのやり方に分けることができる（図 12.2; Sachs *et al.*, 2004; Lehmann & Keller, 2006; West *et al.*, 2007c）．

この章では，協力行動が 4 つの異なる様式でどのように説明できるかを考えることにしよう．それらは，血縁淘汰，副産物の利益，互恵的行動，強制である（表 12.2）．1 番目の様式は間接的利益に依拠したもので（血縁淘汰），他の 3 つは直接的利益を与える協力行動を想定したものである．つまり利他的ではなく，相互的な利益を基にしている．

協力行動は，直接的利益かあるいは間接的利益によって説明できる

血縁淘汰

11章では，利他的な協力行動が血縁者間でどのように有利になるかを説明した．この考えは，もし $rB - C > 0$ ならば利他行動が有利になるとする Hamilton 則によって定式化されている．このとき，B は利他行動の受け手に対する利益，C は行為者にとってのコスト，r は受け手から行為者への遺伝的血縁度である．囚人のジレンマの文脈では，個体Aと個体Bが血縁関係にあるとき協力行動は有利になりうる．なぜなら対戦者Bへの利得（rによって重み付けされる）は，対戦者Aの包括適応度成分になるからである．

> 血縁淘汰は，血縁者間の利他的協力行動を説明する

エナガの血縁識別

協力行動を有利にする血縁淘汰の最良の例の1つは，Ben Hatchwell とその共同研究者達によって行われた，ヨーロッパやアジアで広く繁殖する小型の鳥種であるエナガ（*Aegithalos caudatus*）のヘルパー行動についての研究である．非繁殖期間である冬期に，エナガは群れで生活し，その群れサイズは16羽を平均としてかなり変動する．その群れは，1家族あるいは複数家族からの世代の重なった血縁個体と，移入してきた血縁関係のない雄と雌で構成される (Hatchwell & Sharp, 2006)．各群れは，排他的でない広い範囲を占有する．そして早春になると，一夫一妻のつがいが形成され，各つがいは冬期に群れで過ごした地域の一部を占有する．すべての鳥は繁殖の季節になると独立に繁殖し始め，この段階で巣に留まるヘルパーはいない．しかし，多くの巣は捕食のために失敗する．失敗した繁殖個体の中には，営巣し2回目の繁殖を試みる個体もいるが，その代わりに他の巣に行き，そこのヒナへ給餌を手伝う個体もいる．その結果，そのヒナは大きくなり，翌年まで生き残る確率が実質的に増加する（図 12.3a; Hatchwell *et al.*, 2004）．

> エナガでは，ヘルパー行動はヒナの生存率に対して明らかな利益を与えている

52羽のヘルパーを観察したデータから，Andy Russell & Ben Hatchwell (2001) は，79%のヘルパーが，手伝う相手の一方あるいは両方の繁殖個体と近い血縁関係にあることを見つけた．そして彼らは，ヘルパー候補を2つの繁殖巣（一方は近い血縁個体の巣，他方は非血縁個体の巣）からほぼ同じ距離の地点に放し，そのヘルパー候補にそれらの巣を選択させる実験を行うことで血縁識別の役割を検証した．結果は，明らかに血縁識別が起こっていることを示していた．つまり17例のうち16例で（94%），ヘルパー個体は，非血縁者の巣ではなく血縁者の巣に行き，そこで手伝うことを優先的に選んだ（図 12.3b）．さらに，同じ個体群の長期間のデータセットの解析から，間接適応度の利益がエナガのヘルパー行動を説明する主な理由であることが示唆された (MacColl & Hatchwell, 2004)．この場合，直接適応度の利益の役割は除外することができる．なぜなら，繁殖季節の間の死亡率が高いことと繁殖成功率が低いことから，ヘルパーになる個体は生涯の後半に繁殖できることはめったにないからである．これは，個体は繁殖から直接適応度を獲得するか，ヘルパーになることから間

> エナガは，近い血縁者の巣には優先して行きヘルパーとなる

> 個体は，自ら繁殖するかあるいはヘルパーになるかで適応度を得るが，両方をやることはできない

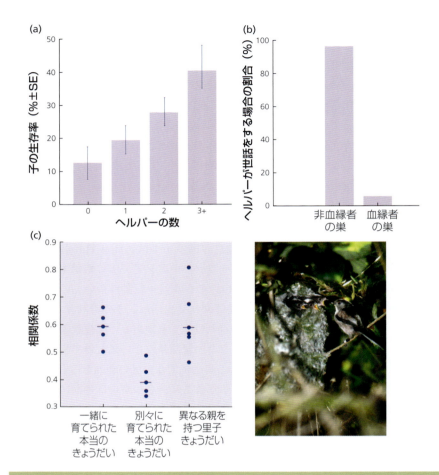

図12.3 エナガのヘルパー行動と血縁識別．(a) ヘルパーの数は，子が翌年まで生き残って個体群に加入する率をほぼ直線的に増加させる．Hatchwell *et al.* (2004) より転載．(b) 繁殖に失敗した個体は，血縁者の巣に優先的に行きヘルパーとなる．Russell & Hatchwell (2001) より転載．(c) エナガ個体が発するチリリ声は，遺伝的に血縁関係のある個体のチリリ声よりも，彼らが一緒に育てられた個体のチリリ声と似ていた．Sharp *et al.* (2005) より転載．掲載は the Nature Publishing Group により許可された．写真は，巣で給餌するヘルパーである．写真ⓒAndrew MacColl．

接適応度を獲得するかしかなく，両方をやることはほとんどできそうにないことを意味している．

　11章で議論したように，血縁識別は，直接の遺伝的手がかりによって，あるいは以前に一緒だったとか共通な環境を経験したなどの間接的な環境的手がかりによって生じる．エナガでは，血縁識別の主要な手がかりは「チリリ声」のようである．それは，造巣や闘争などの相互作用を伴う行動のときに，雌雄によって頻繁に発せられる短距離コミュニケーション用の連絡の鳴き声である (Sharp *et al.*, 2005)．血縁個体間のチリリ声はよく似ており，録音された血縁個体のチリリ声が再生された巣に血縁個体はよく引き付けられる．Hatchwell とその共

エナガは，チリリ声など，ヒナのときに学習した環境的手がかりによって血縁者を非血縁者から区別する

同研究者達は，卵を巣間で交換するという里子実験を使って，チリリ声の発達における遺伝的影響と環境的影響の相対的重要性を調べた．そして，里子達（同じ巣で育ったが非血縁である）は，本当のきょうだい（一緒に育てられたきょうだい）と同じくらい相対的に類似した鳴き声を発達させ，それは異なる巣で離れて育てられたきょうだいの場合よりも似ていることを発見した（図 12.3c）．後年，これらの鳥を観察した結果，繁殖に成功しなかった個体がヘルパーになるとき，血縁関係自体よりむしろ，彼らが誰に育てられたかを基準にヘルパーになる相手を選ぶことが示された．全体的には，これらの結果は，利他的協力行動を生じさせる環境的手がかりを介した血縁識別が存在することを支持するものである．

隠された利益

　エナガでは，ヘルパーの存在はヒナの生存率の有意な増加につながっているので，協力行動の利益は明らかである（図 12.3a）．しかし他の種では，協力行動の利益が隠されたり遅れたりして，それを決定することが困難な場合がある．この良い例は，Andy Russell, Becky Kilner とその共同研究者達によって行われた，オーストラリア南東域で協同繁殖をする小型の鳴禽であるルリオーストラリアシクイ（*Malurus cyaneus*）における研究である．観察データによって，ヘルパーの存在はヒナの体重増加につながらず（図 12.4a），そのため育てられるヒナに対してヘルパーの明確な適応度利益はないことが示された（Russell *et al.*, 2007）．

　このことに対する説明として，Russell *et al.* は，ヘルパーがいるとき，子の母親が繁殖努力を減少させるからだと考えられるか否かを検証した．その予想のとおり，ヘルパーがいるとき，雌は栄養含有率の低い（14％だけ小さくなった卵黄部分；図 12.4b）5.3％も小さな卵を産むことが分かった．これは，ヘルパーからのヒナへの利益が，母親による卵への投資の減少部分をまさに補填していることを示唆する．Russell *et al.* は，卵への投資の効果とヘルパーの手伝いの効果を分離するために，多変量統計解析と，異なる数のヘルパーを持つ巣の間で卵を移動させる里子実験を組み合わせる方法を用いた．これによって，同じヘルパー数を持つ巣から同じ初期サイズを持つ卵を与えられた巣では，もしその巣でヘルパーが存在する場合，ヒナの体サイズが有意に増加することが示された（図 12.4c）．

　これはまた，ヘルパーを持つ母親はなぜ卵への投資を減少させ，ヘルパーが子に与える利益を無効にするのかという疑問につながる．可能な理由の 1 つは，ヘルパーの存在が餌をめぐる厳しい競争を生じさせ，そのため母親が卵に分配する資源が少なくなってしまうということである．別の可能性は，ヘルパーを持つ雌は将来の繁殖機会に使う資源を温存するために，現在の繁殖にあまり投資しないということである．16 年間の観察データセットによって，ヘルパーの

ルリオーストラリアシクイでは，ヘルパーの存在がヒナの体サイズの増加につながらない…

…なぜならヘルパーを伴う母親はより小さな卵を産むからである

ルリオーストラリアシクイのヘルパー行動は，群れの繁殖個体に対して遅延した利益を与えている

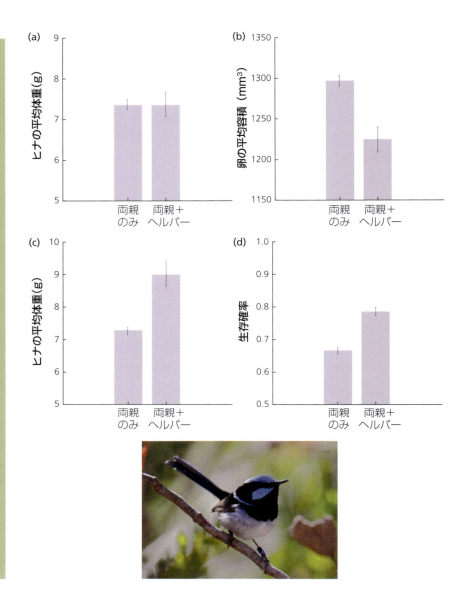

図 12.4 ルリオーストラリアムシクイ (*Malurus cyaneus*) における隠されたヘルパー効果. (a) ヘルパーの存在は, 育てられたヒナの体サイズに影響を与えなかったが, (b) 優位雌がより小さな卵を産むように導いた. (c) 同じサイズの卵を持つ集団を比較した里子実験では, ヘルパーの存在によってヒナの体サイズが増加した. (d) ヘルパーを伴うとき, 繁殖雌が次の繁殖期まで生き残る確率は高くなった. Russell *et al*. (2007) より転載. 掲載は AAAS により許可された. 写真は雄である. 写真© Geoffrey Dabb.

存在により母親が次の繁殖期まで生き残る確率は11%増加することが示され, 後者の説明が支持された (図12.4d). 全体として, これらの結果により, ヘルパーからの利益は, 繁殖個体が将来再び繁殖するまで生き残る確率を増加させるというやり方で, 長い期間を経て発揮されることが示唆される. 加えて, この種の個体が繁殖雌とより近い血縁関係を持つような群れでヘルパーになりやすいのか否かを知ることは, 極めて興味深いことだろう.

副産物の利益

場合によっては, 協力行動は, 副産物あるいは「自己本意 (self-interested)」

		対戦者 B	
		狩りをする（協力）	狩りをしない（ただ乗り）
対戦者 A	狩りをする（協力）	$C = 4$ 大きく成功する狩りを共有する	$S = 1$ 適度に成功する狩りを共有する
	狩りをしない（ただ乗り）	$F = 2$ 適度に成功する狩りにただ乗りする	$N = 0$ 狩りは起きない

表 12.3 協力的狩猟ゲーム．対戦者 A の利得が，分かりやすいように数値で表されている．

的行為の必然的結果として，利益を与えるものになる．ここで考えていることは，協力行動が常に個体からの，あるいは利己的視点からの最良の選択肢であるが，同時に，それが他個体に利益を与える結果になるということである．

これは，Ken Binmore (2007a) が「囚人の楽しみ (Prisoner's delight)」と名付けた協力的狩猟ゲームで説明することができる（表 12.3）．2 人の対戦者が，狩猟などの協力が可能なある試みに参加する機会を持ち，そして，それに参加するにはエネルギーの 1 単位分だけコストを払うと想像しよう．もしその狩りが成功すれば，狩りに参加したか否かに関わらず，すべての獲物は 2 人の対戦者で分配される．もし 1 人の対戦者だけが狩りに参加するならば，その狩りは適度に成功して，エネルギーの 4 単位分に等しい獲物の報酬が得られる．それは均等に分けられ，各対戦者に 2 単位ずつ与えられる．この場合，狩りをした対戦者は $2 - 1 = 1$ の利得を獲得し（引く 1 は狩りのコスト分である），ただ乗り対戦者は $2 - 0 = 2$ の利得を獲得する（狩りのコストはない）．もし両方の対戦者が狩りに参加するならば，協力的狩りの相乗的効果のため，その狩りは大きく成功し，エネルギーの 10 単位分に等しい獲物の報酬が得られる．それは均等に分けられ，各対戦者に 5 単位ずつ与えられる．そして総計としての利得は，狩りのコストが引かれて，$5 - 1 = 4$ となる．これらの利得から，狩りに参加する（協力）ことは，相手の対戦者が何をするかに関わらず，いつも最良の選択肢となる．したがって，狩り行動は ESS である．

相手の狩りにただ乗りする行為 ($F = 2$) は，ただ乗りされる ($S = 1$) よりも良いという事実にも関わらず，狩り行動は ESS である．なぜそうなるかを示すために，狩りをするかしないかのどちらかが非常に稀であるような，極端な例を考えてみよう．もし狩り行動が稀な場合は，狩りをする個体は別のハンターを同行しないはずで，そのため平均利得は 1 になるだろう．また多くの狩りをしない個体はもちろんハンターを伴わないので，彼らの平均利得は 0 より少しだけ大きい値になるだろう（ほんの少しだけ 0 より大きい．なぜなら，狩りをしない個体のほんの少数だけが，ハンターを伴うことから自分の利得を増加させるからである）．よって，狩り行動が稀であるとき，狩り戦略は狩りをしない戦略よりも利得が高く，集団に侵入できるだろう．逆に，狩りをしない行動が

協力的狩猟ゲームでは，狩猟行動（協力）は ESS である…

…たとえ他人に利益を与えたとしても

稀であるとき，狩りをしない個体はハンターを伴う傾向が高く，彼らの平均利得は2になるだろう．一方，狩りをする個体は他のハンターを同行する傾向が高く，その平均利得は4より少しだけ小さな値になるだろう（ほんの少しだけ4より小さい．なぜなら，狩りをする個体のほんの少数がハンターを同行しないからである）．よって，狩りをしない行動が稀であるとき，狩りをしない戦略は狩り戦略よりも利得が低く，集団には侵入できないだろう．これは，自然淘汰にとって何が重要であるかは，個体（あるいは戦略）が集団全体とどのように関係するかであり，相互作用するパートナー（あるいは集団の部分集合）とどのように関係するかではないという一般的観点を分かりやすく説明している（Grafen, 2007; 表15.1も参照せよ）．

アリによる協力的な巣の創設

　残酷な結末に至ってしまう副産物の利益の顕著な例として，血縁関係のない女王が集まって，協力しながら地面を掘り，巣を作るというやり方で，巣を協同創設する数種のアリがあげられる (Bernasconi & Strassmann, 1999)．この行動は縄張り性のいくつかの種で起こる．それらの種は，成熟したコロニーからのワーカーは新しい巣を破壊し，新しく創設された巣からのワーカーは他の新しく創設された巣から子達を盗むという特徴を持っている．複数の女王によって創設される巣はより速く成長するため，他の巣をうまく襲うことができ，同時に自分の巣を襲撃からうまく守ることができるので，協同的な巣の創設は明らかに利益になる．しかしこの協同行動は長続きしない．なぜなら，複数の女王による利点の享受は，成虫ワーカーが出現するときに終焉を迎えるからである．女王は採餌せず，その代わりに自分自身を巣に閉じ込め，自分の体に蓄積した栄養物（翅の筋肉を消化することで得られる脂肪，タンパク質，グリコーゲン）からワーカーである最初の一腹虫を産む．ワーカーが出現すると，それによって女王が自分の体の蓄積栄養物に依存して子を産む期間は終了する．この時点で，各女王はもはや他の女王の存在から利益を受けることはなく，繁殖を独占する方が莫大な利益を得ることができる．このため，互いに争うことのなかった女王達が，今度は死闘を始めるのである．

血縁関係のない女王アリが，集合して協同で巣を作る…

…しかし，後に死ぬまで戦う

ミーアキャットの群れの増大

　副産物としての利益は，協同繁殖をする多くの脊椎動物にとっても重要になることがある．Tim Clutton-Brockとその共同研究者達は，アフリカの乾燥地域で見られる小さな（< 1 kg）マングースであるミーアキャットの長期研究を行った．ミーアキャットは20頭にものぼる成獣と世話の必要な幼獣を含む群れで生活する．各群れは，優位なつがいとその群れで生まれた雄と雌の劣位個体，およびときには群れに移入してきた劣位個体から構成される．ミーアキャットの繁殖が成功するかどうかは，群れの劣位個体のヘルパー行動に完全に依存している．そこでの劣位個体は，巣穴の幼獣に給餌したり，またそれを警護したりする．

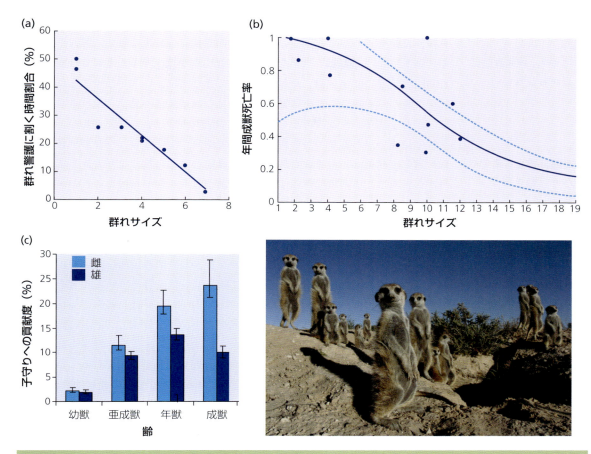

図12.5 ミーアキャットにおける群れの増大．大きな群れでは，(a) 個体は，捕食者に用心して群れを警護する時間をあまり使わなくてよい．(b) そして毎年の成獣の死亡率は低い．Clutton-Brock *et al*. (1999a, b) より転載．掲載は AAAS により許可された．(c) 雌は雄よりもよくヘルパーになる．雄によるヘルパー行動は，雄が成獣になって群れを出ていく頃になると減少する．Clutton-Brock *et al*. (2002) より転載．掲載は AAAS により許可された．写真 ⓒAndrew Young．

一方，群れの残りの個体は他の場所で採餌をして1日を過ごす．これは，ヘルパーが一部の巣で現れるだけで必須ではないエナガのような種とは対照的である．ミーアキャットのヘルパー行動は，極めて大きなコストを伴う．つまり1日をかける子の世話が，その始まりから12時間を超えて続くため，それだけで子守り係は体重の1%を失ってしまうほどであった．逆に，採餌個体はその体重を5.9%も増加させた (Clutton-Brock *et al*., 1998)．1回の繁殖で使う総時間をとおして，子の世話を最もよくする個体は自分の体重の11%も失ってしまった．

群れサイズの増加に伴い，ときどき「群れの増大 (group augmentation)」と呼ばれる効果と組み合わさることで，このヘルパーの行動は，少なくとも2つの方式で子守り係に対して将来の利益を与える．第1には，群れサイズが大きくなるほど群れは成功していくので，群れのすべてのメンバーに対して利益と

> ミーアキャットによるヘルパー行動は，短期間ではコストとなる…

| | なる．例えば，より大きな群れはより効果的に捕食者を警戒でき，多くの時間を採餌に使うことができ，他の群れとの間で起こる縄張り争いに勝ちやすくなる（図 12.5a）．これは，大きな群れほど死亡率が低下することにつながる（図 12.5b）．第 2 に，劣位雌，そして移入してきた劣位雄は，手伝うことによって将来ヘルパーを持つことを確実にし，優位な繁殖個体の地位を受け継ぐことになるかもしれない．この考えを検証する方法の 1 つは，性間でヘルパー行動の発生率に違いがあるか否かを調べることである．なぜなら，ヘルパー行動の将来の適応度利益は，生まれた群れに残り繁殖しやすい性でより大きくなるだろうからである．この議論が示すとおり，雌が最もヘルパーになることが多い性であり，雄がヘルパーとして働く傾向は，成獣になって群れを出ていく頃になると低下する（図 12.5c）． |

…しかし，将来利益になるかもしれない

雄と雌は異なる率でヘルパー行動を行う

直接適応度と間接適応度の利益は，ヘルパー行動の進化に貢献するだろう

ミーアキャットからのデータは，協力行動の直接的利益と間接的利益（血縁淘汰）を分離することがいかに難しいかを分かりやすく説明している．上の議論は，ヘルパー行動がヘルパーに対して直接適応度を与えていることを明確にした．しかし，ミーアキャットの群れの多くのメンバーは，彼らが手伝って育てる子や群れの残りの個体に対して血縁関係を持つ（図 B11.3a）．これは，彼らが (a) 血縁者が育つのを助けることから，また (b) 劣位な血縁者も群れサイズが増加することから利益を得ることから，間接的利益も得ていることを意味する．また，ヘルパー行動を進化的に有利にする様々な要因の相対的重要性は，性や齢とともに変化するかもしれない．例えば，群れで産まれた雄は，主に血縁者を助けることによる間接的利益のために，そして大きな群れにいることによる生存率への直接的利益のために，ヘルパー行動をするかもしれない．しかし，移入してきた雄は，大きな群れにいることによる生存率への利益のために，そして彼らが群れで優位個体になったときに助けてくれる劣位個体を作るために，ヘルパー行動をするのかもしれない．

互恵的行動

将来のお返し…

Robert Trivers (1971) は，極めて大きな影響を与えた論文の中で，もし動物個体が自分を助けてくれた個体を優先して助けるならば（互恵的手助け），他個体を助けるときのいかなる短期コストも，後でお返しされる助けによって十分に報われることがあると主張した．例えば，今日は個体 A が個体 B を助け，そして明日は個体 B が個体 A を助けるということである．これは，「僕の背中を掻いてくれたら，君の背中を掻いてあげよう」というよく知られたフレーズで表現されるものである．互恵的行動の進化における問題は，ただ乗りの可能性である．一方の個体が得をして，次に他方の個体が得をするまでには時間の遅れがあるので，今日，個体 B が個体 A から助けをもらっても，明日，その恩恵の返済を拒否するかもしれない．ある簡単なモデルを用いて，互恵的行動が進化的に安定するための条件を調べてみよう．

…そして，ただ乗りの問題

「囚人のジレンマ」での繰り返しの相互作用

　互恵性がどのように協力行動を進化的に有利にするかを考えるためには，囚人のジレンマに戻るのが便利である．このジレンマから逃れ，安定した協力関係に達する方法はないのだろうか？　もし両対戦者が一度しか出会わないとすると，その答えは「ない」であり，表 12.1 においては裏切りだけが安定な戦略である．何度も繰り返し出会うときでも，その総回数があらかじめ正確に分かっているならば，やはり裏切りが安定な戦略である．というのも，最後の出会いでは裏切りが最適で，次いでその前でも裏切りが最適で，結局，ずっと戻って最初の出会いでも裏切りが最適だからである．しかし，もし出会いが無限回続いたり，あるいはより現実的に，両対戦者が再び出会うかどうかはいつもある確率 w で決まるならば，何らかの形式の協力行動が安定になるかもしれない．これは，対戦者間の協力行動で生じる長期利益は，裏切り行動の短期利益よりも大きいからである．このような協力行動は「互恵的利他行動」とも呼ばれることもあるが，それは間違いである．なぜなら，助けることは短期的にコストになるけれども，将来助けられる利益がそのコストよりも大きいとき，その行動が進化的に有利になるからである．つまり相互利益であって，利他行動ではない (Box 11.1)．

　Axelrod (1984) は，この問題を検討するために，世界中の科学者から提出された 62 の戦略を戦わせる有名な計算機トーナメントを行った．これらの戦略は，協力と裏切りを様々な順番で混合したものであり，Axelrod のシミュレーションによって，最良の戦略は「しっぺ返し (tit for tat, TFT)」と呼ばれる戦略であることが提案された．つまり，最初は協力し，それ以後は直前に相手の取った手を繰り返すという戦略である．TFT は，親切（協力で始める），仕返し（裏切りを罰する），許し（以前裏切った相手でも，協力する者には協力で対応する）の組合せである．

　Axelrod の計算機による実験は大きな影響力を持ってしまい，TFT を介した互恵的行動は他のどんな戦略からも侵略されない進化的安定戦略 (ESS) であるという拡大解釈された仮定につながった．しかしその後，TFT の仮定は言い過ぎで，それは負けることもあり，どんな単一の戦略であっても優位に立つことは困難であることが理解されるようになった．例えば，うまくやる他の戦略としては，最初の出会いで裏切り，その後 TFT を行う「疑い深い TFT」や，最初に非協力で始め，そして相手の協力に対応して結局協力に転じる「逆しっぺ返し (tat for tit)」などがある (Boyd & Lorberbaum, 1987; Binmore, 1994, 1998)．結局，互恵的行動は，理論的にはありうるけれども，単純な TFT の規則を自然の中で必ずしも期待すべきではないということである．

> 繰り返す相互作用は，互恵的協力行動を安定化させるはずである

> しっぺ返し戦略が，Axelrod のコンピュータシミュレーションで勝利した…

> …しかし，負けることもあった

動物の互恵的行動

人間の場合

互恵的行動は，人間の世界では一般的だと思われている．その一例は，比較的小規模の専門家集団でダイヤモンド取引を行っているアントワープのダイヤモンド市場から得られる．そこでは，取引者は商品を家で調べるため，鞄に入ったダイヤモンドを渡される．これらの鞄は大変貴重であるが，領収書はかわされず，契約書へのサインもない．しかし，もし誰かがそれを盗むと，その人間は共同体から追い出されてしまう．よって，これを反復ゲームの中で維持される互恵的協力行動の例だと見ることができるだろう．この戦略はGRIMと名付けられたもので，まず協力し，一度でも裏切られた後では決して協力しないというものである．「経済ゲーム」を使って，互恵性が人間に協力行動を生じさせるか否かを検証した広範な文献もある．そのような実験では，人は囚人のジレンマなどのゲームで対戦し，多く得点すればするほど，そのゲームの最後に与えられる現金報酬が大きくなる．このようなゲームでは，互恵性に必要な反復する出会いが，高いレベルの協力行動を導くことが何度も示されてきた (Carmerer, 2003)．

もし人間で互恵的行動が重要ならば，人は見られているとき余計に協力的になりやすいはずだと予想できるだろう．なぜなら，これは互恵的に助けを行う確率を増加させるだろうからである．これに対する証拠は，Melissa Batesonとその共同研究者達 (2006) が大学の喫茶店で行った巧妙な現場実験から得られている．その部屋には，紅茶やコーヒーの代金を支払うための正直箱が置かれた．正直箱の上には，飲み物のお金を支払うシステムを説明した注意書きが置かれた．Batesonは，週が変わるごとに，その注意書きに2つの目玉かあるいは2つの花のどちらかの画像 (150 × 35 mm) を交互に貼り付けた．その結果，人々は，自分達の飲み物に対して目がディスプレイされているときは，花がディスプレイされているときの3倍の金額を支払ったことが明らかになった．これは，観察されているという手がかりに反応して，自動的にまた無意識に協力する傾向になることを示唆している（図 12.6）．しかし，この研究を互恵的行動の証拠として解釈するには慎重であるべきである．なぜならその結果は，罰を避けるための協力行動などのいくつかの他の強制メカニズムによっても同等に説明できるからである．例えば，もしただ乗り個体を罰する権利が与えられるならば，人はそれを行い，これが高いレベルの協力行動につながることが経済ゲームによって示されてきた (Fehr & Gachter, 2002)．より一般的に，Trivers (1971) は，人の「公平感」の進化的基盤を与えるのは互恵性などに伴われる強制メカニズムに対する淘汰であると述べている．

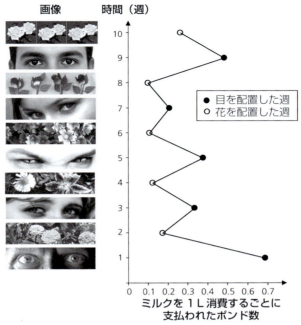

図 12.6 週ごとに消費された牛乳1L当たりに支払われた金額（ポンド）と支払いをお願いする注意書きに添付された画像．Bateson *et al.* (2006) より転載．掲載は the Royal Society により許可された．下の写真は，この研究の後に，イギリスの West Midlands 警察によって作られた犯罪防止ポスターである．掲載は the West Midlands Police により許可された．

人間でない場合

　掃除魚とその依頼魚の協力行動，多くの鳥類に見られる捕食者への反応である警戒声，吸血コウモリの血の分け合い，捕食者を探索する魚，チンパンジーの食べ物の分け合いなど多くの例で，互恵的行動は重要であることが示唆されてきた．しかし，通常，与えられたすべての例，あるいは少なくとも多くの例の協力行動は，副産物の利益などのもっと単純なメカニズムで説明することができる (Hammerstein, 2003; Clutton-Brock, 2009c)．したがって，互恵的行動は広く重要であると仮定されてきたけれども，現在ではそれは動物では稀であるか，あるいは存在しないとまで考えられている．ここで重要な点は，互恵的行動は可能ではないということではなく，実践的に数多く注目されてきているにも関わらず決定的な例はまだなく，最も良い例であっても確実だというには

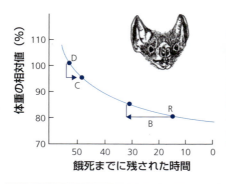

図 12.7　吸血コウモリの体重は，採食後の時間経過とともに負の指数関数曲線を描いて減少し，日没時に，食事をした後の初期体重の 75% にまで下がると飢えによって死ぬ．よって，体重 D を持つ個体が体重の 5% を他個体に与えると，C 時間分だけ飢死時刻に近付く．一方，体重 R の個体がこれを受け取ると，飢死時刻から B 時間分だけ戻ることができる．Wilkinson (1984) より転載．掲載は the Nature Publishing Group により許可された．写真ⓒDeitmer Nill/naturepl.com

まだほど遠いものだということである．2 つの特別な例を議論することで，これが分かるだろう．

吸血コウモリ

　Wilkinson (1984) は，コスタリカのナミチスイコウモリ（*Desmodus rotundus*）の集団を個体識別によって研究した．日中，このコウモリは，母親，その子達，血縁個体，非血縁個体を含む 8〜12 頭の安定した集団でねぐらを利用する．成獣は夜に動物の血を求めて採餌に出かけるが，その採餌には危険がつきまとい，しかも全採餌個体の約 1/4 は餌にありつけないままねぐらに戻ってくる．餌を取れなかったこれらの個体は，集団の中で血を摂食できた個体に餌をねだり，通常いくらかを受け取る．Wilkinson は，餌の吐き戻しが，近い血縁個体か，そうでなければねぐらで頻繁に一緒になる個体の間だけで起きることを発見し，そしてこの後者の例は互恵的行動であると提案した．しかし，これが本当に互恵的行動であることを証明するためには，以下の条件を満たす必要がある．

> チスイコウモリは，血縁者と非血縁者の両方と餌を分け合う
>
> 繰り返す相互作用が生じている …

(1) お互いに助け合うことが可能であるような，十分に反復されるペア間の相互作用がある．野外では，非血縁個体の中には，定常的に，ときには数年にわたって同じねぐらを使う個体が数頭確認された．

(2) 助けを受ける利益は援助を与えるコストを上回っていなければならない．図 12.7 は，コウモリが最後の食事をとってから，時間の経過につれて体重を落としていく様子を示している．その減少曲線は，その減少の速度が次第に減衰することを示しているが，これは十分に餌をとった個体にとって，わずかな量の血を他個体に譲っても，横軸に沿って死の閾値に向かっ

て進むという点ではあまり大したコストではないことを意味する．ところが，この同じ量が空腹個体には非常に大きな利益をもたらし，時間軸において死の閾値からずっと左の方に時間を戻すことができる．よって，血の提供は，与え手にとっては小さなコストを，受け手にとっては大きな利益をもたらす．実際にそれは，受け手が翌日の夜まで生き残り，自分で餌探しに出かけられるようにしている．

…そして，その利益はコストよりもはるかに大きい…

(3) 以前に助けてもらった程度に依存して，自分が他個体を助ける程度を調節する．つまり，協力個体と裏切り個体を認知し区別することができ，以前食べさせてくれた相手に食べさせ，以前恩を返さなかった相手には給餌を拒否しなければならない．Willkinsonは巧妙な室内実験を行った．まず，2つの異なるねぐらから互いに血縁のない個体を数頭ずつ採集し，混ぜて1つの群れを作った．一連の実験において，1個体を群れから離して空腹にさせ，他のコウモリには血を吸わせた．その後で空腹にしたコウモリを群れに戻すと，13回の吐き戻しのうち12回までが，同じねぐらからの個体によってなされた．言い換えると，互いに顔なじみの個体の間で吐き戻しがあったのである．さらには，空腹になって皆から助けられたコウモリが，後で他個体を助け返す頻度はランダムな場合に比べて有意に高かった．しかし，これらの実験は，まさにコウモリは普段付き合いのある個体に食べさせる傾向を持つことを示しているだけであり，別の説明も可能である（次の節で説明されるように）．最も重要なのは，コウモリが以前食べさせてくれた個体に優先的に給餌し，食べさせてくれなかった個体には給餌を拒否することが示されていないということである．

…しかし，協力行動が助けてくれた個体に優先的に向かうという証拠はない…

(4) 協力行動を，もっと簡単に説明できる何らかのお返しに頼らない他のメカニズムがない．Willkinsonの結果は，互恵的行動の考えに合っているけれども，いくつかのもっと簡単な説明を考える余地がある．1つの可能性は，通常，群れメンバーは近い血縁関係にあるだろうから，彼らに向けた協力行動が有利になるということである（つまり，制限された分散による間接的利益，Foster, 2004）．この可能性は，遺伝的血縁度が分かっている個体間で吐き戻しがあった98例の観察のうち，5例のみが祖父母から孫への血縁度（$r < 0.25$）より低い血縁関係を持つ個体間のものであるという事実によって強く支持される．別の可能性は，餌乞い行動が，十分に餌を取った個体が日中の眠りに入るのを妨げる，ある形式のハラスメントであるかもしれないということである．その場合，ハラスメントを減らす直接的利益があるため，給餌は有利になるだろう．最後の可能性は，他個体を同じ群れで生かしておく直接的利益がありうることである．例えば，他の群れメンバーを生かしておくことは，将来，おねだりを受けてくれる個体の数を増やすだろう．これは群れの増大と類似した直接的利益を与える．すなわち，将来助けてもらえるから他個体を助けることを意味するが，助けた個体に対して優先的に助けが向かうことを当てにしているわけではない．

…そして，血縁淘汰や副産物としての利益を基本においたもっと単純な説明も可能である

霊長類における餌と配偶者の共有

Craig Packer (1977) は，アヌビスヒヒ (*Papio anubis*) の互恵的行動でありそうな例を研究した．雌が発情すると，雄はある種の配偶前関係であるコンソート (consort) 関係を作り雌の後を付いて回り，交尾の機会を待つ．ときどき2頭の雄のペアは，雌とコンソート関係にある競争雄を襲うために，ある決まった信号を使って，共同戦線を張る．この信号によってペア形成を誘われた方のペア雄は，コンソート雄に何度も戦いを挑み，彼らが戦いに忙しくしている間に，助けを求めた他方のペア雄が雌と交尾するのである！ 現場では，後で，その役割が逆転し，以前に助けた方の雄が助けを受けた雄によって助け返されるので，これは互恵的行動であると主張された．しかし，彼らが互いを過去に助けたとしても，他方の雄が雌と交尾するのを一方の雄が「許す」という証拠はほとんどない（上記の条件3）．さらに，ごく最近の観察によると，雌がコンソート雄から「解放」された後，ペアの両雄は雌に向かって走り寄り，その雌を独占しようとすることが示されている (Bercovitch, 1988)．これは，協力行動が，即座の直接的利益（条件4）によって，もっと簡単に説明されることを示唆している．つまり，ペア形成はただ雌との交尾確率を増加させるということである．

互恵的行動として広く引用される別の例は，チンパンジーの雄間で見られる餌の分け合いである．チンパンジーの雄は，サルやブタなどの小型から中型サイズの哺乳類を群れで狩る．狩りが成功すると，その後，チンパンジーは獲物がどんな動物であろうがそれを取り囲み，餌を求めておねだり行動をする．これは，チンパンジー個体が，協力者と優先的に肉の交換を行う互恵的行動の1つの形式であると主張されることが多い．しかし，より詳細な研究によると，ある個体が，以前に肉を与えてくれた個体に対して優先的に肉を与えている（条件3）証拠はほとんどないことが示された．その代わり，肉を分け合う確率は，主に，餌乞い個体から受けるハラスメントの総回数に依存していた (Gilby, 2006)．これは，ハラスメントを減少させるメカニズムとして協力行動を説明する方がより簡単であることを示唆している（条件4）．

強制

互恵的行動について議論したことは，協力行動が互いを優先して助け合う個体間で有利になるということであった（「汝を助ける者を助けよ」）．それに代わって，比較的重要ではないかもしれないが，協力を強制する多くの別のやり方が知られており，それらは「罰 (punishment)」「ポリシング (policing)」「制裁 (sanction)」などの用語で呼ばれてきた．ここでの一般的な論点は，もし協力個体に褒美を与え，および，あるいはただ乗り個体（裏切り個体）に罰を与えるメカニズムがあるならば，これはコスト当たりの利益率を変化させ，そのため協力行動を進化的に有利にさせるだろうということである．

これは，囚人のジレンマに強制の1つの形式を追加することで分かりやすく

なる．例えば，裏切る個体は他の対戦者から罰せられるとを想像しよう．もしこの罰のコストが搾取の利益を上回るならば，この罰を与えるメカニズムは，ただ乗り個体の利益を奪い去り，それによって，他個体が何をしようと関係なく，協力が最良の戦略になってしまう．

互恵的行動をまず最初に，そして大変詳しく議論した．たとえそれが，比較的重要でない強制のメカニズムに過ぎないものがあると分かったとしてもである．というのも，互恵性を出発点にすることは，基本となる課題を紹介するのに良いやり方であるし，互恵的行動自体が多くの注目を集めてきたからである．ではこれから，いくつかの他の強制メカニズムがどのように働くかを分かりやすく説明するために，特定の例を見てみることにしよう．

ミーアキャットの子殺しと追い払い行動

協力行動を強制する方法の1つは，ヘルパーになる可能性のある個体にハラスメントをし，そのことによって，彼らが独立に繁殖する能力を低めることである．Andy Young とその共同研究者達は，ミーアキャットにおいてこの例を調査した．優位雌が出産する約1ヶ月前に，その雌は群れの劣位個体に向けて攻撃的になり，子供が生まれるまでに彼らを群れから追い払うということが，事前に観察されていた．Young et al. (2006) は，この攻撃が無作為ではないことを発見した．つまり，攻撃は群れの妊娠している劣位雌や，あるいは最も妊娠しそうな劣位雌に向けられていた（年上だったり，優位雌と血縁関係のない雌）．これは，劣位雌が繁殖し，そして優位雌の子と資源をめぐって競争する子を持つ可能性に対して，大きな負の効果を持った．劣位雌が追い払われている期間，彼らは単独であるいは他の追い出された雌と一緒に時間を過ごし，それはストレスホルモンのレベルを上昇させ，流産，受精率の低下，体重減少の確率を高めた（図 12.8a–12.8c）．さらにこれは，劣位雌が優位雌の子にとって危険であるかもしれないときに，彼らを除去することになった．妊娠した劣位雌が追い出されない場合には，彼女らは，優位雌が生んで間もない子を攻撃し，殺し，普通食べてしまうことが観察されている (Young & Clutton-Brock, 2006)．優位雌の子が生まれたとき，もし1頭以上の劣位雌が妊娠していれば，優位雌の子の生存率は約 50% も低下する可能性があるので，この効果は重大である（図 12.8d）．

ミーアキャットの優位個体は，劣位個体の繁殖を妨害するために彼らを追い払う

鳥類と魚類における懲罰行動

協力行動を強制的に行わせる別の方法は，協力しない個体を罰することである．これは，協力しないことに対してコストを発生させるので，協力行動の相対的利益を増加させる．協同繁殖をする多くの鳥類では，若い個体は一時的に分散と自らの繁殖を遅らせ，その代わり，自分が生まれた巣に留まり，他の子を育てる手伝いをする．Raoul Mulder & Naomi Langmore (1993) は，罰が，

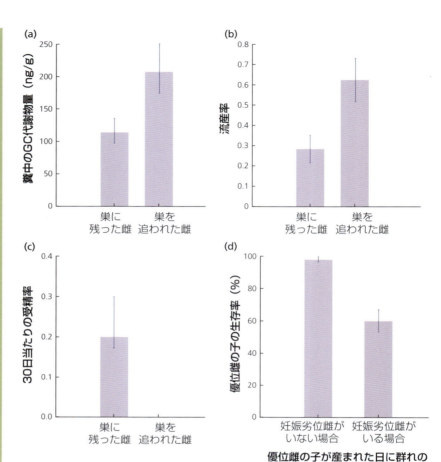

図 12.8 ミーアキャットの追い払い行動．追い払われた雌では，(a) 糞中の糖質コルチコイド副腎皮質ホルモン (GC) の代謝産物のレベルが高まり，(b) 流産率が高まり，(c) 受精率が低くなる．Young et al. (2006) より転載．(d) 優位雌の子が生まれたとき，1頭以上の妊娠した劣位雌が群れにいた場合，その優位雌の子達の生存率は低下する．Young & Clutton-Brock (2006) より転載．掲載は the Royal Society により許可された．写真は，劣位雌を押さえつける優位雌を示す．写真 ©Andrew Young.

ルリオーストラリアムシクイのヘルパー行動を説明するのに役に立つか否かを検証した．この検証を行うために，彼らはヘルパーを取り除き，鳥かごに 24 時間閉じ込めて，その後，元の生まれた群れに戻した．この除去が繁殖期に行われると，つまりヘルパー行動を阻止する形で行われると，戻ってくるヘルパーは，優位雌による際限ない追いかけとつつきという極端なハラスメントにさらされてしまった（9/14 例）．それに比べて，除去が非繁殖期に，つまりヘルパー行動が元々行われることがない時期に行われると，優位雄の攻撃が戻ってきた個体に向かうことは決してなかった（0/12 例）．しかし，これらの結果からは，罰としての役割は示唆されるけれども，個体が罰を受けることに反応してヘルパー行動のレベルを増加させるなどの，自分の行動を調節することは明らかにされていない．

> 巣から除かれてヘルパー行動をできなくされた個体が，巣に戻されると罰を受ける

罰の効果が明らかになった例として，Redouan Bshary とその共同研究者達による，掃除魚であるホンソメワケベラ（*Labroides dimidiatus*）の研究がある．この種は珊瑚礁に生息し，「依頼魚」の外部寄生者を取り除き食べる．依頼魚は，掃除魚がそのサービスを行っている間，餌にしてもよいはずのこの掃除魚を食べるのを我慢する．寄生者の除去と餌獲得は，明らかに依頼魚と掃除魚の双方にとって利益となるが，対立も存在する．なぜなら，掃除魚は依頼魚の組織や粘液も好んで食べるので，依頼魚にとってコストとなることがあるからである．野外観察によると，掃除魚が依頼魚に噛み付いてこれを行うと，依頼魚は，掃除魚を攻撃的に追いかけたり，および，あるいは泳ぎ去ってしまうなどの反応を示す（Bshary & Grutter, 2002）．この依頼魚による罰も，掃除魚の行動を変えさせ，将来の相互関係において依頼魚への噛み付きを減らす傾向につながる．そこで Bshary & Grutter (2005) は，依頼魚によって頼まれる摂食機会をシミュレートするために，透明なアクリル板を使った実験でこの罰の効果を検証した．彼らはその透明なアクリル板から，掃除魚が，すり潰したエビあるいは魚肉片を食べられるようにした．掃除魚は魚肉片よりもエビに対して強い好みを示した．そこで Bshery & Grutter は，透明なアクリル板を除去したり（泳ぎ去りを真似て），透明なアクリル板で掃除魚を追いかけたりして，掃除魚がエビを摂食することに罰を与えたときにそれらの摂食行動がどのように変わるかを検証した．掃除魚は，透明なアクリル板の除去や追いかけに反応して摂食行動を調節し，この罰行動を導かない餌タイプ，すなわち魚肉を食べる傾向になることを彼らは発見した（図 12.9）．

> 掃除の依頼魚は，外部寄生虫ではなく自分の身体の一部を食べる掃除魚に対して，追いかけたり泳ぎ去ったりして罰を与える

> 掃除魚は，罰を受けた後，外部寄生虫を食べる傾向が高くなるとともに，依頼魚の身体の一部を食べる傾向が低くなる

大豆は非協力的な細菌を制裁する

協力行動を強制するさらに別の方法は，非協力的な個体との相互作用を終了することである．そうすることによって，そのような終了を避ける協力行動が有利になるだろう．Toby Kiers とその共同研究者達は，ダイズとその根に宿る根粒菌の間の相互作用において，そのような「制裁」が存在する可能性を検証

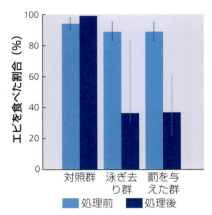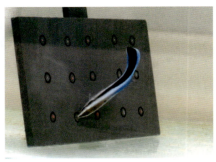

図 12.9　罰と掃除魚であるホンソメワケベラ (*Labroides dimidiatus*). 図は，最初の好み実験（青の棒）と処理後の実験（紺の棒）の間で，個体が透明なアクリル板から食べたエビの百分率を示している．エビの摂食に対して透明なアクリル板を除去したり（泳ぎ去りを真似て），透明なアクリル板で掃除魚を追いかけたりすると（罰の行使を真似て），掃除魚は，別の餌タイプ，つまり魚肉片を食べるようになった．Bshary & Grutter (2005) より転載．掲載は the Royal Society により許可された．写真は，透明なアクリル板で摂食する個体を示す．写真©Redouan Bshary.

もし根粒に住む根粒菌が宿主の植物に窒素を供給しないならば，その植物は根粒への資源の供給を止めてしまう

した．ダイズやエンドウなどのマメ科植物は，その根に根粒を作り，根粒菌を住まわせる．根粒菌は，周囲から窒素を固定し，植物に与え，植物はその窒素を成長や生合成に利用する．窒素固定は細菌にとってエネルギー的にコストとなり，彼ら自身の増殖や繁殖に振り分ける資源を減らす．そのため，なぜ根粒菌はこのような協力行動を行うのかという疑問が生じる．Kiers *et al.* (2003) は，空気（ほぼ80％窒素，20％酸素）を，微量な窒素を含む混合ガス（ほぼ80％アルゴン，20％酸素）に置き換えることによって，根粒菌に強制的に植物を裏切らせる（協力しない）ようにした．この場合，周囲の窒素が不足することは，根粒菌が協力的に窒素を固定できないということを意味する．Kiers *et al.* は，この実験を繰り返して，植物全体，根のシステムの半分，根粒1個の各レベルで強制的な裏切りをやらせた．そして，すべての場合で，窒素固定が阻害されたときに根粒菌の増殖が大きく有意に減少することを発見した（図12.10）．生理的な観察によって，これは植物が，窒素が供給されない場所で，根粒への酸素供給を減らすために起こることが示された．各根粒では，単一クローンの細菌系統によってコロニーが作られる傾向にあり，そのため根粒菌は直接的利益と間接的利益の両方で協力し，自分自身や同じ根粒内のクローン仲間のために，資源が植物から打ち切られないようにすることが有利になるのである．

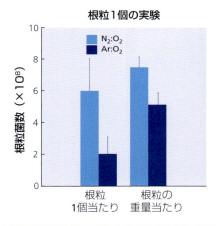

図12.10 窒素固定を許された根粒菌は，それを止められた根粒菌よりも大きな増殖率を示した．Kiers *et al.* (2003) より転載．掲載は the Nature Publishing Group により許可された．写真は，根を2つに分けた実験を示す．そこでは，根のシステムの一方には空気が与えられ，他方には窒素をアルゴンに置き換えた混合ガスが与えられた．写真 ©Ford Denison．

事例研究—セイシェルムシクイの場合

　上で述べてきた例では，いつ協力行動が直接的利益あるいは血縁淘汰の間接的利益を導くかを何度も強調した．しかし，複数の要因が，最初は見えていなかった予想外のやり方で，単一種内での役割を果たすことがあるということも指摘してきた．この節では，Jan Komdeur とその共同研究者達によるセイシェルムシクイ (*Acrocephalus sechellensis*) の研究で行われた議論とともに，このことを具体的に説明しよう．この研究では，長期間の調査で蓄積されていく結果の中で，なぜ協力行動が発生するかについての考えが劇的に変化していった．この種は，ヘルパーが繁殖成功に必要というわけではなく，そのためいくつかの巣で発生するだけだという点で，エナガと似ている．ヘルパーが出現した場合，縄張り防衛，捕食者への集団攻撃，造巣，抱卵，ヒナへの給餌を手伝う．

　Komdeur (1992) の初期の研究では，ヘルパー行動は，血縁淘汰と空いた繁殖縄張り場所の不足によって起こることが示唆された．縄張りで以前にヘルパーによって育てられた子がその巣のヘルパーになるため，その行動は相対的に高い血縁度 ($r = 0.5$) を持つ同父母きょうだいを育てるためのヘルパー行動であることが仮定された．空いた繁殖縄張り場所が豊富にあるか否かの役割は，1970年代の保全プログラムを引き継いで行われた観察調査によって示された．その保全プログラムによって，カズン島でのこの種の個体数は26羽からおよそ300羽にまで増加した．この期間に，個体群は増大し，数羽の個体が自分で繁殖しようとせずに他個体の巣でヘルパーとなった．これを説明する考え方の1つは，生息地の飽和によって個体の繁殖が阻害され，そのためヘルパーになるコスト

> ヘルパー行動は，独立に繁殖する機会がないときに進化的に有利になるだろう

表 12.4 セイシェルムシクイにおいて，ヘルパーになることの直接的利益と間接的利益．それらの利益は子数に等価な測定値として査定された (Richardson et al., 2002)．

	雌のヘルパー	雄のヘルパー
直接適応度（自分の子）	0.46	0.14
間接適応度（第1繁殖個体の子を育てることでの）	0.07	0.04

縄張りを持てるようになると，ヘルパー達は縄張り場所に移動し，独立に繁殖するようになった

子のうちほぼ半分は，他の群れからの雄を父親としていた

雄と雌のヘルパーは，彼らがヘルパー行動をしていた縄張りを受け継いで繁殖している

劣位雌は，近い血縁者に対して優先的にヘルパー行動をする…

(C) が劇的に減少したということである．つまり血縁者へのヘルパー行動は，悪い状況で最善を尽くすやり方で進化的に有利になったのであろう（エナガの場合のように）．Komdeur (1992) は，生息地の飽和の役割を，カズン島から58羽の個体を取り除き，事前に飽和していなかったアリデ島やクジーヌ島に移すという実験によって確認した．生息地の飽和の仮説から予測されるように，カズン島で用意されたすべての空き場所は，他の縄張りから来たヘルパーによって，数時間の内にたちまち埋まり，また飽和していない新しい島に移されたすべての個体は，ヘルパーになることなく，独立して繁殖つがいを形成した．

しかし，セイシェルムシクイにおける協同繁殖が主に血縁淘汰によって起こったとする考えは，誰が繁殖するか，また集団内血縁度はどうなっているかを知るためのマイクロサテライトマーカーを使った遺伝解析によってひっくり返ってしまった (Richardson et al., 2002)．これらの解析によって，3つの大いに驚くべきことが明らかとなった．第1に，子の40%は他の集団の父親を持ち，そのため育てられるヒナは，通常はヘルパーの同父母きょうだいではなかった．ヘルパーとヒナの間の平均血縁度は，$r = 0.13$ であり，これはヘルパー行動の間接的利益を，当初仮定していたよりもずいぶん低くさせていた．第2に，雌のヘルパーはその巣で産卵することもよくあり，年当たり，劣位個体当たり，平均 0.46 羽の子を残していた．したがって，劣位雌はその巣のヘルパーであることから実質的に直接的な利益を得ていた．第3に，雄のヘルパーはときどき，年当たり平均 0.14 羽の子の父親になることで父性を得ることができ，やはりヘルパーになることで直接的利益を得ていた．全体をとおして，これらの様々な効果が付け加わったとき，ヘルパーになる直接的利益は間接的利益を大きく上回ることになった（表12.4）．

これらの結果は，セイシェルムシクイのヘルパー行動の進化が，直接的利益だけでも引き起こされるような印象を与える．しかし，最近の追加的研究によると，これですべての話が完結するわけではないことが示された．なぜなら，間接的利益の成分が小さくても，淘汰は，血縁識別を用いて間接適応度を最大化する個体を有利にすることがあるからである．Richardson et al. (2003) は，23個の様々な縄張りにおける32羽の劣位ヘルパーの給餌行動を追跡することによって，セイシェルムシクイの劣位個体が，自分のヘルパー行動を近い血縁者に優先的に向けるか否かを検討した．全体をとおして，劣位雌は近い血縁者に対してより高い頻度で給餌したが，劣位雄にはそのような傾向はないことが発

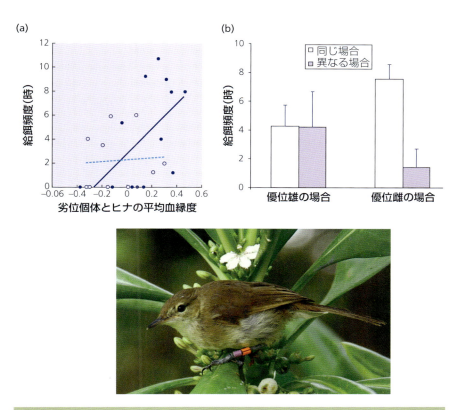

図 12.11 セイシェルムシクイの協力行動と血縁識別．(a) 劣位雌の給餌頻度（紺丸と実線）は，給餌されるヒナへの血縁度に対して正の相関関係を示した．一方，劣位雄の給餌頻度（白丸と破線）はそうならなかった．(b) 劣位雌の給餌頻度は，彼らが産まれたときの優位雌と同じ雌が優位雌であったときの方が，有意に高かった．しかし，優位雄の同一性に対してはそのような関係はなかった．Richardson *et al.* (2003) より転載．写真©Martijn Hammers．

見された（図12.11a）．なぜ雄には血縁識別が起こらないのかについてはまだ分かっていない．ただ，雄のヘルパー行動はこの種では稀である．雌のヘルパーの血縁識別のメカニズムは，自分達を育てた同じ雌によって育てられているヒナへ給餌の助けを行うだけのように見える（図12.11b）．それは比較的信頼できる血縁識別の手がかりになるだろう．これは，きょうだいを育てる助けをするということを示している．それに比べて，劣位雌は彼らを育てた雄の存在に反応してヘルパー行動のレベルを調節したりしない（図12.11b）．同じ雄の存在は，血縁度に対する信頼できる手がかりではないようだ．なぜなら，雌は他の縄張りから来た雄とよく交尾するため，きょうだいが同じ父親を共有する確率を低くしているからである．しかし，これらの結果は観察によるものなので，血縁度の様々な手がかりを解き明かすことは困難である．理想的には，里子実験が行われるべきであり，それによって血縁識別の程度やメカニズムを，上で説明したエナガの場合のように，もっと詳しく検討することができるだろう．

…つまり，自分達の母親が産んだヒナに向けてヘルパー行動を行う

操作

　結論を述べる前に，最後の複雑さとして，いくつかの行動は協力的に見えるが，実は受け手からの操作によるものだと分かる場合があることを紹介しよう (Dawkins, 1982). これが明らかなのは，カッコウのような托卵鳥の子に仮親が給餌する場合である．仮親はこの行動からは何も得られない．単にカッコウにごまかされて間違った種に餌を与えているだけである（第4章）．あまりよく知られていないが，同じように衝撃的なのが，シジミチョウ科 (lycaenidae) の幼虫の例である．この幼虫は，アリの化学的匂いと音を真似る能力を持っているおかげで，アリによって巣に運ばれ，給餌を受ける (Barbero et al., 2009).

　操作は種内でも生じている．雌の鳥が同種の他の雌の巣に産卵して，抱卵と子供の世話のコストを払わないことがある (Yom-Tov, 1980). ホシムクドリ (*Sturnus vulgaris*) の雌は，他の雌の巣に「自分の卵を産む」前に，まず仮親の卵を1つ取り除く．仮親の卵は近くの地面に落としておく．かつては，これら地面にある卵は，雌が巣に戻る時間がなかったために産んだものと考えられていた．その後，巣の中で産まれた卵に印を付けておくと，地面に落ちている卵がしばしば印つきであることが分かり，これらの卵は巣から除かれたものだと分かった (Feare, 1984). この場合，異種間の托卵と同じく，仮親は騙されて他個体の利益のための行動をしているのである．

> 動物個体は，騙されて他個体を助けるように操作される場合もある

要約

　ここでは，協力行動が進化できる4つのやり方を区別した（表12.2）．1つ目（血縁淘汰）は血縁者への間接的利益を与える協力行動に依拠したものであり，他の3つはすべて協力者に対して直接的利益を与える協力行動に依拠したものである．

(1) 血縁淘汰．生物個体は，協力行動の遺伝子のコピーを共有する血縁者を助けることによって，将来の世代に遺伝子のコピーを増やすことができる．エナガの協同繁殖や細胞性粘菌の子実体の形成など，協力行動を導く血縁淘汰の多くの例が存在する．

(2) 副産物の利益．協力行動は，副産物として，あるいは自動的な効果として，さもなければ「自己本位」的行為の結果として利益を与えることがある．その例として，アリの巣の協同創設，ミーアキャットの集団サイズを増加させるのに役立つ行動などが含まれる．

(3) 互恵的行動．互恵的協力行動は，もし個体が以前助けてもらった直接の相手を優先的に助けるならば，進化的に有利となる．これは理論的に主張された考えであり，人間では役割を果たしているように見えるが，一般的に，他の動物に対してあまり重要であるとは思われていない．

(4) 強制．もし協力に対して褒美が与えられ，かつ，または，ただ乗りに罰が

与えられるならば，これは助ける行為に対するコスト当たりの利益率を変化させ，そのため協力行動を進化的に有利にするだろう．その例として，ミーアキャットの追い払い行動，掃除魚への懲罰行動，大豆による根粒菌への制裁などがある．

多くの種で，複数の要因が働くため，それらの相対的重要性を解き明かすことは困難である．とは言っても，直接的利益と間接的利益の相対的重要性が，種間で大きく変化することは明らかである．

もっと知りたい人のために

Lehman & Keller (2006) は，協力行動を説明するために発展してきた進化モデルの包括的な総説を提出した．彼らの要約を議論する15の論評がそれに続いた．Sachs et al. (2004) と West et al. (2007) は，様々な生物で異なった説明がどれくらい重要となるのかを議論している．鳥類 (Koenig & Dickinson, 2004; Hatchwell, 2009)，哺乳類 (Clutton-Brock, 2009b)，霊長類 (Silk, 2009)，魚類 (Taborsky, 1994)，微生物 (West et al., 2006) などを含めて，特定の分類群の協力行動に焦点を当てた様々な総説がある．鳥類における初期の古典的研究として，Brown (1987) や Emlen & Wrege (1988, 1989) がある．Rubenstein & Lovette (2007, 2009) は，比較解析によって，アフリカのムクドリにおける協同繁殖が時間的環境変動と関連しており，これら協同繁殖種において，繁殖機会をめぐる雌—雌競争の増加がより装飾的な雌を選択し，またその結果，性的二型の程度を低下させることを示している．Arnold & Owen (1998, 1999) は，鳥類における協同繁殖と生態との関連や生活史との関連を議論している．Field & Cant (2009) によって，昆虫類と脊椎動物における優位性の序列の重要性が概説されている．社会性昆虫については，13章でもっと詳しく議論することになる．

血縁識別は，エナガやセイシェルムシクイなどの協同繁殖を行う数種の脊椎動物で生じているが，ミーアキャットやワライカワセミなどの他の同様な種では生じていない．Cornwallis et al. (2009) は，この違いは，血縁識別の相対的利益の違いによって説明できることを示した．とりわけ，血縁識別はヘルパー行動が大きな利益を与えるときに起こるようであり，集団内の血縁度が高いときにはあまり起こりそうでない（つまり集団内で無差別に助ける行動でも，結局は血縁者に向かうので，血縁識別してもあまり得はない）．

副産物の利益の可能性のある別の例は，ヨーロッパアシナガバチ (*Polistes dominulus*) である．この例では，自然巣の遺伝解析によって，劣位個体の15〜35%が優位雌に対して非血縁であることが示された．この種では，非血縁の劣位個体によるヘルパー行動は，巣の引き継ぎから得られる直接適応度の利益によって説明されるように見える (Queller et al., 2000; Leadbeater et al., 2011)．

Clutton-Brock et al. (2009c) は，互恵的行動の重要性を支持する証拠が不足

していると議論している．Boyd & Richerson (1988) は，2 個体を超える個体間相互作用があるとき，互恵的行動については理論的にも問題が生じると述べている．Stevens & Houser (2004) は，なぜ心理学的メカニズムが動物の互恵的行動を阻害するかもしれないかについて議論している．Raihani et al. (2010) は，掃除魚の性間で罰を与える例を紹介している．Jander & Herre (2010) は，種間の共生関係における強制の例を紹介している．例えば，花粉媒介の仕事をあまりしないイチジクコバチに制裁を与えるイチジクの例などである．Frank (2003) は，強制的行動の総説を提出している．

討論のための話題

1. 協力行動のコストと利益を評価するための長期野外研究と野外実験の相対的利点を議論せよ．
2. 懲罰や制裁などが協力行動を有利にさせることは明らかである．しかし，もしそれらの実行にコストがかかるならば，自然淘汰はこれらの強制のメカニズムをどのように進化的に有利にしうるだろうか？
3. Krams et al. (2008)，Russel & Wright (2009)，Wheatcroft & Krams (2009) を読んで欲しい．そしてマダラヒタキの集団行動が互恵的行動であるか否かを議論せよ．この論争を解決するためには，どのような実験を行えばよいだろうか？
4. 協力行動と性淘汰が同じ種で研究されることが，非常に稀であるのはなぜだろうか (Boomsma, 2007)？
5. Nowak (2006) で紹介された協力行動への 5 つの説明は，図 12.2 あるいは表 12.2 の中のどこに当てはまるか議論せよ．
6. 「全世代の学者達は，囚人のジレンマが人間の協力行動の問題の本質を具現化するという文を鵜呑みにした」(Binmore, 2007, p.18)．議論せよ．
7. 人間以外の生物で，「公平感」を持つものがいるだろうか？
8. 細菌の行動生態学が医学に応用できる可能性を議論せよ (Andre & Godelle, 2005; Brown et al., 2009)．
9. 経済ゲームを用いる人間行動の研究は，温暖化の問題に取り組む助けとして応用できるか否かを議論せよ (Milinski, 2006)．
10. MacLean & Gudelj (2006) は，酵母菌による糖代謝に関して，ただ乗り問題がどのように生じるかを示している．その問題は解決されるだろうか？
11. ダイズと根粒菌の相互作用は，互恵的だと考えられるだろうか？
12. 微生物の子実体行動に，ただ乗り (free-loading) は生じるだろうか (Strassmann et al., 2000; Velicer et al., 2000; Buttery et al., 2009)？

第13章
社会性昆虫における利他行動と対立

写真 ⓒ Alex Wild

社会性昆虫

問題

　脊椎動物に見られる協力行動やヘルパーの行動も，社会性昆虫で起こっていることに比べると見劣りがする．これらの昆虫では，多くの個体が完全に不妊になるという，明らかな自己犠牲とも見える段階にまで到達している．すなわち，そうした個体は自分自身では全く繁殖せず，自分の成虫としての一生を他個体の子を育てることに捧げる．これこそ究極の利他行動である！ Darwin 自身や他の多くの生物学者が昔から気付いていたように，これはまさに矛盾である．というのも，自然淘汰が，将来の世代への遺伝的貢献を増加させる形質を有利にするように働くとしたら，全く繁殖しない不妊個体の進化はいかにして生じたのだろうか？　さらに，これらの不妊個体は，その手助け行動としての様々な仕事に専門化していることが多い（図 13.1, 13.2）．これはさらなる問題を生じさせている．つまり，もしワーカーが繁殖しないならば，彼らが専門とする形質はどのように進化するのだろうか？　前述の 2 つの章では，協力行動が血縁個体間で生じるとき，血縁淘汰によって利他的協力行動がどのように進化的に有利になるかを見てきた．しかし，血縁淘汰理論の強みの 1 つは，協力行動を予測することだけではなく，いつ，そしてなぜ対立が社会的集団の内部で生じるかを予測することでもある．この章では，不妊カストや手助け行動が社会性昆虫においてどのように進化してきたかを理解したり，また同様に，性比や誰が繁殖するかをめぐってコロニー内に対立が生じうるか否かを理解する上で，血縁淘汰がどの程度利用できるかについて考えることにしよう．

2 つの問題：不妊化の進化と専門的カストの進化

「社会性昆虫」の定義

　「社会性昆虫」とはいったい何だろうか？　本章は，主に Wilson (1971) が 3 つの性質で最初に特徴付けた**真社会性昆虫** (eusocial insect) について取り扱う．それらは，(i) 母親だけでなく多くの個体が協同で子の世話をし，(ii) 不妊のカストがあり，(iii) 世代が重複して，母と成長した子と幼い子が同時に生活

真社会性昆虫はカストを持つ

図 13.1 真社会性種は，種内の異なるカスト間でかなりの変異を示す．(a) オオアリ属の 1 種 (*Camponotus discolor*) の雄（左），女王（右），ワーカー（下）．写真ⓒAlex Wild. (b) 菌園にいる，ハキリアリの 1 種 (*Acromyrmex echinatior*) の 3 種類の雌カスト：小さいワーカー（菌園の維持と子の世話），大きいワーカー（採餌と防衛），翅のある未交尾女王（分散し，婚姻飛行時に交尾する．そして翅を落とし，新しいコロニーを創設する）．写真ⓒDavid Nash. (c) 2 種類のカスト（メジャーとマイナー）を持つ多くのワーカーや，王とともに自分の王室にいるオオキノコシロアリ (*Macrotermes bellicosus*) の女王．写真ⓒJudith Korb. (d) ヨコヅナアリ属の 1 種 (*Pheidologeton affinis*) は，ワーカーの間で最も顕著な体サイズの違いを持つ．この写真は，1 匹の超メジャーワーカーと数匹のマイナーワーカーを示している．写真ⓒAlex Wild. (e) 社会性アブラムシであるクサボタンワタムシ (*Colophina arma*) では，雌は兵隊（左）になったり，繁殖個体（右）になったりする．写真ⓒHarunobu Shibao. (f) 社会性を持つオーストラリアのクダアザミウマ科の 1 種 (*Kladothrips morrisi*) では，雌（右）はゴールを創設し，その子の数匹は侵略者からゴールを守る兵隊（左）に育つ．写真ⓒLaurence Mound.

図13.2 社会性昆虫における異なるカストの存在は，特定の仕事に専門化した驚くべき多様な形態を生み出す進化があったことを示している．(a) 湿った木材に住むネバダオオシロアリ (*Zootermopsis nevadensis*) の顎は，同じ種の競争コロニーとの戦いで使われる．(b) テングシロアリ属の1種（シロアリ科 (Termitidae)）の兵隊は，吻から粘つく有毒物質を噴出させることができる．(c) バーチェルグンタイアリ (*Eciton burchelli*) の兵隊は，脊椎動物の捕食者から防衛するため，鉤のついた顎を持つ（人類は，傷を縫う「針」としてこの顎を利用していたことが知られている）．小さいワーカーも見える．この種は比較的複雑なカストシステムを持っており，少なくとも4種類のワーカーがいる．その他，専門化した形質を持つ種として，(d) タートルアントの仲間 (*Cephalotes varians*) の兵隊は，巣の入り口を塞ぐために自分の頭部の防壁盤を「生きたドア」として使う．(e) テキサスハキリアリ (*Atta texana*) の顎は，ハサミを使うような動作を繰り返して，葉を切り進んで行くのに使われる．そのとき，顎の先端を葉の中で固定し，葉面に這わせた顎の部分を引き上げることによって葉を切っていく．(f) ミツツボアリ (*Myrmecocystus mexicanus*) のワーカーは，腹部が食べ物でいっぱいになると，地中深くにある部屋の天井にぶら下がり，「生きた食料貯蔵器」としての役割を果たす．全写真©Alex Wild.

するという特徴である．ごく最近，Crespi & Yanega (1995) は，この定義は進化的視点からすると漠然とし過ぎており，協同繁殖種として見なした方が良い種まで含んでしまうと主張した．そして，真社会性を規定すべき重要な要素は専門化したカストの存在であると述べている．専門化したカストは，コロニー内の異なる集団が繁殖成熟前のある段階で不可逆的に行動的な違いを持つようになったものである．あるカストの個体（繁殖個体）は高い速度で繁殖を行い，別のカストメンバーの少なくとも1個体，あるいは複数個体（ヘルパー）から助けられる．この定義は，世代の重なりを利用せず，つまり，その有無を利他行動のレベルあるいは社会性の複雑さと関係させる必要がないようにしている．

また Crespi & Yanega (1995) と Boomsma (2007, 2009) は，真社会性が絶対的かそうでないかが特別な重要性を持つと強調している．このときの重要な要素は，カストが永久に固定されたものかあるいは変更できるものか，また少なくとも一部のヘルパーは完全な繁殖能力を持っているか否かである．もしあるカストの個体が，一生をとおして，すべてのカストに用意された全行動（繁殖行動を含めて）を実行可能であるならば，これは「分化全能性 (totipotency)」と呼ばれる（文字通り，**全能** (total potential)）．絶対的真社会性社会では，分化全能性は失われてしまったため，カストは永久に固定されている．これは進化的視点からは特別なことである．なぜなら，それらは完全な相互依存へ向かっており，繁殖カストは1つの（あるいは複数の）ヘルパーカストの手助けに依存し，ヘルパーカストは手助けすべき複数の繁殖個体の存在に依存するようになったからである．これは，機会があれば一部のワーカーでも繁殖できる協同繁殖種や随時的真社会性種とは対照的である．

> **絶対的真社会性は，永続的なカストを伴う**

> **真社会性は，様々な分類群で観察されてきた…**

1970年代の中頃までは，真社会性は社会的ハチ目（アリ類，ハナバチ類，カリバチ類）とシロアリ類だけで出現したと考えられていた．それ以降，多くの他の真社会性種が見つかってきた．それらには，他の昆虫（アブラムシ，ゴールを作るアザミウマ，ナガキクイムシ（*Austroplatypus* 属），Aoki, 1977; Crespi, 1992; Kent & Simpson, 1992），カイメンに住むエビ (Duffy, 1996)，2種の哺乳類であるハダカデバネズミとダマラランドデバネズミ (Jarvis, 1981) が含まれる．真社会性が進化したと考えられる回数は，まさに，それがいかに定義されるか（と系統樹の質！）に依存して決まる．例えば，社会性ハチ目では，ときどき真社会性が11回は進化したと主張されるが，それらの3〜5回だけが絶対的真社会性の定義に当てはまるものである．これらは，アリ類で1回 (Brady *et al.*, 2006)，ハナバチで1〜2回 (Cameron & Mardulyn, 2001; Danforth *et al.*, 2006)，スズメバチで1回 (Hines *et al.*, 2007)，おそらくアシナガバチで1回 (Boomsma, 2009) である．その他の例では，絶対的真社会性はシロアリ類（1〜3回の起源を持つ；Inward *et al.*, 2007; Boomsma, 2009）と，おそらくアブラムシ，アザミウマ，ナガキクイムシ (Boomsma, 2009) に限られるだろう．しかし，少なくともこれら最後の3つの分類群の場合は，真社会性は真社会性ハチ目やシロアリ類で起きたような適応放散にはうまく向かわなかったようだ．

> **…しかし，絶対的真社会性はハチ目とシロアリ類でしか確認されてこなかった**

社会性昆虫の重要性

社会性昆虫は，利他行動の起源を理解しようとする理論進化学者にとって重要であるばかりでなく，その生活史をとってみても極めて興味深い．E.O. Wilson (1975) は，説得力のある言い方で，世界には社会性昆虫が 12000 種以上いて，その数は鳥類と哺乳類の全種数にほぼ匹敵すると主張している．社会性昆虫の驚くべき生活史は，以下にあげるちょっとした事実によっても示すことができる．数について言えば，アフリカの軍隊アリ (*Dorylus wilverthi*) のコロニーには 2200 万匹ものアリがいて，全体で 20 kg もの重量になる．コミュニケーションという点について見れば，ミツバチは採蜜に成功したワーカーが他のワーカーに食物源への方向と距離を伝えるダンスという言葉を持つ．遠く離れた対象物についての情報を伝えるために（ダンスの速さと方向といった）抽象的信号を使ったコミュニケーションシステムを持つのは，野外では非常に珍しい例である（図 14.14 を参照せよ）．採食生態について見れば，社会性昆虫の食性は種子，動物質，葉や昆虫の幼虫の糞を集めた特別の菌園で栽培されるキノコ，アリが世話する一群のアブラムシの排泄物（「甘露」）といったように多岐に渡っている．このような食物の影響は大きい．例えば，中南米の熱帯林の数ヶ所では，ハキリアリは主要な植食者であり，各年に生産される葉の 5% 以上も消費してしまう (Leigh, 1999)．

社会性昆虫の多様性

社会性昆虫のコロニーは，しばしば様々な仕事をするように特殊化した個体から構成されており（いわゆるカスト），様々なカスト個体はその任務に適した異様な形態的特徴を持っている（図 13.2）．例えばタカサゴシロアリの 1 種 (*Nasutitermes exitiosus*) の兵隊の頭は，敵に防衛用のねばねばする液滴を吹き付ける「水鉄砲」のような形に変化している．一方，タートルアントの 1 種 (*Cephalotes varians*) の兵隊の頭は，侵入者をしめ出しておくために，巣の入り口にぴったりはまる防壁盤の形をしている．

専門化したワーカーカスト

以下の節においては，まず社会性昆虫の生活史の一例を述べてから，不妊カストの進化的起源を説明するために提案されてきた様々な遺伝的要因や生態的要因を議論する．そしてまた，コロニー内の対立がどのように発生し，解決するのかについての議論に向かうことにする．

社会性昆虫の生活環と博物学

トビイロケアリ (*Lasius niger*) は，ヨーロッパでは森，耕地，庭に普通に見られる種である（図 13.3）．このアリは巣を作るが，その巣室は平らな石の下の地下，あるいは開けた土地の地中に掘られる．最初は，1 匹の交尾後の女王によって巣作りから始められる．彼女は前年の 7 月か 8 月の「婚姻飛行 (nuptial flight)」で交尾を済ます．このとき，翅を持った生殖可能な非常に多数の雄と雌が空中で群れをなして飛び，交尾する（繁殖を行う個体だけが飛ぶことができ，しかもその一生のうちこのときだけ飛翔する）．女王はこの婚姻飛行で得た

トビイロケアリでは，単独の女王がコロニーを創設する

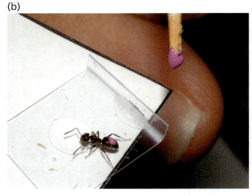

図 13.3 (a) トビイロケアリの初期コロニー．巣を創設した女王と，彼女が自分の体に蓄積した栄養と少しの飲み水から，約 3 ヶ月後に単独で生産した幼虫，蛹，最初のワーカーである．写真ⒸDavid Nash．(b) 多くの昆虫の場合と同様に，コロニー内を観察するとき，塗料によるマークを使って個体識別ができる．写真ⒸFrancis Ratnieks．

精子を貯め，一生をとおしてそれを使う．それは数年にも及ぶことがある．婚姻飛行が終わると，女王は翅を失い，地下や木の切株に自らが掘って作った巣室の中に閉じ込もって最初の冬を過ごす．翌年の春，女王雌の産んだ卵は幼虫になり，秋になる前に成虫の働きアリ（ワーカー：巣の近くをちょこちょこと素早く動き回っているのをよく見かける典型的なアリ）に育つ．最初の出生集団である 5〜20 匹のワーカーが出現するまで，女王は自分自身の貯蔵した脂肪で生き延び，翅の筋肉を分解して用意したタンパク質を使って栄養卵を作り，成長する幼虫に食べさせる．ワーカーは，成長すると妹達を世話したり食物を集めたりする．ワーカーは雌だが，不妊であり，翅を発達させず，卵巣も成熟させず，婚姻飛行にも参加しない．その後の年も引き続きそのコロニーと巣は大きくなっていき，数年後にはほぼ数千匹のワーカーと産卵する 1 匹の女王から構成されるようになる．この段階で，コロニーは新しい繁殖コホート，すなわち婚姻飛行のためにそのコロニーを離れる有翅の雌雄をついに作り始める．古いコロニーはその後 10 年は繁殖を続けるが，老女王が死んで，ワーカーを補充するための産卵が停止すると，コロニーは縮小しやがて死滅してしまう．

ハチ目では，ワーカーは雌である

典型的なワーカーの生活環

もちろん，種によって細部はかなり異なっているとはいえ，このような生活環は，温帯に住む多くのアリ類の典型例である．また，ワーカーの行動も詳しく見ると大きな変異があるものの，以下のような一般的傾向も多くの種で見られる．つまりワーカーは，通常その一生の最初の数週間をコロニー内で過ごしながら，採餌個体が持ち帰ってきた死んだ獲物を処理したり，吐き戻した食物で幼虫や女王を養ったり，巣を掃除したり，入り口を防衛したりする．一生の後半には（例えば，詳しく調査されたヤマアリ属の 1 種（*Formica polyctena*）では，約 40 日齢以降に），ワーカーは主に食物集めや敵に対する防衛など，コロニーの外での仕事を始める．ワーカーの寿命はよく分かっていないが，おそ

らく数週間から数年に及ぶだろう．カリバチ類やハナバチ類では，ワーカーの寿命は通常は3〜10週間である．齢とともにワーカーの行動が変化するのに加えて，アリ種によっては2つのワーカーカストがある（どちらも不妊の雌）．すなわち兵隊アリと普通の働きアリである．兵隊アリは普通体が大きく，顎や防衛物質を分泌する腺を装備した大きな頭を持っている．その名前から分かるように，兵隊アリはコロニー防衛の専門家である．

異なるカスト（女王，働きアリ，兵隊アリ）の雌達は普通は遺伝的には同じものである．すなわち，どのカストになるかは幼虫期間の環境条件に依存して決定される．例えばケアリ属（$Lasius$）のアリでは，幼虫が女王になるかワーカーになるかは栄養状態，温度，その卵を産んだ女王の齢といった要因によって決まる．ミツバチの女王は，化学物質を分泌することによって，女王になるのに必要な特別な食べ物（ロイヤルゼリー）を，ワーカーが幼虫に与えることを妨げ，新しい女王の出現を抑制することができる．

> 普通，カストの分化は非遺伝的である

真社会性の経済学

真社会性の進化を有利にさせる要因を議論する前に，11章で説明したようなHamilton則を伴う血縁淘汰理論の言葉を使って，この問題をどのように表せるか考えてみることは有益であろう．Hamilton則は，$rB - C > 0$ならば利他行動は進化的に有利になると言っている．このとき，Cは行為者のコスト，Bは受け手への利益，rは行為者から受け手への血縁度である．もし利他行動が利他行動の遺伝子を持つ他個体に向けられるならば，その利他行動は淘汰によって進化するというこの考えは，現段階での利他行動に対する唯一の妥当な説明である．したがって，もし真社会性を説明したいと思うならば，相互作用する個体間の血縁度（r）を十分高くしたのは何か，また自分で繁殖するよりも相手の子を育てる手助けをする利益／コスト比を十分に高くしたのは何かを決定しなければならない．次の3つの節では，r, B, Cに影響を与えた要因を考えることにしよう．

> 血縁淘汰理論は，真社会性がいかにして進化してきたはずかを教えてくれる…

> …しかし，どんな要因がr値とB/C比を十分に高くしたかを教えるわけではない

真社会性への道筋

この節では，不妊カストの進化が起こったと考えられる2つの道筋を考えてみよう．ただ，説明される仮説は進化の歴史に関することだから，実験で直接に検証することはできない．よって実際には，2つの道筋とはいっても，現在の「原始的真社会性」ハチ目で観察される中間型の様相から，進化の歴史を一般化して類推しようとする2つの仮説だということになる．

考えられる真社会性へのルートの1番目は，子が成熟した後も産まれた巣に残り，自ら独立に繁殖するのではなく母親の手助けをすることで生じるものである．これは「亜社会性ルート（subsocial route）」と呼ばれるもので，中間型はアシナガバチ類やハラボソバチ亜科などの間のいくつかの「原始的真社会性」

> 亜社会性ルート：巣に残って自分の母親を助ける

種で観察されることがある．2番目のルートは，複数の雌が集まって巣を創設することを介して生じるもので，「側社会性ルート (parasocial route)」と呼ばれている．その最も原始的社会の場合は，各雌は自分の卵を産み，自分でそれを育てるだろうけれども，その後，1匹の雌が優位になり，他の雌がそのワーカーとなる状況に進化したとするものである．シロアリ類では，このような2つのルートに父親あるいは弟を助ける仕事がそれぞれ付け加わることになる．

> 側社会性ルート：姉妹で巣を共有する

これら異なる2つのルートの仮説をどのように検証すればよいだろうか？　そのためには，比較法を用いて，社会集団の様々な社会性タイプの分布を見て，その情報を系統樹上に落とす必要がある．これを実際に行うと，すべての証拠は，真社会性の進化が亜社会性ルートを介して起こったことを指し示している．ハチ目では，側社会性の繁殖が絶対的不妊カストの祖先型であることを述べた文献の例はない (Bourke & Franks, 1995; Boomsma, 2007; Hughes *et al.*, 2008)．さらに，同じ種で両タイプの巣が発生している例を調べると，自分自身の繁殖をより大きく諦めているという点では，亜社会性集団のヘルパーの方が側社会性集団のヘルパーよりも利他的である傾向を持つ (Reeve & Keller, 1995)．シロアリ類では，普通のワーカーと兵隊の両方が，亜社会性ルートから期待されるように，幼体の特殊化したものである．また側社会性の可能性を許すような，繁殖個体のコロニー間の移動を示す証拠は皆無である．さらに側社会性ルートは，一夫一妻が真社会性の進化に重要な役割を担ったということを支持する現段階の証拠に一致していない．このことは，後でもっと詳しく議論することにしよう．

> 真社会性は亜社会性ルートによって進化した

半倍数性仮説

真社会性の主役は明らかにハチ目である．彼らが全昆虫種のほぼ6％しか占めないという事実にも関わらず，他のどんな分類群よりもハチ目で頻繁に真社会性が発生している．これはハチ目が不妊カストの進化が起こりやすい遺伝的傾向を持つためであるかもしれないと最初に示唆したのは Bill Hamilton (1964) である．その特別な性質とは**半倍数性** (haplodiploidy) である．すなわち，雄は未受精卵から育った半数体であるのに対し，雌は普通の受精卵から育った2倍体になる．

> 半倍数性：ハチ目の特殊な性質…

半数体の雄は，減数分裂することなく配偶子を作るので，その精子はいずれも遺伝的に同一である．このことは，その雄の娘達の染色体の半分は同一の遺伝子セットであることを意味する．父親が2倍体の場合には，雌が自分の姉妹と父親の特定の遺伝子を共有する確率は50％しかない．しかし父親が半数体の場合，姉妹は父親からすべての遺伝子を確実に受け継ぐ．ハチ目の雌の遺伝子の残り半分は，2倍体の母親から来るものである．だから，ある娘とその姉（妹）が自分達の母親と遺伝子の1つを共有する確率は50％である．そこで，姉妹間の平均血縁度を考えてみると，驚くべき結論に達する．彼女らの染色体

の半分は常に同一で，残り半分を共有する確率は 50% だから，平均血縁度は $0.5 + (0.5 \times 0.5) = 0.75$ である．つまり半倍数性であるために，同父母から生まれた姉妹同士は，通常の 2 倍体種における親子間よりもさらに近い血縁関係にあることになる．一方，ハチ目の女王は 2 倍体であり，それゆえその息子や娘とは普通 0.5 の血縁度がある（Box 13.1, 表 13.1）．だから雌の不妊ワーカーは，繁殖力を突然得たとして自分で娘を産むよりも，後から産まれてくる妹を育てる方が遺伝的には大きな利益を得るのである！

 利他行動の進化として起こりうるその後の結末は，Hamilton 則を使って分かりやすく説明することができる．もし子の損失と獲得という尺度でコストと利益を測定したならば，次のような形式の Hamilton 則に従うことになる：

$$\frac{B}{C} > \frac{r_\text{与え手から自身の子へ}}{r_\text{与え手から受け手の子へ}}$$

そして，ワーカーが自ら娘を産んだ場合（$r_\text{娘} = 0.5$）と妹を育てた場合（$r_\text{妹} = 0.75$）の相対的有利さを比較すると，$B/C > 2/3$ である限り，Hamilton 則は成立する．言葉で表すと，これは，母親の繁殖を手助けすることによって，ワーカーが自分で育て上げる各 3 匹の娘と引き換えに妹を 2 匹よりもほんの少しでも多く育て上げることができるならば，ワーカーは遺伝的に得をするということを意味する．ここで不思議なことは，必要な B/C 比が < 1 でも良いということである．つまり自分の子を育てるよりも手助けの方が非効率的であったとしても，不妊ワーカーは進化可能だということである．それに比べて 2 倍体では，同父母きょうだいと子への血縁度はともに 0.5 であるので，$B/C > 1$ であることが必要である．言い換えると，もし 1 匹の子の損失と引き換えに 1 匹より多くのきょうだいを得るならば，2 倍体生物にとって手伝いに専念する方が得になるのである．

 しかし悲しいことに，問題はそれほど簡単ではない．Robert Trivers & Hope Hare (1976) は，半倍数性は雌と兄弟との血縁度を低下させる方向にも進めるので，Hamilton の半倍数性仮説は必ずしも成り立たないと指摘した．とりわけ，雌は兄弟とわずか 0.25 の血縁度しか持たない．なぜなら，母親から来る雌の遺伝子の 50% は兄弟と共有する確率が 0 で，他の半分は共有する 50% の確率を持つからである．つまり $0.5 \times 0.5 = 0.25$ である（Box 13.1）．重要な点は，単に娘と妹の比較ではなく，息子と娘の相対的値を兄弟と姉妹の相対値と比較する必要があるということである．等配分投資の Fisher 理論から期待されるように（10 章），女王が雄と雌の繁殖個体（雄バチと女王）を同数産むと仮定すると，これはワーカーから弟と妹への平均血縁度が 0.5 になる（0.75 と 0.25 の平均）ことを意味するだろう．これは彼らが巣を離れて自分の子を作ったとしたならば，その自分の子に対して持つのとまさに同じ血縁度である．この弟への血縁度の低下は，妹への血縁度の増加による利益を正確に打ち消してしまう．これは半倍数性が役に立たないことを示唆する（つまり 2 倍体の場合と同

…結果として，血縁度の特殊な様式となる…

…そして，この分類群が真社会性に進化しやすくなったはずである

妹への血縁度の増加の効果は，弟への血縁度の低下で打ち消される

Box 13.1　半倍数性の種において血縁度 r を計算する

一般的視点

雄は未受精卵から育つため半数体となる．すなわち，雄の精子はすべて遺伝的に同一であり，父親を介してある遺伝子のコピーを共有する確率は 1 である．雌は受精卵から育つため 2 倍体となる．よって母親を介してある遺伝子のコピーを共有する確率は，減数分裂のために 0.5 となる．

方法

家系譜を描き，2 個体を近い共通祖先を介して連結する．個体 A と個体 B の血縁度を決定するために，A から B に向かって経路に沿った矢印を書く．各連結経路上に，遺伝子のコピーを共有する確率を書き記す．

例

(a) 姉―妹

雌の遺伝子の半分は父親から来る．これらの遺伝子の 1 つのコピーが妹と共有される確率は 1 である．別の半分は母親から来る．これらの 1 つのコピーが妹と共有される確率は 0.5 である．

母親を介して：(0.5×0.5) + 父親を介して：(0.5×1)；$r = 0.75$

(b) 姉―弟

雄は未受精卵から育つので，雌は母親を介してのみ弟と連結する．雌の遺伝子の半分は母親から来る．これらの遺伝子の 1 つのコピーが弟と共有される確率は 0.5 である．別の半分は父親から来る．これらの 1 つのコピーが弟と共有される確率は 0 である．

母親を介して：(0.5×0.5) + 父親を介して：(0.5×0)；$r = 0.25$

(c) 兄―弟

雄の遺伝子のすべては母親から来る．特定の遺伝子のコピーを弟と共有する確率は 0.5 である．

母親を介して：(1×0.5)；$r = 0.5$

(d) 弟―姉

母親を介して：
(1×0.5)；
$r = 0.5$

雄の遺伝子のすべては母親から来る．特定の遺伝子のコピーを姉と共有する確率は 0.5 である．

半倍数性では，血縁度は対称にならないことに注意しよう．例えば，弟から姉への血縁度 ($r = 0.5$) は，姉から弟への血縁度 ($r = 0.25$) よりも大きい ((b) と (d) を比較せよ)．

	母親	父親	姉妹	兄弟	息子	娘	姪あるいは甥 (姉妹を介して)
雌	0.5	0.5	0.75	0.25	0.5	0.5	0.375
雄	1	0	0.5	0.5	0	1	0.25

表 13.1 半倍数性の種 (雌は1回だけ交尾すると仮定して) における血縁者間の血縁度．

じように，$B/C > 1$ が必要となる)．

しかし，Trivers & Hare は，もしワーカーが雄バチ（弟）よりも女王（妹）を多く育てるならば，半倍数性仮説 (haplodiploidy hypothesis) は生き残るだろうと述べている．ワーカーは弟よりも妹に対して高い血縁度を持つので，雄バチよりも女王を多く育てることが進化的に有利になる（表 13.1）．特に，後の節で説明するが，進化的安定戦略 (ESS) としての繁殖個体の性比は，ワーカーからの視点から，1 匹の雄バチに対して 3 匹の女王を生産することである．このように雌に偏った性比にすると，女王が産んだ子に対する平均血縁度は $(3/4 \times 3/4) + (1/4 \times 1/4) = 5/8$ となる．これは，妹への血縁度に子の内の妹の割合をかけたものと，弟への血縁度に子の内の弟の割合をかけたものの和を表す．Hamilton 則にこれを代入すると，B/C の臨界値は $(1/2)/(5/8) = 4/5$ となる．言い換えると，Hamilton 則が成り立つには，自分の子を 1 匹失うごとにきょうだいを 1 匹よりも多く育て上げなければならないのではなく，ワーカーは，自分の子を 5 匹犠牲にするごとにきょうだいを 4 匹よりも多く育てなければならない．結果として，もし性比が雌に偏っているならば，半倍数性はワーカーのヘルパー行動が進化するのを容易にするようだ（つまり，B/C の臨界値 < 1）．

しかしこの推論もまだ単純過ぎる．それはなぜかを知るためには，雄と雌の **価値** の概念と，雄雌が将来の世代の遺伝子プールに貢献する割合を導入しなければならない．性比が雌の多い 3:1 であるとき，雄の期待される繁殖成功，あるいは言葉を換えると，孫を作る機械としてのその雄の価値は，雌の価値の 3 倍あるということである．もしこの要因を組み込むと，きょうだいと自分の子

もし性比が雌に偏るならば，ワーカーは自分の子より母親の子に対してより高い血縁度を持つだろう…

を育てる利得は（育てる数 × 価値 × 血縁度）のように計算されなければならない．個体群全体の性比が 3:1 であるような例を使って（よって，これはきょうだいの平均性比と自分の子の性比に当てはめることになる），以下のように解いてみよう．

きょうだいを育てる手助けをする場合の利得：

$$(3/4 \times 1 \times 3/4) + (1/4 \times 3 \times 1/4) = 12/16$$

自分の子を育てる場合の利得：

$$(3/4 \times 1 \times 1/2) + (1/4 \times 3 \times 1/2) = 12/16$$

（最初の括弧内の式は雌に対するもので，2番目は雄に対するものである．そうすると，上段の式では，最初の括弧は「きょうだいの4分の3は雌で，価値は1であり，血縁度は4分の3」である）．よって，繁殖雄1匹に対して繁殖雌3匹という性比を持つ個体群では，手助けが得するための臨界値は $B/C > (12/16)/(12/16) = 1$ である．つまり，2倍体の種と同じである！ 言い換えると，**個体群全体の性比がヘルパーにとって最適であるように雌に偏っているときには，半倍数性はヘルパー行動を有利にしない**．つまり雌への高い血縁度の効果は，雄の高い価値によって打ち消されてしまうのである (Trivers & Hare, 1976; Craig, 1979)．

では半倍数性は，ヘルパー行動が有利になるような局面を導けるのだろうか？ あるいは全く関係ないのだろうか？ Trivers & Hare (1976) は，上記のように面倒な状態を理解した上で，雌への偏りが雌の価値をそれほど低めないやり方で起こるならば，依然とヘルパー行動が有利になるかもしれないと述べている．これは，巣の内部の性比が雌に偏っていても，個体群全体の性比はそうでないときに起こりうる．例えば，もし巣内の性比が 3:1 で，個体群の性比が 1:1 であるならば，雄と雌の価値は等しく，$B/C > 4/5$ という，血縁度を基にした B/C の単純な計算に戻ることができるだろう．これは，ワーカーによる性比の制御が個体群に広がったり，あるいは他のメカニズムをとおして「分断性比 (split sex ratio)」が導かれるときに起こるだろう．つまり，ある巣では雌が比較的過剰に生産され，別の巣では雄が比較的過剰に生産されるときである (Trivers & Hare, 1976; Seger, 1983; Grafen, 1986)．

しかし，これらのメカニズムがあっても2つの潜在的問題が残っている．第1に，雌に偏ったコロニーでのヘルパー行動の価値の増加は，雄に偏ったコロニーでのヘルパー行動の価値の低下によって打ち消されるだろう (Gardner et al., 2012)．ここでの論点は，もしある突然変異がヘルパー行動の質や量を増加させたならば，それは繁殖個体が比較的雌に偏って産まれる場合は有利になるけれども，繁殖個体が比較的雄に偏って産まれる場合は不利に淘汰されることを考えなければならないことである (Gardner et al., 2012)．第2に，上で行った計算では，どんなワーカーも自分で繁殖した場合には，等しく雌に偏った同じ性比で繁殖個体を生産すると仮定していた．しかし，個体群の性比が雌に偏っ

…しかし，これは実際には雌の価値の低下によって均衡の取れた状況になってしまう

分断性比は，相対的に雌に偏った性比を作る巣で，ヘルパー行動を進化的に有利にさせる…

…しかし，相対的に雄に偏った性比を作る巣では，ヘルパー行動は有利にならない

ているときには，雄の価値が雌よりも高いので，自分で繁殖する雌は息子だけを生産するように淘汰されるだろう．雄の繁殖価の増加は，息子の価値が，雌に偏った混合きょうだいよりも高いことを意味する（J. Alpedrinha et al., 未発表）．極端な場合として，もし性比が雌の多い 3:1 であるならば，息子を育てる利得は $(1 \times 3 \times 1/2) = 3/2$ であり，そのためヘルパー行動が得をする臨界値は $B/C > \frac{3/2}{12/16} = 2$ となる．これは 2 倍体の種の場合の 2 倍の値であり，性比に対するワーカーの制御が個体群に広がっていき，結果的に個体群で雌への偏りが起こった場合，半倍数性の種では，ヘルパー行動を不利にするような淘汰が働いてしまうかもしれないことを示している！　これは，雌に偏った妹と弟の混合きょうだいよりも，息子の価値が高くなるからである．真社会性の進化に対する半倍数性の効果の問題はまだ解決しておらず，論争が続いている分野である．

> 半倍数性は，この分類群に真社会性が進化しないようにさえさせた可能性がある

　半倍数性仮説の込み入った浮き沈みをまとめてみよう．Hamilton (1964, 1972) の半倍数性仮説は，半倍数性が自分の子への血縁度よりもきょうだいへの血縁度を高くし，そのため真社会性の進化が有利になるような遺伝的傾向を生じさせるというものである．しかし 1970 年代に，話はそれほど単純ではなく，妹への血縁度の増加の効果はまさに弟への血縁度の低下によって打ち消されてしまうことが理解されるようになった．偏った性比は，同時に「分断性比」がない限り半倍数性仮説を救うことはできないけれども，たとえそうであったとしても，たいして重要であったようには見えず，むしろ真社会性の進化を妨げた可能性もある．そのため，半倍数性仮説は，全体として人々の注意をほんの少し引き付けるだけの存在だったといえるかもしれない．それよりも，なぜ真社会性がハチ目で複数回発生したかを説明するには，配偶システムや生態の特徴に目を向けなければならないだろう．半倍数性仮説を血縁淘汰と混同しないことも重要である（例えば，Wilson & Hölldobler, 2005）．血縁淘汰による真社会性の説明は，半倍数性仮説に依拠するものではない．半倍数性仮説は，まさに真社会性の進化が半倍数性の種でどのようにして容易に起こったかということへの示唆を与えただけに過ぎない．

> 注意を少し引き付けた？

一夫一妻仮説

　多くの著者が，真社会性の進化には一夫一妻が重要であると述べてきた．その理由は，もし女王が多回交尾をするならば，子の間の血縁度を低下させ（Box 13.2；図 13.4），それによって Hamilton 則の式における r を低下させ，Hamilton 則を成り立ちにくくさせてしまうからである．しかし，一夫一妻が役に立つというよりも実際には不可欠な条件であることを理解したのは Koos Boomsma (2007, 2009) であった！　特に Boomsma は，雌が全生涯に 1 匹の雄としか交尾しないという厳密な生涯一夫一妻の役割を議論した．

　一夫一妻は，ワーカー候補が自分の子を産むときその子への血縁度（$r = 0.5$）

Box 13.2　雌が多回交尾する半倍数性種の血縁度 r

　半倍数性種の女王が複数雄と交尾するとき，その娘から妹への血縁度は低下し，弟への血縁度は低下しない．その計算方法は Box 13.1 と同じであるが，ただ雌は多くの雄と交尾したと仮定されるところが異なっている．そのため，子は片親を同じにするきょうだいとなり，母親を介して遺伝子を共有することになる．

例
(a) 姉－妹

雌の遺伝子の半分は父親から来る．その中のある遺伝子のコピーが妹と共有される確率は 0 である．なぜなら，妹は異なる父親を持つからである．別の半分は母親から来る．その中の 1 つのコピーが妹と共有される確率は 0.5 である．

母親を介して：(0.5×0.5) ＋ 父親を介して：(0.5×0)；$r = 0.25$

(b) 姉－弟

雄は未受精卵から育つので，雌は母親を介してのみ弟とつながる．雌の半分の遺伝子は母親から来る．その中の 1 つの遺伝子のコピーを弟と共有する確率は 0.5 である．別の半分は父親から来る．その中の 1 つの遺伝子のコピーを弟と共有する確率は 0 である．

母親を介して：(0.5×0.5) ＋ 父親を介して：(0.5×0)；$r = 0.25$

　弟から姉や兄への血縁度は，Box 13.1（(b) の部分）の場合と変わらない．なぜなら，雄は自分の遺伝子のすべてを母親を介して得るからである．

(c) 姉妹－甥（あるいは姪）

雌は妹と遺伝子の 0.25 の割合を共有する．その妹は自分の息子に遺伝子の半分を渡す．

妹の繁殖を介して：(0.25×0.5)；$r = 0.125$

と，母親が産んだ子（きょうだい）への（平均的）血縁度を等しくさせる．この場合，自分の子よりもきょうだいを育てることによるいかなる小さな利益効果であっても（$B/C > 1$），もしその利益が邪魔されずに多くの世代をとおし

て続くならば,真社会性に向かって進化する結果につながる協力行動を有利にするだろう(図13.5).これは半数体種でも2倍体種でも成り立つ.それに比べて,低い確率であっても多回交尾が起こる場合,ワーカー候補は自分の子に対してより高い血縁度を持つことになる.この場合,コストのかかるヘルパー行動にとって,自分の子よりもきょうだいを育てることが十分に大きな効果の有利さにつながる必要があるだろう($B/C \gg 1$;図13.5).ただ,専門化した協力行動と分業の進化を可能にさせながら,集団生活が確立するまで,B/C 比が1を大きく超え

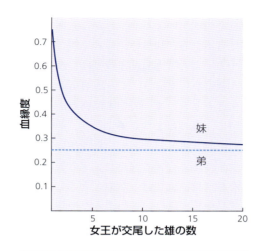

図13.4 ワーカーからその妹への,そして弟への血縁度が,母親(女王)が交尾した回数に対してプロットされた.ワーカーから妹への血縁度は,0.75 から 0.25 まで変化する.弟への血縁度は常に 0.25 である(Box 13.1, 13.2).

血縁淘汰理論は,生涯にわたって一夫一妻が真社会性の進化に多大な助けを与えうることを予測した

続けることは期待できないだろう.例えば,きょうだいに給餌することは,同じ餌量を自分の子に給餌するよりも大きな利益を持ち続けそうではない.したがって,厳密な一夫一妻がなければ,集団は真社会性への道のスタートライン

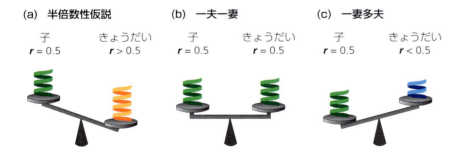

図13.5 一夫一妻は真社会性への道を開く.(a) 半倍数性仮説は,個体が自分の子よりもそのきょうだいと高い血縁度を持つことに依拠する.そのときょうだいは子よりも高い価値を持つことになる.当初,想像されたように,これは主には人々の注意を引き付けただけのものだったようだ.(b) 一夫一妻仮説が強調するのは,個体がきょうだいと自分の子に対して等しい血縁度を持つとき,非常にわずかな効果であっても,一定の効果を持った利益がきょうだいを育てることに伴うならば,それはヘルパー行動の淘汰における絶え間ない有利さにつながるということである.(c) 厳密な一夫一妻がなければ,個体はきょうだいよりも自分の子に対して高い血縁度を持つ.そのため,きょうだいを育てることが進化的に有利になるためには,大きな効果の利益が必要となる.West & Gardner (2010) より転載.

にさえつけないだろう．しかし，あまり厳密でない協同繁殖のような様式は存続できるかもしれない．

多くの社会性昆虫は，一夫一妻である…

一夫一妻の考えられる役割は，多くの真社会性の種が生涯一夫一妻であるという観察から支持されている (Boomsma, 2007)．多くのシロアリ類では，個体の生涯をとおして一夫一妻は初めから決められた選択肢であり，女王は巣の創設時に1匹の雄とつがいになり，その後一緒に添い遂げる．多くのアリ類，ハナバチ類，カリバチ類は，機能的に同等な生涯一夫一妻の様式を持つ．そこでは女王は1匹の雄と交尾し，その雄はコロニー創設前に死んでしまう．このような種では，女王は一生涯，ときには30年を超えてこの雄の精子を使い続ける．しかし，ミツバチのような数種の社会性昆虫では多回交尾が起こることもまた事実である．ミツバチの場合，雌は婚姻飛行時に10〜20匹の雄と交尾するので，Boomsmaの一夫一妻仮説を正式に検証したくなる理想的な材料である．

…しかしすべてではない

Bill Hughesとその共同研究者達はハチ目の267種において雌の交尾回数のデータを集めることによって，実際にこの検証を行った．これらの種の間では，ほとんどが一夫一妻であったが，その約1/4がある程度の多回交尾を示した（一妻多夫）．そこで，Hughes et al. (2008)はこれらのデータを系統樹に落とすことで，2つの重要な結果を発見した．第1に，彼らが調べた真社会性への独立な進化的推移の中では，すべて一夫一妻が祖先状態であるように見えた（図13.6）．これによって，一夫一妻が先に現れ，高い血縁度がきょうだいに与えられるようになり，その後，生態的条件が一貫して真社会性への移行に有利な B/C を生じさせ，真社会性が進化したと示唆される．真社会性の進化に対して，一夫一妻が祖先状態であるとする同様なパターンが，シロアリ類やカイメンに棲むエビの仲間などの他の真社会性種においても見つかってきている (Boomsma, 2007; Hughes et al., 2008; Duffy & Macdonald, 2010)．

真社会性が進化したとき，一夫一妻が祖先状態であっただろう

Hughes et al. (2008)による第2の結果は，多回交尾のすべての例が，カストが既に進化した後に現れた系統の中にあったことである．これらの例では，多回交尾による血縁度の低下が真社会性の消失に向かわなかった．なぜなら，ワーカーが既に交尾して完全な繁殖を実現する能力を失っていたからである．さらに，これらの種は既に分業の進化とヘルパー行動の専門化を果たしており，たとえ血縁度 (r) が低くなっても，実質的にHamilton則を満たすような B/C 比が与えられた可能性がある．

多回交尾は，真社会性への推移が起こった後で進化した

協力行動の生態的利益

一夫一妻仮説は，ヘルパー候補と彼らが助け育てる子（同父母きょうだい）との間に，一貫した高い血縁度 ($r = 0.5$) がいかにして生じるかを示すものである．しかし，協力行動と真社会性が現れるためには，協力行動を価値あるものにするような十分に高い B/C 比をもたらす生態的条件も必要である．とりわけ，雌にとって自分の子よりもきょうだいを育てる方がより効果的だという条

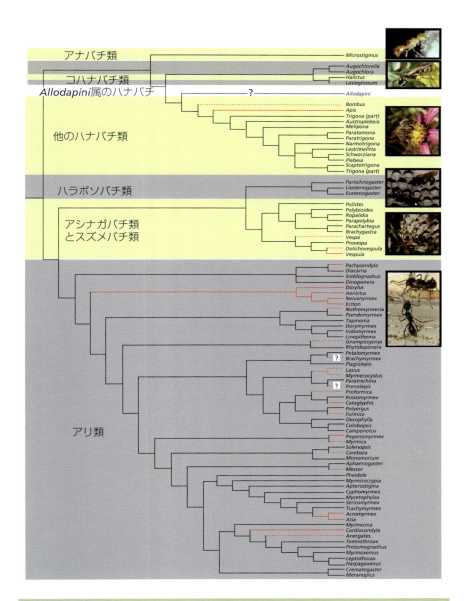

図13.6 ハチ目における一夫一妻と真社会性の進化．雌の交尾頻度のデータが得られた真社会性ハチ目の系統樹が示されている．真社会性のそれぞれの独立した起源は，交互に色付けされたクレードによって示されている．高度な（つまり絶対的）一妻多夫（＞2回交尾）を示すクレードは赤い実線の枝であり，随時的で低い程度の一妻多夫（多く場合，交尾は1匹の雄と，しかし一部の交尾は2匹あるいは3匹の雄と）を示すクレードは赤い点線の枝であり，完全に一夫一妻の属は黒い実線の枝である．*Allodapini* 属の交尾頻度のデータはない．Hughe *et al.* (2008) より転載．上から下への写真：ジガバチ科の1種（*Microstigmus comes*）は R. Matthews，コハナバチ（*Lasioglossum malachurum*）は C. Polidori，セイヨウミツバチ（*Apis mellifera*）は F.L.W. Ratnieks，ハラボソバチ類の1種（*Liostenogaster flavolineata*）は J. Fields，ヨーロッパアシナガバチ（*Polistes dominulus*）とトゲオオハリ属の1種（*Diacamma* spp.）は W.O.H. Hughes による．

件が必要である $(B/C > 1)$. この節では，その条件として重要だと言われてきた3つの生態的要因を議論しよう．それは，生命保険 (life insurance)，要塞防衛 (fortress defence)，餌分布 (food distribution) である．

生命保険の利益

David Queller (1989, 1994) は，アリ類，ハナバチ類，カリバチ類のように延長された子の世話期間を持つ種では，ヘルパー行動は，いわゆる「生命保険」としての役割を持つことで有利になると指摘した．もし単独性種の雌が子の世話の間に死んだならば，親の世話に依存する子達も同様に死んでしまうだろう．しかし，もし同じ雌が子の世話を手助けする群れメンバーに過ぎなかったならば，その死が子達の死を運命付けることはないだろう．なぜなら他個体が子の世話をし続けるだろうからである．よって，このような雌は群れメンバーの1個体として，少なくともある程度の「適応度利得の保証」が与えられていることになる．理論的には，この利点のために，単独雌として自分で繁殖するよりも，他個体の繁殖を助けるやり方の方がより成功する．この「保険効果」の重要性を定量化するために，Raghavendra Gadagkar (1991) は社会性カリバチであるナンヨウチビアシナガバチ (*Ropalidia marginata*) を研究した．この種の卵から成虫までの発育期間は，平均して62日である．しかし，個体で繁殖する雌が62日間生き延びられる確率はわずか0.12に過ぎないため，単独営巣によって期待される繁殖成功はあまり高くない．実際，Gadagkarは，ナンヨウチビアシナガバチの雌が群れで営巣することによって，自分の期待繁殖成功を3.6倍も増加させることができると推定した！ これは明らかに，一夫一妻のときに必要な1.0を少し超えるぐらいの値に比べると，はるかに大きい値である．

Jeremy Fieldとその共同研究者達は，保険効果の重要性を実験的に検証した．Gadagkarによって取られた観察データでは，ヘルパーを持つ巣と持たない巣の間でいくつかの他の交絡要因が変化する可能性を排除することができない．例えば，低い質を持つ雌にはヘルパーを引き付ける能力があまりないかもしれない．これは，ヘルパーの効果とは独立に子の生存率を低めるだろう．このような潜在的問題を避けるために，Field *et al.* (2000) は，熱帯のハラボソバチの1種 (*Liostenogaster flavolineata*) の巣からヘルパーを実験的に取り除いた．ヘルパーの除去によって，観察期間に育てられて大きくなっていく小幼虫の数は減少したが，除去後でもまだヘルパーの数が多い集団ほど多くの幼虫が育った (図13.7)．彼らのデータから全体をとおして，雌は，自分で繁殖するよりもヘルパー行動をした結果として，育て上げに成功する幼虫の数を2.4倍に増加させることができたと示唆された．これもまた1.0よりかなり大きい．

子の世話を終える前に雌が死ぬことが，協同繁殖を進化的に有利にさせた

ハラボソバチのヘルパーを除去する実験は，生命保険の利益によって真社会性が進化的に十分有利になることを示している

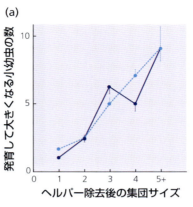
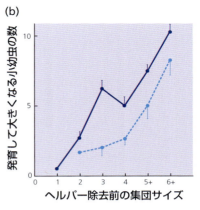

図13.7 熱帯のハラボソバチの1種 (*Liostenogaster flavolineata*) の生命保険．発育して大きな幼虫になる小幼虫の数を，ヘルパー除去後の集団サイズに対してプロットした場合(a) と，ヘルパー除去前の集団サイズに対してプロットした場合(b) を比較した両者の関係．データは，対照群の巣（紺）と除去群の巣（青）を示している．Field *et al.* (2000) より転載．掲載は the Nature Publishing Group により許可された．写真は，塗料で点のマークを付けられた雌を表す．写真©Maurizio Casiraghi．

要塞防衛の利益

　真社会性は，生まれた巣に留まって，価値ある資源を防衛する手助けから得られる潜在的な利益によっても，進化的に有利になっただろう．シロアリ類の樹木内トンネル，社会性アブラムシ類やアザミウマ類の植物ゴール，ナガキクイムシ類の樹木内トンネル，カイメンに棲むエビ類にとってのカイメン内部など，餌があり，防護されていて拡張できる場所に棲む種では，この「要塞防衛」の有利さは重要であるようだ．生まれた「要塞」にヘルパーとして留まることは，移出に伴う死の危険を避けることになる．また餌はその場所に存在するので，給餌の世話はほとんど必要ないだろう．このことは，一般的に考えて，最初のワーカー専門家が兵隊として防衛に専門化していくのを促進するだろう（図13.1, 13.2）．

　Emmett Duffy とその共同研究者達は，カイメンに棲むツノテッポウエビ属 (*Synalpheus*) において要塞防衛の有利さを検証した．この属の各種は，1種あるいは2~3種のカイメンの中に棲み，それを摂食することに専門化しているように見える．カイメンの内部では，エビ個体は社会集団として生活し，その形式は異性ペアから，複数の繁殖個体を持つ集団，1匹の女王エビと300匹を超える不妊ワーカーを含む真社会性コロニーまで様々である．カイメンの狭い管を通って入ってくることのできる捕食者はほとんどなく，最も重要な資源競争は同種や近縁の種の間で生じているように見える．縄張りをめぐるこの競争は激しく，すべての種は縄張り性で，コミュニケーションや戦いで使われる戦闘用の爪を持つ．既に占有されたカイメンに侵入個体が入ろうとすると，そこにいるエビ達が一斉にその爪を叩いて鳴らし始め，10秒間も続く特有の打音による騒

> 防衛する価値のある餌供給場所を持つことは，協力行動の進化を有利にさせる

> カイメンに棲むエビ類において，資源であるカイメンをめぐる競争は激しい…

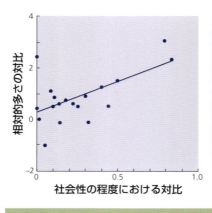 

図13.8 カイメンに住むエビ類の要塞防衛．2種からのデータを使って，相対的豊富さに関する系統的に独立な対比（相対差）が，社会性の程度に関する独立な対比に対してプロットされている．Duffy & Macdonald (2010) より転載．掲載は the Royal Society により許可された．写真は，ツノテッポウエビ属の1種 (*Synalpheus regalis*) の不妊ワーカーである．写真©Emmett Duffy．

音を発生させる (Tòth & Duffy, 2004)．この「統制された一斉打音」は侵入者を追い払うための警告に使われているようである．そしてそれは，なぜこれらの種が「一斉打音エビ (snapping shrimp)」と呼ばれるかの説明にもなっている．もし要塞防衛が，カイメンに棲むエビ類の間で協力行動を有利にする重要な役割を果たしているのならば，社会性を持たない種と比較して，真社会性種は限られた資源を獲得し，防衛し，維持する能力を強化していると予測できるだろう．Duffy & Macdonald (2010) は，南米のベリーズにおいて，エビの進化的前進と真社会性が種間でどのように相関しているかを調べることによってこの予測を検証した．要塞防衛の役割に合致して，社会性を持たない姉妹種より，真社会性種は豊富でより多くのカイメンを占め，より広い宿主範囲を持っていることが分かった（図13.8）．もっと理想的には，この仮説は，宿主の豊富さあるいはエビ密度を操作する実験によっても検証されるべきだろう．

> …そして，真社会性エビ種はカイメンをうまく獲得し，保持しているように見える

　要塞防衛の役割に対する実験的証拠は，ゴールを作るアブラムシ科の1種 (*Pemphigus spyrothecae*) における William Foster の研究から得られた．真社会性アブラムシは，テントウムシやハナアブの幼虫などの昆虫捕食者からコロニーを防衛する兵隊カストを持つ（図13.1e; Stern & Foster, 1996）．Foster (1990) は，ゴール内のアブラムシの構成を操作して，10匹の兵隊あるいは10匹の兵隊でない個体を含むようにさせて，1匹の捕食者を導入した．結果は驚くべきもので，兵隊を持つコロニーでは，2～3匹の兵隊を失いながらも捕食者は殺された．一方，兵隊を持たないコロニーでは捕食者は生き残り，すべてのアブラムシが殺され食べられた．ゴールを作るアブラムシは，真社会性になりやすい傾向を持っているかもしれないと以前から度々示唆されてきた．なぜなら，それらはクローンで繁殖し，そのためきょうだいとの血縁度は $r=1$ だからで

> 兵隊アブラムシは，コロニー全体が食べられてしまうのを防ぐために，捕食者である昆虫を殺す

特徴	要塞防衛型種	生命保険型種
分類群	アザミウマ類, アブラムシ類, ナガキクイムシ類, シロアリ類, (そしてカイメンに棲むエビ類)	アリ類, ハナバチ類, カリバチ類
社会性の生活の主な利点	価値があって守れる資源	幼虫への世話を継続できる成虫生涯の重複
餌	巣内あるいは守られた場所	巣外
幼体	活動的で, 自分で採食でき, おそらく働ける	何もできず, 給餌される必要があり, 働かない
社会性でない祖先種	必ずしも親は子の世話をしない	親は子に高度な世話をする
最初に進化した専門カスト	兵隊ワーカー	採餌ワーカー
コロニーサイズ	普通, 小さい	しばしば大きい
生態的成功度合い	普通, 限定的	とても大きい

表 13.2 真社会性の進化が, 生命保険型によるか要塞防衛型によるかで分類された社会性昆虫の2つのタイプ (Queller & Strassmann (1998) より改変).

ある. しかしここで重要な点は, ワーカー候補が, そのきょうだいに対しても, また自分の子に対しても等しい血縁度を持つということである. よって, 一夫一妻仮説のときのように, ここでも $B/C > 1$ であることが必要なのである.

David Queller & Joan Strassmann (1998) は, 社会性の主要な生態的利益が生命保険型であるか, あるいは要塞防衛型であるかに依存して, 社会性昆虫は2つのタイプに分けられると主張している. これらのタイプと特徴の定義については, 表13.2に示されている.

餌分布

デバネズミ類の協同行動と真社会性の進化の原動力となった主要な要因は餌分布であると, 何人かの研究者は主張している (Jarvis *et al.*, 1994). デバネズミ類はアフリカの小さな齧歯類で, 餌資源である植物の地下貯蔵組織 (根, 塊茎) を探して, 穴を掘りながら地中で生活する. デバネズミ類は, 単独生活種, 群れ生活種 (最大でも約15頭の群れサイズ), ハダカデバネズミとダマラランドデバネズミという2種の真社会性種 (それぞれは最大約300頭の群れ, 約40頭の群れを持つ; 図13.9) を含む. これらの真社会性種では, 群れ内の1組のペアだけが繁殖する. 他の雌は発達しない卵巣を持ち, 雄は活性のある精子を持つけれども, 繁殖しないように見える.

餌分布の可能な役割は, 様々な生息地にわたって生活する種の分布から連想できる. 単独生活種は, バランスの良い水供給を伴う中湿性の場所に生息し, そのような場所は餌が一様に分布し, 土が湿っているため掘るのに都合が良い. それに比べて, 真社会性種は, 降雨が少なくまたそれを予想できない乾燥した場所に生息する. 後者の生息地では, 餌資源がパッチ状に分布するため採餌の当

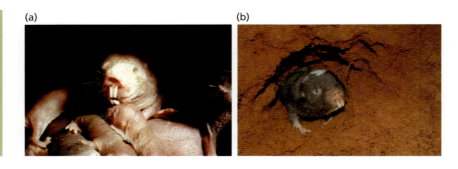

図 13.9 (a) ハダカデバネズミの女王と子達．(b) ダマラランドデバネズミ．写真 (a) ⓒNeil Bromhall; (b) ⓒAndrew Young．

たり外れがあり，固い土を掘るためのエネルギーコストが高くなる．ただし餌が見つかると，普通，コロニーが長期に食べていくのに十分な餌量がある．このことから，パッチ状で見つけにくいが，見つかると豊富にある餌資源を採餌するのに効果的だった群れ生活と協同行動が有利になったと考えられた．Chris Faulkesとその共同研究者達 (1997) は，12種のデバネズミの間で比較研究をすることによって，この仮説を検証した．予想されるように，複数の種をまたがって大きな群れほど低い餌密度および大きな降雨変動と関係していた．

デバネズミ類の社会性は，餌獲得が困難であるという条件と相関している

昆虫社会内の対立

この章のこれまでの節では，血縁淘汰理論が社会性昆虫類の不妊ワーカーカストの進化をどのように説明するかを検討してきた．しかし，この理論は対立がいつ起こるかについても予測する．このとき重要な点は，血縁度が0より大きければ協力の可能性があるけれども，1.0より小さい限り，対立の可能性もあるということである．なぜなら，そのとき個体は繁殖成功の不均衡な分け前を獲得するように淘汰されることがあるからである．この章の次の節では，社会性ハチ目昆虫のコロニー内で，性比の対立と，誰が雄卵を産むべきかということについての対立が起きている2つの現場について議論する．ここでの一般的な疑問は「女王とワーカーのカストが存在するという前提の下で，女王とワーカーはどのようにして次世代への遺伝的貢献を最大にするか？」である．別の言い方をすると，対立が存在するとき，それを女王とワーカーはどのように解決し，誰が勝利するかである．これから検討される2つの現場では，血縁淘汰理論は対立がいつ発生するかについて明確な予測を与えてくれること，また対立の正確な様式は半倍数性遺伝の結果である非対称性に依存していること，そしてこれらの予測に対してのデータによる支持は驚くほど高いことに気付くことになるだろう．

血縁淘汰理論は協力と対立の両方を予測する

社会性ハチ目の性比をめぐる対立

女王とワーカーの対立

10章では，局所的な条件に応じて，生物個体がどのように淘汰され，自分の子の性比を調節するようになるかを議論した．今度は，社会性ハチ目昆虫の性比への淘汰を考えてみよう．まず女王の視点から始めよう．女王は自分の息子と娘に対して等しい血縁度を持つ（それぞれの場合で $r = 0.5$）ので，Fisherの等配分投資理論は，女王が雄の繁殖個体と雌の繁殖個体を同数で生むべきだと教える（10章）．もっと正確に言うと，女王のESSは2つの性に**等しく投資**することである．よって例えば，もし雌バチの生産には雄バチの生産よりも2倍多くの資源が必要となるならば，女王は雌バチより2倍多く雄バチを生むべきである．ここでは，不妊ワーカーではなく，**繁殖する**子への投資を等しくするように考えていることを強調しておくことは重要だろう．10章で，雄と雌の**期待繁殖成功**は同じであることから，50：50の性比が安定すると議論したことを思い出して欲しい．このように性比の議論は繁殖個体に向けられるのが，唯一妥当なことである．

> 女王は，雄と雌の繁殖個体に等しく投資するような1:1の投資比を好む

一方，ワーカーの場合は偏っており，弟に対して（$r = 0.25$）よりも妹に対して（$r = 0.75$）高い血縁度を持つので，むしろ妹をより高い割合で育てるだろうと考えられる．しかし，ワーカーは繁殖する妹を多くするような偏りをどれくらいにすべきだろうか？ 今度は，ワーカーの視点から再び性比のESSを探ってみよう．もしワーカーの育てる妹が多過ぎるならば，個体群の性比は雌に大きく偏ってしまい，雄バチが女王よりも非常に高い繁殖成功を持つようになってしまうだろう．結局，ワーカーにとって安定性比は繁殖する雌を多くした3：1になる（Trivers & Hare, 1976）．雌の繁殖個体が雄よりも正確に3倍多いときには，雄バチは女王よりも3倍高い期待繁殖成功を持つ．なぜなら，平均して，各雄バチは配偶者を見つける3倍の確率を持つからである．ワーカーの視点から，これは，まさに弟への血縁度が妹への血縁度の1/3しかないという事実に対する補償となるだろう．つまりワーカーにとって，妹を介した場合に得られる甥あるいは姪の数に対して，弟を介した場合，その3倍の数の甥あるいは姪を得ると期待できるのである．ただ，妹の側の姪と甥は，弟を介した場合の3倍の血縁度をワーカーに対して持つので，弟を介する単位投資当たりの利得と，妹を介する単位投資当たりの利得は結局同じになるのである．

> ワーカーは，雌の繁殖個体に対して雄の3倍投資するような雌に偏った性比を好む

まとめると，女王は子の繁殖雄と繁殖雌に等しく投資することを好むけれども，ワーカーは3：1と偏った性比で雌が多くなることを好む．よって，ワーカーと女王の間には，性比をめぐって直接的な利害の対立が存在するのである．誰が勝利するのだろうか？ そしてそれはどのように決まるのだろうか？

> 女王とワーカーは，繁殖個体の性への最適な投資比に関して同意しない

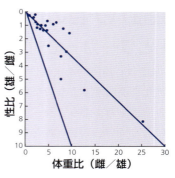

図 13.10 21 種のアリ類における投資比（乾燥体重によって測定された）．横軸は，体重の雌／雄比であり，縦軸はコロニーでの個体数の雄／雌比である．左下の直線は，もし投資比が 1：1 であった場合の予測直線であり，右上の直線は 3：1 で雌が多い場合の予測直線である．データは，ワーカーが性比を支配している場合に予測されるように，3：1 の予測曲線の近辺に分布している．しかし，いくつかの解析は，問題がそれほど単純ではないことを示唆した．というのも (a) 図では雌の乾燥体重が過大に推定されており，実際には平均投資は 2：1 に近くなるはずであり，また (b) いくつかの種で，女王は多回交尾をし，それがワーカー達にあまり雌に偏らない投資を好ませているはずだからである（予測直線がどのように引かれたかを理解するために，体重の雌：雄比が 6：1 である例を取り上げてみよう．等配分投資の場合は雌 1 匹当たり雄 6 匹を意味し，雌に多く投資する 3：1 の投資比の場合は，雌 1 匹当たり雄 2 匹の比を意味する）．Trivers & Hare (1976) より転載．掲載は AAAS により許可された．写真は，コツブアリ属の 1 種 (*Brachymyrmex patagonicus*) の交尾ペアである．写真©Alex Wild．

女王とワーカーの対立の検証

アリの巣における性への投資比を測定すると，雌に偏っていることが分かる …

Robert Trivers & Hope Hare (1976) は，21 種のアリ類において雄と雌の子の乾燥体重への投資比を解析することによって，女王とワーカーのどちらが勝利するのかを検証しようとした．それらのアリ種は，仮説の条件が満たされていそうだ（1 匹の女王，一夫一妻）ということで選ばれた種である．それらのデータにはかなりのばらつきがあったにも関わらず，平均的には，投資比は 1：1 よりも 3：1 の方に近いことを，Trivers & Hare は発見した（図 13.10）．そして，対立ではワーカーが勝っており，ワーカーは性比を女王の最適値ではなく自分達の最適値の方に向けて操作することに成功していると結論付けた．はっきり言うと，ワーカーの方が女王を妹と弟を産む家畜として飼育することに成功しているのである．それは，悪条件で最善を尽くす劣位雌というワーカーに対する従来の印象からはほど遠いものであった！ Trivers & Hare は，ワー

… ワーカーが，性への投資比をめぐる争いに勝利しているようだ

カーの方が現場を担っており，数も多いので，その対立に勝っているのだと示唆している．要するに，ワーカー達は普通多数で，すべての子への給餌を担当するため，雄バチよりも新女王を選択的に優遇できる立場にあるのである．

別の説明も可能である

Trivers & Hare の結果は非常に印象深いが，データの解析方法とその解釈について，いくつかの問題を指摘する研究者もいる．それらの問題の 1 つは，10 章

で議論したように，局所的配偶者競争や局所的資源競争などの他の理由を原因として，雌に偏った性比が起きている可能性もあるということである (Alexander & Sherman, 1977)．これらの別の説明は，後日反証されたが (Nonacs, 1986; Boomsma, 1991)，種をとおして見ると，ワーカーが性比を支配しているという絶対的な証拠になりそうなデータはないことが明らかになってきている．それ以来，より強力な証拠が，種内のコロニー間に生じる性比の変異の研究から提出されてきている．

分断性比

種間レベルではなく種内の個別コロニー間で性比が調査されると，いくつかのコロニーではすべて雄かあるいはほとんど雄が優先して生み出され（雄アリ），他のコロニーではすべて雌かあるいはほとんど雌が優先して生み出される（新しい翅を持つ女王，よく雌アリと呼ばれる）傾向がよく観察される．Koos Boomsma & Alan Grafen (1990, 1991; Boomsma, 1991) によると，このような「分断性比 (split sex ratio)」は，ワーカーが性比を支配し，血縁構造がコロニー間で変動するときに予測されることがあるとされた．

血縁構造がコロニー間で変動する理由の1つは，女王の交尾回数が変動することである．ワーカーが雌に偏った3:1の投資比を好むという上記の議論は，女王は1回だけ交尾するという仮定を前提にしていた．この仮定は，ワーカーが弟 ($r = 0.25$) よりも妹 ($r = 0.75$) に対して3倍高い血縁度を持つことを意味する．もし女王が多回交尾したならば，ワーカーのESSはどのように変化するだろうか？ もし女王が多回交尾すると，ワーカーにとって，母親由来の遺伝子を介した弟への血縁度は依然と $r = 0.25$ である (Box 13.1)．しかし，雌同士の父親ルートを介した遺伝子の共有はありそうにないので，多回交尾はワーカーから妹への血縁度を低下させる（図13.4）．その極端な場合では，もし姉妹が異なる父親を持つならば（片親きょうだい），その姉妹の血縁度は $r = 0.25$ になり，それは母親を介した血縁度 ($r = 0.25$) と父親を介した血縁度 ($r = 0$) の合計を表すものになる (Box 13.2)．

ここで，あるコロニーでは女王が1回しか交尾せず，他のコロニーでは多回交尾したときの結果を考えてみよう．重要な仮定は，ワーカー達が自分の女王は何回交尾したかを知っているということである．この証拠については後で提出する．女王が1回しか交尾しなかったコロニーでは，ワーカーは雌に偏った3:1の性比を優先するだろうと期待できる．それに対して，女王が多回交尾したコロニーでは，ワーカーから妹への血縁程度は低下し，そのためあまり偏らない性比が優先されるだろう．しかし，問題はさらに複雑である．というのも，個体群レベルで何が起こるかという結末を考えなければならないからである．1回交尾のコロニーで優先される雌に偏った性比は，弟の相対的価値を増加させる．なぜなら，各弟は平均してより多くの雌と交尾するだろうからである．こ

> いくつかのコロニーは雄の生産に専門化しているのに対して，他のコロニーは雌の生産に専門化している

> ワーカーにとって，彼らの女王が多回交尾をした場合，妹との血縁度が相対的に低くなる

> ワーカーにとって，女王が1回交尾をする巣では雌を生産し，女王が多回交尾をする巣では雄を生産することが有利になる

れは，多回交尾した女王を持ち，雄に高い割合で資源を投資するコロニーを有利にする淘汰圧となる．同時に，この多回交尾コロニーでの雌への低い投資は雄を生産することの価値を低下させ，そのことによって，1回交尾の女王を持ち，雌に高い割合で資源を投資するコロニーを有利にする淘汰が働く．これらの効果は，お互いに対してフィードバックし，1回交尾の女王を持つコロニーは雌だけあるいは主には雌を生産し，多回交尾の女王を持つコロニーは雄だけあるいは主には雄を生産することが ESS となる状況を導く．

> ケズネアカヤマアリは，女王が交尾した回数に応じて子の性比を調節する

このかなり込み入った議論をまとめると，重要な点は，コロニー間での女王の交尾回数のばらつきが，ワーカーから妹への血縁度のばらつきを導くだろうということである．ワーカーは，次世代への自分達の遺伝的貢献を最大にする性を条件に応じて生産することによって，「血縁度の不均衡性 (relatedness asymmetry)」の大きさのばらつきに付け入ることができる．女王が1回交尾したコロニーでは，ワーカーは相対的に妹との血縁度が高いので，雌だけあるいは主に雌を生産することで成功する．女王が多回交尾したコロニーでは，ワーカーは相対的に妹との血縁度があまり高くないので，雄だけあるいは主に雄を生産することで成功する．

最も驚くべきことに，ある種のアリのワーカーはまさにこれをやっているようである！ Lotta Sundström (1994) は，フィンランドの南西沿岸沖のいくつかの小さな群島に生息するケズネアカヤマアリ (*Formica truncorum*) を研究した．彼女は，アロザイムマーカー（アロザイムとは，機能的にはほぼ中立なアミノ酸配列の変異を起こした酵素群を指し，集団や分類上の特徴を分析するための"間接的な遺伝子マーカー"として利用されてきた）を使って，各女王が何回交尾するのか，そしてそれが生産される繁殖個体の性比と相関しているかどうかを調べた．その結果，Boomsma & Grafen の予想通り，1回交尾の女王を持つコロニーは主に雌を生産し，多回交尾の女王を持つコロニーは主に雄を生産することが分かった（図 13.11）．Sundström は，このようにして全体的に，コロニー間の性比のばらつきのなんと 66% を説明することができたのである．

性比対立のメカニズム

> ワーカーは女王が何回交尾したかをカウントできる…

Sundström の結果は，ワーカーがまず女王の交尾回数を数えて，そして次に性比を操作できることを示唆している．どうすればこれができるのだろうか？可能性の1つは，ワーカー達が，雌の交尾頻度を推定するのに，コロニーの遺伝的多様性に対して表現型的な手がかりを使っていることである．つまり，その手がかりにおいて，多回交尾を示唆する変異の多さと1回交尾を示す変異の少なさを利用するのである．Koos Boomsma とその共同研究者達は，ジリスで口と背中の臭腺からの匂いが血縁者の手がかりとして使われるのと同様に（11章），ケズネアカヤマアリ (*F. truncorum*) の手がかりが匂いであるか否かを調査した．アリの「匂い」は，クチクラ上の炭化水素と呼ばれるワックス層にあ

社会性ハチ目の性比をめぐる対立 **427**

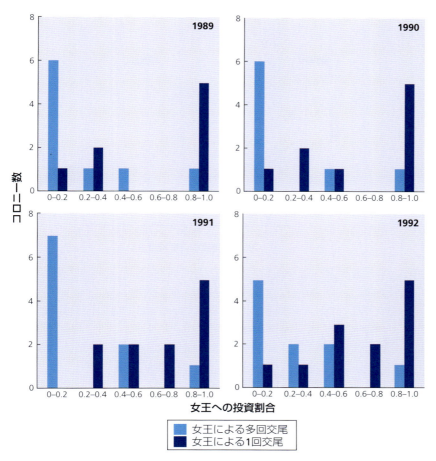

図 13.11 ケズネアカヤマアリ (*F. truncorum*) の分断性比. 性配分（雌の繁殖個体への投資割合）の分布が，女王が1回交尾（紺），あるいは多回交尾（青）したコロニーに対して示されている．4年間のデータをとおして，女王が1回交尾したコロニーは雌を生産する傾向があり，女王が多回交尾したコロニーは雄を生産する傾向がある．Sundström (1994) より転載．掲載は the Nature Publishing Group により許可された．写真は婚姻飛行前の女王．写真©Lotta Sundström.

る有機混合物によって主に決定される．Boomsma *et al.* (2003) は，もし女王が1回交尾ならば，すべてのワーカーは非常に類似した炭化水素構成を身に付けるため同じ匂いを持ち，対照的に，もし女王が多回交尾ならば，ワーカーはよりばらつきのある炭化水素構成を身に付けるため様々な匂いを持つという仮説を立てた．つまりワーカーは，他個体間の匂いのばらつき程度を調べることによって，女王が多回交尾をしたか否かを推定することができるはずだというものである．Boomsma *et al.* はこの仮説を支持する証拠を見つけた．すなわち，多回交尾をした女王を持つコロニーで生じた性比は，炭化水素構成のばら

… 他のワーカーの匂いのバラツキによって

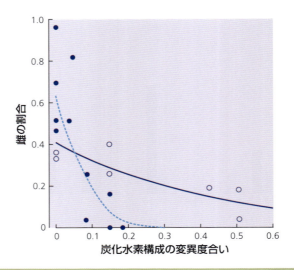

図 13.12 ケズネアカヤマアリ (*F. truncorum*) における炭化水素と性比．女王が多回交尾をしたコロニーの間では，出生繁殖個体の雌の割合は，ワーカーが持つクチクラ上の炭化水素構成のばらつき程度と負の相関を示した．白丸と実線は 1994 年に取られたコロニー標本であり，紺丸と破線は 2000 年に取られたコロニー標本である．曲線はロジスティック回帰曲線を表す．Boomsma *et al.* (2003) より転載．

つき程度と強く相関していたのである（図 13.12）．

　Boomsma *et al.* の結果は，ワーカーがどうすれば女王の交尾頻度を査定できるかを示したばかりでなく，ワーカーがいつそれを間違うかも説明することができた．女王が，類似した炭化水素構成を持つ複数の雄と交尾した場合，性比は偏らなかったりあるいは雌に偏る結果となった．簡単に言うと，雌が偶然同じ匂いを持った 2 匹の雄と交尾すると，その子達の匂いにはほとんどばらつきがないため，ワーカーは女王が 1 回交尾であると思ってしまい，そのため間違った性比を生産することがあるということである．これは，動物が期待された行動をどれくらい正確に取れるかは，情報処理の段階で制約されるという一般的な問題を見事に実証した事例である．

ワーカーは，女王が同じ匂いの複数雄と交尾した場合，間違いを犯す

　Sundström と Boomsma の結果から，ワーカーは自分達の有利になる方へ性比をどのようにすれば操作できるかのという問題も生じる．女王は産む子の最初の性比を支配するだろうから，ワーカーは何か別のことをやっていなければならない．何が起きているかを明らかにするために，Sundström とその共同研究者達 (1996) は，今度は，同じく女王の交尾頻度に反応して分断性比を持つツノアカヤマアリ (*Formica exsecta*) を用いた．卵の性比と蛹の性比が比較され，女王が多回交尾したコロニーではこれらの性比に違いはなかったが，女王が 1 回交尾したコロニーでは卵から蛹の段階に向けて雄の割合が有意に低下することが分かった．これは，ワーカーが雄卵を選択的に育児放棄あるいは破壊していることを示唆している．雄を減らすことは，まさに性比を操作する

ワーカーは，雄を殺すことによって性比を操作する…

1 つの方法である．別の方法もこれまでに見つかっている．例えば，タカネムネボソアリ (*Leptothorax acervorum*) のワーカーは，女王あるいはワーカーとして発育する雌の割合を調節することによって繁殖個体の性比を偏らせている (Hammond *et al.*, 2002). ただ，この非破壊的なやり方は，ツノアカヤマアリ (*F. exsecta*) では不可能かもしれない．なぜなら，この種ではワーカーと繁殖個体は別の時期に育てられるからである．

　これらのことをまとめると，ワーカーは女王の交尾頻度に反応して，自分のコロニーの繁殖個体の性比を操作するように淘汰されてきたようだ．少なくともよく調べられた数種のアリでは，ワーカーは雄卵を破壊したり，女王あるいはワーカーとして育てる雌の割合を調節したりすることによって，これを実行し，分断性比を生じさせているようである．これは，Trivers & Hare が想像したよりももっと複雑な過程を介しているけれども，結局，ワーカーが対立には勝利しており，彼らの最初の仮説を強力に支持する事実になっている！　では，話は終わってしまったかというと，そうではない．なぜなら，ワーカーがいつも勝つわけではなく，ときには女王も勝つからである！

　Luc Passera とその共同研究者達はアカヒアリ (*Solenopsis invicta*) を研究した．この種はその名のとおり，最初のアリの攻撃時に放出されるフェロモンに応答して，群れで人の体によじ登り，痛みを伴う刺し攻撃を開始する．その後，集団での刺し総攻撃に移行し，それはやけどに似た痛みを引き起こす．その結果，小さな動物では免疫システムが過剰に働き，それが原因で死に至ることもある．Passera *et al.* (2001) は，雄を生産するコロニーと雌を生産するコロニーの間で，実験的に女王を交換した．その結果，女王を交換した後のコロニーで生産される繁殖個体の性比は，その女王がいた元のコロニーで予測されるものであることが分かった．移動先のコロニーが事前に雌雄どちらを優先して生産しているかに関わらず，もし女王が雌を生産するコロニーから来たのであれば，移動先のコロニーは主に雌を生産し，逆であれば逆になった（図13.13）．このことから，この種では，女王が性比に対する非常に強力な支配権を持っていることが示唆される！　女王は，雄卵の割合を変化させることによってこれを行っているようである．いくつかのコロニーでは，女王は雄をほとんど産まず，ワーカーに対して強制的に雌だけを育てさせている．一方，他のコロニーでは，女王は雌卵をわずかな割合でしか産まず，強制的にワーカーにはそれをワーカーとして育てさせ，雄を繁殖個体として育てさせている．

　全体をとおして見ると，これらの結果から，社会性ハチ目昆虫の性比をめぐる対立は絶え間ない綱引き戦に陥っていることが示唆される．ワーカーはしばしば優勢になったかのように見えるが，いつもそうだというわけではない．この分野の研究は大変活発であり，誰が勝つか，様々な対戦者はどのように優勢になろうとするかについて，色々な場合があることをいかに説明できるかということが特に重要な問題である．

… あるいは，女王かワーカーかのどちらかに発育する雌の比率を調節することによって性比を操作する

しかし，ときどき女王が勝利する

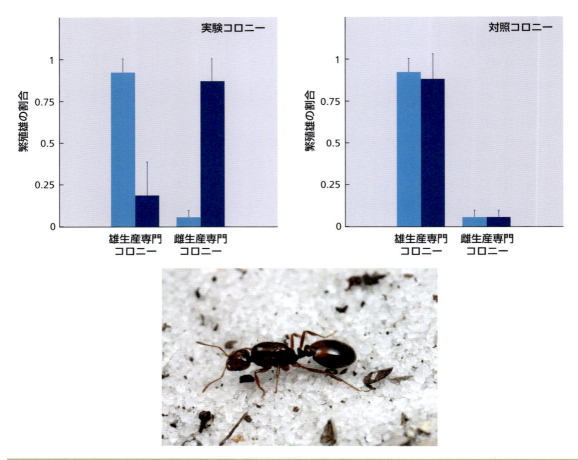

図 13.13 アカヒアリ (*Solenopsis invicta*) の女王による支配．女王を交換する実験を行う直前（青の棒）と実験の 5〜6 週間後（紺の棒）のコロニーで育てられた繁殖雄の割合．実験コロニーでは，女王が，主に繁殖雄を生産するコロニーと主に繁殖雌を生産するコロニーの間で交換された．対照コロニーでは，女王が，主に同じ性の繁殖個体を生産するコロニー間で交換された．結果として，女王を交換した後のコロニーの性配分戦略はワーカーではなく女王の戦略に従うものであった．Passera *et al.* (2001) より転載．掲載は AAAS により許可された．写真は，婚姻飛行の後，新しいコロニーを始める場所を探している女王である．写真ⓒAlex Wild．

社会性ハチ目のワーカーポリシング

前節では，女王とワーカーの性比をめぐる対立に焦点を当てた．しかし，誰が雄を産むかをめぐる対立は，ワーカー間で起こるかもしれないし，ワーカーと女王の間で起こるかもしれない．性比のときと同じように，この対立を理解するために重要なことは，まず半倍数性に由来する血縁度構造を調べることだろう．

ミツバチのワーカーポリシング

Francis Ratnieks と Kirk Visscher は，セイヨウミツバチ (*Apis mellifera*) において誰が雄を産むかをめぐる対立を研究した．この対立が生じる可能性は，

アリ類，ハナバチ類，カリバチ類の多くの種で存在する．なぜなら，ワーカーは交尾しないが，未受精卵を産んで，それが半数体である雄バチに育つ可能性があるからである．血縁度を基に，他の条件はすべて同じだと仮定して，コロニーのどのメンバーがワーカー産卵から利益を得るかを計算することができる．女王にとっての利益，産卵するワーカーにとっての利益，その他のワーカーにとっての利益を見てみることにしよう．

セイヨウミツバチでは，女王は婚姻飛行中に 10～20 匹の雄と交尾する．もしその子達が，母親を介してのみ遺伝子を共有する片親きょうだいであると仮定するならば，Box 13.2 の血縁度から以下のようなことが予測される：

(1) 女王は，自分の孫雄（自分の娘であるワーカーが産んだ雄）よりも息子を好むだろう（$r = 0.5 > r = 0.25$）．

(2) 産卵するワーカーは，弟（女王の息子）よりも自分の息子を好むだろう（$r = 0.5 > r = 0.25$）．

(3) その他のワーカーは，甥（他のワーカーの息子）よりも弟（女王の息子）を好むだろう（$r = 0.25 > r = 0.125$）．[多回交尾は姉妹間の血縁度を低下させる（0.75 から 0.25 へ）ことを思い出して欲しい]．

これらの解析が示すのは，女王はワーカーの繁殖を抑制しようとすることである（結果 1）．しかし，より興味深い結果は，ワーカーは息子を産む方が有利になるが（結果 2），他のワーカーはその繁殖を抑制する（結果 3）ように淘汰されるだろうということである（Woyciechowski & Lomnicki, 1987; Ratnieks, 1988）．

Ratnieks & Visscher (1989) は，この結果 3 から予測される「ワーカーポリシング（ワーカーによる監視，警察行動）」がミツバチで生じていることを示した．彼らが，女王あるいはワーカーが産んだ雄卵をコロニーに実験的に導入したところ，ワーカーの産んだ卵はすぐに除去され食べられたけれども，女王が産んだ卵がそうされることはほとんどなかった（図 13.14）．Ratnieks & Visscher は導入した卵の小室の周囲に金網を設置して，ワーカーはすり抜けられるが女王は体が大き過ぎてすり抜けられないようにしたので，このワーカー卵の除去を女王が行っている可能性は排除できた．ワーカーが，女王から産まれた卵と他のワーカーから産まれた卵をどのように判別しているかは分かっていないが，おそらく女王が産卵するときの化学物質を手がかりにしているだろう (Martin et al., 2005)．ミツバチのような種では，ワーカーポリシングはワーカー産卵がほとんど観察されない（雄卵の < 0.1%）ことの説明になるだろう．つまり，ワーカーは産卵できて，実際それをしているけれども，他のワーカーからその卵が破壊されているという説明である．さらに一般的なことを言うと，ミツバチのワーカーポリシングは，それが観察される前に予測されたものであったので，この結果は，理論が新しい驚くべき博物学的発見をいかに導くかということを示す良い例でもある．

> ワーカーは，女王の息子よりも自分の息子を育てようとするだろう

> 女王が多回交尾をするとき，ワーカーは姉妹の息子よりも女王の息子を育てようとするだろう

> ミツバチでは，ワーカーは他のワーカーが産んだ卵を除去するという形式の「ポリシング」行動を行う

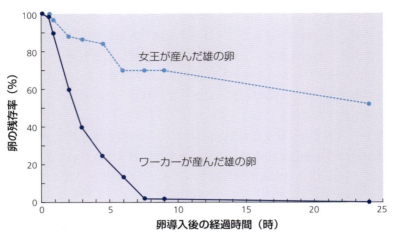

図 13.14 ミツバチにおけるワーカーポリシング．ワーカーの産んだ卵と女王の産んだ卵が，実験的にコロニーに導入された後の残存率の時間経過．ワーカーの産んだ卵はすべてすぐに除去された．Ratnieks & Visscher (1989) より転載．掲載は the Nature Publishing Group により許可された．写真は，他のワーカーが産んだ卵を調べ除去しよう（ポリシング）としているワーカーを示す．写真ⒸFrancis Ratnieks.

女王が1回交尾をするときには，ワーカーポリシングはあまり一般的には起こらないことが予測され，かつ観察されている

　血縁淘汰理論から導かれるさらなる予測は，女王が1回しか交尾しないときは，ワーカーポリシングは期待されないということである．この場合，表13.1で与えられた血縁度を使うと，上の解析の結果 (1) と結果 (2) は依然として成り立つが，結果 (3) は成り立たない．この理由は，ワーカーは今度は同父母の妹を持つからである．つまり，互いの血縁度は $r = 0.75$ である．これは，ワーカーが女王の息子（弟）よりも他のワーカーの息子（甥）を優先すべきだということを意味する（$r = 0.375 > r = 0.25$）．したがって，女王が1回しか交尾しないときには，ワーカーは他のワーカーが産んだ雄の子をポリシングしないだろうと期待される．Tom Wenseleers & Francis Ratnieks (2006a) は，アリ類，ハナバチ類，カリバチ類の48種の間で比較研究を行い，女王が多回交尾をする種ではワーカーポリシングが一般的か否かを調べることによって，この仮説を検証した．血縁淘汰理論によって予測されるように，女王が数多く交尾し，そのためワーカーと他のワーカーの産んだ雄の子との血縁度が低い種では，ワーカーポリシングがより一般的に起きていることが分かった（図13.15）．

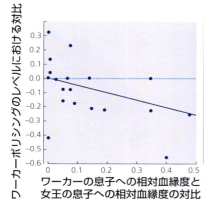

図13.15 48種の間で見られる，ワーカーポリシングのレベルの変異．ワーカーのポリシング行動のレベルにおける系統的に独立な対比（contrasts，相対差）が，ワーカーから女王の息子への血縁度の対比に対してプロットされている．ワーカーが他のワーカーの息子（甥）とあまり高い血縁度を持たない種では，高いレベルのワーカーポリシングが見られる．Wenseleers & Ratnieks (2006) より転載．掲載は the University of Chicago Press により許可された．写真は，ワーカーポリシングが発生するハキリアリ類の1種 (*Acromyrmex echinatior*) のワーカーを示す．写真ⓒAlex Wild．

ワーカーポリシングと強制的利他行動

　ワーカーポリシングは，ワーカーの産卵行動そのものに影響を与えているのだろうか？　ポリシングがよく起きているとき，普通，それはワーカーが産んだ卵が破壊されているということを意味する．したがってこれは，女王の息子を育てる手助けをすることに時間と資源を投資することと比較すると，自分の息子を産むことの相対的利益を低下させる．別の考え方をすると，ポリシングは，直接繁殖の可能性を奪い，それによって協力行動のコスト (C) を低めるということでもある．つまり直接繁殖がうまくいかないので，代わりにヘルパー行動を行うというわけである．Wenseleers & Ratnieks (2006b) は，ワーカーが産んだ卵のうち除去された割合を測定することによってポリシングの効果の程度が推定されたハナバチ類とカリバチ類の10種の間で，この仮説を検証した．その結果，予測通り，産卵したワーカーの割合とポリシングの効果には負の相関があることが分かった（図13.16）．言い換えると，ポリシング行動は不妊の相対的コストを下げるので，それは血縁者間で利他行動を強制する効果的な方法となりうるのである！

　これらの結果は，血縁淘汰による利他行動の進化という考えに対して別の説明を示唆しているわけではない．なぜなら，繁殖におけるワーカーの利他行動は，血縁者を育てる手助けをしているという事実に依然として依拠するからである．別の説明というわけではなく，それらは，ポリシングのような強制行動が，関連する利益 (B) やコスト (C) に影響を与えることによって，協力行動あ

淘汰の中で，ポリシングは利他行動の進化を容易にさせる…

…なぜなら，血縁者を助けるという血縁淘汰上の利益を増加させるからである

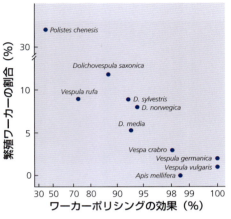

図 13.16　ポリシングは利他行動を強制する．ワーカーポリシングがより効果的に働いているハナバチ類やカリバチ類の種では，ワーカー繁殖のレベルは低い．Wenseleers & Ratnieks (2006) より転載．掲載は the University of Chicago Press により許可された．写真は，ワーカーポリシングの高い効果を持つ（女王は多回交尾をし，ワーカー繁殖の程度は低い）キオビクロスズメバチ（*Vespula vulgaris*）を示す．写真©Tom Wenseleers．

るいは利他行動が有利になることを促進させるということを示しているのである．ついでに言うと，社会性ハチ目におけるポリシング行動の研究は，様々な要因が行動の進化とメカニズムに関与しうるという一般論を分かりやすく説明しているのである．真社会性は，女王が1回交尾で，ワーカーポリシングはなかったと考えられる種で最初に進化した．その後，女王の多回交尾が始まった系統でワーカーポリシングが発生し，それが真社会性の維持に役割を持つようになったと考えられる．

超個体

社会性昆虫のコロニーは，よく「超個体 (superorganism)」と呼ばれる (Wilson & Hölldobler, 2009)．これは，コロニーの異なるメンバーが，主にコロニーのために統一的に行動するように見えるからである．それはまるで，生物個体の体を構成する異なる細胞がその個体のために活動するかのようである．コロニー内部での対立もときどきあるが，その重要性はポリシングによって低下するようだ．さらに，採餌や廃棄物処理などの多くの行動形質は，コロニーのためという視点から完全に理解することができる（つまり，まるでワーカーはコロニーの生産性を最大にしているかのようだ）．しかし，超個体の概念は，2章で間違いだと説明したWynne-Edwardsの集団淘汰の考えのような危険な響きを持つ．このように矛盾するように見える問題をどのように解決できるのだろうか？

Andy Gardner & Alan Grafen (2009) は，自然淘汰はどのようなときに，個体がコロニーや集団の適応度を最大にする行動を取るようにさせるかを問うこ

とによってこの問題を理論的に扱った．そして，そのようなことは起こりうるが，ただしそれはコロニー内の血縁度が十分に高い（一夫一妻配偶の場合のように），あるいはポリシングが非常に効果的なためコロニー内でのワーカー繁殖のような利己的行動のどんな利益も完全に排除される（ポリシングのレベルが高い場合のように）という制限された条件のときだけであることを発見した．よって，多くの真社会性昆虫（特に，絶対的真社会性を取る仲間）で生じうる高い血縁度かつあるいは効果的なポリシングを前提にすると，ミツバチのような種のコロニーを超個体として考えることは妥当であるように思われる！ ここでの重要な点は，コロニーのための行動とは，制限された条件の下で淘汰に有利になるが，一般的な進化原理ではないということである．一般的な原理とは，個体は自分の包括適応度を最大にするということである．

脊椎動物と昆虫の比較

ハダカデバネズミの例外はあるが，脊椎動物で不妊カストの例は知られていない．しかし他の面では，この章と 12 章の結論の間にいくつかの緊密な類似点がある．例えば，脊椎動物と昆虫の両方には，亜社会性の協力行動と側社会性の協力行動が生じているけれども，エナガやミーアキャットでも観察されたように，ともに亜社会的行動が最も重要であるように見える．また，セイシェルムシクイなどの種のヘルパーと社会性昆虫のワーカーは，捕食者や寄生者から巣を守り，子供への給餌を手助けするため似たような役割を果たしている．

昆虫 vs 脊椎動物：その類似点 …

こうした類似性にも関わらず，不妊カストの進化へと昆虫を導いて，脊椎動物にはそうさせなかった重要な違いがあるに違いない．

… そしてその相違点

第 1 に，脊椎動物の個体群全体では，厳密な生涯一夫一妻は生じなさそうに思われる．その結果，ヘルパーと彼らが育て助ける子の間の血縁度は低下することになるだろう．もし真社会性へ向けたルートを辿り始めるとしたら，協力行動に対して十分に効果の大きい一貫した長期の利益が必要だったはずである（つまり，$B/C \gg 1$）．しかし，エナガのような種では，協力行動は自分で繁殖しようとする試みが失敗するときに有利になるだけであり，そのためヘルパーになっても失うものはあまりない．脊椎動物での協力行動の進化を邪魔する要因として雌の乱婚傾向の重要性は，267 種の鳥類の間で行われた比較研究によって証明されてきた．Charlie Cornwallis, Ashleigh Griffin とその共同研究者達 (Cornwallis *et al.*, 2010) は，(1) 協同繁殖は，乱婚傾向の高い種では発生しそうにない，(2) 協同繁殖をする種の中で，乱婚的な種であるほどヘルパー行動は稀であることを示した（図 13.17）．

脊椎動物において，乱婚は協力行動を導かない

第 2 に，昆虫における真社会性の進化を有利にすると主張されてきた 2 つの生態的要因（生命保険，要塞防衛）は，脊椎動物の場合はあまり重要ではなさそうである．脊椎動物の場合，一腹子を育てる期間の親の死亡率は比較的低いため，その子達を独立まで育て上げる協力行動の保険的利益は非常に小さい．

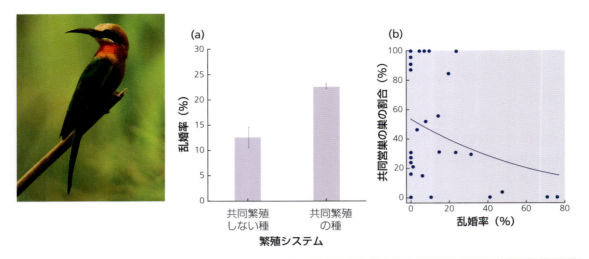

図 13.17 鳥類における乱婚と協力行動. (a) 協同繁殖をする種よりもしない種で, 乱婚率は有意に高い. (b) 協同繁殖をする種では, 乱婚率の高い種でヘルパーを持つ巣の百分率が低い. Cornwallis *et al.* (2010) より転載. 掲載は the Nature Publishing Group により許可された. 写真は, 乱婚率の低い (6%) 種であるシロビタイハチクイを示す. この種では, 約 50% の巣がヘルパーを持つ. 写真©Erik Svensson.

要塞防衛の利益も, 脊椎動物の場合はあまり重要ではない. なぜなら, ミーアキャットやセイシェルムシクイのような種は, 餌を取るために防衛すべき場所を生活場所にするということではないからである. その代わり, 餌を見つけるために彼らは広い面積を活動範囲にしなければならない.

要約

社会性昆虫には, 自分の子を持たないが, その代わりに年下のきょうだいを育てる手助けをする不妊ワーカーが存在する. これは, 一見すると自分の遺伝子を次世代に送る効果を最大にする行動を有利にするという自然淘汰の考えに反しているように見える. しかし, 不妊ワーカーが育てる手助けをする相手は近い血縁者であるという事実が, この利他行動に説明を与えてくれる.

半倍数性の遺伝様式が個体を不妊ワーカーにさせやすかったか否かに焦点を当てた大きな論争が続いてきた. しかしこの考えは, 熱狂的な支持を得たにも関わらず, 主に人の注意を少し引き付けただけのものだったようだ. それよりも, 遺伝的な視点から重要であったように見えるのは, 厳密な生涯一夫一妻が満たされることである. 一夫一妻は, ワーカー候補からきょうだいへの血縁度をその候補者自身の子への血縁度と同じにし ($r = 0.5$), その場合, 協力行動による小さな効果の利益だけで ($B/C > 1$), 種として真社会性へのルートを辿り始めるために必要な利益となるのである. ただし, その利益は多くの世代を経て維持されなければならない.

真社会性を進化的に有利にするために最も重要だったと思われる生態的要因

は，生命保険と要塞防衛である．母親の死後もヘルパーが子の世話を完遂するという生命保険（あるいは保証される適応度利得）の利益は，アリ類，ハナバチ類，カリバチ類では重要だったようである．移動の成功確率が低い場合において，餌資源の利用と防衛に対して継続して協力するという要塞防衛の利益は，アブラムシ類，キクイムシ類，下等なシロアリ類，アザミウマ類，エビ類で重要だったようである．

　ハチ目における半倍数性遺伝様式は，繁殖個体（女王と雄）の性比をめぐる対立や誰が雄子を産むかをめぐる対立を生じさせる．女王とワーカーの間で，性比をめぐっての合意はない．この対立に，ワーカーがどのようにして勝つかを示した多くのデータはあるけれども，ワーカーが常に勝つわけではなく，女王が勝つ場合もある．ワーカー同士も，誰が雄を産むかをめぐって合意しない場合もある．そして，ワーカー達が同父母姉妹でないときには，あるワーカーは雄卵を産み，他のワーカーによってその卵が破壊されるという筋書きに向かう．このようなポリシング行動は，コロニー内での利他的な不妊の強制を進めるだろう．

　血縁淘汰は，社会性昆虫における協力と対立を説明するときに中心的な役割を果たす．おそらく皮肉なことだが，血縁淘汰理論を最も明快で数量的に支持するいくつかの証拠は，性比をめぐる対立や誰が雄を産むかをめぐる対立を説明し予測する理論の力をとおして得られている．その理由として，このような対立の状況では，血縁度 (r) だけを基にしてより明快な予測を行うことが可能だからであり，さらに，コスト (C) や利益 (B) を測定するときの困難さの詳細をそれほど気にする必要がないからである．

　昆虫と脊椎動物の協力行動を比較すると，両方とも似ている部分（例えば，亜社会性ルート，巣防衛，幼体への給餌，乱婚が与える問題）もあれば，似ていない部分（例えば，厳密な生涯一夫一妻，生命保険，要塞防衛はどれも脊椎動物ではあまり重要でない）もある．

もっと知りたい人のために

　Strassmann & Queller (2007) は，社会性昆虫の協力と対立に影響を与える要因を，コロニーの超個体としての振る舞いはどの程度かいうことと関連付けて概説した．特定の分類群の協力と対立に焦点を当てたいくつかの総説がある．それらは，アリ類 (Bourke & Franks, 1995)，ハナバチ類 (Schwarz et al., 2007)，カリバチ類 (Gadagkar, 2009)，シロアリ類 (Thorne, 1997; Korb, 2010)，アブラムシ類 (Stern & Foster, 1996)，アザミウマ類 (Chapman et al., 2008)，エビ類 (Duffy, 2003)，デバネズミ類 (Bennett & Faulkes, 2000) である．Currie et al. (2010) は，人間社会の複雑さの進化を調べるために，比較の手法がどのように使えるかを紹介している．

　Hölldobler & Wilson (1990) の本は，アリの生物学の壮大な旅行記となって

いる．一方，Helantera et al. (2009) は，個体群自体が単一の「超コロニー」から成り立っているような単一コロニー性アリ類の生態と進化を議論している．Gordon (1996) は，ワーカーによって行われる仕事の違いを個体レベルとコロニーレベルで議論している．Powell & Franks (2007) は，アリ個体が，採餌中であっても他個体のためにどのように自分を犠牲にするかを明らかにしている．Mueller et al. (2005) は，キノコを栽培する社会性昆虫における農業についての行動生態学を概説している．

Trivers & Hare (1976) の論文は，理論とデータが調和した大作であり，社会性昆虫における性比の対立という行動生態学で最も多くの研究を生み出すのに成功した分野の基礎を築いた．Boomsma (2007, 2009) の論文は，一夫一妻の重要性について優れた解説であり，真社会性がどのように進化したかについての理解を容易にするための重要な役割を果たした．Ratnieks et al. (2006) は，社会性昆虫において，性比，女王の養育，雄の生産，カスト，女王の間の繁殖をめぐるいくつかの対立がいかに解決するかについて概説している．社会性ハチ目の性比をめぐる対立は，West (2009) の本の 9 章で概説されている．

討論のための話題

1. 多胚性のカリバチ類と扁形動物類は真社会性であるか否かを議論せよ (Grbic et al., 1992; Crespi & Yanega, 1995; Hechinger et al., 2011)．自分の考えを検証できるか？
2. ハチ目では，なぜワーカーのすべてが雌なのだろうか？
3. 真社会性の種では，カストの決定に遺伝的要素があるとする考えを議論せよ (Hughes et al., 2003)．
4. 自然個体群における配偶システムについて知られていることを前提にすると，一夫一妻仮説は，真社会性を説明するとき，その前提を簡単にし過ぎているのではないだろうか？
5. ワーカーが息子を産むことは，真社会性への進化を促進するだろうか，あるいは阻害するだろうか (Charnov, 1978)？
6. 子の世話の延長は「保険としての利益」を介して真社会性の進化を有利にする．しかし，なぜ子の世話の延長が最初に進化したのだろうか (Field & Brace, 2004)？
7. いなくなった女王の代わりにその娘の 1 匹が置き換わると，なぜ分断性比になるのだろうか (Boomsma, 1991; Mueller, 1991)？
8. 分断性比は，いくつかのコロニーで雄の繁殖個体だけが生産されるような事態を生じさせる．これは，女王と交尾した雄が繁殖成功を持てないことを意味する（半倍数性では，雄は自分の遺伝子を娘にだけ送る）．雄はこれに対して何か対処できるだろうか (Boomsma, 1996; Sundström & Boomsma, 2000)？

9. ワーカーポリシングは，ワーカーが甥と息子に対して等しい血縁度も持つようなハチ目の数種でも生じている．なぜこれは進化したのだろうか？ 自らの考えをどのように検証すればよいだろうか？
10. 真社会性と多細胞性の進化を有利にした要因を比較せよ (Queller, 2000; Grosberg & Strathmann, 2007; Herron & Michod, 2008; Boomsma, 2009)．
11. 半倍数性が真社会性の進化を有利にしたか否かを，どのように実践的に検証したらよいだろうか？
12. Nowak *et al.* (2010) は，血縁淘汰理論は社会性昆虫に対して「仮説的説明」を提供するだけで，「追加的な生物学的洞察は何も与えない」と述べている．議論せよ．

第14章
コミュニケーションと信号

写真 © Elizabeth Tibbetts

　本書で説明してきた個体間相互作用の多くは，コミュニケーションを伴うものである．雄は派手な飾りで雌を引き付けたり，大きな咆え声でライバルを追い払う．子は親に餌乞いし，細菌は化学物質を放出して個体群レベルで協力行動を調整する．また毒を持つチョウなどの幼虫は鮮やかな色彩で捕食者に近付かないように警告する．これらの例はすべて，コミュニケーションで使われるように設計された特殊な「信号」あるいは「ディスプレイ」である．この章は，自然淘汰が信号をどのような形式に作り上げたかについて見ていこう．

コミュニケーションは発信者と受信者の間で行われる

　信号の一番はっきりした本質は，ある個体（発信者）のある特徴が，何らかの形で他者（受信者）の行動を変化させることである．受信者の反応は，素早くはっきりしていることもあれば（雄のホタルは同種の雌が発している光の方へ誤りなく飛んで行く），反対にかすかでよく分からないこともある（雄のアンテロープは定着雄の臭い付けが分かると，縄張りの境界を横切るのを避けるために，歩く方向をほんの少しだけ変える）．また受信者の反応が時間的遅れを伴うこともあれば（雌のセキセイインコの卵巣は雄のさえずり刺激を受けて，徐々に発育していく），特定の時間しか反応しないこともある（ハゴロモガラスの縄張り雄は，1〜2羽の侵入者がそのさえずりを聞いて退却するまでの数時間だけさえずる）．

もし発信者と受信者の両方がその信号システムから平均的に利益を得るのであれば，信号は進化的に唯一安定するだろう

　信号は，発信者と受信者の間で効果的な情報移送のために進化したと仮定されてきた．Dawkins & Krebs (1978; Krebs & Dawkins, 1984) は，この考えは一般的には誤りだろうと指摘した．なぜなら，発信者と受信者の間に利害の対立があるときには，それぞれ自分の利益を追求するように淘汰されていくだろうからである．これは従来の考えを，コミュニケーションは受信者を操作し

ようとする発信者と，発信者の真意を読もうとする受信者の間での軍拡競走であるとする，より対抗的な考えに発展させることになった．しかし，しばしば発信者と受信者の間に利害の対立が起こる一方，もし自然淘汰が平均的に両方の側が情報交換によって利益を得る状況を導けないならば，信号システムは安定しないだろうということも真実である (Maynard Smith & Harper, 2003)．もし発信者が受信者をうまく操作し過ぎると，受信者は発信者を無視するように淘汰されるだろう．よって信号は，信号発信者の状態あるいは将来の意図についての，受信者にとって利益となる情報を持たなければならない．そしてこの情報は，受信者がそれに反応するように淘汰されるほど十分に正しくなければならない．

進化的視点からの問題は，信号を正直なものにさせ続け，受信者がそれに反応することによって利益を得るようにさせるものは何かということである．正直な信号とは，受信者にとって，正しく役に立つ情報を伝えるものであろう．これは，鳥類の警戒声の場合は捕食者についての情報であり，雄のディスプレイの場合は配偶個体としての遺伝的あるいは表現型的な質についての情報である．問題は，発信者がもし嘘をついたりあるいはその信号を誇張したりすると，発信者がより成功することである．よって何がこの嘘を阻止し，信号を正直にさせ続けるのかを問わなければならない．クジャクの雄が，すべての雌に自分を交尾相手として選ばせるぐらい大きく見事過ぎる尾羽を作るのを阻止しているのは何か？　あるいはなぜすべての昆虫が，脊椎動物の捕食者に対して自分が毒を持つという信号を発しないのか？　もし個体が嘘をついたり信号の誇張を行ったりしたならば，その信号は役立つ情報を運搬しなくなり，そのような信号に対して注意を払う利点がなくなり，そのためコミュニケーションが終了してしまうだろう．

したがって，コミュニケーションの中心的な問題は，信号の正直さを維持させるものは何かということである．この問題を取り扱う前に，まず様々なタイプの相互作用とコミュニケーションを区別しなければならない．

コミュニケーションのタイプ

手がかり (cue) と信号 (signal) という2つのタイプの相互作用を区別することは有益である (Maynard Smith & Harper, 2003)．手がかりとは，受信者が発信者のある特徴を利用して自分の行動をうまく進めるときのものであるが，この特徴はその目的のために進化することはない．手がかりの一例として，哺乳類を刺すために探しているカは，二酸化炭素を検出したならば風上に向かって飛ぶだろう．この場合，二酸化炭素はカにとって手がかりとして働くが（血液資源の存在を示す），哺乳類はカに自分の存在を示す信号を送るために二酸化炭素を作っているわけではない（むしろ刺されたくないだろう！）．

信号とは，受信者の行動を変えるために発信者によって発せられる行為ある

もし信号が平均的に正しいあるいは有益な情報を伝えるならば，それは正直な信号である

信号の正直さを維持させるものは何であろうか？

手がかりとは，将来の行動への手引きとして使えるような外界の特徴である

信号は，他の生物個体の行動を変化させる構造や動きのことであり，それはその効果ゆえに進化し，また受信者の反応が進化したゆえに効果的になっているものである

いはその構造（長い尾羽など）である．信号はその効果のために進化してきたものであり，受信者の反応が進化したために効果的になったのである (Maynard Smith & Harper, 2003)．この定義は複雑で理解しにくいと思われるかもしれないが，2つの重要な効用を持っている．第1に，受信者は信号に反応するように進化したので，その反応は，平均的には，受信者に利益をもたらさなければならない．そうでなければ，受信者はその信号に反応しないように淘汰されるだろう．「平均的」という言葉は，ここでは重要である．なぜなら，一部の個体が偽りの信号を発することがあるのは，他個体が正直な信号を出すのを利用して成功するからである．

図 14.1 北米のヒナタクサグモ (*Agelenopsis aperta*)．写真ⓒ Visuals Unlimited.

このことについては，この章の後半で立ち返ることにする．

　この定義の第2の効用は，信号は他者への効果に負っているので，手がかりとは区別されることである．ヒナタクサグモ (*Agelenopsis aperta*) の網場所をめぐる争いを考えてみよう（図14.1）．Susan Riechert (1978, 1984) は，体重に差があるとき，小さな方のクモは場所をめぐって戦わずに退散することを発見した．彼女がこれを確かめたのは，実験であるクモの背中に一片の平らな写真を糊付けしたところ，その処理個体の前から大きな方のクモが逃げ出すことを見つけたからだった．もしクモが，相手のクモの動きとは独立に体重を直接査定できるならば，体重がまさに体サイズと闘争能力の手がかりになっていただろう．というのも体重は，闘争能力を知らせる，つまり大きいクモだから戦いに有利だと知らせる信号として進化することはなかったからである．しかし実際には，クモは自分の体サイズに関する信号を，網を振動させることによって伝える．この網を振動させる行動が，もし体重についての情報を与えることによって別のクモの行動に影響を与えるがゆえに進化したものならば，この振動は信号であろう．ここでの重要な点は，信号とは，発信者の持つ特徴とは独立に，それが運ぶ情報を伝えるように進化することができなければならないということである．つまりクモは，体重や闘争能力とは関係なしに，網を振動させることができるか否か，あるいはどの程度振動させるかを変更できるということである．それに対して，闘争能力は体重と密接に関係しているだろう．

　この章の後の部分では，信号に焦点を当て，それらがどのように進化できるか，またそれらが取る形式はいかなるものかについて議論する．そのとき考える主な問題は，受信者が反応するように淘汰されるほどに，信号を信頼でき正直なものに維持するものは何かということである．別の言い方をすると，発信

信号への反応は，平均的には，受信者に対して利益を与える

信号は，それが伝える情報発信者の特徴とは独立に進化することができなければならない

者が自分に有利になるように受信者を偽るところまでその信号を誇張するのを，何が止めるのかということである．

信号の信頼性の問題

　インドクジャク（*Pavo cristatus*）の雄の尾羽のような極端な信号を考えてみよう．221ページで，雌はどのようにして尾羽に目玉模様を多く持つ雄を交尾相手として選ぶかを説明し，また目玉の数が雄の遺伝的質の信頼できる信号になっていることを説明した．しかしこれは，なぜ低い質の雄も，より多くの目玉を尾に加えて自分が高い質の雄であるかのように見せて雌を騙し，より多くの雌を獲得しようとしないかという問題を生じさせる．この節では，John Maynard Smith & David Harper (2003)が提出した概念の枠組みに従い，この問題に対する答えとして3つの仮説を議論することにする．ここでの目的は，どの仮説が正しいかを議論するのではなく，むしろクジャクを手段として使って，信号の正直さが維持されうる3つの可能なやり方について説明することである．

　1つの可能性は，尾羽の大きさが体サイズと，それによる雄の質によって制約されており，そのため低い質の雄は多くの目玉を持てるほど十分大きい体を持っていないということである．この場合，目玉の数は信頼できる信号となる．なぜなら，高い質の雄だけが多い数の目玉を持つことができるので，目玉の数を偽ることができないからである．このような信号は**示標**（index）と呼ばれ，伝達される質情報に関係した強さの度合いを持ち，しかも偽れない信号として正式に定義される．

　別の可能性は，低い質の雄は過剰に多く目玉を作ることができるけれども，そうすることで非常に大きなコストを負担するということである．過剰な目玉を作るために資源を投資するならば，おそらく，免疫機能などの別の活動にまわす資源が減ることになるだろう．そしてそれはその雄を寄生者に侵されやすくするだろう．この場合には目玉の数を偽ることもできるが，そのコストは，低い質の雄にとってそのような騙しを無効にさせるほど高いだろうから（つまり信号を増強させることのコストが，配偶成功の増加の利益を上回ってしまうだろう），目玉の数は信頼できる信号となる．それに対して，高い質の雄は，過剰に目玉を作る利益（配偶成功の増加）をそのコストを超えて獲得できるような十分な資源を持っている．このような信号は**ハンディキャップ**（handicap）と呼ばれ，信号自体の作成にコストがかかったり，あるいはその結果にコストがかかったりすることから，信頼性が保証される信号として正式に定義される．

　最後の可能性は，雄が自分の質を雌に対して正直に伝達することで，雄と雌の両方が利益を共有するというものである．おそらく，雄と雌が生涯一夫一妻となり（クジャクではこのようなことはないが，ここでは仮想的な例を扱っている），質において一致したつがいが，より多くの子を育て上げることができる．多分，そのような雄雌は遺伝的に合っているので，その子は寄生者から免れや

示標とは，偽ることのできない信号のことである

ハンディキャップとは，発信するためにコストを伴う信号のことである

信号は，もし発信者と受信者が共通な利益を持つならば，そのときにも信頼できるものとなる

すいのであろう．この場合，目玉の数を偽ることもできるが，発信者の信号が受信者にとって正直であれば，発信者と受信者の両方が成功するので，目玉の数は質に対する信頼できる信号となる．よって，発信者と受信者は正直な信号に対して**共通の（一致した）利益** (common (or coincident) interest) を持つので，正直さは保証される．

> 信頼される信号を説明する3つの方法は，示標，ハンディキャップ，共通な利益である…

信号が正直足りうるためのこれら異なるやり方を区別することは有益であるが，不幸なことに，現場でそのもつれを解きほぐすことが容易であるとは限らない．例えば，218ページで説明した性的ディスプレイについてのHamilton-Zuk仮説は，示標によってもハンディキャップメカニズムによっても成り立ち，双方とも，寄生圧が大きい種で性的な魅力形質がより誇張されることを予測する．

> …しかし，それらを互いに区別するのは難しい

これより後の節では，これらの異なる種類の信号の具体例とその信頼性が維持される仕組みについて議論することにしよう．

示標

5章と7章で議論したように，生物個体は，餌，縄張り，配偶相手など，不足する資源をめぐって他個体と頻繁に競争しなければならない．このとき，個体はしばしば一連の色々なディスプレイ行動を行い，お互いに相手の闘争能力を査定する．そして，劣った闘争能力を持つ方の個体が，深刻な戦いに入ることなく退却する (Box 14.1)．闘争能力の情報を伝え，また査定するのに使われる手がかりは，しばしば偽れないため信頼できるものであり，よって示標である場合があることに気付くだろう．

> 査定行動は，多くの闘争における重要な特徴である…

アカシカ (*Cervus elaphus*) の雄が，秋の発情期に雌をめぐってどのように競争するかを考えてみよう．雄の繁殖成功はその闘争能力に依存しており，最も強い雄は最も大きいハレムを支配でき，最も多くの交尾を獲得できる．戦いは大きな利益の可能性を与えるけれども，同時に深刻なコストももたらす．ほとんどすべての雄は複数の軽い傷を負い，20～30%の雄はときどき足を折ったり，角の先端で目を潰されたりなど，生涯にわたって残る傷を負う．よって，競争雄はお互いの闘争能力を査定し，ひどく不釣り合いな対戦を避けることによって闘争のコストを最小化するのである (Clutton-Brock & Albon, 1979)．

> …それはコストのかかる戦闘にエスカレートするのを防ぐ

ハレムの持ち主と挑戦者は，ディスプレイの最初の段階で互いに咆え声をあげる（図14.2a）．咆えることは闘争能力の良い信号である．なぜなら，それは雄の体サイズについての情報を与え，また上手に咆える雄は良い体調にあるはずだからである．もしハレム防衛者が侵入者よりも大きく咆えることができれば，侵入者は退却する．もし挑戦者がハレム防衛者より大きいか同じくらいの大きさで咆えれば，対戦は第2段階に入り，2頭の雄は平行に歩き始める（図14.2b）．これは互いに相手の力量を近くから窺うのに役立っているだろう．多くの対戦はこの時点でけりがつく．しかし，もしここでも両者の力の差がはっきりしないときには，角をからませて押し合う激しい戦いになる（図14.2c）．

> アカシカは，咆え声と平行歩行で闘争能力を査定する…

> …等しい力の個体が出会うと，肉体的な対戦にエスカレートする

Box 14.1　段階的な査定行動

　Magnus Enquist & Olof Leimar (1983, 1987, 1990) は，対戦の間に得られる情報は，統計サンプリングと似たような方式で蓄積されると述べている．戦い1回分の結果は無作為な誤差を含むため，より正確な推定を得るためには，対戦者は闘争行動を繰り返すことによって「標本サイズを増やさ」なければならない．この観点から，最初にコストを最小に止めたディスプレイを使い，その後，追加のコストはかかるが，さらに正確な査定手段を使うことが期待される．そして，相手の闘争能力を査定して自分の方が低いと分かると，諦めることになるだろう．闘争能力に差のない対戦者同士だと，戦いは長く続き，さらにエスカレートする．それは単にどちらがより強いかを査定するのに時間がかかるからである．まさに，大きい差ではなく小さい差であるほど，統計学者が，それを検出するために，より多くの標本をサンプリングする必要があるのと同様である．

　この考えを基にすると，北米のシクリッドの1種 (*Nannacara anomala*) の対戦のように段階的なディスプレイ行動を伴う対戦をうまく理解できる．自然条件下では，雄は放卵しそうな雌をめぐって競争し，そのときの対戦は実験室の水槽内で簡単に観察できる．対戦におけるディスプレイの順番は非常に一貫していて，各段階内で起こる行動は一定の出現率を持ってい

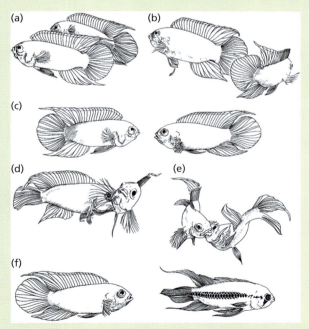

図 **B14.1.1**　シクリッドの1種 (*Nannacara anomala*) の段階的闘争行動．(a) 側面定位．(b) 尾びれによる打ち合い．(c) 正面定位．(d) 噛み付き合い．(e) 口相撲．(f) 敗者（右）の退却．Jakobsson *et al.* (1979) より転載．Bibbi Mayrhofer による描画．

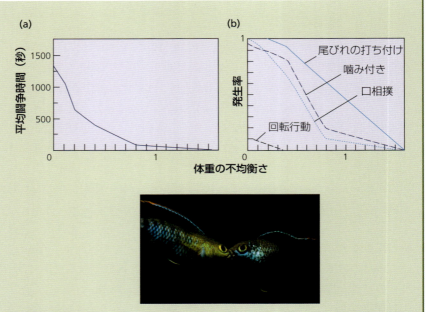

図 B14.1.2　シクリッドの1種 (*Nannacara anomala*) の戦いは，対戦者の体サイズの差が小さければ小さいほど，(a) 長引き，(b) より危険な段階にエスカレートする．体重の不均衡さは，重い魚の体重から軽い魚の体重を引いた値の対数として測定された（0 = 体重比が1，つまり等しい体重）．Enquist & Leimar (1990) より転載．掲載は Elsevier により許可された．

る（図 B14.1.1）．(a) 最初に，雄はひれを立て，側面を互いに向かわせて定位する．(b) そして，相手の脇腹に向かって水の流れを押し出しながら，尾びれを打ち付ける．これは役割の交代を伴っており，各魚は尾びれを使って叩く行動と，相手のその打撃から起こる流れを側面で受けるための体勢をとる行動を交代で行う．(c) そして，噛み付き頻度が増加し，対戦者は互いに正面を向き合って定位する．(d) その後，口相撲が始まる．そのとき，雄は互いの顎をしっかりとくわえ込み，相手を押したり引いたりして，相対的な体力を正確に査定しようとする．(e) 最後に，回転行動が始まる．そこでは，両方の魚が素早く小さな円を描いて泳ぎ，相手の背中に噛み付こうとする．その対戦の終盤には，負けた魚が自分のひれを折り畳み，体色を変えて敗北を伝え，退却する．大きい雄が勝つ傾向があり，体サイズの差が大きいほど，小さい方の雄はほぼ (a) の段階で直ちに諦めるようだ．しかし，体サイズの差がわずかになるほど戦いは長引き，行動列に従ってエスカレートしていき，連続する各行動段階で負傷する危険も増加する（図 B14.1.2）．本文で説明したアカシカの雄の対戦は，段階的な査定行動の別の例である．

図 14.2　アカシカの雄 2 頭の間の闘争の各段階．(a) ハレムの持ち主が挑戦者に向かって咆える．(b) 次に 2 頭は平行に歩く．写真©iStockphoto.com/DamianKuzdak. (c) 最後に角をからませて押し合いによる闘争を始める．写真©iStockphoto.com/Roger Whiteway.

　勝つためには体重と足さばきの技術が重要であるが，勝者でさえも傷付くことがある．大事なことは，この激しい戦いは稀にしか生じないことであり，多くの対戦はもっと初期の段階のディスプレイによってけりがつくのである．
　ここで，なぜ雄個体は，咆えたり平行に歩いたりするときに，より強い雄を退却させるために自分の闘争能力を誇張してディスプレイしないのかという疑問が生じる．この節では，ヒキガエルとアカシカの 2 つの例を詳細に考えることにしよう．そこでは，闘争能力は誇張できず，そのためそのディスプレイが正直な信号となるのは，それが示標であるからだというのがその答えになる．

闘争能力の手がかりは，それらが示標であることから，信頼性を持つ場合が多い

ヒキガエルにおける闘争能力の査定と低い鳴き声

　ヒキガエル (*Bufo bufo*) の鳴き声は，体サイズと闘争能力の示標となるかもしれない．春がくるたびに，多くのヒキガエルは繁殖のために池に集まる．そのときすべての放卵は 1〜2 週間で終わる．雌はほんの数日間，池にやってくるだけであり，そのため，必然的にいつも雄が雌より多く，配偶相手をめぐる激しい競争が生じる．野外では，ときどき雄は交尾中のペアの間に割り込み，雌の背中から配偶相手である雄を排除しようとする．このような乗っ取りの試み

ヒキガエルの雄では，小さい雄が取って代わられる

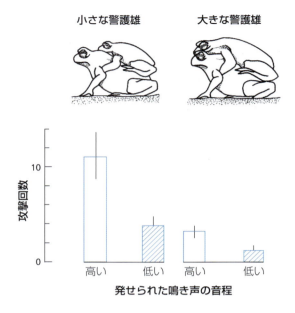

図 14.3 小さい雄の高い声が再生されると，中間サイズの雄が声を出せない雄を攻撃する傾向はより高くなった．しかし，鳴き声だけが査定の手がかりではなさそうだ．なぜなら同じ高さの声で比べると，大きい防衛雄にはあまり攻撃しないからである．防衛者の蹴りの力も重要かもしれない．Davies & Halliday (1978) より転載．写真ⓒJurgen Freund/naturepl.com．

鳴き声の音程は，体サイズの信頼できる示標である

雄は，相手の雄が高い音程で鳴くとき，その雄に取って代わろうとする傾向が強い

は，割り込み雄がペア雄よりも大きいときには，よく成功するようだ．また，最も頻繁に見られる乗っ取りの試みは，大きい雄が小さい雄を追い出そうとする場合であるようだ．

　攻撃雄は，どのようにしてライバル雄の体サイズと闘争能力を査定しているのだろうか？　雄がペアを攻撃するときはいつでも，配偶雄の方が必ず鳴き声をあげる．この場合や，他のカエルあるいは他のヒキガエルの多くの種では，雄の鳴き声の高さと体サイズが密接に関係している．つまり，大きな雄ほど大きな声帯を持っており，低い声を出すことができる．したがって，鳴き声は体サイズの信頼できる示標であり，そのため闘争能力の信頼できる示標となる．Davies & Halliday (1978) は，馬のくつわのように口にゴムバンドをとおして腕の後ろに結わえるというやり方で，静かにさせた小サイズの雄あるいは大サイズの雄を，中間サイズの雄に攻撃させる実験において，この考えを検証した．そして，その攻撃のときに，配偶ペアの横にスピーカーを置き，テープに録音した大きい雄あるいは小さい雄の鳴き声を流した．両方のサイズの防衛雄に対して，大きい雄の低い声が再生されると，小さい雄の高い声が流されるときよりも攻撃が少なくなることが分かった（図 14.3）．よって，鳴き声の高さはラ

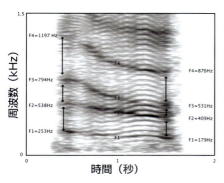

図14.4 アカシカの咆え声のスペクトログラムは，時間（x軸）と周波数（y軸）に対するエネルギー分布（灰色の濃さのレベル）を表している．最初の4つのフォルマントは，エネルギーの暗い帯として見える（**F1**から**F4**までラベルが付けられている）．それらは，発声に伴って低下している様子が見える．フォルマント間の間隔は矢印付きの線分で示されている．全体をとおしたフォルマント間の間隔（あるいは「フォルマント分散」）は直線回帰によって推定され，それは咆え声開始時での**339 Hz**（声道の**51.7 cm**に相当）から咆え声終了時での**243 Hz**（声道の**72 cm**に相当）まで変化している．アカシカの雄は垂れ下がって動かせる喉頭を持っており，それによって咆えている間に声道を引き伸ばすことができ，その結果，観察されるようにフォルマント周波数を減少させることができる．咆え声終了時で得られた最小のフォルマント周波数は，完全に引き延ばされた声道を反映し，そのため，体サイズについての情報を伝えている．Reby & McComb (2003) より転載．掲載は Elsevier により許可された．写真©David Reby．

イバルの体サイズを査定するために使われており，大きい雄は排除が難しいので，事前に闘争能力を測るための良い予測計になっているのである．

アカシカ

　ここでアカシカの咆え声の例に戻ろう．それは，David Reby, Karen McComb とその共同研究者達によって深く研究されたものである．上で議論したように，咆え声は雄が対戦を物理的な戦いへとエスカレートさせるか否かを選ぶための査定プロセスで使われている．雄は，競争相手の体サイズ，すなわち闘争能力を査定するために，ヒキガエルの鳴き声の高さの場合のように，咆え声の音声的な特徴を使っているのだろうか？

　シカのような哺乳類の場合，問題は少し複雑である．なぜなら，喉頭サイズは体サイズとは独立に変化し，そのためヒキガエルとは対照的に，声帯から発せられる音の高さが体サイズの信頼できる示標にはならないのである．しかし，音声理論の予測によると，声道の共鳴周波数（フォルマント (formant) と呼ばれる）とそれらの平均距離（フォルマント分散 (formant dispersion) と呼ばれる）は，声道の長さに逆相関するはずである（図14.4; Fitch & Reby, 2001）．したがって，もし声道の長さが体サイズによって制約されているならば，各フォルマントの周波数とフォルマント分散は体サイズの信頼できる示標になるだろ

フォルマント周波数は，アカシカにおける体サイズの信頼できる示標である

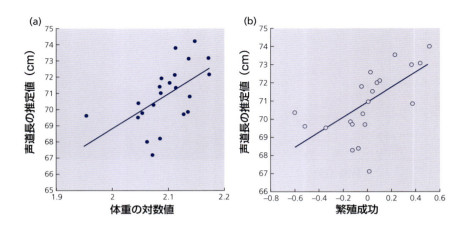

図14.5 アカシカの雄におけるフォルマント周波数，体サイズおよび繁殖成功．より長い声道は低いフォルマント周波数を生じさせるので，声道の長さはフォルマント周波数によって推定できる．推定された声道の長さは (a) 大きいシカほど長く，(b) そのようなシカの生涯繁殖成功は高い．Reby & McComb (2003) より転載．掲載は Elsevier により許可された．

う．Reby & McComb (2003) は，ラム島（インナー・ヘブリディーズ諸島，イギリス）で集中的に研究された個体群から採集された様々な雄の咆え声を比較することによってこれを検証した．そして，予測通り，大きい雄は低いフォルマント周波数を発することが分かった（図 14.5a）．さらに，個体群の長期調査データから，低いフォルマント周波数を持つ雄は，父親として残した子の数を測定値として，より大きな繁殖成功を持つことが示された（図 14.5b）．

これらの結果は，フォルマント周波数が体サイズの信頼できる示標であることを示しているが，他のシカがこの情報を信号として受信していることを明らかにするわけではない．Reby et al. (2005) は，ハレムを保持している雄に対して，繁殖期の新しい挑戦雄の侵入を真似た合成音声を再生することによってこれを検証した．彼らは，実験される雄の誰もその咆え声を聞いたことがない 1980 年代の成熟雄の録音を再合成して，小型雄，中型雄，大型雄のフォルマント周波数の特徴を持った咆え声にした．これらの声をハレムの保持雄から近い範囲のところで再生すると，ハレム雄は大きい対戦者と思われる咆え声に反応して，注意を向け，より頻繁に咆えた．さらに大きい対戦者の咆え声で挑戦されたとき，ハレム雄はより低いフォルマント間隔で咆えた．これは，声道がより完全に引き伸ばされたことを示唆している．よって，雄は大きな雄からの挑戦に反応して，より頻繁に咆えるだけでなく，咆え声で自分が大きいように思わせようとするのである．さらに最近になって，Charlton et al. (2007) は，雌もまたフォルマント周波数を体サイズの信号として使っていることを示した．小型雄と大型雄の合成咆え声を再生すると，雌は優先的に大きい雄の咆え声を再生しているスピーカーの方に移動したのである．

フォルマント周波数は，雄ジカによって体サイズの信号として使われている…

…そして，雌によっても

雄ジカによって発せられる咆え声の特徴の不思議さは，それが同じくらいの体サイズの雌や他の動物によって発せられる咆え声よりも低い周波数を持つことである．Fitch & Reby (2001) によって，これは他の哺乳類と比べて，雄ジカの休止中の喉頭の位置がより低いからであり，雄ジカが咆えるときには喉頭がさらに後退することが示された．この後退が声道を引き伸ばし，咆え声のフォルマント周波数を低くさせるのである（図14.6）．これをすべての雄が行うようになって以来，フォルマント分散が体サイズの信頼できる示標となってきたのである．このような状況はどのように生じたのだろうか？　おそらく，彼らの進化史の前段階において，下がった喉頭を持たない雄でも，フォルマント周波数は体サイズの信頼できる示標だっただろう．そしてある雄達で喉頭を下げることができる能力の進化が起こり，そのため自分の信号を「誇張」することができるようになり，それで有利になったが，それはすなわち自分達の信号を信頼できないものにさせた．この雄達の繁殖成功の増加は，喉頭を下げる能力がすべての雄に獲得されるようになるまで，急速に個体群に広がった

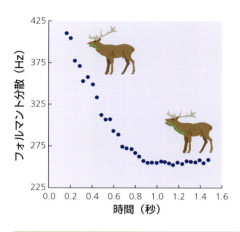

図14.6 アカシカの雄は，咆えるとき喉頭を引っ込ませて，それによって声道の長さを引き伸ばす．これは，より低いフォルマント周波数を生じさせる結果となる．Fitch & Reby (2001) より転載．掲載は the Royal Society により許可された．

雄ジカは，自分の喉頭を下げて，声道を引き伸ばした

図14.7 ウマヅラコウモリ (*Hypsignathus monstrosus*) の雄．雄は，30〜150頭の雄を含むレックにおいて，大きな「ホンク」声で雌に信号を送りながら，配偶相手をめぐって競争する．これらの鳴き声は配偶成功に大きな影響を持っているように見え，たった6％の雄が79％の交尾を獲得する．雄は，おそらくこれらの「ホンク」声を誇張するために淘汰された奇妙な形態をしており，胸腔を満たす巨大な骨質の喉頭と，広がったほおの袋，膨れた鼻腔，漏斗状の口を伴う頭部を持っている．写真©CNRS Photothèque/Devez, Alain R.

ことを意味するだろう．そしてそれが完了した時点で，その信号は信頼できる示標になったのだろう．このような誇張は，それが生じるときにはいつでも急速に広がって固定化するはずなので，示標の一般的な特徴であると予想できるかもしれない．喉頭をさらに極端に伸ばした例は，ウマヅラコウモリ（*Hypsignathus monstrosus*）の奇妙な顔つきで見られる．この種では，体の半分を超える部分が喉頭である（図14.7; Bradbury, 1977）．体サイズを誇張するために進化したと思われる形質の候補となる他の例には，イヌなどの哺乳類が攻撃ディスプレイ行動の一環として首の周りや後ろの毛を逆立てる現象や，あるいは脅かされ

図14.8 度を超した信号．(a) オウギタイランチョウ（*Onychorhynchus coronatus*）．写真©Joseph Tobias．(b) ベニフウチョウ（*Paradisaea rubra*）．写真©Tim Laman/naturepl.com．(c) チャイロニワシドリ（*Amblyornis inornata*）のあずまやは円錐形の帽子を持ち，その正面の庭は，ゴミがきれいに片付けられ，花，果実，甲虫の翅，葉のような小物で飾られる．写真©Richard Kirby/naturepl.com．(d) コトドリ（*Menura novaehollandiae*）の雄は，驚くべき音真似能力を持っており，自分が聞いたことのある他種のさえずりや，カメラのシャッター音から電動のこぎり，自動車の警報など広範囲な人間の雑音まで，自分自身のさえずりと混合して発音する．写真©J. Hauke/Blickwinkel/Specialist Stock．

たフグが伸縮性のある消化器官を水で満たすことによって膨張する現象も含まれるだろう．

ハンディキャップ

　動物の信号はしばしば度を超すほど派手なため，人間にとってもすぐ分かる場合が多い．明け方の合唱，フウチョウの鮮やかな羽毛とダンス，花の色と甘い香りなどの例は数多く，また多様である（図14.8）．このような贅沢でおそらくコストのかかるディスプレイは，どうすれば自然淘汰で有利になるのだろうか？　Amotz Zahavi (1975) は，このようなディスプレイは，まさにコストがかかるから有利になり，そのディスプレイを信頼できるものにするのがそのコストだと提案した．そして，これをハンディキャップ原理と呼んだ．

動物の信号は，コストを持ち，度を超したものであることがある

　Zahaviの考えは，1970年代から1980年代にかけて大きな論争を引き起こした．実際，ある重要な理論的論文には，単に「性淘汰のハンディキャップメカニズムは機能しない」というタイトルまで付いている (Kirkpatrick, 1986)．性淘汰の文脈で行われた多くの議論は，雄はコストのかかる装飾形質を発達させて，自分の質の情報を雌へ伝達しているのか否かというものであった．そのとき主張されたのは，もし雌が，コストのかかる装飾を発達させた質の高い雄と配偶するのならば，その子達は父親からの良い遺伝子の利益を獲得できるだろうというものである．しかし，これは装飾形質自身を作るコストによって相殺されてしまうだろうという主張もあった．その主張では，装飾形質を作ることに対しても，またそれに頼って配偶相手を選択することに対しても，適応度の有利さは生じないだろうとされた (Maynard Smith, 1976b)．

　Alan Grafen (1990a, 1990b) は，決定的な2つの理論的論文で

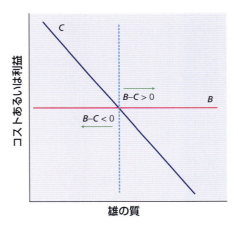

図 14.9　ハンディキャップ原理と性淘汰．装飾形質を持つことによる配偶成功の上昇などの，コストのかかる信号作成に伴う利益 (B) は，すべての雄にとっておおよそ等しいと仮定される．コストのかかる信号を作成するコスト (C) は，質の高い雄にとって低いと仮定される．なぜなら，質の高い雄は良い状態にあり，装飾形質の作成へ追加的な投資を行えるだろうからである．この場合，装飾形質作成の利益は，質の高い雄にとってコストを上回り ($B - C > 0$)，そのため，高い質の雄のみが，装飾形質の作成によって，その装飾形質を雄の質の信頼できる信号にできるよう淘汰されるのである．もっと一般的に言うと，ハンディキャップ原理は，より強力な信号を出す個体ほど，利益に対するコスト比が低くなることが必要なのである．

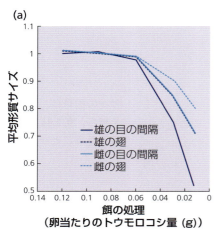
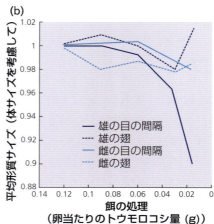

図14.10　シュモクバエの1種（*T. dalmanni*）の餌処理に反応した目の間隔と翅のサイズ．雄の目の間隔は，餌を減らされると，雄の翅サイズ，雌の目の間隔，雌の翅サイズの場合よりもかなり急速に短くなった．この結果は，(a) 目の間隔と翅サイズを体サイズの変異を考慮せずに解析したときに成り立ち，(b) 同様に，多重回帰で体サイズの変異を考慮したときでも成り立った．Cotton *et al.* (2004) より転載．掲載は the Royal Society により許可された．写真は飛翔中の雄である．写真ⓒSamuel Cotton．

もし信号発信の相対的コストが，低い質の個体にとってより大きいならば，コストを伴う信号は信頼できるものになる

この論争に決着をつけた．彼は，ハンディキャップ原理が機能することはあるけれども，それはコストのかかる装飾形質を作るときの適応度負担が，より低い質の雄に対してより大きくなるときだけであることを示した．この考えは，質の高い雄と質の低い雄の両方がコストのかかる装飾形質を作ることができるが，装飾形質のコストは非常に大きいため，低い質の雄にとって利益を上回ってしまうということである．一方，質の高い雄では，利益の方がコストを上回り，そのため質の高い雄だけが装飾形質を持つことができるように淘汰されるのである（図14.9）．

シュモクバエ

ハンディキャップ原理は，強い条件依存性を予測する

7章では，シュモクバエ科の1種（*Teleopsis dalmanni*）において，雌が，相対的に眼柄の長く伸びた雄とどのように優先して交尾するかを説明した．雄の目の間隔は，示標であるかハンディキャップであるかをいかに区別すればよいだろうか？　ハンディキャップモデルの明快な予測は，質の高い雄が信号（例えば装飾形質）の作成には有利になるけれども，低い質の雄はそうではないことである．この「強い条件依存性」は，質とともに段階的に変化する示標とは対照的である．示標の場合，ヒキガエルの鳴き声やアカシカの咆え声のときのように，サイズや質などの他の測定値に沿って段階的に変化するものである（まさに，その段階的変化が起こらなければならないというその事実自体が，示標を定義するものである）．

Cotton *et al.* (2004a) はこれを検証するために，シュモクバエ（*T. dalmanni*）

図 14.11 地位を示す記章の候補．(a) イエスズメ (*Passer domesticus*) の雄が持つ黒い喉斑もしくは黒い胸当て．写真ⓒTony Barakat．(b) シロエリヒタキ (*Ficedula albicollis*) の前頭にある白い斑．写真ⓒThor Veen．

の実験室個体群において，幼虫に食べさせるピューレ状にしたトウモロコシ量を変化させることによって栄養条件を操作する実験を行った．そして，低い栄養条件処理下では雄の目の間隔は急に減少し，その減少は，雌の目の間隔や翅形質の場合よりも非常に大きいことを発見した（図 14.10a）．ただし，これは処理間の体サイズ差を考慮しない解析結果であった．処理間の体サイズの差を統計的に考慮したときでも，この雄の目の間隔における大きな減少は維持され続けた．これは，悪い条件にある雄が相対的に狭い目の間隔を持つことを証明するものである（図 14.10b）．全体をとおして，これらの結果は，ハンディキャップモデルから予測されるように，高い質の雄が，目の間隔という性信号により多くの資源を配分していることを示唆しているだろう．

シュモクバエの眼柄は，強い条件依存性を示し，大きい雄ほど相対的に大きな目の間隔を持っている

地位を示す記章

　質や地位の信号はときどき低い作成コストを持つことがある．カオグロシトド (*Zonotrichia querula*) では，胸に大きな黒い胸当てを持つ個体は優位個体であり，いつも餌の供給場所から薄い色の胸当てを持つ個体を追い払う (Rohwer & Rohwer, 1978)．同様な視覚的信号は鳥類の他のいくつかの種でも生じている（図 14.11）．このような「地位を示す記章 (badge of status)」を作成するコストは低いようである．それなら劣位個体はなぜ大きな胸当てを発達させ，地位を上げようとしないのだろうか？　言い換えると，何がこの信号を正直なものに維持しているのだろうか？　Dawkins & Krebs (1978; Krebs & Dawkins, 1984) は，自分の能力を偽って信号伝達する個体は，攻撃と制裁が増えるという社会的コストを支払うことになると示唆している．したがって，正直さを維持させるのは信号作成のコストではなく，むしろ，もし不正直であったならば支払わなければならないコストなのである．

　Elizabeth Tibbetts とその共同研究者達は，ヨーロッパアシナガバチ (*Polistes dominulus*) の雌の顔のパターンを研究した．この種は社会性を持つ種であり，

相対的にコストを伴わない，地位を表す信号もある…

…それは，不正直な信号であるときの社会的コストによって維持されている

ヨーロッパアシナガバチにおける顔の黒点は地位の信号である

雌達はしばしば協力してコロニーを創設する．優位度合いが各雌に配分される繁殖量を決定する．同様に，女王引き継ぎの順番，餌の配分，将来の女王になる可能性などの他の多くの状況における対立もこのようなやり方で解決する．口の上部の黄色を背景とした領域（頭楯 (clypeus)）に存在する黒点の数，大きさ，形には個体間に顕著な変異がある（図 14.12）．Tibbetts & Dale (2004) は，この変異が優位性と強く相関することを示した．つまり，より優位な個体は，色が分断されることが多く，沢山の黒点を持っていた．これは，ある程度は大きい個体ほど多くの黒点を持つという理由によるものであったが，体サイズが考慮されたときでも，黒点パターンと優位性の関係は成り立った．つまり，同じ体サイズのハチ間の優位順位を顔つきから予測することができたのである．さらに，相手の顔のマークに反応して，ハチは明らかに異なる行動を示した．Tibbetts & Lindsay (2008) は，1 個の黒点を持つ似た体サイズの 2 個体に対して，黄色の塗料を使って一方の黒点を 0 個にし，他方の黒点を 2 個にした．そしてこの 2 匹を殺し，三角形の舞台の 1 つのコーナーに置いた 2 個の角砂糖のそれぞれの「守衛」としてその 2 匹を配置した．そこに 3 番目のハチを導入し，その個体がどこに向かうかを観察した．その結果，48 例のうち 39 例において，導入されたハチは顔に黒点を持たない守衛の餌場を選ぶことが分かった．

これらの結果は，なぜハチは黒点の数を増やして自分の体サイズや優位順位を誇張しないのかという疑問を生じさせる．黒点の作成にはコストがそれほどかかりそうではない．なぜなら，その黒点はハチの体の全黒色色素の1%未満しか必要とせず，しかも問題は黒の色素が分断して黒点になることで，黒点全体の総色素量ではないからである．Tibbetts & Dale (2004) は，顔のマークの正直さが正直に情報伝達しないときに負う社会的コストによって説明できるか否かを検証した．彼らは，事前に付き合いのない同サイズの 2 匹の個体に対して，その一方の顔に塗料を塗って黒点数を操作した後，それらを一緒に置いた．すると，2 匹は優位順位をめぐって戦い，最終的に勝者が決定された．どちらが勝者かは，「マウント」ディスプレイによって容易に判別できた．そのマウントディスプレイでは，敗者は自分の触角を下げ，自分の頭に勝者が乗るのを許す行動が見られた．塗料で塗る操作は，誰が優位の地位を勝ち取るかに関して影響を及ぼさなかったが，その戦いの後の行動に顕著な影響を及ぼした．より多くの黒点を持つように操作されていた敗者は，操作されなかった対照個体に比べて，おおよそ 7 倍の頻度で攻撃を受けた（図 14.13a）．対照的に，操作されていた個体が優位の地位を勝ち取ったときには，彼らが敗者に対して示した攻撃のレベルに対して，その塗料の操作は影響を及ぼさなかった（図 14.13b）．よって，顔のマーキング操作は，ハチがどのように行動するかを変化させないが，彼らがどのように扱われるかに影響を及ぼすのである．全体をとおして，これらの結果は，アシナガバチの顔の信号の正直さを維持させているものが社会的コストであることを示唆している．

本来の自分の地位よりも上の地位であると偽って信号発信するアシナガバチは，攻撃によって罰せられる

ハンディキャップ 457

図14.12 ニューヨーク州イサカで採集されたヨーロッパアシナガバチ (*P. dominulus*) の9匹の造巣雌が持つ顔つき．これらの顔パターンはある多様性を示している．中央のハチは，頭楯 (clypeus) に黒点を持たないが，他のハチは1個から3個の黒点を持つ．無作為に採集された158匹の造巣雌のうち，19.6%が黄色の頭楯に0個の黒点を，65.8%が1個の黒点を，12.7%が2個の黒点を，1.9%が3個の黒点を持っていた．平均して，ハチの頭楯の表面積の13%が黒色で，この値は0%から39%まで広い範囲で変動した．写真©Elizabeth Tibbetts.

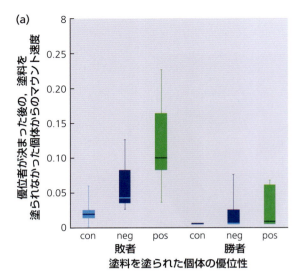
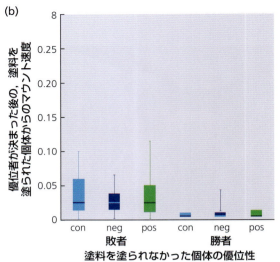

図14.13 ヨーロッパアシナガバチにおいて，地位を表す記章が不正直なときの社会的コスト．優位者が決まった後の，(a) 操作された（塗料で塗られた）ハチと (b) 操作されなかったハチの1分当たりのマウント試行行動の速度（攻撃速度）．横軸の列の違いは，操作されたハチが優位順位をめぐる対戦に勝ったあるいは負けたときのそれぞれに対して，以下の場合に対応している：2匹のハチのうち操作された方が黒点をより多く持つようにされていた場合 (pos)；黒点をより少なく持つようにされていた場合 (neg)；黒点数が同じであるようにされていた場合 (con)．その操作は，(b) 操作されたハチの行動を変化させなかったが，(a) 優位順位をめぐる対戦に負けた個体で，黒点を多く与えられていたハチは，他方の勝ったハチから高いレベルの攻撃を受けた．Tibbetts & Dale (2004) より転載．掲載は the Nature Publishing Group により許可された．写真は，優位地位をめぐって戦う2匹の雌を表す．写真©Elizabeth Tibbetts．

ハンディキャップのコスト（あるいは非コスト）と他の信号

正直なハンディキャップ信号は，必ずしもコストを伴う必要はない…

…そして，コストを伴う信号は，必ずしもハンディキャップである必要はない

前節では，比較的コストのかからない信号の正直さが，不正直な発信者が負う社会的コスト（ハンディキャップ）によってどのように維持されるかを示した．そのとき重要なことは，ハンディキャップ原理は，大きな信号を作成するときの利益に対する限界コストは低い質の個体ほどより大きくなることを必要とし，すべての個体にとって信号作成がコストになるということではない点である．したがって，正直なハンディキャップ信号の作成が必ずしもコスト的になるわけではない．しかし，信号がコスト的であるとき，それが必ずしもハン

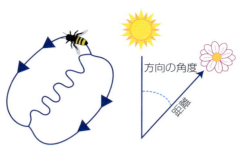

図 14.14 ミツバチの 8 の字ダンスは，蜜の場所までの距離とその方向についての情報を与える．採餌に成功した個体は，巣に戻った後，垂直の小部屋群の上で 8 の字ダンスを行う．そのダンスのとき，ハチは左右に腹部を振りながら進み，蜜場所までの距離がダンスの直線部分の長さで伝えられる．巣の小部屋群の垂直面に対するダンスの直線部分の方向は，太陽方向に対する蜜場所の方向を表す．写真ⓒKim Taylor/naturepl.com．

ディキャップである必要はないだろうということも真実である．これを分かりやすく説明するためには，信号の効果としてのコストと戦略上のコストを区別するのが便利である（Guilford & Dawkins, 1991）．効果としてのコストとは，情報が確実に知覚されることを保証するのに必要なコストである．例えば，ヒキガエルが鳴くのに必要なエネルギーであるとか，人間がしゃべるのに必要なエネルギーである．戦略上のコストとは，ハンディキャップ信号の正直さを維持するために必要なコストである．したがって，信号のすべての形式（示標，ハンディキャップ，共通の利益）は，ある程度，重要性が変化するような効果としてのコストを持つが，ハンディキャップだけは戦略上のコストも持つだろう．

ハンディキャップ信号発信の可能性のある別の例は，7 章では性淘汰の文脈で議論し，また 8 章では親から餌を求めて子が餌乞いするという文脈で議論した．これは，まだ盛んに研究され続けている分野である．その過程で，示標とハンディキャップを理論モデルが行っているようにはっきりと区別することは，現場の研究においては非常に困難であることが度々明らかにされてきている．

共通の利益

正直な信号伝達に対する最後の可能な説明は，発信者と受信者が共通の利益を持つとするものである．そのため，受信者を騙すことが発信者にとって利益ではなくなるのである．これが生じうる最も単純な例として，もし発信者と受信者が遺伝的に血縁であるならば，発信者は，受信者に正直に情報伝達することによって，血縁淘汰上の利益を獲得することになる．

この現象の息をのむ例は，ミツバチの 8 の字ダンスである（図 14.14）．採餌をしていたミツバチがコロニーに帰ってくると，コロニーの他のワーカーに餌

効果としてのコスト…

… そして戦略上のコスト

正直な信号発信と共通な利益

> 遺伝的血縁度（血縁淘汰）は共通の利益を獲得する1つの方法である

（花粉）がどこで見つかるかについての情報を伝えるダンスを行う．ダンスの時間と定位方向は，餌場所への距離とその方向についての情報を与えるものである．ミツバチがこの情報を正直に伝えるよう淘汰されていることは驚くに値しない．なぜなら，ワーカーが他のワーカーに餌をどこで見つけるべきかを伝えると，その後，それを受信したワーカーはダンス実行個体の血縁者に給餌するはずなので，血縁淘汰上の利益を得るからである．8の字ダンスは，共通の利益によって説明される信号の例を与えるけれども，ミツバチではすべてのコロニーにおいて血縁関係がありダンスが出現するので，血縁度の影響を直接検証することはできない．しかし，細菌の細胞間のクオラムセンシング（菌体数感知，quorum sensing）と名付けられたある種の信号伝達を利用して，血縁度の違いの効果を調べることが可能になってきた．

細菌のクオラムセンシング

クオラムセンシングは細菌の細胞間信号伝達の一種であり，増殖を促進するために環境に放出される分子の生産を調節するのに使われる．多くの細菌種では，細胞は小さな拡散する信号分子を生産し環境中に放出する (Williams *et al.*, 2007)．そして，これらの分子は他の細菌細胞に拾われ，そこで2つの効果をもたらす．第1に，信号分子の取り込みは，エキソ生成物 (exoproduct) と名付けられたいくつかの他の分子の生産と放出を刺激する．これらのエキソ生成物は，細菌の増殖や繁殖成功を容易にさせる様々な効用を持っている．それらの中には，タンパク分解酵素，増殖のための構造を与える重合体，移動を容易にさせる界面活性剤，宿主の組織を分解する毒素などが含まれる．第2に，信号分子の取り込みは，信号分子自身の生産を刺激する．これは，高い細胞密度時に正のフィードバックをもたらし，それは信号分子とエキソ生成物の生産が著しく増加するという結果をもたらす．

> 細菌は，高い個体群密度のとき，クオラムセンシングによって特定の行動のスイッチを入れることができる

クオラムセンシングの過程は，細菌細胞間で信号伝達し，エクソ生成物の生産を組織的に行うようにするものであると主張されてきた．この考えは，細菌細胞が高密度のときだけエクソ生成物の生産に価値があり，局所的に集合する細菌細胞に対してそれは顕著な利益を与えそうだということである．対照的に，低密度では，エクソ生成物は細菌細胞に利益を与える前に環境中に拡散し，相対的にその生産には効果がない（図14.15）．微生物学の文献では，クオラムセンシングはこのように働くことで，個体群レベルで利益を与えるだろうから淘汰に有利になったと仮定されてきた（例えば，Shapiro, 1998; Henke & Bassler, 2004）．

しかし，1章で説明したように，自然淘汰はそのようには働かない．特にクオラムセンシングを行う細菌細胞は，その信号を作成するコストを省いて他者の信号に反応する細菌細胞によって利用され，あるいは信号に反応するコストを省く細菌細胞によって利用され，さらに他の細菌細胞がより多くのエクソ生成物を生産するように過剰に信号伝達する細菌細胞によって利用されるはずで

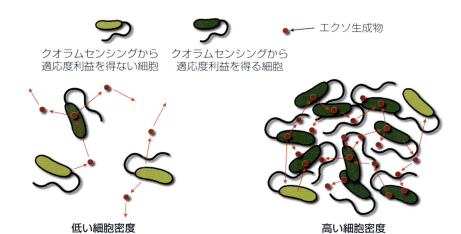

> **図 14.15** クオラムセンシングの機能についての仮説．低い細菌密度のとき，大部分の細胞外因子（共通財 (common goods) あるいはエクソ酵素）は使われる前に拡散してしまうので，それを生産してもあまり適応度利益を与えない．高い細菌密度のときには，多くの細胞外共通財（あるいは生産物）が利用される．したがって，細胞外共通財の生産はより効果的であり，高い個体群密度のとき有利になる．

ある．何が細菌細胞にこうすることを止めさせているのだろうか？ そして何が細菌細胞に正直な信号を伝達させ続けているのだろうか？ Sam Brown & Rufus Johnstone (2001) は，クオラムセンシングが進化的に安定することを示す理論モデルを開発し，その進化のためには，細菌細胞が血縁であることに依拠した共通の利益を持つことが必要だとした．細菌細胞が血縁者の近傍で増殖するとき，血縁淘汰は，お互いを助けるための統合した行動を取るように信号伝達することが共通の利益になるようにする．

Steve Diggle とその共同研究者達は，緑膿菌 (*Pseudomonas aeruginosa*) を使って，これを実験的に検証した．彼らは，細菌を使うことによって，クジャクやシカのような動物では不可能な，遺伝的突然変異系統を利用した複数世代の淘汰実験が行えるという利点を利用した．Diggle et al. (2007) は，信号伝達の経路に関わる遺伝子をノックアウトして，2つの遺伝的突然変異系統を作った．その突然変異系統とは，1つは信号を作成しない変異系統（発信しない）で，もう1つは信号に反応しない変異系統（受信しない）であった．彼らは，まず信号伝達が細菌細胞間で起こっているものか否かを検証するために，この2つの変異系統を使った．これは必要なことであった．なぜなら，すべてのあるいはほとんどの信号とエクソ生成物からの利益は，まさにそれらを生産する細胞にも戻ってくることは明らかなので，つまりその場合，クオラムセンシングは細胞間伝達のための信号でなくてもよいということになるからである．彼らは，この問題を解決するために，正常なクオラムセンシングを行う系統（野生系統）と変異系統をそれぞれ単独か（単一培養），あるいは混合して増殖させた．単一

クオラムセンシングでは，正直な信号発信と協力的なエクソ生成物の生産の両方が説明される必要がある…

…それは，もし細胞間に血縁関係があるならば，血縁淘汰によって説明できる

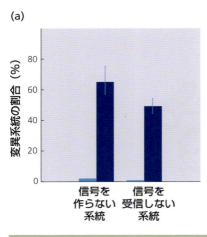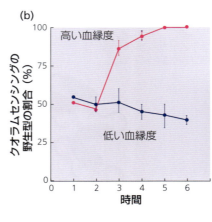

図 14.16 緑膿菌 (*Pseudomonas aeruginosa*) におけるクオラムセンシングと血縁度．(a) クオラムセンシング信号を作成しない変異系統と受信しない変異系統は，48 時間の培養で協力者である野生系統の個体群を侵略する．変異系統は，緑色の蛍光タンパク質でラベルすることによって，野生系統とは区別された．青色の棒と紺色の棒は，それぞれ集団での変異系統の最初と最後の割合の百分率 (±SE) を表している．(b) クオラムセンシングを行う個体（野生系統）の割合 (±SE) が，時間（増殖周期）に対してプロットされている．青点は相対的に低い血縁度を表し，赤点は相対的に高い血縁度を表す．実験では，最初に野生系統と信号に反応しない変異系統が同じ割合で混合された．高い血縁度条件では，クオラムセンシングを有利にする淘汰が起きたが，低い血縁度条件では，信号に反応しない変異系統が集団で維持された．Diggle et al. (2007) より転載．掲載は the Nature Publishing Group により許可された．写真は，正常なクオラムセンシングを行うコロニー（左）とクオラムセンシングを行わない変異系統（受信しない系統）を含むコロニー（右）を示している．写真©Steve Diggle．

信号を発しない，あるいは信号に反応しない個体は，クオラムセンシングを行っている細胞個体群に侵入できる

クオラムセンシングは，相互作用する細胞がより高い血縁関係を持つときに進化的に有利になる

培養で増殖させたとき，野生系統はどちらの変異系統よりも高密度に増殖した．なぜなら，野生系統では，高い集団密度で，エクソ生成物の生産が開始されたからである．それに比べて，変異系統と野生系統を混合して培養したとき，両方の変異系統は高頻度に増殖することができた．これは変異系統が，自らコストを払うことなしに，野生系統の信号やそれに対する反応を利用することができたことを示している（図 14.16a）．このことから，クオラムセンシングは信号を正直に伝えない個体によって利用されうること，そして正直な信号伝達の問題が生じることが分かる．

さらに，Diggle et al. は，クオラムセンシングの安定性が，高い血縁度から結果としてもたらされる共通の利益によって説明されるか否かを検証した．そのために，クオラムセンシングを行う野生系統と信号に反応しない変異系統を混合した集団から培養実験を始めた．そして，その集団を高いあるいは低い平均血縁度の条件下で維持した．これは，その集団を部分集団に分け，各部分集団を増殖周期ごとに単一の細菌クローン（相対的に高い血縁度）で培養を始めるか，あるいは約 1.2×10^9 個の細胞を含む 20 μl 標本（低い血縁度）で培養を始めることによって行われた．よって，この実験は 11 章で説明したように，鉄を吸収するシデロフォア分子の協力的な生産に対して血縁度がどのように影響を与えるかを検証した実験と同様に設計された．Brown & Johnstone のモ

図 14.17　ショウジョウバエの 1 種 (*Drosophila subobscura*). 写真©Stephen Dalton/naturepl.com.

デルが予測するように，血縁度が相対的に高いときには受信しない変異系統は急速に集団からいなくなったが，血縁度が低いときには頻度を増加させた（図 14.16b）．

ショウジョウバエの求愛と受容性

　信号伝達者間の共通の利益は，必ずしも遺伝的血縁度に依拠する必要はない．John Maynard Smith (1956) は，ショウジョウバエの 1 種 (*Drosophila subobscura*) で，このことについての明快で単純な例を提出した（図 14.17）．この種の雄は交尾に対して信じがたいほど熱心であり，ハエのような大きさのロウの塊がそれらしく動かされると，それにも交尾をしようとする．実際に雌が置かれると，雄はその前で 1 時間にも渡って求愛ダンスを行い，場合によっては，前足でその雌を軽く叩く．それはたとえ雌が拒否するときでも雄はそのような行動をし続ける．しかし，もし雄が交尾を既に済ませた雌と一緒に置かれると，雌は自分の産卵管を外に突き出し，腹部を雄の方に曲げる．それは雄が直ちに求愛行動を止める原因となる．この理由は，この種では，強制的な交尾は不可能で，雌は決して複数回交尾しないからであるようだ．雌は雄からハラスメントを受けたくないので，雄に対して自分が既に交尾したことを伝えたい一方，雄は求愛行動を試みる時間を無駄にしないように，雌が既に交尾したか否かを知りたいのである．したがって，雌が既に交尾を済ませているとき，雌がその情報を与えることには両方の側が共通の利益を持つのである．

雌が 1 回だけ交尾するのならば，雌雄の交尾時に，雌が正直に信号発信することに対して雌雄は共通の利益を持つ

餌発見の鳴き声

　非血縁者間の共通の利益を伴う情報伝達である可能性を持つ別の例は，餌場所を見つけた個体による鳴き声の例である．これらの「餌発見の鳴き声 (food call)」は，鳥類や霊長類の広い範囲で観察されてきており，可能性としていく

つかの説明が与えられてきた．つまり，同種他個体を引き付けて自分が捕食される危険を安全に回避する確率を高めるためのものである，あるいは配偶者候補を引き付けるためのものである，資源の所有者宣言であるといった説明である (Searcy & Nowicki, 2005)．

Mark Elgar (1986a, 1986b) は，イエスズメが，餌を見つけたときにしばしば「チュン」声を発し，同種他個体が参加するのを待って，一緒に舞い降り採食することを観察した．そして，これらの声を再生することによって，声が他個体を引き付けていることを確かめた．さらにスズメは，他個体を引き付けることで得られそうな利益に応じて，声のレベルを調節していた．つまり，餌が分配しにくいものであるとき（パン屑ではなくパンの塊）や捕食リスクが低いとき（隠れる場所が近い；3章の「摂食と危険」の節も参照せよ）には，あまり鳴かなかった．

> 「チュン」声は，他のイエスズメを引き付ける

人間の言語

人間の言語の進化は，人間と他の動物の間の重要な違いを示す大きな進化的推移 (major evolutionary transition) である (Maynard Smith & Szathmary, 1995)．人間は数千もの言葉の語彙を持っていて，それは無限とも思われる膨大な数の意味を持たせることができる文章の中に組み込まれる．このことは，遺伝子ではなく，教えることや社会学習をとおして，ある世代から次の世代に受け渡される形質を伴いながら素早い文化的進化を起こす可能性へとつながった．人間の言語に対する多くの研究は，機械的仕組みや至近的な課題に焦点を当てた言語学の分野に由来している．しかし行動生態学の立場から，どんな要因が言語の進化を有利にさせたか，何が言語の正直さを維持させるのかといった問題を立てて言語を調べることもできる．

何が，人間の言語の正直さを維持させるのかを考えるとき，嘘をつくことの社会的コスト（罰あるいは評判：地位を表す記章に似たある種のハンディキャップ）や共通の利益の両方が，おそらく様々な状況で役割を果たしたのだと想像できる．例えば，ある人は一緒に会うために，どのレストランに行くつもりかを別の人に伝えるかもしれない．一方，別のある人は，もし嘘をついたことが後で知られたら，自分の評判に傷が付くから，余分な食料を持っているか否かについての情報を与えるかもしれない．最近，制御された実験室内の共同体の中で言語の進化を調べることによって，このような問題を検討できる研究が始まっている．Bruno Galantucci (2005) は，新しいコミュニケーションシステムが実験室の共同体の中で速く進化するかどうかを検証した．人々はペアになり，コンピュータ上でゲームをプレイさせられた．ゲーム上の目的は，2人の「代理人」を同じ部屋に入れることで，それによって金銭的な報酬が与えられた．プレイヤー同士が直接連絡を取り合うことは許されず，その代わり，電子画板上でデジタル画像を他方のプレイヤーに送るという手段によるコミュニケーショ

> 人間の言語における正直さは，嘘をつくことの社会的コスト，かつあるいは共通の利益によって維持されてきただろう

ンだけが許された．Galantucci は，金銭的な報酬の共通利益のために，多くのペアは何かしらのコミュニケーションシステムを開発することによってゲームを解いたが，いくつかのペアは 160 分経過しても解けなかった．コミュニケーションシステムを開発したペアの間では，その形式は様々であった．ある例では，コミュニケーションはアイコンを基盤としており，部屋をラベルするのに異なる印を使うペアがいた．一方，別の例では，コミュニケーションは地図を基盤としており，部屋を指し示すために，位置の印や定位のための印を使うペアもいた．この領域の研究はまだ開発途上にある．このような実験がより複雑な言語や自然な共同体に対応してどのように拡張できるか，あるいは異なる淘汰要因が異なる様式のコミュニケーションを導くか否かについては，まだ不明である．

不正直な信号

　これまでの例では，信号はいつ，なぜ正直なものになるかを問うことに焦点を当ててきた．しかし自然には，不正直あるいは誘導的な信号の例もあふれている．その古典的な例に，チョウチンアンコウが他の魚を引き付け，獲物にしてしまうのに使う疑似餌がある（図 14.18）．チョウチンアンコウ（発信者）は，明らかに，疑似餌に引き付けられるという獲物の行動的反応から利益を得ている．一方，餌に反応する魚（受信者）は食べられるというコストを支払うことになる．4 章では，ベイズ式擬態と名付けられた不正直な信号の別の例を議論した．それは，食べられない種の外見を食べられる種が真似る現象である．例えば，ハナアブはカリバチに外見が似ているために，捕食者はそれを避けるという例をあげることができる．

　なぜ受信者は，不正直な信号を無視しないのだろうか？　おそらくその答えは，その反応が平均的には利益を与えるからだということである．よって例えば，魚は餌を食べる必要があり，またゴカイのようなものは普通はゴカイでありチョウチンアンコウの疑似餌ではないので，それに向かって近付くことは得になるのである．これは，不正直な信号伝達が相対的に低い頻度で起こるときだけ進化的に安定することを示唆している．

　Leena Lindström とその共同研究者達 (1997) は，不正直な信号伝達の利益が，その頻度とともにどのように変動するかを，食べられない餌種と食べられるベイズ擬態種を使った擬態実験によって検証した．

> 信号発信者が，受信者の行動を操作することで自分の利益になり，かつ受信者の損害になるような何かをするとき，信号は不正直になる

図 14.18　チョウチンアンコウの写真．
写真ⓒDavid Shale/naturepl.com.

彼らは，一部の個体をクロロキン溶液に浸して食べられないようにしたミールワームをシジュウカラに食べさせた．そのとき，クロロキン溶液に浸したミールワームには，食べられない印として小さな青色のケーキ飾りを付着させたが，ベイズ式擬態となるように，クロロキン溶液に浸していないミールワームにも色々な割合でその印を付けた．シジュウカラがミールワームを食べるのを許されると，騙す擬態個体の割合が高い場合には，印の付いたミールワームが食べられる傾向が高くなることが分かった．このように，擬態個体が一般的になってしまうと，その適応度は低下するのである．

　この例は，いくつかの難しい疑問を生じさせ，いくつかのより専門的な例を調べることにつながるだろう．第1に，騙しが観察されるとき，正直な信号伝達と不正直な信号伝達の安定平衡を見ることがあるだろうか，あるいは崩壊して使われなくなってしまった信号伝達システムを見ることがあるだろうかということである．第2に，もし安定した平衡状態を見ることがあるとすれば，システムが崩壊しないよう騙しを十分に低い頻度に止めているものは何かということである．

クロオウチュウは偽の警戒声を発する

　騙し行動のとりわけ印象深い例は，Tom Flower (2011) による，南アフリカのカラハリ砂漠に生息するクロオウチュウの警戒声 (Box 14.2) の研究から与えられる．クロオウチュウは通常単独で採餌し，空中で昆虫を捕獲したり，地面でトカゲやコオロギを捕まえたりする．しかしときどき，ヤブチメドリ属やミーアキャットの協同繁殖の群れなどの他種の後を追随し，これらの他種に反応して周りに飛び出した餌を捕獲したり，既に捕らえられていた餌を盗んだりする．この盗みによる餌量はクロオウチュウの餌獲得量のほぼ 1/4 にも達するほどであるが，それは2つのやり方で行われる．その1つは直接襲うやり方であり，もう1つはクロオウチュウが近くの止まり場所から警戒声を発した後，採餌個体が捨てた餌を奪うやり方である．これらの警戒声が，採餌個体に対してその餌を放棄させるために発せられる不正直な警戒声であることを示唆する3つの証拠がある．

　第1に，採餌を行っているクロオウチュウの観察によって，騙しではないかと疑われた警戒声のほとんどすべては，捕食者（ハゲタカ，フクロウ，キツネ，マングース）の存在に反応して発せられたり，あるいは追随している相手種が餌を処理しているときに発せられることが示された．またその声は，直接餌を襲うときや，警報すべき状況ではないときには発せられなかった．第2に，クロオウチュウによって発せられる声は，クロオウチュウ特有の声と，他種，とりわけムクドリの警戒声を擬態したと思われる声との混合であった．クロオウチュウ特有の声の構造解析によると，捕食者が近付くときに発せられる声（真の警報）は，捕食者がいないときに発せられる声（偽の警報）と差がないことが示された．さらに，捕食者がいないときにクロオウチュウによって擬態され

> **Box 14.2　警戒声**
>
> 　動物は，捕食者を発見したときよく警報を発する (Zuberbühler, 2009; Magrath *et al.*, 2010)．これらの警報は，配偶者，子，あるいは他の血縁者に対して危険を知らせたり（11章）；捕食者に集団で対抗するために他個体を引き付けようとするものであったり；捕食者に「お前を見たぞ」という情報と，不意打ちに頼った攻撃は無駄だということを伝えるためであったりする．
>
> 　異なる警報が，異なる捕食者に対して与えられることが多い．例えば，ベルベットモンキーはヒョウ，ワシ，ヘビに対してそれぞれ異なる警戒声を発する．その声を再生すると，各警報に対して，各捕食者の異なる攻撃様式への回避に対応した異なる反応が誘導される．つまり，ヒョウ対応の警報後には木に逃げ込み，ワシ対応の警報後には上空を見上げて深い薮の中の遮蔽場所を探し，ヘビ対応の警報後には周りの地面を見るのである (Seyfarth *et al.*, 1980)．警報は，捕食者が近付いてくるにつれて，より騒がしくより速くなるというように，緊急性のレベルによっても変化するかもしれない (Manser, 2001)．
>
> 　動物は，他種の警報を盗聴することもよくある．例えばベルベットモンキーは，ツキノワテリムク (*Spreo superbus*) による地上性捕食者への警報と空からの捕食者への警報の両方に適切に反応する (Seyfarth & Cheney, 1990)．他種の警報を盗聴する能力は，ときどき同種の警報にそれらがよく似ているから生じる場合がある．しかし，自分の種の警報と比べて，非常に異なる音声構造を持った異種特異的な警報に反応することもよくあるので，その場合には学習が伴われるものと思われる．さらに，そのような盗聴は異種特異的な警報に慣れているときにのみ起こり，地理的に孤立しているときには起こらないようだ (Magrath *et al.*, 2007, 2009)．

たムクドリの声（偽の警報）は，捕食者に反応してムクドリが発する声（真の警報）と構造的に違わなかった．これらを一緒に考えると，最初の2つの結果は，クロオウチュウが捕食者の接近についてときどき偽の信号を出すことを示唆している．第3に，録音されたクロオウチュウの声がミーアキャットに対して再生されると，採餌個体は，クロオウチュウの他の声ではなくその警戒声に反応して，捕食者を探して見回し，持っている餌を放棄する傾向が高くなった．しかし，真の警報に対する反応と偽の警報に対する反応に違いはなかった（図14.19）．これは，ミーアキャットがクロオウチュウによって発せられる偽の警戒声に騙されていることを示唆している．

　全体をとおして，これらの結果は，クロオウチュウが不正直に捕食者の接近を伝える信号を発し，ミーアキャットがそれらの声に騙され，餌を放棄し，そ

…それは，ミーアキャットに餌を放棄させ，隠れ場所に逃げさせる

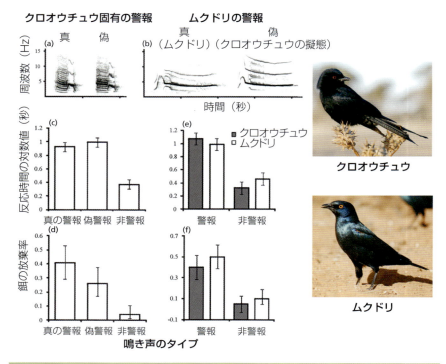

図14.19 クロオウチュウによる騙しの警戒声．(a) 真の状況（捕食者の存在）と偽の状況（捕食者はおらず，餌を盗む）で発せられたクロオウチュウ特有の警戒声のソナグラム．(b) 真の状況でムクドリによって発せられたムクドリの警戒声と，偽の状況でクロオウチュウによって発せられた擬態声のソナグラム．クロオウチュウ特有の警戒声の再生に対して，ミーアキャットは，警報がないときよりも (c) 長く反応し，(d) 餌を放棄する傾向が高かった．しかしその反応に，クロオウチュウ特有の真の警戒声と偽の警戒声の間で違いはなかった．ムクドリの警戒声の再生に対して，ミーアキャットは，警報がないときよりも (e) 長く反応し，(f) 餌を放棄する傾向が高かった．しかし，その反応に，偽の警戒声（クロオウチュウの擬態声）とムクドリの真の警戒声の間で違いはなかった．平均値±SE．Flower (2011) より転載．掲載は the Royal Society により許可された．

れをクロオウチュウに与えてしまっていることを示している．クロオウチュウは，全餌獲得量のほぼ10%をこの警戒声によって得ていた．印象的だが，この高い割合は，人間が10回の食事ごとに1回は，レストランに歩いていき「火事だ」と不正直に叫ぶことによってただでありつけることに匹敵する．このような戦略がそんなにうまくいくと想像することは困難であり，同様になぜミーアキャットはクロオウチュウの声に反応し続けるのかという疑念が湧く．1つの要因は，すべての声が偽とは限らないことである．ほぼ半分の声は本当の警報である．その場合，クロオウチュウも隠れ場所に向けて飛び立ち，通常実際に接近する捕食者が観察されるのである．クロオウチュウが，偽声を進化的安定戦略 (ESS) である割合（それを超えて偽声を増やすと，警戒声への反応低下の不利益が，偽声を発する利益よりも大きくなる）で発しているか否かは未解決

図14.20 フトユビシャコ属の1種（*Gonodactylus bredini*）の写真．写真©Jurgen Freund/naturepl.com．

な問題である．もう1つの要因は，餌を失うよりも捕食されることの方がよっぽど悪いので，真の警報である可能性のある声を無視するコストは相対的に大きいことである．しかし，クロオウチュウが捕食者が居ないのに偽の警戒声を発するとき，ミーアキャットが逃げそうな様子を見せないという観察例もあるので，ミーアキャットがこの騙しのゲームに対して無力だと考えることは間違いだろう．これは，採餌個体が逃げ出すか否かは，クロオウチュウが警戒声を発するか否かに部分的に依存しているが，同時に採餌個体あるいは群れの誰かがその捕食者を確認できるか否かにも依存していることを示唆している．

シャコの不正直な武器の誇示行動

不正直な信号伝達に関する上記の例は，ある種が他種を騙すという種間の騙し行動である．別の可能性として，不正直な信号伝達は種内で起こる場合がある．例えば，ある個体は正直に信号を送るが，他の個体はそれを利用し，不正直な信号を送る，あるいは「はったり（bluff）」を示すというものである．シャコは厳つそうに見える動物である（図14.20）．硬い外皮で覆われた強い前脚を使い，相手を粉砕しようとする（大きい種は，水槽を壊して外に飛び出すことがあるほどだ！）．シャコは常に打撃によって互いに戦うわけではなく，強力な前脚を広げる威嚇ディスプレイを使うこともある．そのとき，小さい脚を持つ方の個体は引き下がる．テッポウエビ属の1種（*Alpheus heterochaelis*）の研究では，大きい個体が戦いに勝ちやすく，より大きな前脚を持っており，そのため前脚のサイズが闘争能力の信頼できる示標であるらしいことが示された（Hughes, 1996）．

しかし，別の種であるフトユビシャコ属の1種（*Gonodactylus bredini*）では，この威嚇信号はときどき不正直なやり方で使われる．シャコは2ヶ月ごとにその硬い外皮を脱ぎ捨て，新しい外皮が硬くなるまでの3日間は柔らかく無

フトユビシャコにおける前脚の大きさは，戦闘能力の信頼できる示標であるように見える…

…しかし，脱皮したフトユビシャコは「はったり」の威嚇をする

力な戦士として過ごさなければならない．脱皮の間，個体は，もはや闘争能力の正直な信号ではないにも関わらず，威嚇を用いて侵入者を撃退する (Steger & Caldwell, 1983)．さらに新しく脱皮した個体は，小さな相手と対面するとディスプレイを行い，その相手が後退しそうなときには，その傾向をより強くする (Adams & Caldwell, 1990)．大きい個体に対する「はったり」は余計にコストを負担することもある．なぜなら，もし相手が引き下がらず攻撃してきたなら，柔らかい状態のシャコは高い確率で殺されてしまうからである．ただし，この不正直な信号伝達は相対的に稀にしか起こらない．というのも，いかなるときでもわずかな割合 (< 15%) の個体しか脱皮をしていないからである．これは，平均的には前脚が闘争能力の相対的に信頼できる示標であることを保証するものだろう．

要約

信号は，他者の行動を変化させる行為あるいはその構造である．それは，その効果ゆえに進化し，受信者の反応も進化したからこそ効果的であり続けているのである．この定義は，信号を，単に状況を表す姿である手がかり（ある将来の行為への手引きとして使われる）と区別させるものである．よって，例えば，体サイズは手がかりである．しかし，クモが網を揺らして自分の体サイズについての情報を伝えようとするときには，この網の振動は信号である．

信号の重大な問題は，何が信号を信頼できる，あるいは正直なものに維持させるかを説明することである．これが起こりうる場合の，3つの起こり方を区別した．

(1) 示標は偽造できない信号である．その例として，ヒキガエルの鳴き声，アカシカの咆え声が含まれる．

(2) ハンディキャップは偽造できる信号である．しかしその場合，そうすることは経済的に利益にならない．正直さが維持されるための可能性の1つは，信号がその作成にコストがかかり，そのコストが低い質の個体にとってより大きくなることである．その例として，7章で議論した多くの度を超した性的装飾が含まれる．例えば，シュモクバエの目の間隔や，8章で議論したような，子がどのように親から餌をねだるかといったものである．別の可能性は，不正直な信号が懲罰のような社会的コストを負担する場合である．その例として，イエスズメの胸当て，あるいはアシナガバチの顔のマークのような地位を示す記章が含まれる．

(3) 信号の正直さを説明するものとして，発信者と受信者が持つ共通の利益がある．その例は，ミツバチの8の字ダンス，細菌のクオラムセンシング，ショウジョウバエの配偶受容性，イエスズメの「チュン」声である．

言語は，人間と動物を分ける重要な違いである．人間の言語における正直さ

は，共通の利益かつあるいは不正直に対する社会的コストによって説明することができる．

不正直な信号伝達は，その信号に反応する受信者にとって平均的に得になる場合にのみ，進化的に安定するだろう．その例として，チョウチンアンコウの疑似餌，ベイツ式擬態，クロオウチュウの偽の警戒声，シャコの実は柔らかい武器のディスプレイがある．

もっと知りたい人のために

コミュニケーションと信号の進化は，3冊の優れた本で概説されてきた (Maynard Smith & Harper, 2003; Searcy & Nowicki, 2005; Bradbury & Vehrencamp, 2011)．これらの本の違いは，信号伝達に対する異なる説明がどのように組み立てられるかという点に関する概念的な全体骨子が，まだどれくらい論争となっているかをまさに例示している．

Nakagawa et al. (2007) は，胸当て斑の大きさがイエスズメ (*Passer domesticus*) の地位を表す記章としてどれくらい作用しているかを査定するためにメタ解析を行い，それがどれくらい有効かを示した．Cotton et al. (2004b) は，条件依存的発現（ハンディキャップにとって必要になるような）が発生している証拠についてまとめ，データが不足していることに気付いた．Scott-Phillips & Kirby (2010) は，人間の言語の進化についての室内実験を概説している．

Keller & Surette (2006) は，細菌の信号伝達について，行動生態学の視点から優れた議論を提出している．Kohler et al. (2009) と Rumbaugh et al. (2009) は，寄生者が宿主に対して与えるダメージ（毒性）に対するクオラムセンシングの重要性を示し，信号伝達理論が治療方策に対してどれくらい光明を与えることができるかについて議論している．

Jackson et al. (2004) は，アリが幾何学を利用して，道の方向の情報をどのように伝えるかについての興味深い例を与えている．Tobias & Seddon (2009) は，ペア生活をするナキアリドリ属の1種 (*Hypocnemis peruviana*) の二重唱と即興合唱において，共通の利益による信号から対立の信号へという変化が環境条件によってどのように起こるかを紹介している．Radford et al. (2011) は，クロオウチュウとヤブチメドリの間の相互作用は，クロオウチュウによる盗みを含むけれども，ときどき共生的利益になるかもしれないと述べている．なぜなら，ヤブチメドリはクロオウチュウの警戒性から正味の利益を得ているからである．

討論のための話題

1. 誇張された示標と思われる例を述べよ．自分の考えをどのように検証すればよいだろうか？

2. 7章で説明した Hamilton & Zuk (1982) 仮説は，示標を中心としたものか，あるいはハンディキャップを中心としたものか議論せよ．そしてこのことを実践的に検証するにはどうすればよいかを議論せよ．
3. 酵母菌のフェロモン生産は，配偶者の質についてのハンディキャップ信号の例になるだろうか (Pagel, 1993; Smith & Greig, 2010)？
4. Lachmann et al. (2001) は，正直さが，信号を作成することのコストによって維持される，つまり信号自身にコストがかかる状況と，不正直な信号が持つ社会的コストによって正直さが維持される，つまり信号自体には相対的にコストがかからない状況を対比した．これらのタイプを実験的に区別するにはどうすればよいだろうか？ それらは両方ともハンディキャップ信号になるのだろうか？
5. 鳥類の長く伸びた尾羽はコストのかかる信号になりそうか (Norberg, 1994; Thomas & Rowe, 1997; Rowe et al., 2001; Neuman et al., 2007)？
6. クオラムセンシングは種間でも起こると期待できるか否かを議論せよ．
7. Backwell et al. (2000) は，シオマネキの個体の44%は，自分のハサミの大きさを不正直に信号伝達すると述べている．このような高い頻度の騙しはどのように維持されうるのだろうか？
8. コミュニケーションの分類付けと定義付けにおいて，情報の概念の利用について議論せよ (Scott-Phillips, 2008, 2010; Rendall et al., 2009; Font & Carazo, 2010; Scarantino, 2010; Seyfarth et al., 2010)．
9. 細菌のクオラムセンシング（この章）をアリ類のセンシングと比較せよ (Franks et al., 2008)．
10. 動物は自分自身を騙すことが淘汰に有利になることがあるだろうか (Trivers, 2000, 2011)？ これをどのように検証すればよいだろうか？

第15章
結論

写真 © Arpat Ozgul

　これまで14の章で述べてきた行動と適応の話は，簡単過ぎるものであったかもしれないが，それはやむを得ないことであった．完璧で慎重なそして確実な説明にしようとしたら，用いられただろうすべての「もし」や「しかし」で本書の厚さは倍になり，分かりやすさを半減させてしまったことだろう．しかも，我々著者は，本書で議論してきた考えが，すべての進化生物学者から完全に受け入れられるだろうという印象を読者に残したいと思ったわけでもない．むしろ，基本的な仮定であってもときには挑戦的であろうと考えている．

主要な前提はどれくらい妥当か？
利己的遺伝子かあるいは最大化する個体か？

　自然淘汰についての議論は，2つの異なる言い方で表現されてきた．1つは，例えば「これこれの行動の遺伝子を想定しよう．それは，いつ集団に広がりそうか？」などの表現で，遺伝子における淘汰を強調する言い方である．1章で見たように，このアプローチは，利他行動，意地悪行動，長い尾羽，あるいは何であれ，それらの「ための」遺伝子が存在することを意味せず，単に，注目する行動や構造と相関して個体間に何らかの遺伝的差異があることを意味するだけに過ぎない．もう1つは，例えば「産子数を最大にするために，個体は，これこれの行動をどのように調節すべきか？」などの表現で，あるいは進化的安定戦略 (ESS) モデルを作ることによって，自分の適応度を最大にする個体を強調する言い方である．このアプローチも，1章で見たように，動物が意識的に自分の適応度を最大にしようとすると仮定するわけではなく，ただそうするように見える生物を自然淘汰が生じさせると仮定するだけである．

遺伝子 vs 個体

しかし，このような見方はどれくらい妥当なのだろうか？　また，遺伝子レベルと個体レベルの間を行ったり来たりすることは，どれくらい正しいのだろうか？　明らかに野外生物学者は，個体の死や生存，そして繁殖に注目するが，その進化的効果は集団における遺伝子頻度が変化することに他ならない．遺伝子から個体へのつながりを明らかにするためには，自然淘汰の過程を，それによって導かれる個体レベルの設計あるいは目的と区別して考える必要がある．自然淘汰の過程は，時間の経過に沿って推移する遺伝子動態に対して関わりを持っている．特に，行動のようなある遺伝形質の形式に影響を与えて個体の適応度を増加させる遺伝子は，時間の経過とともにその頻度を増加させていくだろう．その結果，適応度を増加させる遺伝形質が，集団における個体の平均適応度の増加を導く（個体間の対立があるため，集団全体の適応度も，これと同様に増加するとは限らないことに留意しよう）自然淘汰とともに，時間の経過とともに蓄積されていくことになる．これは，生物がまるで自分の適応度を最大にすべく設計されたかのように振る舞う，あるいはそう見えることにつながるだろう．

> 遺伝子への自然淘汰は，結局，その影響は個体に及び，まるでその個体達が自分の適応度を最大にしようとする，あるいはそのように設計されたかのように振る舞わせるだろう…

よって，遺伝子の視点と個体の視点は対立せず，同じことを異なる見方で見ているに過ぎない．もし「自然淘汰が遺伝子上で働くことによって生み出されると期待される生物とは，どんな生物か？」と問われたならば，適応度の最も一般的な定義である包括適応度を用いて「自分の適応度を最大にするように設計される生物」と答えるべきだろう (Box 15.1)．この見方の優れた点は，遺伝子を基礎とした進化理論から始め，それを，個体がどのように行動するかについての理論に翻訳している点である．つまり，野外研究者が外に出て観察することや，理論研究者が ESS 理論のモデルを容易に用いる対象に翻訳しているのである．これはまた，なぜ利他行動や意地悪行動，あるいは「適応度を最大にしようとしている」などのように意志を持つかのごとき表現が使われるのか，つまりなぜ自然淘汰の動態がまるで意図あるいは目的を持つかのごとく振る舞う個体を生じさせるように表現されるかを，明確かつ正当なものにするのである．

> …そしてそのため，遺伝子からの視点と個体からの視点が同等なものになってしまう

しかし，通常は遺伝子アプローチと個体アプローチの同等性を仮定できるが，それらが食い違う場合も稀ではあるがないことはない．もしある遺伝子が，個体あるいはゲノム内の他の遺伝子へのコストを基に，自分の次世代への伝播を増やすことができるならば，そうするように淘汰されるかもしれない．10 章では，X 染色体ドライブ因子や雄殺し因子などによる性比のゆがみにおいて，これがどのように生じるかが議論された．これらの場合，その動きを説明するためには，遺伝子からの視点を持たねばならない．にも関わらず，このような「ウルトラ利己的」遺伝子は極めて稀である．なぜなら，遺伝子が次世代への伝播を増やすための最良の方法は，通常はそれを持つ個体の繁殖成功を増やすことだからである．ウルトラ利己的遺伝子は，性比などのように自分のためにゆがませることができる繁殖の様式と関係する傾向がある．これを採餌行動や捕食回避行動などと対比させてみよう．これら後者の場合，個体の繁殖成功を増加

> 遺伝子の対立が起こることもある…

> …しかし，それは相対的に稀にしか起こらない…

Box 15.1　適応と設計

　適応における問題は，生物が設計されたように見える実際の事象を説明することである．William Paley (1802) は，自著『自然神学 (Natural Theology)』の中で，この問題に対してとりわけ明快で分かりやすい説明を与えた．それは，ハナバチ類の針から有袋類の育児嚢，ラクダの胃，キツツキの舌に至るまで広い範囲の形質を議論したものであった．彼は眼について考えるとき，光量レベルを変化させることができるように，あるいは遠くのものでも見えるように瞳孔とレンズがどのように操作されるかについて感嘆し，当時の望遠鏡よりも優れた優位性を眼に対して感じると述べている．そして，魚類，鳥類，ウナギの眼の解剖学的構造を考えるために，今日で言うところの比較法を用いた．それは，各種が生活する環境により適した眼を持つから，そのような変異があるのだと示唆するもので

適応主義の発展．(a) William Paley (1743-1805) は，生物の見かけ上の設計性を説明する必要から，適応の問題を定式化した．写真©National Portrait Gallery．(b) Charles Darwin (1809-1882) は，自然淘汰を使って適応の問題を解いた．(c) R.A. Fisher (1890-1962) は，自然淘汰が遺伝子頻度の変化でどのように説明できるかを示した．写真©National Portrait Gallery．(d) Bill Hamilton (1936-2000) は，自然淘汰が働いて，生物に最大化させようとする適応度とは包括適応度のことだということを示した．画像は W.D. Hamilton の家族の好意による．

あった．この環境への適応に対するPaleyの説明は，これが「視覚の最も神秘的法則」を知る知的設計者の「適応させる手」の証拠を与え，慈悲深い神の証拠を与えるというものであった．

1章で説明したように，Darwin (1859) は，見かけの設計性は自然淘汰をとおして生じたものであり，神という設計者を必要としないことを示した．重要なのは，Darwinの自然淘汰理論は，適応が生じる過程（あるいは動態）を説明し，さらにその適応がどうやって見かけの設計性につながるかを説明したことである．ではその過程とは，より大きな繁殖成功と関連する遺伝形質が，淘汰によって選ばれ，自然集団の中に蓄積していくことである．そしてこれが，生物はまるで繁殖成功（適応度）を最大にすべく設計されたように見えるだろうという，適応の見かけ上の目的につながるのである．

Darwin以来，適応の研究において2つの主要な概念的進歩があった．第1に，自然淘汰が遺伝子頻度の変化で記述されることを示すことによって，Fisher (1930) がDarwin理論とメンデル遺伝学を統合したことである．彼は，より大きな個体適応度と関連する遺伝子は，頻度を増やし，平均適応度の増加につながり，そのため個体が自分の適応度を最大にすべく設計されたかのように見えるのだということを示した．第2に，11章で議論したように，血縁者への効果が要因に加えられなければならず，生物が最大化している（ように設計されているように見える）適応度とは包括適応度であり，直接の繁殖成功ではないことをHamilton (1964) が示したことである．それ以来，行動生態学という分野は，Darwin理論を検証するための最も実り豊かな検証現場の1つを提供してきたのである．

させることなしに，遺伝子がいかにして自分の伝播を増やすことができるかを想像することは困難である．

なぜ遺伝子対立が，行動に対して比較的稀な効果であるかを示す2つの理由がある．第1に，遺伝子が自分のために事態をゆがませることができる場合であっても，ゲノムの残りの遺伝子が一致してそのゆがみを抑制する方に向かう可能性があるのである．それは，Egbert Leigh (1971) がいみじくも「遺伝子の議会 (parliament of the genes)」と呼んだものである．第2に，行動生態学者が調べる形質は，複数の遺伝子によって作られる比較的複雑な適応である傾向がある．このような形質の進化は，遺伝子対立によって邪魔されながらも，同一方向に向かって働く複数遺伝子に依存してきたはずである．したがって，もし行動生態学者が適応を説明することに関心を持っているならば，遺伝子対立が相対的に重要でなさそうな形質に注目を当てているはずなのである．

…そして，**複雑な適応**にはつながりそうにない

要約すれば，遺伝子アプローチと個体アプローチは，個体内で遺伝子対立が相対的に重要でないと仮定する限り，同等だということである．これは理論分

野で期待されることであるが，実践的にも ESS 手法の成功によって有効とされてきたことである．別の言い方をすると，ESS 手法の実践的な成功は，個体内での遺伝子対立の可能性を無視することがしばしば妥当であることを示してきた．さらに言うと，遺伝子対立が重要である場合でも，それは ESS 理論と実践データとのずれから発見されることが多いのである．

群淘汰

　本書の始めに，群淘汰は個体や利己的な遺伝子に働く淘汰に取って代わるようなものではないとして，それをほとんど問題にもしなかった．そのとき，群淘汰が原理的には働く可能性があることは認めたが，群淘汰が強力な進化圧になるような条件は自然界にそれほどよくあるものではないだろうと述べた．しかしこのことは，一般に受け入れられている考え方ではない．ときどき，群淘汰は我々が考えている以上に重要であり，個体レベルの淘汰で説明できない現象を説明することができ，過剰に拒否され過ぎてきたと主張する論文や本が出ている (Sober & Wilson, 1998; Nowak, 2006; Traulsen & Nowak, 2006; Wilson & Wilson, 2007; Nowak et al., 2010)．これらの主張に対しどのように対処すべきだろうか？

　最初から心に留めておかなければならない 1 つの点は，これらの主張は，1 章で考察した「集団の絶滅確率の差 (differential extinction of groups)」モデルのような単純なものでなく，もっと複雑なモデルを基にしたものだということである．これらの「新しい」群淘汰モデルの基本的な特徴は，集団がいくつかの小グループ（「トレイトグループ (trait groups)」あるいは「ディーム (demes)」）に分かれることにある．さらにこの小グループの間や内部で，協力行動（もしくは，それに関する他の諸々の形質）を有利にしたり不利にしたりする淘汰が生じると考える（図 15.1）．淘汰が各小グループに働いた後，次の淘汰圧にさらされる新しい小グループに再び分かれていく前に，すべての個体が一緒になって全体集団となる．この集団構造の効果は，協力者は小グループの**内部では**相対的に不利になるが（自己犠牲のため），協力者を含む小グループは，それを含まない小グループよりも次世代に貢献しやすいというものである．小グループ間淘汰が小グループ内淘汰よりも大きければ，協力行動形質は広がるだろう．

　ここで問うべき最初の疑問は，このモデルは包括適応度理論とは異なる予測を与え，利他行動を新しい筋書きで説明できるのかどうかということである．答えは否だ．それはまさに異なる見方で自然淘汰の動態を見ているだけであり，同じ予測しか与えない (Hamilton, 1975; Grafen, 1984; Frank, 1986; Queller, 1992)．新しい群淘汰アプローチは，協力行動が，小グループの利益を増加させ，個体のコストを低下させ，小グループ内部の遺伝分散に対する小グループ間の遺伝分散の割合を増加させることによって，淘汰に有利になることを教えてくれる．しかしこれは，高い B，低い C，高い r のときに利他行動が淘汰に

新しい群淘汰は …

… Hamilton 則と同じ予測しかしない …

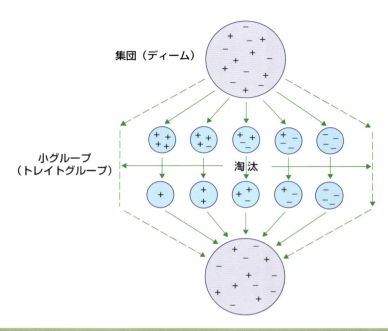

図15.1 新しい群淘汰．−対立遺伝子を持つ個体は相対的に協力的であり，＋対立遺伝子を持つ個体は協力的ではない．小グループ内では，＋対立遺伝子を持つ個体は相対的に成功する（頻度を増加させる）．小グループ間では，−対立遺伝子を多く含む小グループが成功し，次世代へ大きな貢献を果たす．−対立遺伝子が広がるか否かは，小グループ内淘汰成分と小グループ間淘汰成分の相対的重要性に依存している．Harvey (1985) より転載．

有利になるとするHamilton則の予測と数学的には同じものである．

…しかし，最大化原理には結び付かない

この数学的同一性を前提として，群淘汰アプローチが包括適応度アプローチと同じくらい役に立つと言えるだろうか？　否だ．なぜなら，群淘汰アプローチは同等な最大化原理を導かないからである．ここで再度，自然淘汰の過程（動態）と結果としての産物（設計）の間を区別したDarwinに立ち返る必要がある．包括適応度も群淘汰も，自然淘汰の動態を予測するために使われ，どちらも特定の状態をモデル化するのに役に立つかもしれない．しかし，もし何を最大化していると見えるかという観点から，生物はどのように（適応して）行動するよう設計されたかという疑問に興味を持つならば，その答えは生物はグループの適応度ではなく自分の包括適応度を最大にすべく設計されたように見えるだろうということである．行動生態学の実践的な成功の根底には，生物を包括適応度理論から導かれる適応度最大化生物として扱うことができるというこの考えがある．それに比べて，個体が小グループの適応度を最大化するよう淘汰されるのは，小グループ内の個体間対立がないため小グループ内淘汰を無視でき，しかももちろん自分の包括適応度を最大化するよう淘汰され続けるといった極端な筋書きのときだけだろう (Gardner & Grafen, 2009)．

新しい群淘汰アプローチの限界は…

加えて，以下のように，群淘汰アプローチは普通は扱うのが難しく，しばし

ば混乱を広げてしまうことになる (West *et al.*, 2007a).

(1) 理論的視点から見ると，個体レベルのモデルは，通常，その作成や異なる生物的筋書きに拡張することが簡単である．したがって，利他行動や性比のような形質に対して，抽象的な群淘汰モデルを開発することは可能ではあるが，特定の種に適用し検証することができるような群淘汰モデルを開発することは至極困難である．

(2) 通常，個体アプローチを実践的研究からのデータと結び付けることは簡単である．なぜなら，B，C，rなどの母数を理解したり，測定したりすることは比較的簡単だからである．これは強調されるべきことである．

(3) おそらく，淘汰と最大化の間に直接のつながりがないためだろうが，群淘汰アプローチはしばしば間違った考えに陥ることがある．例えば，血縁淘汰は群淘汰の一部だ，あるいは群淘汰は包括適応度が役に立たない状況でも適用できる場合があるなどの主張は間違いである．

(4) また，群淘汰の文献では，利他行動などの用語が奇妙な使い方で用いられてきた．群淘汰の文献では，もしある行動が，グループ間成分とは関係なしに，グループ内で適応度において相対的な不利さを持つならば，そのような行動でも利他行動として再定義されている．しかし，手助け行動の副産物的な利益がグループ内の全員に伝わるときのような場合にも（12 章），グループ間淘汰成分の効果がグループ内淘汰成分の効果を上回ることがある．よって，このようなやり方では，「利他行動者」と期待された個体が，ある行動によって直接的繁殖成功を増加させた場合でも（表 15.1），その行動が利他行動であると定義される可能性があるのである！

(5) 群淘汰アプローチは，しばしば「どのレベルで淘汰は生じているか？」という疑問を抱かせる．しかし，これは普通あまり役に立たず，有効な情報を与えない．なぜなら，淘汰は複数のレベル（例えば，グループ内，あるいはグループ間）で同時に起こっており，モデル化されたシステムの詳細（そのゆえ，特定のモデルとそのモデルの母数値の詳細）に依存して，各レベルがそれぞれ異なる相対的重要性を持っているだけだからである．それに対して，もし「どのレベルで適応は生じているか？」と問うならば，それは包括適応度を最大化するように個体のレベルで生じていると，かなり一般的に答えることができるだろう (Gardner & Grafen, 2009).

… モデルを開発することが容易でないこと …

… 実践的研究からのデータと結び付けることが容易でないこと …

… 誤解に陥ることがあること …

… 混乱した用語の使い方に陥ることがあること …

… そして，視点が適応から外れてしまうことがあることである

要約すると，包括適応度（あるいは個体）アプローチと新しい群淘汰アプローチは，両方とも予測を与えるために使えるけれども，包括適応度アプローチの方が明らかにより有益である．本書のこれまでの章で紹介した行動に対して進めてきた理解のすべては個体アプローチあるいは包括適応度アプローチから得られたものであり，群淘汰アプローチからではない．包括適応度アプローチが成功したのは，それが行動生態学の方法の中心であり，発展性があり，かつ応用しやすく，さらに混乱を広げにくい最大化原理を与えるからである．

表15.1 協力行動形質を実行する協力個体(C)と協力しない反発個体(D)の適応度．この計算で仮定されているのは，協力個体(C)は協力行動に x 資源を投資し，コストに対する利益比は3，グループは2個体から構成されていること，さらにその利益はすべてのグループ構成員に分配されることである．群淘汰の視点からすると，協力行動者は，コストに対する利益率がどうあろうと $x > 0$ だということで，利他行動者あるいは「弱い利他行動」の行為者として定義される．一方，個体の利己行動という視点からすると，Cはどの場合においても高い適応度を持っており，それはCと一緒になろうが ($2x > 3x/2$)，Dと一緒になろうが ($x/2 > 0$) 変わらない．これによって，群淘汰の視点で利他行動的と分類されるであろう行動でも，個体の直接適応度を増加させるために淘汰によって有利になりうることが示されている (West et al., 2007a).

グループ	2個体とも協力行動者		1個体が協力行動者		協力行動者なし	
構成員タイプ	C	C	C	D	D	D
基準適応度	1	1	1	1	1	1
協力行動の個体のコスト	x	x	x	0	0	0
協力行動の利益（グループ内で分配）	$\frac{6x}{2}=3x$	$3x$	$\frac{3x}{2}$	$\frac{3x}{2}$	0	0
利益－コスト	$3x-x=2x$	$2x$	$\frac{3x}{2}-x=\frac{x}{2}$	$\frac{3x}{2}$	0	0
適応度	$1+2x$	$1+2x$	$1+\frac{x}{2}$	$1+\frac{3x}{2}$	1	1

大きな進化的推移

　上記の議論では，個体は，集団の適応度ではなく，包括適応度を最大化するように淘汰されることを強調した．個体がまるで集団の適応度を最大化しようと行動するように期待される唯一の場合は，Wynne-Edwardsによって最初に考えられたように，それが包括適応度と同調するときであろう．これは極端に限定された条件を必要とし，例えば，極めて高い血縁度（例えばクローン間の $r = 1$)，あるいは完璧に個体と集団の利害を同調させるポリシングのような何らかのメカニズムがあるときである (Gardner & Grafen, 2009).

　包括適応度と集団適応度が同調して起こるのはかなり稀であるけれども，もしそれが起こったときには，大きな進化的推移 (major evolutionary transition) を導くような巨大な効果がもたらされることになるだろう．大きな進化的推移とは，その変化より以前には独立な繁殖能力を獲得していた個体の集まりが，その後大きな単位としてしか自己複製ができなくなったときに他ならない（Maynard Smith & Szathmary, 1995; 図15.2）．13章では，社会性昆虫のコロニーが「超個体」となるに至った真社会性への進化的推移を議論した．この推移は，おそらくこれまでに起きたわずか8つの大きな進化的推移のうちの1つである（表

包括適応度と集団適応度の同調が大きな進化的推移につながることがある

15.2）．大きな進化的推移の考え方では，行動生態学が扱う協力行動の問題が，その進化的前進において中心的役割を果たしてきたはずだということが明確にされる．なぜなら，一群の個体が集まって，新しい，より複雑な生物組織体を形成するときには，協力行動の問題が解決されなければならないからである．さらに，12章で議論した例と同様に，大きな進化的推移は，血縁者を伴う場合（例えば，多細胞化や真社会性化への進化）と非血縁者を伴う場合（例えば，染色体や真核細胞化への進化；Queller, 2000），つまり協力行動の間接的利益と直接的利益で分けることも可能である．

最適化モデルとESS

これまでのほとんどすべての章で，最適化モデルとESSの考えを用いてきた．ここで，最適化の考え方に向けられたいくつかの批判と，最適化の考え方を実際に適用する場合の限界について簡単にまとめてみよう．

図15.2 Thomas Hobbesのリヴァイアサンは，冠をかぶった巨大な姿で描かれ，300人を超える人間からでき上がっている．上図は，ヨブ記（ヘブライ語）から引用したもので，「地上に彼と比類できる力はない」との訳が記されている．しかし，大きな進化的推移の考え方が強調するのは，これがまさに地球上で起こったのであり，一群の個体が集まってより高いレベルの個体を形成したということなのである．

最適化モデルへの批判

複製する分子	⇒	膜室内の分子集団
独立な複製子	⇒	染色体
遺伝子かつ酵素としてのRNA	⇒	DNAとタンパク質（遺伝コード）
原核生物	⇒	真核生物（細胞内の核と小器官）
無性生殖クローン	⇒	有性生殖個体群
原生動物	⇒	多細胞の動物，植物，菌類（細胞分化を伴う，つまり器官を持つ）
単独個体	⇒	コロニー（非繁殖ワーカーカストを含む）
霊長類の社会	⇒	人間社会（言語）

表15.2 大きな進化的推移．それぞれの推移では，複雑さの新しいレベルが現れた（Maynard Smith & Szathmary, 1995）．

1 動物が最適に振る舞うという考えは検証できない

3章で見たように，この批判は間違った考えに基づいている．最適化モデルを使う目的は，動物が最適に振る舞っているかどうかを調べることではなく，モデルの中で使われた特定の最適性の基準や制約要因によって，その動物の行動をうまく説明できるか否かを調べることにあるからである．

2 なぜ動物が最適化モデルから予想される通りに振る舞わないかを説明するのは困難だ

単純なモデルは，動物の行動を正確に記述するのではなく，近似的な予測しかできない場合がよくある．これは，モデルに含まれる制約要因や目標が誤って仮定されていたり，行動に要するコストの何らかの成分が測定されていなかったりすることが原因であろうと思われる．これらの原因を識別する簡単な方法はない．

この問題に対処する方法の1つは，ある個体群のある形質の1つの値を予測するのではなく，理論を使って，その形質が（個体間，個体群間，種間で）どのように変動するかを予測することである．後者では，モデルを非常に単純化し，まさに生物学の重要な特徴だけを捕捉するのに必要なものにし，そのようなモデルから得られる質的予測に頼ることになる．一方，前者では，ほとんど無限の生物学的詳細に依存して決定される，可能な限り複雑なモデルから得られる量的予測に頼ることになるのである．Steve Frank (1998) は，多くの場合，後者のような質的なやり方が理論の最も良い使い方になるだろうと主張した．

3 動物は最適に振る舞うレベルにまで十分に適応していない

最適化モデルと ESS モデルを使うときの主な合理的根拠は，自然淘汰はよく適応した動物を作り出すという仮定にある．またそれらのモデルの目的は，いかに動物が適応しているかを見つけることにある．しかし，以下に述べるように，少なくとも4つの要因によって動物は制限され，完全に適応できない場合もある．

適応不足の理由は…

(i) 物理的あるいは生物的環境の変動が速過ぎると，動物の適応はうまく「追いつけ」ないかもしれない（4章）．1章で，鳥類のいくつかの個体群が，ここ数十年の急速な春期の早期到来に遅れずに付いていけず，十分には繁殖回数を増やしていないことを議論したが，それはこの例である．

…進化上の遅れ…

(ii) 適応は，行動の背景にある遺伝的特性によって制約を受けることもある．そのような原因の1つは，新しい戦略の進化に必要な遺伝的変異が十分に存在しないことである．もし環境が変化したり，もしくは他の何らかの理由で最適な表現型が変わった場合，動物はその集団内に遺伝的な変異がある場合にだけ，その新しい状況に適応することができる．しかし，これは一般的には重要でなさそうである．なぜなら，普通，遺伝的変異は探

…遺伝的制約…

せばいつでも見つかるからである (Lynch & Walsh, 1998).

別の理由として，複数の形質が遺伝的に連鎖していることもある．その場合，1つの形質への淘汰は他の形質へも影響を与える．その例は，セント・キルダ島に生息するソアイヒツジの研究で与えられる．このヒツジの毛の色は $TYRP1$ と呼ばれる単一の遺伝子座によって支配され，その遺伝子座では，暗い色の対立遺伝子 (G) が優性であるため，GG や GT では暗い毛色に，TT では明るい毛色になる．20年間にわたって，暗い毛を持ったヒツジの割合と G 対立遺伝子の頻度は低下し続けた（図15.3）．その島には捕食者は存在せず，配偶者の選択は毛の色に依存しないので，これは隠蔽色に対する淘汰（4章）や性淘汰（7, 9章）のせいであるという可能性はなかった．

その代わり，Gratten et al. (2008) は，暗い毛色頻度の低下が，$TYRP1$ に物理的に近接した他の遺伝子（あるいは遺伝子群）の適応度に対する淘汰のせいであることを突き止めた．これらの遺伝子のおかげで，GG というホモ接合体のヒツジの適応度は，GT や TT よりも低下するのである．連鎖した遺伝子が何者か，なぜそれらが適応度に影響を与えるかはまだ特定されていない．この研究は特別な事例を提示している．つまり，捕食者が存在せず，毛色が配偶選択にも関係しないことは，毛色それ自体には淘汰が働いていないことを意味するので，連鎖した遺伝子によって引っ張られている可能性があるのである．仮に，もしそうではなく，暗い毛色に対する淘汰上の利点があるとすれば，それは毛色とまだ不明の適応度効果との間の関係を壊すような淘汰であろう．したがって，背景にある遺伝的特性が適応に制約を与えることはあるけれども，それが適応を必ずしも行き止まりに導くとは限らない．なぜなら，背景にある遺伝的特性そのものも淘汰の対象になるからである．

ESSモデルが背景にある遺伝的特性を無視し，すべての遺伝子型を候補として仮定するやり方は，Alan Grafen (1984) によって「表現型作戦 (phenotypic gambit)」と呼ばれたものである．表現型作戦は，ある見方をすると，モデル開発を容易にさせる実利的なやり方に過ぎないと見なすこともできる．しかし，しばしば最も役に立つやり方であると主張されることもある．特定の遺伝モデルを使って正確な答えを解こうとする努力は，あまり役に立たないかもしれない．なぜなら，（決して知ることもないような）異なる遺伝的詳細を持つ候補モデルの「大群」に対面するだろうからである．表現型作戦は，様々なモデルに対して確実な近似を与えるので，正確に解いて求めた特定の遺伝モデルよりも多くのことを教えてくれる．ここでの重要な点は，表現型作戦が，複数の生物に当てはめられる近似的予測を与え，実験や比較研究をとおした実践的な検証を可能にさせるということである．

(iii) 例えば，食うものと食われるものの間に見られるような，共進化の軍拡

…軍拡競走…　　競走（4章）が存在するかもしれない．もし一方が軍拡競走の中で一歩先んじたとすると，他方はその環境の中ではあまり適応的でなくなってしまうだろう．例えば，病原菌や寄生者によって殺されたり，衰弱させられる宿主のようなものである (Rothstein, 1986)．

…そして，情報の制約があげられる　　(iv)　動物個体が処理できる適切な情報量には制限があるかもしれない．多くの ESS モデルには，個体が環境について完全な情報を持つという暗黙の仮定がある．例えば，5 章のカモとイトヨは，異なるパッチでの相対的餌獲得率を査定でき，自分の採餌行動を適切に調節できる．あるいは 10 章の寄生バチは，ある宿主パッチへ産卵する他の雌の数を推定することができ，それに対応して産む子の性比を調節できる．もし個体がこのような変数を完全には査定できず，間違いを犯すならば，彼らを「完璧に」行動する対象であるとは期待できないだろう．例えば，アリのワーカーは，彼らの女王が匂いの異なる雄と交尾した場合にのみ，女王が多回交尾したかどうかが分かり，それに従って性比を調節できるのである（図13.12）．個体が環境の状態を完全に査定できたとしても，もしそのため投資すべき資源（例えば時間）にコストがかかり過ぎるならば，査定することが最良の利益につながらないかもしれない．ESS モデルにこのような情報についての制約を組み込み，情報の収集自体をモデル化することは，ESS モデルをもっと量的に検証できるようにする重要な課題として残されている．

適応の制約となりうる要因のすべてに共通して言える点は，それらが ESS 手法を無効にするわけではなく，むしろその適用において注意を促すものだということである．実際，ESS 手法は，その予測を明確にそして検証可能なものに強化するので，制約を特定する明快な方法を与えてくれる．

4 理論の量的検証は可能でないことがよくある

理論の量的あるいは質的な検証　　最適化モデルや ESS モデルから量的予測を立てることの価値を強調したが，これらの予測のほとんどの検証は質的なものであったことに，批判的読者は気付いただろう．これまで動物は，通常「おおよそ正しいこと」を行うようであることを見てきた．例えば，3 章のフンバエは，予測された 41 分間ではなく，36 分間交尾を続けた．もし質的な検証しかできないのならば，量的な議論を組み立てる価値があるのかと問う人もいるかもしれない．ここに，それに該当するような問題の 3 つの場合がある．

(i)　理解力の制限と検証に使われる技術力の制限のために，検証は質的なものにならざるを得ない場合があるが，それらはときには克服可能である．もし量的予測を正確に検証できたならば，観察結果と予測結果の食い違いは，モデルの何が間違っているかを理解することを助けてくれる．例えば，1 章では，繁殖のコストを考慮することが，一腹卵数の予測値をどれくらい観察値に近付けられるかということを議論した．

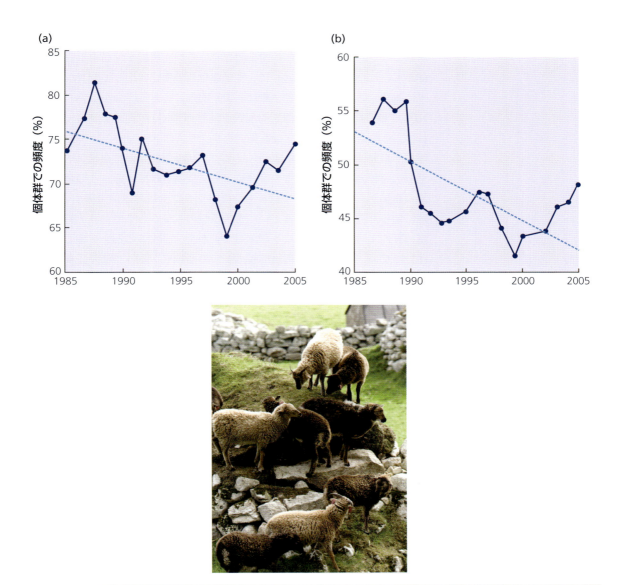

図15.3 ソアイヒツジの毛色．セント・キルダ島の個体群における，1985年から2005年にかけた，(a) 暗い色の羊の推定頻度と (b) *TRYP1* 遺伝子座の *G* 対立遺伝子（暗い毛色，優性）の推定頻度．Gratten *et al.* (2008) より転載．写真は，暗い毛色を持った個体と明るい毛色を持った個体を表す．写真ⓒArpat Ozgul．

(ii) ときに，量的予測は，実行不可能なくらい多くの詳細な生物学的情報を必要としており，それを行おうとすること自体あまり有益ではない場合がある．例えば2章では，霊長類の種間で性的二型の変異がどのように説明されるかを示したが，ESSモデルから特定の種の性的二型を予測しようとはしなかった．

(iii) 必ずしも量的予測を聖杯のごとく崇め求める必要はない，なぜなら質的モデルの開発と検証はもっと強力な手法になるだろうからである（Frank,

1998).ただ，ESS モデルは往々にして現実世界を単純化し過ぎる傾向があるようだ．さらに，同じ量的予測を立てる対立理論を開発することも可能かもしれない．それに対して，重要な母数の変化に応じて形質がどのように変化するかを示す質的予測は，より明確に行える場合が多い．例えば 10 章では，Hamilton の局所的配偶者競争 (LMC) の理論を議論した．これは，行動生態学の分野で最も偉大なサクセスストーリーの 1 つを作った理論であり，マラリア寄生虫からイモムシ状の動物類，昆虫類，ヘビ類に至る広い範囲の分類群からの証拠によって支持されている．この理論に対する現場からの支持の多くは，1 つのパッチに少数の雌が産卵するとき，雌に偏った性比で産卵するという質的予測の検証から来ており (図 10.4)，個体群の平均性比を量的に予測するか否かを検証することから来ているわけではない．これには，理論的視点からの意味もある．つまり，多数のモデルが Hamilton のモデルに様々な生活史の詳細を組み込んだ効果を調べたところ，量的な予測は変化したが，質的予測は頑健的だという一般的な結果が得られたのである (West, 2009)．

別の例として，Darwin (1859) の『種の起原』は定量化の議論をほとんどしていない．にも関わらず，彼の主張を説得力のあるものにしたのは，様々な分野 (個体群成長，地理的分布，変異，発生学など) の多くの独立な質的証拠が，すべて自然淘汰による進化の力を支持していたことである．

最適化モデルの賛否を長く議論し続けることは可能だが，いずれにしても最適化モデルにとって最も強い主張は，繰り返し述べているように，最適化の議論が適応の理解に役に立ってきたということである．別の考え方も示されてきたけれども (Gould & Lewontin, 1979)，それほど役に立つとは証明されなかった．我々は，章を進めながら，採餌行動，鳥の群れサイズ，縄張りサイズなどのような行動例とともに最適化アプローチを分かりやすく説明してきたが，最適化の議論は生理的レベルや生化学的レベルでの適応を理解するのにも同様に用いることができる．例えば，多くの魚類が持つ遊泳筋肉でよく知られた「矢はず模様 (herring bone)」の配列は，単に偶然に作られた特徴ではない．この配列のおかげで，筋肉は，力の出力を最大にする速度で収縮できるのである (Alexander, 1975)．生化学的レベルでは，筋肉の収縮のためのエネルギーは，クレブス回路の中で，炭水化物あるいは脂肪の酸化によって発生する．もっと直接的な過程を経て酸化を実行することは化学的に可能だろうが，この回路の利点は，それが酸化された分子当たりの純エネルギー獲得率を最大にすることにある (Baldwin & Krebs, 1981)．

因果論的説明と機能論的説明

行動生態学が問題にするのは，ある行動の機能論的説明がどのようなものになるかということである（すなわち，動物は「なぜ」そのような行動をするか

図15.4 プレーリードッグの巣穴の断面の模式図．典型的な巣穴は2つの入口を持っている．1つは入口が丸い「ドーム」状をしていて低く，他の1つは周囲が高くそびえ立った「クレーター」状をしている．2つの入口の高さと形が異なっているので，空気はクレーターの方から吸い出され，それゆえ穴の中の空気が循環することになる．Vogel et al. (1973) より転載．写真©Elaine Miller Bond.

という疑問に答えることである）．1章で強調したように，多くの誤解は，この機能論的説明を因果論的説明（つまり，「いかにして」その行動が発現するのかという疑問）と混同することによって生じている．

　因果論的説明と機能論的説明の違いを明らかにすることは重要であるが，2つの種類の疑問がお互いを補い，「なぜ」の疑問を立てることが「いかにして」の疑問に対する答えを得るために役に立ったり，またその逆の場合もあることを理解することも重要である．因果論的説明と機能論的説明がいかにうまく補い合って問題解決がなされるかを示す1つの例を図15.4に示した．オグロプレーリードッグ（*Cynomys ludovicianus*）は，地下に15 mほどの長さのトンネルを掘って集団で生活する．彼らのトンネルは普通簡単なU字型をした通路で，両端に入口があって地面に開いている．プレーリードッグがトンネルの2つの入口の周りに，土で小さな土手を作ることが昔から知られていた．これらの土手はプレーリードッグが見張りをするための台であるとか，洪水からトンネルを守るために高くしてあるのだと考えられてきた．しかし，よく調べてみると，穴の両端にある土手は形が違っていることが分かった．1つの土手は高く急な「クレーター」のようなもので，もう一方の土手は低くてなだらかな「ドーム」のようなものである（図15.4）．もしこれらの土手が単に見張りのためや洪水に対する防水壁だとすると，なぜ形がこのように異なっていなければならないのだろうか？　この「なぜ」という問いに対する答えは，トンネル内で「いかに」空気交換がなされているかという問題を明らかにすることから得られた (Vogel et al., 1973)．地下の長いトンネルの中に棲んでいるプレーリードッグは，常に新鮮な空気が供給されていないと生きていくことができない．それゆえ，巣穴の両端の土手は，トンネル中に絶え間ない空気の流れを確保するように設計さ

因果論的説明と機能論的説明は互いに補完する

れていることが分かった．クレーターの形をした土手の方が，ドーム型の土手より高くて側面も急になっている効果のために，空気がトンネルのクレーターの方から吸い出され，ドームの方から吸い込まれることになる．

トンネルの中に空気の流れが生じるのは，空気の粘性による吸い込みとベルヌーイ効果があるからである．粘性による吸い込みとは，流れのある空気と静止している空気とが接しているときに，止まっていた空気がその気流に引っぱり込まれることをいう．クレーターの土手がドームより高いためにクレーターの入口でこの効果が大きくなり，クレーター側がより速い風の流れにさらされることになる．ベルヌーイ効果とは，一定速度で動いている流体は，その速度が増加した場合にその圧力が減少するというものである．クレーター上の空気の流れはドーム上より速く，クレーター内はその側面が急激にそそり立っているため，その中の空気はほとんど静止している．この結果，クレーターの内側と外側との圧力の差は，ドーム側の圧力の差よりも大きくなる．そこでベルヌーイ効果により，空気はトンネルのクレーター側の端から吸い出されることになる．Vogel et al. (1973) は，室内にトンネルのミニチュアモデルを作ったり，野外の本物のトンネルに発煙筒の煙を吸い込ませたりすることによって，この2つの異なった形の土手を備えたトンネルシステムの効果を調べた．その結果，このシステムの換気効率は非常に優れており，極めて弱い風しか吹いていないときでも，10分ごとにトンネル内の空気が循環することを明らかにした．空気の循環速度はトンネルの外で吹いている風の速度に関係しているが，入り口の土手は左右対称になるように作られているため，風の方向には影響されない．このことはプレーリードッグの住んでいる自然の生息地では，どの方向から風が吹くか予測できないため大切なことである．

> プレーリードッグの巣穴は，気流を発生させるように設計されている

プレーリードッグの巣穴の例から分かるように，「何のためにトンネルの入口に土手があるのか」という機能を問う疑問が，「いかにしてプレーリードッグは新鮮な空気を十分に得ているのか」というメカニズムを問う疑問に対する詳細な理解につながっている．機械的仕組みを問う疑問によって，機能を問う疑問への理解が改善される例として以下のようなものもある．アリのワーカーが女王の交尾回数を数えるのに使うメカニズムは，適応的な性比を生み出す彼らの能力に対して，どれくらい制約となりうるかという問題例（図 13.12），あるいは寄生バチは，宿主パッチに産卵した他の雌の数をどのように決定するかという問題例（図 10.5）である．

本書で扱ってきた最適化モデルは，行動の説明を組み立てるときのメカニズム（制約という形で）と機能（通貨）を組み合わせたものに他ならない．

最後のコメント

> 博物学から量的モデルへ

本書で行動生態学として述べてきたことは，博物学の現代版だと言える．行動生態学は，Gilbert White や Henri Fabre らのような博物学者による動物の

行動の詳しい記載から始まって，Tinbergenやその他の研究者による自然史の実験的研究に至る段階的な発達という伝統を踏まえている．本書では，適応について検証可能な予測を立てなければならないことを強調してきた．このアプローチが博物学からどのように発達してきたかを，フンバエの交尾行動に関する仮の研究史を作って説明してみよう．

数百年前，博物学者は，2匹のフンバエが一緒にいて，一方が他方の背中に乗っているとき，上にいるのが雄で，下にいるのが雌であり，彼らは交尾をしているのだということを発見して，おそらく満足したことだろう．100年前，Darwinは雄が雌をめぐって闘うものであることを理解した．この時点で，もしフンバエの交尾の自然史が記載されたならば，雄が雌よりも大きいのはおそらく性淘汰の結果だろうという事実が記されたはずである．「行動生態学の革命」が始まった40年前，進化生物学者は，雄が雌の上に乗っているのは精子を送り込むためだけではなく，雌が卵を産むまで，しばらく交尾後もそこに留まるのだという考えを強調した．このようにして雌を守ることで，雄は自分の精子が他の雄の精子に取って代わられてしまうのを防ぐのである．その1年後か2年後には，なぜ雄は10分，20分，60分などではなく，まさに40分間，雌と交尾するのかという疑問についての説明がなされた．ここ約20年間の研究によって，最適交尾時間は，交尾する雄と雌の体サイズにどう関係するかが示されてきたばかりでなく，その最適時間は，雄から移動した精子が雌へ到達するのにどう関係するかについても分かるようになってきた．これら行動の研究は，今や，雌雄の対立が精液内タンパク質の急速な進化をどのように導くかについて，分子レベルの研究意欲を大いに喚起している．

フンバエの交尾時間を説明する理論の発展の中で，花から蜜を吸い取るマルハナバチ，自分の子に投資する親，人間の肺で増殖するためにある化学物質を分泌する細菌など，他の多くの問題に対しても，同じ種類の解析が利用可能であることが明らかになってきた．薄く広い記載から詳しい量的解析や単純な一般化へと次第に進む還元主義的進行は，博物学の血脈における1つの発展の大きな根幹をなしているのである．

行動生態学の分野は，ここ20年間をとおして，個人の創意工夫と改善された方法との結合のおかげで繁栄してきた．このため，長く解かれなかった疑問を解くことができるようになり（例えば，ハンディキャップ原理は働くことがあるのか？），いくつかの問題は，もうあまり重要でなくなり，前に仮定したよりも複雑ではないことが理解されるようになり（例えば，雌雄の対立），場合によっては，慣習的知見の転換（例えば，協力行動の進化に対する半倍数性や互恵的行動の重要性）にもつながってきた．しかし，行動生態学は，これらの古典的分野における研究に加えて，新しく，その多くは期待もしていなかった方向へも成長してきたのである．その例として以下が含まれる．

(1) 寄生生物学．寄生者が彼らの寄主をどのように利用すべきかという問題に

は，限られた資源をどのように利用すべきかという問題（5章）と，それに対して競争者間の血縁度はどのように影響しうるのかという問題（11章）が応用でき，そのことによって，寄生者が寄主に与える損害の変異を説明するのに役立つことがある (Herre, 1993; Frank, 1996; Read *et al.*, 2002; Boots & Mealor, 2007)．

(2) **医学**．両親間の対立は，ゲノム刷り込みを有利にする淘汰を導くことがある（8章）．それを利用して，妊娠中の合併症 (Moore & Haig, 1991) や自閉症等の障害 (Badcock & Crespi, 2006)，あるいは Prader-Willi 症候群 (Úbeda, 2008) を説明できる場合がある．

(3) **保全**．補助的な餌やり行為が，絶滅危惧種の雌の状態を向上させ，性配分パターンを変化させるならば，その個体群の成長にとって有害になる場合がある（図15.5）．ゴマシジミ属 (*Maculinea*) の保全に対しては，種間の共生的協力行動を理解することが中心課題であった (Thomas *et al.*, 2009)．

(4) **農業**．植物は，自分の根に付く細菌からの協力的な窒素供給を強化するために制裁を用いる（図12.10）．人為的な窒素肥料の使用は，制裁の必要性を減らし，そのため植物の人間依存化を進め，植物を共生者からの栄養をうまく摂取できないものにしてしまう可能性がある (Kiers *et al.*, 2007)．

(5) **微生物学**．病原性細菌の増殖には，協力的公共財の生産が必要となるようである（図11.7）．したがって，細菌社会におけるこのような形質の動態は，臨床現場の状況を説明したり (Kohler *et al.*, 2009)，治療戦略において利用できるかもしれない (Brown *et al.*, 2009)．

(6) **社会と人間の科学**．ESS思考を人間へ適用することは，波乱の歴史を辿ってきたが，最近，社会科学や人間科学のほとんどすべての分野でその関心が高まっている．それは，経済学，人類学，心理学，言語学やその他の分野である (Gintis *et al.*, 2005; Henrich & Henrich, 2007; Dunbar & Barrett, 2009; Nettle, 2009)．

(7) **地球上の生命の歴史**．大きな進化的推移は，協力行動が抱える問題を克服することで引き起こされてきたとする見方は（11章），様々な分類群の遷移を説明したそれまでの別の見方（例えば，魚類の時代は爬虫類の時代に進み，爬虫類の時代は哺乳類の時代に進んだ；Bourke, 2011）よりも，地球上の生命の歴史に対してもっと深い見通しを与えてくれる．

今や我々は，雌雄の対立を分子レベルで研究できるようになった．また，ロボットの魚を使って人の群衆の混雑を制御するためのモデルを作れるようになった．あるいは微生物が社会行動の進化を研究するための素晴らしい実験モデルとなった．さらに Hamilton の血縁淘汰の考えが，人間の病気の理解に応用できるようになった．これらのことを，2〜3年前に誰が想像できただろうか？　これらの刺激的アイデアと，新しい実験技術や解析技術の到来とともに，行動生

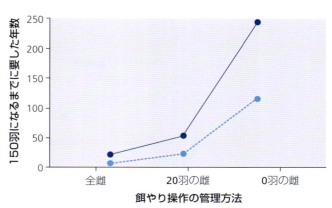

図15.5 カカポ(*Strigops habroptilus*)の性配分と個体群の回復．絶滅危険性の高いカカポは夜行性の飛べないオウムであり，ニュージーランドの固有種である．雌への補助的な餌やりが，子の性比において雄の比率を29%から67%に変化させた．これは Trivers & Willard (1973) の仮説によって説明できる．というのも，補助的餌やりは，雌の体調を良くし，図 10.9 のアカシカの場合のように，息子を産むのを有利にさせるような淘汰が働いたからである．雌の体重を，繁殖できる体重下限 (1.5 kg) よりは上げるものの，雄を余計に産む体重下限 (2 kg) よりは下げるような，新しく管理した補助的餌やりプログラムが策定された．図は，管理した餌やりを全雌，20 羽の雌，0 羽の雌に対して行った場合の，カカポ個体群が 150 羽に回復するまでの推定年数を示している．また産まれる子の性比（雄：雌）が 7：3 の場合（紺色の実線）と，1：1 の場合（青色の破線）が示されている．Robertson *et al.* (2006) より転載．掲載は the Royal Society により許可された．写真©Mark Carwardine/naturepl.com．

態学者にとって最良の時代がやってきたように思われる．

要約

　この章は 3 つの部分から構成されている．最初の部分では，進化における利己的遺伝子と最適化という見方の価値と限界が査定された．また群淘汰が，個体淘汰に取って代わられるものかどうかについて査定し直された．そして，行動生態学のアプローチが大きな進化的推移をどのように特徴付けるかが示された．最適化の議論の価値は，行動的，生理的，生化学的レベルにおける適応の研究によって，分かりやすく説明することができるだろう．

　この章の 2 番目の部分では，行動の研究において，異なる種類の疑問（機能を問う疑問と原因を問う疑問）が密接な関係にあることが示された．

　そして最後の部分では，行動生態学の発展と新しい研究分野へのその拡張が議論された．

もっと知りたい人のために

　遺伝子動態から個体レベルでの最大化原理と設計に向かう道筋は Dawkins (1982, 10 章) と Grafen (2007) によって概説されている．Provine (1971) は，Fisher, Wright, Haldane らによる理論集団遺伝学の発展に先立って，ダーウィン主義とメンデル主義が進化の競合する説明としてどのように見られていたか

について，素晴らしい歴史解説書を与えている．

　最近，群淘汰の役割は，West et al. (2007a, 2008), Wilson (2008), Wilson & Wilson (2007) によって詳しく考察された．Bourke (2011) は，包括適応度理論と行動生態学アプローチによって構築される「大きな進化的推移の考え方」が，生物の進化史に対して，科学的にも納得できる最も深い見通しを提供すると主張している．

　Parker & Maynard Smith (1990) は ESS／最適化アプローチへの賛否両論を議論している．Gould & Lewontin (1979) は，このアプローチに対する有名な批判者であり，それは Queller (1995) によって面白く評価されている．Grafen (1984, 1991) が『Behavioural Ecology: An evolutionary approach』で書いた章は，行動生態学アプローチの理論的解釈の素晴らしい総説になっている．Alcock (2003) は，行動生態学アプローチの人間への適用をめぐる論争について大変読みやすい記事を提供している．Wehner (1987) は，行動の機能論的説明（究極要因の説明）が，背景にある因果論的メカニズム（至近要因）についての疑問に答えるときに，どれくらい役立つことがあるかを議論している．

　医学 (Williams & Nesse, 1991; Nesse & Williams, 1996)，健康と病気 (Stearns & Koella, 2007)，農業 (Denison et al., 2003)，保全 (Caro & Sherman, 2011) など，様々な分野に ESS 思考を適用する場合の効果について，いくつかの総説がある．

引用文献

写真 ⓒ Sophie Lanfear

Abele, L.G. & Gilchrist, S. (1977) Homosexual rape and sexual selection in acanthocephalan worms. *Science*, **197**, 81–83.

Abrahams, M. & Dill, L.M. (1989) A determination of the energetic equivalence of the risk of predation. *Ecology*, **70**, 999–1007.

Adams, E.S. & Caldwell, R.L. (1990) Deceptive communication in asymmetric fights of the stomatopod crustacean *Gonodactylus bredini*. *Animal Behaviour*, **39**, 706–716.

Agrawal, A.F. (2001) Sexual selection and the maintenance of sexual reproduction. *Nature*, **411**, 692–695.

Alatalo, R.V. & Mappes, J. (1996) Tracking the evolution of warning signals. *Nature*, **382**, 708–710.

Alatalo, R.V., Carlson, A., Lundberg, A. & Ulfstrand, S. (1981) The conflict between male polygamy and female monogamy: the case of the pied flycatcher, *Ficedula hypoleuca*. *American Naturalist*, **117**, 738–753.

Alatalo, R.V., Lundberg, A. & Rätti, O. (1990) Male polyterritoriality, and imperfect female choice in the pied flycatcher *Ficedula hypoleuca*. *Behavioral Ecology*, **1**, 171–177.

Alatalo, R.V., Höglund, J. & Lundberg, A. (1991) Lekking in the black grouse – a test of male viability. *Nature*, **352**, 155–156.

Alcock, J. (2003) *The Triumph of Sociobiology*. Oxford University Press, Oxford.

Alcock, J., Jones, C.E. & Buchmann, S.L. (1977) Male mating strategies in the bee *Centris pallida*, Fox (Anthophoridae: Hymenoptera). *American Naturalist*, **111**, 145–155.

Alexander, R. McN. (1975) *The Chordates*. Cambridge University Press, Cambridge.

Alexander, R.D. & Sherman, P.W. (1977) Local mate competition and parental investment in social insects. *Science*, **196**, 494–500.

Allsop, D.J. & West, S.A. (2004) Sex-ratio evolution in sex changing animals. *Evolution*, **58**, 1019–1027.

Alonzo, S.H. & Sinervo, B. (2001) Mate choice games, context-dependent good genes, and genetic cycles in the side-blotched lizard, *Uta stansburiana*. *Behavioral Ecology and Sociobiology*, **49**, 176–186.

Altmann, S.A. (1974) Baboons, space, time and energy. *American Zoologist*, **14**, 221–240.

Altmann, S.A. Wagner, S.S. & Lenington, S. (1977) Two models for the evolution of polygyny. *Behavioural Ecology and Sociobiology*, **2**, 397–410.

Anderson, D.J. (1990) Evolution of obligate siblicide in boobies. I. A test of the insurance-egg hypothesis. *American Naturalist*, **135**, 334–350.

Andersson, M. (1982) Female choice selects for extreme tail length in a widowbird. *Nature*, **299**, 818–820.

Andersson, M. (1994) *Sexual Selection*. Princeton University Press, Princeton, NJ.

Andersson, M. (2005) Evolution of classical polyandry: three steps to female emancipation. *Ethology*, **111**, 1–23.

Andersson, M. & Iwasa, Y. (1996) Sexual selection. *Trends in Ecology & Evolution*, **11**, 53–58.

Andersson, M. & Krebs, J.R. (1978) On the evolution of hoarding behaviour. *Animal Behavior*, **26**, 707–711.

Andersson, M. & Wicklund, C.G. (1978) Clumping versus spacing out: experiments on nest predation in fieldfares (*Turdus pilaris*). *Animal Behavior*, **26**, 1207–12.

Andersson, S., Pryke, S.R., Örnborg, J., Lawes, M.J. & Andersson, M. (2002) Multiple receivers, multiple ornaments, and a trade-off between agonistic and epigamic signalling in a widowbird. *American Naturalist*, **160**, 683–691.

André, J.-B. & Godelle, B. (2005) Multicellular organization in bacteria as a target for drug therapy? *Ecology Letters*, **8**, 800–810.

Aoki, S. (1977) *Colophina clematis* (Homoptera: Pemphigidae), and aphid species with soldiers. *Kontyu, Tokyo*, **45**, 276–282.

Arak, A. (1983) Sexual selection by male–male competition in natterjack toad choruses. *Nature*, **306**, 261–262.

Arak, A. (1988) Callers and satellites in the natterjack toad: evolutionarily stable decision rules. *Animal Behavior*, **36**, 416–432.

Arnold, K.E. and I.P.F. Owens. (1998) Cooperative breeding in birds: a comparative test of the life history hypothesis. *Proceedings of the Royal Society of London Series B*, **265**, 739–745.

Arnold, K.E. and I.P.F. Owens. (1999) Cooperative breeding in birds: the role of ecology. *Behavioral Ecology*, **10**, 465–471.

Arnqvist, G. & Rowe, L. (2002a) Antagonistic coevolution between the sexes in a group of insects. *Nature*, **415**, 787–789.

Arnqvist, G. & Rowe, L. (2002b) Correlated evolution of male and female morphologies in water striders. *Evolution*, **56**, 936–947.

Arnqvist, G. & Rowe, L. (2005) *Sexual Conflict*. Princeton University Press, Princeton, NJ.

Arnqvist, G. & Wooster, D. (1995) Meta-analysis: synthesizing research findings in ecology and evolution. *Trends in Ecology & Evolution*, **10**, 236–240.

Austad, S.N. (1983) A game theoretical interpretation of male combat in the bowl and doily spider, *Frontinella pyramitela*. *Animal Behavior*, **31**, 59–73.

Axelrod, R. (1984) *The Evolution of Cooperation*. Basic Books, New York.

Axelrod, R. & Hamilton, W.D. (1981) The evolution of cooperation. *Science*, **211**, 1390–1396.

Backwell, P.R.Y., Christy, J.H., Telford, S.R., Jennions, M.D. & Passmore, N.I. (2000) Dishonest signalling in a fiddler crab. *Proceedings of the Royal Society of London, Series B*, **267**, 719–724.

Badcock, C. & Crespi, B.J. (2006) Imbalanced genomic imprinting in brain development: an evolutionary basis for the etiology of autism. *Journal of Evolutionary Biology,* **19**, 1007–1032.

Badyaev, A.V., Hill, G.E., Beck, M.L., et al. (2001) Sex-biased hatching order and adaptive population divergence in a passerine bird. *Science,* **295**, 316–318.

Bailey, N.W. & Zuk, M. (2009) Same-sex sexual behaviour and evolution. *Trends in Ecology & Evolution,* **24**, 439–446.

Bain, R.S., Rashed, A., Cowper, V.J., Gilbert, F.S. & Sherratt, T.N. (2007) The key mimetic features of hoverflies through avian eyes. *Proceedings of the Royal Society of London, Series B,* **274**, 1949–1954.

Bakker, T.C.M. (1993) Positive genetic correlation between female preference and preferred male ornament in sticklebacks. *Nature,* **363**, 255–7.

Balda, R.P. & Kamil, A.C. (1992) Long-term spatial memory in Clark's Nutcracker *Nucifraga columbiana*. *Animal Behavior,* **44**, 761–769.

Balda, R.P. & Kamil, A.C. (2006) Linking life zones, life history traits, ecology, and spatial cognition in four allopatric southwestern seed caching corvids. In: *Animal Spatial Cognition: Comparative, Neural and Computational Approaches* (eds M.F. Brown and R.G. Cook), pp. 761–769. Comparative Cognition Society (available on line).

Baldwin, J.E. & Krebs, H.A. (1981) The evolution of metabolic cycles. *Nature,* **291**, 381–382.

Balmford, A., Deutsch, J.C., Nefdt, R.J.C. & Clutton-Brock, T. (1993) Testing hotspot models of lek evolution: data from three species of ungulates. *Behavioral Ecology and Sociobiology,* **33**, 57–65.

Balshine-Earn, S. (1995) The costs of parental care in Galilee St. Peter's fish, *Sarotherodon galilaeus*. *Animal Behavior,* **50**, 1–7.

Balshine-Earn, S. & Earn, D.J.D. (1998) On the evolutionary pathway of parental care in mouth-brooding cichlid fish. *Proceedings of the Royal Society of London, Series B,* **265**, 2217–2222.

Barbero, F., Thomas, J.A., Bonelli, S., Balletto, E. & Schönrogge, K. (2009) Queen ants make distinctive sounds that are mimicked by a butterfly social parasite. *Science,* **323**, 782–785.

Barnard, C.J. & Sibly, R.M. (1981) Producers and scroungers: a general model and its application to captive flocks of house sparrows. *Animal Behavior,* **29**, 543–550.

Bart, J. & Tornes, A. (1989) Importance of monogamous male birds in determining reproductive success: evidence for house wrens and a review of male removal studies. *Behavioral Ecology and Sociobiology,* **24**, 109–116.

Basolo, A.L. (1990) Female preference predates the evolution of the sword in swordtail fish. *Science,* **250**, 808–810.

Basolo, A.L. (1994) The dynamics of Fisherian sex-ratio evolution: theoretical and experimental investigations. *American Naturalist,* **144**, 473–490.

Basolo, A.L. (1995) Phylogenetic evidence for the role of a pre-existing bias in sexual selection. *Proceedings of the Royal Society of London, Series B,* **259**, 307–311.

Bateman, A.J. (1948). Intra-sexual selection in *Drosophila*. *Heredity,* **2**, 349–368.

Bates, H.W. (1862) Contributions to an insect fauna of the Amazon valley. Lepidoptera: Heliconidae. *Transactions of the Linnean Society, London.* **23**, 495–566.

Bateson, M., Nettle, D. & Roberts, G. (2006) Cues of being watched enhance cooperation in a real-world setting. *Biology Letters,* **2**, 412–414.

Bateson, P. (1994) The dynamics of parent-offspring relationships in mammals. *Trends in Ecology & Evolution*, **9**, 399–403.

Baxter, S.W., Nadeau, N.J., Maroja, L.S., et al. (2010) Genomic hotspots for adaptation: the population genetics of Müllerian mimicry in the *Heliconius melpomene* clade. *PloS Genetics*, **6**, e1000794.

Bearhop, S., Fiedler, W., Furness, R.W., et al. (2005) Assortative mating as a mechanism for rapid evolution of a migratory divide. *Science*, **310**, 502–504.

Beck, C.W. (1998) Mode of fertilization and parental care in anurans. *Animal Behavior*, **55**, 439–449.

Bednekoff, P.A. (1997) Mutualism among safe, selfish sentinels: a dynamic game. *American Naturalist*, **150**, 373–392.

Bednekoff, P.A. & Krebs, J.R. (1995) Great tit fat reserves: effects of changing and unpredictable feeding day length. *Functional Ecology*, **9**, 457–462.

Beehler, B.M. & Foster, M.S. (1988) Hotshots, hot-spots and female preferences in the organization of mating systems. *American Naturalist*, **131**, 203–219.

Beekman, M., Fathke, R.L. & Seeley, T.D. (2006) How does an informed minority of scouts guide a honeybee swarm as it flies to its new home? *Animal Behavior*, **71**, 161–171.

Beissinger, S.R. & Snyder, N.F.R. (1987) Mate desertion in the snail kite. *Animal Behavior*, **35**, 477–487.

Bell, A.M. (2005) Behavioural differences between individuals and two populations of sticklebacks (*Gasterosteus aculeatus*). *Journal of Evolutionary Biology*, **18**, 464–473.

Bell, G. (1978) The evolution of anisogamy. *Journal of Theoretical Biology*, **73**, 247–270.

Bell, G. (1980) The costs of reproduction and their consequences. *American Naturalist*, **109**, 453–464.

Benabentos, R., Hirose, S., Sucgang, R., et al. (2009) Polymorphic members of the lag gene family mediate kin discrimination in *Dictyostelium*. *Current Biology*, **19**, 567–572.

Bennett, N.C. & Faulkes, C.G. (2000) *African Mole-Rats: Ecology and Eusociality*. Cambridge University Press, Cambridge.

Bennett, P.M. & Owens, I.P.F. (2002) *Evolutionary Ecology of Birds: Life Histories, Mating Systems and Extinction*. Oxford University Press, Oxford.

Bensch, S. & Hasselquist, D. (1992) Evidence for active female choice in a polygynous warbler. *Animal Behavior*, **44**, 301–311

Ben-Shahar, Y., Robichon, A., Sokolowski, M.B. & Robinson, G.E. (2002) Influence of gene action across different time scales on behaviour. *Science*, **296**, 741–744.

Benson, W.W. (1972) Natural selection for Müllerian mimicry in *Heliconius erato* in Costa Rica. *Science*, **176**, 936–939.

Bercovitch, F. (1988) Coalitions, cooperation and reproductive tactics among adult male baboons. *Animal Behavior*, **36**, 1198–209.

Berglund, A. & Rosenqvist, G. (2003) Sex role reversal in pipefish. *Advances in the Study of Behavior*, **32**, 131–167.

Berglund, A., Rosenqvist, G. & Robinson-Wolrath, S. (2006) Food or sex – males and females in a sex role reversed pipefish have different interests. *Behavioral Ecology and Sociobiology*, **60**, 281–287.

Bernasconi, G. & Strassmann, J.E. (1999) Cooperation among unrelated individuals: the ant foundress case. *Trends in Ecology & Evolution*, **14**, 477–482.

Berthold, P. & Querner, U. (1981) Genetic basis of migratory behaviour in European warblers. *Science*, **212**, 77–79.

Berthold, P., Mohr, G. & Querner, W. (1990) Steuerung und potentielle Evolutions-geschwindigkeit des obligaten Teilzieher-verhaltens: Ergebnisse eines Zweiweg-selektions experiments mit der Mönschgrassmücke (*Sylvia atricapilla*). *Journal für Ornithologie*, **131**, 33–45.

Berthold, P., Helbig, A.J., Mohr, G. & Querner, U. (1992) Rapid microevolution of migratory behaviour in a wild bird species. *Nature*, **360**, 668–670.

Bertram, B.C.R. (1975) Social factors influencing reproduction in wild lions. *Journal of Zoology*, **177**, 463–482.

Bertram, B.C.R. (1980) Vigilance and group size in ostriches. *Animal Behavior*, **28**, 278–286.

Binmore, K. (1994) *Game Theory And The Social Contract Volume 1: Playing Fair*. MIT Press, Cambridge, MA.

Binmore, K. (1998) *Game Theory And The Social Contract Volume 2: Just Playing*. MIT Press, Cambridge, MA.

Binmore, K. (2007a) *Playing for Real: A Text on Game Theory*. Oxford University Press, Oxford.

Binmore, K. (2007b) *Game Theory: A Very Short Introduction*. Oxford University Press, Oxford.

Birkhead, T.R. (1977) The effect of habitat and density on breeding success in common guillemots, *Uria aalge*. *Journal of Animal Ecology*, **46**, 751–764.

Birkhead, T.R. (2000) *Promiscuity: An Evolutionary History of Sperm Competition and Sexual Conflict*. Faber and Faber, London.

Birkhead, T.R. & Møller, A.P. (1992) *Sperm Competition in Birds: Evolutionary Causes and Consequences*. Academic Press, London.

Birkhead, T.R. & Møller, A.P. (eds) (1998) *Sperm Competition and Sexual Selection*. Academic Press, London.

Birkhead, T.R., Pellatt, J.E. & Hunter, F.M. (1988) Extra-pair copulation and sperm competition in the zebra finch. *Nature*. **334**, 60–62.

Birkhead, T.R., Burke, T., Zann, R., Hunter, F.M. & Krupa, A.P. (1990) Extra-pair paternity and intraspecific brood parasitism in wild zebra finches, *Taeniopygia guttata*, revealed by DNA finger-printing. *Behavioral Ecology and Sociobiology*, **27**, 315–324.

Birkhead, T.R. & Pizzari, T. (2002) Post-copulatory sexual selection. *Nature Reviews, Genetics*, **3**, 262–273.

Biro, P.A. & Stamps, J.A. (2008) Are animal personality traits linked to life-history productivity? *Trends in Ecology & Evolution*, **23**, 361–368.

Black, J.M. (1988) Preflight signalling in swans – a mechanism for group cohesion and flock formation. *Ethology*, **79**, 143–157.

Blount, J.D., Speed, M.P., Ruxton, G.D. & Stephens, P.A. (2009) Warning displays may function as honest signals of toxicity. *Proceedings of the Royal Society of London, Series B*, **276**, 871–877.

Bond, A.B. & Kamil, A.C. (1998) Apostatic selection by blue jays produces balanced polymorphism in virtual prey. *Nature*, **395**, 594–596.

Bond, A.B. & Kamil, A.C. (2002) Visual predators select for crypticity and polymorphism in virtual prey. *Nature*, **415**, 609–613.

Boomsma, J.J. (1989) Sex-investment ratios in ants: has female bias been systematically overestimated? *American Naturalist*, **133**, 517–532.

Boomsma, J.J. (1991) Adaptive colony sex ratios in primitively eusocial bees. *Trends in Ecology & Evolution*, **6**, 92–95.

Boomsma, J.J. (1996) Split sex ratios and queen-male conflict over sperm allocation. *Proceedings of the Royal Society of London, Series B*, **263**, 697–704.

Boomsma, J.J. (2007) Kin selection versus sexual selection: why the ends do not meet. *Current Biology*, **17**, R673-R683.

Boomsma, J.J. (2009) Lifetime monogamy and the evolution of eusociality. *Philosophical Transactions of the Royal Society of London. Series B*, **364**, 3191–3208.

Boomsma, J.J. & Grafen, A. (1990) Intraspecific variation in ant sex ratios and the Trivers-Hare hypothesis. *Evolution*, **44**, 1026–1034.

Boomsma, J.J. & Grafen, A. (1991) Colony-level sex ratio selection in the eusocial Hymenoptera. *Journal of Evolutionary Biology*, **4**, 383–407.

Boomsma, J.J., Nielsen, J., Sundström, L., et al. (2003) Informational constraints on optimal sex allocation in ants. *Proceedings of the National Academy of Sciences USA*, **100**, 8799–8804.

Boots, M. & Mealor, M. (2007) Local interactions select for lower pathogen infectivity. *Science*, **315**, 1284–1286.

Borgia, G. (1985) Bower quality, number of decorations and mating success of male satin bowerbirds (*Ptilinorynchus violaceus*): an experimental analysis. *Animal Behavior*, **33**, 266–271.

Both C. & Visser, M.E. (2001) Adjustment to climate change is constrained by arrival date in a long-distance migrant bird. *Nature*, **411**, 296–298.

Bourke, A.F.G. (2011) *Principles of Social Evolution*. Oxford University Press, Oxford.

Bourke, A.F.G. & Franks, N.R. (1995) *Social Evolution in Ants*. Princeton University Press, Princeton, NJ.

Boyd, R. & Lorberaum, J.P. (1987) No pure strategy is evolutionarily stable in the repeated Prisoner's Dilemma game. *Nature*, **327**, 58–59.

Boyd, R. & Richerson, P.J. (1988) The evolution of reciprocity in sizable groups. *Journal of Theoretical Biology*, **132**, 337–356.

Bradbury, J.W. (1977) Lek mating behaviour in the hammer-headed bat. *Zeitschrift für Tierpsychologie*, **45**, 225–255.

Bradbury, J.W. & Gibson, R.M. (1983) Leks and mate choice. In: *Mate Choice* (ed. P. Bateson). pp. 109–138. Cambridge University Press. Cambridge.

Bradbury, J.W. & Vehrencamp, S.L. (2011) *Principles of Animal Communication*, 2nd Edn. Sinauer Associates, Inc., Sunderland, MA.

Bradbury, J.W., Gibson, R.M. & Tsai, I.M. (1986) Hotspots and the evolution of leks. *Animal Behavior*, **34**, 1694–1709.

Brady, S.G., Schultz, T.R., Fisher, B.L. & Ward, P.S. (2006) Evaluating alternative hypotheses for the early evolution and diversification of ants. *Proceedings of the National Academy of Sciences USA*, **103**, 18172–18177.

Brennan, P.L.R., Prum, R.O., McCracken, K.G., Sorenson, M.D., Wilson, R.E. & Birkhead, T.R. (2007) Coevolution of male and female genital morphology in waterfowl. *PLoS ONE*, 2 (5), e418.

Bretman, A., Newcombe, D. & Tregenza, T. (2009) Promiscuous females avoid inbreeding by controlling sperm storage. *Molecular Ecology*, **18**, 3340–3345.

Briskie, J.V., Naugler, C.T. & Leech, S.M. (1994) Begging intensity of nestling birds varies with sibling relatedness. *Proceedings of the Royal Society of London, Series B*, **258**, 73–78.

Brockmann, H.J. (2001) The evolution of alternative strategies and tactics. *Advances in the Study of Behavior*, **30**, 1–51.

Brockmann, H.J. (2002) An experimental approach to alternative mating tactics in male horseshoe crabs (*Limulus polyphemus*). *Behavioral Ecology*, **13**,

232–238.

Brockmann, H.J., Colson, T. & Potts, W. (1994) Sperm competition in horseshoe crabs *Limulus polyphemus*. *Behavioral Ecology and Sociobiology*, **35**, 153–160.

Brodin, A. (1994) The role of naturally stored food supplies in the winter diet of the boreal willow tit Parus montanus. *Ornis Svecica*, **4**, 31–40.

Brodin, A. (2010) The history of scatter-hoarding studies. *Philosophical Transactions of the Royal Society of London. Series B*, **365**, 869–881.

Brodin, A. & Ekman, J. (1994) Benefits of food hoarding. *Nature*, **372**, 510.

Bro-Jørgensen, J., Johnstone, R.A. & Evans, M.R. (2007) Uninformative exaggeration of male sexual ornaments in barn swallows. *Current Biology*, **17**, 850–855.

Brooke, M. de L. & Davies, N.B. (1988) Egg mimicry by cuckoos *Cuculus canorus* in relation to discrimination by hosts. *Nature*, **335**, 630–632.

Brooks, R. (2000) Negative genetic correlation between male sexual attractiveness and survival. *Nature*, **406**, 67–70.

Brooks, R. & Couldridge, V. (1999) Multiple sexual ornaments coevolve with multiple mating preferences. *American Naturalist*, **154**, 37–45.

Brown, C.R. (1988) Enhanced foraging efficiency through information centers: a benefit of coloniality in cliff swallows. *Ecology*, **69**, 602–613.

Brown, C.R. & Brown, M.B. (1986) Ectoparasitism as a cost of coloniality in cliff swallows (*Hirundo pyrrhonota*). *Ecology*, **67**, 1206–1218.

Brown, J.L. (1964). The evolution of diversity in avian territorial systems. *Wilson Bulletin*, **76**, 160–169.

Brown, J.L. (1969) The buffer effect and productivity in tit populations. *American Naturalist*, **103**, 347–354.

Brown, J.L. (1982) Optimal group size in territorial animals. *Journal of Theoretical Biology*, **95**, 793–810.

Brown, J.L. (1987) *Helping and Communal Breeding in Birds*. Princeton University Press, Princeton, NJ.

Brown, S.P. & Johnstone, R.A. (2001) Cooperation in the dark: signalling and collective action in quorum-sensing bacteria. *Proceedings of the Royal Society of London, Series B*, **268**, 961–965.

Brown, S.P., West, S.A., Diggle, S.P. & Griffin, A.S. (2009) Social evolution in micro-organisms and a Trojan horse approach to medical intervention strategies. *Philosophical Transactions of the Royal Society of London. Series B*, **364**, 3157–3168.

Brown, W.D. & Keller, L. (2000) Colony sex ratios vary with queen number but not relatedness asymmetry in the ant *Formica exsecta*. Proceedings of the Royal Society of London. *Series B-Biological Sciences*, **267**, 1751–1757.

Brown, W.D. & Keller, L. (2006) Resource supplements cause a change in colony sex-ratio specialization in the mount-building ant, *Formica exsecta*. *Behavioral Ecology & Sociobiology*, **60**, 612–618.

Bshary, R. & Grutter, A.S. (2002) Asymmetric cheating opportunities and partner control in a cleaner fish mutualism. *Animal Behaviour*, **63**, 547–555.

Bshary, R. & Grutter, A.S. (2005) Punishment and partner switching cause cooperative behaviour in a cleaning mutualism. *Biology Letters*, **1**, 396–399.

Buchanan, K.L. & Catchpole, C.K. (2000) Song as an indicator of male parental effort in the sedge warbler. *Proceedings of the Royal Society of London, Series B*, **267**, 321–326.

Buckling, A. & Rainey, P.B. (2002) Antagonistic coevolution between a bacterium and a bacteriophage. *Proceedings of the Royal Society of London, Series B*, **269**,

931–936.

Bull, J.J. (1980) Sex determination in reptiles. *The Quarterly Review of Biology*, **55**, 3–21.

Bull, J.J. (1983) *Evolution of sex determining mechanisms*. Benjamin/Cummings Publishing Co.

Bulnheim, H.P. (1967) On the influence of the photoperiod on the sex realization in *Gammarus duebeni*. *Helgolander Wissenschafliches Meeresuntersungen*, **16**, 69–83.

Bumann, D., Krause, J. & Rubenstein, D.I. (1997) Mortality risk of spatial positions in animal groups: the danger of being in the front. *Behaviour*, **134**, 1063–1076.

Burke, T., Davies, N.B., Bruford, M.W. & Hatchwell, B.J. (1989) Parental care and mating behaviour of polyandrous dunnocks *Prunella modularis* related to paternity by DNA fingerprinting. *Nature*, **338**, 249–251.

Burley, N. (1981) Sex ratio manipulation and selection for attractiveness. *Science*, **211**, 721–722.

Burley, N. (1986) Sexual selection for aesthetic traits in species with biparental care. *American Naturalist*, **127**, 415–445.

Burley, N. (1988) The differential allocation hypothesis: an experimental test. *American Naturalist*, **132**, 611–628.

Burt, A. & Trivers, R. (2006) *Genes in Conflict: The Biology of Selfish Genetic Elements*. Harvard University Press, Cambridge, MA.

Burton-Chellew, M., Koevoets, T., Grillenberger, B.K., et al. (2008) Facultative sex ratio adjustment in natural populations of wasps: cues of local mate competition and the precision of adaptation. *American Naturalist*, **172**, 393–404.

Buston, P. (2003) Size and growth modification in clownfish. *Nature*, **424**, 145–146.

Butchart, S.H.M., Seddon, N. & Ekstrom, J.M.M. (1999a) Polyandry and competition for territories in bronze-winged jacanas. *Journal of Animal Ecology*, **68**, 928–939.

Butchart, S.H.M., Seddon, N. & Ekstrom, J.M.M. (1999b) Yelling for sex: harem males compete for female access in bronze-winged jacanas. *Animal Behavior*, **57**, 637–646.

Buttery, N.J., Rozen, D.E., Wolf, J.B. & Thompson, C.R.L. (2009) Quantification of social behavior in *D. discoideum* reveals complex fixed and facultative strategies. *Current Biology*, **19**, 1373–1377.

Bygott, J.D., Bertram, B.C.R. & Hanby, J.P. (1979) Male lions in large coalitions gain reproductive advantage. *Nature*, **282**, 839–841.

Calvert, W.H., Hedrick, L.E. & Brower, L.P. (1979) Mortality of the monarch butterfly, *Danaus plexippus*: avian predation at five over-wintering sites in Mexico. *Science*, **204**, 847–851.

Cameron, E.Z. (2004) Facultative adjustment of mammalian sex ratios in support of the Trivers-Willard hypothesis: evidence for a mechanism. *Proceedings of the Royal Society of London, Series B*, **271**, 1723–1728.

Cameron, S.A. & Mardulyn, P. (2001) Multiple molecular data set suggest independent origins of highly eusocial behaviour in bees (Hymenoptera: Apinae). *Systematic Biology*, **50**, 194–214.

Cant, M.A. (2003) Patterns of helping effort in co-operatively breeding banded mongooses (*Mungos mungo*). *Journal of Zoology*, **259**, 115–121.

Cant, M.A. (2011) The role of threats in animal cooperation. *Proceedings of the Royal Society of London, Series B*, **278**, 170–178.

Cant, M.A. & Johnstone, R.A. (2009) How

threats influence the evolutionary resolution of within-group conflict. *American Naturalist*, **173**, 759–771.

Cant, M.A., Hodge, S.J., Bell, M.B.V., Gilchrist, J.S. & Nichols, H.J. (2010) Reproductive control via eviction (but not the threat of eviction) in banded mongooses. *Proceedings of the Royal Society of London, Series B*, **277**, 2219–2226.

Caraco, T. & Wolf, L.L. (1975) Ecological determinants of group sizes of foraging lions. *American Naturalist*, **109**, 343–352.

Caraco, T., Blanekenhorn, W.U., Gregory, G.M. Newman, J.A., Recer, G.M. & Zwicker, S.M. (1990). Risk-sensitivity: ambient temperature affects foraging choice. *Animal Behavior*, **39**, 338–345.

Carayon, J. (1974) Insemination traumatique hétérosexuelle et homosexuelle chez *Xylocoris maculipennis* (Hem. Anthocoridae). *Comptes rendus des séances de l'Académie des sciences. Série D, Sciences naturelles*, **278**, 2803–2806.

Carere, C. & Eens M. (eds) (2005) Unravelling animal personalities: how and why individuals consistently differ. *Behaviour*, **142**, 1149–1431.

Carmerer. (2003) *Behavioral Game Theory, Experiments in Strategic Interaction*. Princeton University Press, Princeton, NJ.

Caro, T. (2005) *Antipredator Defences in Birds and Mammals*. University of Chicago Press, Chicago, IL.

Caro, T.M. & Hauser, M.D. (1992) Is there teaching in nonhuman animals? *Quarterly Review of Biology*, **67**, 151–174.

Caro, T. & Sherman. P.W. (2011) Endangered species and a threatened discipline: behavioural ecology. *Trends in Ecology & Evolution*, **26**, 111–118.

Cartar, R.V. & Dill, L.M. (1990) Why are bumblebees risk-sensitive foragers? *Behavioral Ecology and Sociobiology*, **26**, 121–127.

Cash, K. & Evans, R.M. (1986) Brood reduction in the American white pelican (*Pelecanus erythrorhynchos*). *Behavioral Ecology and Sociobiology*, **18**, 413–418.

Catchpole, C.K. (1980) Sexual selection and the evolution of complex songs among European warblers of the genus *Acrocephalus*. *Behaviour*. **74**, 149–166.

Catchpole, C.K., Dittami, J. & Leisler, B. (1984) Differential responses to male song repertoires in female songbirds implanted with oestradiol. *Nature*, **312**, 563–564.

Chaine, A.S. & Lyon, B.E. (2008) Adaptive plasticity in female mate choice dampens sexual selection on male ornaments in the lark bunting. *Science*, **319**, 459–462.

Chapman, T., Arnqvist, G., Bangham, J. & Rowe, L. (2003) Sexual Conflict. *Trends in Ecology & Evolution*, **18**, 41–47.

Chapman, T., Liddle, L.F., Kalb, J.M., Wolfner, M.F. & Partridge, L. (1995) Cost of mating in *Drosophila melanogaster* females is mediated by male accessory gland products. *Nature*, **373**, 241–244.

Chapman, T. W., Crespi, B. J. & Perry, S. P. (2008) The evolutionary ecology of eusociality in Australian gall thrips: a 'model clades' approach. In: *Ecology of Social Evolution* (eds J Korb & J Heinze), Princeton University Press, Princeton, NJ.

Charlat, S., Hornett, E.A., Dysen, E.A., et al. (2005) Prevalence and penetrance variation of male-killing *Wolbachia* across Indo-Pacific populations of the butterfly *Hypolimnas bolina*. *Molecular Ecology*, **14**, 3525–3530.

Charlat, S., Hornett, E.A., Fullard, J.H., et al. (2007) Extraordinary flux in sex ratio. *Science*, **317**, 214.

Charlton, B.D., Reby, D. & McComb, K. (2007) Female red deer prefer the roars of larger males. *Biology Letters*, **3**, 382–385.

Charmantier, A., McCleery, R.H., Cole, L.R., Perrins, C., Kruuk, L.E.B. & Sheldon, B.C. (2008) Adaptive phenotypic plasticity in response to climate change in a wild bird population. *Science*, **320**, 800–3.

Charnov, E.L. (1976a) Optimal foraging: the marginal value theorem. *Theoretical Population Biology*, **9**, 129–136.

Charnov, E.L. (1976b) Optimal foraging: attack strategy of a mantid. *American Naturalist*, **110**, 141–151.

Charnov, E.L. (1977) An elementary treatment of the genetical theory of kin selection. *Journal of Theoretical Biology* **66**, 541–550.

Charnov, E.L. (1978) Evolution of eusocial behavior: offspring choice or parental parasitism? *Journal of Theoretical Biology*, **75**, 451–465.

Charnov, E.L. (1982) *The Theory of Sex Allocation*. Princeton University Press, Princeton, NJ.

Charnov, E.L. & Bull, J.J. (1977) When is sex environmentally determined? *Nature*, **266**, 828–830.

Charnov, E.L. & Bull, J.J. (1989) Non-fisherian sex ratios with sex change and environ-mental sex determination. *Nature*, **338**, 148–150.

Charnov, E.L. & Hannah, R.W. (2002) Shrimp adjust their sex ratio to fluctuating age distributions. *Evolutionary Ecology Research*, **4**, 239–246.

Charnov, E.L. & Krebs, J.R. (1974) On clutch size and fitness. *Ibis*, **116**, 217–219.

Chase, I.D. (1980) Cooperative and non-cooperative behaviour in animals. *American Naturalist*, **115**, 827–857.

Chippindale, A.K., Gibson, J.R. & Rice, W.R. (2001) Negative genetic correlation of adult fitness between sexes reveals ontogenetic conflict in *Drosophila*. *Proceedings of the National Academy of Sciences USA*, **98**, 1671–1675.

Cialdini, R.B. (2001) *Influence*. 4th edn. Allyn & Bacon, Boston, MA.

Clark, A.B. (1978) Sex ratio and local resource competition in a prosimian primate. *Science*, **201**, 163–165.

Clark, A.G., Begun, D.J. & Prout, T. (1999) Female x male interactions in *Drosophila* sperm competition. *Science*, **283**, 217–220.

Clayton, N.S. & Krebs, J.R. (1994) Hippocampal growth and attrition in birds affected by experience. *Proceedings of the National Academy of Sciences USA*, **91**, 7410–7414.

Clayton, N.S. & Dickinson, A. (1998) Episodic-like memory during cache recovery by scrub jays. *Nature*, **395**, 272–274.

Clifford, L.D. & Anderson, D.J. (2001) Experimental demonstration of the insurance value of extra eggs in an obligately siblicidal seabird. *Behavioral Ecology*, **12**, 340–347.

Clutton-Brock, T.H. (1983) Selection in relation to sex. In: *From Molecules to Men* (ed. D.S. Bendall). pp. 457–481. Cambridge University Press, Cambridge.

Clutton-Brock, T.H. (1989) Mammalian mating systems. *Proceedings of the Royal Society of London, Series B*, **236**, 339–372.

Clutton-Brock, T.H. (1991) *The Evolution of Parental Care*. Princeton University Press, Princeton, NJ.

Clutton-Brock, T.H. (2009a) Sexual selection in females. *Animal Behavior*, **88**, 3–11.

Clutton-Brock, T.H. (2009b) Structure and function in mammalian societies. *Philosophical Transactions of the Royal*

Society of London. Series B, **364**, 3229–3242.

Clutton-Brock, T.H. (2009c) Cooperation between non-kin in animal societies. *Nature* **462**, 51–57.

Clutton-Brock, T.H. & Albon, S.D. (1979) The roaring of red deer and the evolution of honest advertisement. *Behaviour*, **69**, 145–170.

Clutton-Brock, T.H. & Harvey, P.H. (1976) Evolutionary rules and primate societies. In: *Growing Points in Ethology* (eds P.P.G. Bateson & R.A. Hinde). pp. 195–237. Cambridge University Press, Cambridge.

Clutton-Brock, T.H. & Harvey, P.H. (1977) Primate ecology and social organisation. *Journal of Zoology*, **183**, 1–39.

Clutton-Brock, T.H. & Parker, G.A. (1992) Potential reproductive rates and the operation of sexual selection. *Quarterly Review of Biology*, **67**, 437–455.

Clutton-Brock, T.H., Guinness, F.E. & Albon, S.D. (1982) *Red Deer: The Behaviour and Ecology of Two Sexes.* Chicago University Press, Chicago, IL.

Clutton-Brock, T.H., Albon, S.D. & Guinness, F.E. (1984) Maternal dominance, breeding success and birth sex ratios in red deer. *Nature*, **308**, 358–360.

Clutton-Brock, T.H., Hiraiwa-Hasegawa, M. & Robertson, A. (1989) Mate choice on fallow deer leks. *Nature*, **340**, 463–465.

Clutton-Brock, T.H., Gaynor, D., Kansky, R., et al. (1998) Costs of cooperative behaviour in suricates (*Suricata suricatta*). *Proceedings of the Royal Society of London. Series B-Biological Sciences*, **265**, 185–190.

Clutton-Brock, T.H., O'Riain, M.J., Brotherton, et al. (1999a) Selfish sentinels in cooperative mammals. *Science*, **284**, 1640–1644.

Clutton-Brock, T.H., Gaynor, D., McIlrath, G.M., et al. (1999b) Predation, group size and mortality in a cooperative mongoose, *Suricata suricatta*. *Journal of Animal Ecology*, **68**, 672–683.

Clutton-Brock, T.H., Russell, A.F., Sharpe, L.L., Young, A.J., Balmforth, Z. & McIlrath, G.M. (2002) Evolution and development of sex differences in cooperative behavior in Meerkats. *Science*, **297**, 253–256.

Cockburn, A. (2006) Prevalence of different modes of parental care in birds. *Proceedings of the Royal Society of London, Series B*, **273**, 1375–1383.

Coker, C.R. McKinney, F., Hays, H., Briggs, S. & Cheng, K. (2002) Intromittent organ morphology and testis size in relation to mating system in waterfowl. *Auk*, **119**, 403–413.

Conradt, L. & Roper, T.J. (2005) Consensus decision making in animals. *Trends in Ecology & Evolution*, **20**, 449–456.

Conradt, L. & Roper, T.J. (2007) Democracy in animals: the evolution of shared group decisions. *Proceedings of the Royal Society of London, Series B*, **274**, 2317–2326.

Cook, P.A. & Wedell, N. (1999) Non-fertile sperm delay female remating. *Nature*, **397**, 486.

Coolen, I., van Bergen, Y., Day, R.L. & Laland, K.N. (2003) Species differences in adaptive use of public information in sticklebacks. *Proceedings of the Royal Society of London, Series B*, **270**, 2413–2419.

Cornwallis, C., West, S.A. & Griffin, A.S. (2009) Routes to cooperatively breeding vertebrates: kin discrimination and limited dispersal. *Journal of Evolutionary Biology*, **22**, 2245–2457.

Cornwallis, C., West, S.A., Davies, K.E. & Griffin, A.S. (2010) Promiscuity and the evolutionary transition to complex societies. *Nature*, **466**, 969–972.

Cott, H.B. (1940) *Adaptive Coloration in*

Animals. Oxford University Press, Oxford.

Cotton, S., Fowler, K. & Pomiankowski, A. (2004a) Condition dependence of sexual ornament size and variation in the stalk-eyed fly *Cyrtodiopsis dalmanni* (Diptera: Diopsidae). *Evolution,* **58**, 1038–1046.

Cotton, S., Fowler, K. & Pomiankowski, A. (2004b) Do sexual ornaments demonstrate heightened condition-dependent expression as predicted by the handicap hypothesis? *Proceedings of the Royal Society of London, Series B,* **271**, 771–783.

Couzin, I.D. & Franks, N.R. (2003) Self-organised lane formation and optimized traffic flow in army ants. *Proceedings of the Royal Society of London, Series B,* **270**, 139–146.

Couzin, I.D. & Krause, J. (2003) Self-organisation and collective behaviour in vertebrates. *Advances in the Study of Behavior,* **32**, 1–75.

Couzin, I.D., Krause, J., James, R., Ruxton, G.D. & Franks, N.R. (2002) The collective behaviour of animal groups in three dimensional space. *Journal of Theoretical Biology,* **218**, 1–11.

Couzin, I.D., Krause, J., Franks, N.R. & Levin, S.A. (2005) Effective leadership and decision-making in animal groups on the move. *Nature,* **433**, 513–516.

Cowie, R.J. (1977) Optimal foraging in great tits. *Parus major. Nature,* **268**, 137–139.

Cox, C.R. & Le Boeuf, B.J. (1977) Female incitation of mate competition: a mechanism of mate selection. *American Naturalist,* **111**, 317–335.

Craig, R. (1979) Parental manipulation, kin selection, and the evolution of altruism. *Evolution,* **33**, 319–334.

Creel, S., Marusha Creel, N. & Monfort, S.L. (1998) Birth order, estrogen and sex ratio adaptation in African wild dogs (*Lycaon pictus*). *Animal Reproduction Science,* **53**, 315–320.

Crespi, B.J. (1992) Eusociality in Australian gall thrips. *Nature,* **359**, 724–726.

Crespi, B.J. & Yanega, D. (1995) The definition of eusociality. *Behavioral Ecology,* **6**, 109–115.

Cresswell, W. (1994) Flocking is an effective anti-predation strategy in redshanks, *Tringa totanus. Animal Behavior,* **47**, 433–442.

Crook, J.H. (1964) The evolution of social organisation and visual communication in the weaver birds (Ploceinae). *Behaviour* (Suppl.), **10**, 1–178.

Crozier, R. H. (2008) Advanced eusociality, kin selection and male haploidy. *Australian Journal of Entomology,* **47**, 2–8.

Cullen, E. (1957) Adaptations in the kittiwake to cliff nesting. *Ibis,* **99**, 275–302.

Cunningham, E.J.A. & Russell, A.F. (2000) Egg investment is influenced by male attractiveness in the mallard. *Nature,* **404**, 74–77.

Currie, T.E., Greenhill, S.J., Gray, R.D., Hasegawa, T. & Mace, R. (2010) Rise and fall of political complexity in island South-East Asia and the Pacific. *Nature,* **467**, 801–804.

Cuthill, I.C., Stevens, M., Sheppard, J., Maddocks, T., Parraga, C.A. & Troscianko, T.S. (2005) Disruptive coloration and background pattern matching. *Nature,* **434**, 72–74.

Dale, S., Amundsen, T., Lifjeld, J.T. & Slagsvold, T. (1990) Mate sampling behaviour of female pied flycatchers: evidence for active mate choice. *Behavioral Ecology and Sociobiology,* **27**, 87–91.

Dall, S.R.X. (2002) Can information sharing explain recruitment to food from communal roosts? *Behavioral Ecology,* **13**, 42–51.

Dally, J.M., Emery, N.J. & Clayton, N.S.

(2006) Food-caching western scrub jays keep track of who was watching when. *Science*, **312**, 1662–1665.

Daly, J.W., Kaneko. T., Wilham, J. et al. (2002) Bioactive alkaloids of frog skin: combinatorial bioprospecting reveals that pumiliotoxins have an arthropod source. *Proceedings of the National Academy of Sciences USA*, **99**, 13996–14001.

Daly, M. (1979) Why don't male mammals lactate? *Journal of Theoretical Biology*, **78**, 325–345.

Danchin, E., Giraldeau, L-A., Valone, T.J. & Wagner, R.H. (2004) Public information: from nosy neighbours to cultural evolution. *Science*, **305**, 487–491.

Danforth, B.N., Sipes, S., Fang, J. & Brady, S.G. (2006) The history of early bee diversifi-cation based on five genes plus morphology. *Proceedings of the National Academy of Sciences USA*, **103**, 15118–15123.

Darst, C.R., Cummings, M.E. & Cannatella, D.C. (2006) A mechanism for diversity in warning signals: conspicuousness versus toxicity in poison frogs. *Proceedings of the National Academy of Sciences USA*, **103**, 5852–5857.

Darwin, C. (1859) *On the Origin of Species*. Murray, London.

Darwin, C. (1871) *The Descent of Man and Selection in Relation to Sex*. Murray, London.

Darwin, C. (1876) Sexual selection in relation to monkeys. *Nature*, **15**, 18–19.

Davies, N.B. (1989) Sexual conflict and the polygamy threshold. *Animal Behavior*, **38**, 226–234.

Davies, N.B. (1992) *Dunnock Behaviour and Social Evolution*. Oxford University Press, Oxford.

Davies, N.B. (2011) Cuckoo adaptations: trickery and tuning. *Journal of Zoology*, **284**, 1–14.,

Davies, N.B. & Brooke, M. de L. (1988) Cuckoos versus reed warblers: adaptations and counter-adaptations. *Animal Behavior*, **36**, 262–284.

Davies, N.B. & Brooke, M. de L. (1989a) An experimental study of co-evolution between the cuckoo *Cuculus canorus* and its hosts. I. Host egg discrimination. *Journal of Animal Ecology*, **58**, 207–224.

Davies, N.B. & Brooke, M. de L. (1989b) An experimental study of co-evolution between the cuckoo *Cuculus canorus* and its hosts. II. Host egg markings, chick discrimination and general discussion. *Journal of Animal Ecology*, **58**, 225–236.

Davies, N.B. & Halliday, T.R. (1978) Deep croaks and fighting assessment in toads *Bufo bufo*. *Nature*, **274**, 683–65.

Davies, N.B. & Houston, A.I. (1981) Owners and satellites: the economics of territory defence in the pied wagtail, *Motacilla alba*. *Journal of Animal Ecology*, **50**, 157–180.

Davies, N.B., Hatchwell, B.J., Robson, T. & Burke, T. (1992) Paternity and parental effort in dunnocks *Prunella modularis*: how good are male chick-feeding rules? *Animal Behavior*, **43**, 729–745.

Davies, N.B., Brooke, M. de L. & Kacelnik, A. (1996a) Recognition errors and probability of parasitism determine whether reed warblers should accept or reject mimetic cuckoo eggs. *Proceedings of the Royal Society of London, Series B*, **263**, 925–931.

Davies, N.B., Hartley, I.R., Hatchwell, B.J. & Langmore, N.E. (1996b) Female control of copulations to maximise male help: a comparison of polygynandrous alpine accentors, *Prunella collaris*, and dunnocks *P. modularis*. *Animal Behavior*, **51**, 27–47.

Davies, N.B., Kilner, R.M. & Noble, D.G. (1998) Nestling cuckoos *Cuculus canorus* exploit hosts with begging calls that mimic a brood. *Proceedings of the Royal Society of London, Series B*, **265**, 673–678.

Dawkins, M. 1971. Perceptual changes in chicks: another look at the 'search image' concept. *Animal Behavior*, **19**, 566–574.

Dawkins, R. (1976) *The Selfish Gene*. Oxford University Press, Oxford.

Dawkins, R. (1978) Replicator selection and the extended phenotype. *Zeitschrift für Tierpsychologie*, **47**, 61–76.

Dawkins, R. (1979) Twelve misunderstandings of kin selection. *Zeitschrift für Tierpsychologie*, **51**, 184–200.

Dawkins, R. (1980) Good strategy or evolutionarily stable strategy? In: *Sociobiology: Beyond Nature/Nurture* (eds G.W. Barlow & J. Silverberg). pp. 331–367. Westview Press, Boulder, CO.

Dawkins, R. (1982) *The Extended Phenotype*. W.H. Freeman, Oxford.

Dawkins, R. (1986) *The Blind Watchmaker*. Longman, London.

Dawkins, R. (1989) *The Selfish Gene*, 2nd edn. Oxford Paperbacks, Oxford.

Dawkins, R. & Carlisle, T.R. (1976) Parental investment, mate desertion and a fallacy. *Nature*, **262**, 131–133.

Dawkins, R. & Krebs, J.R. (1978) Animal signals: information or manipulation? In: *Behavioural Ecology: An Evolutionary Approach* (eds J.R. Krebs & N.B. Davies), 1st edn. pp. 282–309. Blackwell Scientific Publications, Oxford.

Dawkins, R. & Krebs, J.R. (1979) Arms races between and within species. *Proceedings of the Royal Society of London, Series B*, **205**, 489–511.

Dawson, A. (2008) Control of the annual cycle in birds: endocrine constraints and plasticity in response to ecological variability. *Philosophical Transactions of the Royal Society of London. Series B*, **363**, 1621–1633.

De Voogd, T.J., Krebs, J.R., Healy, S.D. & Purvis, A. (1993) Relations between song repertoire size and the volume of brain nuclei related to song: comparative evolutionary analyses amongst oscine birds. *Proceedings of the Royal Society of London, Series B*, **254**, 75–82.

Decaestecker, E., Gaba, S., Raeymaekers, J.A.M., et al. (2007) Host-parasite 'Red Queen' dynamics archived in pond sediment. *Nature*, **450**, 870–873.

DeLay, L.S., Faaborg, J., Naranjo, J., Paz, S.M., de Vries, Tj. & Parker, P.G. (1996) Paternal care in the cooperatively polyandrous Galapagos hawk. *Condor*, **98**, 300–311.

Denison, R.F., Kiers, E.T. & West, S.A. (2003) Darwinian agriculture: when can humans find solutions beyond the reach of natural selection. *Quarterly Review of Biology*, **78**, 145–168.

Dennett, D. (1983) Intentional sytems in cognitive ethology: The 'Panglossian paradigm defended'. *Behavioral and Brain Sciences*, **6**, 343–390.

Deschner, T., Heistermann, M., Hodges, K. & Boesch, C. (2004) Female sexual swelling size, timing of ovulation, and male behaviour in wild West African chimpanzees. *Hormones and Behavior*, **46**, 204–215.

Despland, E. & Simpson, S.J. (2005) Food choices of solitarious and gregarious locusts reflect cryptic and aposematic antipredator strategies. *Animal Behavior*, **69**, 471–479.

DeVos, A. & O'Riain, M.J. (2010) Sharks shape the geometry of a selfish seal herd: experimental evidence from seal decoys. *Biology Letters*, **6**, 48–50.

Dewsbury, D.A. (1982) Ejaculate cost and male choice. *American Naturalist*, **119**, 601–610.

Diggle, S.P., Griffin, A.S., Campbell, G.S. & West, S.A. (2007) Cooperation and conflict in quorum-sensing bacterial populations. *Nature*, **450**, 411–414.

Dingemanse, N.J. & Réale, D. (2005) Natural selection and animal personality. *Behaviour*, **142**, 1159–1184.

Dingemanse, N.J., Both, C., Drent, P.J. & Tinbergen, J.M. (2004) Fitness consequences of avian personalities in a fluctuating environment. *Proceedings of the Royal Society of London, Series B*, **271**, 847–852.

Dingemanse, N.J., Both, C., Drent, P.J., van Oers, K. & van Noordwijk, A.J. (2002) Repeatability and heritability of exploratory behaviour in great tits from the wild. *Animal Behavior*, **64**, 929–937.

Dingemanse, N.J., Wright, J., Kazem, A.J.N., Thomas, D.K., Hickling, R. & Dawnay, N. (2007) Behavioural syndromes differ predictably between twelve populations of three-spined stickleback. *Journal of Animal Ecology*, **76**, 1128–1138.

Domb, L.G. & Pagel, M. (2001) Sexual swellings advertise female quality in wild baboons. *Nature*, **410**, 204–206.

Drent, P.J., van Oers, K. & van Noordwijk, A.J. (2003) Realized heritability of personalities in the great tit (*Parus major*). *Proceedings of the Royal Society of London, Series B*, **270**, 45–51.

Drummond, H. & Chavelas, C.G. (1989) Food shortage influences sibling aggression in the blue-footed booby. *Animal Behavior*, **37**, 806–819.

Duffy, J.E. (1996) Eusociality in a coral-reef shrimp. *Nature*, **381**, 512–514.

Duffy, J.E. (2003) The ecology and evolution of eusociality in sponge-dwelling shrimp. In: *Genes, Behaviors and Evolution of Social Insects* (eds T Kikuchi, S Higachi, & N Azuma). pp. 217–254. Hokkaido University Press, Japan.

Duffy, J.E. & Macdonald, K.S. (2010) Kin structure, ecology and the evolution of social organization in shrimp: a comparative analysis. *Proceedings of the Royal Society of London, Series B*, **277**, 575–584.

Dunbar, R.I.M. (1984) *Reproductive Decisions: An Economic Analysis of Gelada Baboon Social Strategies.* Princeton University Press, Princeton, NJ.

Dunbar, R.I.M. & Barrett, L. (2009) *Oxford Handbook of Evolutionary Psychology.* Oxford University Press, Oxford.

Duncan, P. & Vigne, N. (1979) The effect of group size in horses on the rate of attacks by blood-sucking flies. *Animal Behavior*, **27**, 623–625.

Dunford, C. (1977) Kin selection for ground squirrel alarm calls. *American Naturalist*, **111**, 782–5.

Dussourd, D.E., Harvis, C.A., Meinwald, J. & Eisner, T. (1991) Pheromonal advertisement of a nuptial gift by a male moth. *Proceedings of the National Academy of Sciences USA*, **88**, 9224–9227.

Dyer, J.R.G., Ioannou, C.C., Morrell, L.J., *et al.* (2008) Consensus decision making in human crowds. *Animal Behavior*, **75**, 461–470.

Eberhard, W.G. (1996) *Female Control: Sexual Selection by Cryptic Female Choice.* Princeton University Press, Princeton, NJ.

Eggert, A-K. & Müller, J.K. (1992) Joint breeding in female burying beetles. *Behavioral Ecology and Sociobiology*, **31**, 237–242.

Eggert, A-K. & Sakaluk, S.K. (1995) Female-coerced monogamy in burying beetles. *Behavioral Ecology and Sociobiology*, **37**, 147–153.

Eizaguirre, C., Yeates, S.E., Lenz, T.L., Kalbe, M. & Milinski, M. (2009) MHC-based mate choice combines good genes and maintenance of MHC polymorphism. *Molecular Ecology*, **18**, 3316–3329.

Elgar, M.A. (1986a) House sparrows establish foraging flocks by giving chirrup calls if the resources are divisible. *Animal Behavior*, **34**, 169–174.

Elgar, M.A. (1986b) The establishment of foraging flocks in house sparrows: risk of predation and daily temperature. *Behavioral Ecology & Sociobiology*, **19**, 433–438.

Elgar, M.A., McKay, H. & Woon, P. (1986) Scanning, pecking and alarm flights in house sparrows (*Passer domesticus*, L.). *Animal Behavior*, **34**, 1892–1894.

Elner, R.W. & Hughes, R.N. (1978) Energy maximization in the diet of the shore crab, *Carcinus maenas*. *Journal of Animal Ecology*, **47**, 103–116.

Emery, N.J. & Clayton, N.S. (2001) Effects of experience and social context on prospective caching strategies by scrub jays. *Nature*, **414**, 443–446.

Emlen, D.J. (1996) Artificial selection on horn length – body size allometry in the horned beetle *Onthophagus acuminatus* (Coleoptera: Scarabaeidae). *Evolution*, **50**, 1219–1230.

Emlen, D.J. (1997) Alternative reproductive tactics and male-dimorphism in the horned beetle *Onthophagus acuminatus* (Coleoptera: Scarabaeidae). *Behavioral Ecology and Sociobiology*, **41**, 335–341.

Emlen, D.J. & Nijhout, H.F. (1999) Hormonal control of male horn length dimorphism in the dung beetle *Onthophagus taurus* (Coleoptera: Scarabaeidae). *Journal of Insect Physiology*, **45**, 45–53.

Emlen, S.T. (1995) An evolutionary theory of the family. *Proceedings of the National Academy of Sciences USA*, **92**, 8092–8099.

Emlen, S.T. & Oring, L.W. (1977) Ecology, sexual selection and the evolution of mating systems. *Science*, **197**, 215–223.

Emlen, S.T. & Wrege, P.H. (1988) The role of kinship in helping decisions among white-fronted bee-eaters. *Behavioral Ecology & Sociobiology*, **23**, 305–315.

Emlen, S.T. & Wrege, P.H. (1989) A test of alternate hypotheses for helping behaviour in white-fronted bee-eaters of Kenya. *Behavioral Ecology & Sociobiology*, **25**, 303–320.

Emlen, S.T. & Wrege, P.H. (2004) Size dimorphism, intrasexual competition and sexual selection in wattled jacana *Jacana jacana*, a sex-role-reversed shorebird in Panama. *Auk*, **121**, 391–403.

Emlen, S.T., Wrege, P.H. & Webster, M.S. (1998) Cuckoldry as a cost of polyandry in the sex-role reversed wattled jacana *Jacana jacana*. *Proceedings of the Royal Society of London, Series B*, **265**, 2359–2364.

Emlen, S.T., Demong, N.J. & Emlen, D.J. (1989) Experimental induction of infanticide in female wattled jacanas. *Auk*, **106**, 1–7.

Endler, J.A. (1980) Natural selection on colour patterns in *Poecilia reticulata*. *Evolution*, **34**, 76–91.

Endler, J.A. (1983) Natural and sexual selection on color patterns in poeciliid fishes. *Environmental Biology of Fishes*, **9**, 173–190.

Endler, J.A. & Mappes, J. (2004) Predator mixes and the conspicuousness of aposematic signals. *American Naturalist*, **163**, 532–547.

Enquist, M. & Leimar, O. (1983) Evolution of fighting behaviour; decision rules and assessment of relative strength. *Journal of Theoretical Biology*, **102**, 387–410.

Enquist, M. & Leimar, O. (1987) Evolution of fighting behaviour; the effect of variation in resource value. *Journal of Theoretical Biology*, **127**, 187–205.

Enquist, M. & Leimar, O. (1990) The evolution of fatal fighting. *Animal Behavior*, **39**, 1–9.

Enquist, M., Leimar, O., Ljungberg, T.,

Mallner, Y. & Segerdahl, N. (1990) A test of the sequential assessment game: fighting in the cichlid fish *Nannacara anomala*. *Animal Behavior*, **40**, 1–14.

Ens, B.J., Choudhury, S. & Black, J.M. (1996) Mate fidelity and divorce in monogamous birds. In: *Partnerships in Birds. The Study of Monogamy* (ed. J.M. Black). pp. 344–401. Oxford University Press, Oxford.

Epstein, R., Kirshnit, C.E., Lanza, R.P. & Rubin, L.C. (1984) 'Insight' in the pigeon: antecedents and determinants of an intelligent behaviour. *Nature*, **308**, 61–62.

Erichsen, J.T., Krebs, J.R. & Houston, A.I. (1980) Optimal foraging and cryptic prey. *Journal of Animal Ecology*, **49**, 271–276.

Ezaki, Y. (1990) Female choice and the causes and adaptiveness of polygyny in great reed warblers. *Journal of Animal Ecology*, **59**, 103–119.

Faaborg, J., Parker, P.G., DeLay, L., *et al.* (1995) Confirmation of cooperative polyandry in the Galapagos hawk *Buteo galapagoensis*. *Behavioral Ecology and Sociobiology*, **36**, 83–90.

Faulkes, C.G., Bennett, N.C., Bruford, M.W., O'Brien, H.P., Aguilar, G.H. & Jarvis, J.U.M. (1997) Ecological constraints drive social evolution in the African mole-rats. *Proceedings of the Royal Society of London, Series B*, **264**, 1619–1627.

Feare, C. (1984) *The Starling*. Oxford University Press, Oxford.

Fedorka, K.M. & Mousseau, T.A. (2004) Female mating bias results in conflicting sex-specific offspring fitness. *Nature*, **429**, 65–67.

Fehr, E. & Gächter, S. (2002) Altruistic punishment in humans. *Nature*, **415**, 137–140.

Felsenstein, J. (1985) Phylogenies and the comparative method. *American Naturalist*, **125**, 1–15.

Felsenstein, J. (2008) Comparative methods with sampling error and within-species variation: contrasts revisited and revised. *American Naturalist*, **171**, 713–725.

Field, J. & Brace, S. (2004) Pre-social benefits of extended parental care. *Nature*, **428**, 650–652.

Field, J. & Cant, M.A. (2009) Social stability and helping in small animal societies. *Philosophical Transactions of the Royal Society of London. Series B*, **364**, 3181–3189.

Field, J., Shreeves, G., Sumner, S. & Casiraghi, M. (2000) Insurance-based advantage to helpers in a tropical hover wasp. *Nature*, **404**, 869–871.

Field, J., Cronin, A. & Bridge, C. (2006) Future fitness and helping in social queues. *Nature*, **441**, 214–217.

Fisher, R.A. 1930. *The Genetical Theory of Natural Selection*. Clarendon Press, Oxford.

Fisher, D.O., Double, M.C., Blomberg, S.P., Jennions, M.D. & Cockburn, A. (2006) Post-mating sexual selection increases lifetime fitness of polyandrous females in the wild. *Nature*, **444**, 89–92.

Fitch, W.T. & Reby, D. (2001) The descended larynx is not uniquely human. Proceedings of the Royal Society of London, *Series B*, **268**, 1669–1675.

FitzGibbon, C.D. (1989) A cost to individuals with reduced vigilance in groups of Thomson's gazelles hunted by cheetahs. *Animal Behavior*, **37**, 508–510.

Fitzpatrick, J.L., Montgomerie, R., Desjardins, J.K., Stiver, K.A., Kolm, N. & Balshine, S. (2009) Female promiscuity promotes the evolution of faster sperm in cichlid fishes. *Proceedings of the National Academy of Sciences USA*, **106**, 1128–1132.

Fitzpatrick, M.J., Feder, E., Rowe, L. & Sokolowski, M.B. (2007) Maintaining a behaviour polymorphism by frequency-dependent selection on a single gene. *Nature*, **447**, 210–212.

Floody, O.R. & Arnold, A.P. (1975) Uganda Kob (*Adenota kob thomasi*): territoriality and the spatial distributions of sexual and agonistic behaviours at a territorial ground. *Zeitschrift für Tierpsychologie*, **37**, 192–212.

Flower, T. (2011) Fork-tailed drongos use deceptive mimicked alarm calls to steal food. *Proceedings of the Royal Society of London, Series B*, **278**, 1548–1555.

Foerster, K., Coulson, T., Sheldon, B.C., Pemberton, J.M., Clutton-Brock, T.H. & Kruuk, L.E.B. (2007) Sexually antagonistic genetic variation for fitness in red deer. *Nature*, **447**, 1107–1111.

Foitzik, S. & Herbers, J.M. (2001) Colony structure of a slavemaking ant: II Frequency of slave raids and impact on the host population. *Evolution*, **55**, 316–323.

Foitzik, S., De Heer, C.J., Hunjan, D.N. & Herbers, J.M. (2001) Coevolution in host-parasite systems: behavioural strategies of slavemaking ants and their hosts. *Proceedings of the Royal Society of London, Series B*, **268**, 1139–1146.

Foitzik, S., Fischer, B. & Heinze, J. (2003) Arms-races between social parasites and their hosts: geographic patterns of manipulation and resistance. *Behavioral Ecology*, **14**, 80–88.

Font, E. & Carazo, P. (2010) Animals in translation: why there is meaning (but probably no message) in animal communication. *Animal Behaviour*, **80**, e1-e6.

Forbes, S. (2005) *A Natural History of Families*. Princeton University Press, Princeton, NJ.

Forsgren, E., Amundsen, T., Borg, A.A. & Bjelvenmark, J. (2004) Unusually dynamic sex roles in a fish. *Nature*, **429**, 551–554.

Foster, K.R. (2004) Diminishing returns in social evolution: the not-so-tragic commons. *Journal of Evolutionary Biology*, **17**, 1058–1072.

Foster, W.A. (1990) Experimental evidence for effective and altruistic colony defence against natural predators by soldiers of the gall-forming aphid *Pemphigus spyrothecae* (Hemiptera: Pemphigidae). *Behavioral Ecology and Sociobiology*, **27**, 421–430.

Foster, W.A. & Treherne, J.E. (1981) Evidence for the dilution effect in the selfish herd from fish predation on a marine insect. *Nature*, **295**, 466–467.

Frank, S.A. (1986) Hierarchical selection theory and sex ratios. I. General solutions for structured populations. *Theoretical Population Biology*, **29**, 312–342.

Frank, S.A. (1987) Individual and population sex allocation patterns. *Theoretical Population Biology*, **31**, 47–74.

Frank, S.A. (1990) Sex allocation theory for birds and mammals. *Annual Review of Ecology, Evolution and Systematics*, **21**, 13–55.

Frank, S.A. (1996) Models of parasite virulence. *Quarterly Review of Biology*, **71**, 37–78.

Frank, S.A. (1998) *Foundations of Social Evolution*. Princeton University Press, Princeton, NJ.

Frank, S.A. (2003) Repression of competition and the evolution of cooperation. *Evolution*, **57**, 693–705.

Franks, N.R. & Hölldobler, B. (1987) Sexual competition during colony reproduction in army ants. *Biological Journal of the Linnean Society*, **30**, 229–243.

Franks, N.R. & Richardson, T. (2006) Teaching in tandem-running ants. *Nature*, **439**, 153.

Franks, N.R., Dornhaus, A., Fitzsimmons, J.P. & Stevens, M. (2003) Speed versus accuracy in collective decision making. *Proceedings of the Royal Society of London, Series B*, **270**, 2457–2463.

Franks, N.R., Pratt, S.C., Mallon, E.B., Britton, N.F. & Sumpter, D.J.T. (2002) Information flow, opinion polling and collective intelligence in house-hunting social insects. *Philosophical Transactions of the Royal Society of London. Series B*, **357**, 1567–1583.

Franks, N.R., Hardcastle, A., Collins, S., et al. (2008) Can ant colonies choose a far-and-away better nest over an in-the-way poor one? *Animal Behaviour*, **76**, 323–334.

Freckleton, R.P. & Harvey, P.H. (2006) Non-Brownian trait evolution in adaptive radiations. *PLoS Biology*, **4**, 2104–2111.

Freckleton, R.P. (2009) The seven deadly sins of comparative analysis. *Journal of Evolutionary Biology*, **22**, 1367–1375.

Fretwell, S.D. (1972) *Populations in a Seasonal Environment.* Princeton University Press, Princeton, NJ.

Fricke, H. & Fricke, S. (1977) Monogamy and sex change by aggressive dominance in coral reef fish. *Nature*, **266**, 830–832.

Frith, C.B. & Frith, D.W. (2004) *Bowerbirds.* Oxford University Press, Oxford.

Gadagkar, R. (1991) Demographic predisposition to the evolution of eusociality: a hierarchy of models. *Proceedings of the National Academy of Sciences USA*, **88**, 10993–10997.

Gadagkar, R. (2009) Interrogating an insect society. *Proceedings of the National Academy of Sciences USA*, **106**, 10407–10414.

Galantucci, B. (2005) An experimental study into the emergence of human communication systems. *Cognitive Science*, **29**, 737–767.

Galef, B.G. & Wigmore, S.W. (1983) Transfer of information concerning distant foods: a laboratory investigation of the 'information centre hypothesis'. *Animal Behavior*, **31**, 748–758.

Gardner, A. (2009) Adaptation as organism design. *Biology Letters*, **5**, 861–864.

Gardner, A. & Grafen, A. (2009) Capturing the superorganism: a formal theory of group adaptation. *Journal of Evolutionary Biology*, **22**, 659–671.

Gardner, A. & West, S.A. (2004) Spite and the scale of competition. *Journal of Evolutionary Biology*, **17**, 1195–1203.

Gardner, A. & West, S.A. (2010) Greenbeards. *Evolution*, **64**, 25–38.

Gardner, A., West, S.A. & Buckling, A. (2004) Bacteriocins, spite and virulence. *Proceedings of the Royal Society of London, Series B*, **271**, 1529–2535.

Gardner, A., Hardy, I.C.W., Taylor, P.D. & West, S.A. (2007) Spiteful soldiers and sex ratio conflict in polyembryonic parasitoid wasps. *American Naturalist*, **169**, 519–533.

Gardner, A., Alpedrina, J. and West, S.A. (2012). Haplodiploidy and the evolution of eusociality: split sex ratios. *American Naturalist*, In press.

Gentle, L.K. & Gosler, A.G. (2001) Fat reserves and perceived predation risk in the great tit *Parus major*. *Proceedings of the Royal Society of London, Series B*, **268**, 487–491.

Getty, T. (2002) The discriminating babbler meets the optimal diet hawk. *Animal Behavior*, **63**, 397–402.

Ghalambor, C.K. & Martin, T.E. (2001) Fecundity-survival trade-offs and parental risk-taking in birds. *Science*, **292**, 494–497.

Ghiselin, M.T. (1969) The evolution of hermaphroditism among animals. *Quarterly Review of Biology*, **44**, 189–208.

Gibbs, H.L., Weatherhead, P.J., Boag, P.T., White, B.N., Tabak, L.M. & Hoysak, D.J. (1990) Realized reproductive success of polygynous red-winged blackbirds revealed by DNA markers. *Science*, **250**, 1394–1397.

Gibson, R.M. (1996) A re-evaluation

of hotspot settlement in lekking sage grouse. *Animal Behavior*, **52**, 993–1005.

Gilbert, L.E. (1976) Postmating female odor in *Heliconius* butterflies: a male contributed anti-aphrodisiac? *Science*, **193**, 419–420.

Gilbert, O.M., Foster, K.R., Mehdiabadi, N.J., Strassmann, J.E. & Queller, D.C. (2007) High relatedness maintains multicellular cooperation in a social amoeba by controlling cheater mutants. *Proceedings of the National Academy of Sciences USA*, **104**, 8913–8917.

Gilby, I.C. (2006) Meat sharing among the Gombe chimpanzees: harassment and reciprocal exchange. *Animal Behaviour*, **71**, 953–963.

Gill, F.B. & Wolf, L.L. (1975) Economics of feeding territoriality in the golden-winged sunbird. *Ecology*, **56**, 333–345.

Gilliam, J.F. (1982) *Foraging under mortality risk in size-structured populations.* PhD thesis, Michigan State University, MI.

Gintis, H., Bowles, S., Boyd, R. & Fehr, E. (2005) *Moral Sentiments and Material Interests: The Foundations of Cooperation in Economic Life.* MIT Press, Cambridge, MA.

Giraldeau, L.-A. & Gillis, D. (1985) Optimal group size can be stable: a reply to Sibly. *Animal Behavior*, **33**, 666–667.

Giraldeau, L.-A. & Caraco, T. (2000) *Social Foraging Theory.* Princeton University Press, Princeton, NJ.

Giraldeau, L-A. & Dubois, F. (2008) Social foraging and the study of exploitative behaviour. *Advances in the Study of Behavior*, **38**, 59–104.

Giron, D. & Strand, M.R. (2004) Host resistance and the evolution of kin recognition in polyembryonic wasps. *Proceedings of the Royal Society of London, Series B (Suppl.)*, **271**, S395-S398.

Giron, D., Dunn, D.W., Hardy, I.C.W. & Strand, M.R. (2004) Aggression by polyembryonic wasp soldiers correlates with kinship but not resource competition. *Nature*, **430**, 676–679.

Gittleman, J.L. & Harvey, P.H. (1980) Why are distasteful prey not cryptic? *Nature*, **286**, 149–150.

Godfray, H.C.J. (1991) Signalling of need by offspring to their parents. *Nature*, **352**, 328–330.

Godfray, H.C.J. (1995) Evolutionary theory of parent-offspring conflict. *Nature*, **376**. 133–138.

Godfray, H.C.J., Partridge, L. & Harvey, P.H. (1991) Clutch Size. *Annual Review of Ecology and Systematics*, **22**, 409–429.

Gordon, D.M. (1996) The organization of work in social insect colonies. *Nature*, **380**, 121–124.

Gorrell, J.C., McAdam, A.G., Coltman, D.W., Humphries, M.M. & Boutin, S. (2010) Adopting kin enhances inclusive fitness in asocial red squirrels. *Nature Communications*, **1**, 22.

Gosler, A.G., Greenwood, J.J.D. & Perrins, C.M. (1995) Predation risk and the cost of being fat. *Nature*, **377**, 621–623.

Götmark, F., Winkler, D.W. & Andersson, M. (1986) Flock-feeding increases individual success in gulls. *Nature*, **319**, 589–591.

Gould, S.J. & Lewontin, R.C. (1979) The spandrels of San Marco and the Panglossian paradigm: a critique of the adaptationist programme. *Proceedings of the Royal Society of London, Series B*, **205**, 581–598.

Gowaty, P.A. (1981) An extension of the Orians-Verner-Willson model to account for mating systems besides polygyny. *American Naturalist*, **118**, 851–859.

Grafen, A. (1982) How not to measure inclusive fitness. *Nature*, **298**, 425–426.

Grafen, A. (1984) Natural selection, kin selection and group selection. In: *Be-*

havioural Ecology: An Evolutionary Approach (eds J. R. Krebs & N. B. Davies). pp. 62–84. Blackwell Scientific Publications, Oxford.

Grafen, A. (1985) A geometric view of relatedness. *Oxford Surveys in Evolutionary Biology*, **2**, 28–89.

Grafen, A. (1986) Split sex ratios and the evolutionary origins of eusociality. *Journal of Theoretical Biology*, **122**, 95–121.

Grafen, A. (1989) The phylogenetic regression. *Philosophical Transactions of the Royal Society of London. Series B*, **326**, 119–157.

Grafen, A. (1990a) Biological signals as handicaps. *Journal of Theoretical Biology*, **144**, 517–546.

Grafen, A. (1990b) Sexual selection unhandicapped by the Fisher process. *Journal of Theoretical Biology*, **144**, 473–516.

Grafen, A. (1991) Modelling in behavioural ecology. In: *Behavioural Ecology, an Evolutionary Approach* (eds J. R. Krebs & N. B. Davies). pp. 5–31. Blackwell Scientific Publications, Oxford.

Grafen, A. (2007) The formal Darwinism project: a mid-term report. *Journal of Evolutionary Biology*, **20**, 1243–1254.

Grant, P.R. & Grant, B.R. (2002) Unpredictable evolution in a 30-year study of Darwin's finches. *Science*, **296**, 707–711.

Gratten, J., Wilson A.J., McRae A.F., et al. (2008) A localized negative genetic correlation constrains microevolution of coat colour in wild sheep. *Science*, **319**, 318–320.

Gray, S.M., Dill, L.M. & McKinnon, J.S. (2007) Cuckoldry incites cannibalism: male fish turn to cannibalism when perceived certainty of paternity decreases. *American Naturalist*, **169**, 258–263.

Grbic, M., Ode, P.J. & Strand, M.R. (1992) Sibling rivalry and brood sex-ratios in polyembryonic wasps. *Nature*, **360**, 254–256.

Greenlaw, J.S. & Post, W. (1985) Evolution of monogamy in seaside sparrows *Ammodramus maritimus*: tests of hypotheses. *Animal Behavior*, **33**, 373–383.

Griffin, A.S., West, S.A. & Buckling, A. (2004) Cooperation and competition in pathogenic bacteria. *Nature*, **430**, 1024–1027.

Griffin, A.S., Sheldon, B.C. & West, S.A. (2005) Cooperative breeders adjust offspring sex ratios to produce helpful helpers. *American Naturalist*, **166**, 628–632.

Griffin, A.S., Pemberton, J.M., Brotherton, P.N.M., et al. (2003) A genetic analysis of breeding success in the cooperative meerkat (*Suricata suricatta*). *Behavioral Ecology*, **14**, 472–480.

Griffith, S.C., Owens, I.P.F. & Thurman, K.A. (2002) Extra pair paternity in birds: a review of interspecific variation and adaptive function. *Molecular Ecology*, **11**, 2195–2212.

Griffith, S.C., Ornborg, J., Russell, A.F., Andersson, S. & Sheldon, B.C. (2003) Correlations between ultraviolet coloration, overwinter survival and offspring sex ratio in the blue tit. *Journal of Evolutionary Biology*, **16**, 1045–1054.

Grim, T., Kleven, O. & Mikulica, O. (2003) Nestling discrimination without recognition: a possible defence mechanism for hosts towards cuckoo parasitism? *Proceedings of the Royal Society of London, Series B*, **270**, S73-S75.

Grodzinski, U. & Lotem, A. (2007) The adaptive value of parental responsiveness to nestling begging. *Proceedings of the Royal Society of London, Series B*, **274**, 2449–2456.

Grosberg, R.K. & Strathmann, R.R. (2007) The evolution of multicellularity: a minor major transition. *Annual Review of Ecology and Systematics*, **38**,

621–654.

Gross, M.R. (1996) Alternative reproductive strategies and tactics: diversity within sexes. *Trends in Ecology & Evolution*, **11**, 92–98.

Gross, M.R. & Sargent, R.C. (1985) The evolution of male and female parental care in fishes. *American Zoologist*, **25**, 807–822.

Gross, M.R. & Shine, R. (1981) Parental care and mode of fertilization in ectothermic vertebrates. *Evolution*, **35**, 775–793.

Guilford, T. (1986) How do 'warning colours' work? Conspicuousness may reduce recognition errors in experienced predators. *Animal Behavior*, **34**, 286–288.

Guilford, T. & Dawkins, M.S. (1991) Receiver psychology and the evolution of animal signals. *Animal Behaviour*, **42**, 1–14.

Gustafsson, L. & Sutherland, W.J. (1988) The costs of reproduction in the collared flycatcher *Ficedula albicollis*. *Nature*, **335**, 813–815.

Gwynne, D.T. (1982) Mate selection by female katydids (Orthoptera Tettigoniidae. *Conocephalus nigropleurum*). *Animal Behavior*, **30**, 734–738.

Gwynne, D.T. & Simmons, L.W. (1990) Experimental reversal of courtship roles in an insect. *Nature*, **346**, 171–174.

Hadfield, J.D. & Nakagawa, S. (2010) General quantitative genetic methods for comparative biology: phylogenies, taxonomies and multi-trait models for continuous and categorical characters. *Journal of Evolutionary Biology*, **23**, 494–508.

Haig, D. (1997) The social gene. In: *Behavioural Ecology; An Evolutionary Approach* (eds J.R. Krebs & N.B. Davies), 4th edn. pp. 284–304. Blackwell Science, Oxford.

Haig, D. (2000) The kinship theory of genomic imprinting. *Annual Review of Ecology and Systematics*, 31, 9–32.

Haig, D. (2004) Genomic imprinting and kinship: how good is the evidence? *Annual Review of Genetics*, **38**, 553–585.

Haig, D. & Graham, C. (1991) Genomic imprinting and the strange case of the insulin-like growth factor-II receptor. *Cell*, **64**, 1045–1046.

Hale, R.E. & St Mary, C.M. (2007) Nest tending increases reproductive success, sometimes; environmental effects of paternal care and mate choice in flagfish. *Animal Behavior*, **74**, 577–588.

Hamilton, I.M. (2000) Recruiters and joiners: using optimal skew theory to predict group size and the division of resources within groups of social animals. *American Naturalist*, **155**, 684–695.

Hamilton, W.D. (1963) The evolution of altruistic behaviour. *American Naturalist*, **97**, 354–356.

Hamilton, W.D. (1964) The genetical evolution of social behaviour, I & II. *Journal of Theoretical Biology*, **7**, 1–52.

Hamilton, W.D. (1967) Extraordinary sex ratios. *Science*, **156**, 477–488.

Hamilton, W.D. (1970) Selfish and spiteful behaviour in an evolutionary model. *Nature*, **228**, 1218–1220.

Hamilton, W.D. (1971) Geometry for the selfish herd. *Journal of Theoretical Biology*, **31**, 295–311.

Hamilton, W.D. (1972) Altruism and related phenomena, mainly in social insects. *Annual Review of Ecology and Systematics*, **3**, 193–232.

Hamilton, W.D. (1975) Innate social aptitudes of man: an approach from evolutionary genetics. In: *Biosocial Anthropology* (ed. R. Fox). pp. 133–155. John Wiley & Sons Ltd, Chichester.

Hamilton, W.D. (1979) Wingless and fighting males in fig wasps and other insects. In: *Sexual Selection and Reproductive Competition in Insects* (eds

M.S. Blum & N.A. Blum). pp. 167–220. Academic Press, London.

Hamilton, W.D. (1996) *Narrow roads of gene land: I Evolution of social behaviour*. W.H. Freeman, Oxford.

Hamilton, W.D. & Zuk, M. (1982) Heritable true fitness and bright birds: a role for parasites? *Science*, **218**, 384–387.

Hammerstein, P. (2003) *Genetic and Cultural Evolution of Cooperation*. MIT Press, Cambridge, MA.

Hammond, R.L., Bruford, M.W. & Bourke, A.F.G. (2002) Ant workers selfishly bias sex ratios by manipulating female development. *Proceedings of the Royal Society of London, Series B*, **269**, 173–178.

Hanken, J. & Sherman, P.W. (1981) Multiple paternity in Belding's ground squirrel litters. *Science*, **212**, 351–353.

Hanlon, R. (2007) Cephalopod dynamic camouflage. *Current Biology*, **17**, R400-R404.

Hannonen, M. & Sundstrom, L. (2003) Worker nepotism among polygynous ants. *Nature*, **421**, 910.

Harcourt, A.H., Harvey, P.H., Larson, S.G. & Short, R.V. (1981) Testis weight, body weight and breeding system in primates. *Nature*, **293**, 55–57.

Harcourt, A.H., Purvis, A. & Liles, L. (1995) Sperm competition: mating system, not breeding season, affects testes size of primates. *Functional Ecology*, **9**, 468–476.

Harcourt, J.L., Ang, T.Z., Sweetman, G., Johnstone, R.A. & Manica, A. (2009) Social feedback and the emergence of leaders and followers. *Current Biology*, **19**, 248–252.

Hardy, I.C.W. (2002) *Sex ratios: concepts and research methods*. Cambridge University Press, Cambridge.

Harper, D.G.C. (1982) Competitive foraging in mallards: 'ideal free' ducks. *Animal Behavior*, **30**, 575–584.

Harrison, F., Barta, Z., Cuthill, I. & Szekely, T. (2009) How is sexual conflict over parental care resolved? A meta-analysis. *Journal of Evolutionary Biology*, **22**, 1800–1812.

Hart, N.S. (2001) The visual ecology of avian photoreceptors. *Progress in Retinal and Eye Research*, **20**, 675–703.

Harvey, P.H. (1985) Intrademic group selection and the sex ratio. In: *Behavioural Ecology: Ecological Consequences of Adaptive Behaviour* (eds R.M. Sibly & R.H. Smith). pp. 59–73. 25th Symposium of the British Ecological Society. Blackwell Scientific Publications, Oxford.

Harvey, P.H. & Pagel, M.D. (1991) *The Comparative Method in Evolutionary Biology*. Oxford University Press, Oxford.

Harvey, P.H. & Purvis, A. (1991) Comparative methods for explaining adaptations. *Nature*, **351**, 619–624.

Harvey, P.H., Kavanagh, M. & Clutton-Brock, T.H. (1978) Sexual dimorphism in primate teeth. *Journal of Zoology*, **186**, 475–486.

Harvey, P.H., Bull, J.J., Pemberton, M. & Paxton, R.J. (1982) The evolution of aposematic coloration in distasteful prey: a family model. *American Naturalist*, **119**, 710–719.

Harvey, P.H., Bull, J.J. & Paxton, R.J. (1983) Looks pretty nasty? *New Scientist*, **97**, 26–27.

Hasselquist, D., Bensch, S. & von Schantz, T. (1996) Correlation between male song repertoire, extra-pair paternity and offspring survival in the great reed warbler. *Nature*, **381**, 229–232.

Hatchwell, B.J. (2009) The evolution of cooperative breeding in birds: kinship, dispersal and life history. *Philosophical Transactions of the Royal Society of London. Series B*, **364**, 3217–3227.

Hatchwell, B.J. & Sharp, S.P. (2006) Kin

selection, constraints, and the evolution of cooperative breeding in long tailed tits. Advances in the Study of . *Animal Behavior*, **36**, 355–395.

Hatchwell, B.J., Russell, A.F., MacColl, A.D.C., Ross, D.J., Fowlie, M.K. & McGowan, A. (2004) Helpers increase long-term but not short-term productivity in cooperatively breeding long-tailed tits. *Behavioral Ecology*, **15**, 1–10.

Hauber, M.E., Moskat, C. & Ban, M. (2006) Experimental shift in hosts' acceptance threshold of inaccurate-mimic brood parasite eggs. *Biology Letters*, **2**, 177–180.

Heany, V. & Monaghan, P. (1995) A within-clutch trade-off between egg production and rearing in birds. *Proceedings of the Royal Society of London, Series B*, **261**, 361–365.

Hechinger, R.F., Wood, A.C. & Kuris, A.M. (2011) Social organization in a flatworm: trematode parasites form soldier and reproductive castes. *Proceedings of the Royal Society of London, Series B*, **278**, 656–665.

Heg, D., Bruinzeel, L.W. & Ens, B.J. (2003) Fitness consequences of divorce in the oystercatcher, *Haematopus ostralegus. Animal Behavior*, **66**, 175–184.

Heiling, A.M., Herberstein, M.E. & Chittka, L. (2003) Crab-spiders manipulate flower signals. *Nature*, **421**, 334.

Heinrich, B., Marzluff, J.M. & Marzluff, C.S. (1993) Common ravens are attracted by appeasement calls of food discoverers when attacked. *Auk*, **110**, 247–254.

Heinsohn, R. (2008) The ecological basis of unusual sex roles in reverse-dichromatic eclectus parrots. *Animal Behavior*, **76**, 97–103.

Heinsohn, R., Legge, S. & Endler, J.A. (2005) Extreme reversed sexual dichromatism in a bird without sex role reversal. *Science*, **309**, 617–619.

Helanterä, H., Strassmann, J.E., Carrillo, J. & Queller, D.C. (2009) Unicolonial ants: where do they come from, what are they and where are they going? *Trends in Ecology & Evolution*, **24**, 341–349.

Helfman, G.S. & Schultz, E.T. (1984) Social transmission of behavioural traditions in a coral reef fish. *Animal Behavior*, **32**, 379–384.

Heller, R. & Milinski, M. (1979) Optimal foraging of sticklebacks on swarming prey. *Animal Behavior*, **27**, 1127–1141.

Henke, J.M. & Bassler, B.L. (2004) Bacterial social engagements. *Trends in Cell Biology*, **14**, 648–656.

Henrich, N. & Henrich, J. (2007) *Why humans cooperate: a cultural and evolutionary explanation*. Oxford University Press, Oxford.

Herre, E.A. (1987) Optimality, plasticity and selective regime in fig wasp sex ratios. *Nature*, **329**, 627–629.

Herre, E.A. (1993) Population structure and the evolution of virulence in nematode parasites of fig wasps. *Science*, **259**, 1442–1445.

Herron, M.D. & Michod, R.E. (2008) Evolution of complexity in the volvocine algae: transitions in individuality through Darwin's eye. *Evolution*, **62**, 436–451.

Herron, M.D., Hackett, J.D., Aylward, F.O. & Michod, R.E. (2009) Triassic origin and early radiation of multicellular volvocine algae. *Proceedings of the National Academy of Sciences USA*, **106**, 3254–3258.

Hewison, A.J.M. & Gaillard, J.M. (1999) Successful sons or advantaged daughters? The Trivers-Willard model and sex-biased maternal investment in ungulates. *Trends in Ecology & Evolution*, **14**, 229–234.

Higham, J.P. Semple, S., MacLarnon, A.,

Heistermann, M. & Ross, C. (2009) Female reproductive signaling and male mating behaviour in the olive baboon. *Hormones and Behavior*, **55**, 60–67.

Hill, G.E. (1991) Plumage colouration is a sexually selected indicator of male quality. *Nature*, **350**, 337–339.

Hinde, C.A. (2006) Negotiation over offspring care? A positive response to partner-provisioning rate in great tits. *Behavioral Ecology*, **17**, 6–12.

Hinde, C.A., Buchanan, K.L. & Kilner, R.M. (2009) Prenatal environmental effects match offspring begging to parental provisioning. *Proceedings of the Royal Society of London, Series B*, **276**, 2787–2794.

Hinde, C.A., Johnstone, R.A. & Kilner, R.M. (2010) Parent-offspring conflict and coadaptation. *Science*, **327**, 1373–1376.

Hines, H.B., Hunt, J.H., O'Conner, T.K., Gillespie, J.J. & Cameron, S.A. (2007) Multigene phylogeny reveals eusociality evolved twice in vespid wasps. *Proceedings of the National Academy of Sciences USA*, **104**, 3295–3299.

Hitchcock, C.L. & Houston, A.I. (1994) The value of a hoard: not just energy. *Behavioral Ecology*, **5**, 202–205.

Hoare, D.J., Couzin, I.D., Godin, J-G.J. & Krause, J. (2004) Context-dependent group size choice in fish. *Animal Behavior*, **67**, 155–164.

Hodges, C.M. & Wolf, L.L. (1981) Optimal foraging bumblebees? Why is nectar left behind in flowers? *Behavioral Ecology and Sociobiology*, **9**, 41–44.

Hogan-Warburg, A.J. 1966. Social behaviour of the ruff *Philomachus pugnax* (L.). *Ardea*, **54**, 109–229.

Höglund, J. (1989) Size and plumage dimorphism in lek-breeding birds: a comparative analysis. *American Naturalist*, **134**, 72–87.

Höglund, J. & Alatalo, R.V. (1995) *Leks.* Princeton University Press, Princeton, NJ.

Högstedt, G. (1980) Evolution of clutch size in birds: adaptive variation in relation to territory quality. *Science*, **210**, 1148–1150.

Holland, B. & Rice, W.R. (1998) Perspective: Chase-away sexual selection: antagonistic seduction versus resistance. *Evolution*, **52**, 1–7.

Holland, B. & Rice, W.R. (1999) Experimental removal of sexual selection reverses intersexual antagonistic coevolution and removes a reproductive load. *Proceedings of the National Academy of Sciences USA*, **96**, 5083–5088.

Hölldobler, B. & Wilson, E.O. (1990) *The Ants.* Harvard University Press, Cambridge, MA.

Hölldobler, B. & Wilson, E.O. (1994) *Journey to the Ants: A story of scientific exploration.* Belknap Press, Harvard, MA.

Hollen, L.I., Bell, M.B.V. & Radford, A.N. (2008) Cooperative sentinel calling? Foragers gain increased biomass intake. *Current Biology*, **18**, 576–579.

Holman, L. & Snook, R.R. (2008) A sterile sperm caste protects brother fertile sperm from female-mediated death in *Drosophila pseudoobscura*. *Current Biology*, **18**, 292–296.

Holmes, W.G. & Mateo, J.M. (2006) Fostering clarity in kin recognition designs: reply to Todrank & Heth. *Animal Behaviour*, **72**, e5-e7.

Holmes, W.G. & Sherman, P.W. (1982) The ontogeny of kin recognition in two species of ground squirrels. *American Zoologist*, **22**, 491–517.

Holzer, B., Kümmerli, R., Keller, L. & Chapuisat, M. (2006) Sham nepotism as a result of intrinsic differences in brood viability in ants. *Proceedings of the Royal Society of London, Series B*, **273**, 2049–2052.

Hoogland, J.L. (1983) Nepotism and alarm calling in the black-tailed prairie dog, Cynomys ludovicianus. *Animal Behavior*, **31**, 472–479.

Hoogland, J.L. (1995) *The Black-Tailed Prairie Dog*. University of Chicago Press, Chicago, IL.

Hori, M. (1993) Frequency-dependent natural selection in the handedness of scale-eating cichlid fish. *Science*, **260**, 216–219.

Hornett, E.A., Charlat, S., Duplouy, A.M.R., et al. (2006) Evolution of male-killer suppression in a natural population. *PLOS Biology*, **4**, e283.

Hosken, D.J., Garner, T.W.J. & Ward, P.I. (2001) Sexual conflict selects for male and female reproductive characters. *Current Biology*, **11**, 489–493.

Houde, A.E. (1988) Genetic differentiation in female choice between two guppy populations. *Animal Behavior*, **36**, 511–516.

Houde, A.E. & Endler, J.A. (1990) Correlated evolution of female mating preferences and male colour patterns in the guppy *Poecilia reticulata*. *Science*, **248**, 1405–1408.

Houston, A.I. & Davies, N.B. (1985) The evolution of cooperation and life history in the dunnock *Prunella modularis*. In: *Behavioural Ecology: Ecological Consequences of Adaptive Behaviour* (eds R.M. Sibly & R.H. Smith). pp. 471–487. Blackwell Scientific Publications, Oxford.

Houston, A.I. & McNamara, J.M. (1982) A sequential approach to risk-taking. *Animal Behavior*, **30**, 1260–1261.

Houston, A.I. & McNamara, J.M. (1985) The choice of two prey types that minimises the probability of starvation. *Behavioral Ecology and Sociobiology*, **17**, 135–141.

Houston, A.I., Clark, C.W., McNamara, J.M. & Mangel, M. (1988) Dynamic models in behavioural and evolutionary ecology. *Nature*, **332**, 29–34.

Houston, A.I., Szekely, T. & McNamara, J.M. (2005) Conflicts between parents over care. *Trends in Ecology & Evolution*, **20**, 33–38.

Howard, R.D. (1978a) Factors influencing early embryo mortality in bullfrogs. *Ecology*, **59**, 789–798.

Howard, R.D. (1978b) The evolution of mating strategies in bullfrogs. *Rana catesbeiana*. *Evolution*, **32**, 850–871.

Hrdy, S.B. (1977) *The Langurs of Abu: Female and Male Strategies of Reproduction*. Harvard University Press, Cambridge, MA.

Hrdy, S.B. (1979) Infanticide among animals: a review, classification, and examination of the implications for the reproductive strategies of females. *Ethology and Sociobiology*, **1**, 13–40.

Hrdy, S.B. (1999) *Mother Nature: A History of Mothers, Infants and Natural Selection*. Pantheon, New York.

Huchard, E., Courtiol, A., Benavides, J.A., Knapp, L.A., Raymond, M. & Cowlishaw, G. (2009) Can fertility signals lead to quality signals? Insights from the evolution of primate sexual swellings. *Proceedings of the Royal Society of London, Series B*, **276**, 1889–1897.

Hughes, M. (1996) The function of concurrent signals: visual and chemical communication in snapping shrimp. *Animal Behaviour*, **52**, 247–257.

Hughes, W.O.H., Sumner, S., Borm, S.V. & Boomsma, J.J. (2003) Worker caste polymorphism has a genetic basis in *Acromyrmex* leaf-cutting ants. *Proceedings of the National Academy of Sciences USA*, **100**, 9394–9397.

Hughes, W.O.H., Oldroyd, B.P., Beekman, M. & Ratnieks, F.L.W. (2008) Ancestral monogamy shows kin selection is the key to the evolution of eusociality.

Science, **320**, 1213–1216.

Hunt, J. & Simmons, L.W. (2001) Status-dependent selection in the dimorphic beetle *Onthophagus taurus*. *Proceedings of the Royal Society of London, Series B*, **268**, 2409–2414.

Hunt, S., Cuthill, I.C., Bennett, A.T.D. & Griffiths, R. (1999) Preferences for ultraviolet partners in the blue tit. *Animal Behavior*, **58**, 809–815.

Hurly, T.A. (1992) Energetic reserves of marsh tits (*Parus palustris*): food and fat storage in response to variable food supply. *Behavioral Ecology*, **3**, 181–188.

Hurst, L.D. (1991) The incidences and evolution of cytoplasmic male killers. *Proceedings of the Royal Society of London, Series B*, **244**, 91–99.

Ims, R.A. (1987) Responses in spatial organization and behaviour to manipulations of the food resource in the vole *Clethrionomys rufocanus*. *Journal of Animal Ecology*, **56**, 585–596.

Ims, R.A. (1988) Spatial clumping of sexually receptive females induces space sharing among male voles. *Nature*, **335**, 541–543.

Inglis, R.F., Gardner, A., Cornelis, P. & Buckling, A. (2009) Spite and virulence in the bacterium *Pseudomonas aeruginosa*. *Proceedings of the National Academy of Sciences USA*, **106**, 5703–5707.

Inward, D., Beccaloni, G. & Eggleton, P. (2007) Death of an order: a comprehensive molecular phylogenetic study confirms that termites are eusocial cockroaches. *Biology Letters*, **3**, 331–335.

Iwasa, Y., Pomiankowski, A. & Nee, S. (1991) The evolution of costly mate preferences II. The 'handicap' hypothesis. *Evolution*, **45**, 1431–1442.

Jackson, D.E., Holcombe, M. & Ratnieks, F.L.W. (2004) Trail geometry gives polarity to ant foraging networks. *Nature*, **432**, 907–909.

Jaenike, J. (2001) Sex chromosome meiotic drive. *Annual Review of Ecology and Systematics*, **32**, 25–49.

Jakobsson, S., Radesäter, T. & Järvi, T. (1979) On the fighting behaviour of *Nannacara anomala* (Pisces, Cichlidae) males. *Zeitschrift für Tierpsychologie*, **49**, 210–220.

Jander, K.C. & Herre, E.A. (2010) Host sanctions and pollinator cheating in the fig tree-fig wasp mutualism. *Proceedings of the Royal Society of London, Series B*, **277**, 1481–1488.

Janzen, F.J. & Phillips, P.C. (2006) Exploring the evolution of environmental sex determination, especially in reptiles. *Journal of Evolutionary Biology*, **19**, 1775–1784.

Jarman, P.J. (1974) The social organization of antelope in relation to their ecology. *Behaviour*, **48**, 215–267.

Jarvis, J.U.M. 1981 Eusociality in a mammal: cooperative breeding in naked mole-rat colonies. *Science*, **212**, 571–573.

Jarvis, J.U.M., O'Riain, M.J., Bennett, N.C. & Sherman, P.W. (1994) Mammalian eusociality: a family affair. *Trends in Ecology & Evolution*, **9**, 47–51.

Jeffreys, A.J., Wilson, V. & Thein, S.L. (1985) Hyper-variable 'minisatellite' regions in human DNA. *Nature*, **314**, 67–73.

Johnstone, R.A. (2000) Models of reproductive skew – a review and synthesis. *Ethology*, **106**, 5–26.

Johnstone, R.A. (2004) Begging and sibling competition: how should offspring respond to their rivals? *American Naturalist*, **163**, 388–406.

Johnstone, R.A. & Hinde, C.A. (2006) Negotiation over offspring care – how should parents respond to each other's efforts? *Behavioral Ecology*, **17**, 818–827.

Jones, I.L. & Hunter, F.M. (1993) Mutual sexual selection in a monogamous seabird. *Nature*, **362**, 238–239.

Jones, J.C. & Reynolds, J.D. (1999) Costs of egg ventilation for male common gobies breeding in conditions of low dissolved oxygen. *Animal Behavior*, **57**, 181–188.

Jones, T.M. & Quinnell, R.J. (2002) Testing predictions for the evolution of lekking in the sandfly, *Lutzomyia longipalpis*. *Animal Behavior*, **63**, 605–612.

Jukema, J. & Piersma, T. (2006) Permanent female mimics in a lekking shorebird. *Biology Letters*, **2**, 161–164.

Kacelnik, A. (1984) Central place foraging in Starlings (*Sturnus vulgaris*). I. Patch residence time. *Journal of Animal Ecology*, **53**, 283–299.

Kacelnik, A. (2009) Tools for thought or thought for tools? *Proceedings of the National Academy of Sciences USA*, **106**, 10071–10072.

Kacelnik, A. & Bateson, M. (1997) Risk sensitivity: crossroads for theories of decision-making. *Trends in Cognitive Sciences*, **8**, 304–309.

Kacelnik, A., Krebs, J.R. & Bernstein, C. (1992) The ideal free distribution and predator–prey populations. *Trends in Ecology & Evolution*, **7**, 50–55.

Kazancioglu, E. & Alonzo, S.H. (2010) A comparative analysis of sex change in Labridae supports the size advantage hypothesis. *Evolution*, **64**, 2254–2264.

Keller, L. & Reeve, H.K. (1994) Partitioning of reproduction in animal societies. *Trends in Ecology & Evolution*, **9**, 98–102.

Keller, L. & Ross, K.G. (1998) Selfish genes: a green beard in the red fire ant. *Nature*, **394**, 573–575.

Keller, L. & Surette, M.G. (2006) Communication in bacteria: an ecological and evolutionary perspective. *Nature Reviews Microbiology*, **4**, 249–258.

Kelman, E.J., Tiptus, P. & Osorio, D. (2006) Juvenile plaice (*Pleuronectes platessa*) produce camouflage by flexibly combining two separate patterns. *Journal of Experimental Biology*, **209**, 3288–3292.

Kempenaers, B. (2007) Mate choice and genetic quality: a review of the heterozygosity theory. *Advances in the Study of Behavior*, **37**, 189–278.

Kempenaers, B., Verheyen, G.R. & Dhondt, A.A. (1997) Extrapair paternity in the blue tit (*Parus caeruleus*): female choice, male charactistics and offspring quality. *Behavioral Ecology*, **8**, 481–492.

Kendal, R.L., Coolen, I., van Bergen, Y. & Laland, K.N. (2005) Trade-offs in the adaptive use of social and asocial learning. *Advances in the Study of Behavior*, **35**, 333–379.

Kent, D.S. & Simpson, J.A. (1992) Eusociality in the Beetle *Austroplatypus incompertus* (Coleoptera: Curculionidae). *Naturwissen-schaften*, **79**, 86–87.

Kenward, R.E. (1978) Hawks and doves: factors affecting success and selection in goshawk attacks on wood-pigeons. *Journal of Animal Ecology*, **47**, 449–460.

Kerr, B., Riley, M.A., Feldman, M.W. & Bohannan, B.J.M. (2002) Local dispersal promotes biodiversity in a real-life game of rock-paper-scissors. *Nature*, **418**, 171–174.

Kiers, E.T., Rousseau, R.A., West, S.A. & Denison, R.F. (2003) Host sanctions and the legume-rhizobium mutualism. *Nature*, **425**, 78–81.

Kiers, E.T., Hutton, M.G. & Denison, R.F. (2007) Human selection and the relaxation of legume defences against ineffective rhizobia. *Proceedings of the Royal Society of London, Series B*, **274**, 3119–3126.

Kilner, R.M. (1995) When do canary parents respond to nestling signals of need? *Proceedings of the Royal Society of London, Series B*, **260**, 343–348.

Kilner, R.M. (1997) Mouth colour is a reliable signal of need in begging canary nestlings. *Proceedings of the Royal Society of London, Series B*, **264**, 963–968.

Kilner, R.M. (1999) Family conflicts and the evolution of nestling mouth colour. *Behaviour*, **136**, 779–804.

Kilner, R.M. (2001) A growth cost of begging in captive canary chicks. *Proceedings of the National Academy of Sciences USA*, **98**, 11394–11398.

Kilner, R.M. & Hinde, C.A. (2008) Information warfare and parent-offspring conflict. *Advances in the Study of Behavior*, **38**, 283–336.

Kilner, R.M. & Langmore, N.E. (2011) Cuckoos versus hosts in insects and birds: adaptations, counter-adaptations and outcomes. *Biological Reviews*, **86**, 836–852.

Kilner, R.M., Noble, D.G. & Davies, N.B. (1999) Signals of need in parent-offspring communication and their exploitation by the common cuckoo. *Nature*, **397**, 667–672.

Kilner, R.M., Madden, J.R. & Hauber, M.E. (2004) Brood parasitic cowbird nestlings use host young to procure resources. *Science*, **305**, 877–879.

King, A.J., Douglas, C.M.S., Huchard, E., Isaac, N.J.B. & Cowlishaw, G. (2008) Dominance and affiliation mediate despotism in a social primate. *Current Biology*, **18**, 1833–1838.

King, A.J., Johnson, D.D.P. & Van Vugt, M. (2009) The origins and evolution of leadership. *Current Biology*, **19**, R911-R916.

Kirkpatrick, M. (1982) Sexual selection and the evolution of female choice. *Evolution* **36**, 1–12.

Kirkpatrick, M. (1986) The handicap mechanism of sexual selection does not work. *American Naturalist*, **127**, 222–240.

Kleiman, D.G. (1977) Monogamy in mammals. *Quarterly Review of Biology*, **52**, 39–69.

Klug, H. & Bonsall, M.B. (2007) When to care for, abandon, or eat your offspring: the evolution of parental care and filial cannibalism. *American Naturalist*, **170**, 886–901.

Klug, H., Heuschele, J., Jennions, M.D. & Kokko, H. (2010) The mismeasurement of sexual selection. *Journal of Evolutionary Biology*, **23**, 447–462.

Knowlton, N. (1974) A note on the evolution of gamete dimorphism. *Journal of Theoretical Biology*, **46**, 283–285.

Kodric-Brown, A. (1989) Dietary carotenoids and male mating success in the guppy: an environmental component to female choice. *Behavioral Ecology and Sociobiology*, **25**, 393–401.

Koenig, W.D. & Dickinson, J.L. (2004) *Evolution and Ecology of Cooperative Breeding in Birds*. Cambridge University Press.

Kohler, W. (1929) *The Mentality of Apes*. Vintage Books.

Kohler, T., Buckling, A. & van Delden, C. (2009) Cooperation and virulence of clinical *Pseudomonas aeruginosa* populations. *Proceedings of the National Academy of Sciences USA*, **106**, 6339–6344.

Kokko, H. (2003) Are reproductive skew models evolutionarily stable? *Proceedings of the Royal Society of London, Series B*, **270**, 265–270.

Kokko, H. & Jennions, M. (2003) It takes two to tango. *Trends in Ecology & Evolution*, **18**, 103–104.

Kokko, H. & Jennions, M.D. (2008) Parental investment, sexual selection and sex ratios. *Journal of Evolutionary Biology*, **21**, 919–948.

Kokko, H., Brooks, R., Jennions, M.D. &

Morley, J. (2003) The evolution of mate choice and mating biases. *Proceedings of the Royal Society of London, Series B*, **270**, 653–664.

Kölliker, M., Brinkhof, M., Heeb, P., Fitze, P. & Richner, H. (2000) The quantitative genetic basis of offspring solicitation and parental response in a passerine bird with parental care. *Proceedings of the Royal Society of London, Series B*, **267**, 2127–2132.

Kölliker, M., Brodie III, E.D. & Moore, A.J. (2005) The coadaptation of parental supply and offspring demand. *American Naturalist*, **166**, 506–516.

Komdeur, J. (1992) Importance of habitat saturation and territory quality for evolution of cooperative breeding in the Seychelles warbler. *Nature*, **358**, 493–495.

Komdeur, J., Daan, S., Tinbergen, J. & Mateman, C. (1997) Extreme modification of sex ratio of the Seychelles Warbler's eggs. *Nature*, **385**, 522–525.

Komdeur, J., Magrath, M.J.L. & Krackow, S. (2002) Pre-ovulation control of hatchling sex ratio in the Seychelles warbler. *Proceedings of the Royal Society of London, Series B*, **269**, 1067–1072.

Kondrashov, A.S. (1988) Deleterious mutations as an evolutionary factor. III Mating preference and some general remarks. *Journal of Theoretical Biology*, **131**, 487–496.

König, B., Riester, J. & Markl, H. (1988) Maternal care in house mice (*Mus musculus*): II. The energy cost of lactation as a function of litter size. *Journal of Zoology*, **216**, 195–210.

Korb, J. (2010) The ecology of social evolution in termites. In: *Ecology of Social Evolution* (eds J Korb & J Heinze). pp. 151–174. Springer-Verlag.

Kraaijeveld, K., Kraaijeveld-Smit, F.J.L. & Komdeur, J. (2007) The evolution of mutual ornamentation. *Animal Behavior*, **74**, 657–677.

Krakauer, A.H. (2005) Kin selection and cooperative courtship in wild turkeys. *Nature*, **434**, 69–72.

Kramer, D.L. (1985) Are colonies supraoptimal groups? *Animal Behavior*, **33**, 1031.

Krams, I., Krama, T., Igaune, K. & Mänd, R. (2008) Experimental evidence of reciprocal altruism in the pied flycatcher. *Behavioral Ecology & Sociobiology*, **62**, 599–605.

Krause, J. (1993a) The effect of 'Schreckstoff' on the shoaling behaviour of the minnow – a test of Hamilton's selfish herd theory. *Animal Behavior*, **45**, 1019–1024.

Krause, J. (1993b) The relationship between foraging and shoal position in a mixed shoal of roach (*Rutilus rutilus*) and chub (*Leuciscus leuciscus*): a field study. *Oecologia*, **93**, 356–359.

Krause, J. & Ruxton, G.D. (2002) *Living in Groups*. Oxford University Press, Oxford.

Krebs, E.A. & Putland, D.A. (2004) Chic chicks: the evolution of chick ornamentation in rails. *Behavioral Ecology*, **15**, 946–951.

Krebs, J.R. 1971. Territory and breeding density in the great tit. *Parus major* L. *Ecology*, **52**, 2–22.

Krebs, J.R. (1990) Food storing birds: adaptive specialisation in brain and behaviour? *Philosophical Transactions of the Royal Society of London. Series B*, **329**, 153–160.

Krebs, J.R. & Dawkins, R. (1984) Animal signals: mind reading and manipulation. In: *Behavioural Ecology: An Evolutionary Approach* (eds J.R. Krebs & N.B. Davies), 2nd edn. pp. 380–402. Blackwell Scientific Publications, Oxford.

Krebs, J.R., MacRoberts, M.H. & Cullen,

J.M. (1972) Flocking and feeding in the great tit Parus major: an experimental study. *Ibis*, **114**, 507–530.

Krebs, J.R., Erichsen, J.T., Webber, M.I. & Charnov, E.L. (1977) Optimal prey selection in the great tit. *Parus major. Animal Behavior*, **25**, 30–38.

Krebs, J.R., Kacelnik, A. & Taylor, P. (1978) Test of optimal sampling by foraging great tits. *Nature*, **275**, 27–31.

Krüger, O. (2011) Brood parasitism selects for no defence in a cuckoo host. *Proceedings of the Royal Society of London, Series B*, **278**, 2777–2783.

Kruuk, H. 1964. Predators and antipredator behaviour of the black headed gull, *Larus ridibundus. Behaviour* (Suppl.), **11**, 1–129.

Kruuk, H. (1972) *The Spotted Hyena*. University of Chicago Press, Chicago, IL.

Kümmerli, R., Helms, K.R. & Keller, L. (2005) Experimental manipulation of queen number affects colony sex ratio investment in the highly polygynous ant *Formica exsecta. Proceedings of the Royal Society of London, Series B*, **272**, 1789–1794.

Lachmann, M., Szamado, S. & Bergstrom, C.T. (2001) Cost and conflict in animal signals and human language. *Proceedings of the National Academy of Sciences USA*, **98**, 13189–13194.

Lack, D. (1947) The significance of clutch-size. Parts 1 and 2. *Ibis*, **89**, 302–352.

Lack, D. (1966) *Population Studies of Birds*. Clarendon Press, Oxford.

Lack, D. (1968) *Ecological Adaptations for Breeding in Birds*. Methuen, London.

Lahti, D.C. (2005) Evolution of bird eggs in the absence of cuckoo parasitism. *Proceedings of the National Academy of Sciences USA*, **102**, 18057–18062.

Lahti, D.C. (2006) Persistence of egg recognition in the absence of cuckoo brood parasitism: pattern and mechanism. *Evolution*, **60**, 157–168.

Laland, K.N. (2008) Animal cultures. *Current Biology*, **18**, R366-R370.

Laland, K.N. & Janik, V.M. (2006) The animal cultures debate. *Trends in Ecology & Evolution*, **21**, 542–547.

Laland, K.N. & Williams, K. (1997) Shoaling generates social learning of foraging information in guppies. *Animal Behavior*, **53**, 1161–1169.

Laland, K.N. & Williams, K. (1998) Social transmission of maladaptive information in the guppy. *Behavioral Ecology*, **9**, 493–499.

Lande, R. (1981) Models of speciation by sexual selection of polygenic traits. *Proceedings of the National Academy of Sciences USA*, **78**, 3721–3725.

Landeau, L. & Terborgh, J. (1986) Oddity and the confusion effect in predation. *Animal Behavior*, **34**, 1372–1380.

Langmore, N.E., Davies, N.B., Hatchwell, B.J. & Hartley, I.R. (1996) Female song attracts males in the alpine accentor, *Prunella collaris. Proceedings of the Royal Society of London, Series B*, **263**, 141–146.

Langmore, N.E., Hunt, S. & Kilner, R.M. (2003) Escalation of a coevolutionary arms race through host rejection of brood parasitic young. *Nature*, **422**, 157–160.

Langmore, N.E., Cockburn, A., Russell, A.F. & Kilner, R.M. (2009) Flexible cuckoo chick-rejection rules in the superb fairy-wren. *Behavioral Ecology*, **20**, 978–984.

Langmore, N.E., Stevens, M., Maurer, G., et al. (2011) Visual mimicry of host nestlings by cuckoos. *Proceedings of the Royal Society of London, Series B*, **278**, 2455–2463.

Lank, D.B., Oring, L.W. & Maxson, S.J. (1985) Mate and nutrient limitation of egg laying in a polyandrous shorebird. *Ecology*, **66**, 1513–1524.

Lank, D.B., Smith, C.M., Hanotte, O.,

Burke, T. & Cooke, F. (1995) Genetic polymorphism for alternative mating behaviour in lekking male ruff *Philomachus pugnax*. *Nature*, **378**, 59–62.

Lank, D.B., Smith, C.M., Hanotte, O., Ohtonen, A., Bailey, S. & Burke, T. (2002) High frequency of polyandry in a lek mating system. *Behavioral Ecology*, **13**, 209–215.

Lazarus, J. & Inglis, I.R. (1986) Shared and unshared parental investment, parent-offspring conflict and brood size. *Animal Behavior*, **34**, 1791–1804.

Leadbeater, E., Carruthers, J.M., Green, J.P., Roser, N.S., & Field, J. (2011) Nest inheritance is the missing source of direct fitness in a primitively eusocial insect. *Nature*, **333**, 874–876.

Le Boeuf, B.J. (1972) Sexual behaviour in the northern elephant seal. *Mirounga angustirostris. Behaviour*, **41**, 1–26.

Le Boeuf, B.J. (1974) Male–male competition and reproductive success in elephant seals. *American Zoologist*, **14**, 163–176.

Le Boeuf, B.J. & Reiter, J. (1988) Lifetime reproductive success in Northern elephant seals. In: *Reproductive Success* (ed. T.H. Clutton-Brock). pp. 344–362. Chicago University Press, Chicago, IL.

Lehmann, L. & Keller, L. (2006) The evolution of cooperation and altruism. A general framework and classification of models. *Journal of Evolutionary Biology*, **19**, 1365–1378.

Leigh, E.G. (1971) *Adaptation and Diversity*. Freeman, Cooper and Company, Cambridge.

Leigh, E.G.J. (1999) *Tropical Forest Ecology: A View from Barro Colorado Island*. Oxford University Press, Oxford.

Leonard, M.L. & Picman, J. (1987) Female settlement in marsh wrens: is it affected by other females? *Behavioral Ecology and Sociobiology*, **21**, 135–140.

Leonard, M.L. & Horn, A.G. (2001) Dynamics of calling by tree swallow (*Tachycineta bicolor*) nestmates. *Behavioral Ecology and Sociobiology*, **50**, 430–435.

Lightbody, J.P. & Weatherhead, P.J. (1988) Female settling patterns and polygyny: tests of a neutral-mate-choice hypothesis. *American Naturalist*, **132**, 20–33.

Lill, A. (1974) Sexual behaviour of the lek-forming white-bearded manakin (*Manacus manacus trinitatis*). *Zeitschrift für Tierpsychologie*, **36**, 1–36.

Lima, S.L. (1984) Downy woodpecker foraging behavior: efficient sampling in simple stochastic environments. *Ecology*, **65**, 166–174.

Lima, S.L. (1986) Predation risk and unpredictable feeding conditions: determinants of body mass in birds. *Ecology*, **67**, 377–385.

Lima, S.L. (1994) On the personal benefits of anti-predator vigilance. *Animal Behavior*, **48**, 734–736.

Lima, S.L. (1998) Stress and decision making under the risk of predation. Recent developments from behavioural, reproductive and ecological perspectives. *Advances in the Study of Behavior*, **27**, 215–290.

Lima, S.L., Valone, T.J. & Caraco, T. (1985) Foraging-efficiency–predation-risk tradeoff in the grey squirrel. *Animal Behavior*, **33**, 155–165.

Lindstedt, C., Lindström, L. & Mappes, J. (2008) Hairiness and warning colours as components of antipredator defence: additive or interactive benefits? *Animal Behavior*, **75**, 1703–1713.

Lindstedt, C., Lindström, L. & Mappes, J. (2009) Thermoregulation constrains effective warning signal expression. *Evolution*, **63**, 469–478.

Lindstedt, C., Talsma, J.H.R., Ihalainen, E., Lindström, L. & Mappes, J. (2010) Diet quality affects warning coloration indirectly: excretion costs in a generalist herbivore. *Evolution*, **64**, 68–78.

Lindström, L., Alatalo, R.V. & Mappes, J. (1997) Imperfect Batesian mimicry – the effects of the frequency and the distastefulness of the model. *Proceedings of the Royal Society of London, Series B*, **264**, 149–153.

Lock, J.E., Smiseth, P.T. & Moore, A.J. (2004) Selection, inheritance and the evolution of parent-offspring interactions. *American Naturalist*, **164**, 13–24.

Lotem, A. (1993) Learning to recognize nestlings is maladaptive for cuckoo *Cuculus canorus* hosts. *Nature*, **362**, 743–745.

Lotem, A., Nakamura, H. & Zahavi, A. (1995) Constraints on egg discrimination and cuckoo-host co-evolution. *Animal Behavior*, **49**, 1185–1209.

Lynch, M. & Walsh, B. (1998) *Genetics and Analysis of Quantitative Traits*. Sinauer Associates, Sunderland, MA.

Lyon, B.E., Montgomerie, R.D. & Hamilton, L.D. (1987) Male parental care and monogamy in snow buntings. *Behavioral Ecology and Sociobiology*, **20**, 377–382.

Lyon, B.E., Eadie, J.M. & Hamilton, L.D. (1994) Parental choice selects for ornamental plumage in American coot chicks. *Nature*, **371**, 240–243.

Lyon, B.E., Chaine, A.S. & Winkler, D.W. (2008) A matter of timing. *Science*, **321**, 1051–1052.

MacColl, A.D.C. & Hatchwell, B.J. (2004) Determinants of lifetime fitness in a cooperative breeder, the long tailed tit *Aegithalos caudatus*. *Journal of Animal Ecology*, **73**, 1137–1148.

Mackinnon, J. (1974) The ecology and behaviour of wild orangutans. *Pongo pygmaeus*. *Animal Behavior*, **22**, 3–74.

MacLean, R.C. & Gudelj, I. (2006) Resource competition and social conflict in experimental populations of yeast. *Nature*, **441**, 498–501.

Madden, J.R. (2002) Bower decorations attract females but provoke other male spotted bowerbirds: males resolve this trade-off. *Proceedings of the Royal Society of London, Series B*, **269**, 1347–1352.

Madden, J.R. (2003a) Bower decorations are good predictors of mating success in the spotted bowerbird. *Behavioral Ecology and Sociobiology*, **53**, 269–277.

Madden, J.R. (2003b) Male spotted bowerbirds preferentially choose, arrange and proffer objects that are good predictors of mating success. *Behavioral Ecology and Sociobiology*, **53**, 263–268.

Magrath, R.D. (1989) Hatch asynchrony and reproductive success in the blackbird. *Nature*, **339**, 536–538.

Magrath, R.D., Pitcher, B.J. & Gardner, J.L. (2007) A mutual understanding? Interspecific responses by birds to each other's aerial alarm calls. *Behavioral Ecology*, **18**, 944–951.

Magrath, R.D., Pitcher, B.J. & Gardner, J.L. (2009) Recognition of other species' aerial alarm calls: speaking the same language or learning another? *Proceedings of the Royal Society of London, Series B*, **276**, 769–774.

Magrath, R.D., Haff, T.M., Horn, A.G. & Leonard, M.L. (2010) Calling in the face of danger: predation risk and acoustic communication by parent birds and their offspring. *Advances in the Study of Behavior*, **41**, 187–253.

Maguire, E.A., Gadian, D.G., Johnsrude, I.S., *et al.* (2000) Navigation-related structural change in the hippocampi of taxi drivers. *Proceedings of the National Academy of Sciences USA*, **97**, 4398–4403.

Magurran, A.E. & Higham, A. (1988) Information transfer across fish shoals under predation threat. *Ethology*, **78**, 153–158.

Magurran, A.E. (1990) The adaptive significance of schooling as an antipredator defence in fish. *Annals of Zoology, Fennica*, **27**, 51–66.

Magurran, A.E. & Seghers, B.H. (1991) Variation in schooling and aggression amongst guppy (*Poecilia reticulata*) populations in Trinidad. *Behaviour*, **118**, 214–234.

Magurran, A.E., Seghers, B.H., Carvalho, G.R. & Shaw, P.W. (1992) Behavioural consequences of an artificial introduction of guppies (*Poecilia reticulata*) in N. Trinidad: evidence for the evolution of antipredator behaviour in the wild. *Proceedings of the Royal Society of London, Series B*, **248**, 117–122.

Major, P.F. (1978) Predator–prey interactions in two schooling fishes. *Caranx ignobilis* and *Stolephorus purpureus*. *Animal Behavior*, **26**, 760–777.

Mallet, J. & Barton, N.H. (1989) Strong natural selection in a warning color hybrid zone. *Evolution*, **43**, 421–431.

Mallet, J. & Gilbert, L.E. (1995) Why are there so many mimcry rings – correlations between habitat, behaviour and mimicry in *Heliconius* butterflies. *Biological Journal of the Linnean Society*, **55**, 159–180.

Mallet, J. & Joron, M. (1999) Evolution of diversity in warning color and mimicry: polymorphisms, shifting balance and speciation. *Annual Review of Ecology and Systematics*, **30**, 201–233.

Mangel, M. & Clark, C.W. (1988) *Dynamic Modelling in Behavioural Ecology*. Princeton University Press, Princeton, NJ.

Manica, A. (2002) Alternative strategies for a father with a small brood: mate, cannibalise or care. *Behavioral Ecology and Sociobiology*, **51**, 319–323.

Manica, A. (2004) Parental fish change their cannibalistic behaviour in response to the cost-to-benefit ratio of parental care. *Animal Behavior*, **67**, 1015–1021.

Manser, M.B. (1999) Response of foraging group members to sentinel calls in suricates *Suricata suricatta*. *Proceedings of the Royal Society of London, Series B*, **266**, 1013–1019.

Manser, M.B. (2001) The acoustic structure of suricates' alarm calls varies with predator type and the level of response urgency. *Proceedings of the Royal Society of London, Series B*, **268**, 2315–2324.

Mappes, J., Marples, N. & Endler, J.A. (2005) The complex business of survival by aposematism. *Trends in Ecology & Evolution*, **20**, 598–603.

Marples, N.M. & Kelly, D.J. (1999) Neophobia and dietry conservatism: two distinct processes? *Evolutionary Ecology*, **13**, 641–53.

Marsh, B., Schuck-Paim, C. & Kacelnik, A. (2004) Energetic state during learning affects foraging choices in starlings. *Behavioral Ecology*, **15**, 396–399.

Marshall, N.J. (2000) Communication and camouflage with the same 'bright' colours in reef fishes. *Philosophical Transactions of the Royal Society of London. Series B*, **355**, 1243–1248.

Martin, S.J., Chaline, N.G., Ratnieks, F.L.W. & Jones, G.R. (2005) Searching for the egg-marking signal in honeybees. *Journal of Negative Results*, **2**, 1–9.

Marzluff, J.M., Heinrich, B. & Marzluff, C.S. (1996) Raven roosts are mobile information centres. *Animal Behavior*, **51**, 89–103.

Mateo, J.M. (2002) Kin-recognition abilities and nepotism as a function of sociality. *Proceedings of the Royal Society of London, Series B*, **269**, 721–727.

Mateo, J.M. & Holmes, W.G. (2004) Cross-fostering as a means to study kin recognition. *Animal Behaviour*, **68**, 1451–1459.

Maynard Smith, J. (1956) Fertility, mating behaviour and sexual selection in *Drosophila subobscura*. *Journal of Genetics*, **54**, 261–279.

Maynard Smith, J. (1964) Group selection and kin selection. *Nature*, **201**, 1145–1147.

Maynard Smith, J. (1976a) Group selection. *Quarterly Review of Biology*, **51**, 277–283.

Maynard Smith, J. (1976b) Sexual selection and the handicap principle. *Journal of Theoretical Biology*, **57**, 239–242.

Maynard Smith, J. (1977) Parental investment – a prospective analysis. *Animal Behavior*, **25**, 1–9.

Maynard Smith, J. (1982) *Evolution and the Theory of Games*. Cambridge University Press, Cambridge.

Maynard Smith, J. & Harper, D. (2003) *Animal Signals*. Oxford University Press, Oxford.

Maynard Smith, J. & Price, G.R. 1973. The logic of animal conflict. *Nature*, **246**, 15–18.

Maynard Smith, J. & Szathmary, E. (1995) *The Major Transitions in Evolution*. W.H. Freeman, Oxford.

McCabe, J. & Dunn, A.M. (1997) Adaptive significance of environmental sex determination in an amphipod. *Journal of Evolutionary Biology*, **10**, 515–527.

McClintock, W.J. & Uetz, G.W. (1996) Female choice and pre-existing bias: visual cues during courtship in two *Schizocosa* wolf spiders (Araneae: Lycosidae). *Animal Behavior*, **52**, 167–181.

McDonald, D.B. (2010) A spatial dance to the music of time in the leks of long-tailed manakins. *Advances in the Study of Behaviour*, **42**, 55–81.

McDonald, D.B. & Potts, W.K. (1994) Cooperative display and relatedness among males in a lek-mating bird. *Science*, **266**, 1030–1032.

McNamara, J.M. & Houston, A.I. (1990) The value of fat reserves and the trade-off between starvation and predation. *Acta Biotheoretica*, **38**, 37–61.

McNamara, J.M. & Houston, A.I. (1992) Evolutionarily stable levels of vigilance as a function of group size. *Animal Behavior*, **43**, 641–658.

McNamara, J.M., Gasson, C. & Houston, A.I. (1999) Incorporating rules for responding into evolutionary games. *Nature*, **401**, 368–371.

Mehdiabadi, N.J., Jack, C.N., Farnham, T.T., *et al.* (2006) Kin preference in a social microbe. *Nature*, **442**, 881–882.

Merrill, R.M. & Jiggins, C.D. (2009) Müllerian mimicry: sharing the load reduces the legwork. *Current Biology*, **19**, R687-R689.

Mery, F., Belay, A.T., So, A.K.-C., Sokolowski, M.B. & Kawecki, T.J. (2007) Natural polymorphism affecting learning and memory in *Drosophila*. *Proceedings of the National Academy of Sciences USA*, **104**, 13051–13055.

Mesterton-Gibbons, M. & Dugatkin, L.A. (1999) On the evolution of delayed recruitment. *Behavioral Ecology*, **10**, 377–390.

Metcalf, R. A. (1980) Sex ratios, parent-offspring conflict, and local competition for mates in the social wasps *Polistes metricus* and *Polistes variatus*. *American Naturalist*, **116**, 642–654.

Michl, G., Török, J., Griffith, S.C. & Sheldon, B.C. (2002) Experimental analysis of sperm competition mechanisms in a wild bird population. *Proceedings of the National Academy of Sciences USA*, **99**, 5466–5470.

Miles, D.B., Sinervo, B. & Frankino, W.A. (2000) Reproductive burden, locomotor performance and the cost of reproduction in free ranging lizards. *Evolution*, **54**, 1386–1395.

Milinski, M. (1979) An evolutionarily stable feeding strategy in sticklebacks. *Zeitschrift für Tierpsychologie*, **51**, 36–40.

Milinski, M. (1984) A predator's cost of overcoming the confusion effect of swarming prey. *Animal Behavior*, **32**, 1157–1162.

Milinski, M. (2006a) The major histocompatibility complex, sexual selection, and mate choice. *Annual Review of Ecology, Evolution and Systematics*, **37**, 159–186.

Milinski, M. (2006b) Stabilizing the Earth's climate is not a losing game: supporting evidence from public goods experiments. *Proceedings of the National Academy of Sciences USA*, **103**, 3994–3998.

Milinski, M. & Bakker, T.C.M. (1990) Female sticklebacks use male coloration in mate choice and hence avoid parasitized males. *Nature*, **344**, 330–333.

Milinski, M. & Heller, R. (1978) Influence of a predator on the optimal foraging behaviour of sticklebacks (*Gasterosteus aculeatus*). *Nature*, **275**, 642–644.

Milinski, M. & Parker, G.A. (1991) Competition for resources. In: *Behavioural Ecology: an Evolutionary Approach* (eds J.R. Krebs & N.B. Davies), 3rd edn. pp. 137–168. Blackwell Scientific Publications, Oxford.

Mock, D.W. (2004) *More than Kin and Less than Kind: The evolution of family conflict.* Harvard University Press, Cambridge, MA.

Mock, D.W. & Parker, G.A. (1997) *The Evolution of Sibling Rivalry.* Oxford University Press, Oxford.

Moczek, A.P. & Emlen, D.J. (2000) Male horn dimorphism in the scarab beetle, Onthophagus taurus: do alternative reproductive tactics favour alternative phenotypes? *Animal Behavior*, **59**, 459–466.

Moksnes, A., Røskaft, E., Braa, A.T., Korsnes, L., Lampe, H.M. & Pedersen, H.Ch. (1991) Behavioural responses of potential hosts towards artificial cuckoo eggs and dummies. *Behaviour*, **116**, 64–89.

Møller, A.P. (1988) Female choice selects for male sexual tail ornaments in the monogamous swallow. *Nature*, **332**, 640–642.

Møller, A.P. (1989) Viability costs of male tail ornaments in a swallow. *Nature*, **339**, 132–135.

Molloy, P.P., Goodwin, N.B., Côté, I.M., Reynolds, J.D. & Gage, M.J.G. (2007) Sperm competition and sex change: a comparative analysis across fishes. *Evolution*, **61**, 640–652.

Monaghan, P. & Nager, R.G. (1997) Why don't birds lay more eggs? *Trends in Ecology & Evolution*, **12**, 270–274.

Moore, T. & Haig, D. (1991) Genomic imprinting in mammalian development: a parental tug-of-war. *Trends in Genetics*, **7**, 45–59.

Mosser, A. & Packer, C. (2009) Group territoriality and the benefits of sociality in the African lion, *Panthera leo*. *Animal Behavior*, **78**, 359–370.

Mottley, K. & Giraldeau, L-A. (2000) Experimental evidence that group foragers can converge on predicted producer-scrounger equilibria. *Animal Behavior*, **60**, 341–350.

Mueller, U.G. (1991) Haplodiploidy and the evolution of facultive sex ratios in a primitively eusocial bee. *Science*, **254**, 442–444.

Mueller, U.G., Gerardo, N.M. Aanen, D.K., Six, D.L. & Schultz, T.R. (2005) The evolution of agriculture in insects. *Annual Review of Ecology, Evolution and Systematics*, **36**, 563–595.

Mulder, R.A. & Langmore, N.E. (1993) Dominant males punish helpers for temporary defection in superb fairy wrens. *Animal Behaviour*, **45**, 830–833.

Müller, F. (1878) Über die Vortheile der Mimicry bei Schmetterlingen. *Zoologischer Anzeiger*, **1**, 54–55.

Müller, J.K., Braunisch, V., Hwang, W. & Eggert, A-K. (2006) Alternative tactics and individual reproductive success in natural associations of the burying beetle, *Nicrophorus vespilloides*. *Behavioral Ecology*, **18**, 196–203.

Munday, P.L., Buston, P.M. & Warner, R.R. (2006) Diversity and flexibility of sex-change strategies in animals. *Trends in Ecology & Evolution*, **21**, 89–95.

Mundy, N.I., Badcock, N.S., Hart, T., Scribner, K., Janssen, K. & Nadeau, N. (2004) Conserved genetic basis of a quantitative plumage trait involved in mate choice. *Science*, **303**, 1870–1873.

Murray, M.G. (1987) The closed environment of the fig receptacle and its influence on male conflict in the Old World fig wasp *Philotrypesis pilosa*. *Animal Behavior*, **35**, 488–506.

Nachman, M.W., Hoekstra, H.E. & D'Agostino, S.L. (2003) The genetic basis of adaptive melanism in pocket mice. *Proceedings of the National Academy of Sciences USA*, **100**, 5268–5273.

Nakagawa, S., Ockendon, N., Gillespie, D.O.S., Hatchwell, B.J. & Burke, T. (2007) Assesssing the function of house sparrows' bib size using a flexible meta-analysis method. *Behavioral Ecology*, **18**, 831–840.

Nakamura, M. (1990) Cloacal protuberance and copulatory behaviour of the alpine accentor (*Prunella collaris*). *Auk*, **107**, 284–295.

Nakatsuru, K. & Kramer, D.L. (1982) Is sperm cheap? Limited male fertility and female choice in the lemon tetra (Pisces: Characidae). *Science*, **216**, 753–755.

Neff, B.D. (2003) Decisions about parental care in response to perceived paternity. *Nature*, **422**, 716–719.

Neill, S.R.St.J. & Cullen, J.M. (1974) Experiments on whether schooling by their prey affects the hunting behaviour of cephalods and fish predators. *Journal of Zoology*, **172**, 549–569.

Nelson, X.J. & Jackson, R.R. (2006) Compound mimicry and trading predators by the males of sexually dimorphic Batesian mimics. *Proceedings of the Royal Society of London, Series B*, **273**, 367–372.

Nesse, R.M. & Williams, G.C. (1996) *Why we get sick*. Random House, London.

Nettle, D. (2009) *Evolution and Genetics for Psychology*. Oxford University Press, Oxford.

Neuman, C.R., Safran, R.J. & Lovette, I.J. (2007) Male tail streamer length does not predict apparent or genetic reproductive success in North American barn swallows *Hirundo rustica erythrogaster*. *Journal of Avian Biology*, **38**, 28–36.

Nichols, H.J., Amos, W., Cant, M.A., Bell, M.B.V. & Hodge, S.J. (2010) Top males gain high reproductive success by guarding more successful females in a cooperatively breeding mongoose. *Animal Behavior*, **80**, 649–657.

Nonacs, P. (1986) Ant reproductive strategies and sex allocation theory. *Quarterly Review of Biology*, **61**, 1–21.

Norberg, A.K. (1994) Swallow tail streamer is a mechanical device for self deflection of tail leading edge, enhancing aerodynamic efficiency and flight manoeuvrability. *Proceedings of the Royal Society of London, Series B*, **257**, 227–233.

Norris, K. & Evans, M.R. (2000) Ecological immunity: life history trade-offs and immune defence in birds. *Behavioral Ecology*, **11**, 19–26.

Nowak, M.A. (2006) Five rules for the evolution of cooperation. *Science*, **314**, 1560–1563.

Nowak, M.A. & Sigmund, K. (2002) Bacterial game dynamics. *Nature*, **418**, 138–139.

Nowak, M.A., Tarnita, C.E. & Wilson, E.O. (2010) The evolution of eusociality. *Nature*, **466**, 1057–1062.

Nunn, C.L. (1999) The evolution of exaggerated sexual swellings in primates and the graded-signal hypothesis. *Animal Behavior*, **58**, 229–246.

Nur, U. (1970) Evolutionary rates of models and mimics in Batesian mimicry. *American Naturalist*, **104**, 477–486.

Nussey, D.H., Postma, E., Gienapp, P. & Visser, M.E. (2005) Selection on heritable phenotypic plasticity in a wild bird population. *Science*, **310**, 304–306.

Ohguchi, O. (1978) Experiments on the selection against colour oddity of water fleas by three-spined sticklebacks. *Zeitschrift für Tierpsychologie*, **47**, 254–267.

Olsson, M., Madsen, T. & Shine, R. (1997) Is sperm really so cheap? Costs of reproduction in male adders, *Vipera berus*. *Proceedings of the Royal Society of London, Series B*, **264**, 455–459.

Orians, G.H. (1969) On the evolution of mating systems in birds and mammals. *American Naturalist*, **103**, 589–603.

Oring, L.W. (1982) Avian mating systems. In: *Avian Biology* (eds D.S. Farner & J.R. King), Vol. 6. pp. 1–92. Academic Press, London.

Osborne, K.A., Robichon, A., Burgess, E., et al. (1997) Natural behaviour polymorphism due to a cGMP-dependent protein kinase of *Drosophila*. *Science*, **277**, 834–836.

Owen, D.F. (1954) The winter weights of titmice. *Ibis*, **96**, 299–309.

Owens, I.P.F. & Bennett, P.M. (1997) Variation in mating systems among birds: ecological basis revealed by hierarchical comparative analysis. *Proceedings of the Royal Society of London, Series B*, **264**, 1103–1110.

Owens, I.P.F. & Hartley, I.R. (1998) Sexual dimorphism in birds: why are there so many different forms of dimorphism? *Proceedings of the Royal Society of London, Series B*, **265**, 397–407.

Owen-Smith, N. (1977) On territoriality in ungulates and an evolutionary model. *Quarterly Review of Biology*, **52**, 1–38.

Packer, C. (1977) Reciprocal altruism in *Papio anubis*. *Nature*, **265**, 441–443.

Packer, C. & Pusey, A.E. (1983a) Male takeovers and female reproductive parameters: a simulation of oestrus synchrony in lions (*Panthera leo*). *Animal Behavior*, **31**, 334–340.

Packer, C. & Pusey, A.E. (1983b) Adaptations of female lions to infanticide by incoming males. *American Naturalist*, **121**, 716–728.

Packer, C., Scheel, D. & Pusey, A.E. (1990) Why lions form groups: food is not enough. *American Naturalist*, **136**, 1–19.

Packer, C., Gilbert, D.A., Pusey, A.E. & O'Brien, S.J. (1991) A molecular genetic analysis of kinship and cooperation in African lions. *Nature*, **351**, 562–565.

Pagel, M. (1993) Honest signalling among gametes. *Nature*, **363**, 539–541.

Pagel, M. (1994) Detecting correlated evolution on phylogenies: a general method for the comparative analysis of discrete characters. *Proceedings of the Royal Society of London, Series B*, **255**, 37–45.

Pagel, M. & Meade, A. (2006) Bayesian analysis of correlated evolution of discrete characters by reversible-jump Markov chain Monte Carlo. *American Naturalist*, **167**, 808–825.

Paley, W. (1802) *Natural Theology*. Wilks & Taylor.

Palmer, A.R. (1999) Detecting publication bias in meta-analysis: a case study of fluctuating asymmetry and sexual selection. *American Naturalist*, **154**, 220–

233.

Parker, G.A. (1970a) Sperm competition and its evolutionary effect on copula duration in the fly *Scatophaga stercoraria*. *Journal of Insect Physiology*, **16**, 1301–1328.

Parker, G.A. (1970b) The reproductive behaviour and the nature of sexual selection in *Scatophaga stercoraria* L. (Diptera: Scatophagidae). II. The fertilization rate and the spatial and temporal relationships of each sex around the site of mating and oviposition. *Journal of Animal Ecology*, **39**, 205–228.

Parker, G.A. (1970c) Sperm competition and its evolutionary consequences in the insects. *Biological Reviews*, **45**, 525–567.

Parker, G.A. (1979) Sexual selection and sexual conflict. In: *Sexual Selection and Reproductive Competition in Insects* (eds M.S. Blum & N.A. Blum). pp. 123–166. Academic Press, New York.

Parker, G.A. (1982) Why are there so many tiny sperm? Sperm competition and the maintenance of two sexes. *Journal of Theoretical Biology*, **96**, 281–294.

Parker, G.A. (2006) Sexual conflict over mating and fertilisation: an overview. *Philosophical Transactions of the Royal Society of London. Series B*, **361**, 235–259.

Parker, G.A. & Maynard Smith, J. (1990) Optimality theory in evolutionary biology. *Nature*, **348**, 27–33.

Parker, G.A. & Stuart, R.A. (1976) Animal behaviour as a strategy optimiser: evolution of resource assessment strategies and optimal emigration thresholds. *American Naturalist*, **110**, 1055–1076.

Parker, G.A. & Sutherland, W.J. (1986) Ideal free distributions when individuals differ in competitive ability: phenotype-limited ideal free models. *Animal Behavior*, **34**, 1222–1242.

Parker, G.A., Baker, R.R. & Smith, V.C.F. (1972) The origin and evolution of gamete dimorphism and the male–female phenomenon. *Journal of Theoretical Biology*, **36**, 529–553.

Parker, G.A., Royle, N.J. & Hartley, I.R. (2002) Intrafamilial conflict and parental investment: a synthesis. *Philosophical Transactions of the Royal Society of London. Series B*, **357**, 295–307.

Passera, L., Aron, S., Vargo, E.L. & Keller, L. (2001) Queen control of sex ratio in fire ants. *Science*, **293**, 1308–1310.

Pen, I. & Weissing, F. J. (2000) Sex ratio optimization with helpers at the nest. *Proceedings of the Royal Society of London, Series B*, **267**, 539–544.

Perrins, C.M. 1965. Population fluctuations and clutch size in the great tit. *Parus major*. L. *Journal of Animal Ecology*, **34**, 601–647.

Persson, O. & Öhström, P. (1989) A new avian mating system: ambisexual polygamy in the penduline tit *Remiz pendulinus*. *Ornis Scandinavica*, **20**, 105–111.

Peterson, C.C., Nagy, K.A. & Diamond, J. (1990) Sustained metabolic scope. *Proceedings of the National Academy of Sciences USA*, **87**, 2324–2328.

Petrie, M. (1994) Improved growth and survival of offspring of peacocks with more elaborate trains. *Nature*, **371**, 598–599.

Petrie, M. & Williams, A. (1993) Peahens lay more eggs for peacocks with larger trains. *Proceedings of the Royal Society of London, Series B*, **251**, 127–131.

Petrie, M., Halliday, T. & Sanders, C. (1991) Peahens prefer peacocks with elaborate trains. *Animal Behavior*, **41**, 323–331.

Pettifor, R.A., Perrins, C.M. & McCleery, R.H. (1988) Individual optimization of clutch size in great tits. *Nature*, **336**, 160–162.

Pfennig, D.W. & Collins, J.P. (1993) Kinship affects morphogenesis in cannibalistic salamanders. *Nature*, **362**, 836–838.

Pfennig, D.W., Collins, J.P. & Ziemba, R.E. (1999) A test of alternative hypotheses for kin recognition in cannibalistic tiger salamanders. *Behavioral Ecology*, **10**, 436–443.

Pfennig, D.W., Harcombe, W.R. & Pfennig, K.S. (2001) Frequency-dependent Batesian mimicry: predators avoid look-alikes of venomous snakes only when the real thing is around. *Nature*, **410**, 323.

Pianka, E.R. & Parker, W.S. (1975) Age-specific reproductive tactics. *American Naturalist*, **109**, 453–464.

Pietrewicz, A.T. & Kamil, A.C. (1979) Search image formation in the blue jay (*Cyanocitta cristata*). *Science*, **204**, 1332–1333.

Pietrewicz, A.T. & Kamil, A.C. (1981) Search images and the detection of cryptic prey: an operant approach. In: *Foraging Behavior: Ecological, Ethological and Psychological Approaches* (eds A.C. Kamil & T.D. Sargent). pp. 311–332. Garland STPM Press, New York.

Pizzari, T. & Birkhead, T.R. (2000) Female feral fowl eject sperm of subdominant males. *Nature*, **405**, 787–789.

Pizzari, T. & Foster, K.R. (2008) Sperm sociality: cooperation, altruism and spite. *PLoS Biology*, **6**, e130.

Pizzari, T. Cornwallis, C.K., Løvlie, H., Jakobsson, S. & Birkhead, T.R. (2003) Sophisticated sperm allocation in male fowl. *Nature*, **426**, 70–74.

Plowright, R.C., Fuller, G.A. & Paloheimo, J.E. (1989) Shell-dropping by Northwestern crows: a re-examination of an optimal foraging study. *Canadian Journal of Zoology*, **67**, 770–771.

van de Pol, M., Heg, D., Bruinzeel, L.W., Kuijper, B. & Verhulst, S. (2006) Experimental evidence for a causal effect of pair-bond duration on reproductive performance in oystercatchers (*Haematopus ostralegus*). *Behavioral Ecology*, **17**, 982–991.

Pomiankowski, A., Iwasa, Y. & Nee, S. (1991) The evolution of costly mate preferences. I. Fisher and biased mutation. *Evolution*, **45**, 1422–1430.

Pompilio, L., Kacelnik, A. & Behmer, S.T. (2006) State-dependent learned valuation drives choice in an invertebrate. *Science*, **311**, 1613–1615.

Powell, S. & Franks, N.R. (2007) How a few help all: living pothole plugs speed prey delivery in the army ant *Eciton burchellii*. *Animal Behaviour*, **73**, 1067–1076.

Prager, M. & Andersson, S. (2009) Phylogeny and evolution of sexually selected tail ornamentation in widowbirds and bishops (*Euplectes* spp.). *Journal of Evolutionary Biology*, **22**, 2068–2076.

Pratt, S.C. (2005) Quorum sensing by encounter rates in the ant *Temnothorax albipennis*. *Behavioral Ecology*, **16**, 488–496.

Pratt, S.C., Mallon, E.B., Sumpter, D.J.T. & Franks, N.R. (2002) Quorum sensing, recruitment, and collective decision-making during colony emigration by the ant *Leptothorax albipennis*. *Behavioral Ecology and Sociobiology*, **52**, 117–127.

Provine, W.B. (1971) *The Origins of Theoretical Population Genetics*. Chicago University Press, Chicago, IL.

Pravosudov, V.V. (1985) Search for and storage of food by *Parus cinctus lapponicus* and *P. montanus borealis* (Paridae). *Zoologicheskii Zhurnal*, **64**, 1036–1043.

Pravosudov, V.V. & Lucas, J.R. (2001) A dynamic model of short-term energy management in small food-caching and non-caching birds. *Behavioral Ecology*,

12, 207–218.

Pravosudov, V.V. & Smulders, T.V. (2010) Integrating ecology, psychology and neurobiology within a food-hoarding paradigm. *Philosophical Transactions of the Royal Society of London. Series B*, **365**, 859–867.

Pravosudov, V.V., Kitasysky, A.S. & Ormanska, A. (2006) The relationship between migratory behaviour, memory and the hippocampus. *Proceedings of the Royal Society of London, Series B*, **273**, 2641–2649.

Pribil, S. (2000) Experimental evidence for the cost of polygyny in the red-winged blackbird *Agelaius phoeniceus*. *Behaviour*, **137**, 1153–1173.

Pribil, S. & Picman, J. (1996) Polygyny in the red-winged blackbird: do females prefer monogamy or polygamy? *Behavioral Ecology and Sociobiology*, **38**, 183–190.

Pribil, S. & Searcy, W.A. (2001) Experimental confirmation of the polygyny threshold model for red-winged blackbirds. *Proceedings of the Royal Society of London, Series B*, **268**, 1643–1646.

Price, T. (2008) *Speciation in Birds*. Roberts and Co., Greenwood Village, CO.

Prins, H.H.T. (1996) *Ecology and Behaviour of the African Buffalo*. Chapman & Hall.

Prum, R.O. (1997) Phylogenetic tests of alternative intersexual selection mechanisms: trait macroevolution in a polygynous clade (Aves: Pipridae). *American Naturalist*, **149**, 668–692.

Pryke, S.R., Andersson, S. & Lawes, M.J. (2001) Sexual selection of multiple handicaps in red-collared widowbirds: female choice of tail length but not carotenoid display. *Evolution*, **55**, 1452–1463.

Pryke, S.R., Andersson, S., Lawes, M.J. & Piper, S.E. (2002) Carotenoid status signalling in captive and wild red-collared widowbirds: independent effects of badge size and colour. *Behavioral Ecology*, **13**, 622–631.

Pulido, F. (2007) The genetics and evolution of avian migration. *BioScience*, **57**, 165–174.

Pulido, F., Berthold, P. & van Noordwijk, A.J. (1996) Frequency of migrants and migratory activity are genetically correlated in a bird population: evolutionary implications. *Proceedings of the National Academy of Sciences USA*, **93**, 14642–14647.

Pulliam, H.R. 1973. On the advantages of flocking. *Journal of Theoretical Biology*, **38**, 419–422.

Purvis, A. (1995) A composite estimate of primate phylogeny. *Philosophical Transactions of the Royal Society of London. Series B*, **348**, 405–421.

Queller, D.C. (1989) The evolution of eusociality: reproductive head start of workers. *Proceedings of the National Academy of Sciences USA*, **86**, 3224–3226.

Queller, D.C. (1992) Quantitative genetics, inclusive fitness, and group selection. *American Naturalist*, **139**, 540–558.

Queller, D.C. (1994) Extended parental care and the origin of eusociality. *Proceedings of the Royal Society of London, Series B*, **256**, 105–111.

Queller, D.C. (1994) Genetic relatedness in viscous populations. *Evolutionary Ecology*, **8**, 70–73.

Queller, D.C. (1995) The spaniels of st. marx and the panglossian paradox: a critique of a rhetorical programme. *Quarterly Review of Biology*, **70**, 485–489.

Queller, D.C. (1996) The measurement and meaning of inclusive fitness. *Animal Behaviour*, **51**, 229–232.

Queller, D.C. (1997) Why do females care

more than males? Proceedings of the Royal Society of London, Series B, **264**, 1555–1557.

Queller, D.C. (2000) Relatedness and the fraternal major transitions. *Philosophical Transactions of the Royal Society of London. Series B*, **355**, 1647–1655.

Queller, D.C. & Goodnight, K.F. (1989) Estimating relatedness using genetic markers. *Evolution*, **43**, 258–275.

Queller, D.C. & Strassmann, J.E. (1998) Kin selection and social insects. *BioScience*, **48**, 165–175.

Queller, D.C., Ponte, E., Bozzaro, S. & Strassmann, J.E. (2003) Single-gene greenbeard effects in the social amoeba *Dictostelium discoideum. Science*, **299**, 105–106.

Queller, D.C., Zacchi, F., Cervo, R., *et al.* (2000) Unrelated helpers in a social insect. *Nature*, **405**, 784–787.

Raby, C.R., Alexis, D.M, Dickinson, A. & Clayton, N.S. (2007) Planning for the future by western scrub jays. *Nature*, **445**, 919–921.

Radford, A.N. & Ridley, A.R. (2008) Close calling regulates spacing between foraging competitors in the group-living pied babbler. *Animal Behavior*, **75**, 519–527.

Radford, A.N., Bell, M.B.V., Hollen, L.I. & Ridley, A.R. (2011) Singing for your supper: sentinel calling by kleptoparasites can mitigate the cost to victims. *Evolution*, **65**, 900–6.

Raihani, N.J., Grutter, A.S. & Bshary, R. (2010) Punishers benefit from third-party punishment in fish. *Science*, **327**, 171.

Rands, S.A., Cowlishaw, G., Pettifor, R.A., Rowcliffe, J.M. & Johnstone, R.A. (2003) Spontaneous emergence of leaders and followers in foraging pairs. *Nature*, **423**, 432–434.

Ratnieks, F.L.W. (1988) Reproductive harmony via mutual policing by workers in eusocial Hymenoptera. *American Naturalist*, **132**, 217–236.

Ratnieks, F.L.W. & Visscher, P.W. (1989) Worker policing in the honeybee. *Nature*, **342**, 796–797.

Ratnieks, F.L.W., Foster, K.R. & Wenseleers, T. (2006) Conflict resolution in insect societies. *Annual Review of Entomology*, **51**, 581–608.

Raymond, M., Pontier, D., Dufour, A-B. & Møller, A.P. (1996) Frequency-dependent maintenance of left-handedness in humans. *Proceedings of the Royal Society of London, Series B*, **263**, 1627–1633.

Read, A.F., Anwar, M., Shutler, D. & Nee, S. (1995) Sex allocation and population structure in malaria and related parasitic protozoa. *Proceedings of the Royal Society of London, Series B*, **260**, 359–363.

Read, A.F., Mackinnon, M.J., Anwar, M.A. & Taylor, L.H. (2002) Kin selection models as evolutionary explanations of malaria. In: *Adaptive Dynamics of Infectious Diseases: In Pursuit of Virulence Management* (eds U. Dieckmann, J.A.J. Metz, M.W. Sabelis & K. Sigmund), pp. 165–178 Cambridge University Press, Cambridge.

Réale, D., Reader, S.M., Sol, D., McDougall, P.T. & Dingemanse, N.J. (2007) Integrating animal temperament within ecology and evolution. *Biological Reviews*, **82**, 291–318.

Reboreda, J.C., Clayton, N.S. & Kacelnik, A. (1996) Species and sex differences in hippocampus size in parasitic and nonparasitic cowbirds. *Neuroreport*, **7**, 505–508.

Reby, D. & McComb, K. (2003) Anatomical constraints generate honesty: acoustic cues to age and weight in the roars of red deer stags. *Animal Behaviour*, **65**, 519–530.

Reby, D., McComb K., Cargnelutti B., Darwin C, Fitch W.T. & Clutton-Brock

T.H. (2005) Red deer stags use formants as assessment cues during intrasexual agonistic interactions. *Proceedings of the Royal Society of London, Series B,* **272**, 941–947.

Reece, S.E., Drew, D.R. & Gardner, A. (2008) Sex ratio adjustment and kin discrimination in malaria parasites. *Nature,* **453**, 609–614.

Reeve, H.K. (1989) The evolution of conspecific acceptance thresholds. *American Naturalist,* **133**, 407–435.

Reeve, H.K. (2000) A transactional theory of within-groups conflict. *American Naturalist,* **155**, 365–382.

Reeve, H.K. & Keller, L. (1995) Partitioning of reproduction in mother-daughter versus sibling associations: a test of optimal skew theory. *American Naturalist,* **145**, 119–132.

Reeve, H.K. & Sherman, P.W. (1993) Adaptation and the goals of evolutionary research. *Quarterly Review of Biology,* **68**, 1–32.

Rendall, D., Owren, M.J. & Ryan, M.J. (2009) What do animal signals mean? *Animal Behaviour,* **78**, 233–240.

Reusch, T.B.H., Häberli, M.A., Aeschlimann, P.B. & Milinski, M. (2001) Female sticklebacks count alleles in a strategy of sexual selection explaining MHC polymorphism. *Nature,* **414**, 300–302.

Reynolds, J.D. (1987) Mating system and nesting biology of the red-necked phalarope *Phalaropus lobatus*: what constrains polyandry? *Ibis,* **129**, 225–242.

Reynolds, J.D., Goodwin, N.B. & Freckleton, R.P. (2002) Evolutionary transitions in parental care and live bearing in vertebrates. *Philosophical Transactions of the Royal Society of London. Series B,* **357**, 269–281.

van Rhijn, J.G. (1973) Behavioural dimorphism in male ruffs *Philomachus pugnax* (L.). *Behaviour,* **47**, 153–229.

Rice, W.R. (1996) Sexually antagonistic male adaptation triggered by experimental arrest of female evolution. *Nature,* **381**, 232–234.

Richardson, D.S., Burke, T. & Komdeur, J. (2002) Direct benefits and the evolution of female-biased cooperative breeding in Seychelles warblers. *Evolution,* **56**, 2313–2321.

Richardson, D.S., Burke, T. & Komdeur, J. (2003) Sex-specific associative learning cues and inclusive fitness benefits in the Seychelles warbler. *Journal of Evolutionary Biology,* **16**, 854–861.

Richardson, T.O., Sleeman, P.A., McNamara, J.M., Houston, A.I. & Franks, N.R. (2007) Teaching with evaluation in ants. *Current Biology,* **17**, 1520–1526.

Richner, H. & Heeb, P. (1996) Communal life: honest signalling and the recruitment centre hypothesis. *Behavioral Ecology,* **7**, 115–119.

Ridley, M. (1989) The cladistic solution to the species problems. *Biology and Philosophy,* **4**, 1–16.

Riechert, S.E. (1978) Games spiders play: behavioral variability in teritorial disputes. *Behavioral Ecology and Sociobiology,* **3**, 135–162.

Riechert, S.E. (1984) Games spiders play. III. Cues underlying context-associated changes in agonistic behavior. *Animal Behaviour,* **32**, 1–15.

Riipi, M., Alatalo, R.V., Lindström, L. & Mappes, J. (2001) Multiple benefits of gregariousness cover detectability costs in aposematic aggregations. *Nature,* **413**, 512–514.

Rippin, A.B. & Boag, D.A. (1974) Spatial organization among male sharp-tailed grouse on arenas. *Canadian Journal of Zoology,* **52**, 591–597.

Roberts, G. (1996) Why vigilance declines as group size increases. *Animal Behavior,* **51**, 1077–1086.

Robertson, B.C., Elliot, G.P., Eason, D.K., Clout, M.N. & Gemmell, N.J. (2006) Sex allocation theory aids species conservation. *Biology Letters*, **2**, 229–231.

Robertson, K.A. & Monteiro, A. (2005) Female *Bicyclus anynana* butterflies choose males on the basis of their dorsal U-V reflective eyespot pupils. *Proceedings of the Royal Society of London, Series B*, **272**, 1541–1546.

Robinson, G.E., Fernald, R.D. & Clayton, D.F. (2008) Genes and social behaviour. *Science*, **322**, 896–900.

Robinson, S.K. (1986) The evolution of social behaviour and mating systems in the blackbirds (Icterinae). In: *Ecological Aspects of Social Evolution* (eds D.I. Rubenstein & R.W. Wrangham). pp. 175–200. Princeton University Press, Princeton, NJ.

Rodriguez-Girones, M.A. & Lotem, A. (1999) How to detect a cuckoo egg: a signal detection theory model for recognition and learning. *American Naturalist*, **153**, 633–648.

Rohwer, S. (1978) Parent cannibalism of offspring and egg raiding as a courtship strategy. *American Naturalist*, **112**, 429–440.

Rohwer, S. & Rohwer, F.C. (1978) Status signalling in Harris sparrows: experimental deceptions achieved. *Animal Behavior*, **26**, 1012–1022.

Roper, T.J. & Redston, S. (1987) Conspicuousness of distasteful prey affects the strength and durability of one-trial avoidance learning. *Animal Behavior*, **35**, 739–747.

Rosenqvist, G. (1990) Male mate choice and female-female competition for mates in the pipefish *Nerophis ophidion*. *Animal Behavior*, **39**, 1110–1116.

Roth, T.C., II, Brodin. A., Smulders, T.V., LaDage, L.D. & Pravosudov, V.V. (2010) Is bigger always better? A critical appraisal of the use of volumetric analysis in the study of the hippocampus. *Philosophical Transactions of the Royal Society of London. Series B*, **365**, 915–931.

Roth, T.C., II., LaDage, L.D. & Pravosudov, V.V. (2011) Variation in hippocampal morphology along an environmental gradient: controlling for the effects of daylength. *Proceedings of the Royal Society of London, Series B*, **278**, 2662–2667.

Rothstein, S.I. (1982) Mechanisms of avian egg recognition: which egg parameters elicit responses by rejector species? *Behavioral Ecology and Sociobiology*, **11**, 229–39.

Rothstein, S.I. (1986) A test of optimality: egg recognition in the eastern phoebe. *Animal Behaviour*, **34**, 1109–1119.

Rothstein, S.I. (2001) Relic behaviours, coevolution and the retention versus loss of host defences after episodes of brood parasitism. *Animal Behavior*, **61**, 95–107.

Roughgarden, J. (2004) *Evolution's Rainbow: Diversity, Gender, and Sexuality in Nature and People*. University of California Press, Berkeley, CA.

Rowe, L. & Houle, D. (1996) The lek paradox and the capture of genetic variance by condition dependent traits. *Proceedings of the Royal Society of London, Series B*, **263**, 1415–1421.

Rowe, L.V., Evans, M.R. & Buchanan, K.L. (2001) The function and evolution of the tail streamer in hirundines. *Behavioral Ecology*, **12**, 157–163.

Rowland, H.M., Cuthill, I.C., Harvey, I.F., Speed, M.P. & Ruxton, G.D. (2008) Can't tell the caterpillars from the trees: countershading enhances survival in a woodland. *Proceedings of the Royal Society of London, Series B*, **275**, 2539–2546.

Rowland, H.M., Ihalainen, E., Lindström,

L., Mappes, J. & Speed, M.P. (2007) Co-mimics have a mutualistic relationship despite unequal defences. *Nature*, **448**, 64–67.

Royama, T. (1970) Factors governing the hunting behaviour and selection of food by the great tit, *Parus major*. *Journal of Animal Ecology*, **39**, 619–668.

Royle, N.J., Hartley, I.R. & Parker, G.A. (2002) Begging for control: when are offspring solicitation behaviours honest? *Trends in Ecology & Evolution*, **17**, 434–440.

Rubenstein, D.I. (1986) Ecology and sociality in horses and zebras. In *Ecological Aspects of Social Evolution* (eds D.I. Rubenstein & R.W. Wrangham). pp. 282–302. Princeton University Press, Princeton, NJ.

Rubenstein, D.R. & Lovette, I.J. (2007) Temporal variability drives the evolution of cooperative breeding in birds. *Current Biology*, **17**, 1414–1419.

Rubenstein, D.R. & Lovette, I.J. (2009) Reproductive skew and selection on female ornamentation in social species. *Nature*, **462**, 786–789.

Rumbaugh, K.P., Diggle, S.P., Watters, C.M., Ross-Gillespie, A., Griffin, A.S. & West, A.W. (2009) Quorum sensing and the social evolution of bacterial virulence. *Current Biology*, **19**, 341–345.

Russell, A.F. & Hatchwell, B.J. (2001) Experimental evidence for kin-biased helping in a cooperatively breeding vertebrate. *Proceedings of the Royal Society of London, Series B*, **268**, 2169–2174.

Russell, A. F. & Wright, J. (2009) Avian mobbing: byproduct mutualism not reciprocal altruism. *Trends in Ecology & Evolution*, **24**, 3–5.

Russell, A.F., Langmore, N.E., Cockburn, A., Astheimer, L.B. & Kilner, R.M. (2007) Reduced egg investment can conceal helper effects in cooperatively breeding birds. *Science*, **317**, 941–944.

Rutberg, A.T. (1983) The evolution of monogamy in primates. *Journal of Theoretical Biology*, **104**, 93–112.

Ruxton, G.D., Sherratt, T.N. & Speed, M.P. (2004) *Avoiding Atttack: The Evolutionary Ecology of Crypsis, Warning Signals and Mimicry*. Oxford University Press, Oxford.

Ryan, M.J., Tuttle, M.D. & Taft, L.K. (1981) The costs and benefits of frog chorusing behavior. *Behavioral Ecology and Sociobiology*, **8**, 273–278.

Ryan, M.J., Fox, J.H., Wikzynski, W. & Rand, A.S. (1990) Sexual selection for sensory exploitation in the frog. *Physalaemus pustulosus*. *Nature*, **343**, 66–68.

Sachs, J.L. & Wilcox, T.P. (2006) A shift to parasitism in the jellyfish symbiont *Symbiodinium microadriaticum*. *Proceedings of the Royal Society of London, Series B*, **273**, 425–429.

Sachs, J.L., Mueller, U.G., Wilcox, T.P. & Bull, J.J. (2004) The evolution of cooperation. *Quarterly Review of Biology*, **79**, 135–160.

Saether, S.A., Fiske, P. & Kalas, J.A. (2001) Male mate choice, sexual conflict and strategic allocation of copulations in a lekking bird. *Proceedings of the Royal Society of London, Series B*, **268**, 2097–2102.

Saino, N., Primmer, C., Ellegren, H. & Møller, A.P. (1997) An experimental study of paternity and tail ornamentation in the barn swallow (*Hirundo rustica*). *Evolution*, **51**, 562–570.

Santorelli, L.A., Thompson, C.R.L., Villegas, E., et al. (2008) Facultative cheater mutants reveal the genetic complexity of cooperation in social amoebae. *Nature*, **451**, 1107–1110.

Santos, J.C., Coloma, L.A. & Cannatella, D.C. (2003) Multiple, recurring origins of aposematism and diet specialization in poison frogs. *Proceedings of the National Academy of Sciences USA*, **100**, 12792–12797.

Sato, N.J., Tokue, K., Noske, R.A., Mikami, O.K. & Ueda, K. (2010) Evicting cuckoo nestlings from the nest: a new anti-parasitism behaviour. *Biology Letters*, **6**, 67–69.

Scarantino, A. (2010) Animal communication between information and influence. *Animal Behaviour*, **79**, e1-e5.

Schaller, G.B. (1972) *The Serengeti Lion*. University of Chicago Press, Chicago, IL.

Schlenoff, D.H. (1985) The startle responses of blue jays to *Catocala* (Lepidoptera: Noctuidae) prey models. *Animal Behavior*, **33**, 1057–1067.

Schluter, D., Price, T., Mooers, A.O. & Ludwig, D. (1997) Likelihood of ancestor states in adaptive radiation. *Evolution*, **51**, 1699–1711.

Schmid-Hempel, P. (1986) Do honeybees get tired? The effect of load weight on patch departure. *Animal Behavior*, **34**, 1243–1250.

Schmid-Hempel, P. & Wolf, T.J. (1988) Foraging effort and life span in a social insect. *Journal of Animal Ecology*, **57**, 509–522.

Schmid-Hempel, P., Kacelnik, A. & Houston, A.I. (1985) Honeybees maximise efficiency by not filling their crop. *Behavioral Ecology and Sociobiology*, **17**, 61–66.

Schoener, T.W. (1983) Simple models of optimal feeding-territory size: a reconciliation. *American Naturalist*, **121**, 608–629.

Schwabl, H. (1996) Maternal testosterone in the avian egg enhances postnatal growth. *Comparative Biochemistry and Physiology*, **114A**, 271–276.

Schwarz, M.P., Richards, M.H. & Danforth, B.N. (2007) Changing paradigms in insect social evolution: insights from halictine and allodapine bees. *Annual Review of Entomology*, **52**, 127–150.

Scott-Phillips, T.C. (2008) Defining biological communication. *Journal of Evolutionary Biology*, **21**, 387–395.

Scott-Phillips, T.C. (2010) Animal communication: insights from linguistic pragmatics. *Animal Behaviour*, **79**, e1-e4.

Scott-Phillips, T.C. & Kirby, S. (2010) Language evolution in the laboratory. *Trends in Cognitive Sciences*, **14**, 411–417.

Scott-Phillips, T.C., Dickins, T.E. & West, S.A. (2011) Evolutionary theory and the ultimate/proximate distinction in the human behavioural Sciences. *Perspectives on Psychological Science*, **6**, 38–47.

Searcy, W.A. (1988) Do female red-winged blackbirds limit their own breeding densities? *Ecology*, **69**, 85–95.

Searcy, W.A. & Nowicki, S. (2005) *The Evolution of Animal Communication*. Princeton University Press, Princeton, NJ.

Searcy, W.A. & Yasukawa, K. (1989) Alternative models of territorial polygyny in birds. *American Naturalist*, **134**, 323–343.

Seddon, N., Merrill, R.M. & Tobias, J.A. (2008) Sexually selected traits predict patterns of species richness in a diverse clade of suboscine birds. *American Naturalist*, **171**, 620–631.

Seeley, T.D. (1995) *The Wisdom of the Hive*. Harvard University Press, Cambridge, MA.

Seeley, T.D. (2003) Consensus building during nest-site selection in honeybee swarms: the expiration of dissent. *Behavioral Ecology and Sociobiology*, **53**, 417–424.

Seeley, T.D. & Buhrman, S.C. (2001) Nest-site selection in honeybees: how well do swarms implement the 'best of

N' decision rule? *Behavioral Ecology and Sociobiology*, **49**, 416–427.

Seger, J. (1983) Partial bivoltinism may cause alternating sex-ratio biasses that favour eusociality. *Nature*, **301**, 59–62.

Selander, R.K. (1972) Sexual selection and dimorphism in birds. In *Sexual Selection and the Descent of Man* (ed. B. Campbell). pp. 180–230. Aldine, Chicago, IL.

Setchell, J.M. & Kappeler, P.M. (2003) Selection in relation to sex in primates. *Advances in the Study of Behavior*, **33**, 87–173.

Seyfarth, R.M. & Cheney, D.L. (1990) The assessment by vervet monkeys of their own and another species' alarm calls. *Animal Behavior*, **40**, 754–764.

Seyfarth, R.M., Cheney, D.L. & Marler, P. (1980) Monkey responses to three different alarm calls: evidence of predator classification and semantic communication. *Science*, **210**, 801–803.

Seyfarth, R.M., Cheney, D.L., Bergman, T., Fischer, J., Zuberbuhler, K. & Hammerschmidt, K. (2010) The central importance of information in studies of animal communication. *Animal Behaviour*, **80**, 3–8.

Shafir, S., Reich, T., Tsur, E., Erev, I. & Lotem, A. (2008) Perceptual accuracy and conflicting effects of certainty on risk-taking behaviour. *Nature*, **453**, 917–920.

Shapiro, J.A. (1998) Thinking about bacterial populations as multicellular organisms. *Annual Review of Microbiology*, **52**, 81–104.

Sharp, S.P., McGowan, A., Wood, M.J. & Hatchwell, B.J. (2005) Learned kin recognition cues in a social bird. *Nature*, **434**, 1127–1130.

Sheldon, B.C. (2000) Differential allocation: tests, mechanisms and implications. *Trends in Ecology & Evolution*, **15**, 397–402.

Sheldon, B.C. & Verhulst, S. (1996) Ecological immunity: costly parasite defences and trade-offs in evolutionary ecology. *Trends in Ecology & Evolution*, **11**, 317–321.

Sheldon, B.C. & West, S.A. (2004) Maternal dominance, maternal condition, and offspring sex ratio in ungulate mammals. *American Naturalist*, **163**, 40–54.

Sheldon, B.C., Merilä, J., Qvarnström, A., Gustafsson, L. & Ellegren, H. (1997) Paternal genetic contribution to offspring condition predicted by size of male secondary sexual character. *Proceedings of the Royal Society of London, Series B*, **264**, 297–302.

Sheldon, B.C., Andersson, S., Griffith, S.C., Ornborg, J. & Sendecka, J. (1999) Ultraviolet colour variation influences blue tit sex ratios. *Nature*, **402**, 874–877.

Shelly, T.E. (2001) Lek size and female visitation in two species of tephritid fruit flies. *Animal Behavior*, **62**, 33–40.

Sheppard, P.M. 1959. The evolution of mimicry: a problem in ecology and genetics. *Cold Spring Harbor Symposia in Quantitative Biology*, **24**, 131–140.

Sherman, P.W. (1977) Nepotism and the evolution of alarm calls. *Science*, **197**, 1246–12453.

Sherman, P.W. (1981a) Reproductive competition and infanticide in Belding's ground squirrels and other animals. In *Natural Selection and Social Behaviour: Recent Research and New Theory* (eds R.D. Alexander & D.W. Tinkle). pp. 311–331. Chiron Press, New York.

Sherman, P.W. (1981b) Kinship, demography and Belding's ground squirrel nepotism. *Behavioral Ecology and Sociobiology*, **8**, 251–259.

Sherry, D.F. & Hoshooley, J.S. (2010) Seasonal hippocampal plasticity in food-storing birds. *Philosophical Transactions of the Royal Society of London,*

Series B, **365**, 933–943.

Sherry, D.F. & Vaccarino, A.L. (1989) Hippocampus and memory for food caches in the black-capped chickadee. *Behavioral Neuroscience*, **103**, 308–318.

Sherry, D.F., Krebs, J.R. & Cowie, R.J. (1981) Memory for the location of stored food in marsh tits. *Animal Behavior*, **29**, 1260–1266.

Shettleworth, S.J. (2010a) *Cognition, Evolution and Behavior*, 2nd edn. Oxford University Press, New York.

Shettleworth, S.J. (2010b) Clever animals and killjoy explanations in comparative psychology. *Trends in Cognitive Neuro-Sciences*, **14**, 477–481.

Shine, R. (1999) Why is sex determined by nest temperature in many reptiles? *Trends in Ecology & Evolution*, **14**, 186–189.

Shuker, D.M. & West, S.A. (2004) Information constraints and the precision of adaptation: sex ratio manipulation in wasps. *Proceedings of the National Academy of Sciences USA*, **101**, 10363–10367.

Shuster, S.M. (1989) Male alternative reproductive strategies in a marine isopod crustacean (*Paracerceis sculpta*): the use of genetic markers to measure differences in fertilization success among alpha, beta, and gamma- males. *Evolution*, **43**, 1683–1698.

Shuster, S.M. & Sassamann, C. (1997) Genetic interaction between male mating strategy and sex ratio in a marine isopod. *Nature*, **388**, 373–377.

Shuster, S.M. & Wade, M.J. (1991) Equal mating success among male reproductive strategies in a marine isopod. *Nature*, **350**, 608–610.

Shuster, S.M. & Wade, M.J. (2003) *Mating Systems and Strategies*. Princeton University Press, Princeton, NJ.

Sibly, R.M. (1983) Optimal group size is unstable. *Animal Behavior*, **31**, 947–948.

Sih, A., Bell, A. & Johnson, J.C. (2004) Behavioural syndromes: an ecological and evolutionary overview. *Trends in Ecology & Evolution*, **19**, 372–378.

Silk, J.B. (2009) Nepotistic cooperation in non-human primate groups. *Philosophical Transactions of the Royal Society of London. Series B*, **364**, 3243–3254.

Silk, J.B. & Brown, G.R. (2008) Local resource competition and local resource enhancement shape primate birth sex ratios. Proceedings of the Royal Society of London, *Series B*, **275**, 1761–1765.

Sillén-Tullberg, B. (1985) Higher survival of an aposematic than of a cryptic form of a distasteful bug. *Oecologia*, **67**, 411–415.

Sillén-Tullberg, B. (1988) Evolution of gregariousness in aposematic butterfly larvae: a phylogenetic analysis. *Evolution*, **42**, 293–305.

Simmons, L.W. (2001) *Sperm Competition and its Evolutionary Consequences in Insects*. Princeton University Press, Princeton, NJ.

Simmons, L.W. & Emlen, D.J. (2006) Evolutionary trade-off between weapons and testes. *Proceedings of the National Academy of Sciences USA*, **103**, 16346–16351.

Simmons, L.W., Parker, G.A. & Stockley, P. (1999a) Sperm displacement in the yellow dungfly, *Scatophaga stercoraria*: an investigation of male and female processes. *American Naturalist*, **153**, 302–314.

Simmons, L.W., Tomkins, J.L., Kotiaho, J.S. & Hunt. J. (1999b) Fluctuating paradigm. *Proceedings of the Royal Society of London, Series B*, **266**, 593–595.

Sinervo, B. & Lively, C.M. (1996) The rock-paper-scissors game and the evolution of alternative male strategies. *Nature*, **380**, 240–243.

Siva-Jothy, M.T. (1984) Sperm competition in the family Libellulidae (Anisoptera) with special reference to *Crocothemis erythraea* (Brulle) and *Orthetrum cancellatum* (L.). *Advances in Odonatology*, **2**, 195–207.

Skelhorn, J., Rowland, H.M. Speed, M.P. & Ruxton, G.D. (2010) Masquerade: camouflage without crypsis. *Science*, **327**, 51.

Smith, B.R. & Blumstein, D.T. (2008) Fitness consequences of personality: a meta-analysis. *Behavioral Ecology*, **19**, 448–455.

Smith, C. & Grieg, D. (2010) The cost of sexual signaling in yeast. *Evolution*, **64**, 3114–3122.

Smith, J.N.M., Yom-Tov, Y. & Moses, R. (1982) Polygyny, male parental care and sex ratios in song sparrows: an experimental study. *Auk*, **99**, 555–564.

Smith, S.M. (1977) Coral snake pattern rejection and stimulus generalisation by naïve great kiskadees (Aves: Tyrannidae). *Nature*, **265**, 535–536.

Smukella, S., M. Caldara, N. Pochet, A. Beauvais, S. Guadagnini, C. Yan, M.D. Vinces, A. Jansen, M.C. Prevost, J.-P. Latge G.R. Fink, K.R. Foster, and K.J. Verstrepen. (2008) *FLO1* is a variable green beard gene that drives biofilm-like cooperation in budding yeast. *Cell*, **135**, 726–737.

Sober, E. & Wilson, D.S. (1998) *Unto Others: The Evolution and Psychology of Unselfish Behavior*. Harvard University Press, Cambridge, MA.

Sokolowski, M.B., Pereira, H.S. & Hughes, K. (1997) Evolution of foraging behaviour in *Drosophila* by density-dependent selection. *Proceedings of the National Academy of Sciences USA*, **94**, 7373–7377.

Sorenson, M.D. & Payne, R.B. (2005) A molecular genetic analysis of cuckoo phylogeny. In: *The Cuckoos* (ed. R.B. Payne). pp. 68–94. Oxford University Press, Oxford.

Speed, M.P. & Ruxton, G.D. (2007) How bright and how nasty: explaining diversity in warning signal strength. *Evolution*, **61**, 623–635.

Spottiswoode, C.N. & Koorevaar, J. (2012) A stab in the dark: chick killing by brood parasitic honeyguides. *Biology Letters*, in press.

Spottiswoode, C.N. & Stevens, M. (2010) Visual modelling shows that avian host parents use multiple visual cues in rejecting parasitic eggs. *Proceedings of the National Academy of Sciences USA*, **107**, 8672–8676.

Spottiswoode, C.N. & Stevens, M. (2012) Host-parasite arms races and changes in bird egg appearance. *American Naturalist*, in press.

Squire, L.R. (2004) Memory systems of the brain: a brief history and current perspective. *Neurobiology of Learning and Memory*, **82**, 171–177.

Stander, P.E. (1992) Cooperative hunting in lions: the role of the individual. *Behavioral Ecology and Sociobiology*, **29**, 445–454.

Stearns, S.C. & Koella, J.C. (2007) *Evolution in health and disease*. Oxford University Press, Oxford.

Steger, R. & Caldwell, R.L. (1983) Intraspecific deception by bluffing: a defence strategy of newly molted stomatopods (Arthropoda: Crustacea). *Science*, **221**, 558–560.

Stenmark, G., Slagsvold, T. & Lifjeld, J.T. (1988) Polygyny in the pied flycatcher *Ficedula hypoleuca*: a test of the deception hypothesis. *Animal Behavior*, **36**, 1646–1657.

Stephens, D.W., Brown, J.S. & Ydenberg, R.C. (eds) (2007) *Foraging: Behavior and Ecology*. University of Chicago Press, Chicago.

Stern, D.L. & Foster, W.A. (1996) The

evolution of soldiers in aphids. *Biological Reviews*, **71**, 27–79.

Stern, K. & McClintock, M.K. (1998) Regulation of ovulation by human pheromones. *Nature*, **392**, 177–179.

Stevens, J. R. & Hauser, M. D. (2004) Why be nice? Psychological constraints on the evolution of cooperation. *Trends in Cognitive Sciences*, **8**, 60–65.

Stevens, M. & Merilaita, S. (eds) (2009) Animal camouflage: current issues and new perspectives. *Philosophical Transactions of the Royal Society of London. Series B*, **364**, 421–557.

Stevens, M., Cuthill, I.C., Windsor, A.M.M. & Walker, H.J. (2006) Disruptive contrast in animal camouflage. *Proceedings of the Royal Society of London, Series B*, **273**, 2433–2438.

Stevens, M., Hopkins, E., Hinde, W., *et al.* (2007) Field experiments on the effectiveness of 'eyespots' as predator deterrents. *Animal Behavior*, **74**, 1215–1227.

Stevens, M., Hardman, C.J. & Stubbins, C.L. (2008) Conspicuousness, not eye mimicry, makes 'eyespots' effective antipredator signals. *Behavioral Ecology*, **19**, 525–531.

Stewart, K.J. & Harcourt, A.H. (1994) Gorillas vocalizations during rest periods – signals of impending departure. *Behaviour*, **130**, 29–40.

Stoddard, M.C. & Stevens, M. (2011) Avian vision and the evolution of egg color mimicry in the common cuckoo. *Evolution*, **65**, 2004–2013.

Stokke, B.G. Moksnes, A. & Røskaft, E. (2002) Obligate brood parasites as selective agents for evolution of egg appearance in passerine birds. *Evolution*, **56**, 199–205.

Strassmann, J.E. & Queller, D.C. (2007) Insect societies as divided organisms: the complexities of purpose and cross-purpose. *Proceedings of the National Academy of Sciences USA*, **104**, 8619–8626.

Strassmann, J.E., Zhu, Y. & Queller, D.C. (2000) Altruism and social cheating in the social amoeba *Dictyostelium discoideum*. *Nature*, **408**, 965–967.

Stuart-Fox. D., Moussalli, A. & Whiting, M.J. (2008) Predator-specific camouflage in chameleons. *Biology Letters*, **4**, 326–329.

Summers, K., McKeon, C.S. & Heying, H. (2006) The evolution of parental care and egg size: a comparative analysis in frogs. *Proceedings of the Royal Society of London, Series B*, **273**, 687–692.

Sundström, L. (1994) Sex ratio bias, relatedness asymmetry and queen mating frequency in ants. *Nature*, **367**, 266–268.

Sundström, L. & Boomsma, J.J. (2000) Reproductive alliances and posthumous fitness enhancement in male ants. *Proceedings of the Royal Society of London, Series B*, **267**, 1439–1444.

Sundström, L., Chapuisat, M. & Keller, L. (1996) Conditional manipulation of sex ratios by ant workers: a test of kin selection theory. *Science*, **274**, 993–995.

Sutherland, W.J. (1985) Chance can produce a sex difference in variance in mating success and explain Bateman's data. *Animal Behaviour*, **33**, 1349–1352.

Sweeney, B.W. & Vannote, R.L. (1982) Population synchrony in mayflies: a predator satiation hypothesis. *Evolution*, **36**, 810–821.

Sword, G.A., Simpson, S.J., El Hadi, O.T.M. & Wilps, H. (2000) Density-dependent aposematism in the desert locust. *Proceedings of the Royal Society of London, Series B*, **267**, 63–68.

Szekely, T., Catchpole, C.K., De Voogd, A., Marchl, Z. & De Voogd, T.J. (1996) Evolutionary changes in a song control area of the brain (HVC) are associated with evolutionary changes in song repertoire among European warblers (*Sylviidae*). *Proceedings of the Royal*

Society of London, Series B, **263**, 607–610.

Szentirmai, I., Szekely, T. & Komdeur, J. (2007) Sexual conflict over care: antagonistic effects of clutch desertion on reproductive success of male and female penduline tits. *Journal of Evolutionary Biology*, **20**, 1739–1744.

Taborsky, M. (1994) Sneakers, satellites and helpers: parasitic and cooperative behaviour in fish reproduction. *Advances in the Study of Behavior*, **23**, 1–100.

Takahashi, M., Arita, H., Hiraiwa-Hasegawa, M. & Hasegawa, T. (2008) Peahens do not prefer peacocks with more elaborate trains. *Animal Behavior*, **75**, 1209–1219.

Tallamy, D.W. (2000) Sexual selection and the evolution of exclusive paternal care in arthropods. *Animal Behavior*, **60**, 559–567.

Tanaka, K.D. & Ueda, K. (2005) Horsfield's hawk-cuckoo nestlings simulate multiple gapes for begging. *Science*, **308**, 653.

Taylor, A.H., Hunt, G.R., Medina, F.S. & Gray, R.D. (2009) Do New Caledonian crows solve physical problems through causal reasoning? Proceedings of the Royal Society, *Biological Sciences*, **276**, 247–254.

Taylor, A.H., Elliffe, D., Hunt, G.R. & Gray, R.D. (2010) Complex cognition and behavioural innovation in New Caledonian crows. Proceedings of the Royal Society, *Biological Sciences*, **277**, 2637–2643.

Taylor, P.D. (1981) Intra-sex and inter-sex sibling interactions as sex determinants. *Nature*, **291**, 64–66.

Taylor, P.D. (1992) Altruism in viscous populations – an inclusive fitness model. *Evolutionary Ecology*, **6**, 352–356.

Tebbich, S. & Bshary, R. (2004) Cognitive abilities related to tool use in the woodpecker finch, *Cactospiza pallida*. *Animal Behavior*, **67**, 689–697.

Thayer, G.H. 1909. *Concealing-Coloration in the Animal Kingdom: an exposition of the laws of disguise through color and pattern: being a summary of Abbott H. Thayer's discoveries.* Macmillan, New York.

Théry, M. & Casas, J. (2009) The multiple disguises of spiders: web colour and decorations, body colour and movement. *Philosophical Transactions of the Royal Society of London. Series B*, **364**, 471–480.

Thomas, A.L.R. & Rowe, L. (1997) Experimental tests on tail elongation and sexual selection in swallows (*Hirundo rustica*) do not affect the tail streamer and cannot test its function. *Behavioral Ecology*, **8**, 580–581.

Thomas, J.A. & Settele, J. (2004) Butterfly mimics of ants. *Nature*, **432**, 283–284.

Thomas, J.A., Simcox, D.J. & Clarke, R.T. (2009) Successful conservation of a threatened *Maculina* butterfly. *Science*, **325**, 80–83.

Thorne, B.L. (1997) Evolution of eusociality in termites. *Annual Review of Ecology and Systematics*, **28**, 27–54.

Thornhill, R. (1976) Sexual selection and nuptial feeding behaviour in *Bittacus apicalis* (Insecta: Mecoptera). *American Naturalist*, **110**, 529–548.

Thornhill, R. (1980) Rape in *Panorpa* scorpionflies and a general rape hypothesis. *Animal Behavior*, **28**, 52–59.

Thornhill, R. & Alcock, J. (1983) *The Evolution of Insect Mating Systems.* Harvard University Press, Cambridge, MA.

Thornton, A. & Malapert, A. (2009) Experimental evidence for social transmission of food aquisition techniques in wild meerkats. *Animal Behavior*, **78**, 255–264.

Thornton, A. & McAuliffe, K. (2006) Teaching in wild meerkats. *Science*, **313**, 227–229.

Thorogood, R., Ewen, J.G. & Kilner, R.M. (2011) Sense and sensitivity: responsiveness to offspring signals varies with the parents' potential to breed again. *Proceedings of the Royal Society of London, Series B*, **278**, 2638–2645.

Tibbetts, E.A. & Dale, J. (2004) A socially enforced signal of quality in a paper wasp. *Nature*, **432**, 218–222.

Tibbetts, E.A. & Lindsay, R. (2008) Visual signals of status and rival assessment in *Polistes dominulus* paper wasps. *Biology Letters*, **4**, 237–239.

Tinbergen, J.M. & Both, C. (1999) Is clutch size individually optimized? *Behavioral Ecology*, **10**, 504–509.

Tinbergen, J.M. & Daan, S. (1990) Family planning in the great tit (*Parus major*): optimal clutch size as integration of parent and offspring fitness. *Behaviour*, **114**, 161–190.

Tinbergen, L. (1960) The natural control of insects in pinewoods. I. Factors influencing the intensity of predation by song birds. *Archs. Neerl. Zool.*, **13**, 265–343.

Tinbergen, N. (1963) On aims and methods of ethology. *Zeitschrift für Tierpsychologie*, **20**, 410–433.

Tinbergen, N. (1974) *Curious Naturalists*. Penguin Education, Harmondsworth, UK.

Tinbergen, N., Broekhuysen, G.J., Feekes, F., Houghton, J.C.W., Kruuk, H. & Szulc, E. (1963) Egg shell removal by the black-headed gull, *Larus ridibundus* L.: a behaviour component of camouflage. *Behaviour*, **19**, 74–117.

Tinbergen, N., Impekoven, M. & Franck, D. (1967) An experiment on spacing out as a defence against predators. *Behaviour*, **28**, 307–21.

Tobias, J.A. & Seddon, N. (2009) Signal jamming mediates sexual conflict in a duetting bird. *Current Biology*, **19**, 1–6.

Todrank, J. & Heth, G. (2006) Crossed assumptions foster misinterpretations about kin recognition mechanisms. *Animal Behaviour*, **72**, e1-e3.

Tomkins, J.L. & Brown, G.S. (2004) Population density drives the local evolution of a threshold dimorphism. *Nature*, **431**, 1099–1103.

Tomkins, J.L. & Hazel, W. (2007) The status of the conditional evolutionarily stable strategy. *Trends in Ecology & Evolution*, **22**, 522–528.

Tóth, E. & Duffy, J. E. (2004) Coordinated group response to nest intruders in social shrimp. *Biology Letters*, **1**, 49–52.

Traulsen, A. & Nowak, M.A. (2006) Evolution of cooperation by multilevel selection. *Proceedings of the National Academy of Sciences USA*, **103**, 10952–10955.

Tregenza, T. & Wedell, N. (2002) Polyandrous females avoid costs of inbreeding. *Nature*, **415**, 71–73.

Tregenza, T. (1995) Building on the ideal free distribution. *Advances in Ecological Research*, **26**, 253–307.

Treherne, J.E. & Foster, W.A. (1980) The effects of group size on predator avoidance in a marine insect. *Animal Behavior*, **28**, 1119–1122.

Treherne, J.E. & Foster, W.A. (1981) Group transmission of predator avoidance behaviour in a marine insect; the Trafalgar effect. *Animal Behavior*, **29**, 911–917.

Trillmich, F. & Wolf, J.B.W. (2008) Parent-offspring and sibling conflict in Galapagos fur seals and sea lions. *Behavioral Ecology and Sociobiology*, **62**, 363–375.

Trivers, R.L. 1971. The evolution of reciprocal altruism. *Quarterly Review of Biology*, **46**, 35–57.

Trivers, R.L. (1972) Parental investment and sexual selection. In: *Sexual Selection and the Descent of Man* (ed. B. Campbell). pp. 139–179. Aldine, Chicago, IL.

Trivers, R.L. (1974) Parent–offspring conflict. *American Zoologist*, **14**, 249–264.

Trivers, R. (2000) The elements of a scientific theory of self-deception. *Annals of the New York Academy of Sciences*, **907**, 114–131.

Trivers, R. (2011) *Deceit and Self-Deception: Fooling yourself the better to fool others*. Allen Lane, Penguin.

Trivers, R.L. & Hare, H. (1976) Haplodiploidy and the evolution of social insects. *Science*, **191**, 249–263.

Trivers, R.L. & Willard, D.E. (1973) Natural selection of parental ability to vary the sex ratio of offspring. *Science*, **179**, 90–92.

Tullberg, B.S., Leimar, O. & Gamberale-Stille, G. (2000) Did aggregation favour the initial evolution of warning coloration? A novel world revisited. *Animal Behavior*, **59**, 281–287.

Úbeda, F. (2008) Evolution of genomic imprinting with biparental care: implications for Prader-Willi and Angelman syndromes. *PLOS Biology*, **6**, 1678–1692.

Vahed, K., Parker, D.J. & Gilbert, J.D.J. (2011) Larger testes are associated with a higher level of polyandry, but a smaller ejaculate volume, across bushcricket species (*Tettigoniidae*). *Biology Letters*, in press.

van Valen, L. (1973) A new evolutionary law. *Evolutionary Theory*, **1**, 1–30.

Vallin, A., Jakobsson, S., Lind, J. & Wiklund, C. (2005) Prey survival by predator intimidation: an experimental study of peacock butterfly defence against blue tits. *Proceedings of the Royal Society of London, Series B*, **272**, 1203–1207.

VanderWall, S.B. (1990) *Food hoarding in animals*. Chicago University Press, Chicago, IL.

Vane-Wright, R.I., Raheem, D.C., Cieslak, A. & Vogler, A.P. (1999) Evolution of the mimetic African swallowtail butterfly *Papilio dardanus*: molecular data confirm relationships with *P. phorcas* and *P. constantinus*. *Biological Journal of the Linnean Society*, **66**, 215–229.

Vehrencamp, S.L. (1983) A model for the evolution of despotic versus egalitarian societies. *Animal Behavior*, **31**, 667–82.

Velicer, G.J., Kroos, L. & Lenski, R.E. (2000) Developmental cheating in the social bacterium *Myxococcus xanthus*. *Nature*, **404**, 598–601.

Verner, J. & Willson, M.F. 1966. The influence of habitats on mating systems of North American passerine birds. *Ecology*, **47**, 143–147.

Visscher, P.K. & Camazine, S. (1999) Collective decisions and cognition in bees. *Nature*, **397**, 400.

Visser, M.E. & Lessells, C.M. (2001) The costs of egg production and incubation in great tits (*Parus major*). *Proceedings of the Royal Society of London, Series B*, **268**, 1271–1277.

Visser, M.E., van Noordwijk, A.J., Tinbergen, J.M. & Lessells, C.M. (1998) Warmer springs lead to mistimed reproduction in great tits (*Parus major*). *Proceedings of the Royal Society of London, Series B*, **265**, 1867–1870.

Vogel, S., Ellington, C.P. & Kilgore, D.L. 1973. Wind-induced ventilation of the burrows of the prairie dog *Cynomys ludovicianus*. *Journal of Comparative Physiology*, **85**, 1–14.

Waage, J.K. (1979) Dual function of the damselfly penis: sperm removal and transfer. *Science*, **203**, 916–918.

Wade, M.J. (1979) Sexual selection and variance in reproductive success. *American Naturalist*, **114**, 742–7.

Wade, M.J. & Shuster, S.M. (2002) The evolution of parental care in the context of sexual selection: a critical reassessment of parental investment theory. *American Naturalist*, **160**, 285–292.

Ward, P. & Zahavi, A. (1973) The importance of certain assemblages of birds as 'information-centres' for food finding. *Ibis*, **115**, 517–534.

Ward, R.J.S., Cotter, S.C. & Kilner, R.M. (2009) Current brood size and residual reproductive value predict offspring desertion in the burying beetle *Nicrophorus vespilloides*. *Behavioral Ecology*, **20**, 1274–1281.

Warner, D.A. & Shine, R. (2008) The adaptive significance of temperature-dependent sex determination in a reptile. *Nature*, **451**, 566–568.

Warner, R.R. (1987) Female choice of sites versus mates in a coral reef fish *Thalassoma bifasciatum*. *Animal Behavior*, **35**, 1470–1478.

Warner, R.R. (1988) Traditionality of mating-site preferences in a coral reef fish. *Nature*, **335**, 719–721.

Warner, R.R. (1990) Male versus female influences on mating site determination in a coral reef fish. *Animal Behavior*, **39**, 540–548.

Warner, R.R., Robertson, D.R. & Leigh, E.G.J. (1975) Sex change and sexual selection. *Science*, **190**, 633–638.

Warner, R.R., Shapiro, D.Y., Marcanato, A. & Petersen, C.W. (1995) Sexual conflict: males with highest mating success convey the lowest fertilization benefits to females. *Proceedings of the Royal Society of London, Series B*, **262**, 135–139.

Watson, A. 1967. Territory and population regulation in the red grouse. *Nature*, **215**, 1274–1275.

Weatherhead, P.J. & Robertson, R.J. (1979) Offspring quality and the polygyny threshold: the 'sexy son hypothesis'. *American Naturalist*, **113**, 201–208.

Wedell, N., Gage, M.J.G. & Parker, G.A. (2002) Sperm competition, male prudence and sperm-limited females. *Trends in Ecology & Evolution*, **17**, 313–320.

Wehner, R. (1987) 'Matched filters' - neural models of the external world. *Journal of Comparative Physiology A*. **161**, 511–531.

Wells, K.D. (1977) The social behaviour of anuran amphibians. *Animal Behavior*, **25**, 666–693.

Wenseleers, T. & Ratnieks, F.L.W. (2006a) Comparative analysis of worker reproduction and policing in eusocial hymenoptera supports relatedness theory. *American Naturalist*, **168**, E163-E179.

Wenseleers, T. & Ratnieks, F. L. W. (2006b) Enforced altruism in insect societies. *Nature*, **444**, 50.

Werner, E.E., Gilliam, J.F., Hall, D.J. & Mittelbach, G.E. (1983) An experimental test of the effects of predation risk on habitat use in fish. *Ecology*, **64**, 1540–1548.

Werren, J.H. (1983) Sex ratio evolution under local mate competition in a parasitic wasp. *Evolution*, **37**, 116–124.

West, S.A. (2009) *Sex Allocation*. Princeton University Press, Princeton, NJ.

West, S.A. & Gardner, A. (2010) Altruism, spite and greenbeards. *Science*, **327**, 1341–1344.

West, S.A., Murray, M.G., Machado, C.A., Griffin, A.S. & Herre, E.A. (2001) Testing Hamilton's rule with competition between relatives. *Nature*, **409**, 510–513.

West, S.A., Griffin, A.S., Gardner, A. & Diggle, S.P. (2006) Social evolution theory for microbes. *Nature Reviews Microbiology*, **4**, 597–607.

West, S. A., Griffin, A. S. & Gardner, A. (2007a) Social semantics: altruism, cooperation, mutualism, strong reciprocity and group selection. *Journal of Evolutionary Biology*, **20**, 415–432.

West, S. A., Griffin, A. S. & Gardner, A. (2007b) Evolutionary explanations for cooperation. *Current Biology*, **17**, R661-R672.

West, S.A., Griffin, A.S. & Gardner, A. (2008) Social semantics: how useful has group selection been? *Journal of Evolutionary Biology*, **21**, 374–385.

Westneat, D.F. & Stewart, I.R.K. (2003) Extra-pair paternity in birds: causes, correlates and conflict. *Annual Review of Ecology and Systematics*, **34**, 365–396.

Wheeler, D.A., Kyriacou, C.P., Greenacre, M.L., et al. (1991) Molecular transfer of a species-specific behavior from Drosophila simulans to *Drosophila melanogaster. Science*, **251**, 1082–1085.

Wheatcroft, D. J. & Krams, I. (2009) Response to Russell and Wright: avian mobbing. *Trends in Ecology & Evolution*, **24**, 5–6.

Whiten, A., Goodall, J., McGrew, W.C., et al. (1999) Cultures in chimpanzees. *Nature*, **399**, 682–685.

Whiten, A., Horner, V. & de Waal, F.B.M. (2005) Conformity to cultural norms of tool use in chimpanzees. *Nature*, **437**, 737–740.

Whitfield, D.P. (1990) Individual feeding specializations of wintering turnstone *Arenaria interpres. Journal of Animal Ecology*, **59**, 193–211.

Whitham, T.G. (1978) Habitat selection by *Pemphigus* aphids in response to resource limitation and competition. *Ecology*, **59**, 1164–1176.

Whitham, T.G. (1979) Territorial behaviour of *Pemphigus* gall aphids. *Nature*, **279**, 324–325.

Whitham, T.G. (1980) The theory of habitat selection examined and extended using *Pemphigus* aphids. *American Naturalist*, **115**, 449–466.

Wickler, W. (1985) Coordination of vigilance in bird groups: the 'watchman's song' hypothesis. *Zeitschrift für Tierpsychologie*, **69**, 250–253.

Wiens, J.J. (2001) Widespread loss of sexually selected traits: how the peacock lost its spots. *Trends in Ecology & Evolution*, **16**, 517–523.

Wiley, R.H. 1973. Territoriality and non-random mating in the sage grouse. *Centrocercus urophasianus. Animal Behavior* (Monograph), **6**, 87–169.

Wilkinson, G.S. (1984) Reciprocal food sharing in the vampire bat. *Nature*, **308**, 181–184.

Wilkinson, G.S. & Reillo, P.R. (1994) Female choice response to artificial selection on an exaggerated male trait in a stalk-eyed fly. *Proceedings of the Royal Society of London, Series B*, **255**, 1–6.

Williams, G.C. (1966a) *Adaptation and Natural Selection*. Princeton University Press, Princeton, NJ.

Williams, G.C. (1966b) Natural selection, the costs of reproduction, and a refinement of Lack's principle. *American Naturalist*, **100**, 687–690.

Williams, G.C. (1975) *Sex and Evolution*. Princeton University Press, Princeton, NJ.

Williams, G.C. & Nesse, R.M. (1991) The dawn of darwinian medicine. *Quarterly Review of Biology*, **66**, 1–22.

Williams, P., Winzer, K., Chan, W. & Cámara, M. (2007) Look who's talking: communication and quorum sensing in the bacterial world. *Philosophical Transactions of the Royal Society of London. Series B*, **362**, 1119–1134.

Wilson, D.S. (2008) Social semantics: towards a genuine pluralism in the study of social behaviour. *Journal of Evolutionary Biology*, **21**, 368–373.

Wilson, D.S. & Wilson, E.O. (2007) Rethinking the theoretical foundation of sociobiology. *Quarterly Review of Biology*, **82**, 327–348.

Wilson, E.O. (1971) *The Insect Societies*. Belknap Press, Cambridge, MA.

Wilson, E.O. (1975) *Sociobiology*. Harvard University Press, Cambridge, MA.

Wilson, E.O. & Hölldobler, B. (2005) Eusociality: origin and consequences. *Proceedings of the National Academy of Sciences USA*, **102**, 13367–13371.

Wilson, E.O. & Hölldobler, B. (2009) *The Superorganism*. W.W. Norton, London.

Wilson, K. (1994) Evolution of clutch size in insects: II A test of static optimality models using the beetle *Callosobruchus maculatus* (Coleoptera: Bruchidae). *Journal of Evolutionary Biology*, **7**, 365–386.

Wolf, L., Ketterson, E.D. & Nolan, V., Jr (1990) Behavioural response of female dark-eyed juncos to experimental removal of their mates: implications for the evolution of male parental care. *Animal Behavior*, **39**, 125–134.

Wolf, M., van Doorn, G.S., Leimar O & Weissing, F.J. (2007) Life-history trade-offs favour the evolution of animal personalities. *Nature*, **447**, 581–584.

Wolf, T.J. & Schmid-Hempel, P. (1989) Extra loads and foraging lifespan in honeybee workers. *Journal of Animal Ecology*, **58**, 943–954.

Wong, M.Y.L., Buston, P., Munday, P.L. & Jones, G.P. (2007) The threat of punishment enforces peaceful cooperation and stabilises queues in a coral-reef fish. *Proceedings of the Royal Society of London, Series B*, **274**, 1093–1099.

Wong, M.Y.L., Munday, P.L., Buston, P.M. & Jones, G.P. (2008) Fasting or feasting in a fish social hierarchy. *Current Biology*, **18**, R372-R373.

Woyciechowski, M. & Lomnicki, A. (1987) Multiple mating of queens and the sterility of workers among eusocial Hymenoptera. *Journal of Theoretical Biology*, **128**, 317–327.

Wright, J., Maklakov, A.A. & Khazin, V. (2001) State-dependent sentinels: an experimental study in the Arabian babbler. *Proceedings of the Royal Society of London, Series B*, **268**, 821–826.

Wright, J., Stone, R.E. & Brown, N. (2003) Communal roosts as structured information centres in the raven, *Corvus corax*. *Journal of Animal Ecology*, **72**, 1003–1014.

Wynne-Edwards, V.C. (1962) *Animal Dispersion in Relation to Social Behaviour*. Oliver & Boyd, Edinburgh.

Wynne-Edwards, V.C. (1986) *Evolution Through Group Selection*. Blackwell Scientific Publications, Oxford.

Yom-Tov, Y. (1980) Intraspecific nest parasitism in birds. *Biol. Rev.* **55**, 93–108.

Young, A.J. & Clutton-Brock, T.H. (2006) Infanticide by subordinates influences reproductive sharing in cooperatively breeding meerkats. *Biology Letters*, **2**, 385–387.

Young, A.J., Carlson, A.A., Monfort, S.L., Russell, A.F., Bennett, N.C. & Clutton-Brock, T. (2006) Stress and the suppression of subordinate reproduction in cooperatively breeding meerkats. *Proceedings of the National Academy of Sciences USA*, **103**, 12005–12010.

Zach, R. (1979) Shell dropping: decision making and optimal foraging in Northwestern crows. *Behaviour*, **68**, 106–117.

Zahavi, A. (1975) Mate selection – a selection for a handicap. *Journal of Theoretical Biology*, **53**, 205–14.

Zahavi, A. (1977) The cost of honesty (further remarks on the handicap principle). *Journal of Theoretical Biology*, **67**, 603–605.

Zamudio, K.R. & Sinervo, B. (2000) Polygyny, mate-guarding and posthumous fertilization as alternative male mating strategies. *Proceedings of the National Academy of Sciences USA*, **97**,

14427–14432.

Zeh, D.W. & Smith, R.L. (1985) Paternal investment by terrestrial arthropods. *American Zoologist*, **25**, 785–805.

Zuberbühler, K. (2009) Survivor signals: the biology and psychology of animal alarm calling. *Advances in the Study of Behavior*, **40**, 277–322.

van Zweden, J.S. Brask, J.B., Christensen, J.H., Boomsma, J.J., Linksvayer, T.A. & d'Ettorre, P. (2010) Blending of heritable recognition cues among ant nestmates creates distinct colony gestalt odours but prevents within-colony nepotism. *Journal of Evolutionary Biology*, **23**, 1498–1508.

写真 ⓒ Joseph Tobias

索 引

英数字

1 回繁殖 (semelparity)......19
Charles Darwin......5
ESS......481
ESS 思考......159
Fisher の仮説......110, 216
Hamilton-Zuk 仮説......218, 222
Hamilton 則......348, 349
PCR（ポリメラーゼ連鎖反応 (polymerase chain reaction)）......298
Tinbergen の 4 つの「なぜ」......2
Trivers & Willard 仮説......330
Wallace の仮説......107
Wynne-Edwards......12

あ

アオアシカツオドリ (*Sula nebouxii*)......267
アオカケス
　　隠蔽効果の実験......97
アオガシラベラ (*Thalassoma bifasciatum*)......334
アオガラ......331
アカエリホウオウ (*Euplectes ardens*)......212
アカシカ (*Cervus elaphus*)......232, 330, 444
アカスジドクチョウ (*Heliconius erato*)......237
アカヌマライチョウ (*Lagopuslagopus scoticus*)......137
アカネダルマハゼ (*Paragobiodon xanthosomus*)......188
赤の女王 (Red Queen)......93
アカヒアリ (*Solenopsis invicta*)......355, 429
亜社会性ルート (subsocial route)......407
アズマヤドリ......215
アヌビスヒヒ (*Papio cynocephalus anubis*)......225, 390
アフリカスイギュウ (*Syncercus caffer*)......194
アフリカレンカク......310
アメリカアオハダトンボ (*Calopteryx maculata*)......236
アメリカオオバン (*Fulica americana*)......269
アメリカコガラ (*Poecile atricapillus*)......76
アメンボ類 (Gerridae)......234
「争いの場」モデル......274
アラビアヤブチメドリ (*Turdoides squamiceps*)......176
アリゾナタイガーサラマンダー......362
アルカロイド系の毒......107
安定群れサイズ......183
イエスズメ (*Passer domesticus*)......180
「遺棄の機会 (opportunity for desertion)」仮説......251
異型精子 (parasperm)......237
異型配偶子 (anisogamous) 生殖......201
意地悪行動......364
イソガニ
　　ムラサキイガイの選択......65
イチジクコバチ類......325
一妻多夫 (polyandry)......284
一妻多夫の閾値 (polyandry threshold)......308
一斉打音エビ (snapping shrimp)......420
一夫一妻 (monogamy)......284
一夫一妻仮説......413
一夫性 (monoandry)......311
一夫多妻 (polygyny)......284
一夫多妻閾値モデル (polygyny threshold model)......300
遺伝子アプローチ......476
遺伝子の議会 (parliament of genes)......338
遺伝子の議会 (parliament of the genes)......476
遺伝的性決定......314
遺伝的変異......219
イトヨ (*Gasterosteus aculeatus*)......133, 222
イリドイドグリコシド......115
イワバポケットマウス (*Chaetodipus intermedius*)
　　2 つの体色型......9
イワヒバリ (*Prunella collaris*)......225

陰影への対抗措置 104
因果論的説明 487
インスリン様成長因子 2 (Igf2) 273
インスリン様ポリペプチド 273
インドクジャク (Pavo cristatus) 221
隠蔽色 96
ウグイの一種 (Leuciscus leuciscus) ...168
ウシガエル (Rana catesbeiana) 213
ウスグロショウジョウバエ (Drosophila pseudoobscura) 237
薄め効果 165
ウマヅラコウモリ (Hypsignathus monstrosus) 452
ウミガラス (Uria aalge) 171
ウルトラ利己的遺伝子 474
永続的ハレム 289
エキソ生成物 (exoproduct) 460
餌乞いディスプレイ 268
餌動物にとってのリスクの予測 135
餌の運搬速度 59
餌発見の向上 177
餌発見の鳴き声 (food call) 463
エゾヤチネズミ (Clethrionomys rufocanus) 285
エトロフウミスズメ (Aethia cristatella)225
エナガ (Aegithalos caudatus) 377
エネルギー効率 (消費エネルギー当たりの運搬量) 63
エピソード記憶 (episodic memory) 78
エリマキシギ 155
エンマコガネ属 (Onthophagus) 150
オオカバマダラ (Danaus plexippus) 109
オオガラゴ (Galago crassicaudatus) ...320
オオクチバス (Micropterus salmoides) . 83
オオタカ (Accipiter gentilis) 171
オオハナインコ (Eclectus roratus) 227
オオヨシキリ (Acrocephalus arundinaceus) 301
オグロプレーリードッグ (Cynomys ludovicianus) 351, 487
「教える」行動 86
雄殺し 339
雄と雌の価値 411
驚き仮説 (startle hypothesis)............101
同じ一腹きょうだい内対立 (intrabrood conflict) 265, 267
親子の対立 271
親子の対立モデル 265

か

「解決」モデル 274
海産等脚類の 1 種 (Paracerceis sculpta)156
海馬 76
カカポ (Strigops habroptilus) 491
ガガンボの幼虫 (Tipula 属の幼虫) 57
ガガンボモドキ科の 1 種 (Hylobittacus apicalis) 214
隠れた雌の選択 (cryptic female choice) 228
カゲロウの一種 (Dolania americana) ..167
カササギ (Pica pica)
最適一腹卵数 19
カスト 404
仮装 104
カタジロクロシトド (Calamospiza melanocorys) 218
カダヤシ目の 1 種 (Fundulus diaphanus) 192
カッコウ (Cuculus canorus).......119, 277
カッコウハタオリ (Anomalospiza imberbis) 122
合唱集団 291
カナリア (Serinus canaria)...............274
カムフラージュの進化 102
ガラパゴスオットセイ (Arctocephalus galapagoensis) 267
仮親種 118
環境による性決定 (environmental sex determination, ESD) 314, 331
間接適応度 (indirect fitness)............345
幹母 (stem mothers) 138
キイロショウジョウバエ (Drosophila melanogaster) 238, 242
キイロフンバエ (Scatophaga stercoraria) 236
機会のコスト (opportunity costs)......115
危険領域 (domain of danger) 168
気質 (temperament) 159
寄主─寄生者軍拡競走 218
寄主品種 (host races) 119
季節的ハレム 289
擬態 111
擬態環 (mimicry rings) 113
擬態種 114
キタゾウアザラシ (Mirounga angustirostris)........................... 289
ハレム 208
機能論的説明 487
忌避的防衛手段 108
求愛コール 148
究極要因 2
キョウジョシギ (Arenaria interpres)...145
共進化 (co-evolution) 93
強制 390
共生的協力 (mutualistic cooperation)..372
強制的利他行動 433

競争単位 (competitive unit) モデル 138
キョウソヤドリコバチ (*Nasonia vitripennis*) 323
共通の（一致した）利益 (common (or coincident) interest) 444
協同繁殖 (cooperative breeding)........342
協同繁殖種................................404
共同防衛 171
共分散 (covariance) 219
共鳴周波数（フォルマント (formant)).449
協力行動 (cooperation)..................342
協力行動の説明における分類............376
局所的資源強化 (local resource enhancement, LRE)...................325
局所的資源競争 (local resource competition, LRC)....................320
局所的配偶者競争 (local mate competition, LMC)..............................322
局所的ルール 189
キリギリス科の1種 (*Kawanaphila* 属) 225
キンウワバトビコバチ (*Copidosoma floridanum*)............................365
近交弱勢 (inbreeding depression).......240
キンランチョウ属 (*Euplectes*)............212
クイナ科 (Rallidae) 269
クオラムセンシング（菌体数感知, quorum sensing）................................460
グッピー (*Poecilia reticulata*) 183
グッピー (*Poecilia reticulata*) の体色..116
クマノミ (*Amphiprion akallopisos*) 334
クマノミの1種 (*Amphiprion percula*).188
クーリッジ効果 (Coolidge effect).......239
クロウタドリ (*Turdus merula*) 271
クロオウチュウ 466
軍拡競走 (arms race) 93
群生相 (gregarious phase) 109
軍隊アリ (*Eciton burchelli*)..............190
群淘汰 (group selection) 13
群淘汰アプローチ 478
群淘汰モデル 477
警戒声...............................350, 466
警戒性の向上 171
警告色 106
経済的防衛可能性 140
系統樹 42
ケズネアカヤマアリ (*F. truncorum*)....426
血縁識別 (kin discrimination)......354, 377
血縁度 (coefficient of relatedness).....345
血縁度 r の計算法........................344
血縁淘汰 (kin selection)..................346
血縁度の不均衡性 (relatedness asymmetry) 426
ゲノム刷り込み (genomic imprinting)..273

言語の正直さ 464
言語の進化 464
現在の一腹子 vs 将来の一腹子 (current versus future broods) 252
顕示型（暴露型）ハンディキャップ 217
原始的真社会性 407
減数分裂ドライブ (meiotic drive) 338
限性遺伝子 (sex-limited gene).........232
限界値定理 61
好異端淘汰 (apostatic selection) 99
コウウチョウ (*Molothrus ater*)..........278
効果としてのコスト 459
睾丸重量 40
公共財 (public goods) 360, 374
公的情報 (public information)............ 84
行動シンドローム (behavioural syndrome) 160
行動生態学の革命 489
鈎頭虫類 (*Moniliformis dubius*) 236
口内保育 256
交尾栓 (copulatory plug) 236
抗媚薬 (anti-aphrodisiac) 237
コガラ 74
コクホウジャク (*Euplectes progne*) 208
互恵的行動 384
心の理論 (theory of mind) 80
コスト 51
コストのかかる装飾形質 453
個体アプローチ 476
個体群全体の性比 412
個体群粘性 (population viscosity)......359
コテリー 351
孤独相 (solitarious phase) 109
異なる一腹きょうだい間対立 (interbrood conflict) 265, 267
子の世話の進化..........................248
子の世話をめぐる雌雄の対立 258
コバシゴシキタイヨウチョウ (*Nectarinia reichenowi*) 141
コピーイング特性 (coping style).........159
ゴマシジミ属 (*Maculinea*) の幼虫 277
コモリグモ属 (*Schizocosa*) 245
婚姻外交尾 (extra-pair mating)...229, 297
婚姻贈呈用 233
婚姻飛行 (nuptial flight) 405
コンソート (consort) 関係................390
根粒菌への制裁..........................393

さ

最節約法 (maximum parsimony) 43
最大化原理 478
最適餌選択モデル 67

最適化モデル 52, 88, 481
最適信号閾値 124
最適群れサイズ 183
サテライト (satellite) 143
サテライト雄 148
里親操作実験 275
サバクトビバッタ (*Schistocerca gregaria*)
　.. 109
サバクワキモンユタトカゲ (*Uta stansburiana*) 157
至近要因 2
刺激の集合 (stimulus pooling) 292
資源防衛型一妻多夫 (resource defence polyandry) 309
資源防衛型一夫多妻 (resource defence pdygyhy) 299
資源防衛型競争 (resource defence competition) 132
シジュウカラ (*Parus major*) . 137, 263, 275
　　最適脂肪蓄積 72
　　一腹卵数 14
　　ワイタムの森 14
シジュウカラの個性 160
雌性先熟 (protogynous) 334
自然淘汰 5
シタバ類 96
シチメンチョウ (*Meleagris gallopavo*) .. 352
実験的研究 51
実効性比 (operational sex ratio, OSR) 206
しっぺ返し (tit for tat, TFT) 385
シデロフォア分子 360
示標 (index) 443, 444
シマウマ (*Equus burchelli*) 180
シマキンパラ (*Lonchura punctulata*) ... 146
シママングース (*Mungos mungo*) . 189, 298
社会学習 (social learning) 83
社会行動の分類 343
社会性アメーバ 355
社会性昆虫 401
社会的コスト 456
社会的認知 (social cognition) 79
雌雄異体 (dioecious) 314
ジュウイチ (*Cuculus fugax*) 279
囚人のジレンマ 374
囚人の楽しみ (prisoner's delight) 381
雌雄の対立 233
シュモクバエ (*Cyrtodiopsis dalmanni*) 220
シュモクバエ科の 1 種 (*Teleopsis dalmanni*) 454
主要組織適合遺伝子複合体 (Major Histocompatibility Complex, MHC) 223
小グループ間淘汰 477
小グループ内淘汰 478

条件依存型ハンディキャップ 217
ショウジョウバエ
　　定着者 7
　　放浪者 7
消費型競争 (exploitation competition) . 132
情報センター (information centre) 178
情報の制約 484
女王とワーカーの対立 423
シリアゲムシ (*Panorpa* spp.) 233
シロエリヒタキ (*Ficedula albicollis*) 253
シロクロヤブチメドリ (*Turdoides bicolor*)
　.. 177
シロツノミツスイ (*Notiomystis cincta*) 255
進化的安定戦略 (Evolutionarily Stable Strategy, ESS) 129, 385, 473
進化的推移 (major evolutionary transition) 480
信号 (signal) 441
信号作成のコスト 455
真社会性昆虫 (eusocial insect) 401
心的時間旅行 (mental time travel) 79
随時的真社会性種 404
ズグロムシクイ (*Sylvia atricapilla*)
　　渡りの距離と方角 10
スニーカー 147
巣のヘルパー (helper at the nest) 374
刷り込み (imprinting) 123, 357
スワーム 192
性間淘汰 (intersexual selection) 200
正型精子 (eusperm) 237
制裁 (sanction) 390
生産コスト 116
生産者 (producers) 145
セイシェルムシクイ (*Acrocephalus sechellensis*) 395
セイシェルヤブセンニュウ 325
精子競争 (sperm competition) 228
精子除去 (sperm removal) 236
精子置換 (sperm displacement) 236
精子の戦略的配分 (strategic allocation of sperm) 238
性的二型 38
性的隆起 46
性転換 (sex change) 314, 334
性淘汰の機会 (opportunity for sexual selection) 206
性内淘汰 (intrasexual selection) 200
性の等配分投資理論 316
性比のゆがみ (sex ratio distorter) 338
性比をめぐる親子の対立 272
生命保険 418
制約 60, 88
セイヨウミツバチ (*Apis mellifera*) 196, 430

セジロコゲラ
　　サンプリングと情報 68
積極的擬態 (aggressive mimicry) 128
絶対的一夫一妻 294
絶対的真社会性社会 404
ゼブラフィンチ (*Taeniopygia guttata*) . 258
潜在的繁殖率 (potential reproductive rate)
　　 205
戦術 148
戦略 147
戦略上のコスト 459
ソアイヒツジ 483
相互的配偶者選択 (mutual mate choice) 224
操作 398
掃除魚 393
側社会性ルート (parasocial route) 408
ソードテイルフィッシュ類 244

た

対抗的相互作用 (antagonistic interaction)
　　 93
対抗的な共進化 234
代替繁殖戦術 147
代替繁殖戦略 147
対比 44
多型的な隠蔽色 99
タカ—ハトゲーム (Hawk-Dove game) . 130
たかり屋 (scroungers) 145
托卵 (brood parasite) 118, 277
ただ乗り (free rider) 360
ダチョウ (*Struthio camelus*) 172
多夫多妻 (polygynandry) 307, 308
卵「署名」 122
ダマラランドデバネズミ 421
段階的な査定行動 445
段階的な信号仮説 49
短角型 (brachylabic) 153
探索像 (search image) 99
タンデム随行 195
地位を示す記章 (badge of status) 455
「チェイスアウェイ」性淘汰（性拮抗淘汰）
　　 243
遅延した利益 (delayed benefit) 372
逐次的雌雄同体 (sequential
　　hermaphrodite) 314
チータ (*Acinonyx jubatus*) 175
チャアンテキヌス (*Antechinus stuartii*) 231
「チュッチュッ」招集声 180
長角型 (macrolabic) 153
超個体 (superorganism) 434
チョウチンアンコウ 465
直接適応度 (direct fitness) 345

チンパンジー (*Pan troglodytes*)
　　学習行動 84
通貨 60, 88
ツノアカヤマアリ (*Formica exsecta*)
　　 .... 321, 428
ツノグロモンシデムシ (*Nicrophorus
　　vespilloides*) 253, 275
ツノテッポウエビ属 (*Synalpheus*) 419
ツバメ (*Hirundo rustica*) 210
積み込み曲線（利得曲線） 59
連なり歩行 (tandem running) 86
ツール・ド・フランス
　　自転車レース 15
ディーム (demes) 477
ティラピアの1種 (*Sarotherodon galilaeus*)
　　 256
手がかり (cue) 441
適応主義 475
適応的な遅延 (adaptive procrastination)
　　 196
適応度の等高線（アイソクライン） 18
鉄吸収行動 359
手続き記憶 (procedural memory) 78
テリカッコウの1種 (*Chalcites* spp.) ... 126
同型配偶子 (isogamous) 生殖 201
洞察力 (insight) 80
盗聴センター (eavesdropping centre) ... 178
投票 194
動物の個性 (animal personality) 159
動物の知性 (animal intelligence) 80
独占的分布
　　アカヌマライチョウ 137
　　シジュウカラ 137
独立データ 36
トビイロケアリ (*Lasius niger*) 405
ドブネズミ (*Rattus norvegicus*) 179
トムソンガゼル (*Gazella thomsoni*) 175
共食い (cannibalism) 362
トラファルガー効果 174
トレイトグループ (trait groups) 477

な

ナタージャックヒキガエル (*Bufo calamita*)
　　 148
ナミチスイコウモリ (*Desmodus rotundus*)
　　 388
偽の警報 466
偽髭 355
ニワトリ (*Gallus gallus*) 239
人間の互恵的行動 386
抜け駆け 174

粘液の都市 (slime city) 374

は

ハイイロホシガラス (*Nucifraga columbiana*) 73
配偶子競争 203
配偶システム 283
配分のコスト (allocation costs) 115
ハクガン (*Anser chen caerulescens*)
　白と青の2つの体色型 9
ハクセキレイ (*Motacilla alba*) 143
バクテリオシン 367
ハゴロモガラス (*Agelaius phoeniceus*) .302
ハシブトガラ (*Parus palustris*) 75
ハゼ科の1種 (*Pomatoschistus microps*)
.... 253
ハタオリドリ類 (Ploceinae) 31
ハダカデバネズミ 421
罰 (punishment) 390
はったり (bluff) 469
ハナカメムシの1種 (*Xylocoris maculipennis*) 236
ハラボソバチの1種 (*Liostenogaster flavolineata*) 418
ハレム 208
ハンディキャップ (handicap) 443
ハンディキャップ仮説 217
ハンディキャップ原理 453
反応基準 (reaction norm) 20
半倍数性 (haplodiploidy) 408
半倍数性仮説 408
比較法 28
比較メタ解析 (comparative meta-analysis)
.... 329
ヒキガエル (*Bufo bufo*) 447
等しい摂食速度の予測 135
ヒナタクサグモ (*Agelenopsis aperta*) ...442
ヒナの装飾形質 270
ヒメキタヒトリ (*Parasemia plantaginis*)
.... 115
ヒメコバシガラス 53
ヒメハヤの一種 (*Phoxinus phoxinus*) ..168
表現型可塑性 (phenotypic plasticity) 20
表現型作戦 (phenotypic gambit) 483
フィリアルカニバリズム (filial cannibalism) 257
フォルマント分散 (formant dispersion) 449
不均等理論 (skew theory) 187
複婚 (polygamy) 284
副産物の利益 380
複数回繁殖 (iteroparity) 18

不正直な信号 465
付属腺タンパク質 (Accessory gland proteins; Acps) 238
フタホシコオロギ (*Gryllus bimaculatus*)
.... 240
ブチハイエナ (*Crocuta crocuta*) 180
フトユビシャコ属の1種 (*Gonodactylus bredini*) 469
不妊精子 (sterile sperm) 237
負の血縁度 (r) 364
プラティフィッシュ (*Xiphorus maculatus*)
.... 317
ブルーギル・サンフィッシュ (*Lepomis macrochirus*)
　リスク反応的場所選択 83
ブルーヘッドワラス (*Thalassoma bifasciatum*)
　伝統的配偶場所 86
フレンチグラント (*Haemulon flavolineatum*)
　伝統的移動ルート 85
分化全能性 (totipotency) 404
分子時計 43
分子マーカーによる血縁度の測定 346
分断性比 (split sex ratio) 321, 412, 425
分断的体色パターン 103
フンバエ (*Scatophaga stercoraria*) 135, 228
　雄の交尾時間の決定 61
平均実現繁殖率 (average actual reproductive rate) 205
ベイツ式擬態 113
ベラ科の1種 (*Thalassoma bifasciatum*)
.... 286
ベルディングジリス (*Urocitellus beldingi*)
.... 350, 357
ベルディングジリスの血縁認知 358
ヘルパー 325, 404
保育投資 (parental investment) 252
包括適応度 (inclusive fitness) 345
包括適応度アプローチ 478
ホオジロザメ (*Carcharodon carcharias*)
.... 168
ホシムクドリ (*Sturnus vulgaris*) 263
　餌運搬速度 57
捕食者の混乱 170
母性効果 (maternal effect) 276
ホットスポット 291
ポリシング (policing) 390
ボルバキア属 (*Wolbachia*) 339
ホンソメワケベラ (*Labroides dimidiatus*)
.... 393

ま

マイクロサテライト 297
マイナー雄 150
マガモ (*Anas platyrhynchos*) 134
マダラヒタキ (*Ficedula hypoleuca*) 304
マツカケス (*Aphelocoma californica*)
　心理能力 78
マミハウチワドリ (*prinia subflava*) 122
ミーアキャット (*Suricata suricatta*) 176
　教える行動 87
ミーアキャットの子殺し 391
ミジンコ vs 細菌 94
ミジンコ (*Daphnia magna*) とそれに寄生する細菌 94
ミツバチ (*Apis mellifera*)
　エネルギー効率 63
　採餌遺伝子 8
ミツバチの 8 の字ダンス 197, 459
ミツユビカモメ 30
緑髭効果 (green beard effect) 354
ミナミアフリカオットセイ (*Arctocephalus pusillus*) 168
身に付けるコスト 116
見張り 176
見回し時間 174
ミヤコドリ (*Haematopus ostralegus*) ..294
ミュラー式擬態 111
無情報の入札 (blind bids) 259
ムネボソアリ属の 1 種（*Temnothorax*（以前は *Leptothorax*）*albipennis*） 195
ムラサキタマホコリカビ (*Dictyostelium purpureum*) 356
群れの増大 (group augmentation) 383
メキシコユキヒメドリ (*Junko phaeonotus*) 70
メジャー雄 150
雌の好みと雄の形質 219
雌の好みと雄の形質の遺伝相関 219
雌の選択 (female choice) 200
メタ解析 (meta analysis) 327
目玉模様 (eyespots) 101
モデル種 114
モリバト (*Columba palumbus*) 171

や

夜警の歌 (Watchman's song) 177
野性のウマと吸血アブ 166
ヤドクガエル科の仲間 106
矢はず模様 (herring bone) 486

雄間競争 (male–male competition).....200
雄性先熟 (protandry) 334
雄性ホルモン（テストステロン）.........263
ユリカモメ 30
良い遺伝子 214
要塞防衛 419
ヨウジウオ属の 1 種 (*Syngnathus typhle*) 225
ヨコエビの一種 (*Gammarus duebeni*) ..332
ヨーロッパアシナガバチ (*Polistes dominulus*) 455
ヨーロッパカヤクグリ (*Prunella modularis*) 306
ヨーロッパクギヌキハサミムシ (*Forficula auricularia*) 153

ら

ライオン (*Panthera leo*) 180
　子殺し 3
　プライド 3
ラナウェイプロセス 221
乱婚 (promiscuity) 238, 284
卵食 257
リヴァイアサン 481
利益 51
リカオン 325
リクルートセンター (recruitment centre) 178
利己的遺伝子 473
利己的な遺伝因子 338
利己的群れ効果 (selfish herd effect) 168
リスク回避的行動 (risk-averse behaviour) 70
リスク志向的行動 (risk-prone behaviour)70
理想自由分布 (ideal free distribution)
　イトヨ 133
　マガモ 133
利他行動 (altruism) 342
リーダーシップ 194
利他的協力行動 (altruistic cooperation)372
リュウキュウムラサキ (*Hypolimnas bolina*) 338
緑膿菌 (*Pseudomonas aeruginosa*) 359, 461
理論的最適保育投資 253
臨時的な一夫多妻 296
レック 290
ロクセンスズメダイ (*Abudefduf sexfasciatus*) 257

わ

ワーカーポリシング 431
脇の下効果 (armpit effect) 355
ワキモンユタトカゲ (*Uta stansburiana*)253
ワタリガラス (*Corvus corax*) 178
悪い状況で最善を尽くす (make the best of a bad job) 145

【訳者紹介】

野間口　眞太郎（のまくち　しんたろう）
1987年　九州大学理学研究科博士課程修了
現　在　佐賀大学農学部応用生物科学科　教授・理学博士
専　門　行動生態学
著訳書　『生物学のための計算統計学—最尤法，ブートストラップ，無作為化法—』（訳，共立出版，2011），『生態学のためのベイズ法』（訳，共立出版，2009），『トンボ博物学—行動と生態の多様性』（共訳，海游舎，2007）ほか．

山岸　哲（やまぎし　さとし）
1961年　信州大学教育学部卒業
現　在　山階鳥類研究所名誉所長・元京都大学大学院理学研究科　教授・理学博士
専　門　動物生態学
著訳書　『Birds Note（バーズノート）　野生の不思議を追いかけて』（著，信濃毎日新聞社，2012），『鳥類学』（監訳，新樹社，2009），『保全鳥類学』（監修，京都大学学術出版会，2007）ほか．

厳佐　庸（いわさ　よう）
1980年　京都大学大学院理学研究科博士課程修了
現　在　九州大学大学院理学研究院　教授・理学博士
専　門　数理生物学
著訳書　『生態学と社会科学の接点』（共編，共立出版，2014），『生命の数理』（著，共立出版，2008），『生態学事典』（共編，共立出版，2003），『数理生物学入門—生物社会のダイナミックスを探る—』（著，共立出版，1998）ほか．

デイビス・クレブス・ウェスト
行動生態学　原著第4版

*An Introduction to
Behavioural Ecology
4th Edition*

2015年3月25日　初 版 1 刷発行
2023年9月10日　初 版 4 刷発行

訳　者　野間口眞太郎
　　　　山岸　哲　　ⓒ 2015
　　　　厳佐　庸

発行者　南條光章

発行所　共立出版株式会社
　　　　郵便番号 112-0006
　　　　東京都文京区小日向 4-6-19
　　　　電話　03-3947-2511（代表）
　　　　振替口座　00110-2-57035
　　　　URL www.kyoritsu-pub.co.jp

印　刷　藤原印刷
製　本　ブロケード

検印廃止
NDC 481.78, 481.7, 481.71, 468
ISBN 978-4-320-05733-3

一般社団法人
自然科学書協会
会員

Printed in Japan

JCOPY <出版者著作権管理機構委託出版物>
本書の無断複製は著作権法上での例外を除き禁じられています．複製される場合は，そのつど事前に，出版者著作権管理機構（ＴＥＬ：03-5244-5088，ＦＡＸ：03-5244-5089，e-mail: info@jcopy.or.jp）の許諾を得てください．

Encyclopedia of Ecology
生態学事典

編集：巌佐　庸・松本忠夫・菊沢喜八郎・日本生態学会

「生態学」は、多様な生物の生き方、関係のネットワークを理解するマクロ生命科学です。特に近年、関連分野を取り込んで大きく変ぼうを遂げました。またその一方で、地球環境の変化や生物多様性の消失によって人類の生存基盤が危ぶまれるなか、「生態学」の重要性は急速に増してきています。

そのような中、本書は日本生態学会が総力を挙げて編纂したものです。生態学会の内外に、命ある自然界のダイナミックな姿をご覧いただきたいと考えています。

『生態学事典』編者一同

7つの大課題

Ⅰ. 基礎生態学
Ⅱ. バイオーム・生態系・植生
Ⅲ. 分類群・生活型
Ⅳ. 応用生態学
Ⅴ. 研究手法
Ⅵ. 関連他分野
Ⅶ. 人名・教育・国際プロジェクト

のもと、298名の執筆者による678項目の詳細な解説を五十音順に掲載。生態科学・環境科学・生命科学・生物学教育・保全や修復・生物資源管理をはじめ、生物や環境に関わる広い分野の方々にとって必読必携の事典。

A5判・上製本・708頁
定価14,850円（税込）

※価格は変更される場合がございます※

共立出版

www.kyoritsu-pub.co.jp